从古到今的中国服饰文明

卞向阳 崔荣荣 张竞琼 等 编著

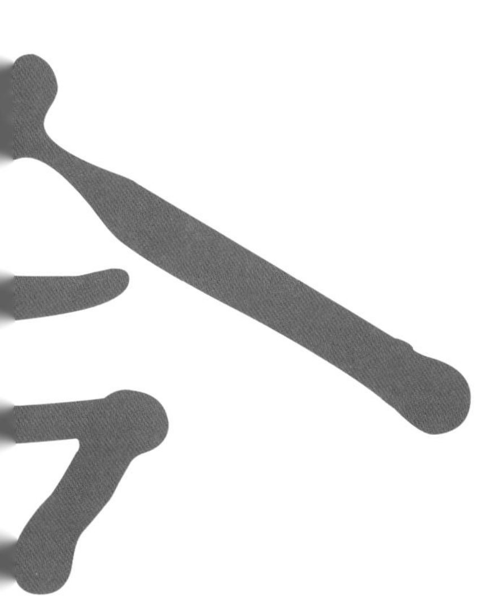

東華大學出版社
·上海·

图书在版编目（CIP）数据

从古到今的中国服饰文明：卞向阳等编著. —上海：东华大学出版社，2018.1

ISBN 978-7-5669-1282-4

Ⅰ.①从… Ⅱ.①卞… Ⅲ.①服饰文化-中国-普及读物 Ⅳ.①TS941.12-49

中国版本图书馆CIP数据核字（2017）第228751号

从古到今的中国服饰文明

CONGGU DAOJIN DE ZHONGGUO FUSHI WENMING

编　　著：卞向阳 崔荣荣 张竞琼 等

责任编辑：杜亚玲 马文娟 曹晓虹 张静 谭英 张煜 谢未 赵春园 李伟伟

出版发行：东华大学出版社（上海市延安西路1882号，200051）

本社网址：http://www.dhupress.net

天猫旗舰店：http://dhdx.tmall.com

营销中心：021-62193056　62373056　62379558

印　　刷：杭州富春电子印务有限公司

开　　本：889mm x 1194mm　1/16

印　　张：40

字　　数：1500千字

版　　次：2018年1月第1版

印　　次：2018年1月第1次印刷

书　　号：ISBN 978-7-5669-1282-4

定　　价：480.00元

《从古到今的中国服饰文明》 编著者与责任编辑

编名	编著者	责任编辑
第一编 走进中华服饰文明长廊	徐　静 穆慧玲	杜亚玲 李伟伟
第二编 从古到今的纺织文明故事	薛　雁	张　静
第三编 从古到今的服饰文明故事	张竞琼 曹康乐	杜亚玲
第四编 中国历代服饰赏析	张孟常	赵春园
第五编 从服饰到语言文字	冯盈之	曹晓虹
第六编 传统服饰图案的符号密码	汪　芳	谢　未
第七编 汉民族的百姓服饰	崔荣荣	谭　英
第八编 百年海派时装生活	卞向阳 李林臻	马文娟
第九编 千姿百态的历史妆容	李　芽	马文娟
第十编 鞋的历史与鞋的文化	骆崇骐	张　煜

目录

目录

目录

目录

目录

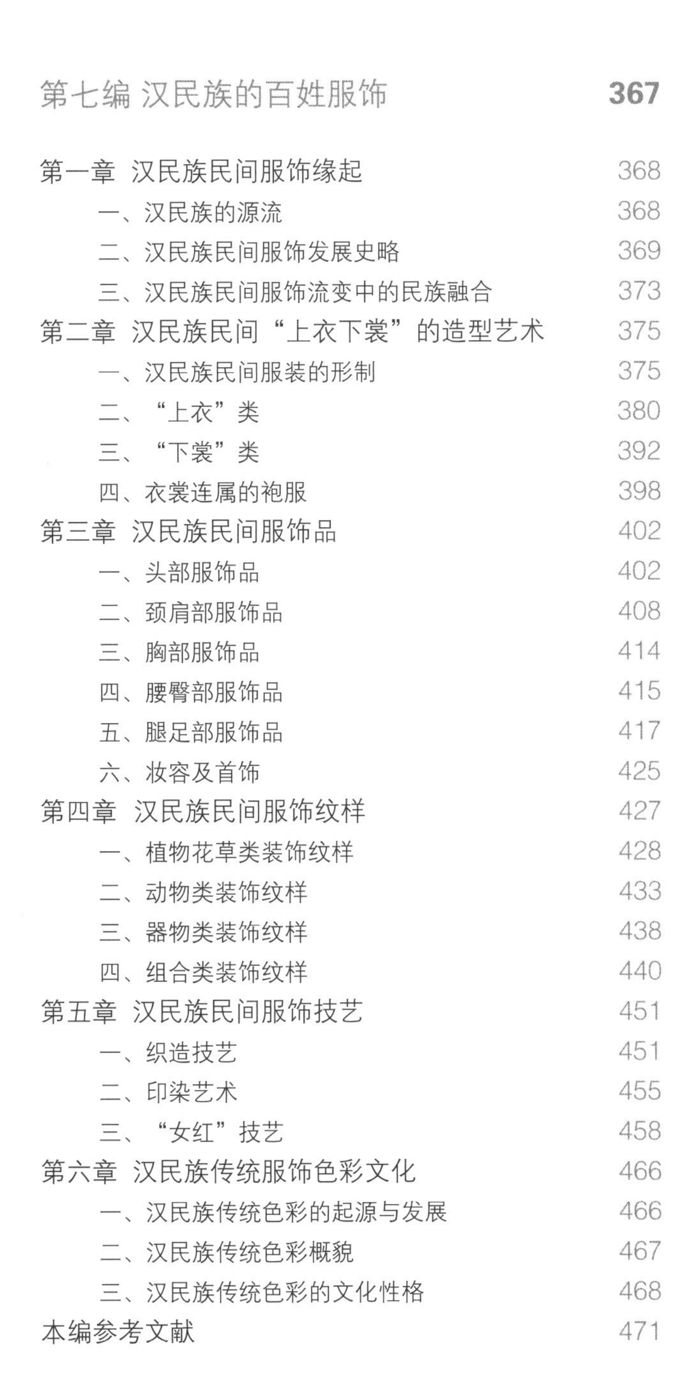

目录

目录

第一编　走进中华服饰文明长廊

第一章 中国服饰文化概述

从披着兽皮和树叶开始，到穿戴精致的冠冕服饰，我们的祖先创造了一部灿烂的中国服饰史。中国服饰作为东方服饰体系的主体，在世界服饰之林占有极其重要的位置。中国服饰源远流长，影响深远。早在旧石器时代晚期的北京山顶洞人时期，就出现了最原始的缝纫工具——骨针，骨针的发现说明，约5万年前，我们的祖先已能够缝制简单衣物。浙江余姚河姆渡遗址出土的纺织工具说明，早在6000多年前，我们的祖先已开始利用工具纺布。中国是世界上最早使用丝绸的国家，早在4700年前，我们的祖先就有了丝织衣物。2000多年前开创的“丝绸之路”，使中国古老的文化走向世界，并对世界服饰的发展产生了重要的影响。时至今日，中国服饰文化对世界服饰的影响更为显著。

中国历史悠久，民族众多，在一国疆域之内，可以同时出现丰富多彩、风格迥异的各民族服饰。中国历代服饰以其独特的形式、精湛的工艺和鲜明的色彩闻名于世。从完备的冠服制度到巧夺天工的制作工艺，无不表现出中华民族服饰文化的博大精深。中国历代服饰是中国各族人民智慧的结晶，是彰显中华民族精神的独特语言。

中国历代服饰具有四个基本特征：

第一，强调服饰与人、与环境的和谐与统一。“天人合一”的思想即是强调人与环境的统一，着装必须和天地（乾坤）相统一，于是产生了代表天的上衣和代表地的下裳。繁缛、严格的冠服制度，要求服饰必须与人的身份、地位、性别、年龄、职业等相符合。除此之外，服饰自身的组合搭配也有严格规定。

第二，注重服饰的精神功能并将其道德化、政治化。中国服饰在形成初期，统治者就将其纳入“礼”的范畴，用来规范人们的衣着行为，维护其统治利益，致使服装成为“严内外、辨亲疏”的政治工具。第三，中国历代服饰是多民族融合的结果。从战国赵武灵王的胡服骑射、汉代的丝绸之路、魏晋南北朝的民族迁移、隋唐的胡服之风、辽金元清的各民族服饰，到近代的改良旗袍，都体现出中国服饰发展的多民族融合特征。纵观中国服装的发展历程可以看到，中国服饰文化并非一直是封闭、保守的，我们的祖先曾不断地吸收外来文化，以丰富和完善中国服饰文化。

第四，中国服装绵延数千年，服饰文化一脉相承。在古老的华夏大地上，无论朝代如何更替，社会如何变迁，服装的形式如何演变，中国服装的内在实质却始终未变，显示出独特的传承性。进入21世纪，中国传统服饰文化精髓仍以崭新的面貌绽放异彩。

第二章 服饰的起源与原始社会服饰

（公元前21世纪之前）

一、服饰起源的诸种学说

关于服饰的起源，可谓众说纷纭，其中最具代表性的有气候适应说、身体保护说、护符说、装饰说、异性吸引说、羞耻说等，这几种学说从不同的角度对服装产生的原因进行了阐释。

（一）气候适应说

寒冷的冬天，衣服可抵御严寒，炎热的夏天，衣服可以遮阳避暑，这便构成了服装起源的气候适应学说。10万至5万年前，居住在欧洲大陆的原始人，为抵御第四纪冰川的寒冷气候，以兽皮蔽体保暖，这既是服装的目的，又是服装的起因。现今的爱斯基摩人和我国的鄂伦春族人仍保持着穿用毛皮衣服的习惯。同理，热带丛林中的某些原始部落居民，因为湿热的气候环境而保持着裸体的生活习惯；居住在非洲沙漠地带的人们，因为干热的气候环境而用衣料将自身遮盖起来，防止汗液蒸发，避免日光暴晒。

（二）身体保护说

用衣服包裹身体，可防止外物的伤害，这是服饰起源的身体保护学说。此观点认为：人从爬行到直立行走，原藏在人体下端末部的性器官显露出来了，为了不被外界伤害，特别是早期人类个人卫生情况欠佳，为防昆虫的侵扰，用条状或者带状物围在腰间，伴随人体活动时产生的摆动来驱赶昆虫，在此基础上发展为把身体其他部位如法炮制地裹起来，于是便产生了服装。

这点和“气候适应说”一样，都是从人体生理角度出发，认为服饰是人类面对外界环境对自己身体的一种保护方法。但这都是以现代人的思维去推测原始人所得出的结论，因此，许多心理学家和社会学家提出了不同观点。

（三）护符说

与“身体保护说”相反，一些学者认为，原始人由于生产力水平低下，人类对自然界的现象缺乏正确的认识，认为天灾人祸、生老病死均由神灵魔鬼操使，故需衣服和其他装饰品来保护自己。这就是服装起源的去邪说或护符说。早期人类在自然崇拜和图腾信仰中，相信万物有灵，人的精神与躯体是分离的。灵魂有善，可给人带来幸福与快乐；但也有恶，给人带来灾难和疾病。为了得到善灵的保护，避开恶灵的侵害，将自然界中被认为比人更有神力的东西，如贝壳、石头、树叶、果实、兽齿及羽毛之类，穿戴在身上，便可得到超自然的神力，借以保佑和避邪，达到保护自己的目的，后来便形成了服装及装饰品。现在我国农村小孩佩戴的长命锁、银项圈，端午节佩戴的“五毒”肚兜等，即源于护符说。

（四）装饰说

有的学者认为，原始人为凸显自己的力量或权威，用一些稀有的东西，如美丽的羽毛、猛兽的齿骨、罕见的宝石等来装扮自己，以表现勇猛、灵巧或身份地位；或者采用文身、疤痕，甚至毁伤肢体来进行装饰，以表达美的特殊含义。从古至今，不穿衣服的民族总有存在，但不装饰打扮自己的尚无发现，只是装饰方法和程度参差不齐，服装正是由人类装饰审美的需要而诞生的。现代人佩戴戒指、项链、耳环等饰物，即源于装饰说。

（五）异性吸引说

该观点认为原始人类为了突出男女性别的差异，以引起对方的好感并互相吸引，就用衣物来装饰强调，由此便有了服装。鲍勃·约翰森（Bob Johensen）在其所著的《着装的历史》中谈到克罗马农地母像时写到：

她们在臀部系着腰绳和极小的围裙，目的是“蔽后不蔽前”，用来吸引男性，这就是最初的而且是本来的着服之目的。现今南太平洋诸岛上有些原始部落男性，赤裸的身上仅系着一个直径5～6厘米、长约40厘米的黄色芦秆做的阴茎鞘。南美的印第安人也有相似装饰，并在上边镶嵌宝石加以强调突出。

（六）羞耻说

该观点来自《圣经 · 旧约全书》“创世篇”中的记载。上帝创造亚当和夏娃，夏娃在蛇的诱使下偷吃了智慧果后，看见自己赤裸的全身感到羞耻，便随手摘下树叶将自己的性器官遮盖起来，这便成了服饰起源的说法，当然这是神话。实际上，原始人赤身裸体生活了200多万年，当时人的大脑尚没有进化到认识羞耻。后来人穿上了衣服，经常遮蔽的地方，如再脱去裸露时，便会感到羞耻。《中国原始社会史》中也认为：早期人类赤身裸体，不知衣物，也无羞耻心，只有在父权制和私有制产生后，嫉妒观念的诞生，羞耻心才得以出现并得到发展。因此，服饰应是产生羞耻感的原因，而不是相反的结果。

综上所述，服装起源是多元化的：一方面是为了维护生命，以适应自然环境的自然科学性人体保护观念；另一方面是集团生活中性别、等级、社交等人际关系意识和对神灵的原始崇拜这一社会心理学性的人体装饰观念。

二、原始社会服饰

远古时代，人们居住在洞穴里，身上围裹的是野兽的毛皮，后来人们仿效锦鸡一类鸟的毛色，将丝麻染成各种颜色，做成华丽的衣服，头上的帽子也仿效自然界中鸟兽的冠角装饰起来。从出土文物考察，人们能够生产出专供做服饰的材料——纺织品时，以兽皮为基本材料的“原始服饰”早已成规模，中国服饰的源头可以上溯到原始社会旧石器时代晚期。

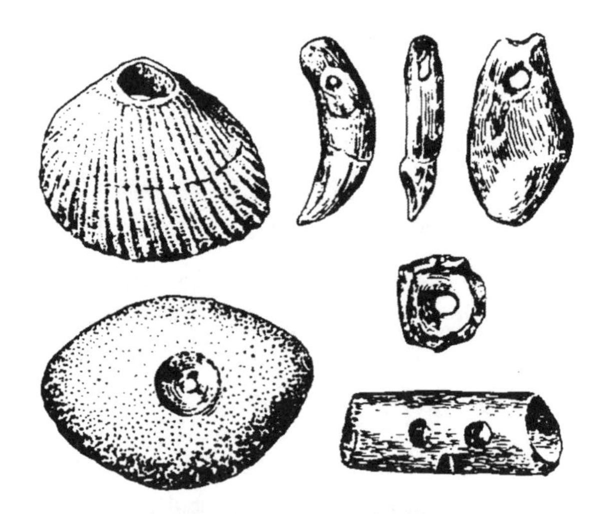

图1-2-1　山顶洞人的装饰品

旧石器时代，采集和渔猎是人们的衣食之源。距今25000年前的北京山顶洞人时期，正是中国服装的发祥期，这时人们已用骨针缝制兽皮的衣服，并用兽牙、骨管、石珠等制成串饰进行装扮。山顶洞曾发现串在一起的串饰（图1-2-1），另外，还出土了一枚磨得细长，一端尖锐、另一端有针孔的骨针（图1-2-2），这是缝制兽皮衣服的工具，缝线可能是用动物韧带劈开的丝筋。现在，我国鄂伦春族人还保留着这种古老的方法。

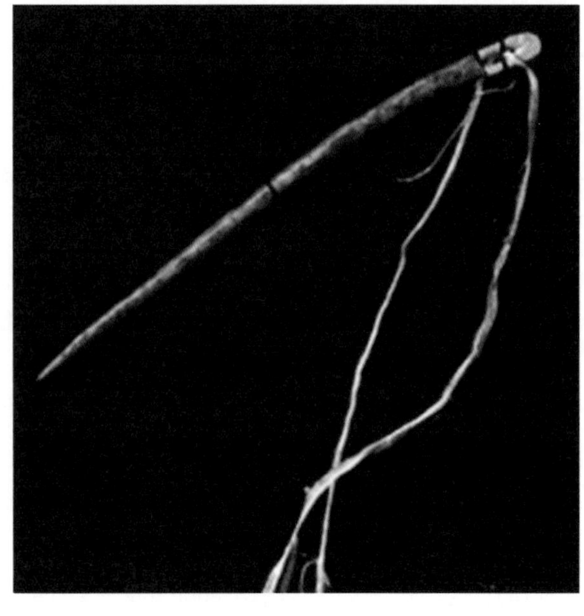

图1-2-2　骨针（旧石器时代晚期，北京周口店出土）

距今约1万年前，人类发展进入了新石器时代，中华祖先继承了漫长的旧石器时代积累的经验，开始了农耕畜牧，从被动向大自然觅取食物发展为主动生产生活资料。他们建造房屋，改变穴居野外的居住方式，并发明纺织技术，服装材料中从此有了人工织造的布帛，服装的形式发生了变化，功能也得到改善。

（一）编结服装

新石器时代晚期，人们开始将编结技术用于制作服饰。《淮南子 · 氾论训》称“伯余之初作衣也，緂麻索缕，手经指挂，其成犹网罗”，说明当时已经用麻作衣料。这种网罗式的衣服虽然简陋，但恰是由于编织工艺的精进，为纺织技术的产生创造了前提。

（二）纺轮

新石器时代，先民们发明了纺轮，用纺轮捻线用以缝制衣服或编织。在我国已公布的全国7000余处较大规模的新石器遗址中均有纺轮出土。

（三）踞织机（腰机）的发明

踞织机，也叫腰机，是我国最早的织布机。1975年，在浙江余姚河姆渡新石器时代遗址中，出土了经轴、分经木、绕纱棒、齿状器、机刀、梭形器等纺织工具，纺织专家认为这是原始踞织机的部件。这是迄今所发现的世界上最早的原始织布工具，也是我国在约六七千年以前就有了原始织布机的佐证。

（四）丝绸的发明

中国是世界上最早开始养蚕缫丝织绸的国家，在把丝绸传遍世界的同时，丝绸也成了中国文化的重要符号。传说最早发明养蚕缫丝的是轩辕黄帝的妃子西陵氏，即嫘祖，被后人供为蚕神。她偶然发现了蚕在桑树上吃桑叶，而且蚕结成了茧，于是她把蚕茧摘下，抽出蚕丝，织成丝绸穿在身上，并传授养蚕抽丝的方法。1926年，在山西省夏县西阴村的新石器时代遗址中，意外发现了一个“半割的茧壳”，证明了中国人在史前新石器时代已懂得养蚕抽丝。1958年，浙江省吴兴钱山漾新石器时代遗址出土了4700多年前的绢片、丝带和丝线等丝织品，是迄今发现的世界上最古老的家蚕丝织物。

（五）贯头衫

在纺织品出现之后，贯头衫成为典型的服装样式，并在相当长时期、极广阔的地域和较多的民族中普遍应用，基本上替代了旧石器时代的部件式衣着，成为人类服装的雏型。贯头衫的出现对服饰制度的形成产生了重大影响。贯头衫大致用整幅织物拼合，不加裁剪而缝成，无袖，贯头而着，衣长及膝，是一种概括性或笼统化的整体服装。

第三章 夏代服饰（约公元前21世纪—约公元前17世纪初）

一、夏代服饰的历史背景

中国约在距今5000年前进入父系氏族公社，农业成为主要的社会劳动，手工业逐渐与农业分离而出现剩余商品的交换，形成了私有制。父系氏族公社后期出现阶级分化，到公元前21世纪进入奴隶社会，出现了我国历史上第一个王位世袭的夏王朝。史传夏朝第一位国王夏禹，曾经领导人民战胜洪水灾害。在治水过程中，他三次经过家门而不入，他提倡节俭，崇尚黑色。但是到了他的子孙后代，就变得十分奢靡残暴了。公元前16世纪夏被商汤所灭。

二、夏代服饰的主要特点

第一，服饰从防寒护体的原始功能，发展为被统治者利用的政治工具。随着国家的诞生，社会上许多物质生活形式不可避免地发生着变化，甚至被赋予了政治色彩，服饰便是其中之一，从最初的仅仅用于防寒护体的原始功能，逐渐发展为被统治者利用的政治工具。

第二，服饰中出现明显的等级分化。在属于夏代纪年范围的晋南襄汾陶寺遗址的考古中，考古学家发现了夏朝服饰的品类两分现象。该遗址总共发现了1000多座墓葬，绝大多数为小型墓，大、中型墓仅占总数的13%。小墓葬几乎没有任何随葬品，而大、中墓室的随葬品却十分丰厚，墓主骨架上都有衣装和饰品的遗存。

第三，祭祀礼仪服装受到高度重视。夏代初期的重要仪式上，服装的形式在整个祭祀仪式活动中占有十分重要的地位。如果从服装的实用和使用率方面看，供国家或者其他礼仪仪式使用的礼服的利用时间是相对较短的，但它的豪华程度及被重视的程度却远远高于一般的日常服装，这是由于人类自远古形成的对天地等自然崇拜的结果。人们穿着华美的衣装祭祀鬼神，以此表示对天地鬼神的崇敬。

三、夏代服饰的样式

夏代服饰的种类和具体样式，由于时隔久远，相关文物难以流传至今，加之文献记载稀疏，难以对其详细描述，只能根据现有资料做部分说明。收，是夏代的礼冠，其作用与后世常见的重要礼冠——冕冠是一致的。纯衣，是古代的礼服之一。夏代，人们头戴礼冠黄收，身穿黑色纯衣。

第四章 商代服饰（约公元前17世纪初—约公元前11世纪）

一、商代服饰的历史背景

商代是中国历史上的第二个王朝，由“汤”灭“桀”而立，与夏、周一样，在中国历史上有着重要的地位。商汤灭夏，在亳（今河南商丘）建都，后至盘庚时迁都到殷（今河南安阳），所以商代一直也称作殷商。商代的政治理念是神权观念笼罩下的政治思想，商代统治者“尚鬼”“尊神”，所奉行的最高政治原则是依据鬼神的意志治理国家。

商代在政治、经济以及科学等各方面都比夏代有了长足的进步。从殷墟遗址的出土实物来看，商代已完全脱离了原始部落的生活方式，处于奴隶制的兴盛时期。

图1-4-1　商代玉人

二、商代服饰的主要特点及样式

（一）商代的服装

从安阳殷墟妇好墓发现的玉石人雕像得知，商代衣着通常为上衣下裳制，上穿交领右衽窄袖短衣，衣服上织绣各种花纹，领子的边缘和袖口装饰花边，以宽带系于腰间，腹前佩带一块上狭而下宽的斧形装饰，称为韦鞸。下身配穿裙裳，这就是殷商时期贵族的整体着装形象。韦鞸，也就是后来文献常说的“蔽膝”，蔽膝最初用以保护人体，后来成为权力的象征（图1-4-1和图1-4-2）。

（二）商代的冠式与发式

商代的头衣较以往有了明显的发展，冠的种类开始多元化，出现了一些造型独特的新样式，从外观上大致可分为高冠和矮冠（图1-4-3）两大类。商代人物的发型、发式逐渐丰富，造型多达数十种。根据其造型特点可归纳为三类，即结发、辫发和垂发。商代结发方式比较独特，不是直接将头发盘起，而是以盘辫结合的方式来完成（图1-4-4）。商代儿童的结发呈丫角状（图1-4-5）。辫发在商代是比较常见的发式之一，其发式为将所有的头发归拢于头顶再编辫子，辫子很短，仅至脑后，未及颈部（图1-4-6）。

（三）商代的足衣

商代已经形成了与体衣、头衣成一系统的足衣。《诗经·魏风·葛屦》中有：“纠纠葛屦，可以履霜。”说明当时制作屦的材料大多为葛藤。从安阳出土的玉俑中隐约可以看出当时鞋的形制应为平头鞋和尖头鞋。商代的高级奴隶主贵族穿翘尖鞋，中小贵族穿履。

图1-4-2　商代玉人服装示意图

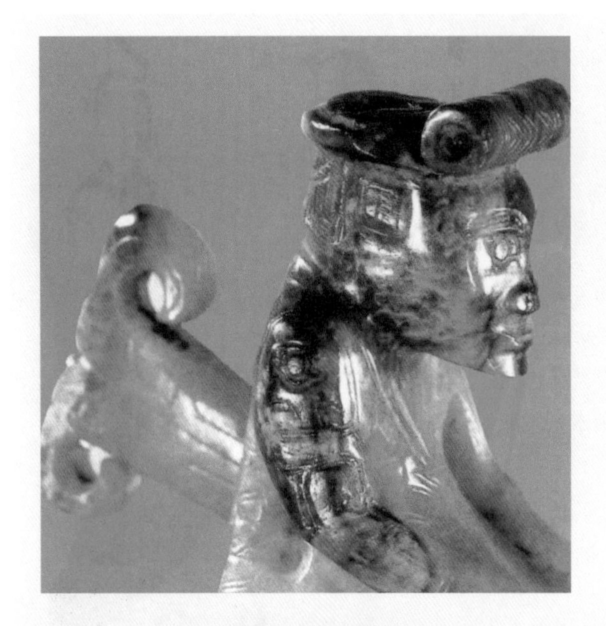

图1-4-3　商代矮冠玉人

图1-4-4　商代盘发铜人头像

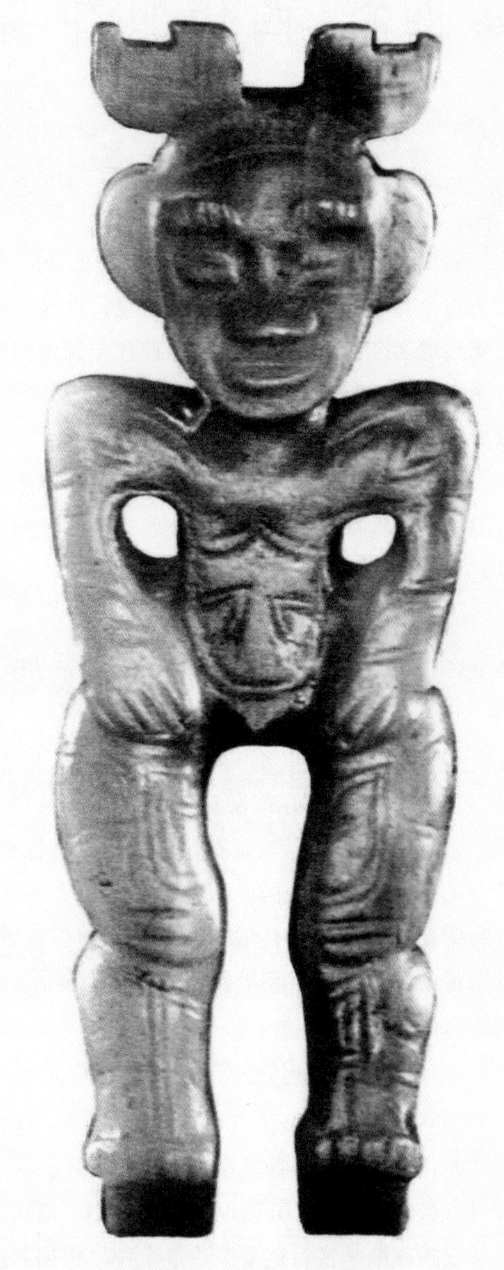

图1-4-5　商代总角发式玉人

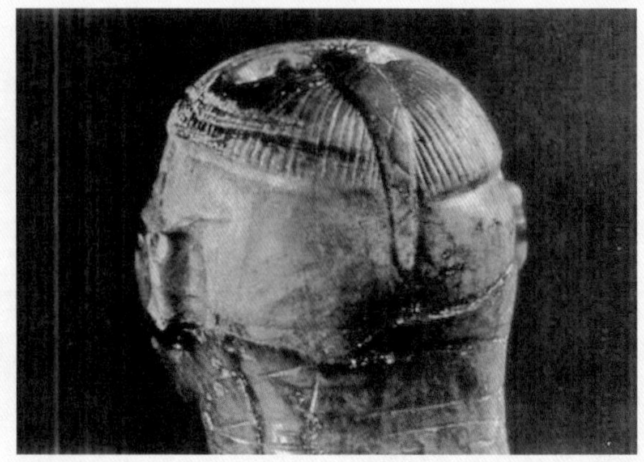

图1-4-6　商代辫发玉人局部

第五章 西周服饰
——服饰制度的完备期（约公元前11世纪—公元前771年）

一、西周服饰的历史背景

约公元前11世纪，周武王伐纣，建立西周，至公元前771年周幽王被申侯和犬戎所杀为止共经历275年。西周的建立，使社会生产力大为发展，物质明显丰富起来，社会秩序也走向条理化，各项规章制度逐步完善。中国的冠服制度，在经历了夏、商的初步发展之后，到西周时期已完善，其标志就是礼服制度（也叫冠服制度）的确立。西周以分封制度建国，以严密的阶级制度来巩固政权，制定了一套非常详尽、周密的礼仪来规范社会，安定天下。服饰作为社会的物质和精神文化内容，被纳入"礼治"范围，服饰的功能被提高到突出的地位，从而赋予了服饰以强烈的阶级内容。服装是每个人阶级的标志，服装制度是立政的基础之一，所以西周对服饰资料的生产、管理、分配、使用都极为重视并有严格规定。

西周设有官工作坊以从事服饰资料的生产，并设有专门管理王室服饰生活资料的官吏。凡是比较高级的染织品、刺绣品及装饰用品，从原料、成品的征收、加工制作到分配使用，都受到奴隶主政权严格的控制。

二、西周服饰的主要特点及样式

（一）冕服

西周时期，统治阶级为了稳定阶级内部秩序，制定了严格的等级制度和相应的冠服制度。以冕服为首的冠服体系在西周礼制社会中扮演着重要角色，并对后世产生重要影响。冠服制度在西周形成以后，在历代沿袭中虽有所损益，但其等级意义被完整地保留了下来。冠服制度是中国古代服装史的一个重要组成部分。冕冠是周代礼冠中最为尊贵的一种，穿着起来威严华丽、仪表堂堂，专供天子、诸侯和卿大夫等统治阶层人员在参加各种祭祀典礼活动时穿着，成语"冠冕堂皇"一词就是从这里引申出来的。冕服是采用上衣下裳的基本形制，即上为玄衣，玄，指带赤的黑色或泛指黑色，象征未明之天；下为纁裳，纁，指浅红色，表示黄昏之地（图1-5-1）。在冕服的玄衣纁裳上要绘、绣十二章纹样，这是帝王在最隆重的场合所穿的礼服装饰纹样，内容依次为日、月、星辰、山、龙、华虫、宗彝、藻、火、粉米、黼和黻，分别象征天地之间12种德性，所用章纹均有取义：日、月、星辰，取其照临；山，取其稳重；龙，取其应变；华虫（一种雉鸟），取其文丽；宗彝（一种祭祀礼器，后来在其中绘一虎），取其忠孝；藻（水草），取其洁净；火，取其光明；粉米（白米），取其滋养；黼（斧形），取其决断；黻（常作亚形，或两兽相背形），取其明辨（图1-5-2）。冕服的佩饰附件主要包括：中单、芾、革带、大带、佩绶和舄等。

（二）一般服饰

西周时期，统治者不但对冠服有严格的规定，对一般服饰也有严格规定。西周时期的一般服装主要有深衣、玄端、袍、襦、裘等。

深衣是西周出现的一款新样式。深衣含有被体深邃之意，故得名。周代以前的服装是上衣下裳制，那时候衣服不分男女全都做成两截——穿在上身的那截叫"衣"，穿在下身的那截称"裳"。深衣是上衣与下裳连成一体的上下连属制长衣，一般为交领右衽、续衽钩边、下摆不开衩，分为曲裾和直裾两种。为了体现传统的"上衣下裳"观念，在裁剪时仍把上衣与下裳分开来裁，然后缝接成长衣，以表示尊重祖宗的法度。深衣最早出现于西周时期，盛行于春秋战国时期（图1-5-3）。

玄端的衣袂和衣长都是2.2尺，正幅正裁，玄色，无纹饰，以其端正，故名为玄端。玄端属于国家的法

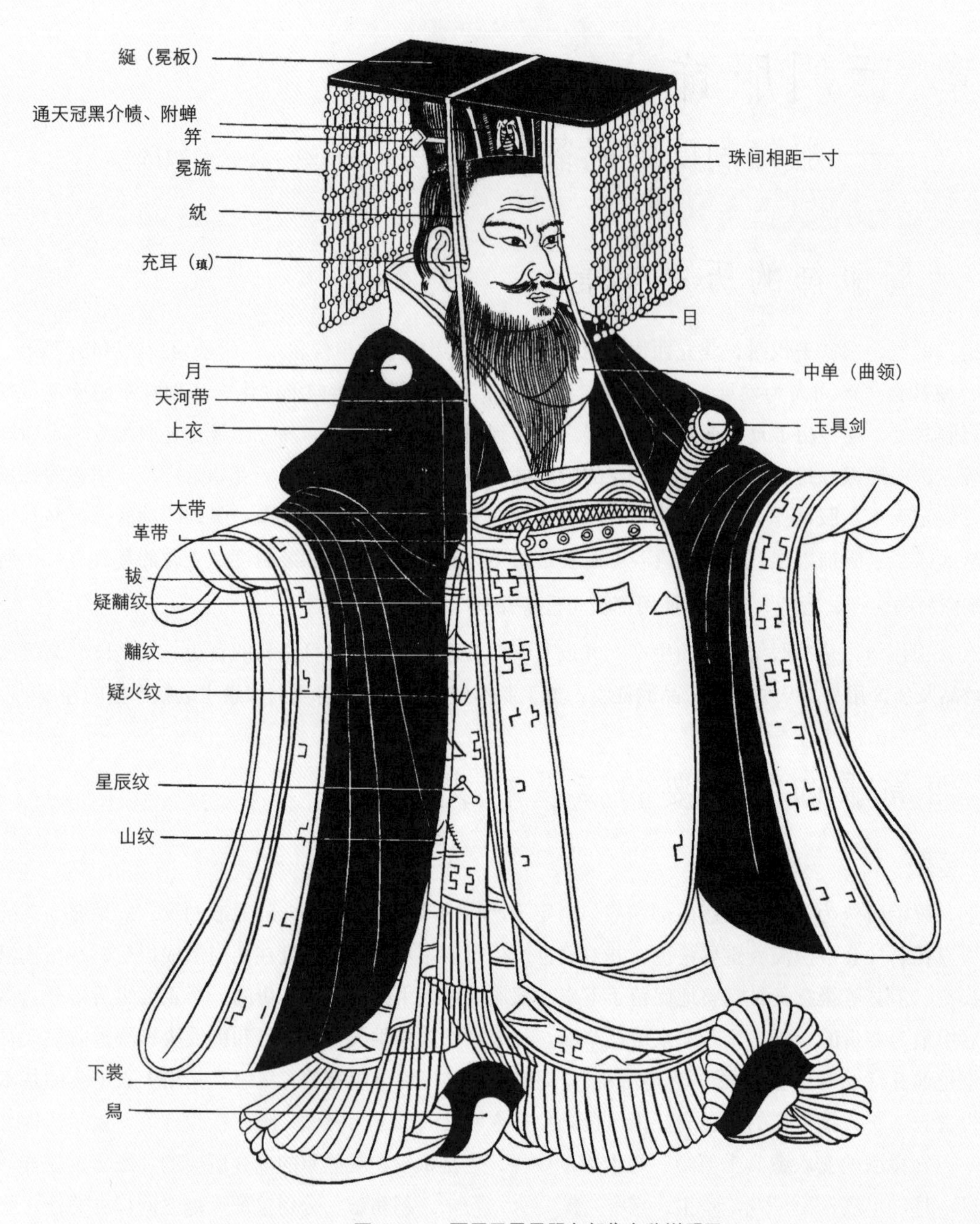

图1-5-1　西周天子冕服各部位名称说明图

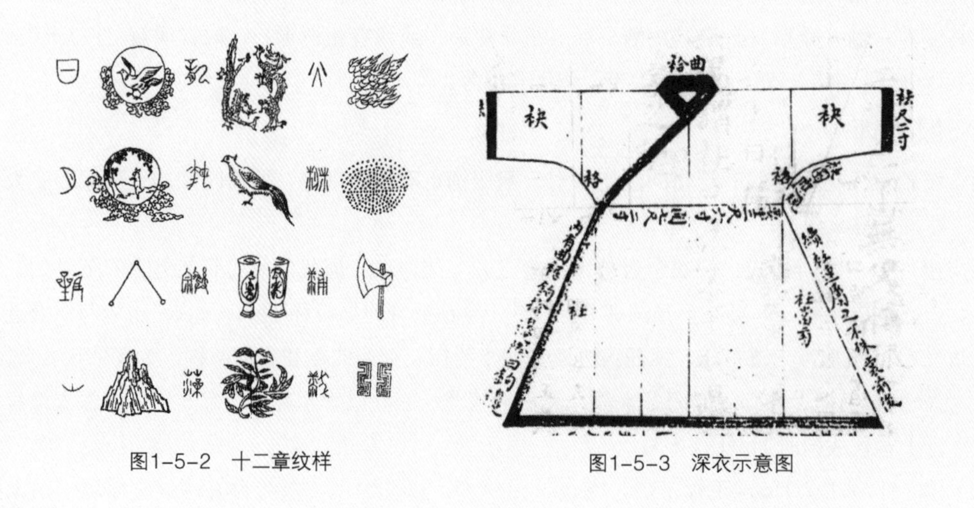

图1-5-2　十二章纹样

图1-5-3　深衣示意图

服，天子和士人可以穿。诸侯祭宗庙也可以穿玄端，大夫、士早上入庙，叩见父母也穿这种衣服，诸侯的玄端与玄冠、素裳相配，上士亦配素裳，中士配黄裳，下士配前玄后黄的杂裳。

袍也是上衣和下裳连成一体的长衣服，但有夹层，夹层里装有御寒的棉絮。在周代，袍是作为一种生活便装，而不作为礼服。

襦是比袍短的棉衣。如果是质料很粗陋的襦衣，则称为“褐”。褐是劳动人民的服装，《诗·豳风》：“无衣无褐，何以卒岁。”

裘，中华祖先最早用来御寒的衣服就是兽皮，使用兽皮做衣服已有几十万年的历史。原始的兽皮未经硝化处理，皮质发硬而且有臭味，西周时不仅早已掌握熟皮的方法，而且懂得各种兽皮的性质。例如天子的大裘采用黑羔皮来做，贵族穿锦衣狐裘。天子、诸侯的裘用全裘不加袖饰，下卿、大夫则以豹皮饰作袖端。此类裘衣毛朝外穿，天子、诸侯、卿大夫在裘外披裼衣（罩衣），天子白狐裘的裼衣用锦，诸侯、卿大夫上朝时要再穿朝服。士以下需人无裼衣。

第六章 春秋战国时期服饰

——中国服饰史上第一次服饰变革（约公元前770—公元前221年）

一、春秋战国时期服饰的历史背景

公元前770年，继位不久的周平王迁都洛邑（今河南洛阳），中国历史进入春秋战国时期。当时由于铁制工具的使用，原本依靠周王室封地维持经济状况的小国，纷纷开荒拓地，发展粮食和桑、麻生产，国力骤然强盛，逐渐摆脱了对周王室的依赖，周王室日益衰微，以周天子为中心的“礼治”制度从而走向崩溃。春秋战国时期，诸侯争霸战争破坏了奴隶制的旧秩序，给人民带来了灾难和痛苦，但战争加快了统一的进程，促进了民族融合，也加快了变革的步伐，国家政治、社会经济、思想文化等各方面都经历了前所未有的变动。中国古代思想文化的发展进入了第一次高潮时期，在思想文化领域里，涌现出诸子百家，他们著书立说、聚徒讲学、各抒己见，形成了中国古代思想史上的“百家争鸣”局面。

二、百家争鸣与诸子百家的服饰观

春秋战国时期，中原一带较发达地区涌现出一大批有识之士，在思想、政治、军事、科学技术和文学上造诣极深。各学派坚持自家理论，竞相争鸣，产生了以孔孟为代表的儒家、以老庄为代表的道家、以墨翟为代表的墨家，以及法家、阴阳家、名家、农家、纵横家、兵家、杂家等诸学派，其论著中有大量篇幅涉及服装美学思想。儒家提倡“宪章文武”“约之以礼”“文质彬彬”；道家提出“被（披）褐怀玉”“甘其食，美其服”；墨家提倡“节用”“尚用”，不必过分豪华，“食必常饱，然后求美，衣必常暖，然后求丽，居必常安，然后求乐”。属于儒家学派，但已兼受道家、法家影响的荀况强调：“冠弁衣裳，黼黻文章，雕琢刻镂皆有等差。”法家韩非子则在否定天命鬼神的同时，提倡服装要“崇尚自然，反对修饰”。《淮南子·览冥训》载“晚世之时，七国异族，诸侯制法，各殊习俗”，比较客观地记录了当时论争纷纭，各国自治的特殊时期的真实情况。

三、春秋战国时期的服饰样式

图1-6-1 曲裾深衣示意图

深衣是西周及以后传统的贵族常服，平民之礼服。东周时期，礼崩乐坏，礼制的清规戒律被打破，加之社会的变革和生产力的发展，深衣广泛流行。战国时期，深衣已在楚国盛行，男女均可穿着，成为一种时装。楚人的深衣有直裾和曲裾两种款式，交领右衽，衣服渐趋宽博，窄袖已变为广袖，一般以高级丝织物为面料，图纹绚丽多彩，曲裾深衣绕襟数重，旋转而下（图1-6-1）。

“胡服骑射”是中国服装史上的第一次服饰变革。所谓胡服，实际上是西北地区少数民族的服装，它与中原地区宽衣博带式汉族服装有较大差异，一般为短衣、长裤和革靴，衣身瘦窄，便于活动（图1-6-2）。商周之后的汉族传统服装，一般为襦、裤、深衣、下裳配套，或上衣下裳配套；裳穿于

图1-6-2　战国中后期银胡人武士像

襦、裤、深衣之外。裤为不加连裆的套裤，只有两条裤管，穿时套在胫上，也称胫衣。这种服饰配套极为繁复，在表现穿衣人身份地位的装饰功能方面具有特定的审美意义。其穿着费时，运动也极不方便，尤其不能适应战争骑射的强度运动。战国时期，位于中原西北的赵国经常与相邻的东胡、娄烦两个地区的民族发生军事冲突。这两个民族都善于骑马矢射，能在崎岖的山谷地带出没，而中原民族习于车战，只能在平地采用防御阻挡战略，而无法驾战车进入山谷对敌征战。公元前307年，赵武灵王决定进行军事改革，训练骑兵制敌取胜。而要发展骑兵，就需进行服装改革，具体的做法是改穿胡服，吸收东胡及娄烦人的军人服式，废弃传统的上衣下裳，将套裤改为合裆裤，合裆裤能够保护大腿和臀部肌肉皮肤在骑马时少受摩擦，而且不用在裤外加裳即可外出，在功能上是极大的改进。赵武灵王进行的服装改革，在中国服饰史上是一个巨大的功绩。但是，春秋战国直至汉代，社会上层人物囿于传统审美观念，仍然保持宽襦大裳的服式，只有军人及劳动人民下身单着裈而不加裳。

四、春秋战国时期的饰品

春秋战国时期，首饰和佩饰更加强调造型美，通常选用珍贵的材质加工制作，制作工艺技巧也更加精湛，饰品的种类更加丰富，主要有腰带钩、佩玉等。

腰带钩：商周时期的腰带多为丝帛所制的宽带，叫绅带。因在绅带上不好勾挂佩饰，所以又束革带。最初革带两头是用短丝绳和环系结，并不美观，只有贫贱的人才把革带束在外面，有身份地位的人都把革带束在里面，然后在其外面束绅带。西周晚期至春秋早期，华夏民族采用铜带钩固定在革带的一端上，只要把带钩勾住革带另一端的环或孔眼，就能把革带勾住。使用非常方便，而且美观，所以就把革带直接束在外面。战国时期，也有带钩出土。战国时期的带钩，材质高贵，造型精美，制作工艺十分考究。带钩的材料有玉质的、金银的、青铜的、铁的，形式有多种变化，但钩体都作S形，下面有柱。

佩玉：统治阶级都有佩玉，佩有全佩（大佩，也称杂佩）、组佩，及礼制以外的装饰性玉佩。全佩由珩、璜、琚、瑀、冲牙等组合。组佩是将数件佩玉用彩组串联悬挂于革带上。装饰性玉佩包括生肖形玉佩，如人纹佩、龙纹佩、鸟纹佩、兽纹佩等，这类玉佩比商周时期细腻精美，逐渐演变为佩璜和系璧。

五、春秋战国时期的服饰纹样

春秋战国时期的服饰纹样是从商周奴隶社会的装饰纹样传统基础上演化而来，商周时期的装饰纹样造型强调夸张和变形，结构以几何框架为依据作中轴对称，将图案严紧地适合在几何框架之内，特别夸张动物的头、角、眼、鼻、口、爪等部位，以直线为主，弧线为辅的轮廓线表现出整体划一、严峻狞厉的风貌，象征着奴隶主阶级政权的威严和神秘，这是奴隶社会特定的历史条件下形成的时代风格。春秋战国时期随着奴隶制的崩溃和社会思潮的活跃，装饰艺术风格也由传统的封闭转向开放式，造型由变形走向写实，轮廓结构由直线主调走向自由曲线主调，艺术格调由静止凝重走向活泼生动。但商周时期的矩形、三角形几何骨骼和对称手法春秋战国时期仍继续运用，不过不受几何骨骼的拘束，往往把这些几何骨骼作为统一布局的依据，但并不作为“作用性骨骼”。图案纹样可以根据创作意图超越几何框架的边界，灵活处理。

第七章 秦代服饰（公元前221—公元前206年）

一、秦代服饰的历史背景

公元前221年，秦灭六国，建立了中国历史上第一个统一的多民族封建国家，顺应“四海之内若一家”的要求，稳定的政治局势。秦始皇推行“书同文，车同轨，兼收六国车旗服御”的政策，统一币制，统一度量衡，统一文字，建立起包括衣冠服制在内的各种制度。统一有利于社会安定和经济文化的发展，但由于秦王朝无休止地役使民力，加重赋役，结果导致秦室二世而亡。

二、秦代的军服风采

靠强大军队取得巨大成功的秦始皇对军队建设高度重视，加强军队建设成为秦代的一项重要政治内容。陕西西安发掘出土的规模宏大、气势辉煌、阵容威武整齐而又独具特色的兵马俑，便是最有力的证明，我们可以从中了解秦代的军服风采。秦始皇陵兵马俑坑的发掘，对于研究秦代军事服装有着异乎寻常的学术价值。秦代的铠甲非常有特色，甲衣多样化是秦代铠甲的一大特点。根据军阶等级的不同和战场上作战的实际需要主要分为：军官铠甲（图1-7-1）、步兵铠甲（图1-7-2）、骑兵铠甲和御车兵铠甲四种不同类型。秦代军服中的铠甲灵活实用，方便作战，为秦始皇打败六国起到了一定的积极作用。甲衣的多样化还有利于标出军队兵种和区分官兵军阶等级，有利于强化军事管理。此外，秦代铠甲对以后的军服和民服也起到了一定的影响作用。如前后身形的铠甲，经两汉时期的发展变化，至南北朝时，成为一种新式的甲衣——裲裆甲，其后又为民服所吸收，成为一种非常有时代特色的“裲裆衫”。

秦兵俑的战袍是上下连属制，交领右衽，衣长及膝，曲裾，后身下摆呈燕尾式，基本形制类似深衣（图1-7-3）。秦俑所穿的裤子有长短两种款式：长款裤子裤腿从战袍下裾露出，裤长及脚踝，裤口收小，难于判断是否为连裆裤结构；短款裤长及膝，裤口呈喇叭状，裸露的小腿部分用行藤缠护，裤腰和裤裆部分被战袍遮挡，具体结构难于判定。

图1－7－1　秦代将军俑

图1-7-2　秦代步兵俑

图1-7-3　轻装步兵俑的战袍

第八章 汉代服饰（公元前206—公元220年）

一、汉代服饰的历史背景

汉代包括西汉（公元前206—公元25年）和东汉(25—220年)。在整个汉代400余年的发展历程中，服饰发展很不平衡。西汉初，国家初创、百废待兴，服饰亦甚为简单，大部分服饰直接承袭了秦代风格。汉武帝以后，对服饰制度开始重视，初步制定了朝臣的服饰等级制度，服饰开始繁荣，比奢之风开始出现，但服饰制度还不完善。59年，东汉明帝下诏恢复和制定新的服饰制度，才使汉代服饰制度真正确立。当时，参照周代服饰制度，恢复了被秦始皇废止的传统礼服——冠服制度，确立了朝官服饰的使用等级、皇后的服饰内容以及朝官的佩绶等服饰等级制度，使服饰的等级区别更加严格。从此，汉代的服饰制度跨上了一个新的台阶，它标志着中国古代服饰制度进入了比较丰富的阶段。

西汉时，张骞出使西域，开通了丝绸之路，促进了中西方经济文化的交流，促进了民族间的融合与发展，同时对促进汉代的兴盛产生了积极作用。丝绸之路将古代亚洲、欧洲和非洲的古文明联结在一起，中国的四大发明、养蚕织缫丝技术以及绚丽多彩的丝绸产品、茶叶、瓷器等，通过丝绸之路传送到了世界各地。同时，中亚、印度等地区和国家的文化也源源不断地输入中国，使古老的中华文明得以更新和发展。丝绸之路是古代中国走向世界之路，是中华民族向全世界展示其伟大创造力和灿烂文明的门户，也是古代中国得以与西方文明交融交汇、共同促进世界文明进程的合璧之路。

图1–8–1　长冠

二、汉代男子服饰

汉代服饰的发展变化，冠、巾和帻是其突出代表。汉代的冠是区分等级身份的基本标志之一，其种类来源于三个方面：恢复周礼之冠、承袭秦代习俗和本朝创新形成。汉代冠的种类繁多，包括冕冠、长冠、委貌冠、爵弁、通天冠、远游冠、高山冠、进贤冠、法冠、武冠、建华冠、方山冠、术士冠、却非冠、却敌冠、樊哙冠等。它们和各式各样的巾、帻一起，使汉代男子的服饰颇具韵味。长冠，传说汉高祖刘邦做亭长时，常戴一种用竹子编制而成的冠。得天下以后，仍然十分喜欢，常以为冠，故又被称作“刘氏冠”“竹皮冠”或“高祖冠”等（图1-8-1）。

汉承秦后，以袍为朝服，袍即深衣制。汉代男子的袍服大致分为曲裾、直裾两种。曲裾袍，即为战国时期流行的深衣，汉代仍然沿用，但多见于西汉早期，到东汉，男子穿深衣者已经少见，一般多为直裾袍。曲裾袍的样式多为大袖，袖口部分收紧缩小；交领右衽，领子低袒，穿时露出里衣；袍服的下摆常打一排密褶裥，有些还裁成月牙状（图1-8-2、图1-8-3）。

图1-8-2　穿曲裾袍的男子

汉代，裤子的形式得以逐步完善。当时裤子皆无裆，只有两只裤管，形制与以后的套裤相似，穿时套在胫部，所以又被称为“胫衣”，也称“绔”或“袴”。汉代男子所穿的裤子，有的裤裆极浅，穿在身上露出肚脐，但是没有裤腰，而且裤管很肥大（图1-8-4）。后来，裤腰加长可以达到腰部，而且增加了裤裆，但是没有缝合，在腰部用带子系住，就像今天小孩子的开裆裤，然后在裤子外面围下裳——裙子。汉代的裤子分为长短两种，长的叫“裈”，短的叫“犊鼻裈”，经常和襦搭配穿用。

三、汉代女子服饰

汉代贵族妇女的礼服仍承古仪，以深衣为尚。汉代贵族妇女所穿的深衣制礼服，主要通过色彩、花纹、质地、头饰、佩饰等来表明身份、地位的不同。汉代女子所穿的深衣，衣长及地，行走的时候不会露出鞋子；衣袖有宽窄两式，袖口大多镶边；衣襟绕襟层数在原有基础上有所增加，腰身裹缠得很紧，在衣襟角处缝一根绸带系在腰臀部位，下摆呈喇叭状，能够把女子身体的曲线美很好地凸显出来。衣领是最有特色的地方，使用的是交领，而且领口很低，这样就可以露出里面衣服的领子，最多的时候可穿三层衣服，当时人称“三重衣”（图1-8-5）。

袿衣为女子常服，服式似深衣，底部由衣襟曲转盘绕形成两个尖角。其实，袿衣就是采用斜裁法制成的长襦衣，有上广下狭的斜幅垂在衣旁，形状如刀圭，故得名（图1-8-6）。

襦裙装是与深衣上下连属制所不同的另一种形制，即上衣下裳制。

图1-8-3　男子曲裾袍示意图

图1-8-4　东汉说唱俑所穿的裈

图1-8-5　汉代穿三重衣的女子

图1-8-6　汉代女子袿衣

第九章 魏晋南北朝时期服饰
——中国服饰史上第二次服饰变革（220—581年）

一、魏晋南北朝时期服饰的历史背景

东汉末年，皇室衰微，上层统治阶层内部分崩离析，导致天下大乱，三国鼎立，最终两晋统治阶层争权，周边的许多游牧民族乘虚而入。从220年曹丕代汉，到589年隋灭陈统一全国的300多年间，先有魏、蜀、吴三国争霸，后有司马炎代魏建立晋朝，统一全国，史称西晋，但不到40年就灭亡。司马睿在南方建立偏安的晋王朝，史称东晋。在北方，有几个民族相继建立了国家，使北方进入五胡十六国时期。东晋后，南方历宋、齐、梁、陈四朝，统称为南朝。与此同时，鲜卑拓跋氏的北魏统一北方，后又分裂为东魏、西魏，再分别演变为北齐、北周，统称为北朝。最后，杨坚建立隋朝，统一全国，方结束了南北分裂的局面。

魏晋南北朝时期，一方面战争不断，朝代更替频繁，使社会经济遭到相当程度的破坏；另一方面，战争和民族大迁徙使不同民族和不同地域的文化相互碰撞、交流，对服饰的发展产生了积极的影响。

玄学作为魏晋南北朝时期的主要哲学思想体系，对当时的服饰文化产生了深远的影响，无论在着装的思想意识方面，还是服装款式的表现形式上，都有鲜明的体现。

魏晋南北朝上承秦汉，下启唐宋，但服装的整体风格却与前朝后代大相径庭。其服饰一改秦汉的端庄稳重之风，也与唐代开放艳丽、雍容华贵的服饰风格不同，追求“仙风道骨”的飘逸和脱俗，形成独特的褒衣博带之势。在动荡的社会背景下，这个时期朝服饰的整体色彩呈现暗淡的蓝绿调子，服饰造型瘦长，优雅飘逸。

二、魏晋南北朝时期男子服饰

魏晋南北朝时期是最富个性审美意识的朝代，文人雅士纷纷毁弃礼法，行为放旷，执着于追求人的自我精神和特立独行的人格，重神理而遗形骸，表现在穿着上往往是蔑视礼教，适性逍遥，不拘礼法，率性自然，甚至袒胸露脐。同时，清谈玄学在士人之间成为一种时尚，强调返璞归真，一任自然。对人的评价不仅仅限于道德品质，而且对人的外貌服饰、精神气质亦十分注重，认为服饰的外在风貌表现出高妙的内在人格，是内外完美的统一的表征，因而形成了一种独特的风格，即著名的魏晋风度。

魏晋南北朝时期，人们崇尚道教和玄学，体现在服饰上就是追求“仙风道骨”的风度，喜欢穿宽松肥大的衣服，世称“大袖衫”。魏晋男子的大袖衫与秦汉时期袍的主要区别在于：袍有祛，即收敛袖口的袖头，而大袖衫为宽大敞袖，没有袖口的祛。由于不受衣祛限制，魏晋服装日趋宽博，一时，上至王公名士，下及黎民百姓，均以宽衣大袖为时尚。使用黑漆细纱制成的漆纱笼冠是魏晋南北朝时期极具特色的主要流行冠式，不分男女皆可戴用，其特点是平顶，两侧有耳垂下，下边用丝带系结（图1-9-1）。

三、魏晋南北朝时期女子服饰

魏晋南北朝时期，两汉经学崩溃，个性解放，玄学盛行，人们讲究风度气韵，服装轻薄飘逸。该时期的女装承袭秦汉遗风，在传统服制的基础上加以改进，并吸收借鉴了少数民族服饰特色，创造了奢靡异常的女装风貌。服饰整体风格分为窄瘦与宽博两种倾向，或为上俭下丰的窄瘦式，或为褒衣博带的宽博式。一般妇女日常所服的主要样式有杂裾垂髾、帔帛、襦裙、衫、袄等。

杂裾垂髾是魏晋时期最具有代表性的女装款式，它是传统深衣的变制。魏晋时期，传统的深衣已不被男

图1-9-1 漆纱笼冠与大袖衫示意图

图1-9-2 杂裾垂髾示意图

子采用，但在妇女中间却仍有人穿着并有所创新，主要体现在下摆，人们将下摆裁成数个三角形，上宽下尖，层层相叠，因形似旌旗而得名“垂髾”。垂髾周围点缀飘带，作为装饰。因为飘带拖得比较长，走起路来带动下摆的尖角随风飘起，如燕子轻舞，煞是迷人，所以又有“华带飞髾”的美称（图1-9-2）。

魏晋南北朝时期，女子的襦裙装在承袭秦汉服制的基础上也发生了较大的变化。上衣逐渐变短，衣身变得细瘦，紧贴身体；分斜襟和对襟两种领型，开始袒露小部分颈部和胸部；衣袖变得又细又窄，但在小臂部突然变宽；在袖口、衣襟、下摆等处装饰不同色彩的缘边；腰间系一围裳或抱腰，外束丝带。下装裙子也在有限的范围内极力创新，大展魅力，与魏晋女性柔美的形象相得益彰。有的裙子下摆加长，拖曳在地；有的裙子裙腰升高，裙幅增加，还增加许多褶裥，整个裙子造型呈上细下宽的喇叭形，这种上俭下丰的样式增加了视觉高度，给人瘦长之美感（图1-9-3）。

图1-9-3　对襟衫与长裙

四、魏晋南北朝时期的北方民族服饰

魏晋南北朝时期，虽然汉族居民仍长期保留着自己的衣冠习俗，但是，随着民族间的交流与融合，胡服的式样也逐渐融入汉族传统衣装中，从而形成了新的服装风貌。

突骑帽为西域地区传进的帽式，类似后来的风帽。原来可能是武士骑兵之服，后来普及于民间。突骑帽的圆形顶部较合欢帽略低，加上垂下的裙披，戴时多用布条系扎顶部发髻。女子帽则有高帽顶，由四片缝合而成，后部有下披的巾子（图1-9-4）。

裤褶，原是北方游牧民族的传统服装，其基本款式为上穿短身、细袖、左衽之袍，下身穿窄口裤，腰间束革带。《急就篇》颜师古注"褶"字曰："褶，重衣之最在上者也，其形若袍，短身而广袖。一曰左衽之袍也。"褶作为北方少数民族服饰，与汉族传统服饰的宽袍大袖有所不同，其典型特点即是短身、左衽，衣袖相对较窄。在长期的民族大融合中，汉族人接受了褶并做了一些创新，把原本细窄的衣袖改为宽松肥大的袖子，衣襟也改为右衽。因此，从魏晋南北朝时期出土的考古资料中我们看到了丰富多彩的服装结构：褶既有左衽，也有右衽，还有相当多的对襟；袖子有短小窄瘦的，也有宽松肥大的；衣身有短小紧窄的，也有宽博的；上衣的下摆有整齐划一的，也有正前方两个衣角错开呈燕尾状的等。这些衣衽忽左忽右，袖子、衣身忽肥忽瘦，忽长忽短的服饰现象，表明了在当时民族大融合的背景下，服饰的互渗、交流现象。

裤褶的下装是合裆裤，这种裤装最初是很合身的，行动起来相当利落，适合骑马奔驰和从事劳动。传到中原以后，尤其是当某些文官大臣也穿着裤褶上朝时，引起了保守派的质疑，认为这样两条细裤管立在朝堂不合体统，与古来礼服的上衣下裳样式实在是相去甚远。因此，有人想出一个折衷的办法，将裤管加肥，这样立于朝堂宛如裙裳，待抬腿走路时，仍是便利的裤子。可是，裤管太肥大，有碍军阵急事。于是，有人便将裤管轻轻提起，然后用三尺长的锦带系在膝下将裤管缚住，于是又派生出了一种新式服装——缚裤。魏晋

图1–9–4　戴突骑帽、穿披风的北齐文官俑

图1–9–5　裤褶示意图

图1–9–6　裲裆

南北朝时期，汉族上层社会男女也都穿裤褶，脚踏长靿靴或短靿靴。这种形式，反过来又影响了北方的服装样式（图1-9-5）。

裲裆也是北方少数民族的服装，是由军戎服中的裲裆甲演变而来的。这种衣服没有衣袖，只有两片衣襟，《释名 · 释衣服》称："裲裆，其一当胸，其一当背也。"裲裆可保体温，而又无衣袖妨碍手臂行动。裲裆有单、夹、皮、棉等制式，为男女都用的服式。既可着于衣内，也可着于衣外。这种服式一直沿用至今，南方称马甲，北方称背心或坎肩（图1-9-6）。

第十章 隋唐五代服饰（581—960年）

581年，隋文帝杨坚夺取北周政权建立隋朝，后灭陈统一中国，结束了西晋末年以来分裂割据的局面。隋初厉行节约，衣着简朴。至隋炀帝即位，才下诏宪章古制，完成对汉族服饰制度的重新拟定。618年唐朝建立，唐代疆域广大，政令统一，物质丰富，与西域、中亚及中东各国各民族频繁的贸易往来和文化交流，更促进了唐朝经济、文化的繁荣与发展。唐王朝的经济、文化是中国封建社会最鼎盛的时期，其艺术、服饰风格出现了自由、奔放、积极、活泼等特点，传统风格、自然的人文风格、西域风格、宗教风格等争奇斗艳。近300年的唐代服饰经过长期的承袭、演变、发展，成为中国服装发展史上一个极为重要的时期。五代十国的服饰基本延续了唐代旧制，没有太大变化。

一、隋代服饰

（一）隋代服饰的历史背景

在近300年的分裂以后，隋王朝统一了南北大地，虽然隋代国祚短暂，但是它在统一大业上作出的贡献是不可低估的。从出土文物来看，隋代的服装基本上仍保持着北朝的式样，是承前启后的一个时期。隋文帝厉行节俭，衣着简朴，在服饰上没有严格的规定，而且对于等级尊卑也不太重视。但到隋炀帝统治时，为了显示皇帝的权威，他恢复了秦汉以来推行的章服制度。由于经济逐渐恢复，致使崇尚华丽、铺张奢靡的风气日盛，并且一直延续至唐代。

（二）隋代服饰的特点

先是恢复冕服上的十二章纹样。冕服十二章纹样自周代确立，在南北朝时期曾经有所改变，即将十二章纹样中的日、月、星辰三章放到了旗帜上，而服装上仅保留有九章。至隋炀帝时，他取“肩挑日月，背负星辰”之意，将日、月两章分列两肩，星辰列在背后，又将日、月、星辰三章放回到冕服上，恢复了自西周确立的十二章纹样。自此，十二章纹样再次成为历代皇帝冕服的既定装饰。

再是改革冕冠。隋文帝在位时，平时只戴乌纱帽；隋炀帝则根据不同场合戴通天冠、远游冠、武冠、皮弁等不同的冠，并制定了新的规定。冕冠前后都有象征尊卑的冕旒，其数量越多，表示地位越高。冕旒用青珠，皇帝十二旒十二串，亲王九旒九串，侯八旒八串，伯七旒七串，三品七旒三串，四品六旒三串，五品五旒三串，六品以下无珠串。可不要小看这小小的冕旒，隋炀帝曾借助它取得隋文帝的信任，进而封为太子。隋炀帝做皇子时，他所戴的冕冠上的冕旒所用的白色珠子的长度与文帝非常相近，他为了表示自己对文帝的尊敬，表达自己的谦卑之心，上书要求将自己的冕旒珠子的颜色改为青色，旒数改为九串，长度也比天子的缩短两寸。古代帝王最忌讳的就是别人对自己地位的僭越，因此，文帝对杨广所奏十分满意。这是杨广为博取父皇欢心所做的努力之一。除此之外，隋炀帝对其他的冠也做了详细的规定：通天冠也是根据珠子的多少表示地位的高下，隋炀帝所戴的通天冠，装饰金博山；隋炀帝所戴的皮弁用十二颗珠子（琪）装饰（古时用玉琪，隋炀帝改用珠），太子和一品官九琪，下至五品官每品各减一琪，六品以下无琪；进贤冠，以冠梁区分级位高低，三品以上三梁，五品以上二梁，五品以下一梁；谒者大夫戴高山冠，御史大夫、司隶等戴獬豸冠。

文武百官的朝服为绛纱单衣，白纱中单，绛纱蔽膝，白袜乌靴。男子官服，在单衣内襟领上衬半圆形的硬衬“雍领”。戎服五品以上紫色，六品以下绯与绿色，小吏青色，士卒黄色，商贩皂色。另外，隋代官员穿南北朝裤褶服可以从驾，唐初也穿朱衣、大口裤入朝，但后因裤褶服非古礼而被禁止。武官多穿大袖襦、大

图1-10-1　隋代彩绘女俑

图1-10-2　隋代供养人壁画

口缚裤，虎皮裲裆铠、靴子，头戴介帻，右手执双环刀，上嘴唇的胡子，把两端捻成菱角形略微上翘，下颌的胡须或打成单辫下垂，或打成两辫分列两旁。这种缠须的风气，源于北方少数民族，从晋代起影响中原。

隋炀帝所规定的皇后服制有袆衣、朝衣、青服、朱服。贵妇穿大袖衣，外披帔或小袖衣，小袖外衣多为翻领式。侍从婢女及乐伎则穿小袖衫、高腰长裙，腰带下垂，肩披帔帛，给人俏丽修长之感（图1-10-1，图1-10-2）。

二、唐代服饰——中国服饰史上第三次服饰变革

（一）唐代服饰的历史背景

唐初推行"均田制"的土地分配和"租庸调"的租赋劳役制度，经贞观、开元两个阶段，唐代经济得到极大的发展，出现了空前繁荣的景象。唐代的文学和艺术，包括唐诗、书法、洞窟艺术、工艺美术、服饰文化等，都在华夏传统的基础上，吸收融合域外文化而推陈出新。唐代疆域广大，政令统一，物质丰富，对外交流频繁，长安是当时最发达的国际性城市。国家强大，人民充满着民族自信心，所以唐代对于外来文化采取开放政策，外来异质文化成为大唐文化的补充和滋养，使唐代服饰呈现雍容大度、百美竞呈的气象，这便是中国服装史上的第三次服饰变革。

（二）唐代男子服饰

唐高祖李渊（618—626年在位）于武德七年颁布了著名的"武德令"，其中包括服装的律令，内容基本因袭隋朝旧制，凡是从祭的祭服和参加重大政事活动的朝服与隋代基本相同，而形式上则比隋代更富丽华美。一般场合所穿的公服和平时燕居的生活常服，则吸收了南北朝以来在华夏地区已经流行的胡服，特别是西北鲜卑民族服装以及中亚地区国家服装的某些成分，使之与华夏传统服装相结合，创制了具有唐代特色的服装新形式。圆领袍衫、幞头、革带、长靿皂革靴配套，是唐代男子的主要服装样式。虽然，唐代男装服式相对女装较为单一，但是在服色上却有详细严格的规定。

圆领袍衫，又称团领袍衫，属上衣下裳连属的深衣制，一般为圆领、右衽，领、袖及衣襟处有缘边，前后衣襟下缘各接横襕，以示下裳之意。文官衣略长而至足踝或及地，武官衣略短至膝下。袖有宽窄之分，多随时尚而变异，有单、夹之别。穿圆领袍衫时，头戴幞头，足蹬长靿皂革靴，腰束革带，这套服式一直延至

图1-10-3　唐太宗李世民着圆领袍衫与幞头

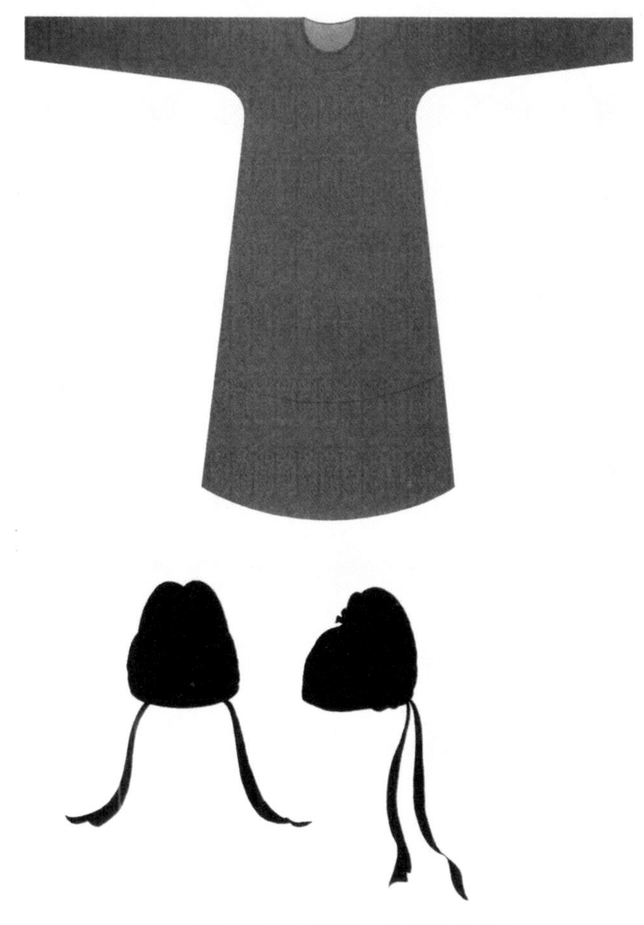
图1-10-4　圆领袍衫与幞头示意图

宋明（图1-10-3，图1-10-4）。

幞头，又名软裹，是一种用黑色纱罗制成的软胎帽。相传始于北齐，始名帕头，至唐始称幞头。初以纱罗为之，至唐代，因其软而不挺，乃用桐木片、藤草、皮革等在幞头内衬以巾子（一种薄而硬的帽子坯架），保证裹出固定的幞头外形。裹幞头时，除了在额前打两个结外，又在脑后扎成两脚，自然下垂。后来，取消前面的结，又用铜、铁丝为干，将软脚撑起，成为硬脚。唐时皇帝所用幞头硬脚上曲，人臣则下垂，五代时渐趋平直。幞头由一块民间的包头布演变成衬有固定的帽身骨架、展角造型完美的乌纱帽，前后经历了上千年，直到明末清初才被满式冠帽所取代（图1-10-5）。

（三）唐代女子服饰

唐代是中国封建社会的极盛期，经济繁荣，文化发达，对外交往频繁，世风开放，加之域外少数民族风气的影响，唐代妇女所受束缚较少。在这独有的时代环境和社会氛围下，唐代妇女服饰以其众多的款式，艳丽的色调，创新的装饰手法，典雅华美的风格，成为唐文化的重要标志之一。在唐代300多年的历史中，最流行的女装有“襦裙服”“女着男装”“女着胡服”三种风格的服装。

初唐的女子服装，大多是上穿窄袖衫或襦，下着长裙，腰系长带，肩披帔帛，足着高头鞋，这是该时期女子服装主要的时尚样式（图1-10-6、图1-10-7）。

半臂与帔帛是襦裙服的重要组成部分，半臂，又称“半袖”， 是一种从短襦脱胎出来的服式，因其袖长介于长袖与裲裆之间，故名半臂。一般为对襟，衣长与腰齐，并在胸前结带（图1-10-8）。

唐代的袒胸大袖衫，又称“明衣”，因其薄而透明，故得名。唐前，明衣原为礼服的一部分，用薄纱制

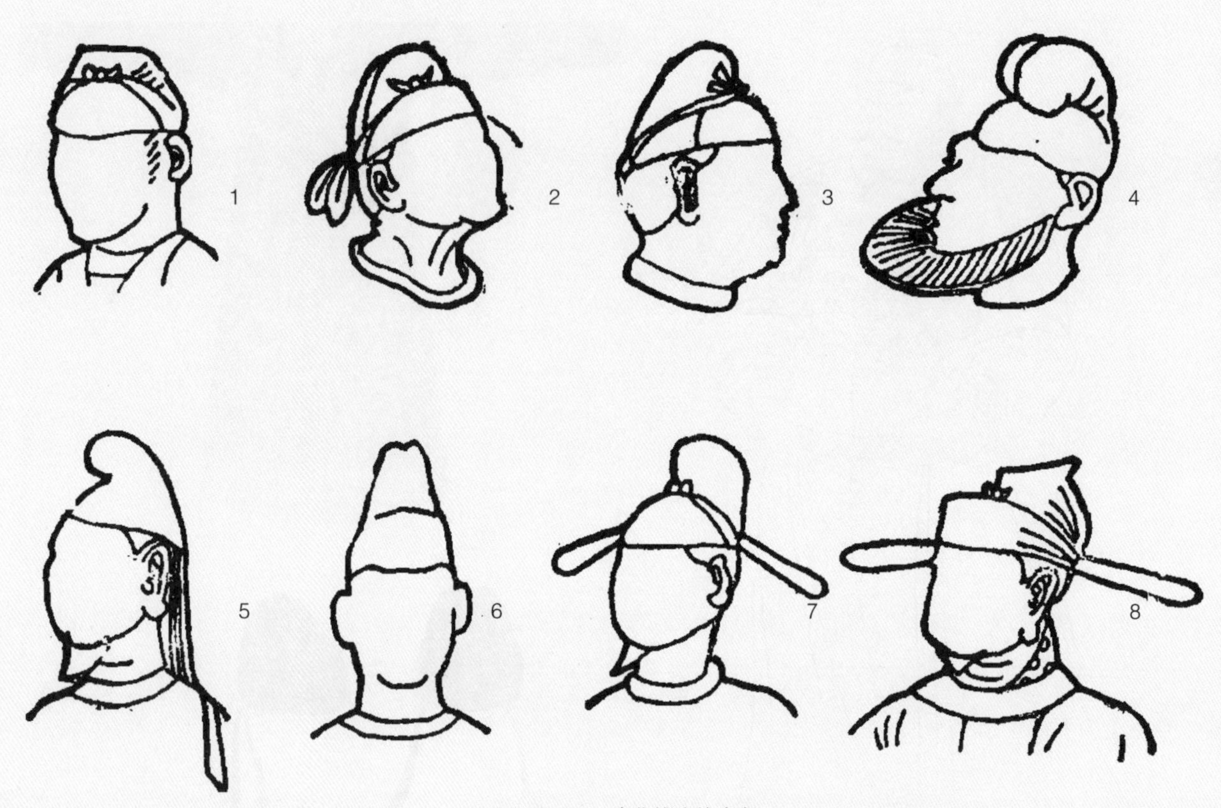

图1-10-5　唐代幞头的演变

图1-10-6　初唐壁画人物（穿窄袖衫、半臂、高腰长裙，披帔帛）

图1-10-7　襦裙服示意图

图1-10-8　唐三彩俑（穿半臂、窄袖襦，配高腰长裙）

图1-10-9　唐《簪花仕女图》（袒胸裙衫与帔帛）

图1-10-10　唐代画家张萱《虢国夫人游春图》中的女着男装形象

图1-10-11　女着胡服形象

图1－10-12　女着回鹘装形象

成，穿着于内。至唐代，被当作外衣，肌肤若隐若现，平添了几分风韵与性感。唐代女子的裙装，腰高至胸部，袒露胸背，裙长曳地，造型瘦俏，可以充分展现女子的形体美（图1-10-9）。

女着男装在中国封建社会是较为罕见的现象，《礼记·内则》曾规定："男女不通衣服。"女子穿男装，被认为是不守妇道。但在气氛非常宽松的唐代，女着男装蔚然成风。女着男装，即女子全身仿效男子装束，这是唐代女子服饰的一大特点（图1-10-10）。

女着胡服也是唐代妇女的流行时尚。胡服的特征是翻领、窄袖、对襟，在衣服的领、袖、襟、缘等部位，一般多缀有一道宽阔的锦边。唐代妇女所着的胡服，包括西域胡人装束及中亚、南亚异国服饰，这与当时胡舞、胡乐、胡戏（杂技）、胡服的传入有关（图1-10-11）。

唐代还流行一种叫作回鹘装的胡服。在甘肃安西榆林窟壁画上，可以看到贵族妇女穿着回鹘衣装的形象（图1-10-12）。

唐代虽开始崇尚小脚，但女子大多仍为天足，故鞋履样式与男子无大差别。唐代妇女最典型的时尚鞋履，是继魏晋南北朝发展演变而来的高头履，其特征是履头高翘，按履头形式可分云头履、重台履、雀头履、蒲草履等。云头履是一种高头鞋履，以布帛为之，鞋首絮以棕草，因其高翘翻卷，形似卷云而得名（图1-10-13）。

图1-10-13　唐代宝相花纹锦履

（四）唐代服饰织物纹样

唐代服饰织物的艺术风格，以富丽绚烂、流畅圆润为特征，装饰纹样中动物、花卉所占比重最大，鸟兽成双，左右对称，花团锦簇，生趣盎然。从敦煌莫高窟的彩塑和壁画中的服饰图案，可以领略唐代自由、丰满、华美、圆润的服饰纹样，以及注重对称的装饰艺术效果（图1-10-14、图1-10-15）。

三、五代十国服饰

五代自后梁开平元年（907年）至南唐交泰元年（958年）约50年，虽处于五代十国分裂时期，但服饰方面官服仍大体沿袭唐制。五代的官服式样承唐启宋，男子一般穿着圆领衫子，腰系帛鱼，头戴幞头。幞头变化较显著，自晚唐以后，由软脚变为硬脚。五代时期，人们不再崇尚奢侈华丽，转而追求淡雅和清秀。女装基本同晚唐相似，以窄袖短襦和长裙为主。不同之处是女子襦裙的腰身下移，相比唐代的高束胸腰线，更便于穿着和行动。裙带加长，披帛也较晚唐狭长，约三四米，上衣加半臂，交领或对襟。

图1-10-14　唐代丝绸图案

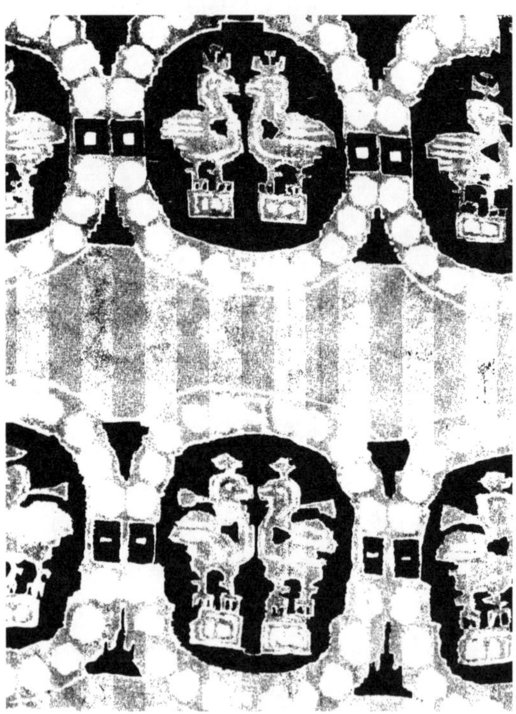

图1-10-15　唐代联珠对鸟纹锦

第十一章 宋代服饰（960—1279年）

一、宋代服饰的历史背景

960年，后周大将赵匡胤在陈桥发动兵变，黄袍加身，率军队回到首都开封，夺取政权，建立了宋王朝，史称北宋。1127年，东北地区的女真族利用宋王朝内部危机，攻入汴京，掳走徽钦二帝，史称“靖康之难”。钦宗之弟康王赵构南越长江，在临安(今浙江杭州)登基称帝，史称南宋。宋太祖赵匡胤在陈桥兵变中获得政权后，为加强中央集权统治，“杯酒释兵权”。当辽、金、西夏等游牧民族武力入侵的时候，宋朝统治阶层无力与之抗衡，只得大量攫取民间财物向异族统治者称臣纳贡，换取暂时的和平，最后偏安江南，继而被蒙古军所灭。在国家危急时刻，宋朝统治阶级不是采取修明政治、变革图强的政策，而是强化思想控制，进一步从精神上奴化人民。在这种背景下，出现了程朱理学和以维护封建道统为目的聂崇义的《三礼图》。宋代的整个社会文化趋于保守，“偃武修文”的基本国策，使“程朱理学”占统治地位，主张“言理而不言情”。在这种思想的支配下，人们的美学观念也发生了变化，整个社会舆论主张服饰不应过分豪华，而应崇尚简朴，尤其是妇女的服饰，更不应该奢华。朝廷也三令五申，要求服饰“务从简朴，不得奢侈”，从而使宋代服饰具有质朴、理性、高雅、清淡之特色。

二、宋代男子服饰

宋代百官的朝服为绯色罗袍裙，衬以白花罗中单，束以大带，再以革带系绯罗蔽膝，方心曲领，白绫袜黑皮履。六品以上官员挂玉剑、玉佩，另在腰旁挂锦绶，用不同的花纹作为官品的区别。着朝服时戴进贤冠、貂蝉冠或獬豸冠，并在冠后簪白笔，手执笏板（图1-11-1）。

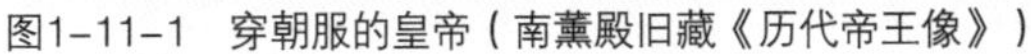

图1-11-1　穿朝服的皇帝（南薰殿旧藏《历代帝王像》）

图1-11-2　宋太祖赵匡胤公服像

图1-11-3 《宋仁宗皇后像》（南薰殿旧藏）中的命妇服

宋代官员在朝会、公务等场合常穿公服，样式为圆领大袖，腰间束以革带，头上佩戴幞头，脚登靴或革履。其中，革带是官职标志之一，凡绯紫服色者都加佩鱼袋（图1-11-2）。幞头是宋代官员常服的首服，宋代幞头和唐代幞头相比有所创新，最明显的变化是幞头的两脚。宋代幞头已由唐代的软脚发展为各式硬脚，且以直脚为多，两脚左右平直伸展并加长，每个幞脚最长可达一尺多，这种两脚甚长的幞头成为宋代典型的首服式样。据说宋代使用这种幞头是为了防止官员上朝交头接耳。官员们戴上这种左右伸展得很长的直角幞头上朝，必须身首端直，稍有懈怠，就会从两个翘脚上反映出来。当然，群臣之间若在朝上交头接耳、私下议论些什么，两翅更会随着身体的微微晃动而晃动，容易被发现。

三、宋代女子服饰

宋代命妇的服饰依据男子的官服而厘分等级，各内外命妇有礼衣和常服。命妇的礼衣包括袆衣、褕翟、鞠衣、朱衣和钿钗。皇后受册、朝谒景灵宫、朝会及诸大事要着袆衣；妃及皇太子妃受册、朝会着褕翟；皇后亲蚕着鞠衣；命妇朝谒皇帝及垂辇着朱衣；宴见宾客着钿钗礼衣。命妇服除皇后袆衣戴九龙四凤冠，冠有大小花枝各12枝，并加左右各二博鬓、青罗绣翟十二等外。宋徽宗政和年间（1111—1118年）规定，命妇首饰为花钗冠，冠有两博鬓加宝钿饰，着翟衣，青罗绣为翟，编次之于衣裳。翟衣内衬素纱中单，黼领，朱褾、襈，通用罗縠，蔽膝同裳色，以緅为缘加绣纹重翟。大带、革带、青袜舄，加佩绶，受册、从蚕典礼时着之。内外命妇的常服均为真红大袖衣，以红生色花罗为领，红罗长裙。红霞帔，药玉为坠子。红罗背子，

图1-11-4　宋人《瑶台步月图》中穿褙子的女子

黄、红纱衫，白纱裆裤，服黄色裙，粉红色纱短衫（图1-11-3）。

宋代女子服饰中，最具时代特色和代表性的是褙子。褙子是宋时最常见、最多用的女子服饰，贵贱均可穿着，而且男子也有着用的，构成了更为普遍的时代风格。褙子的形制大多是对襟，对襟处不加扣系；长度一般过膝，袖口与衣服各片的边都有缘边，衣的下摆十分窄细；不同于以往的衫、袍，褙子的两侧开高衩，行走时随身飘动，任其露出内衣，十分动人。穿着褙子者的外形一改以往的八字形，下身极为瘦窄，甚至成楔子形，使宋代女子显得细小瘦弱，独具风格，这与宋时的审美意识密切相连。宋代是中国妇女史的一个转折点，其服饰也带有明显的变化。唐代女子以脸圆体丰为美，衣着随意潇洒，出门可以穿男装、骑骏马；宋时的妇女受封建礼教的束缚甚于以往各代，尤较之唐代要封闭得多，一般不能出门，不能参与社交，受到男子的绝对控制，成为男子的附属品。所以当时女子以瘦小、病态、弱不禁风为美。褙子穿着后的体态，正好反映了这一审美观，再加之高髻、小而溜的肩、细腰、小脚，形成了十分细长、上大下小的外形，更加重了瘦弱的感觉，有非男子加以协助而不能自立之感，正迎合了大男子的心理满足欲（图1-11-4）。

缠足，兴起于五代，在宋代得以发展并影响了以后各代，直至民国初期。缠足在宋代的兴起不是偶然的，理学的盛兴、孔教的森严，视女子出大门为不守妇道，所以小脚正好合适。缠足后的女子，由于脚部很小，走路时必须加大上身相应的摆动以求得平衡，这使女子体态更加婀娜多姿。同时，缠足女子在站立、尤其是行走时显得更加弱不禁风，也适合当时男子对女子的审美要求。所以，缠足这一影响人的正常发育、损害人的正常功能的陋习，在当时社会的中上层妇女中盛行，而乡村妇女大多还是天然的大足。由于缠足，宋时女子穿靴的已不多见，缠过的小脚穿的多为绣鞋、锦鞋、缎鞋、凤鞋、金镂鞋等，而且鞋成了妇女服饰装饰的重点，以显示其瘦弱、“精致”的小脚，因此鞋上带有各式美丽的图案。古代诗文小说中所称的“三寸金莲”，指的就是这种病态的脚。不缠足的妇女（劳动妇女）俗称“粗脚”，她们所穿的鞋子，一般制成圆头、平头和翘头等式样，鞋面同样绣有各种花鸟图纹。

第十二章 辽金元服饰（916—1368年）

五代十国以后，同两宋并存的少数民族政权有北方的辽、金和蒙古等政权。1125年，金灭辽。1234年，蒙古灭金。1260年忽必烈即蒙古大汗位，1271年定国号为元。1279年，元灭南宋，统一全国。元朝延续了近百年，直到1368年亡于明。辽、金、元，都是非汉族的政权。辽，以契丹族为主；金，以女真族为主；元，则是以蒙古族为主。契丹人、女真人、蒙古人原先生活于我国北部地区。故这个时期，民族间矛盾尤为突出，而各族间经济文化上的交流也十分活跃。

一、辽代契丹族服饰

据《辽史·仪卫志》记载，辽太祖在北方称帝时，朝服只穿胄甲，其后在行瑟瑟礼、大射柳等重要场合也穿此服，可见其衣冠服制尚未具备。辽太宗入晋以后，受汉族文化的影响，创衣冠之制："北班国制（辽制），南班汉制，各从其便焉。"所谓南班、北班，按《辽史·百官志》称："至于太宗，兼制中国，官分南、北，以国制治契丹，以汉制待汉人。"所以服制也分两种，北官仍用契丹本族服饰，南官则承继晚唐五代遗制。后服制有所变易，虽为北班官员，凡三品以上，行大礼时也用汉服。常服仍分两式：皇帝及南班臣僚着汉服，皇后及北班臣僚着国服，以示区别。

辽代的巾帽制度与历代有所不同。据当时史志记载，除皇帝臣僚等具有一定级别的官员可以戴冠外，其他人一律不许私戴。巾裹的制度也是如此，中小官员及平民百姓只能裸头露顶，即使在冬天也是如此，从《契丹人狩猎图》中可以得见，其他资料里亦有反映。

辽代契丹族服装以长袍为主，男女皆然，上下同制。如《辽史》所载：皇帝大祀穿白绫袍、常服穿绿花窄袍，皇后穿络缝红袍，臣僚穿窄袍、锦袍等。这些长袍的样式，除在图像资料中有所反映外，实物也曾有出土，从中可见这个时期的服装特征，一般都是左衽、圆领、窄袖。袍上有疙瘩式纽襻，袍带于胸前系结，然后下垂至膝。长袍的颜色比较灰暗，有灰绿、灰蓝、赭黄、黑绿等几种，纹样也比较朴素，与史志记载相合。贵族阶层的长袍，大多比较精致，如辽宁法库叶茂台出土的棉袍，以棕黄色罗为地，通体平绣花纹，领绣二龙，肩、腹、腰部分别绣有簪花骑凤羽人及桃花、蓼花、水鸟、蝴蝶等纹样。龙凤纹样是汉族的传统纹样，在契丹贵族的服装上出现，反映了两族文化的相互影响。从形象资料来看，契丹族男子的服饰，在长袍的里面还衬有一件衫袄，露领子于外，颜色较外衣浅，有白、黄、粉绿、米色等；下穿套裤，裤腿塞在靴筒之内，上系带子于腰际。妇女也可穿裙，但多穿在长袍里面，脚穿长筒皮靴（图1-12-1）。

图1-12-1　契丹族服饰

二、金代女真族服饰

金女真族，自金太祖完颜阿骨打建国，前后共经历117年。金代服饰基本保留了女真族服装的特点。据文献记载，金代的服饰与辽代颇有相似之处，所不同的是金人多用皮毛为料，色彩多为浅淡的白色。由于金人的习俗是死后火葬，所以现存的实物几乎没有，本文所讲的主要以文字记载和绘画作品为依据。其衣以袍为主，左衽、圆领、小窄袖。服饰等级不分明，没有严格的规定，服饰简练而朴实。金人进入黄河流域后，吸取宋宫中的法物、仪礼等，从此衣着锦绣，并且在重大朝会典礼时，都习用汉族服饰文化传统。

天眷、皇统年间（1138—1149年），详定百官朝参之仪，并用朝服，依汉式造袍裳服饰，并着衮冕、通天冠，着绛纱袍等朝、祭服饰，而不像金初强迫汉人随女真族的礼俗了。就此金人在中原虽为统治者，但其服饰文化已被汉族所同化，成为汉文化的一部分。当时金人的朝服几乎全部沿用宋制，只是部分小有改动（具体是天子戴通天冠，着绛纱袍；百官分朝服、冠服、公服，仍以梁冠、衣色、腰带与佩鱼来区分等级）。

百官之常服，用盘领而窄袖，在胸膺间或肩袖之处饰以金绣花纹，以春水秋山活动时的景物作为纹饰，如鹘鹅、花卉、熊鹿、山林等。头裹四带巾，即方顶巾。用黑色的罗、纱，顶下二角各缀2寸左右的方罗，长7寸，巾顶中加以顶珠，足着马皮靴。脚下着靴，这也是女真族不论阶层、不分男女的通服。冠服制度确定以后，金人服饰也略有讲究。从文献记载来看，金代男子的常服通常由四部分组成，即头裹皂角巾、身穿盘领衣、腰系吐骼带和脚蹬马皮靴。

金代服饰的另一个重要特征是多用环境色，即穿着与周围环境相同颜色的服装。这与女真族的生活习俗有关。女真族属游牧民族，以狩猎为生，服装颜色与环境接近可以起到保护作用，便于靠拢被猎取的目标。所以除了着用野兽皮毛外，女真人服装颜色冬天多喜用白色，春秋则在衣上绣以“鹘捕鹅”“杂花卉”“熊鹿山林”等纹样，同样也是出于麻痹猎物的传统思维（图1-12-2）。

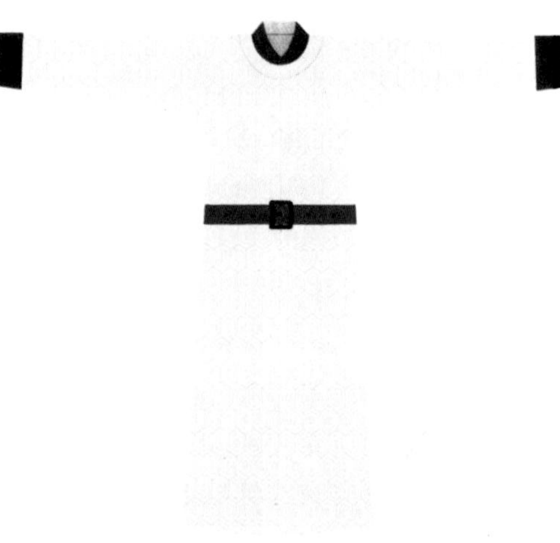

图1-12-2　金代男子服装示意图

金时妇女的服饰，上衣着团衫，直领而左衽，在腋缝两旁做双折裥；前长至地，后裾拖地尺余，用红绿带束之，垂之于下。许嫁之女则着背子，做对襟式，领加彩绣，前齐拂地，后拖地5寸。妇人的衣装都极为宽大，下身束襜裙。此式原本为辽人服饰，金人也袭而着之。裙的式样为左右各缺2尺左右，用布帛裹铁丝为圈，使其扩张展开，然后再在其外用单裙笼覆之。女真族妇人多辫发盘髻；自灭辽又入宋境后，有裹逍遥巾或裹头巾的，各随其所好而裹用。

三、元代蒙古族服饰

1206年，蒙古元太祖铁木真（尊称“成吉思汗”）建国，1254年灭金。1261年，铁木真的孙子元世祖忽必烈登上汗位；1271年，迁都大都（今北京），改国号为元。随后，在经过了8年的努力后，于1279年灭南宋，结束了从五代到南宋历时370多年政权并立的局面，建立了元朝统一大帝国。蒙古族人在进入中原以前从事比较单纯的游牧和狩猎经济，对汉族农业文明接触较少。建国以后，除汉文化外，还受到吐蕃喇嘛教文化、伊斯兰文化甚至欧洲基督教文化的影响。元朝统治期间，加强了欧亚大陆之间的贸易和文化交流活动。因此，元代社会显现出这样的特点：地域辽阔，种族混杂，各种文化交相辉映。既有农耕文化，也有草原文化；既有佛教文化，又有伊斯兰文化和欧洲基督教文化，造成了元代服饰的多样化特征。

图1-12-3　戴瓦楞帽、穿辫线袄子的陶俑

图1-12-4　戴瓦楞帽的男子

蒙古族男女的服装均以长袍为主，样式较辽宽大。虽入主中原，但其服饰制度始终混乱。男子平日燕居喜着窄袖袍，圆领，宽大下摆，腰部缝以辫线，制成宽围腰，或钉成排纽扣，下摆部折成密裥，俗称“辫线袄子”“腰线袄子”等。这种服式在金代就有，焦作金墓中有形象资料，元代时普遍穿用。首服为冬帽夏笠，各种样式的瓦楞帽为各阶层男子所用（图1-12-3、图1-12-4）。重要场合时，在保持原有形制外，也采用汉族的朝、祭服饰。元代天子原有冬服十一、夏装十五等规定，后又参酌汉、唐、宋之制，采用冕服、朝服、公服等。男子便装大抵各从其便，元代男子公服多从汉俗，“制以罗，大袖、盘领，俱右衽”。元人宫中大宴，讲究穿质孙服，即全身服饰配套，无论颜色、款式和质料。当时元人尚金线衣料，加金织物“纳石失”最为高级。元代蒙古族男子上至成吉思汗，下至国人发型，均剃“婆焦”，即将头顶“正中”及“后脑”头发全部剃去，只在前额正中及两侧留下三搭头发，如汉族小孩三搭头的样式。正中的一搭头发被剪短散垂，两旁的两搭绾成“两髫”悬垂至肩，以阻挡向两旁斜视的视线，使人不能狼视，称为“不狼儿”。

女子袍服仍以左衽窄袖大袍为主，里面穿套裤，无腰无裆，上钉一条带子，系在腰带上。颈前围一云肩，沿袭金俗。袍子多用鸡冠紫、泥金、茶或胭脂红等色。女子首服中最有特色的是“顾姑冠”，也叫“姑姑冠”，所记文字有所差异，主要因音译关系，无需细究。《黑鞑事略》载：“姑姑制，画（桦）木为骨，包以红绢，金帛顶之，上用四五尺长柳枝或铁打成枝，包以青毡。其向上人，则用我朝（宋）翠花或五彩帛饰之，令其飞动，以下人则用野鸡毛。”（图1-12-5）

图1-12-5　戴姑姑冠的皇后（南薰殿旧藏《历代帝后像》）

第十三章 明代服饰 (1368—1644年)

一、明代服饰的历史背景

元代后期，国力衰退，朝廷加紧盘剥，导致元末农民大起义，推翻了元朝的统治。1368年，朱元璋在南京称帝，建立明王朝。明太祖朱元璋为了恢复生产和保持明朝的“长治久安”，大兴屯田，兴修水利，推广种植桑、麻、棉等经济作物，使得农业生产迅速得到恢复。农业的发展促进了手工业的发展，明朝中期的冶铁、制瓷、纺织等都超过了前代水平，这些都为服装的发展奠定了物质基础。

二、明代男子服饰

明代冕服在使用范围上做了大幅度的调整，从过去的君臣共用变为皇族的专属服装。形式上追求古制，兼具周汉、唐宋的传统模式，但是复古不为古，经过几次调整之后，形成了明代的冕服系列。其核心内容仍是皇帝冠十二旒、衣十二章、上衣下裳、赤舄等基本服制。

明代常服采用唐代常服模式：头戴翼善冠，身穿盘领袍，腰束革带，足蹬皮靴。自明英宗开始，为了进一步凸显皇威，在皇帝常服上，开创性地按照冕服的布局加饰十二章纹，增强了这款一般性礼服的庄重色彩，这也是前朝历代不曾有过的创举（图1-13-1～图1-13-3）。

明代皇帝好龙，用龙彰显帝王的威严。龙，在中国人心中占据着独特的地位。上古时期，龙只是先民心中的一种动物，带有一定的平民性。到了唐宋时期，统治阶级为了利用人们对龙崇拜的心理，不但自诩为龙种，还垄断了龙形象的使用权，严禁民间使用龙的图案，甚至还严禁百姓提及龙字。而发展到了明代，龙更成为帝王独有的徽记，正式形成了在皇帝服装上绣大型团龙的服饰制度。

图1-13-1　明代皇帝常服像

图1-13-2　明代皇帝的金丝翼善冠

图1-13-3　头戴乌纱帽、穿盘领补服的明朝官吏

图1-13-4　明代文官补子

最能衬托大明皇帝的龙形象的，当然就是禽和兽了。明代官服制度规定文官官服绣禽，武将官服绣兽。“衣冠禽兽”在当时成为文武官员的代名词，也是一个令人羡慕的赞美词，只是到了明朝中晚期，官场腐败，“衣冠禽兽”才演变成为非作歹、如同禽兽的贬义词。明代官员常朝视事需穿常服，主要服装为头戴乌纱帽、身穿盘领衣、腰束革带、足蹬皂革靴。明代盘领衣是由唐宋圆领袍衫发展而来，多为高圆领的缺胯样式，衣袖宽大，前胸后背缝缀补子，所以明代官服也叫“补服”（图1-13-3）。

明代官服上最有特色的装饰就是“补子”。补子是明代官服上新出现的等级标志，也是明代官服的一个创新之举。所谓补子，就是在官服的前胸、后背缝缀一块表示职别和官阶的标志性图案。补子是一块长34厘米，宽36.5厘米的长方形织锦，文官官服绣飞禽，武将官服绣走兽。补写的具体内容：文官一品用仙鹤，二品用锦鸡，三品孔雀，四品云雁，五品白鹇，六品鹭鸶，七品鸂鶒，八品黄鹂，九品鹌鹑，杂职则用练雀，法官用獬豸；武官一、二品用狮子，三品虎、四品豹，五品熊罴，六、七品用彪，八品犀牛，九品海马（图1-13-4～图1-13-6）。补子不仅丰富了明代官服的内容，而且在昭明官阶的同时，还首次将文武官员的身份用系列、规范的形式表现出来，结束了历代文武官员穿着相同服饰上朝，文武难辨、品级难分的传统模式。所以，补子被明代之后的封建官场沿用，成为封建等级制度最为突出的代表。

明代乌纱帽由漆纱做成，两边展角翅端钝圆，可拆卸。圆顶，帽体前低后高，帽内常用网巾束发。帝王常服的头衣“翼善冠”也是乌纱帽的一种，不过是折角向上。明代乌纱帽的式样由唐、宋时期君民共用的幞头发展而来，明代成为统治阶层专用的帽子并成为做官的代称。

东晋成帝时（334年），令在宫廷中做事的官员戴一种用黑纱制成的帽子，称作“幅巾”，这种帽子很快在民间流传。

唐代称作“幞头”，是在魏晋幅巾的基础上形成的一种首服。在幅巾里面增加了一个固定的饰物，幞头形状变化多样，主要流行软脚幞头（参见图1-10-3）。

宋代幞头由唐代流行的软脚幞头变成硬脚幞头，并且展脚长度增加，每个约有一尺左右，两个展脚呈平直向外伸展的造型，据说是为了防止官员上朝后交头接耳而设计（图1-13-7）。幞头内衬木骨或藤草，外罩漆纱，形成固定造型。

自魏晋至唐宋一直在官民中流行的幞头，到明代成为统治者的专属品。从此，乌纱帽成了只有当官者才能戴的帽子，平民百姓不可戴（图1-13-8）。

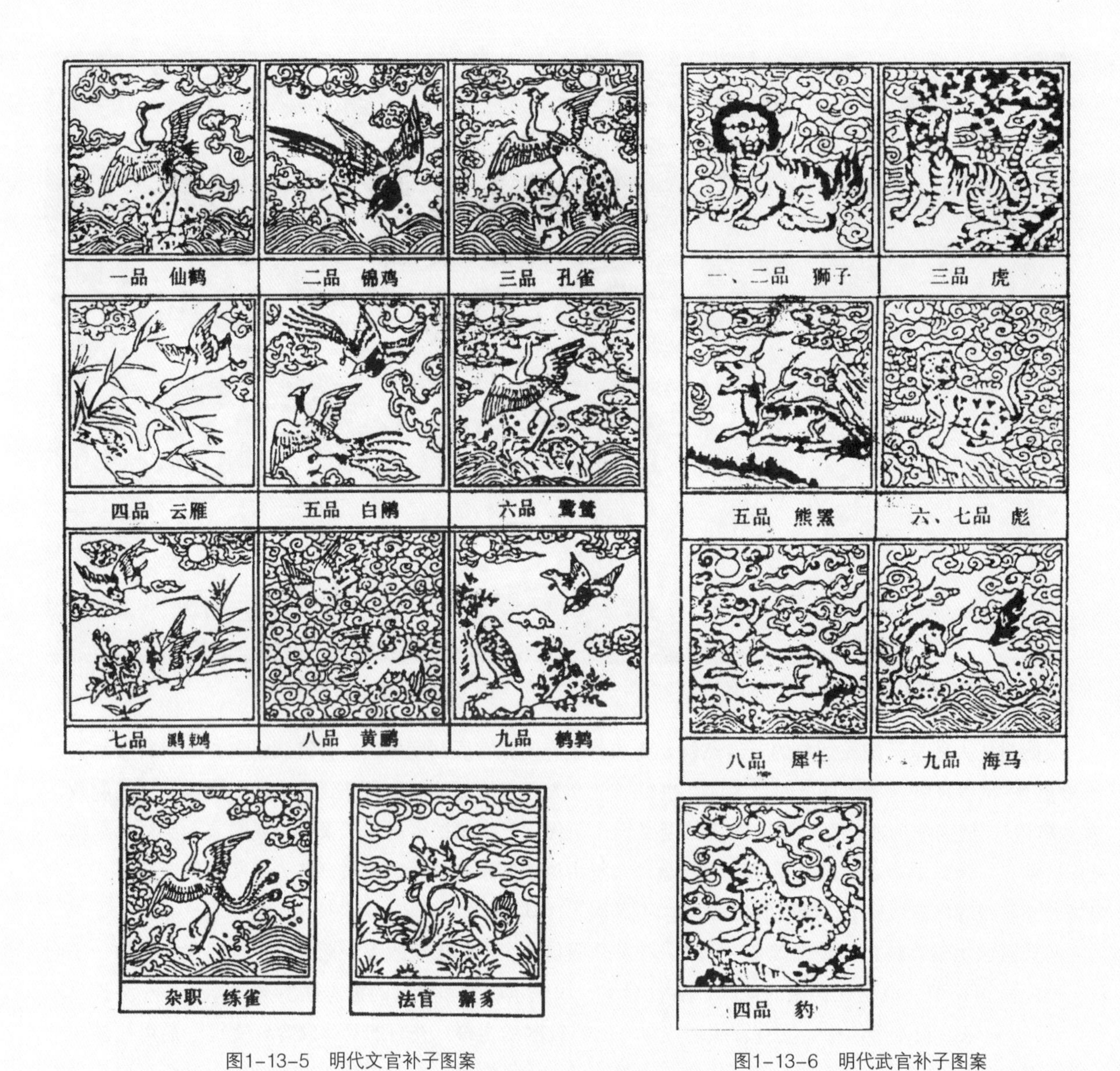

图1-13-5 明代文官补子图案

图1-13-6 明代武官补子图案

图1-13-7 宋代展脚幞头

明初有句民谣："二可怪，两只衣袖像布袋。"这种衣袖像布袋的衣服就是明代儒士穿的斜领大袖袍，明代称为直裰或直身。这款衣服衣身宽松，衣袖宽大，四周镶宽边，腰间系两根带子，与儒巾或四方平定巾搭配，一般为明代读书人穿着，风格清雅。这种衣服用来表现儒士的潇洒飘逸很合适，但对于劳动者来说，未免过于拖沓，因而被认为是一怪，也在情理之中。明代对一般男子的服饰也有严格规定，举人、监生的直身由玉色绢布制成，袖口、领口、下摆等处装饰黑色缘边；差役、皂隶等职位卑下者穿青色棉布衣（图1-13-9）。

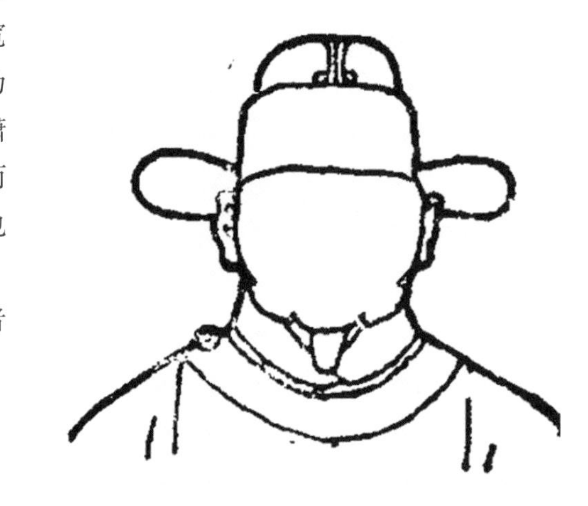

三、明代女子服饰

明代命妇所穿的服装，都有严格的规定，大体分礼服及常服。礼服是命妇朝见皇后、礼见舅姑、丈夫及祭祀时的服饰，以凤冠、霞帔、大袖衫及背子等组成。凤冠霞帔，可以说是明朝女子的最高追求目标，因为它造型华美、做工精良，同时还是皇后、王妃以及命妇穿用服装，所以，凤冠霞帔就成为身份、荣耀的标志，成为旧时富家女子出嫁时的装束。明代是在前期短期异族统治后重建的汉人政权，明代统治者高度重视恢复汉族服饰礼仪，故明代女子的衣装也多承袭唐宋汉族服制。但在承继唐宋汉族服制的基础上，仍然有一些创新、改革的新式样出现，凤冠霞帔就是其中的典型代表(图1-13-10）。

图1-13-8　明代乌纱帽

命妇燕居与平民女子的服饰，主要有衫、袄、帔子、褙子、比甲、裙子等，基本样式依唐宋旧制。明代褙子，有宽袖褙子、窄袖褙子。宽袖褙子，只在衣襟上以花边作为装饰，并且领子一直通到下摆；窄袖褙子，则袖口及领子都有装饰花边，领子花边仅到胸部（图1-13-11）。比甲的名称，见于宋元以后，但这种服饰的基本样式却早已存在。比甲为对襟、无袖，左右两侧开衩。隋唐时期的半臂，与比甲有一定渊源。明代比甲大多为年轻妇女所穿，且多流行在士庶妻女及奴婢之间（图1-13-12）。

图1-13-9　明代士人服饰

明代水田衣是平民妇女服饰，以各色零碎锦料拼合缝制而成，因整件服装织料色彩互相交错、形如水田而得名。它简单别致的特殊效果，受到明代妇女普遍喜爱。在唐代就有人用这种方法拼制衣服，王维诗中就有"裁衣学水田"的描述。水田衣的制作，开始时比较讲究匀称，各种锦缎料都事先裁成长方形，然后再有规律地编排缝制成衣。后来就不再拘泥于形式，织锦料子大小不一，参差不齐，形状也各不相同（图1-13-13）。

图1-13-10　戴凤冠、穿霞帔的明皇后（南薰殿旧藏《历代帝后像》）

图1-13-11　穿褙子的贵妇及侍女

图1-13-12　穿比甲的女子

图1-13-13　明代水田衣示意图

第十四章 清代服饰

——中国服饰史上第四次服饰变革（1616—1911年）

一、清代服饰的历史背景

1616年，女真族努尔哈赤统一女真各部，建国称汗，国号大金，史称“后金”。1636年，皇太极在盛京（今沈阳）称帝，建国号大清，是为清太宗。顺治元年（1644年）清世祖入关，定都北京。从皇太极改国号为大清起，清代共历11帝，统治276年。清朝的建立、强盛、衰微及至灭亡，直接牵动着中华服饰艺术风格的重大变化。女真族原是尚武的游牧民族，有自己的生活方式和服饰文化。打败明朝之后，已改称满族的清代统治者就想用自己的服饰来同化汉人，用满族统治汉人的意识推行服装改革，所以入关之后，就强令汉人剃发、留辫，改穿满族服装，这一举动引起汉族人民强烈的抵制，后采纳了明朝遗臣金之俊“十从十不从”，即“男从女不从，生从死不从，阳从阴不从，官从隶不从，老从少不从，儒从而释道不从，娼从而优伶不从，仕宦从而婚姻不从，国号从而官号不从，役税从而语言文字不从”的建议，在服饰方面，像结婚、死殓时女子都允许保持明代服式；未成年儿童、官府隶役和出行时鸣锣开道的差役，以及民间赛神庙会所穿，也用明式服饰；优伶戏服采取明式；释道也没有更改服装样式。这样才使民怨得到一些缓和，清代的服饰制度才能在全国推行，明代服饰技艺的成就也得以承继。

清朝中后期因统治者日趋腐朽，国力衰微，人民饥寒交迫，被迫起义，加上帝国主义的炮舰侵略，攻破了清朝封闭的国门。为了挽救清朝覆没的命运，清代宫廷以“中学为体，西学为用”的思想为指导，希望引进西方军事知识强化军队，镇压人民起义。故先后派遣留学生到西欧留学，军队也以西式操练法改练新军，从此西式的学生操衣、操帽和西式的军装、军帽，开始在中国学生和军人中出现，由于西式服装功能合理，故一经引进，就对近代中国服装结构的改革产生了重要的影响。随着西方势力的入侵，西方的文艺形式也渐渐进入清代宫廷，使闭关锁国的清代统治者开阔了眼界，并对清代王室成员的生活、衣着观念产生了影响。

图1-14-1　清嘉庆皇帝朝服像

图1-14-2 清康熙皇帝冬朝服

二、清代男子服饰

清代作为中国最后一个封建王朝，其服装的繁缛华丽是此前任何一个王朝都无法比拟的。皇帝冠服便是典型。皇帝冠服有礼服、吉服、常服和行服四种。每种都有冬、夏两式。礼服包括朝服、朝冠、端罩、衮服、补服；吉服包括吉服冠、龙袍、龙褂；便服即常服，是在典制规定以外的平常之服；行服则用于巡幸或狩猎。

礼服中的朝服是皇帝在重大典礼活动时最常穿着的典制服装。其式样是通身长袍，另配箭袖和披领，衣身、袖子、披领都绣金龙。根据不同的季节，皇帝的朝服又有春、夏、秋、冬四季适用的皮、棉、夹、单、纱等多种质地。朝服的形式与满族长期的生活习惯有关。满族先祖长期生活在无霜期短的东北，以渔猎为主要经济来源，“食肉、衣皮”他们的基本生活方式，尤其是满洲贵族穿用的服装多为东北特产的貂、狐等毛皮缝制。为方便骑马射箭，服装的形式采用宽大的长袍和瘦窄的衣袖相结合。衣领处仅缝制圆领口，并配制一条可摘卸的活动衣领，称“披领”；在两袖口处各加一个半圆形可挽起的袖头，因形似“马蹄”，称为“马蹄袖”。满族入关后，随着生活环境的变化，使得长袍箭袖失去实际的作用。但清前期的几位皇帝认为衣冠之制事关重大，它关系到一个民族的盛衰兴亡。到乾隆帝时进一步认识到，辽、金、元诸君，不循国俗，改用汉唐衣冠，致使国祚传之未久即趋于灭亡，深感可畏。所以祖宗的服饰不但没有改变，还在不断恢复完善，最终形成典章制度确定下来（图1-14-1、图1-14-2）。

补服是清代文武百官的重要官服，清代补服从形式到内容都是对明朝官服的直接承袭。补服以装饰于前胸及后背的补子的不同图案来区别官位的高低。皇室成员用圆形补子，各级官员均用方形补子。补服的造型特点是圆领，对襟，平袖，袖与肘齐，衣长至膝下。门襟有五颗纽扣，是一种宽松肥大的石青色外衣，当

图1-14-3　清代《万树园赐宴图》中穿吉服袍外罩补褂的官员

图1-14-4　琵琶襟马褂（传世实物）

时也称之为“外套”。清代补服的补子纹样分皇族和百官两大类。皇族补服纹样为五爪金龙或四爪蟒，各品级文武官员纹样为文官一品用仙鹤，二品用锦鸡，三品用孔雀，四品用雁，五品用白鹇，六品用鹭鸶，七品用鸂鶒，八品用鹌鹑，九品用练雀；武官一品用麒麟，二品用狮子，三品用豹，四品用虎，五品用熊，六品用彪，七品和八品用犀牛，九品用海马（图1-14-3）。

清代男子的官帽，有礼帽、便帽之别。礼帽俗称“大帽子”，其制有二式：一为冬天所戴，名为暖帽；一为夏天所戴，名为凉帽。凉帽的形制，无檐，形如圆锥，俗称喇叭式。材料多为藤、竹制成，外裹绫罗，多

图1-14-5　清代乾隆帝皇贵妃冬朝服像

图1-14-6　清代命妇礼服霞帔

用白色，也有用湖色、黄色等。官员品级的主要区别是在帽顶镂花金座上的顶珠以及顶珠下的翎枝，这就是清代官员显示身份地位的“顶戴花翎”。清初，花翎极为贵重，唯有功勋及蒙特恩的人方得赏戴，而“顶戴花翎”也就成为清代官员地位显赫的标志。到清中叶以后，花翎逐渐贬值，但其象征荣誉的作用依然存在。

清代一般男服有袍、褂、袄、衫、马甲、裤等。长袍，又称旗袍，原是满族衣着中最具代表性的服装。行褂，是指一种长不过腰、袖仅掩肘的短衣，俗称“马褂”（图1-14-4）。清兵入关后，在必须“剃发易服”的命令下，汉族也迅速改变原来宽袍大袖的衣式，代之以这种长袍。旗袍于是成为全国统一的服式，成为男女老少一年四季的服装。旗袍可以做成单、夹、皮、棉，以适应不同的气候。旗袍的样式为圆领、大襟、平袖、开衩。与长袍配套穿着的是马褂，罩于长袍之外。清朝男子已不着裙，而普遍穿裤。中原一带男子穿宽裤腰长裤，系腿带。西北地区因天气寒冷而外加套裤，江浙地区则有宽大的长裤和柔软的于膝下收口的灯笼裤。

三、清代女子服饰

清初，在“男从女不从”的约定之下，满汉两族女子基本保持着各自的服饰形制，满族女子服饰中有相当部分与男服相同。在乾隆、嘉庆以后，满族女子开始效仿汉服，虽然屡遭禁止，但其趋势仍在不断扩大。汉族女子清初的服饰基本上与明代末年相同，后来在与满族女子的长期接触中，不断演变，终于形成清代女子服饰特色。

妇女服饰中的最高等级是皇后、皇太后，亲王、郡王福晋，贝勒及镇国公、辅国公夫人，公主、郡主等皇族贵妇，以及品官夫人等命妇的冠服。清代命妇的冠服与男子的冠服大体类似，只是冠饰略有不同。皇后朝褂均为石青色，用织金缎或织金绸镶边，上绣各种纹饰。领后均垂明黄色绦，绦上缀饰珠宝。朝褂都是穿在朝袍外面，穿时胸前挂彩，领部有镂金饰宝的领约，颈挂朝珠三盘，头戴朝冠，脚踏高底鞋，非常华美（图1-14-5）。霞帔为女子专用。明时狭如巾带的霞帔至清时已阔如背心，中间绣禽纹以区分等级，下垂流苏。类似的凤冠霞帔在平民女子结婚时也可穿戴一次（图1-14-6）。

清代满族女子一般服饰有长袍、马甲、马褂、围巾等。满族女子着直身长袍，长袍有二式——衬衣和氅衣。清代女式衬衣为圆领、右衽、捻襟、直身、平袖、

图1-14-7　清代贞妃常服像

图1-14-8 清慈禧太后着色照片（穿氅衣，外套如意云头领对襟坎肩）

无开衩、有五个纽扣的长衣，袖子形式有舒袖、半宽袖两类，袖口内再另加饰袖头，是妇女的一般日常便服（图1-14-7）。氅衣与衬衣款式大同小异，小异是指衬衣无开衩，氅衣则左右开衩高至腋下，开衩的顶端必饰云头；氅衣的纹饰也更加华丽，边饰的镶滚更为讲究，在领托、袖口、衣领至腋下相交处及侧摆、下摆都镶滚不同色彩、不同工艺、不同质料的花边、花绦、狗牙等。咸丰、同治年间（1851—1874年），京城贵族妇女衣饰镶滚花边的道数越来越多，有“十八镶”之称。这种以镶滚花边为服装主要装饰的风尚，一直到民国期间仍继续流行。慈禧太后在一般场合都喜欢穿宽裾大袖的氅衣（图1-14-8）。

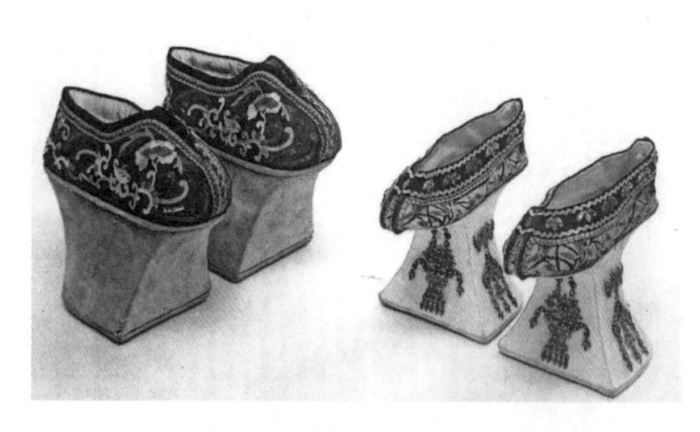

图1-14-9 清代满族妇女的传统高底绣花鞋

满族妇女的鞋极有特色。以木为底，鞋底极高，类似今日的高跟鞋，但高跟在鞋中部。一般高一两寸，以后有增至四五寸的，上下较宽，中间细圆，似一花盆，故名“花盆底”。有的底部凿成马蹄形，故又称“马蹄底”。鞋面多为缎制，绣有花样，鞋底涂白粉，富贵人家妇女还在鞋跟周围镶嵌宝石。这种鞋底极为坚固，往往鞋已破损，而底仍可再用。新妇及年轻妇女穿着较多，一般女子至十三四岁时开始用高底。清代后期，着长袍穿花盆底鞋，已成为清宫中的礼服（图1-14-9）。

清代满族女子的发式变化较多，“两把头”是满族妇女的典型发式（图1-14-10）。

清代汉族女子的服饰较男服变化为少，一般穿披风、袄、衫、云肩、裙、裤、一裹圆、一口钟等。清初袄、衫以对襟居多，寸许领子，上有一两枚领扣，领形若蝴蝶，由金银做成，后改用绸子编成短纽扣，腰间仍用带子不用纽扣。清后期装饰日趋繁复，有“十八镶十八滚”等形式（图1-14-11）。

云肩为妇女披在肩上的装饰物，五代时已有之，元代仪卫及舞女也穿。《元史·舆服志》一记载：“云肩，制如四垂云。”即四合如意形，明代妇女曾作为礼服上的装饰。清代妇女在婚礼服上也

图1-14-10　清代满族贵族妇女的发式

用，清末江南妇女梳低垂的发髻，恐衣服肩部被发髻油腻沾污，故多在肩部戴云肩。贵族妇女所用云肩制作精美，或剪彩作莲花形，或结线为璎珞，周垂排须。慈禧所用的云肩，有的是用又大又圆的珍珠缉成，一件云肩能用到3500颗珍珠（图1-14-12）。

裙子主要是汉族妇女所穿，满族命妇除朝裙外，一般不穿裙子。至晚清时期，汉满服装互相交流，汉满妇女都穿起了裙子。清代裙子有百褶裙、马面裙、襕干裙、鱼鳞裙、凤尾裙、红喜裙、玉裙、月华裙、墨花裙、粗蓝葛布裙等。马面裙前面有平幅裙门，后腰有平幅裙背，两侧有折，裙门、裙背加纹饰，上有裙腰和系带（图1-14-13）。

图1-14-11　绒地绣花对襟大袖袄（传世实物）

图1-14-12　云肩（传世实物）

图1-14-13　清代紫缎褶裥马面裙

第十五章 民国服饰

——中国服饰史上第五次服饰变革（1912—1949年）

一、民国服饰的历史背景

发生在20世纪初的辛亥革命和五四运动，不仅改变了中国社会的面貌，而且对几千年的中国服装传统的变革也是极其深刻的。辛亥革命后，原有的服装形制虽然退出了历史舞台，但旧的观念仍有很大市场，男子的服饰，初期仍沿袭清代旧俗。从20世纪20年代起，上海等大城市的教师、公司洋行和机关的办事员等开始穿着西装，但多见于青年，老年职员和普通市民则很少穿着，长衫马褂作为主体的礼服，仍有一定的地位。孙中山先生倡导民众扫除蠹弊、移风易俗，并身体力行，为中国服装的发展做出了积极的贡献。以他的名字命名的 中山装 ，对后世的影响已远远超出衣服本身。这一时期的男子服装呈现出新老交替、中西并存的“博览会”式的局面，为男装的进一步变革铺平了道路。五四运动后，受西方工业文明的冲击，中国服装业开始了艰难的发展历程。在新思想、新观念的影响下，中国女性逐步改变了千百年来固有的服饰形象，广大妇女从缠足等陋习的束缚中解放出来。自唐朝以后，中国妇女服装的裁制方法一直是采用直线，胸、肩、腰、臀没有明显的曲折变化，至此开始大胆变革，试用服装以充分展示自然人体美，如改良旗袍的普遍穿着成为一种趋势。20世纪二三十年代出现在大城市的繁荣景观，把女装的发展推向高潮。这个时期的女装变革具有划时代的意义，同时在如何对待传统服饰文化上给人们留下了有益的启示。中山装和旗袍的出现和发展，为中国的现代服装打下了基础，特别是中山装系列，一直影响男性服装近百年。由于当时的历史背景，服装的发展与繁荣仅局限在中国沿海的一些大城市，从总体上说仍然是迟缓、曲折的。

图1-15-1　中山装

二、民国男子服饰

中山装是由学生装和军装改进而成的一款服装，由伟大的革命先行者孙中山先生创导和率先穿着，因而得名“中山装”。中山装出现在历史巨大变革时期，是告别旧时代、进入新世纪的标志，具有深远的影响。其款式吸收了西方服式的优点，改革了传统中装宽松的结构，造型呈方形轮廓，贴身适体，领下等距离排列的纽扣，顺垂衣襟而下，呈中轴线。对称式四袋设计，实用，稳重。与西服相比，改敞开的领型为封闭的立领，自然庄重，符合东方人的气质与风度。中山装的出现对中国现代服装的发展起了主导作用，被称为“国服”（图1-15-1）。

长袍马褂是民国时期中年人及公务人员交际时的装束。他们头戴瓜皮小帽或罗松帽，下身穿中式裤子，脚蹬布鞋或棉靴。民

图1-15-2 穿长袍马褂的富裕阶层

国初时裤式宽松，裤脚以缎带系扎；20世纪20年代中期废除扎带；30年代后期裤管渐小，扎带缝在裤管上（图1-15-2）。

西装革履配礼帽是青年或从事洋务者的装束；长袍、西裤配礼帽、皮鞋是民国后期较为时兴的男子装束，也是中西结合较为成功的一套男装式样。它既不失民族风韵，又增添潇洒英俊之气，文雅之中显露精干。身穿学生装，头戴鸭舌帽或白色帆布阔边帽，一般为资产阶级进步人士和青年学生的装扮。

三、民国女子服饰

旗袍本是满族妇女的服装，但到20世纪20年代，都市妇女服装中最具特点、最普遍的穿着即是旗袍。这时的旗袍已不同于最初的样式，为适应汉满各族人民的穿着，旗袍的样式不仅吸收了汉袍中的立领等细节，装饰也从繁复走向简化。且受到西方服饰的影响，袍身逐渐收窄。吸收西方服装立体造型原理，增加了腰省、胸省，并运用了肩缝与装袖等元素，使款式走向完美成熟。可以说，这时的旗袍经过了民族融合与中西合璧，而变成一种具有独特风格的中国女装样式。本身又不断有着细节上的变化，主要集中在领、袖及长度等方面。先是流行高领，领子越高越时髦，即使在盛夏，薄如蝉翼的旗袍也必配上高耸及耳的硬领；渐而流行低领，领子越低越“摩登”，当低到实在无法再低的时候，干脆就成了没有领子的旗袍。袖子的变化也是如此，时而流行长的，长过手腕；时而流行短的，短至露肘。至于旗袍的长度，更有许多变化，在一个时期内，曾经流行长的，走起路来衣边扫地；以后又改短式，裙长及膝。后来旗袍的式样还趋向于取消袖子(夏装)，并省去了繁琐的装饰，使其更加轻便、适体。旗袍因其具有浓郁的中华民族服装特色，从而被世界服装界誉为“东方女装”的代表（图1-15-3）。

袄裙为民国初年衣裙上下配用的一种女子服式。辛亥革命后，人们日常服受西式服装的影响较大，近代服装西化已成趋势。当时广大妇女从缠足等陋习的束缚中解放出来，时装表演、演艺界明星的奇异服饰便起到了推波助澜的作用，上衣下裙的袄裙服式在这种环境下产生出来。其上衣一般仍为襟式，包括大襟、直襟、右斜襟等，下摆有半圆、直角等，衣袖、衣领也依穿着习惯而各异。下裙近似现代褶裙，裙的长短也不一样。袄裙服式为其后的套装服式打下了基础（图1-15-4）。

穿中式上衣和裤是平民的打扮。由于民国经济、文化发展不平衡，中国大都市与农村、边远地区人们的穿着相差甚远。

图1-15-3　20世纪20年代中期的旗袍样式（传世实物）

图1-15-4　短袄、裙（传世实物）

第十六章 中华人民共和国成立以来的服饰

1949年，中华人民共和国成立，中国服饰走入一个崭新的历史时期。中华人民共和国成立后服饰的一个巨大转折点是改革开放，西方现代文明迅疾涌入质朴的中国大地。自此，世界最新潮流的时装可以经由最便捷的信息通道——电视、因特网等瞬间传到中国，中国的服装界和热衷于赶时髦的青年，基本上可与发达国家同步感受新服饰。

一、20世纪50年代的服饰

（一）各界争穿灰色“干部服”

20世纪50年代以后我国服装的发展，经历了一个曲折的过程。20世纪50年代初到60年代，我国经济发展得还不够快，物质条件还比较差，因此，反映在穿衣上比较明显，主要是简朴和实用，可以说是以朴素为中心。1949年开始的“干部服”热，是受军队服装的影响。进驻各个城市的干部都穿灰色的中山服，首先效法的是青年学生，一股革命的热情激励他们穿起了象征革命的服装。随后各行各业的人们争相效仿，很多人把长袍、西服改做成中山服或军服。在色彩上也是五花八门，但多以蓝色、黑色、灰色为主，还有的人把西服穿在里面，外罩一件“干部服”。这时穿长袍、马褂和西服的人已经很少了。在农村，穿“干部服”的人是少数，大多数人仍穿中式服装。

（二）列宁服的流行

苏联的服装在20世纪50年代初期对我国的影响比较大，如列宁服就是依照列宁常穿的服装设计的，主要特点是大翻领，单、双排扣，斜插袋，还可以系一条腰带。主要是妇女穿着，穿列宁服、梳短发，给人一种整洁利落、朴素大方的感觉（图1-16-1）。列宁服主要是军队中的女干部进城带来的，最初在城里流行开来，主要是一些革命干校的学员穿着，后来在各大学的部分女干部中流行，以后逐渐流入社会，形成了穿列宁服的风气。从20世纪50年代开始，一些苏联的服装在我国部分地区有一定的影响。如仿前苏联坦克兵服装设计的“坦克服”，立领、偏襟、紧身、袖口和腰间装襻。这种款式用料省，容易制作，穿脱方便，很受人们的欢迎。另一种是乌克兰式的衬衣，款式的主要特点是立领、短偏襟、套头式，有的还在短偏襟上绣图案，当时主要流行在我国北方地区。

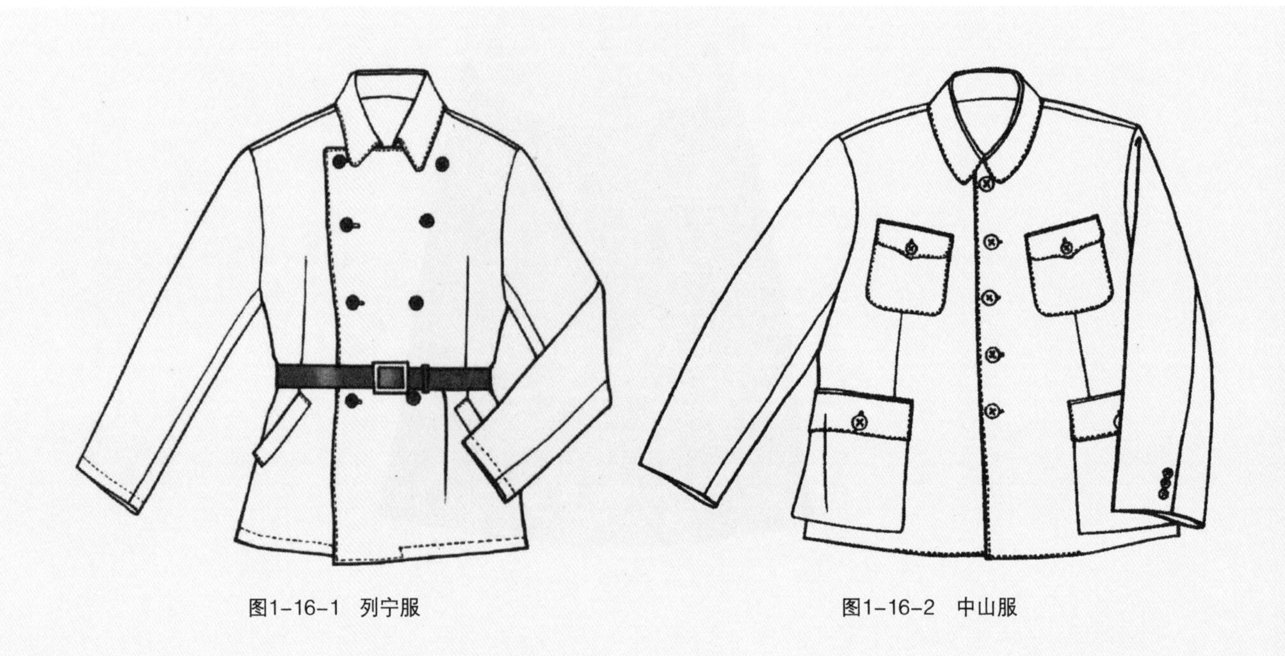

图1-16-1 列宁服　　图1-16-2 中山服

（三）中山装的大发展和毛式服装的兴起

1949年以后，穿中山装的人越来越多，到20世纪50年代以后，更是形成穿中山装的热潮（图1-16-2）。除去中山装之外，人们又根据中山装和列宁服的特点，综合设计出“人民装”。其款式特点是尖角翻领、单排扣和有袋盖插袋，这种款式既有中山装的庄重大方，又有列宁服的简洁单纯，而且也是老少皆宜，当时穿人民装的年轻人很多 。后来出现的“青年装”“学生装”“军便装”“女式两用衫”，都有中山装的影子。中山装并不是一成不变的，在款式上也在不断地变化。如领子就有很大的变化，从完全扣紧喉头中解放出来，领口开大，翻领也由小变大。当时毛泽东很喜欢穿这种改良了的中山装，因此国外把这种服装叫做毛式服装。中山装作为中国的传统服装，从20世纪50年代到70年代一直流行不衰，最主要的原因是老年人、青年人都可以穿，甚至儿童也有穿中山装的情况。中山装什么样的面料都能制作，可以平时穿着，也可以作为礼服，无论是外交场合还是在国内庄重的场合都很适合。

二、20世纪60年代的服饰

（一）“老三色”和“老三装”

在极“左”思潮的干扰下，老色蓝、黑、灰，中山装、青年装、军便是20世纪60年代服装的主流，西服和旗袍一时退出了历史舞台。就连年轻的女孩子也不敢穿花衣服或是颜色比较鲜艳的服装，甚至有的年轻妇女也穿起了中山装。著名的漫画家华君武曾经画了一幅漫画，新婚的男女青年，从背后看去，男女不分，可见当时服装的单调程度。穿着打扮虽然在“老三色”和“老三装”统治下，但人们还是想尽办法在此基础上穿得鲜亮一些。如中年妇女穿灰色条纹、叠门襟的两用衫；男子穿灰、蓝色的中山服，穿方口布鞋，戴草绿色的解放帽。小学生也不例外，当时的小学生都要参加红小兵，也穿起了绿军装。但孩子们是爱美的，家长们也不愿让孩子穿得太单调，不少家长在面料上想办法，例如用咖啡色的灯芯绒做成立领的罩衣穿在小军装的外面，上面绣一点小花显得稚气。女青年的穿着也受到影响，除去两用衫、对襟棉袄之外，到夏天也只有穿一些浅色的衬衫。爱美是女孩子的天性，于是有人就在这种浅色的衬衫上想主意，开始在胸前绣上一朵小花，又从一朵小花发展成一组图案，于是在胸前绣花的衬衫流行了起来。

（二）旧军装

20世纪60年代的主要口号是要继承革命的传统，人们把草绿色的军装、草绿色的军帽当成革命的标志。

图1-16-3　草绿色上衣

一时间掀起了穿草绿军装的热潮，除年轻学生之外，工人、农民、教师、干部、知识分子等，有相当一部分人以穿草绿色的军装为时髦。开始是年轻人把长辈的旧军装穿起来，后来形成热潮，人们纷纷购买草绿色的布进行制作。不久市场上开始出售草绿色的上衣和草绿色的裤子，为人们赶新时尚提供了条件（图1-16-3）。这个时期服装穿着的主题，可以说是以革命为中心，草绿色的军帽、宽皮带、红色的语录本、草绿色帆布挎包等，成为服饰配套的典型配饰品。

三、20世纪70年代的服饰

（一）在穿着上的“清规戒律”

20世纪70年代初，极“左”思潮仍然左右着服装行业，人们的穿着还是受到了种种限制，极“左”的清规戒律并没有安全清除，但是人追求美的心理逐渐复苏。也是从这时开始，一些服装设计工作者在“老三装”的基础上设计了一批新款式，虽然当时对比较新式的服装仍然以“奇装异服”来看待。并且人们购买成衣的观念还很淡薄，不少家庭都自备了缝纫机，因此，当时的裁剪书非常畅销，自裁自做服装很流行。当时比较流行的款式，如男装有中山装上衣、军便服上衣、翻领制服上衣、立领制服上衣、青年服、劳动服、拉链劳动服、青年裤、紧腿棉裤、棉短大衣、风雪大衣、中式便服棉袄等；女装有单外衣、立领单外衣、女式军便服上衣、连驳领短袖衫、斜明襟短袖衫、顺褶裙、对褶裙、碎褶裙、中式便服棉袄和罩褂等；儿童服装基本上都是仿效成人服装的样式，如劳动衫、工装裤、“红卫兵服”等。1976年以后，人们从“左倾”思潮中逐渐解放出来，服装穿着逐渐走上了健康的发展道路，西服又被人们翻出来亮相了。到1978年，已经出现了双排扣西式驳领的服装。各地一些闻名的服装店先后恢复了经营特色，开创了服装发展的新局面。

（二）化纤纺织品服装的问世

进入20世纪70年代，化学纤维逐渐兴起，无论是品种和数量都很快地发展起来，解决了人民的穿衣困难问题。化学纤维的种类很多，如黏纤、黏胶丝、醋纤、维纶、腈纶、锦纶、涤纶、氯纶等。化学纤维有许多棉布没有的新特点，如容易洗涤、容易熨烫，有的面料还可以免烫，“的确良”就是如此，20世纪60年代后期，的确良衬衣非常受欢迎。化学纤维使得衣料的品种花样多起来，相应地，服装的款式、色彩也越来越丰富。到20世纪70年代末期，人们的穿着已经有了明显的变化。由于政策的放宽，服装行业飞速发展，到了20世纪80年代，中国的服装穿着状况有了很大的变化，给中国服装文化与国际服装文化接轨打下了坚实的基础。这是个服装行业转折的年代，人们在物质基础逐渐好转的情况下，产生了追求新异的心理。但当时的经济条件还不是太好，也只能是在原来的基础上，从款式、色彩上着眼，选择比较新异的服装。20世纪70年代后期，人们购买成衣的观念也大大提高，开始摆脱自裁自做的局面。买来布以后，请裁缝裁剪成衣片，然后自家进行缝制，这又是一种新的服装加工方式，因此，当时的裁剪摊很多，有的地方形成了裁剪一条街。个体裁缝逐年大幅度地增加，又加上人们的经济状况逐渐好转，自裁自做慢慢地转移到个体裁缝店（摊）。20世纪70年代的服饰也可以说是以追求新异为中心。

四、改革开放以来的服饰

20世纪70年代末，人们开始解放思想，服装业开始复苏。进入20世纪80年代，对外开放、对内搞活的政策给中国服装业带来了进一步的繁荣。随着国外服装信息的不断流入及中国服装设计师队伍的崛起，中国服装逐渐融入国际流行的大潮，西服、牛仔装大流行。20世纪90年代，服饰呈现出多元化景象。21世纪，作为中国服装代表的中山装和旗袍，在经历了辉煌和消沉后，先后重新登台，体现了国际化和民族化并存的局面。如今，随着我国国际地位的逐步提升，中国服饰日益呈现出繁荣发展的景象。

本编参考文献

[1] 黄能馥，陈娟娟 . 中华服饰艺术源流 [M]. 北京：高等教育出版社，1994.

[2] 黄能馥，陈娟娟 . 中国服装史 [M]. 北京：中国旅游出版社，2001.

[3] 沈从文，王孖 . 中国服饰史 [M]. 西安：陕西师范大学出版社，2004.

[4] 孙机 . 中国古舆服论丛 [M]. 北京：文物出版社，1993.

[5] 周锡保 . 中国古代服饰史 [M]. 北京：中国戏剧出版社，2002.

[6] 周讯、高春明 . 中国古代服饰大观 [M]. 重庆：重庆出版社，1994.

[7] 袁杰英 . 中国历代服饰史 [M]. 北京：高等教育出版社，1994.

[8] 华梅 . 中国服装史 [M]. 天津：天津人民美术出版社，2006.

[9] 袁仄 . 中国服装史 [M]. 北京：中国纺织出版社，2006.

[10] 上海市戏曲学校中国服装史研究组 . 中国服饰五千年 [M]. 上海：学林出版社，1984.

[11] 上海市戏曲学校中国服装史研究组 . 中国历代服饰 [M]. 上海：学林出版社，1984.

[12] 孙世圃 . 中国服饰史教程 [M]. 北京：中国纺织出版社，1999.

[13] 黄士龙 . 中国服饰史略 [M]. 上海：上海文化出版社，1994.

[14] 安毓英 . 金庚荣 . 中国现代服装史 [M]. 北京：轻工业出版社，1999.

[15] 陈茂同 . 中国历代衣冠服饰制 [M]. 北京：新华出版社，1993.

[16] 赵超 . 霓裳羽衣：古代服饰文化 [M]. 南京：江苏古籍出版社，2002.

[17] 赵连赏 . 服饰史话 [M]. 北京：中国大百科全书出版社，2000.

[18] 赵连赏 . 中国古代服饰图典 [M]. 昆明：云南人民出版社，2007.

[19] 百龄出版社 . 中国历代服饰大观 [M]. 台北：百龄出版社，1984.

[20] 蔡子谔 . 中国服饰美学史 [M]. 石家庄：河北美术出版社，2001.

[21] 冯泽民，齐志家 . 服装发展史教程 [M]. 北京：中国纺织出版社，2004.

[22] 范福军 . 服装起源诸论浅析 . 四川丝绸 [J]，1998，2.

[23] 齐心 . 图说北京史 [M]. 北京：燕山出版社，1999.

[24] 高格 . 细说中国服饰 [M]. 北京：光明日报出版社，2005.

[25] 王子云 . 中国古代雕塑百图 [M]. 上海：上海人民美术出版社，1981.

[26] 史岩 . 中国雕塑史图录（1 卷）[M]. 上海：上海人民美术出版社，1983.

[27] 施昌东 . 汉代美学思想述评 [M]. 北京：中华书局 .1981.

[28] 朱凤瀚 . 文物鉴定指南 [M]. 西安：陕西人民出版社，1995.

[29] 周卫明 . 中国历代绘画图谱　人物鞍马 [M]. 上海：上海人民美术出版社，1996.

[30] 杨志谦 . 唐代服饰资料选 [M]. 北京：北京工艺美术出版社，1979.

[31] 宋振兴 . 陕西陶俑精华 [M]. 西安：陕西人民美术出版社，1987.

[32] 王平 . 艺术教育图典 笔墨传神韵：中国书画 [M]. 杭州：浙江人民美术出版社，1999.

[33] 蒋复璁 . 国立故宫博物院 缂丝 [M]. 日本：学习研究社，1982.

[34] 王青煜 . 辽代服饰 [M]. 沈阳：辽宁画报出版社，2002.

[35] 尚刚 . 元代工艺美术史 [M]. 沈阳：辽宁教育出版社，1999.

[36] 天津市艺术博物馆编 . 杨柳青年画 [M]. 北京：文物出版社，1984.

[37] 王霄兵 . 服饰与文化 [M]. 北京：中国商业出版社，1992.

[38] 张末元 . 汉代服饰参考资料 [M]. 北京：人民美术出版社，1960.

[39] 王云英 . 清代满族服饰 [M]. 沈阳：辽宁民族出版社，1985.

[40] 詹子庆 . 夏史和夏代文明 [M]. 上海：上海科学技术文献出版社，2007.

[41] 陈东生，甘应进 . 新编中外服装史 [M]. 北京：中国轻工业出版社，2002.

[42] 张竞琼 . 现代中外服装史纲 [M]. 上海：中国纺织大学出版社，1998.

[43] 杨阳 . 中国少数民族服饰赏析 [M]. 北京：高等教育出版社，1994.

[44] 段梅 . 东方霓裳：解读中国少数民族服饰 [M]. 北京：民族出版社，2004.

[45] 蒋志伊 . 贵州少数民族服饰资料（苗族部分）[M]. 贵阳：贵州人民出版社，1980.

[46] 云南省轻工局工艺美术公司，浙江省二轻局美术公司 . 兄弟民族形象服饰资料 [M]. 云南省轻工局工艺美术公司，浙江省二轻局美术公司，1976.

[47] 邓启耀 . 中国西部少数民族服饰 [M]. 成都：四川教育出版社，1993.

[48] 雅嘎热 . 中华各民族 [M]. 北京：民族出版社，2000.

[49] 王辅世 . 中国民族服饰 [M]. 成都：四川人民出版社，1986.

[50] 蔡运章 . 甲骨金文与古史新探 [M]. 北京：中国社会科学出版社，1996.

[51] 殷雪炎 . 中国人物画典 [M]. 合肥：安徽美术出版社，2002.

本编编著 徐 静 穆慧玲

第二编　从古到今的纺织文明故事

第一章 神蚕扶桑——纺织起源

中国纺织历史悠久，目前所发现的中国最早的纺织品距今至少有6000多年。而纺织品中对中国古代文明乃至人类文明作出的重要贡献，当以丝绸最为突出。因此，关于丝绸的起源，有很多美丽的传说，无论是嫘祖始蚕，还是成汤桑林祷雨，柔美的丝绸不但装点了人们的生活，还赋予人们充分的遐想，而大量纺织品的考古新发现使华夏纺织文明的历史得以科学地呈现。

一、古老传说

关于丝绸的起源，有各种不同的诠释。根据史书记载，主要有官方和民间两大版本。人们按照各自所崇拜的蚕神进行祭祀活动。

（一）嫘祖始蚕

嫘祖始蚕是一个美丽的历史传说（图2-1-1），也是人们为养蚕织绸的起源而做的一种推测。关于嫘祖的传说有很多个版本，其中较常见的是：

相传远古时候，有一位美丽、善良的姑娘，出生在西陵（今四川省盐亭县境内）嫘村山的一户人家。姑娘长大后，因父母体弱多病，她每天出去采集些野果以奉养二老。她从近处采到远处，慢慢地，野果被采完了。一天，姑娘靠在一棵桑树下伤心地涕哭，哭声凄凉、悲伤，感动了天地，也惊动了玉皇大帝。玉帝便将马头娘派下凡间，变成吃桑叶、吐蚕丝的天虫。马头娘将桑果落在姑娘的嘴边，姑娘尝后觉得又酸又甜，就采了一些带回家给父母充饥。日后她便经常去采桑果，两位老人吃了以后精神一天比一天好。

图2-1-1　嫘祖及众蚕神（王祯《农书》）

不久，夏天到了，阳光明媚，姑娘发现树上的天虫不断地吐丝，并结成了白白的椭圆形的茧子。出于好奇，她采了一粒放在嘴里，咬着咬着，觉得与野果不一样，用手一拉，一根丝线源源不断地被拉了出来。她就将这丝线慢慢地绕在树枝上，带回家后，将丝线编成一块小小的绸子，又拼成一大块，用来给父母披在身上，热天凉爽、冬天温暖。于是，姑娘将天虫取名为“蚕”并捉回家，又把桑树叶采回家进行喂养。经过长期的经验积累，姑娘完全掌握了蚕的喂养规律和缫丝、织绸技艺，并将这些技艺毫无保留地教给当地的人民。从此，人类进入了绸衣锦服的文明社会。

姑娘发明养蚕、缫丝、织绸的消息很快传遍了西陵部落。西陵王非常高兴，收姑娘为女儿，赐名“嫘祖”。各部落的首领也纷纷到西陵向嫘祖求婚，但均遭到嫘祖的拒绝。一天，英俊非凡的中原部落首领黄帝轩辕征战来到西陵，两人一见倾心，嫘祖遂被选作黄帝的元妃。黄帝战胜了蚩尤和炎帝，协调好各部落的关系，完成了统一中华的大业。嫘祖也奏请黄帝诏令天下，把栽桑、养蚕、织绸的技术推广到全国。后人为了纪念嫘祖这一功绩，将她尊称为“先蚕娘娘”。

关于嫘祖的传说得到了宫廷和官府的公认，并且很早就有记载。汉代司马迁在《史记·五帝本纪》中载“黄帝居轩辕之丘，而娶于西陵之女，是为嫘祖。嫘祖为黄帝正妃，生二子，其后皆有天下。其一曰玄嚣，是为青阳，降居江水；其二曰昌意，降居若水”，讲的就是嫘祖。《隋书·礼仪志》引后周制度：“皇后乘翠辂，率三妃、三㚤、御媛、御婉、三公夫人、三孤内子至蚕所，以一太牢亲祭，进奠先蚕西陵氏神。”南宋罗泌《路史·后纪五》曰：“黄帝元妃西陵氏曰傫祖，以其始蚕，故又祀之先蚕。”元代张履祥《通鉴纲目前编·外纪》云：“西陵氏之子嫘祖，为黄帝元妃，始教民养蚕，治蚕丝以供衣服，而天下无皴瘃之患，后世祀为先蚕。”历代的皇后们在每年养蚕季节开始前，也都有举行亲蚕仪式的习惯(图2-1-2)：一是祭祀西陵氏嫘祖；二是祈求蚕茧丰收；三是亲手采摘桑叶为百姓做榜样。

图2-1-2 《亲蚕图卷》局部

所以，嫘祖是丝绸业的始祖，是人们崇拜的蚕神。

（二）马头娘的故事

旧说，太古之时，有大人远征，家无余人，唯有一女。牡马一匹，女亲养之。穷居幽处，思念其父，乃戏马曰：“尔能为我迎得父还，吾将嫁汝。”马既承此言，乃绝缰而去，径至父所。父见马惊喜，因取而乘之。马望所自来，悲鸣不已。父曰：“此马无事如此，我家得无有故乎！”亟乘以归。为畜生有非常之情，故厚加刍养。马不肯食，每见女出入，辄喜怒奋击，如此非一。父怪之，密以问女。女具以告父，必为是故。父曰：“勿言，恐辱家门，且莫出入。”于是伏弩射杀之，暴皮于庭。父行，女与邻女于皮所戏，以足蹙之曰：“汝是畜生，而欲取人为妇耶！招此屠剥，如何自苦！”言未及竟，马皮蹶然而起，卷女以行。邻女忙怕，不敢救之。走

图2-1-3　清代马头娘像

告其父。父还求索，已出失之。后经数日，得于大树枝间，女及马皮尽化为蚕，而绩于树上。其茧纶理厚大，异于常蚕。邻妇取而养之，其收数倍,因名其树曰“桑”。桑者，丧也。由斯百姓竞种之，今世所养是也。言桑蚕者，是古蚕之余类也。

——《搜神记》卷十四

《搜神记》是一部记录古代民间传说中神奇怪异故事的小说集，作者是东晋的文史学家干宝。全书凡20卷，共有大小故事454个，其中大部分在一定程度上反映了古代人民的思想情感。它是集我国古代神话传说之大成的著作，其中的《太古蚕马》即为“白马化蚕”的蚕神神话。人们现在看到的蚕，其头形如马头,而上述故事中的女儿也被称作马头娘（图2-1-3）。该故事的内容为：

以前传说，远古的时候有一户人家，父亲远征去了远方，家里没有别人，只有女儿一个，女儿饲养着一匹白色公马。孤单的女儿十分思念父亲，有一次她忍不住对白马说：“你能为我接回父亲，我就嫁给你。”白马听完这话，便挣断缰绳，跑到她父亲的驻地。父亲看见白马非常惊喜，牵过来就骑上了，可是白马朝着来的方向不停地悲鸣。“这白马为什么如此叫唤呢，是不是我家出了什么事啊？”父亲想着，急忙骑着白马回到了家里。

这匹白马有如此非比寻常的情感，所以父亲对它特别好，草粮也喂得特别足。白马却不太肯吃，可每当见到女儿进出，就兴奋跳跃，情绪异常。三番两次，父亲觉得很奇怪，就悄悄问女儿，女儿将前后情况全部告诉了父亲，认为白马如此表现一定是因为这个。父亲说：“不要对外人说，不然会有辱名声。你也不要再进进出出了。”于是，父亲用弓箭射死了这匹白马，并将马皮晒于院中。一天，父亲外出后，女儿与邻居女孩子在院子里一起玩，她用脚踢着马皮说：“你是畜生，还想娶人为妻？遭此屠杀剥皮，何必自讨苦吃呢？”话未说完，马皮突然卷起裹着女儿就飞走了。邻女慌乱害怕，不敢去救，跑去告诉女儿的父亲。父亲回来四处寻找，但未找着。

过了几天，父亲才在一棵大树的枝桠间发现女儿和马皮都变成了蚕，在树上吐丝做茧。那蚕茧个大厚实，远不同于普通蚕茧。乡邻农妇取下蚕来饲养，所获的蚕丝比普通蚕茧多几倍。因此把那种树叫作“桑”。桑的意思就是“丧”。从此人们都去种植桑树，这就是现在的桑树。现在叫的桑蚕就是古时的那种蚕。

（三）成汤桑林祷雨

昔者，商汤克夏而正天下，天大旱，五年不收。汤乃以身祷于桑林曰:“余一人有罪无及万夫；万夫有罪在余一人。无以一人之不敏，使上帝鬼神伤民之命。”于是剪其发，断其爪，以身为牺牲，用祈福于上帝。民乃甚悦，雨乃大至。

——《吕氏春秋 · 季秋纪 · 顺民篇》

这个故事讲的是成汤建国后不久，天一直大旱不雨，烈日炎炎，黄土坼裂，整整五年庄稼颗粒无收。汤王认为，这连续几年的旱灾，一定是自己有什么地方做得不好，得罪了上天。因此，成汤选择在郊外的桑林设祭坛，祈求上天原谅自己，早日降雨解旱。因为古人认为桑林是一个神圣的地方，桑林中有一种叫"扶桑"的神树，那是太阳栖息的地方，也是可以与上天沟通之地。成汤命史官占卜，史官占卜后说："应以人为祭品。"成汤说："我是为民请雨，如果必须用人祭祀的话，就请用我之躯来祭祀吧！"他向上天祷告说："罪在我一人，不能惩罚万民；万民有罪，也都在我一人。不要因我一人没有才能，使天帝鬼神伤害百姓的性命。"于是，成汤赤裸着上身，披散着长发，并用木头捆绑着双手，向苍天祈祷求雨。烈日晒烤着干涸的大地，也晒烤着汤王。据说整整求了六天，在第七天即将到正午时分，奄奄一息的成汤准备跳入祭祀台前的火堆以身祭天换取甘霖时，忽听惊雷一声，顿时大雨倾盆，整片中原大地沐浴在茫茫大雨中。

图2-1-4　李济

一位帝王真心为民祈祷解难、勇于自我牺牲的德行感天动地，一直受到人民的敬佩和颂扬，流芳百世。这个美丽动人的故事，在《墨子》《荀子》《国语》《说苑》等书中均有记载。从此，桑林更加成为人们心中的神圣之地，桑林中幽会、桑林中求子、桑林中祭祀的风俗，一直流行。

二、半个茧壳

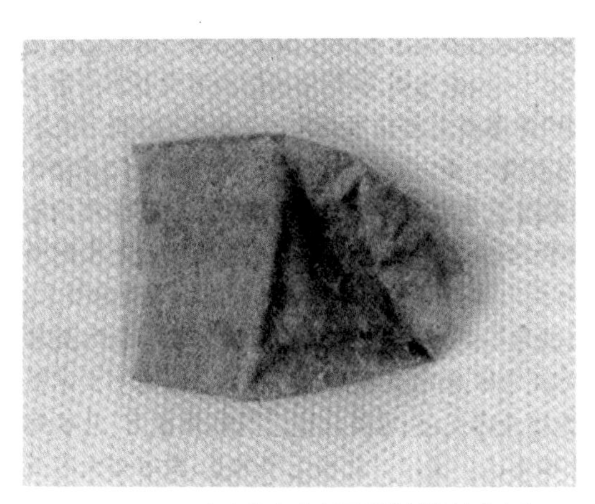

图2-1-5　半个茧壳（山西西阴村遗址出土）

通过考古手段，从科学上证明中国丝绸悠久历史的发现，西阴村遗址出土的半个茧壳当属其中之一。

西阴村遗址位于山西夏县，距今大约5500多年，属于仰韶文化。主持这次考古发掘的，是我国第一代田野考古学家、美国哈佛大学人类学博士李济（图2-1-4）。这也是由中国学者主持进行的首次考古发掘，出土了大量新石器时代的陶片和石斧、石刀、石锤等工具。1926年的一天，遗址正在紧张的挖掘中，突然一名考古队员在遗址中发现了一件类似花生壳状的物体，引起了众人的关注。这是一颗被割掉了一半的丝质茧壳（图2-1-5）。茧壳长约1.36厘米，茧幅约1.04厘米，切割面极为平直，虽然部分已经腐蚀，但仍然很有光泽。

很快，在西阴村发现了半个茧壳的新闻飞过千山万水，传到了世界各地，引起了巨大的轰动。1927年初，李济和北大地质学家袁复礼等将西阴村发掘出土的文物装箱，经过艰难的长途跋涉运抵北京，半个茧壳也在其中。回到北京后，李济特地邀请了清华大学生物学教授、著名昆虫学家刘崇乐先后几次对蚕茧进行鉴定。李济在《西阴村史前的遗存》一书中也提到了此事："清华学校生物学教授刘崇乐先生替我看过好几次，他说他虽不敢断定这就是蚕茧，然而也没有找出什么必不是蚕茧的证据。与西阴村现在所养的蚕茧比较，它比最小的还要小一点。这茧埋藏的位置差不多在坑的底下，它不会是后来的侵入，因为那一方的土色没有受扰的痕迹；也不会是野虫偶尔吐的，因为它经过人工的割裂。"为了得到进一步的证实，1928年李济访问美国时，又把它带到华盛顿的斯密森学院进行检测。经鉴定也确认为是蚕茧，这证实了刘崇乐的判断。

1967年，日本学者布目顺郎在得到为茧壳拍摄的反转片后，对它做了复原研究，测得原茧长1.52厘米，茧幅0.71厘米，被割去的部分约占全茧的17%，推断是桑蟥茧，也就是一种野蚕茧。另一位日本学者池田宪司却在通过多次考察后认为，这是一种家蚕茧，只是当时的家蚕进化不够，所以茧形还较小。关于切割蚕茧的目的，日本学者藤井守一认为，与茧壳同时期出现的纺轮可以将断丝纺成纱线，把蚕茧割成半截的原因或许就在于此。

关于这个当时发现的最古老的茧壳，中外考古学界还有一些不同的看法。有部分学者质疑当时发掘的科学性，认为茧壳是后世混入的，其年代应该晚于仰韶文化时期。关于蚕茧切割的用途，后人也有许多猜测。一种说法是生活在西阴村的原始人用石刀或骨刀将蚕茧切开的目的是取蛹为食，而不是利用蚕丝。这一观点可以从一些民族学的材料中得到支持。在四川省大凉山有一支部落，他们就是先采集蚕蛹为食物，后来才养蚕抽丝的，因此自称为“布朗米”，意为“吃蚕虫的人”。

随着考古事业的推进，特别是19世纪80年代河南荥阳青台村丝织物残片的出土，证明早在距今5500多年的黄河流域已经出现原始的蚕桑丝绸业，说明了半个茧壳在年代上的可能性。这半个茧壳最初由清华大学的考古陈列室保存，现珍藏于台北故宫博物院，几十年来一直以仿制品代替展出，仅在1995年李济百年诞辰时展出八天，以示纪念。

三、最早的织物

中国纺织历史悠久，根据考古发现的实物，可知至少距今6000多年前就有纺织品存在。目前发现最早的纺织品为葛、罗、绢及丝线。

（一）青台村罗织物

1984年，郑州市文物工作队在河南省荥阳县仰韶文化遗址中发掘出了婴幼儿的瓮棺葬，在瓮棺内发现了一块距今5600多年的浅绛色罗织物。后来，经上海纺织科学研究院专家测试和研究，并通过横截面观察测试，获得其材质为桑蚕丝，质地轻薄，组织结构为两组经线相互纠绞的罗组织。这种稀疏的结构源于渔猎时代的网罟，它是由捕鸟兽的网发展而来的。同时，也推测丝线采用的是先练后染的工艺，所用染料可能是赭铁矿一类的颜料。

青台村罗织物（图2-1-6）是迄今为止在全世界范围内发现的最早的丝织物。此项重大发现使得史籍中有关炎黄时代已有桑蚕和纺织的记载在河南有了实物佐证，证明了在公元前3000年之前黄河流域已经出现原始的蚕桑丝绸业的事实。

（二）钱山漾绢片与丝线

钱山漾遗址位于浙江省湖州市以南七公里的潞村古村落，属于新石器晚期的良渚文化。1956—1958年期间，浙江省文物管理委员会对该遗址进行了两次发掘，出土了距今4700多年的丝线（图2-1-7）和绢片(图2-1-8)以及采用丝线编织而成的丝带。经专家鉴定，测得其原料属于家蚕丝，绢片为平纹组织结构。这是迄今为止发现的长江流域最早的丝绸产品。

这些丝织物的可靠性得到了纺织界和考古界的一致认可，证明了中国传统纺织技术的源远流长。

图2-1-6　罗织物残片（河南青台村出土）

图2-1-7　丝线（浙江钱山漾遗址出土）

图2-1-8　绢片（浙江钱山漾遗址出土）

第二章 天纱灵机——原料机具

中国先民们在6000多年前已经利用天然纤维进行纺织。而这种神奇和巧妙的纺织技术离不开织机、机具的发明和不断改进，这代表了人类的聪明和智慧，显示了纺织技术提高和发展的脉络。中国文字“织机”中的“机”字的繁体为“機”，是一台织机的形象。这个象形文字的产生，也许就是为了表达此种织机的。后来又有了机器、机具、机关、机构等词，再衍生出机智、机灵、机敏、机巧等象征聪明灵动的词汇。织机在古人心目中就是智慧的结晶，而人通过一台织机就能创造出如此绚丽多彩的丝绸，确实是一个奇迹。

一、天然原料

古代最早用于纺织的材料主要是天然的植物纤维和动物纤维。根据科学考古提供的实物资料来看，中国从新石器时期开始，使用最广泛的应属丝、毛、棉、麻纤维。其中以丝纤维和毛纤维制成的纺织品最为高档，常供宫廷、达官贵人使用，平民百姓则用麻布和棉布。汉桓宽《盐铁论 · 散不足》记载：“古者庶人耋老而后衣丝，其余则麻枲而已，故命曰布衣。”诸葛亮《出师表》谓：“臣本布衣，躬耕于南阳，苟全性命于乱世，不求闻达于诸侯。”这里的布衣指的就是平民百姓。在元代以前，百姓大多穿麻布衣服；以后，棉布流行，成为大众日常服装衣料。

（一）丝

丝是人类利用最早的动物纤维之一，是由熟蚕结茧时所分泌的丝液凝固而成的连续长纤维，也称为蚕丝、天然丝。蚕丝包括桑蚕丝、柞蚕丝、蓖麻蚕丝等，以桑蚕丝的使用为最多（图2-2-1、图2-2-2）。一般桑蚕就是以桑叶为食物的蚕，其蚕卵孵化成蚁蚕后，在25~30天经过5个龄期，脱4次皮，发育成长为五龄蚕；再经过6~8天的喂养，蚕的皮肤透明，成为熟蚕；熟蚕经过2~3天吐出1000米左右的丝，结茧成蛹，可谓“春蚕到死丝方尽”。蚕丝的吸湿性好，所织成的纺织品柔软光滑、艳丽华贵，直至今日，始终被人们视为高档的纺织原料。

中国是世界上最早开始栽桑、养蚕、缫丝、织绸的国家，至少在距今5000年前就开始利用蚕丝织制精美的丝织品。因为养蚕艰辛，且蚕儿吐丝不易，更可能是蚕从卵到蚕、作茧成蛹、破茧化蛾的一生的生命周期与人的生死、灵魂升天的情形相似，起初先民们认为丝绸是能与天沟通的物品，所以人在50岁以后或死后才

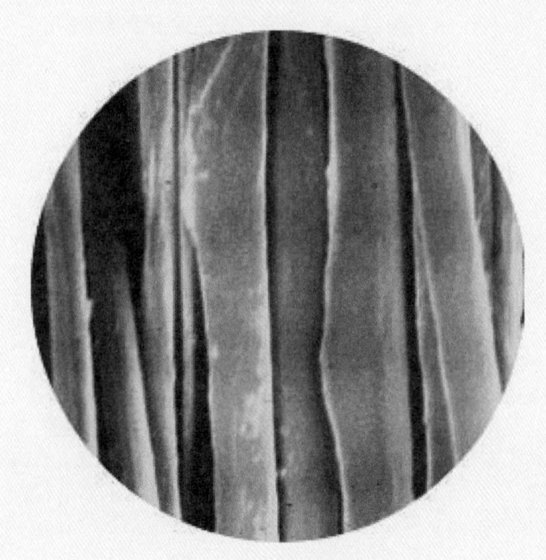

图2-2-1　桑蚕丝纤维的纵向

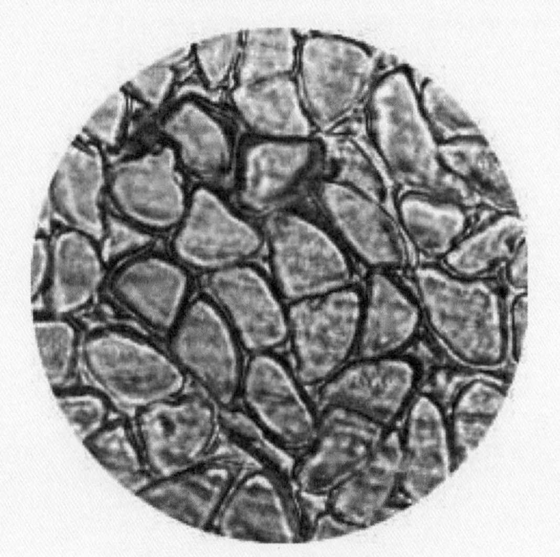

图2-2-2　桑蚕丝纤维的横截面

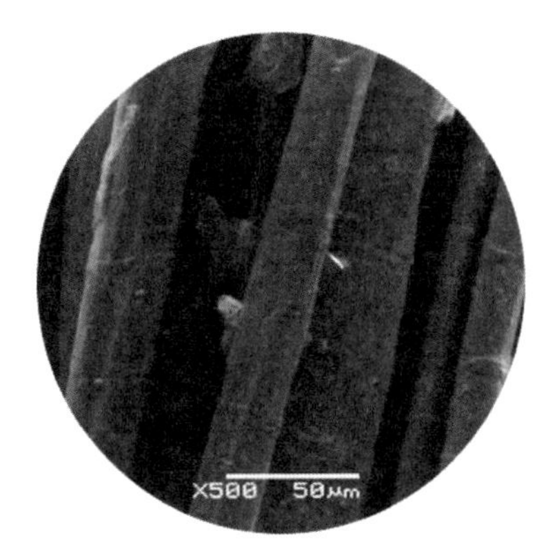

图2-2-3 苎麻纤维的纵向

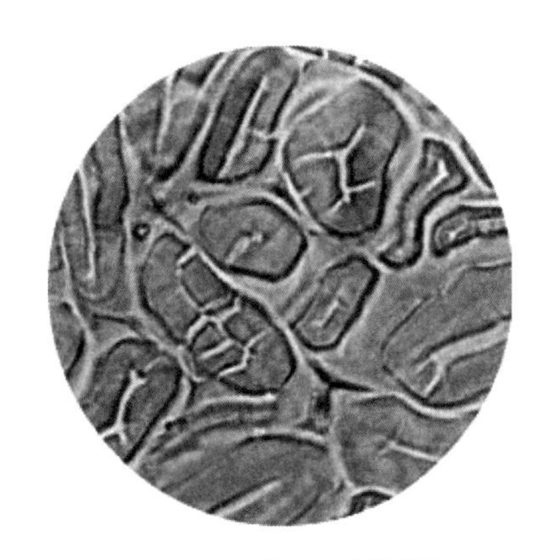
图2-2-4 苎麻纤维的横截面

可以穿丝绸衣服。丝绸更多的功能是用于祭祀。《礼记》中说"治其麻丝，以为布帛，以养生送死，以事鬼神上帝"，说明以麻织成的布与用丝织成的帛的用途不同，麻布是人生前穿的服装，丝帛则是人死后用的衣物。因此，经考古发掘的早期服饰，其图案都带有神秘的色彩。随着纺织技术的不断发展与生产力的提高，丝绸服装逐渐成为帝王们代表身份的符号，供他们在朝廷或日常生活中穿用，此后再慢慢走向民间，进入富贵人家。

（二）麻

麻纤维主要包括草本双子叶植物皮层的韧皮纤维和单子叶植物的叶纤维，用作纺织材料的主要是韧皮纤维，包括苎麻（图2-2-3、图2-2-4）、亚麻、黄麻、大麻、荨麻等。麻纤维是最早被人类利用的纺织纤维。古埃及人在8000年前就有使用。中国在新石器晚期也开始进行人工种植大麻，到商周时期，对大麻的种植技术、纤维质量、沤麻工艺都已有深入的了解，技术日趋完备。这些在《诗经》《周礼》中均有记载。《禹贡》和《周礼》中还记载了周代曾以纻充赋。河北藁城台西村商代遗址中有大麻织物出土。长江流域和黄河流域也有一定量的麻织品出土，如：陕西宝鸡、扶风出土有麻布；长沙战国楚墓、福建武夷山船棺出土了战国时期的麻布；江西靖安东周墓出土有麻织品，经检测主要为苎麻。麻纤维在商周时期已成为广大劳动人民的常用纺织材料。周代的统治阶层为了显示自己俭朴，也用麻布制作衣服，罩在锦衣绸衫的外面；或用麻布制作丧服（俗称"披麻戴孝"），以示深切哀悼时不敢穿好的衣服。至今，这个习俗还有保留。

关于"披麻戴孝"的来历，还有这样一个传说：

在太行山的南面，居住着一位早年丧夫的妇人，有两个儿子，她含辛茹苦地把他们养育成人。但他俩成家以后不孝敬母亲，还总在母亲面前夸口："等娘过了，要好好热闹一番，让娘睡楠木棺材，要穿红戴绿，为娘作七七四十九天道场……"母亲知道他们说的是假话，就把两个儿子叫到床前说："我死后不要你们花一文钱，用破草席把我一卷扔到阴水洞里就行了。不过你们要从今日开始，天天看着屋后面槐树上的乌鸦和山树林里的猫头鹰是怎样过日子的——一直到我闭了眼为止。"他俩听到用亲死后不要花他们一文钱，马上答应了。

兄弟俩出工收工时便不由自主地注意起来。原来，乌鸦和猫头鹰都是细心地喂养自己的孩子，这些幼雏每天吃着母亲用嘴衔来的食物。但小家伙们长大以后，情形却大不相同。小乌鸦的表现还不错，当乌鸦妈妈老了飞不动、觅不到食时，小乌鸦就让妈妈待在家里，自己出去衔来食物并喂到妈妈嘴里；等到小乌鸦老了，它自己的孩子又来喂养它。这种反哺之情，代代相传。而小猫头鹰却截然相反。当母禽老了，小猫头鹰就把它吃掉。令人伤心的是，小猫头鹰后来也被自己的孩子吃掉。这样反咬一口，一代吃一代。兄弟俩看了这样的情景，又想到自己如今这样对待母亲，心里想将来孩子也会这样对待自己，怎么办？于是，他们渐渐地改变了对母亲的态度。可是，兄弟俩孝心刚起，母亲却过世了。为了表示愧疚和孝心，安葬母亲那天，他俩不是穿红戴绿，而是模仿乌鸦羽毛的颜色，穿一身黑色衣服，又模仿猫头鹰的毛色，披一件麻衣，并下跪拜行。从此以后，这个风俗就流传开来。假如穷，买不起黑衣服，就裁一条黑布戴在胳膊上。

（三）棉

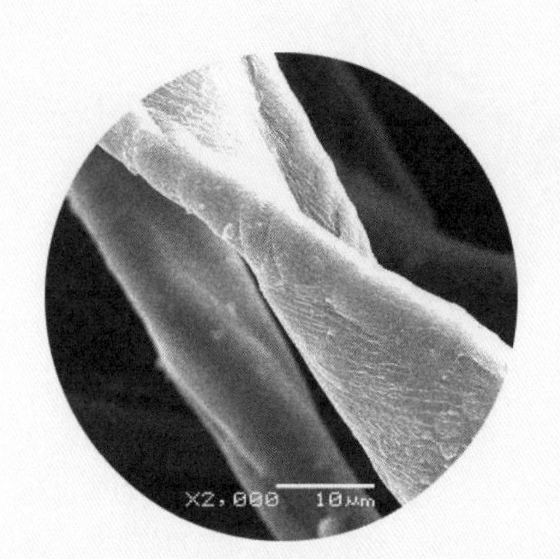

图2-2-5 棉纤维的纵向

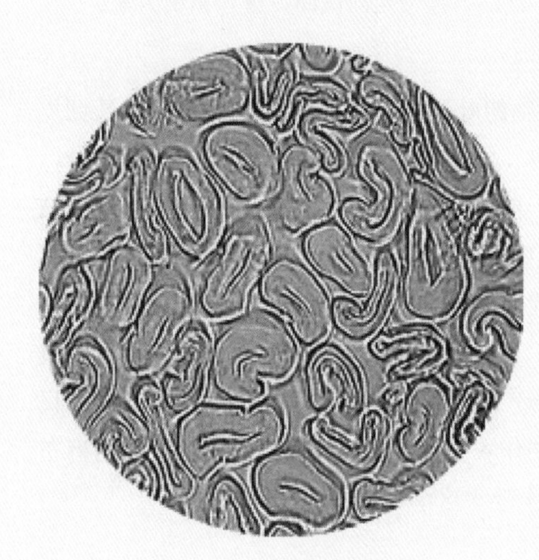
图2-2-6 棉纤维的横截面

棉纤维是锦葵科棉属植物的种子纤维，原产于亚热带（图2-2-5、图2-2-6）。棉花的原产地是印度和阿拉伯。人类利用棉的历史很悠久，棉花种植最早出现在公元前5000年至公元前4000年的印度河流域。

中国古代棉种及其织物，最初从古印度传入。关于棉布早期的称呼，一般都认为是某种外来语的音译。古时，棉及棉织物在我国南方大多称为吉贝，而在北方则名为白叠，两者都是梵语的音译。吉贝是梵语“karpasi”或“karpasa”的音译，白叠是梵语“bhardvdji”的音译。

棉有两种不同种类。一种是草本类（草棉），主要使用在西域与河西走廊一带。自东汉、魏晋南北朝至唐代的西域棉织品，在新疆均有不少出土，主要有印花布、白布裤、白手帕等。《新唐书·高昌传》载：“有草名白叠，撷花可织为布。”河西走廊一带使用棉花的情况，在敦煌文书中也有不少反映，棉织物在敦煌纺织品中也有见到。

另一种是乔木类（木棉），宋代时从南海传入。从公元8世纪起，该种类的棉花在中国得到广泛种植。关于木棉较早的文献记载，见于南宋《宋书·蛮夷传》。目前所知较早的木棉织物为浙江兰溪南宋秘书丞荆湖南路转运使潘慈明夫妇墓中出土的棉毯。至元代时，关于木棉的文献记载逐渐多见。《农桑辑要》中专门记载了木棉的栽种方法，木棉入于正赋。元代初年，朝廷把棉布作为夏税（布、绢、丝、棉）之首，还专门设立木棉提举司，向人民征收棉布织物，每年的数量多达10万匹，说明当时的棉布已成为广大民众主要的纺织面料。至明代，朝廷继续劝民植棉，组织出版植棉技术书籍，广为征收棉花和棉织物。明代宋应星的《天工开物》中就有“棉布寸土皆有”“织机十室必有”的记载，可见当时植棉和棉纺织已遍布全国。

图2-2-7 元代木棉纺车

图2-2-8 元代軖车

黄道婆

黄道婆，宋末元初知名棉纺织家，由于传授先进的纺织技术，以及推广先进的纺织工具，而受到百姓的敬仰。黄道婆是松江府乌泥泾镇（今上海徐汇区华泾镇）人，出身贫苦，少年时受封建家庭压迫，流落崖州（今海南岛），以道观为家，劳动、生活在黎族姐妹中，并师从黎族人，学习运用制棉工具和当地织制棉布被的方法。黄道婆在海南岛学会织棉技术和使用工具后，于元朝初年（1271）返回家乡，并教导乡邻制棉和织棉的技术（图2-2-7、图2-2-8）。黄道婆的家乡原先因为土地贫瘠，生业困难，而从闽广引种的木棉由于制棉工具和技术不精，棉纺织也较为落后。黄道婆回来后，将当时的制棉和织棉布的新技术和新工具加以推广，使家乡的棉纺织业渐为发达，人民的生活也过得比以前富足。因此，在黄道婆死后，家乡人为她建立了祠堂以资纪念。黄道婆的事迹较早见于陶宗仪著的《南村辍耕录》。

（四）毛

人类利用毛纤维的历史非常悠久。羊毛很早就作为主要的毛纤维（图2-2-9，图2-2-10），在古代从中亚、西亚向地中海及其他地区传播。中国也是很早利用毛纤维进行纺织的国家之一。《诗经·豳风·七月》曰“无衣无褐，何以卒岁”，此处的“褐”，经学者解说，即为粗毛织物。

在中国境内发现的最早的毛织品是从距今3800百年、位于新疆塔克拉玛干沙漠东侧的孔雀河古墓沟出土的毛布和斗篷。小河墓地被称为有“上千口棺材的坟墓”，还出土有毛织的腰衣、缂织斗篷等。这些织物所用的毛线粗细均匀，织制平整，边饰流苏，并且采用了缂毛技术，说明当时从捻线到织造的技术已比较娴熟，充分表明毛纤维的使用年代应该更早。

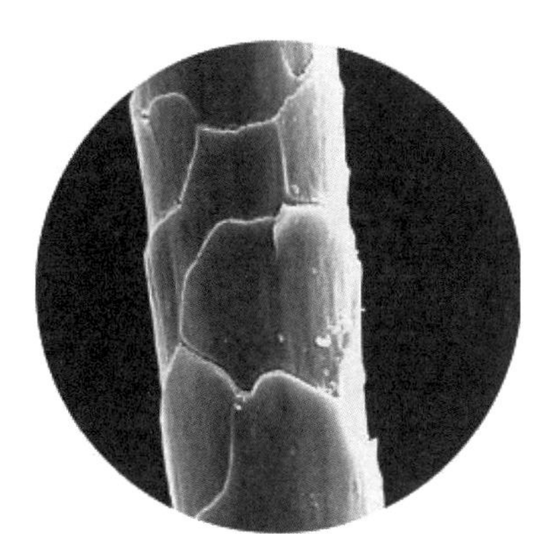

图2-2-9　羊毛纤维的纵向

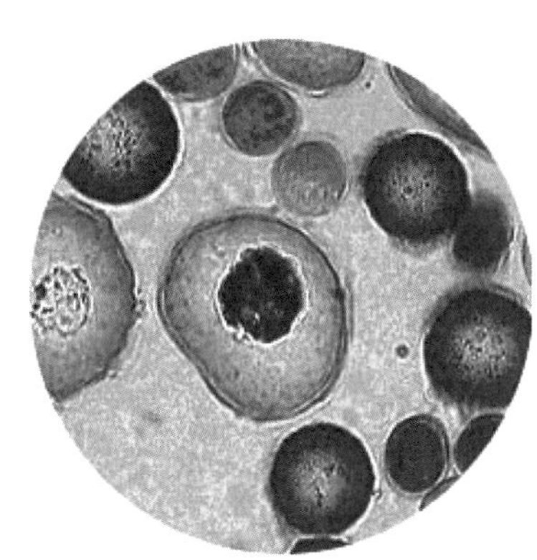

图2-2-10　羊毛纤维的横截面

在新疆境内，属于汉晋时期的毛织品较大量地被发现，且末扎滚鲁克墓地、洛浦山普拉墓地、营盘墓地等处均有精美的毛织品出土，品种有平纹、斜纹和缂织等，有的以彩色的纬线显花。

毛织品随着丝绸之路的发展及中西织造技术、品种和纹样的相互交流与融合，逐渐成为新疆等西北地区的特色纺织品，在敦煌等地区均发现有一定量的毛织品。

二、奇妙织机

在古代，人们从没有机架捆绑在人的腰部进行织布的原始腰机开始，努力发挥聪明才智，不断改进织机构造，使生产力快速提高。这既是织机发展的历史，同时也代表了纺织技术的发展历史。

（一）原始腰机

原始腰机是纺织机器中最古老的织机，它以人来代替支架。织造时，织工席地而坐，两脚蹬充当经轴的一根横木，另一根充当卷布轴的横木则用腰带缚在织工的腰上，以控制经丝的张力。用手提的方法将综杆提起，由分经棍把经丝分成上下两层而形成开口，便于进行投梭引纬，并用木制砍刀（即打纬刀）进行打纬。原始腰机已经具备织造中最基本的开口、引纬、打纬三种运动功能，并辅以人工的取经和送经运动，从而达到织造的目的。

完整的原始腰机尚未发现。目前所知最早的考古实物是距今7000年的浙江河姆渡遗址出土的木机刀、卷布轴等多种部件。最为完整的则应属浙江余杭反山良渚M23墓中发现的织机玉饰件（图2-2-11）。玉饰件共有3对6件，出土时相距35厘米。有学者从玉饰件的截面分析并复原，推测这些玉饰件应为腰机的卷布轴、开口杆和经轴的两头端饰。中间部位的卷布轴、开口杆、经轴因是木质材料，已经腐朽，所以没能保留下来（图2-2-12）。在云南石寨山出土的青铜贮贝器上可以看到织工使用原始腰机织布的形象（图2-2-13、图2-2-14）。

图2-2-11　新石器时期 原始腰机玉饰件（浙江余杭反山出土）

（二）双轴织机

关于双轴织机，可以从“敬姜说织”的故事中了解到：

文伯相鲁，敬姜谓之曰：“吾语汝，治国之要，尽在经矣。夫幅者，所以正曲枉也，不可不强，故幅可以为将。画者，所以均不均、服不服也，故画可以为正。物者，所以治芜与莫也，故物可以为都大夫。持交而不失，出入不绝者，梱也。梱可以为大行人也。推而往，引而来者，综也。综可以为关内之师。主多少之数者，均也。均可以为内史。服重任，行远道，正直而固者，轴也。轴可以为相。舒而无穷者，樀也。樀可以为三公。”文伯再拜受教。

——《列女传》卷一

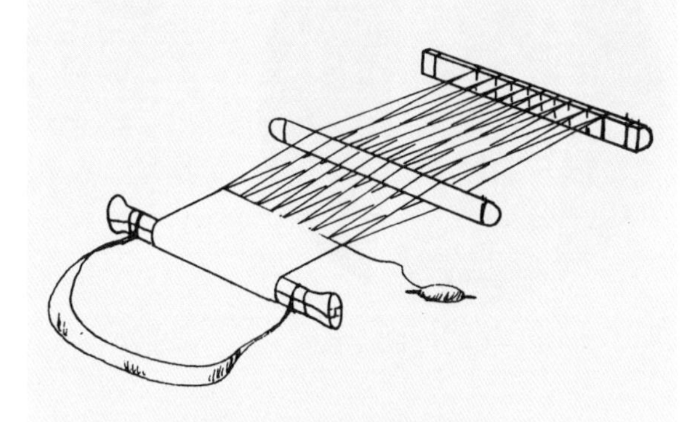

图2-2-12　原始腰机复原图

丝绸织造在中国古代社会生活中占据着十分重要的地位，所以古人往往用丝绸织造等比喻治国。这个故事讲述的是文伯的母亲在文伯将前往鲁国做官时，以织造做比喻来告诉文伯该如何主政。同时，这段文字也是关于中国古代织机的重要记载。据学者考证，这段文字中提到的八种织具与经丝直接相关：幅，即幅撑；画，即为筘；物，也就是茀或棕刷；梱，即开口杆；综，即综杆；均，即分经木；轴，即卷轴；樀，即经轴。同时，学者还考证此织机为双轴织机，更准确地说是一种水平式双轴织机。双轴织机是介于原始腰机和踏板机之间的一种过渡形式，在中国织机发展史上占有重要的地位。双轴织机的形象在西域的考古实物中也有见到。20世纪初，英国探险家斯坦因在我国新疆丹丹乌里克遗址中掘获的画板中，有一块著名的传丝公主画板，画面右端画有一个织女，她的面前就有一台双轴织机。

图2-2-13　西汉 纺织场景青铜贮贝器局部（中国国家博物馆藏）

图2-2-14　贮贝器盖上织布人物临摹图

（三） 踏板织机

为了让织工的身体和双手从织机上解放出来，用于投梭、打纬等操作，提高生产力，人们首先发明了机架，使人的身体得以解放。大约在战国时期，又设计了用脚踏板来传递动力以拉动综杆而进行开口，将织工的双手从提拉综杆中解放出来。这一发明被英国著名科学家李约瑟博士誉为中国对世界纺织技术的一大贡献。

踏板织机因机身和经面的形制不同有倾斜、垂直、平卧之分，分别被称为斜织机（图2-2-15）、立机、平织机。它们的共同特点是均有踏脚板，基本原理是用踏板控制提综，达到开口目的。这三种机型在提综装置上略有区别。

斜织机的机型在山东滕州宏道院、黄家岭、嘉祥县武梁祠，江苏铜山洪楼、泗洪县曹庄，四川成都曾家包等地的汉代画像石上都有较大量的发现。这些图像大多描绘的是曾母训子的故事，说明当时斜织机的应用

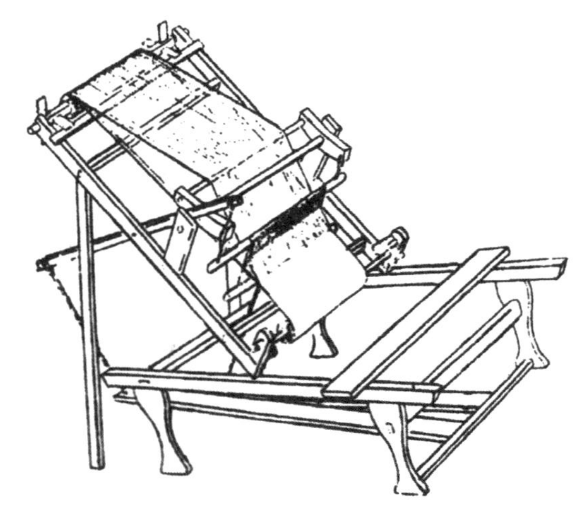

图2-2-15　东汉 斜织机复原图（夏鼐）

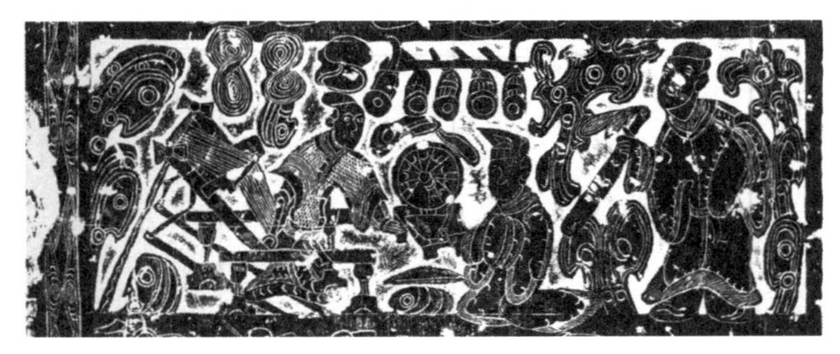

图2-2-16　东汉 纺织图像画像石拓片

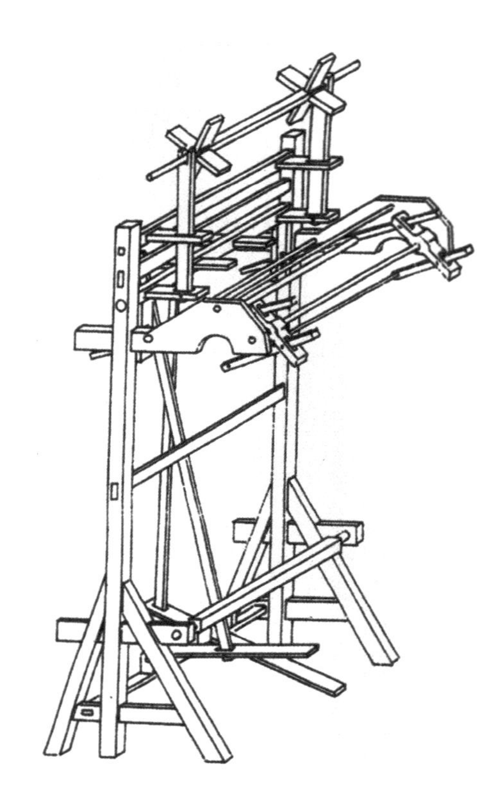

图2-2-17　根据元《梓人遗制》复原的立机（赵丰）

已比较广泛（图2-2-16）。

关于立机，可以在敦煌文书中见到“立机一匹”“好立机”等记载。它与其他织机最大的差别是经面垂直、经轴可以升降，在敦煌壁画上可以找到立机的图像。元代薛景石的《梓人遗制》对立机作了十分详细的记载，并留下了图像，学者赵丰还据此进行了复原（图2-2-17）。

平织机也称为卧机，其经面基本平卧，由两块踏板控制两片综框，形成上下两个开口，便于织制平纹织物。这种踏板双综织机大约从唐代开始出现，以后又经过不断的改进与革新。相传南宋梁楷的《蚕织图》与元代程棨本的《耕织图》中，都绘有此类踏板双综织机。约在元代和明代，在机顶添加了杠杆，使其与综框、踏板联动，使得开口更便利、清晰。这类织机在中国民间流传很久，约在20世纪三四十年代尚有存在。

孟母断织

孟子之少也，既学而归，孟母方绩，问曰：“学何所至矣？”孟子曰：“自若也。”孟母以刀断其织。孟子惧而问其故。孟母曰：“子之废学，若我断斯织也。夫君子学以立名，问则广知，是以居则安宁，动则远害。今而废之，是不免于斯役，而无以离于祸患也。何以异于织绩食？中道废而不为，宁能衣其夫子而长不乏粮食

哉？女则废其所食，男则堕于修德，不为盗窃则为虏役矣！”孟子惧，旦夕勤学不息，师事子思，遂成天下之名儒。君子谓孟母知为人母之道矣。

——《列女传》卷一

类似的记载也见于《韩诗外传》卷九，与《列女传》稍有差别，其曰：

孟子少时，诵，其母方织。孟子辍然中止。有顷，复诵。其母知其喧也，呼而问之：“何为中止？”对曰：“有所失，复得。”其母引刀裂其织，曰：“此织断，能复续乎？”自是之后，孟子不复喧矣。

这个故事说的是孟子小时候放学回家，孟母正在织布，问孟子：“学习怎么样了？”孟子答道：“和过去一样。”孟母就将织了一半的布用刀割断了。孟子感到害怕，问母亲为什么这么做。孟母答道：“你荒废学业，就像我割断所织的布一样。有德行的人学习是为了树立名声，问学是为了使知识广博，这样才能居处安宁，做事才能远离祸患。你现在对学问不长进，以后不免于做这类体力活，并且不能远离祸患，与靠织布过活又有什么区别呢？我半途而废，难道可以让你衣食无忧么？女子荒废其所以养家的技艺，男子则放弃自己的进德修业，以后不是强盗小偷就是奴仆贱隶！”孟子听后非常惊恐，以后便勤于学问，并拜子思为师，于是成为天下的大儒。

中国古代社会很早就有了男女的明确分工，以至于后世用“男耕女织”来形容，由此可知织布在古代妇女生活乃至社会生活中的重要地位。古时妇女的主要职责就是织布兼做女红。孟母通过割断所织的布这一举动深刻地教育了孟子，使得孟子勤于学问，终于成为一代大儒。

越人娶织妇

初，越人不工机杼，薛兼训为江东节制，乃募军中未有室者，厚给货币，密令北地娶织妇以归，岁得数百人，由是越俗大化，竞添花样，绫纱妙称江左矣。

——《唐国史补》卷下

长江流域是唐代生产绫织物的重点地区，尤其是越、润、苏、湖、杭、睦、常、宣、明等州，也就是现在的江浙等地，最为突出。早在唐开元、天宝年间（713—756），长江流域下游地区的绫织物生产就有了相当高的水平；到唐朝后期，绫织物的生产更为发达。《唐国史补》中的这个故事表现的就是长江下游等地绫织物生产发达的一个原因。其中讲到薛兼训当政时让未结婚的军人娶北方工于纺织的女子为妻，一年之中就有数百人，从而带动了越地纺织品的发展。当然，也有学者认为，《唐国史补》中的记事过于强调北方对南方的影响，而南方纺织业的发展实际是长期积累的结果，是当时经济重心南移的表现。

马钧

时有扶风马钧，巧思绝世。……为博士居贫，乃思绫机之变，不言而世人知其巧矣。旧绫机五十综者五十蹑，六十综者六十蹑，先生患其丧功费日，乃皆易以十二蹑。其奇文异变，因感而作者，犹自然之成形，阴阳之无穷，此轮扁之对不可以言言者，又焉可以言校也。

——《三国志·方技传》

我国汉代的绫机是一种多综多蹑式提花机，即用多根踏脚杆（蹑）来控制多片综框，以织出较复杂的花纹。综蹑数一般为五十或六十，因而机构复杂，操作速度很慢。最复杂的记载见于《西京杂记》：“霍光妻遗淳于衍蒲桃锦二十四匹，散花绫二十五匹。绫出钜鹿陈宝光家，宝光妻传其法。霍显召入其第，使作之。机用一百二十蹑，六十日成一匹，匹直万钱。”马钧感到这种绫机耗工耗时，就着手加以改革。从文献记载看，马钧的改革主要是减少了踏脚杆数量，而综框片数保持不变，把六十综蹑并成十二综蹑，还改革了一些其他装置，比旧的织机效率提高了十二倍以上。也就是说，只需要用“十二蹑”就可以控制五十到六十片综框，而织出的纹样可以变化无穷。

（四）花楼织机

丝绸绚丽多彩，其图案是如何织成的呢？其实，花纹的形成是花本在起主要作用。

明代宋应星在《天工开物》中对花本有非常精辟的解释：“凡工匠结花本者，心计最精巧。画师先画何等花色于纸上，结本者以丝线随画量度，算计分寸杪忽而结成之。张悬花楼之上，即织者不知成何花色，穿综带经，随其尺寸、度数提起衢脚，梭过之后居然花现。”花本是工匠按照设计师的画稿，用提花杆、线、纸板、钢针等材料，按一定规律储存的图案信息。再将这些图案信息装置在织机上，可以反复使用，犹如当今将编好的程序安装在计算机上一样。最初，使用骨、竹、木质的挑花杆或综杆（综框）来储存图案信息，可以织一些简单的几何纹样。当需要织制较大的纹样时，则将竹竿或线悬挂在一个圆柱体的竹笼上，或者像帘子一样挂在织机上，称为低花本。《天工开物》中所指将花本悬挂在花楼上的织机，即为花楼机。

花楼机经面平直，机身高大，分为两层。上层犹如小小的高楼，上面悬挂花本。一位工匠（也称拉花人）坐在花楼之上，根据纹样要求，用力向一侧拉动花本来控制提花。花楼之下有数片地综，由坐在机前的织工用脚踏加以控制，并进行投梭和打纬。花楼机可分为小花楼和大花楼两种。相对于大花楼机而言，小花楼机织制的图案小些。而织造龙袍类的袍料时，花纹循环极大，所以储存花本信息的耳子线特别多，因此需使用大花楼机（图2-2-18）。根据宋人《蚕织图》留下的图像，以及对出土纺织品文物的分析研究，小花楼机应于隋末唐初时已经存在，而明代大量的御用云锦就是使用大花楼机织制的。

据学者推测，电报信号的传送原理和计算机储存信息的原理，均有可能受到中国古代线制花本、纹板花本装置的启发。由此可见，中国提花织机技术的发明对世界近代科技的发展有着重要的作用。

图2-2-18　宋人《蚕织图》中的大花楼双经轴提花机

第三章 锦绣罗绮——纺织品种

通过织机的巧妙装置，可以织出各种不同组织结构和丰富图案的纺织品。葛、麻、毛织品以平纹类织物和编织物为主，毛织物有罗、罽、起绒类织物和缂织物等。而品种最多样、复杂和神奇的当数丝织品，其品种几乎涵盖了毛、麻、棉织品中的绝大多数。一般根据不同的组织结构将纺织品种分为平纹、斜纹、绞经、缎纹和起绒等大类。从新石器的罗、绢，到战国秦汉时期的刺绣、经锦、轻纱，唐代的绫、纬锦、染缬，辽宋元时期的缂丝、纳石失、暗花缎，明清时期的妆花、绸、织锦缎，直至民国时期的像景，中国纺织品经过几千年的不断开发创新与丰富完善，形成了纷繁璀璨的纺织品种。

一、璇玑图（回文诗锦）的故事

窦滔妻苏氏，始平人也，名蕙，字若兰，善属文。滔，苻坚时为秦州刺史，被徙流沙，苏氏思之，织锦为回文旋图诗以赠滔。宛转循环以读之，词甚凄惋。凡八百四十字，文多不录。

——《晋书·列女传》

图2-3-1　内蒙古宝山辽墓壁画（苏蕙寄锦图局部）

这个故事说的是在前秦时期，苏蕙的丈夫窦滔被发配到西北边远地区，苏蕙生性聪敏，在织锦上织出回文诗寄给窦滔（图2-3-1）。回文诗共840个字，纵横各29字，纵、横、斜交互，正、反读或退一字、迭一字读，均可成诗，诗有三、四、五、六、七言不等，非常绝妙，广为流传。其排列有一定的规律，循环往复读织在锦上的璇玑图，其中表现出来的情感让人感到哀切。

这则故事在唐代李冗的《独异志》中也有记载，其中的情节与《晋书》中记载的相仿，表现的是苏蕙和她丈夫之间的“离间阻隔之意”。在唐代，武则天也写过一篇《窦滔妻苏氏织锦回文记》。但武则天的这篇文章中提到苏蕙的情节与《晋书》等书中的记载有不少出入，说的是苏蕙因嫉妒和性情高傲而失宠于窦滔，“悔恨自伤”后织的回文诗。这与窦滔赴任时只带小妾赵阳台，而没有带苏蕙，并从此与妻子中断联系，苏蕙为了劝窦滔回心转意而作回文诗的说法比较接近。璇玑图的故事在后世一直较为流行，在元曲、明传奇和绘画作品中都是较为流行的题材，表现的多是苏蕙的才情。

南北朝时期在织锦上织出文字并不鲜见，但往往字数较少，文字排列也较为简单。像苏蕙这样在织锦上织出840个字，且文字的排列有较为复杂的规律，在当时应该是极为少见的，在织造技术上也有一定的难度。可惜的是今天已看不到苏蕙璇玑图的实物，不过根据后世的图像资料，仍可以有一个大致的认识。

二、素纱禅衣

纱的意思是指可以漏沙的织物，非常轻透。早期的纱，以平纹纱为多见，后来也将两根经线互相扭绞的织物称为纱。这类轻纱最经典的代表是湖南长沙马王堆一号汉墓出土的素纱禅衣（图2-3-2）。

禅，东汉许慎《说文解字》中的解释是“衣不重”，清代段玉裁《说文解字注》中说“此与重衣曰複为对”。禅衣就是指单层的没有衬里的衣服，与有衬里的複衣不同。《前汉书·江充传》记载“初，充召见犬台宫，衣纱縠禅衣，曲裾后垂交输”，颜师古对此做注解说“纱縠，纺丝而织之也。轻者为纱，绉者为縠。禅衣制若今之朝服中禅也”。《方言》第四“禅衣”条记载“禅衣，江淮南楚之间谓之褋；关之东西谓之禅衣；古谓之深衣”。《急就篇》说“禅衣，似深衣而褒大，亦以其无里，故呼为禅衣”。

素纱禅衣其实就是用没有纹样的纱制作的单层无衬里的一类衣物，其形制与深衣相似。

1972年湖南长沙马王堆一号墓的发掘，是我国考古史上一次极为重要的考古发现。此墓墓主为西汉长沙国相的妻子辛追，墓中出土了众多的漆器、木器等随葬品，而尤为引人注目的是墓中出土的各类纺织品，其不仅品种多样、色彩艳丽，而且基本保存完好，为后人认知和研究西汉时期的纺织品及其织造技艺提供了很好的实例。墓主辛追的尸体也保存得较为完好，伴出有两件素纱禅衣。其中一件素纱禅衣，交领右衽，直裾式，衣长128厘米，通袖长195厘米，袖口宽29厘米，腰宽48厘米，下摆宽49厘米，质量49克（不

图2-3-2　西汉 素纱禅衣（湖南省博物馆藏）

到1两），经线密度为58～64根/厘米，纬线密度为40～50根/厘米，通体薄如蝉翼，反映了当时高超的织造技术。此件素纱禅衣的组织结构为平纹交织，其透空率约75%。织造素纱所用纱线的纤度较细，表明当时的蚕桑丝品种和生丝品质都很好，缫丝、织造技术也已发展到相当高的水平。这件素纱禅衣如果除去袖口和领口较重的边缘，质量仅约25克，折叠后甚至可以放入火柴盒中。

图2-3-3 汉晋 绣裤（新疆营盘15号墓出土）

三、胡绫

（大秦国）又常利得中国丝，解以为胡绫，故数与安息诸国交市于海中。

——《魏略·西域传》

丝织品种中，绫这一名称出现得较晚，大概在魏晋时期才渐渐多起来。《西京杂记》载：“霍光妻遗淳于衍蒲桃锦二十四匹，散花绫二十五匹。”当时绫的品种较多，其中有一类被称为胡绫。按照鱼豢的说法，这类织物是大秦国（即东罗马帝国）在得到中国的丝绸并拆解之后重新织造而成的。罗马帝国时期的思想家普林尼也有过类似的记载。麻赫穆德·喀什噶里在《突厥语大词典》“hur”条中说明是“由秦输入的一种带色的绸布”，“hur”或许就是胡绫。拆解后再织造的丝织物，在中国西北考古中也有过发现。新疆营盘15号墓曾出土有一条绣裤（图2-3-3），原先断为毛质，后经检测，结论是丝织品，但它的纹样又有异域风情，所以推测这条裤子可能是将中原的丝绸拆解后重新织造而成，也就是胡绫一类的织物。另外，拆解后重新织造的丝织品还见于叙利亚的帕尔米拉。有专家考证，西方获得家蚕丝纱线有两种办法：一是使用进口的家蚕丝纱线；二是将进口的家蚕丝织品的纱线拆解，再加捻纺线，然后利用当地织机重新织成丝织物。学者还指出公元4—5世纪西方丝绸可能有两种供给渠道：一是私人性质的小型商队，但他们在中国与西域间的商业行动完全不见于文献记载；二是西域和中亚在中国对外衰退这段时间内取代中国而成为了西方丝绸市场的主要供货商。

四、缂丝

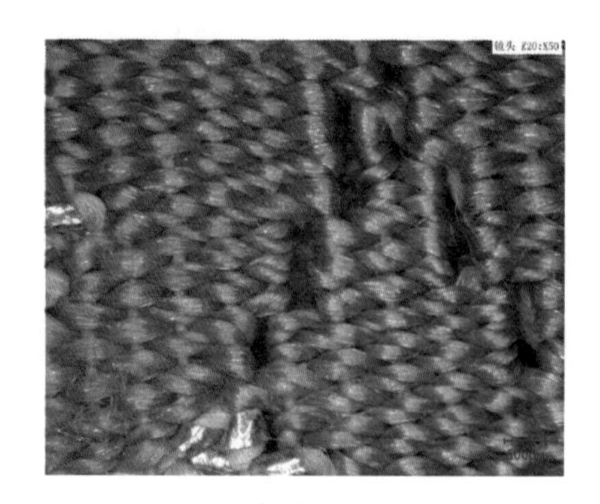

图2-3-4 清 缂丝组织结构图

缂织技术是中国纺织技术中具有代表性的一种，从最初利用羊毛纤维，发展到采用蚕丝纤维，至少经历了4000多年的历史，摹缂的名人书画亦成为高档的艺术品。缂织通常采用通经回纬的方法，以装有丝线的小梭子，按图案分区分色织制，所得花纹轮廓清晰，故而有“承空视之如雕镂之象”之形容（图2-3-4）。

定州织刻丝、不用大机、以熟色丝经于木杼上、随所欲作花草禽兽状。以小梭织纬时、先留其处、方以杂色线缀于经纬之上、合以成文、若不相连。承空视之如雕镂之象、故名刻丝。

——《鸡肋篇》卷上

图2-3-5　东汉 半人半马缂毛织物（新疆博物馆藏）

关于缂丝，明朝人周祈在《名义考》中说："刻之义未详，《广韵》'缂、乞格切，织纬也'。则刻丝之刻，本作缂，误作刻。"明初曹昭《格古要论》称"刻丝作"曰："宋时旧织者，白地或青地子，织诗词山水，或故事人物花木鸟兽，其配色如傅彩，又谓之刻色作。"缂丝，又作刻丝、剋丝，是一种独特的丝绸种类，因织造技法特别而得名，即一般所说的通经断纬或通经回纬。由于采用了这一独特的织造技法，所以不同颜色的纬线之间会留有空隙，因此《鸡肋编》说"承空视之如雕镂之象"。

缂丝的这一独特织造技法，学界一般认为它源自西方的缂毛。西亚埃及等地很早就有缂毛。经考古发掘，在我国新疆等地也发现了众多青铜时代的缂毛实物（图2-3-5）。缂毛所用的材料为毛，缂丝则改毛为丝。现在可知的最早的缂丝实物出自中国的西北。如都兰吐蕃墓、新疆阿斯塔那唐墓等，都有不少出土。其中新疆阿斯塔那206号唐墓出土的彩绘舞女俑上的腰带，是目前所知的最早的缂丝实物。缂丝在唐代主要用于一些装饰品，尺幅较小、花纹简单。发展到宋辽时期，缂丝大为盛行，传世和墓葬出土的缂丝实物也充分验证了这一点。宋代缂丝的一个特点是观赏性缂丝的发达，当时有朱克柔、沈子蕃等缂丝名家。发展到元代，缂丝一改宋代的功用，主要用于穿着，当时很多衣物采用缂丝（图2-3-6）。

图2-3-6　元 缂丝玉兔云肩（中国丝绸博物馆藏）

朱克柔

朱克柔、云间人、宋思陵时以女红行世。人物、树石、花鸟、精巧疑鬼工、品价高一时、流传至今、尤成罕购。此尺帧古澹清雅、有胜国诸名家风韵、洗去脂粉、至于其运丝如运笔、是绝技。非今人所得梦见也、宜宝之。

——《山茶蛱蝶图册页》题跋

朱克柔，出生于宣和、绍兴年间（1119—1162），华亭县人。她自幼学习绘画和缂丝，与沈子蕃同为宋代缂丝名家。朱克柔的缂丝作品被称为"朱缂"，并被誉为中国缂丝技术的高峰，她的作品在当时就有很高的知名度。朱启钤在他的《丝绣笔记》中夸赞朱克柔的作品"精巧疑鬼工，品价高一时"。朱克柔现今存世的缂丝作品有《莲塘乳鸭图》《蛱蝶山茶花》等（图2-3-7）。

图2-3-7　南宋 朱克柔《蛱蝶山茶花》图册页（辽宁省博物馆藏）

图2-3-8　元 缂丝帝后曼荼罗（美国大都会艺术博物馆藏）

五、织御容

御容，也就是古代帝王后妃的肖像画，有时又称御像、神御。元代在使用“御容”的同时，又用“御影”指称大型御容，“小影”“小影神”则用以指称小型御容。

中国早时的御容基本都是绘画或为塑像，很少有用丝织造的。作为丝织品的御容，出现于蒙元时期，而且主要是缂织。《元史》记载：“神御殿，旧称影堂。所奉祖宗御容，皆纹绮居织锦为之。”元人孔克齐《至正直记》“宋缂”条也说：“宋代缂丝作，犹今日缂丝也。花样颜色，一段之间，深浅各不同，此工人之巧妙者。近代有织御容者，亦如之，但著色之妙未及耳。”可见，当时缂织是御容的主要制作方法。当时织御容是元廷织染杂造人匠都总管府所属纹锦局承担的要务之一，备受重视。元《经世大典》载：“织以成像，宛然如生，有非彩色涂抹所能及者。”

关于蒙元时期的御容，尚刚在《蒙元御容》一文中曾有详论：与唐宋御容有立体的形式不同，蒙元御容只有平面的，其做法可织可绘；蒙元御容的制作方式体现了蒙元的文化倾向，绘御容本是唐宋传统，织御容却为蒙元独有，织御容反映了蒙古族对丝绸的特殊爱恋，绘御容反映了对汉族传统文化的倾慕；织御容以绘御容为粉本，采用缂丝工艺；蒙元御容配色单纯，所用颜色体现了蒙古族的颜色好尚。

蒙元时期虽然多有织造的御容，但存留至今的数量极少。1992年纽约大都会艺术博物馆入藏缂丝曼荼罗一幅（图2-3-8），其本尊是大威德金刚，为密宗修行时供奉所用。曼荼罗下缘左右各织出两身供养人，右端第一人为元文宗图帖睦尔，左邻为其兄明宗和世㻋（图2-3-9）；左端则是明宗后八不沙与文宗后卜答失里（图2-3-10）。缂丝上的两位皇帝，头戴钹笠帽，身上外穿龙纹胸背褡护，内穿通袖膝襕龙纹窄袖袍；两位皇后则头戴罟罟冠，身穿通袖膝襕龙纹大袖袍。此缂丝曼荼罗上的文宗皇帝与明宗皇后，与传世的现为台北故宫博物院收藏的《元代帝后像册》中的文宗与明宗后极为相像。根据《元代画塑记》的记载，不少元代帝后像应出自人物画家“传神李肖岩”手笔。孙机认为这幅缂丝上的御容或许是依照李氏的画稿织成的。

图2-3-9　元 缂丝帝后曼荼罗局部 元明宗与文宗兄弟

图2-3-10　元 缂丝帝后曼荼罗局部 元明宗后与文宗后

六、染缬

绞缬、夹缬、蜡缬、灰缬都是中国古代的印花工艺，通过绑扎、夹持、涂蜡和使用草木灰等防染印花工艺，使得纺织品上出现美丽的花纹。这类印花技术的历史悠久，在出土的北朝实物中就有见到，在唐代时已十分流行。

（一）绞缬

绞缬又名撮缬、撮晕缬，民间通常称之为撮花，今天也称其为扎染，是对染前织物进行缝绞、绑扎、打结处理，使染液在处理部分不能上染或不等量渗透，从而达到显花目的的一种印花工艺及其制品。

绞缬在我国具有悠久的生产历史，据《二仪实录》记载："缬乃秦汉间始有，陈梁间贵贱通服之，隋文帝宫中，多与流俗不同，次有文缬小花，以为衫子，炀帝诏内外官亲侍者许服之。"从出土的实物来看，在甘肃敦煌的一处汉代遗址中出土了一批用作书写材料的丝织物，其中一件断帛的周围被染成红色，中间写字的部分仍然留白。据专家研究，这是当时机密文件传递时常用的方式，先将写好文字的部分卷扎，然后将其余部分染成红色，使其外观犹如一团普通的色绢。可以说，这是目前为止发现的最早的绞缬实物。

图2-3-11　红地绞缬绢（尉犁营盘墓地出土）

从魏晋时期开始，真正用于服饰的绞缬实物有较多的发现（图2-3-11），在甘肃玉门花海魏晋墓、敦煌佛爷庙北凉墓、新疆吐鲁番阿斯塔那北朝至隋唐墓中都有出土。唐代以后的绞缬文物虽然所见不多，但从文献记载中可知此种绞缬产品依然很流行。《新唐书·舆服志》载，民间妇女屡穿"青碧缬，着彩帛缦平头小花草履"。北宋时期，陶穀的《清异录》中记载了一则"工部郎陈昌达好缘饰，家贫，货琴剑，作缬帐一具"的轶闻，说的是工部郎陈昌达为了买绞缬帐子而倾家荡产，把家里仅有的值钱的古琴和宝剑卖掉，可见当时绞缬产品受民间欢迎的程度。

早期的绞缬多以小块、满铺的白色花纹为特点（图2-3-12）。唐代绞缬名目如见于唐诗中的鱼子缬、象眼缬、醉眼缬、方胜缬等，都属于此类。到了宋元时期，绞缬的名目有所增加，如玛瑙缬、哲（折）缬和鹿胎缬等。其中关于鹿胎缬还有一个传说。淮南一名姓陈的农夫有一天在田里种豆子，忽然看见两位女子身穿紫色绞缬上襦和青色裙子走过。当时天虽然下着大雨，但两个人的衣服都没有被淋湿。农夫从墙壁上挂着的铜镜中一看，原来这两位女子是两头鹿。这个故事记载在陶渊明的《搜神后记》中，两位女子穿的就是一种紫色鹿胎纹的绞缬服装。据沈从文考证，当时的鹿胎缬主要有红、黄、紫三种颜色，以色为底，白点为花。

图2-3-12　北朝 绞缬绢衣（中国丝绸博物馆藏）

绞缬的流行还在于它的工艺简单、制作方便，因此极易推广普及。在绞缬制作中，最简单的工艺是打结法，不需要任何针线，只要将织物打个结就能进行防染，产生的图案一般以直线图案为主；缝绞法是绞缬制作中最典型的工艺，需要用针将线穿过织物，然后将线抽紧扎绞，进行染色，变化十分丰富；绑扎法则是将织物按点镊起，用线环扎，而后入染，形成色地白花效果。

（二）夹缬

玄宗时柳婕好有才学，上甚重之。婕好妹适赵氏，性巧慧，因使工镂板为杂花之象而为夹缬。因婕好生日献王皇后一匹，上见而赏之，因敕宫中依样制之。当时甚秘，后渐出，遍于天下。

——《唐语林》引《因话录》

这个故事说的是唐玄宗的妃子柳婕好非常有才学，她有一个嫁给赵氏的妹妹非常聪明，让工匠在型板上挖出各种花卉的形象，从而发明了夹缬。柳婕好的妹妹在柳婕好生日时将一匹夹缬献给了王皇后，唐玄宗看到后非常欣赏，于是敕令宫中依照柳婕好妹妹所献夹缬的纹样等进行仿制。当时，夹缬在宫中还不是很多见，后来慢慢流出宫外，流布天下（图2-3-13、图2-3-14）。

关于夹缬的制法，现代人研究讨论得很多。沈从文认为是“用镂空花版把丝绸夹住，再涂上一种浆粉混合物（一般用豆浆和石灰做成），待干后投入染缸加染，染后晾干，刮去浆粉，花纹就明白显出”。武敏则认为“夹缬印花技术是使用两页相同的花版，把织物（印坯）夹持在中间，从两面施印。使用夹版印花，必须将织物悬吊起来进行操作。悬吊操作，也要求使用双页印花夹版，以达到完满的印花效果”。赵丰等人则指出，“夹缬工艺的一般原理，是将两块表面平整并刻有能互相吻合的阴刻纹样的木板夹住织物进行染色。染色时，木板的表面夹紧织物，染液无法渗透上染，而阴刻成沟状的凹进部分则可流通染液，随刻线规定的纹样染成各种形象。待出染浴后释开夹板的捆缚时，便呈现出灿然可观的图案”。

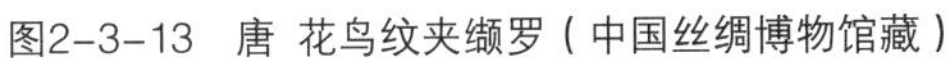

图2-3-13　唐 花鸟纹夹缬罗（中国丝绸博物馆藏）

图2-3-14　唐 绀地花树双鸟纹夹缬絁（日本正仓院藏）

（三）蜡缬

蜡缬是一种使用蜡进行防染印花的产品，其制法是先将蜂蜡施加在织物上，然后投入染液中染色，染后再进行除蜡而得到图案。

给织物施蜡的方法很多。一种是用笔或者刀进行手绘，但这种方法的使用似乎并不广泛，主要流传在西南少数民族地区。另一种是用凸纹的点蜡工具蘸蜡点在织物上，称为点蜡法。点蜡工具通常被刻成一排圆点或一圈圆点，精致一点的则由圆点组成一朵小花。如新疆吐鲁番出土的一件西凉时期的蓝地蜡缬绢，其图案由七瓣小花和直排圆点构成（图2-3-15），采用的就是这种点蜡法。还有一种方法则是将蜡缬和夹缬相结合，首先像防染印花一样用镂空板给织物上蜡，然后将镂空板去除，把织物投入染液中，镂空处的蜡液起到防染作用，从而产生图案（图2-3-16）。关于这种方法，在宋代周去非的《岭外代答》中有记载："瑶人以染蓝布为斑，其纹斑极细，其法以木板二片镂成细花，用以夹布，而熔蜡灌于镂中，而后乃释板取布投诸蓝中。布既受蓝，则煮布以取其蜡，故能受成极细斑花，灿然可观。"

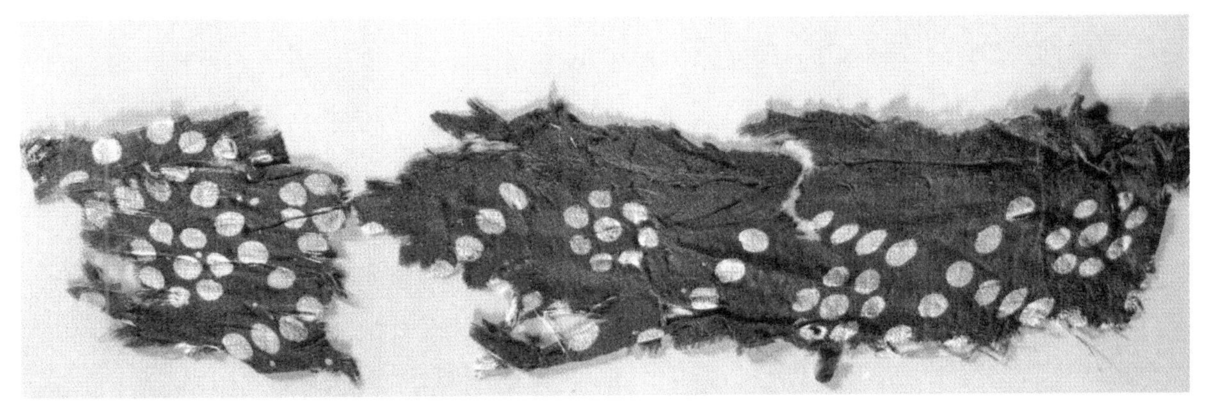

图2-3-15　西凉 蓝地菱格填花蜡缬绢（新疆阿斯塔那北区85号墓出土）

在中原地区，蜡缬的使用时间不长，因为中原地区产蜡甚少，而采蜡人在"荒岩之间，有以纩蒙其身，腰藤造险，及有群蜂肆毒，哀呼不应，则上舍藤而下沈壑"，需冒极大风险，因此没有使用很长时间就被替代品所替代。用来替代蜂蜡进行防染印花的是碱剂，因为唐代用碱多为灰，如草木灰、蛎灰之类，故称其为灰缬。

图2-3-16　唐 羊木蜡缬屏风（日本正仓院藏）

（四）灰缬

灰缬制作时通常和夹缬的方法相结合，一般通过夹缬板将调有黄豆粉、草木灰、蛎灰之类的灰剂印在织物上进行防染，吐鲁番出土的唐代狩猎纹灰缬绢就是一例。这件织物采用的纹样是狩猎纹，主角为一身穿胡服大翻领的骑士，右手持弓，左手搭箭、拉弦，跃马回首，欲射身后的狮子，兔、鸟、花草等散见于狩猎纹间，远方还有象征性的山峦树林，造型十分生动活泼。织物原为浅黄色绢，通过夹的方法将织物对折后用夹板夹持，然后施以碱性的防染剂，打开夹板，进行染色，染得浅红色为地，防染剂处则显花。而有些灰缬产品制作时，在第一套防染剂中加入某种还原剂，使色绢地上产生白色的图案，然后再使用一般的灰剂进行第二次防染，经过两次防染，最终达到两套色的图案效果（图2-3-17）。

灰剂对丝纤维的损伤较大，花部的丝纤维常成散丝状，而且易脆化。另一方面，随着棉织物的普及且棉纤维耐碱，后来灰缬工艺渐渐多用于棉织物，所得产品被称为蓝印花布或药斑布，至今在民间仍有生产。

七、名绣

刺绣也称绣花，是指用针引着绣线，按设计的图案在绣料上缝刺运针，以绣迹构成图案，最终形成作品的一种工艺手段。刺绣在战国时已较多见，最为著名的是顾绣，以及被誉为"中国四大名绣"的苏绣、湘绣、蜀绣和粤绣。

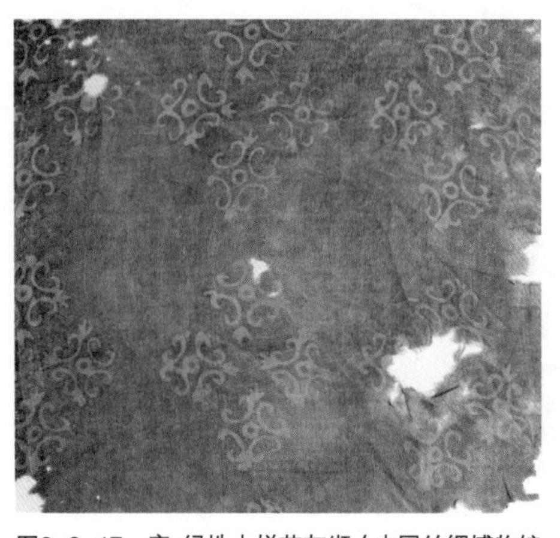

图2-3-17　唐 绿地十样花灰缬（中国丝绸博物馆藏）

（一）顾绣

露香园顾氏绣，海内驰名，不特翎毛、花卉，巧若生成，而山水、人物，无不逼肖活现，向来价亦最贵，尺幅之素，精者值银几两，全幅高大者，不啻数金。年来价值递减，全幅七八尺者，不过以一金为上下，绝顶细巧者，不过二三金，若四五尺者，不过五六钱一幅而已。然工巧亦渐不如前。前更有空绣，只以丝绵外围如墨描状，而著色雅淡者，每幅亦值银两许，大者倍之。近来不尚，价值愈微，做者亦罕矣。

——《阅世编》卷七

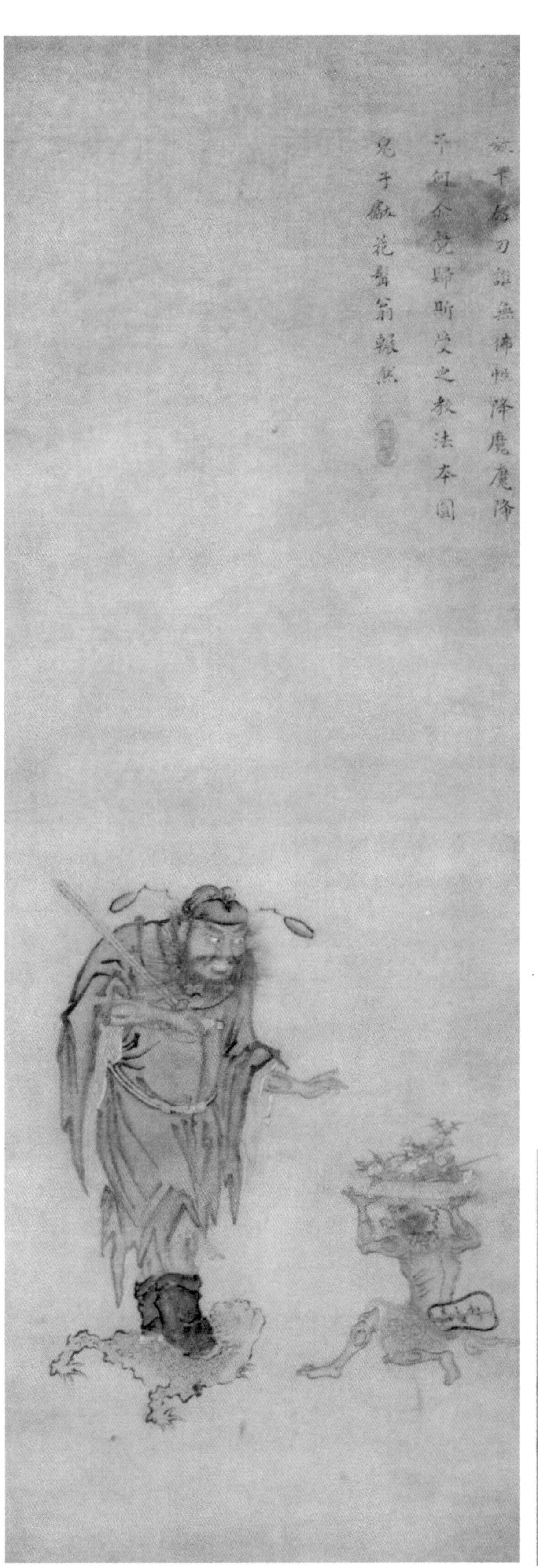
图2-3-18　明 顾绣《钟馗像轴》（上海博物馆藏）

顾绣是以家族姓氏名世的一个绣种，在中国织绣史上扮演着重要的角色。顾绣发轫于明末上海露香园顾氏家族的女红刺绣，既继承了之前画绣的传统，又在诸多方面有所创新，成为明末乃至后世长盛不衰的一个绣种（图2-3-18、2-3-19）。顾绣的主要特点，正如乾隆《上海县志》所记载的，“顾氏露香园组绣之巧，写生如画，他处所无”，“其法劈丝为之，针细如毫末”。顾绣往往绣绘相合，所以乾隆《上海县志》中说“露香园遗制，俱劈丝，为山水花鸟，俨然生动。顾绣画幅，亦有人物、山水、花鸟各项色样”。褚华《沪城备考》附录中也称“顾氏露香园绣，今邑中犹有存者，多佛像、人物、鸟兽、折枝花卉”。顾绣常用的针法有散套针、擞和针、抢针、施针、接针、滚针、铺针、网绣、钉金绣、扎针、编针、松针、打籽针、刻鳞针等。顾绣的广泛传播，在一定程度上也促进了苏绣的发展和进步。

韩希孟

尚宝祖孙寿潜，字旅仙，能画山水，为董文敏所称，工诗，著有《烟波叟集》。其妇韩希孟，工画花卉，所绣亦为世所珍，成为韩媛绣。其实皆顾绣也。

——《骨董琐记全编》

韩希孟，大致生活于明万历后期至崇祯年间，其艺术活动主要在崇祯时期（1628—1644）。她是露香园顾名世的孙媳妇，她的丈夫顾寿潜能诗善画，师从董其昌。所以顾、韩夫妇能画绣相合，相得益

图2-3-19　明 顾绣《钟馗像轴》局部

图2-3-20　明　《韩希孟绣宋元名迹册·洗马图》（北京故宫博物院藏）

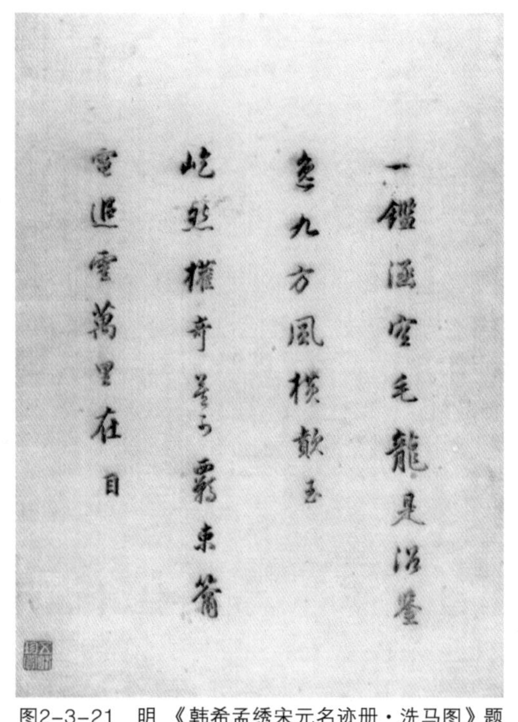

图2-3-21　明　《韩希孟绣宋元名迹册·洗马图》题识（北京故宫博物院藏）

彰。北京故宫博物院所藏的八开《韩希孟顾绣册》由董其昌题跋，对韩希孟的善画花卉且刺绣极为精绝有很高的评价。顾寿潜在北京故宫博物院所藏的八开明崇祯《韩希孟绣宋元名迹册》（即《韩希孟顾绣册》）上的题识也对韩希孟的高超技法有生动的描述。据现在传世的韩希孟的绣作，可以知道她经常在绣品上绣出"武陵""绣史""韩氏女红""韩氏希孟"等印记（图2-3-20、图2-3-21）。韩希孟在中国刺绣史上的地位，在明清时期几乎可以说是无人能敌。这主要在于韩希孟本人具备较高的文化素养，能诗善画，认为画、绣"理同而功异"。

（二）苏绣

苏绣是苏州地区的代表性刺绣，以苏州镇湖刺绣最为有名，后被誉为中国四大名绣之一，并于2006年列入国家级非物质文化遗产名录。

苏绣历史悠久。相传三国时，吴王孙权命赵达丞相之妹手绣列国图，在方帛上绣出五岳、河海、城邑、行阵等图案，有"绣万国于一锦"之说。《清秘藏》中说"宋人之绣，针线细密，用线一二丝，用针如发细者为之。设色精妙，光彩射目。山水分远近之趣，楼阁得深邃之体，人物具瞻眺生动之情，花鸟极绰约嚵唼之

图2-3-22　清　苏绣团凤花卉（中国丝绸博物馆藏）

态，佳者较画更胜”，将苏绣的特点描述得淋漓尽致。明朝以唐寅（伯虎）、沈周为代表的吴门画派，也起到了推动苏绣发展的作用。绣工们以他们的绘画作品为绣稿，“以针作画”，绣出的作品十分逼真和生动。清朝时，苏绣在绣制技术上有了进一步的发展，并以“精细雅洁”而闻名（图2-3-22），仅苏州一地专门经营刺绣的商家就有65家之多，当时的苏州也有了“绣市”的誉称。

由于苏州是“人间天堂”，艺人们生活在到处可见小桥、流水、亭台、楼阁、园林等极富诗意的江南姑苏古城，因此造就了苏绣独特的艺术风格必定是图案秀丽、绣工精致、色彩清雅、针法灵活。人物、宠物、花鸟、风景、静物等成为苏绣的主要题材。宫廷使用的服饰，以及被褥、帐幔、靠垫、香包、扇袋等陈设和生活用品，大多出自苏绣。尤其是精美的双面绣，成为御用及赠送用的高档礼品。

图2-3-23　沈寿

苏绣常常以套针为主要针法，绣线套接不露针迹，通常用三四种同一色相但不同深浅的丝线套绣出晕色的效果。苏绣的技巧可归纳为“平、光、齐、匀、和、顺、细、密”八个字。

沈寿

沈寿，原名雪芝，字雪君，号雪宧，绣斋名为天香阁，故别号天香阁主人，1874年出生，江苏吴县人（图2-3-23）。她的父亲沈椿，曾在浙江任盐官，因酷爱文物和收藏，后来开了一个古董铺。雪芝有3位兄长和1位姐姐，从小随父亲识字读书。家中丰富的文玩字画收藏给了她很好的艺术熏陶，培养了她较高的鉴赏能力。小时候，雪芝常去位于苏州城外的木渎的外婆家，那里几乎家家养蚕、户户刺绣，堪为苏绣之乡，因而对刺绣产生了浓厚的兴趣。她8岁时开始在姐姐沈立的带领下学习刺绣，因天资聪慧又非常好学，进步很快。起初，她主要绣一些小件的家庭生活用品，后来将家中收藏的名画作为蓝本，进行刺绣，效果奇好，成为艺术性很强的作品，因此闻名苏州。

图2-3-24　沈寿绣品《耶稣像》

雪芝20岁嫁给余觉（名冰臣，又名兆熊），他是浙江绍兴人，出身书香世家，能书善画，后居住于苏州。夫妻俩一个擅长绘画、一个善于刺绣，于是一个以笔代针、一个以针代笔，在同一幅作品上画绣结合，相得益彰。

光绪三十年（1904）十月，是慈禧太后的70寿辰。清政府谕令各地进贡寿礼。余觉得知消息后，听从友人们的建议，从家藏的古画中选出《八仙上寿图》和《无量寿佛图》作为蓝本，雪芝请了几位刺绣能手一齐赶制寿屏进献。慈禧见到《八仙上寿图》和另外3幅《无量寿佛图》，大加赞赏，称为绝世神品，授予雪芝四等商部宝星勋章，并亲笔书写了“福”“寿”两字，分赐余觉夫妇。从此，雪芝更名沈寿，余觉也改名余福。此后，慈禧责成商部成立女子绣工科，派余觉担任总办，沈寿担任总教习，这是中国第一所正式的绣艺学校。

1911年，沈寿绣成《意大利皇后爱丽娜像》，作为国礼赠送意大利，并在意大利都朗博览会上展出，荣获世界荣誉最高级卓越奖。1915年，沈寿绣的《耶稣像》（图2-3-24）在美国旧金山举办的巴拿马太平洋万国博览会上展出，获得一等大奖。而且，沈寿将西洋油画的光与影在中国刺绣上加以运用，利用光影效果将明暗度处理得非常逼真，因此也称写真绣。

1920年，南通翰墨林印书局出版了《雪宧绣谱》，这是我国第一部系统总结刺绣理论的著作，是沈寿40年艺术实践的结晶。该绣谱分绣备、绣引、针法、绣要、绣品、绣德、绣节、绣通共8章，由沈寿口述、张謇笔录并编著完成。

（三）湘绣

湘绣是中国四大名绣之一，是湖南地区的代表性刺绣，于2006年列入国家级非物质文化遗产名录。

湘绣主要以丝绸为绣料，以中国人物、动物、山水、花鸟画为主要题材，运用70多种针法和100多种颜色的绣线绣制，擘丝精细、细若毫发，各种针法非常富有表现力，构图严谨、色彩鲜明、形象生动逼真、质感强烈、风格豪放，曾有“绣花花生香，绣鸟能听声，绣虎能奔跑，绣人能传神”的美誉（图2-3-25）。

湘绣的历史很悠久，究竟从何时开始，尚无确切定论。但说起湘绣，人们不禁会联想到1972年长沙马王堆一号西汉墓出土的绣品。虽然不能确认其一定是湘绣，其锁绣针法与中国其他地区发现的同一时期的绣品的工艺特点的差别不明显，但由于其出土于长沙、数量众多，图案风格又带有楚文化和中原文化的特点，且墓主人为西汉轪侯家族，因此属当地刺绣的可能性应该较大。

图2-3-25　清　彩绣芙蓉鹭鸶图（北京故宫博物院藏）

图2-3-26　当代　湘绣《虎》（湖南湘绣研究所藏）

湘绣这个名称的出现应在清光绪年间。光绪二十四年（1898年），著名绣工胡莲仙的儿子吴汉臣在长沙开设了第一家自绣自销的“吴彩霞绣坊”。该绣坊的作品绣作精良，迅速流传到各地，湘绣从此闻名全国。宁乡画家杨世焯也大力倡导湖南民间刺绣，经常深入绣坊，绘制绣稿，并创造和丰富了多种针法，提高了湘绣的艺术水平。光绪末年，湖南的民间刺绣以独具的风格和鲜明的地方特色成为一种手工艺商品而走入市场（图2-3-26）。

图2-3-27　清 彩绣花蝶图（北京故宫博物院藏）

图2-3-28　清 彩绣花鸟图（北京故宫博物院藏）

（四）蜀绣

蜀绣又称川绣，是四川成都地区的代表性刺绣，后被誉为中国四大名绣之一，于2006年列入国家级非物质文化遗产名录。

蜀绣较早见于汉赋家扬雄笔下，其《蜀都赋》云“若挥锦布绣，望芒兮无幅”。他在《绣补》一诗中也对蜀绣给予了很高的赞誉。在汉末，蜀绣与蜀锦誉满天下。晋代常璩在《华阳国志·蜀志》中明确提出蜀绣和蜀中其他物产，包括璧玉、金、银、珠、碧、铜、铁、铅、锡、锦等，皆可视为“蜀中之宝”。最初，蜀绣主要流行于川西民间，五代十国时期，四川相对安定的社会局面为蜀绣的发展提供了有利的条件，从而使其成为主要的财政来源和经济支柱。

唐代末期，南诏进攻成都，除了掠夺蜀锦、蜀绣外，还大量劫掠蜀锦、蜀绣工匠。至宋代，蜀绣的发展达到鼎盛时期，文献称蜀绣技法“穷工极巧”。

至清朝中叶以后，蜀绣在保持当地传统技法的同时，吸取了顾绣和苏绣的优点并逐渐形成产业，成都的刺绣手工作坊以成都九龙巷、科甲巷一带最为著名（图2-3-27、图2-3-28）。清政府于光绪二十九年（1903）在成都成立四川省劝工总局，内设刺绣科，聘请名家设计绣稿，同时钻研刺绣技法。当时，一批有特色的画家画作，如刘子兼的山水、赵鹤琴的花鸟、杨建安的荷花、张致安的虫鱼等入绣，既提高了蜀绣的艺术欣赏性，同时也产生了一批刺绣名家，如张洪兴、王草廷、罗文胜、陈文胜等。张洪兴等名家绣制的动物四联屏获巴拿马赛会金质奖章。张洪兴绣制的狮子滚绣球挂屏得清王朝嘉奖，授予五品军功，为蜀绣赢得了很高的声誉。当时，蜀绣的生产品种主要是服装、礼品、花边、嫁妆、彩帐和条屏等。

民国以后，蜀绣用作家常日用品的范围越来越广，有服装、鞋帽、床上用品、室内装饰品和馈赠礼品等。随着刺绣范围和题材的扩大，蜀绣的装饰性体现得更为明显，以历代名画作为刺绣图稿的蜀绣作品也大量涌现。抗战时期，文化中心南迁，许多画家和技工来到成都，蜀绣得以进一步发展。

蜀绣的技艺特色主要是平顺光亮、针脚整齐、施针严谨、掺色柔和、虚实得体。针法至少有100种以上，如五彩缤纷的衣锦纹满绣、绣画合一的线条绣、精巧细腻的双面绣和晕针、纱针、点针、覆盖针等，都是十分独特而精湛的技法。

（五）粤绣

粤绣泛指广东地区的绣品，由广州的广绣和潮州的潮绣组成，后被誉为中国四大名绣之一，于2006年列入国家级非物质文化遗产名录。

粤绣历史悠久，唐代《杜阳杂编》记载，永贞元年（805年），南海（今广州市）贡奇女卢眉娘在一尺绢上绣《法华经》七卷，“字之大小，不逾粟粒”“点画分明，细如毫发，其品题、章句无不具矣”。她还绣制了宽一丈的《飞仙盖》，上面绣有山水、神仙、玉女，“执幢、捧节童子亦不啻千数”。唐顺宗曾嘉奖其工，谓之视姑。

粤绣在明代已非常著名。《存素堂丝绣录》《纂组英华》等书介绍明末清初的粤绣，说“铺针细于毫芒，下笔不忘规矩，其法用马尾于轮廓处施以缀绣，且每一图上必绣有所谓间道风的飞白花纹，所以成品花纹自然工整”。据《存素堂丝绣录》记载，清代宫廷曾收藏有明代粤绣博古围屏等8幅，上面绣制了古鼎、玉器等95件，“铺针细于毫发，下针不忘规矩”，有的“以马尾缠作勒线，从而勾勒（轮廓）之”，图案工整，“针眼掩藏，天衣无缝”，充分显示了明代粤绣的高超技艺。明代粤绣还以孔雀尾羽捻成丝缕，绣制成服装和日用品等，金翠夺目、富丽华贵。清代乾隆二十二年（1757年），清高宗诏令西方商舶只可进广州港，促进了粤绣的发展，使粤绣名扬国外。乾隆五十八年（1793年），广州成立刺绣行会“锦绣行”和专营刺绣出口的洋行，对绣品的工时、用料、图案、色彩、规格、绣工价格等，都做了具体的规定。乾隆年间，广东潮州也成为粤绣的主要产地，有绣庄20多家，绣品通过汕头出口至泰国、马来亚（今新加坡和马来西亚）等国家。光绪年间，广东工艺局在广州创办缤华艺术学校，专设刺绣科，致力于提高刺绣技艺，培养人才。潮州刺绣艺人林新泉、王炳南、李和彬等24人绣制的郭子仪拜寿、苏武牧羊等作品，在1910年南京南洋劝业会上获奖，在当地被誉为刺绣状元。著名艺人裴荫、鲁炎在1923年伦敦赛会上现场表演粤绣技艺。

粤绣的特点是用线种类繁多、配色对比强烈、构图繁复热闹，常用缎和绢做地，尤以富有浮雕效果的垫高绣法而异于其他绣种。粤绣的另一个特点是绣工多为男工。粤绣的针法非常丰富，以套针、施毛针、擞和针为主，钉金绣、金绒绣也很著名。它常常以民间喜爱的百鸟朝凤、孔雀开屏、杏林春燕、三阳开泰、松鹤猿鹿等题材组成热闹的画面，以花纹繁茂、色彩富丽夺目而著称（图2-3-29、图2-3-30）。

图2-3-29　清 三阳开泰挂屏（北京故宫博物院藏）

图2-3-30　清 花鸟纹绣（中国丝绸博物馆藏）

第四章 天上人间——纺织纹样

古代有精美图案的纺织品主要为丝绸。麻布基本为素织物。毛织物的纹样大多是简单的几何纹、植物纹，采用印花或刺绣工艺来形成。当然，也有少量缂毛织物的纹样精彩非凡。棉织物的花纹主要为彩条纹、方格纹和彩印花卉纹，直至清代以后，其图案才不断丰富，主题与同时代的工艺品一致。而丝绸上的图案则可谓五彩缤纷、绚丽多姿。唐代大诗人白居易曾有《缭绫》一诗，诗中将缭绫这一丝织品描述为"天上取样人间织""织为云外秋雁行"。这些诗句是对丝绸上的图案来源和特点的生动写照。丝绸的纹样主要得益于丝织技术的不断进步与发展，是社会政治、文化和艺术的呈现，也是人们审美意识的反映，更是权力等级的象征。

丝绸纹样从早期模仿自然景象的山形纹、云雷纹等几何纹样，至战国秦汉时期人们向往神仙般生活而创造出的仙气连绵、云烟缭绕、神兽奔走的纹样，到唐代受外来文化影响的联珠纹、具有大唐风范的宝花纹，以及宋代皇家画院注重写生花鸟的风气，使丝绸纹样从天上走向人间，明清时期的纹样更是图必寓意、言必吉祥。丝绸纹样反映了人们的精神天堂与生活世界。

一、异域情致

自西汉丝绸之路开通以后，中西文化和技术交流广泛并逐渐融合。魏晋南北朝时，纺织品上大量出现了来自丝绸之路沿途的异域神祇、珍禽奇兽和宝花异草图案。

（一）联珠团窠纹

"窠"在《说文解字》中有"空也"，还有"框格"的意思；而"团"即"圆形"。那么"团窠"即为"圆形的框格"，而且常以四方连续的方式排列。

联珠团窠纹是指大小基本相同的圆圈或圆珠连接排列形成圆形骨架，有单圈联珠和双圈联珠，团窠内再填以各种植物或动物等纹样。联珠团窠纹在魏晋时期稍小，到唐代逐渐变大，窠内填以动物、花卉等图案，最常见的是联珠动物纹和联珠小花纹。

联珠动物纹最初进入中国时是大团窠的联珠，窠内填有大鹿、猪头、大鸟等。大鹿身强力壮，是一种马鹿，这种造型应来自西亚（图2-4-1、图2-4-2）。猪头感觉威猛无比，特具装饰性，大脑袋、大眼睛、大獠牙，传说它是波斯伟力特拉格纳神的化身（图2-4-3）。大鸟挺胸昂立，嘴衔联珠绶带，后颈也飘系联珠绶带。这种大窠、单个动物的联珠动物纹锦在新疆吐鲁番有不少发现，被认为是经典的波斯风格。而在受到这

图2-4-1 唐 联珠对鹿纹锦（中国丝绸博物馆藏）

图2-4-2 唐 联珠对鹿纹锦图案复原（冯荟绘）

图2-4-3　唐 联珠猪头纹锦（中国丝绸博物馆藏）

图2-4-4　唐 团窠联珠对羊纹锦（中国丝绸博物馆藏）

图2-4-5　唐 团窠联珠小花纹（新疆阿斯塔那墓出土）

些外来风格影响的同时，中国织工也在此基础上进行了吸收和创新，一种小窠的联珠动物纹出现了，窠内的动物由单个变化为一对，相对排列，有对鸟、对马、对鹿、对羊等（图2-4-4），有的甚至直接沿用汉锦风格，将吉、山等汉字织入其中。

联珠团窠小花纹也很有特色，联珠团窠的直径一般在5厘米左右，窠内填以小花，以圆芯对称，联珠窠之间加饰十样花，也称宾花。此时的联珠纹已不占主要地位，完全与花融合，从其全貌来看，更像小团花（图2-4-5）。

（二）陵阳公样

窦师纶，字希言，纳言陈国公抗之子。初为太宗秦王府咨议、相国录事参军，封陵阳公。性巧绝，草创之际，乘舆皆阙，敕益州大行台检校修造。凡创瑞锦、宫绫，章彩奇丽，蜀人至今谓之陵阳公样。官至太府卿、银、坊、邛三州刺史。高祖、太宗时，内库瑞锦对雉、斗羊、翔凤、游麟之状，创自师纶，至今传之。

——《历代名画记》卷十

这个故事说的是陵阳公窦师纶聪明机巧，在担任益州大行台检校修造的时候创造了新的纹样风格——瑞锦、宫绫。这种纹样风格以窦师纶的封号命名，被称作陵阳公样。陵阳公样的具体纹样就是对雉、斗羊、翔凤、游麟等。根据文献记载，很难对陵阳公样有一个具体、形象的了解。幸运的是，唐代的丝绸有不少存世品，可以从中一窥陵阳公样的具体纹样。唐代丝绸保存到今天，较为集中的在敦煌藏经洞等处。藏经洞中出土有吉字葡萄中窠立凤纹锦残片一片，它的主体纹样是由葡萄藤叶缠绕而成的团窠内立一单脚站立的凤凰。类似的团窠立凤锦在青海都兰唐墓中也能见到（图2-4-6）。这一类团窠也就是唐朝时期的陵阳公样。按照记载，这种纹样风格曾风靡唐代200余年。

现代学者也对陵阳公样作过细致的研究。赵丰考证了陵阳公样的基本式样为花环团窠和动物纹样的联合。同时，他还指出陵阳公样所使用的团窠环可分为三种类型：一为组合环，如花瓣加联珠、卷草加联珠、卷草加小花；二为卷草环，唐诗中“海榴红绽锦窠匀”所咏的应该就是此类，敦煌藏经洞出土的吉字葡萄中窠立凤纹锦也属此类；三为花蕾形的宝花环，据其蕾形又分为显蕾式、藏蕾式、半显半藏式，中国丝绸博物馆藏的团窠立狮宝花纹锦就属于这一类（图2-4-7、图2-4-8）。

图2-4-6　唐　团窠宝花立凤纹锦（青海都兰热水出土）

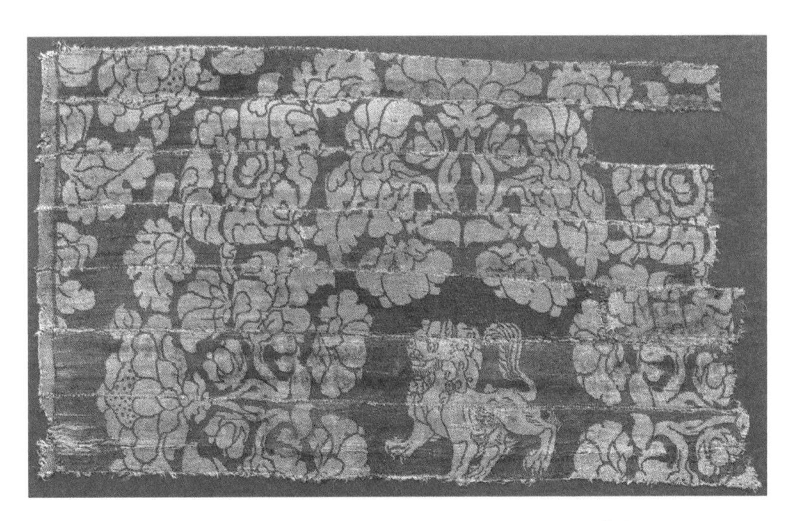

图2-4-7　唐　团窠立狮宝花纹锦（中国丝绸博物馆藏）

（三）大唐新样

图2-4-8　唐　团窠立狮宝花纹锦图案复原图

唐卢氏子不中第，徒步及都城门东。其日风寒甚，且投逆旅。俄有一人续至，附火良久，忽吟诗曰："学织缭绫功未多，乱投机杼错抛梭。莫教宫锦行家见，把此文章笑杀他。"又云："如今不重文章事，莫把文章夸向人。"卢愕然，忆是白居易诗，因问姓名。曰："姓李，世织绫锦。离乱前，属东都官锦坊织宫锦巧儿，以薄艺投本行。皆云：'如今花样，与前不同。'不谓伎俩儿以文綵求售者，不重于世，且东归去。"

——《太平广记》卷二百五十七引《卢氏杂说》

这个故事讲的是唐朝时，有一个未曾中第的卢姓子弟，在投宿旅馆时遇见一个织宫锦巧儿，也就是宫中织造宫锦的织工，在他们的对话中，织宫锦巧儿提到了当时"如今花样，与前不同"。那么当时织锦上的花样与从前有何不同呢？这就涉及当时所谓的"新样"。"新样"一词最早见于《旧唐书·苏颋传》，其中记载了开元八年（720），苏颋"除礼部尚书，罢政事，俄知益州大都督府长史事。前司马皇甫恂破库物织新样锦以进，颋一切罢之"。从这段记载中可知"新样"是开元年间皇甫恂所创制的。

图2-4-9　唐　花鸟纹锦（新疆阿斯塔那墓出土）

那么"新样"究竟是什么花样呢？这经常见于唐人诗歌中的吟咏。大体而言，"新样"主要流行于唐朝的蜀地，在图案内容上，主要有彩蝶、雁、莺、凤、花草、葵等（图2-4-9）；在表现形式上，则以生动的折枝、缠枝花鸟为主。所谓的"新样"，其实就是陵阳公样之后新流行的花样。学者认为，"新样"在唐代流行的原因是多方面的。一是显花技术的发展。"唐代中后期出现了纬线显花的织法，这在显花技术

图2-4-10　唐　宝花纹锦（美国大都会艺术博物馆藏）

图2-4-11　唐　宝相花纹样复原图（黄能馥绘）

图2-4-12　唐　蓝地大窠宝花纹琵琶锦袋（日本正仓院藏）

上是一大进步。一架织机完全不改变经线和提综顺序，只要改换纬线的颜色，就可以织出花型相同而色彩各异的织品来”。二是唐朝后期，花鸟画渐为兴盛，作为独立的画科走上画坛，对“新样”的传播起到了重要的促进作用。三是官服纹饰的影响。文宗时规定各品官服上有各自使用的纹样，其中以花鸟为主。

（四）宝相花纹

《金陀寺碑文》中有“宝相”一词：“飞阁逶迤，下临无地，夕露为蛛网，朝霞为丹雘，九衢之草千计，四照之花万品。崖谷共清，风泉相涣，金资宝相，永籍闲安，息心了义，终焉游集。”这里的“宝相”是对佛像的高贵气质的赞美。因此，一些专家认为，宝相花最初是由佛教文化中常用的莲花演变而来的。莲花象征圣洁、吉祥。后来，牡丹花发挥了重要作用。同时，宝相花还综合了莲花、牡丹、菊花等花卉的特点。人们充分发挥想象，将花卉组成圆形的团窠状图案，花与叶相互组合，花蕾怒放，花瓣层层叠叠，丰硕饱满，显得雍容华贵。后来也有人将这类团窠花卉图案称为宝花。宝相花成了一种真正的理想之花。

唐代时，在瓷器、金银器、建筑装饰上，宝相花都十分流行，而丝绸上的宝花纹更加绚丽多彩。从呈现的形式来看，主要有以下三种：

一是以四瓣的柿蒂花为基本形状组成的宝花。这类简单的瓣式宝花在唐代曾经比较流行，白居易任杭州刺史时所作的《杭州春望》一诗中有“红袖织绫夸柿蒂”，“柿蒂”就是指绫的花纹。

二是由许多含苞欲放的花朵、花蕾、盛开的花瓣和叶层层叠压，形成花中有花蕾、叶中有花的多重效果。此种组合显得非常雍容华贵、气势宏大，体现了盛唐风采（图2-4-10、图2-4-11）。

三是由侧向开放的花朵相连而形成的一种大窠宝花，其中花朵变得更加写实和清秀，中心部位的花盘显得较大，花芯、花蕾、花朵与叶的层次更趋分明。这类宝花最为著名的是现藏于日本正仓院的蓝地大窠宝花纹琵琶锦袋（图2-4-12）。

二、自然景象

从唐代晚期开始，自然写实风格开始在中国艺术中流行，纺织品上也开始出现大量反映自然景象的写实图案。这种图案风格在宋元时期达到极盛，一直延续到明清时期。

（一）春水秋山

辽金时期的北方民族喜欢将其所在的特定环境和生活习俗反映在他们的服饰上。他们每年都有各种游猎活动，如契丹人的打围，女真人也有类似的活动，其中最重要的是初春在水边放鹘打鹅（雁）、入秋在山林中围猎。由这些活动形成的图案出现在服饰、玉器等上面，称为春水秋山。

辽人和金人都擅长养鹰。这种鹰体型不大，但非常机灵凶猛，叫作鹘，也叫作海东青，被训练专门用于抓天鹅（雁）。金代有一套完整的程序用于每年春天的狩猎活动。首先，皇帝在上风口望天，若见天鹅飞来，就命令放出海东青。海东青体型小，而天鹅个大，因此必须巧取才能获胜。海东青一旦盯上哪只天鹅，就冲向天鹅上方，俯身将天鹅的脑袋抓住，并紧紧按住，一直按到地面，待它的主人将天鹅抓住为止。主人为了奖励海东青，就用刺鹅锥将天鹅的脑袋刺开，取出脑仁喂它。刺鹅锥成为猎杀天鹅时必备的工具，在一些辽墓中就发现有玉柄刺鹅锥。

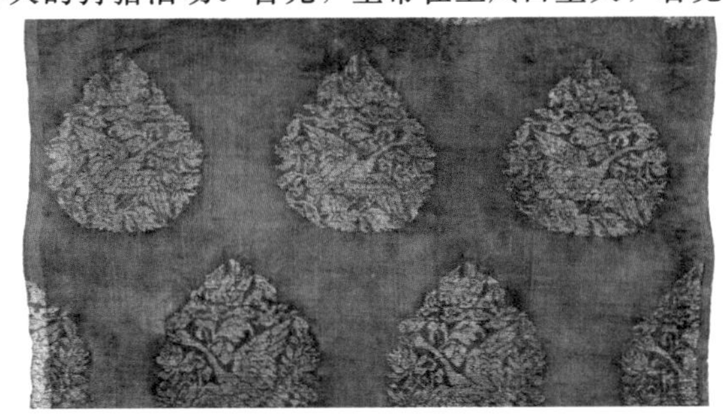

图2-4-13　金　绿地捕雁纹妆金绢（私人收藏）

《金史·舆服志》记载："其从春水之服则多鹘捕鹅，杂花卉之饰；其从秋山之服则以熊鹿山林为文。"有一件私人收藏的金元时期的绿地鹘捕雁纹妆金绢，其图案轮廓为滴珠形，中间有一只大雁展翅飞翔，大雁的上方，一只海东青正向下俯冲，它们的周围则饰以各种花卉，应属于春水纹（图2-4-13）。内蒙古耶律羽之辽代墓中出土的一件飞鹰啄鹿也应是春水纹样，一只无比凶猛的飞鹘向下扑击，地上的鹿在飞奔狂逃。在黑龙江阿城金墓中也发现了一件祥云双雁纹织金绢，其图案为祥云中自由地飞着两只大雁。此时的景象比较柔和，大雁尚未被猎人发现，也没有海东青的出击，应可归入春水纹样。

图2-4-14　辽　罗地压金彩绣山林双鹿（中国丝绸博物馆藏）

辽人和金人在秋天也打猎。当时猎鹿的机会很多，所以主要的猎物是鹿。猎人们用鹿角做鹿哨，呼鹿，把鹿骗过来，然后追杀之。从耶律羽之墓出土的一件刺绣山林双鹿罗可以看到，其外形为团花，背景为山林，山石花草间奔跑着两只鹿，应该就是秋山纹样（图2-4-14）。

（二）满池娇

满池娇是元代刺绣中一个既常见又特别的题材，其主题为池塘小景，原来是文宗皇帝的御衣图案。元代柯九思《宫词十五首》云："观莲太液泛兰桡，翡翠鸳鸯戏碧苕。说与小娃牢记取，御衫绣作满池娇。"柯氏自注云："天历间，御衣多为池塘小景，名曰'满池娇'。"元代《可闲老人集》载："鸳鸯鸂鶒满池娇，彩绣金茸日几条。早

图2-4-15　元　棕色罗花鸟绣夹衫局部（内蒙古集宁路故城窖藏）

图2-4-16 元 罗地刺绣莲塘天鹅（中国丝绸博物馆藏）

图2-4-17 明 曲水如意云纹罗裙局部（中国丝绸博物馆藏）

晚君王天寿节，要将着御大明朝。”可见，满池娇表现的是禽鸟在莲池中嬉戏的景象，尤其是多见的天鹅、鸳鸯，代表喜庆吉祥的寓意。元中期后，满池娇已不仅仅是御用图案，一些蒙古贵族也在使用，而较典型的当属现收藏在内蒙古博物院、于集宁路故城窖藏发现的紫罗地刺绣夹衫。此件夹衫为紫罗地，上面共绣有99组图案，无一重复，其中多为鸳鸯戏水、仙鹤衔枝、蜂蝶恋花、天鹅莲池画面。最大的两组分布于两肩袖上，其一为一组莲花白鹭，盛开的莲花、舒卷的莲叶、慈姑香蒲和不知名的水草间，一只白鹭乘着祥云飞转而下，另一只白鹭则玉立花草丛中回头相望，构成一幅恬静和谐的池塘小景（图2-4-15）。这正印证了朝鲜王朝时期（1392—1910年）《朴事通谚解》中描述的“满刺（池）娇”：“以莲花、荷叶、藕、鸳鸯、蜂、蝶之形，或用五色绒线，或用彩色画于段帛上，谓之满刺娇。”根据学者们的考证，此处“刺”字应为“池”，是考订时的差错。其实“刺”与“池”音相近，皆可通，不过前者着重指工艺。

其实，“池塘小景”题材在装饰中的使用已久，“满池娇”一词的出现也在宋代。吴自牧《梦粱录》卷十三叙述了当时杭城的繁华，夜市售卖的物品中就有“挑纱荷花满池娇背心儿”。考古发现的一些辽宋丝织品中，也有此类纹样。福州南宋黄昇墓出土的一件牡丹花罗夹衣上的彩绘荷萍鱼石鹭鸶花边，现藏于中国丝绸博物馆的罗地刺绣莲塘天鹅（图2-4-16），即为很好的实例。南宋的此类题材与宋代皇家画院注重写生花鸟的风气有关，辽代的同类题材也应与春水图案一脉相传。而元中期以后，“池塘小景”的流行，应该与文宗皇帝对汉族文化的推崇息息相关，正是他将“满池娇”当作御用图案，使得这一题材在元代风靡。虽然文宗皇帝的刺绣满池娇御衣已不存在，但是在元代的丝绸、青花瓷上依然可见。

（三）四合如意云纹

云纹是一种自然物像图案化的结果，用于纺织品的年代久远，最初应是受商周青铜器上云雷纹的影响和衍化，转用于丝绸等织物，使得商周丝绸上的山形纹、云雷纹出现并逐渐成熟。秦汉时，借助于刺绣独特的表现力，云纹有了更婉转自如的呈现。云纹的造型随着时代的变迁而变化。两汉时期，刺绣以外的织锦上也出现了很多种诸如穗状云、山状云、带状云、涡状云之类的不同造型的云气纹，并且与各种鸟兽、人物穿插组合在一起，形成云烟缭绕的仙境之感。魏晋时期，云纹日趋规整，并向几何形骨架转变。唐宋时，吸纳自然界植物灵芝和器物如意的元素，设计出灵芝云纹和如意云纹。至明代，四合如意云纹已成为最典型的丝绸纹样之一（图2-4-17）。

如意，又称握君、执友或谈柄，由古代人握在手上、用于记事的笏（亦称朝笏、手板）和搔杖（今叫作痒痒挠，是一种抓痒工具）演变而来，其柄端形如手指。用此物搔手不能触及之处可如意，故称如意，

图2-4-18　清 四合如意云纹缎（中国丝绸博物馆藏）

俗称不求人。后来此物成为一种代表吉祥意义的器物，是帝王和达官贵人手中的常持玩物，常见材质有金、银、玉、翡翠、珊瑚、珐琅、木、象牙等。如意从魏晋南北朝时期开始普遍使用，到明清时期成为祛邪祈福的珍宝。直至今日，还在使用吉祥如意、万事如意之类的祝词。由此可见，如意纹与云纹的结合、如意云纹的流行，有其必然性。

天分四方，年有四季。四合指的是一种向内、合心的排列，象征四方团聚、四方合一。因此，四合如意云纹应运而生，并且与其他各种吉祥纹样组合：与龙纹组合，因龙是神的化身，既能升天驾云，又能入潭戏水，象征着帝王一统天下；与仙鹤纹组合，代表长寿；与万字纹、曲水纹组合，寓为永远万事如意；与蝙蝠、寿字、万字组合，寓为万福万寿如意。

四合如意云纹在明代是非常典型、十分常见的吉祥图案，并沿用至清代（图2-4-18），代表了人们的审美和意识形态，表达了人们对美好生活的祝愿。

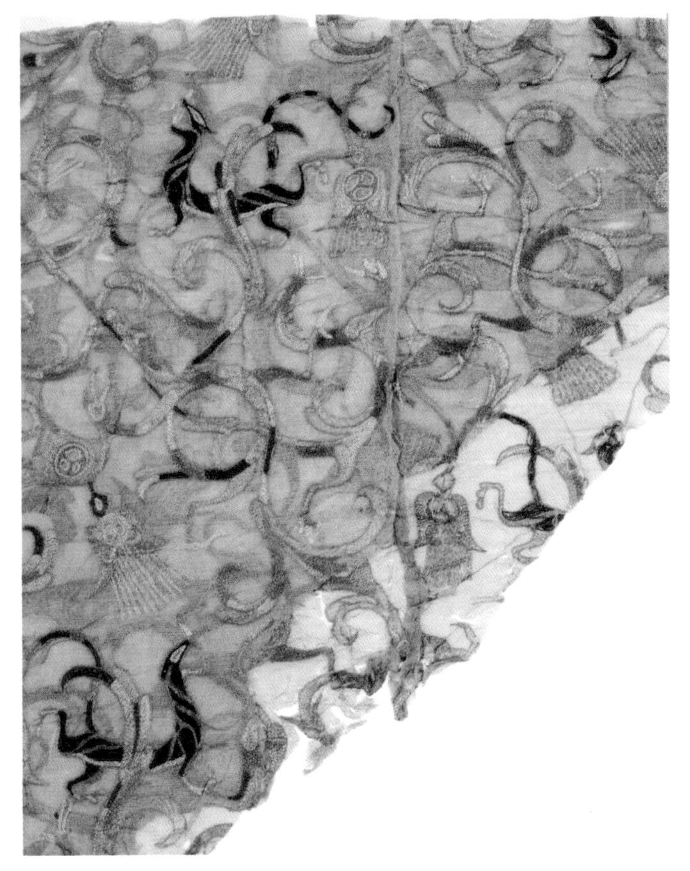

图2-4-19　战国 龙凤虎纹绣局部（湖北马山一号墓出土）

三、吉祥如意

吉祥纹样即为人们从生活的方方面面选择素材、语言文字、各种自然和人工的器物来表达吉祥寓意的图案，商周时出现，唐宋时非常流行，明清时几乎达到图必有意、意必吉祥的境界。

（一）龙凤纹

龙纹是一种综合了各种动物形象特征的组合体（图2-4-19），比如马首、鹿角、鸟爪、蛇身、鱼鳞等。古代文献中有种种关于龙的构成的记载。汉代学者许慎在《说文解字》中称："龙，鳞虫之长，能幽能明，能短能长。春分而登天，秋分而潜渊。"在神话传说中，中华民族的最早祖先伏羲、女娲是人首蛇身的龙蛇。汉代文物中表现的伏羲、女娲交尾图，就是"龙的传人"。龙也是一种吉祥的神物，在神话传说中它掌管雨水，这可能与远古时代洪水泛滥有关，寄托了人们控制、驾驭自然的愿望。神话中还传说，黄帝在荆山下铸造铜鼎，即将铸成时，一条长须的龙从天而降，黄帝乃乘龙上天。从中可以表明，在人们的心里，龙与君主是一体的，是皇帝的象征。

凤凰和龙一样，与皇权有着密切的关系（图2-4-20）。西汉时期的《韩诗外传》中记载了这样一个神话故事：

黄帝曾问天老，凤凰是怎样的？天老回答说：凤的形象，鸿前鳞后，蛇颈鱼尾，龙文龟身，燕颔鸡啄。首戴德、颈戴义、背负仁、心入信、翼采义、足履正、尾系武……你如果有凤身上所具备的这些伦理道德，凤凰就会来。于是，黄帝真诚地穿上礼服，在宫中许下心愿。终于有一天，凤飞到了黄帝的面前，留住在黄帝的东园，在梧桐树上栖息，在竹林里觅食。这样，凤就成了帝德和美的象征，而凤纹则常常用作帝后服装的图案。因此，龙和凤纹组合在一起，象征着夫妻婚姻美满。在商周时期的青铜器、丝绸服装上就有被公认的刺绣龙凤纹。在湖北江陵一号战国马山墓和湖南长沙马王堆一号汉墓出土的大量刺绣品上，龙凤造型奇特、生动，或对龙对凤，或龙凤蟠绕。这些龙飞凤舞的纹样，极具浪漫意味（图2-4-21）。

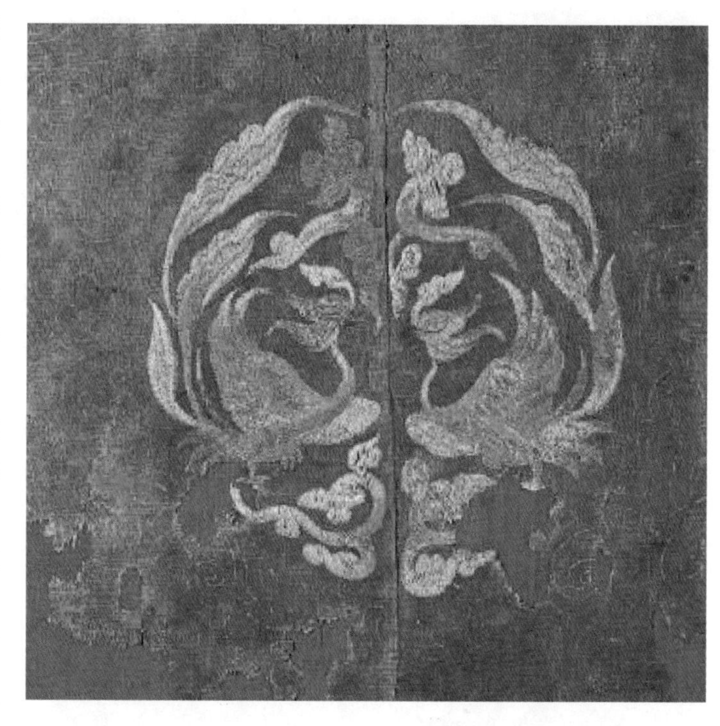

图2-4-20　辽 刺绣凤纹袍局部（美国克利夫兰艺术博物馆藏）

逐渐地，龙凤成为统治者的化身，是最高权力的象征。此类纹样就不能为平民百姓所用。从元代开始，朝廷规定只有皇帝和皇室人员才能穿五爪龙，品位高的大臣可用四爪和三爪，因此，后人见到的元代实物大多为三爪龙。至清代，龙纹的使用规定更加严格，龙纹也更趋于程式化，服装上龙纹的数量、龙袍在不同穿着场合的颜色、龙纹的形制均列入典章制度，比如只有皇帝可以穿明黄色十二章纹龙袍。

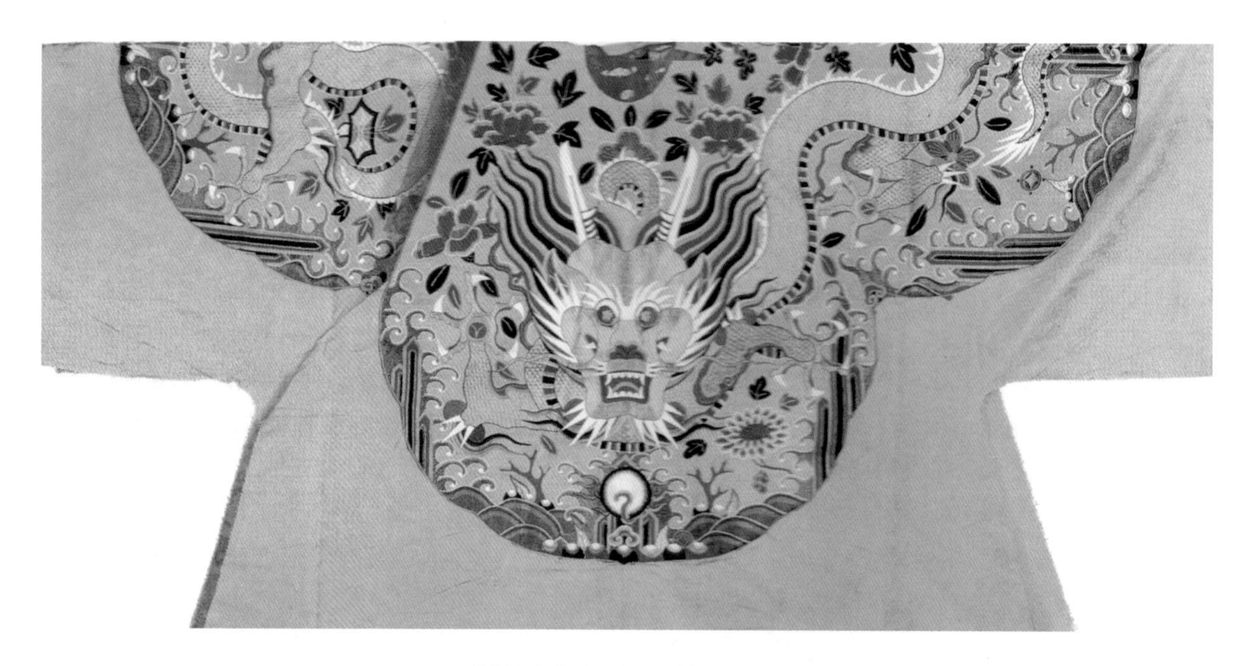

图2-4-21　明 洒线绣金龙花卉纹吉服袍料局部（北京故宫博物院藏）

（二）十二章纹

帝曰：予欲观古人之象，日月星辰山龙华虫作绘；宗彝藻火粉米黼黻絺绣，以五采彰施于五色作服汝明。

——《尚书·虞书》

十二章纹，也就是十二种纹样，即日、月、星辰、山、龙、华虫、宗彝、藻、火、粉米、黼、黻（图2-4-22）。当然，在不同的历史时期，对《尚书》中涉及十二章的文字的断句不同，对十二章纹的理解也不同。现在所说的十二章纹，是遵从郑玄的解说。十二章纹从汉代起便专用于皇帝冕服。迄于明代，在不同的历史时期，十二章纹也用于文武群臣的冕服。清代虽然废除了冕服，但朝服、吉服上的十二章纹重现于雍正时期，直至清亡。民国时期，十二章纹一度作为中华民国国徽上的纹样使用，并用于民国三年（1914年）所定的祭祀冠服上。可以说，十二章纹是丝绸服饰上运用得历史最为悠久的纹样。

十二章纹之所以为历朝历代的帝王所重视，主要是十二章纹蕴含着丰富的寓意，代表着高尚的德行。宋代人认为，“龙能变化，取其神，山取其人所仰也，火取其明也，宗彝古宗庙彝尊，名以虎、蜼，画于宗彝，因号虎蜼为宗彝，虎取其严猛，蜼取其智，遇雨以尾塞鼻，是其智也”“藻，水草也，取其文，如华虫之义，粉米取其洁，又取其养人也……黼诸文亦作斧，案绘人职据其色而言，白与黑谓之黼，若据绣于物上，即为金斧之文，近刃白，近銎黑，则曰斧，取金斧断割之义也。青与黑为黻，形则两已相背，取臣民背恶向善，亦取君臣离合之义”。这些说法不无古人附会的意味，但也反映了古人对十二章纹的一些看法。

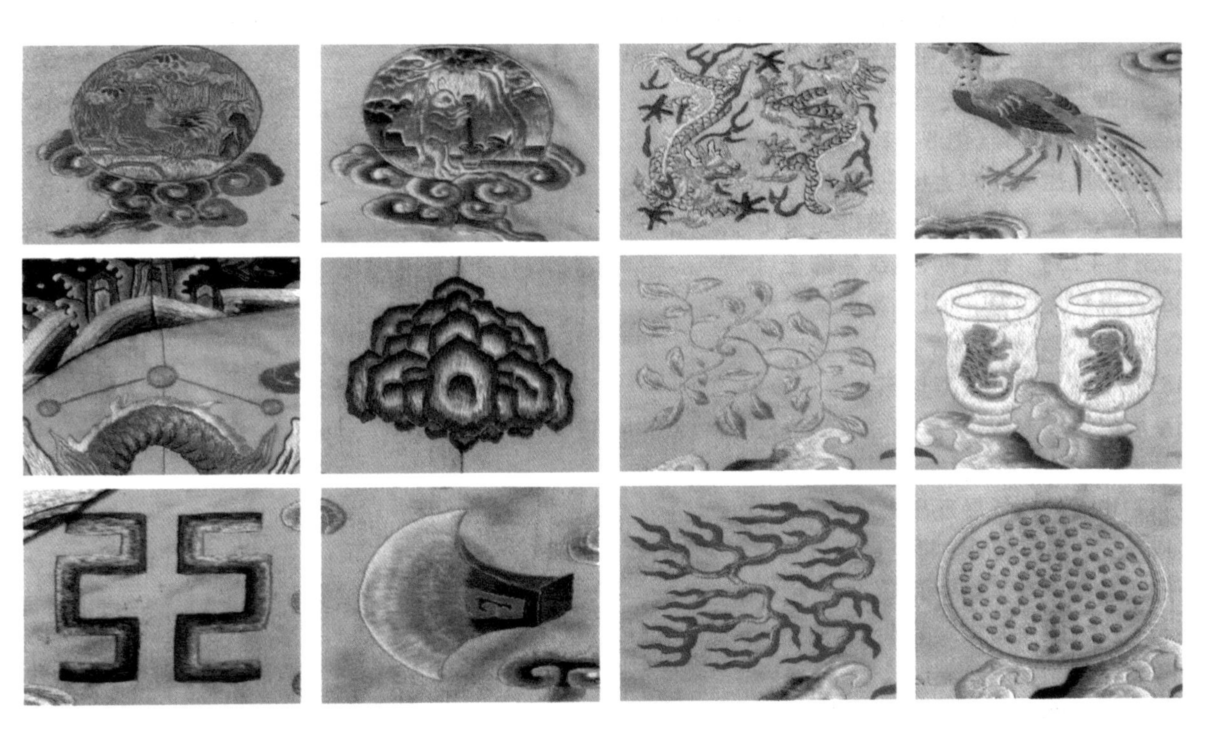

图2-4-22　清　彩绣十二章纹吉服袍局部（私人收藏）

（三）应景补子

正月初一日正旦节。自年前腊月廿四日祭灶之后，宫眷内臣，即穿葫芦景补子及蟒衣。……十五日曰“上元”，亦曰“元宵”，内臣宫眷皆穿灯景补子蟒衣。……五月初一日起，至十三日止，宫眷内臣穿五毒艾虎补子蟒衣。门两旁安菖蒲、艾盆。……七月初七日“七夕节”，宫眷穿鹊桥补子。……九月，御前进安菊花。自初一日起，吃花糕。宫眷内臣自初四日换穿罗重阳景菊花补子蟒衣。……十月初一日颁历。初四日，宫眷内臣换穿纻丝。……十一月，是月也，百官传带暖耳。冬至节，宫眷内臣皆穿阳生补子蟒衣。室中多画绵羊引子画贴。

——《酌中志》卷二十

补子是明清两代用以区分品官等级的标志之一，起源于蒙元时期的胸背。在蒙元时期虽然没有形成一定的服饰等级，但服装上已采用众多的飞禽走兽图案。到了明代，补子作为区分品官等级的标志正式被纳入制度，而且文官只用飞禽，武官只用走兽。明代的这一制度，最后被清代沿袭使用。在明代中后期，随着社会经济的发展，补子制度产生了演变，这就是应景补子的出现。正如《酌中志》所记载的，应景补子是在各个年节时为应景而使用的一类补子。其主要特点是和各个年节有密切的关联性，如正旦节前后用葫芦景补子、元宵节用灯景补子、端午前后用五毒艾虎补子、七夕用鹊桥补子、重阳节前后用重阳景菊花补子、冬至节用阳生补子等。

明代的应景补子在文献中颇有记载，其存世或出土实物也有不少。存世实物多见于各个博物馆的收藏和私人收藏，如北京故宫博物院藏有不少，我国香港的贺祈思也藏有不少（图2-4-23）。出土实物主要见于明代万历帝定陵，地宫中出土了数以百计的衣物，上面多装饰有应景补子。

图2-4-23　明 中秋节令妆花玉兔喜鹊纹方补（贺祈思藏）

（四）百子图

百子的典故最早源于《诗·大雅·思齐》，歌颂的是周文王子孙众多。传说周文王生有99个儿子，还在路边捡了个儿子，正好100个，因此有“文王百子”一说。家有百子、儿孙满堂被中国古人认为是家族兴旺、吉利祥瑞之征兆，多子多孙、延绵万代也被视作有福的表现。所以，古代有许多百子图流传至今。百子图的名称在宋代辛弃疾的《鹧鸪天·祝良显家牡丹一本百朵》中可见：“恰如翠幕高堂上，来看红衫百子图。”

纺织品上的百子图主要出现在门帘、被面、桌围等上面，多用于婚嫁、生子的陈设（图2-4-24、图2-4-25）。百子图画面十分生动、活泼，通常有几十个到100个小孩一起嬉戏的场面，有招蜻蜓、斗蟋蟀、沐浴、持莲花、点鞭炮、打斗等，洋溢着喜气吉庆的气氛；各种玩耍均寓意吉祥，如放爆竹寓意“竹报平安”、捧桃子代表“多子多寿”、抓鱼表示“年年有余”等。

图2-4-24　清 红缎绣百子图垫料（北京故宫博物院藏）

图2-4-25　清 红缎绣百子图垫料（北京故宫博物院藏）

第五章 文明贡献——丝绸之路

丝绸之路是指从黄河流域、长江流域，经印度、中亚、西亚，连接欧亚大陆的贸易通道，在公元前2世纪由汉武帝派遣的张骞出使西域时首先"凿空"。大量的中国丝绸从这一交通要道传向欧洲，故被誉为丝绸之路。同时，西方的文化、物品也源源不断地由此道进入中国，使得中西方政治、文化和经济达到空前的融合，成为连接欧亚大陆文明的纽带，对人类文明的发展作出了卓越的贡献。

丝绸之路主要由草原丝绸之路、沙漠丝绸之路和海上丝绸之路组成，在各个历史时期都扮演着重要角色，起到了无法估量的作用。

一、张骞凿空

战国秦汉时期，北方的匈奴强盛，直接威胁中原王朝的安危。汉初，汉高祖北击匈奴，被围白登山，差点被匈奴擒获。遭遇白登之围后，汉朝对匈奴实行和亲政策，将宗室女嫁到匈奴，以求边疆稳定。经过文帝、景帝两代的励精图治，汉朝的社会经济实力增强，国力提升。到汉武帝时期，汉朝的综合实力有很大增强，已不满足于和亲的局面。为了一雪汉初高祖被围之耻、改变历代和亲求平安的局面，汉武帝决定北击匈奴。早先，大月氏强盛一时，匈奴曾附属于大月氏；而匈奴崛起之后，大月氏则被驱逐西窜。汉武帝了解这一情况后，于建元三年（前138）派遣张骞出使西域，意欲联合大月氏夹击匈奴。西汉时期，狭义的西域是指玉门关、阳关（今甘肃敦煌西）以西，葱岭（帕米尔高原）以东，昆仑山以北，巴尔喀什湖以南，即汉代西域都护府的辖地；广义的西域则包括葱岭以西的中亚细亚、罗马帝国等地，包括今阿富汗、伊朗、乌兹别克斯坦至地中海沿岸一带。

图2-5-1 张骞出使西域（敦煌323窟壁画）

张骞率领100余人的使者团向西出发，中途被匈奴扣留。十几年以后，张骞才有机会逃出，在经历重重困难之后，路经大宛、康居，终于到达大月氏。可惜大月氏人对当时的生活很满意，无心再为报仇而开战。因此，张骞出使的主要任务没有完成。元朔三年（公元前126），张骞返回长安。到元狩四年（公元前119），为牵制匈奴，张骞第二次出使西域，希望与乌孙建立联盟，其间又派出副使到达大宛、康居、大月氏、安息、身毒等地（图2-5-1）。元鼎二年（公园前115），各国派出使者与张骞一同回到长安，标志着中国与西域各国的政治关系正式建立起来了。

张骞出使西域，本意是为了建立反对匈奴的战略联盟，实际上却建立了中国政府与西域各国的官方外交，促进了文化交流。中国从此开始了解到西域各国的情况。中国通往西方的道路虽然早就存在，但在张骞出使后才有了正式的文献记录。张骞两次出使西域，是汉人第一次亲身到达中亚各国，打通了汉朝直接通往中亚的道路。历史上认为张骞开通了西行的道路，是一件前所未有的大事，所以史书记载的时候用了“凿空”这一概念。后来，这条经由中亚直通西方的交通道路被称为丝绸之路。

二、丝绸之路

丝绸之路是指起始于中国，连接亚洲、非洲和欧洲的古代商业贸易路线，同时它也是古代中国连接东西方各国进行政治、经济、文化交流的通道。概括地讲，丝绸之路是自古以来，从中国开始，经中亚、西亚，进而连接欧洲及北非的东西方交通线路的总称，在世界史上具有重大意义。这是亚欧大陆的交通动脉，也是中国、印度、希腊三种文化交汇的桥梁。在这条道路上往来最多的商贸物品，最为知名的就是中国出产的丝绸，因此，当德国地理学家李希霍芬（Ferdinand Freiherr von Richthofen）在1877年将这条道路命名为丝绸之路后，随即被世人广泛接受。

李希霍芬提出的丝绸之路，当时所指的是“从公元前114年到公元127年，中国于河间地区以及中国与印度之间，以丝绸贸易为媒介的这条西域交通路线”，其中所谓的西域则泛指古玉门关和古阳关以西至地中海沿岸的广大地区。在李希霍芬之后，学术界对丝绸之路的内涵和外延做了补充和拓展。在后来的研究中，丝绸之路被分成陆上丝绸之路和海上丝绸之路（图2-5-2）。陆上丝绸之路跨越陇山山脉，穿过河西走廊，通过玉门关和阳关，抵达新疆，沿绿洲和帕米尔高原，通过中亚、西亚和北非，最终抵达非洲和欧洲；海上丝绸之路则以中国东南沿海为起点，经东南亚、南亚、非洲，最后到达欧洲。随着研究的深入，丝绸之路的研究进一

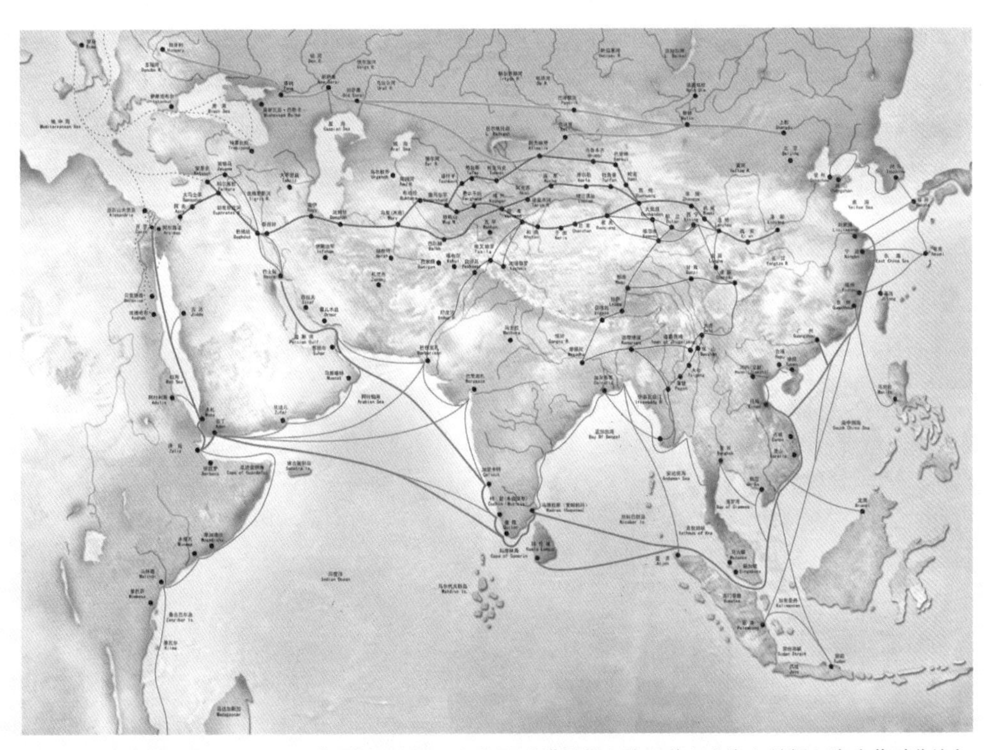

图2-5-2　丝绸之路图，绿色为草原丝绸之路，红色为沙漠丝绸之路，蓝色为海上丝绸之路（黄时鉴绘）

步被细化，陆上丝绸之路又被分为草原丝绸之路、沙漠丝绸之路、西南丝绸之路等。而在不同的历史时期，各条道路时有盛衰。

丝绸之路是一个形象而且贴切的名称。在古代世界，中国是最早开始栽桑、养蚕并生产丝织品的国家。20世纪各地的考古发掘表明，商周以来，中国的蚕桑丝织技艺已经发展到相当高的水平。蚕桑丝织技艺是中华文明的重要代表，蚕桑丝绸也是中国对外交往输出的主要物品，和瓷器、茶叶等一起具有重要意义和深远影响。因此，长久以来有不少研究者想给这条道路取另外一个名字，如玉石之路、玻璃之路、佛教之路、陶瓷之路等，但终究只能反映这条通道的某个局部，无以取代丝绸之路这一名称。

三、马可·波罗游记

马可·波罗（Marco Polo），世界著名的旅行家和商人，出生于意大利威尼斯商人家庭，他的父亲尼科洛和叔叔马泰奥都是威尼斯商人。在马可·波罗小的时候，他父亲和叔叔到东方经商，抵达元大都并觐见了忽必烈汗，带回了忽必烈给罗马教皇的信。在马可·波罗17岁那年，他父亲和叔叔带着教皇的回信和礼品，偕马可·波罗前往东方。历时三年多的时间，他们终于到达大都，觐见了忽必烈汗（图2-5-3）。此后，马可·波罗在中国游历17年，访问过元朝的众多城市，到过中国西南和东南地区，并担任过官职。后来，马可·波罗回到威尼斯，在威尼斯和热那亚之间的一次海战中被俘，在监狱里口述旅行经历，由鲁斯蒂谦写成《马可·波罗游记》。《马可·波罗游记》记述了马可·波罗在东方当时最富有的国度—中国的种种见闻。根据鲍志成的考证，马可·波罗也讲到了天堂之城—杭州，说杭城有许多行业，有丝绸纺织、粮食加工、金银饰品、瓷器等。各行业各有坊场，匠人多少不一，但都兴旺发达。其中提到杭州私营纺织业出现了雇工生产，杭州女子娇美，都穿着漂亮的丝绸服装。这些描述在欧洲广为流传，激起了欧洲人对东方的热烈向往，对新航路的开辟产生了巨大的促进作用，对中国丝绸的外销也起到了很大的推动作用。

蒙元时期，蒙古人统治的疆域空前广大。从朝鲜半岛到欧洲西部，从印度北部到西伯利亚，无不间接或直接地处在蒙古人的统治之下。疆域的空前宽广，也带动了东西方之间的空前交流，东西方之间第一次可以畅通无阻地进行直接往来。马可·波罗来华就是在这一背景之下发生的。《马可·波罗游记》是欧洲人较早撰写的关于中国政治、经济、历史、文化和艺术的游记，问世之后被转译成多种文字，为欧洲人展示了新的知识领域和视野。此书的意义，还在于它促成了欧洲的人文复兴。《马可·波罗游记》后来成为学者们研究蒙元历史的重要材料，后世学者并对其加以注释，如伯希和等人。同时，虽然《马可·波罗游记》问世已数百年，但对马可·波罗是否到过中国的质疑从未中断。有些学者认为马可·波罗从未到过中国，《马可·波罗游记》不过是道听途说的汇集。但书中确实描述了蒙元时期的一些史实，如元朝的远征日本、王著叛乱、襄阳回回炮、波斯使臣护送阔阔真公主等。马可·波罗对元朝当时的首都大都（汗八里）、曾作为南宋首都的临安（时称"行在"）、作为东南沿海重要港口的泉州（刺桐），也都有合乎史实的描述。当然，不论马可·波罗是否到过中国，《马可·波罗游记》确实增进了欧洲人对中国的认知，掀起了欧洲持续数百年的中国热和中国风。

图2-5-3 《马可·波罗游记》插图 马可·波罗觐见忽必烈汗

四、传丝公主的故事

王城东南五六里有麻射僧伽蓝，此国先王妃所立也。昔者此国未知桑蚕，闻东国有也，命使以求。时东国君秘而不赐，严敕关防无令桑蚕种出也。瞿萨旦那王乃卑辞下礼，求婚东国。国君有怀远之志，遂允其请。瞿萨旦那王命使迎妇，而诫曰："尔致辞东国君女：我国素无丝绵桑蚕之种，可以持来自为裳服。"女闻其言，密求其种，以桑蚕之子置帽絮中。既至关防，主者遍索，唯王女帽不敢以验。遂入瞿萨旦那国，止麻射伽蓝故地，方备仪礼奉迎入宫，以桑蚕种留于此地。阳春告始，乃植其桑，蚕月既临，复事采养。初至也尚以杂叶饲之，自时厥后桑树连阴。王妃乃刻石为制，不令伤杀，蚕蛾飞尽乃得治茧，敢有犯违明神不祐。遂为先蚕建此伽蓝。数株枯桑，云是本种之树也。故今此国有蚕不杀，窃有取丝者，来年辄不宜蚕。

——《大唐西域记》卷十二

这个故事讲述的是瞿萨旦那国（即于阗）早先并不知道栽桑、养蚕，自然也不知道织造、丝绸，当他们知道东边的国家有蚕桑、丝绸，国王就派出使者去寻找。可是当时东边的国家不愿公开其栽桑、养蚕、织绸的秘密，命令边关严格禁止蚕桑的种子外流。瞿萨旦那国国王不得已，只好低调地向东国求婚。东国国王正好有怀柔远人的志向，就答应了瞿萨旦那国国王的请婚要求。等到东国公主要下嫁的时候，瞿萨旦那国国王派使者去迎接东国公主，并叫使者告诉公主：瞿萨旦那国没有蚕桑，也没有华美的丝绸供公主穿着，公主若将蚕桑的种子带过来，就会有华美的衣服穿了。公主听了这话，便秘密地求得蚕桑的种子，并把它们放在帽子的丝絮中。到达边关时，守边关的人进行了例行检查，只有公主的帽子不敢检查。于是蚕桑的种子传到了瞿萨旦那国。刚开始时，桑叶不够多，养蚕需使用别的叶子，后来桑树繁衍得很多，栽桑养蚕制丝业逐渐兴旺起来。只是瞿萨旦那国有一个习俗，一定要等到蚕蛹化蛾飞出才敢取出茧子进行缫丝。

玄奘西行求法，在西域多有经历，他首先对这个传说进行记载，以后欧阳修等人编撰《新唐书·西域传》时将其收录。其中记载：

自汉武帝以来，中国诏书符节，其王传以相授。人喜歌舞，工纺勣。西有沙碛，鼠大如蝟，色类金，出入群鼠为从。初无桑蚕，丐邻国，不肯出，其王即求婚，许之。将迎，乃告曰："国无帛，可持蚕自为衣。"女闻，置蚕帽絮中，关守不敢验，自是始有蚕。女刻石约无杀蚕，蛾飞尽得治茧。

但是在这里，欧阳修等人将玄奘所说的东国改成了邻国。长久以来，关于蚕种西传的传说并没有得到实物的证实。20世纪早期，英国探险家斯坦因在新疆丹丹乌里克探险，发现了许多画板，据考证，其中一块画板上画的就是蚕种西传的故事（图2-5-4）。

图2-5-4　约公元6世纪　传丝公主画板（新疆和田丹丹乌里克遗址出土）

本编参考文献

[1] 司马迁 . 史记 [M]. 北京：中华书局，1982.

[2] 陈寿 . 三国志 [M]. 北京：中华书局，1975.

[3] 房玄龄 . 晋书 [M]. 北京：中华书局，1974.

[4] 魏徵 . 隋书 [M]. 北京：中华书局，1973.

[5] 欧阳修，宋祁 . 新唐书 [M]. 北京：中华书局，1975.

[6] 脱脱 . 宋史 [M]. 北京：中华书局，1977.

[7] 脱脱 . 金史 [M]. 北京：中华书局，1975.

[8] 宋濂 . 元史 [M]. 北京：中华书局，1976.

[9] 干宝 . 搜神记 [M]. 北京：中华书局，1979.

[10] 许维遹 . 吕氏春秋集释 [M]. 北京：中华书局，2009.

[11] 刘向 . 列女传 [M]. 江苏：江苏古籍出版社，2003.

[12] 玄奘，辩机，季羡林 . 大唐西域记校注 [M]. 北京：中华书局，2008.

[13] 张彦远 . 历代名画记 [M]. 北京：人民美术出版社，2004.

[14] 李肇，赵璘 . 唐国史补 · 因话录 [M]. 上海：上海古籍出版社，1979.

[15] 庄绰 . 鸡肋篇 [M]. 北京：中华书局，1997.

[16] 周去非，杨武泉 . 岭外代答校注 [M]. 北京：中华书局，1999.

[17] 陶宗仪 . 南村辍耕录 [M]. 北京：中华书局，2004.

[18] 宋应星 . 天工开物 [M]. 北京：中国社会出版社，2004.

[19] 刘若愚 . 酌中志 [M]. 北京：北京古籍出版社，1994.

[20] 叶梦珠 . 阅世编 [M]. 北京：中华书局，2007.

[21] 马可 · 波罗行纪 [M]. 冯承钧，译 . 上海：上海书店，2000.

[22] 黄能馥，陈娟娟 . 中国服饰史 [M]. 上海：上海人民出版社，2004.

[23] 黄能馥，陈娟娟 . 中国丝绸科技艺术七千年 [M]. 北京：中国纺织出版社，2002.

[24] 金文，梁白泉 . 南京云锦 [M]. 苏州：江苏人民出版社，2009.

[25] 李超杰 . 都锦生织锦 [M]. 上海：东华大学出版社，2008.

[26] 李济 . 西阴村史前的遗存 . 李济文集 [M]. 上海：上海人民出版社，2006.

[27] 上海市纺织科学研究院，上海市丝绸工业公司 . 长沙马王堆一号汉墓出土纺织品的研究 [M]. 北京：文物出版社，1980.

[28] 沈寿 . 雪宧绣谱图说 [M]. 济南：山东画报出版社，2004.

[29] 孙佩兰 . 中国刺绣史 [M]. 北京图书馆，2007.

[30] 徐德明 . 中华丝绸文化 [M]. 北京：中华书局，2012.

[31] 郑巨欣 . 中国传统纺织品印花研究 [M]. 杭州：中国美术学院出版社，2008.

[32] 中国社会科学院考古研究所，定陵博物馆，北京市文物工作队 . 定陵 [M]. 北京：文物出版社，1990.

[33] 赵丰 . 中国丝绸通史 [M]. 苏州：苏州大学出版社，2005.

[34] 赵丰，屈志仁 . 中国丝绸艺术 [M]. 北京：外文出版社，2012.

[35] 包铭新 . 关于缎的早期历史的探讨 [J]. 中国纺织大学学报，1986（1）.

[36] 陈娟娟 . 缂丝 [J]. 故宫博物院院刊，1979（3）.

[37] 陈娟娟 . 明清宋锦 [J]. 故宫博物院院刊，1984（4）.

[38] 陈娟娟 . 明代提花纱、罗、缎织物研究 [J]. 故宫博物院院刊，1986（4）.

[39] 陈娟娟 . 宋代的缂丝艺术 [J]. 文物天地，1994（4）.

[40] 高汉玉，王任曹，陈云昌 . 台西村商代遗址出土的纺织品 [J]. 文物，1976（6）.

[41] 高汉玉，张松林 . 河南青台遗址出土的丝麻织品与古代氏族社会纺织业的发展 [J]. 古今丝绸，1995（1）.

[42] 钱小萍 . 蜀锦、宋锦和云锦的特点剖析 [J]. 丝绸，2011（5）.

[43] 山东邹县文物保管所 . 邹县元代李裕庵墓清理简报 [J]. 文物，1978（4）.

[44] 尚刚 . 蒙元御容 [J]. 故宫博物院院刊，2004（3）.

[45] 苏州市文物保管委员会，苏州博物馆 . 苏州吴张士诚母曹氏墓清理简报 [J]. 考古，1965（6）.

[46] 武敏 . 唐代的夹版印花——夹缬：吐鲁番出土印花织物的再研究 [J]. 文物，1979（8）.

[47] 无锡市博物馆 . 江苏省无锡市元墓中出土的一批文物 [J]. 文物，1964（12）.

[48] 新疆文物考古研究所 . 新疆民丰县尼雅遗址 95MNI 号墓地 M8 发掘简报 [J]. 文物，2000（1）.

[49] 新疆文物考古研究所 . 新疆尉犁县营盘墓地 1995 年发掘简报 [J]. 考古，2002（6）.

[50] 新疆文物考古研究所 . 新疆罗布泊小河墓地 2003 年发掘简报 [J]. 文物，2007（10）.

[51] 薛雁 . 明代丝绸中的四合如意云纹 [J]. 丝绸，2001（6）.

[52] 扬之水 ."满池娇"源流：从鸽子洞元代窖藏的两件刺绣说起 . 丝绸之路与元代艺术国际学术讨论会论文集 [C]. 香港：艺纱堂 / 服饰工作队，2005.

[53] 于志勇 . 楼兰 - 尼雅地区出土汉晋文字织锦初探 [J]. 中国国家博物馆馆刊，2003（6）.

[54] 赵丰 . 窦师纶与陵阳公样：兼谈唐代的丝绸设计程式 . 丝绸之路：设计与文化 [M]. 上海：东华大学出版社，2008.

[55] 周匡明 . 钱山漾绢片出土的启示 [J]. 文物，1980（1）.

本编编著 薛 雁

第三编　从古到今的服饰文明故事

第一章 先秦服饰

一、服周之冕

“服周之冕”是孔夫子的原话，表明了他的态度与理想。那么何为服周之冕？身为春秋之人的孔夫子为何要服周之冕？《易·系辞下》有：“黄帝尧舜垂衣裳而天下治。”意思是，黄帝之前的人们衣服可以随便穿，或者说进入文明时代之前人们衣服可以随便穿。但是，进入华夏文明之后，衣服就不能随便穿了，就要“垂衣裳”了，也就是说分出上衣和下裳了，且这个上衣和下裳都是相对固定的款式。

但这一切只是传说。真正关于“衣裳”的考古发现是在殷墟的妇好墓，其中发掘出来的玉俑穿的就是上衣下裳（图3-1-1）。具体形制为交领、大襟、右衽、连袖、围裳、系带、系芾，同时在领襟与袖口处有“衣作绣、锦为沿”的镶边。就此，我们可以确认，商代的上衣下裳即是如此。

周朝出了一位名人，名叫姬旦（史称周公旦）。他有辅佐周王、平定三监之乱的丰功伟绩，同时还有制礼作乐的闲情逸致。传说他还编著了一本专著叫《周礼》，其设置的典章制度尽在其中。与服饰有关的章服制度就是“冕服制”。

“冕”是指帽子，但是与一般的冕不同的是冕顶上有一块木板，叫作“延”；前面垂挂着若干小珠子，叫作“旒”；两端系着长带子，叫作“天河带”；其中还有两个玉制的耳塞，叫作“充耳”。“充耳不闻”便由此而来。

“服”指衣裳，上衣下裳，其基本形制与商代一致（图3-1-2）；只是增加了一些服装纹饰即“十二章纹”：日、月、星辰、山、龙、华虫、宗彝、藻、火、粉米、黼、黻，又增加了一些服饰配件如“佩绶”等，同时脚上也要穿正式的鞋子“舄”（图3-1-3）。

图3-1-1 身穿“上衣下裳”的玉俑

“冕服”更加不能随便穿了。如皇帝在最隆重场合的冕服是穿“十二章纹”，在其他隆重场合至非隆重场合的冕服按“九章纹”“七章纹”“五章纹”递减。次等官员的冕服最高只能穿“九章纹”，同时也按场合与官阶递减。以此类推，这样就建立了一个服饰等级制度，如同今天的军衔制一样一目了然。

到了孔夫子所处的春秋时期，“礼崩乐坏”（即周朝的礼仪典章与良好秩序被春秋诸侯所打破），包括“冕服制”在内的周代礼制未被后人很好地继承下来，所以孔子急了，因为他认为周礼是最完美的典章制度—在中国思想史上，就有从周公旦到孔子、从孔子到颜回、再从颜回到孟子代代相承，以形成“孔孟之道”的说法。所以孔夫子竭力宣传“克己复礼”的政治主张，在这个“礼”中就包括了“服周之冕”。

反过来说，“服周之冕”就是实现“克己复礼”的技术手段。因为“周之冕”把人们的等级地位彰显出来了，这一点正是孔子所

图3-1-2　冕服

看重与需要的。《通鉴外纪》这样来描述黄帝是如何制定衣裳的：“作冕旒，正衣裳，视翚翟草木之华，染五彩为文章，以表贵贱。”《管子》也开宗明义地指出：“衣服所以表贵贱也。”事实上从《周礼》到历代“舆服志”，关于服饰的核心内容就是形制，而种种形制恰恰就是用来体现“礼”的，用来体现秩序、等级、规范的。

所以，“服周之冕”又是实现“维稳”的技术手段。它的逻辑关系是，“服周之冕”的目的是为了更好地“辨等差”，把所有的人都分出“等差”的目的是为了建设和谐社会—尤其是要分出官与民—所以孟子补充说“劳心者治人，劳力者治于人”。在这一切等级秩序确定之后，希望人人都服从天命，人人按照自己的等级地位去做好分内之事，就像机器上安装妥当的一颗颗螺丝钉，从不去想僭越之事。这样社会就稳定和谐了。当然这是“孔孟之道”的一厢情愿，到底有没有建成和谐社会，看看中国历史就知道了。

图3-1-3　“舄”

二、胡服骑射

说到“胡服骑射”，我们首先应该认识一下这个典故的主人公——赵武灵王。武灵王是战国时期赵国的第六代君主，同时也是一位著名的政治家、军事家。后人对于赵武灵王的了解，最多莫过于胡服骑射的故事了。那么到底什么是胡服骑射？这个故事又是怎样发生的呢？

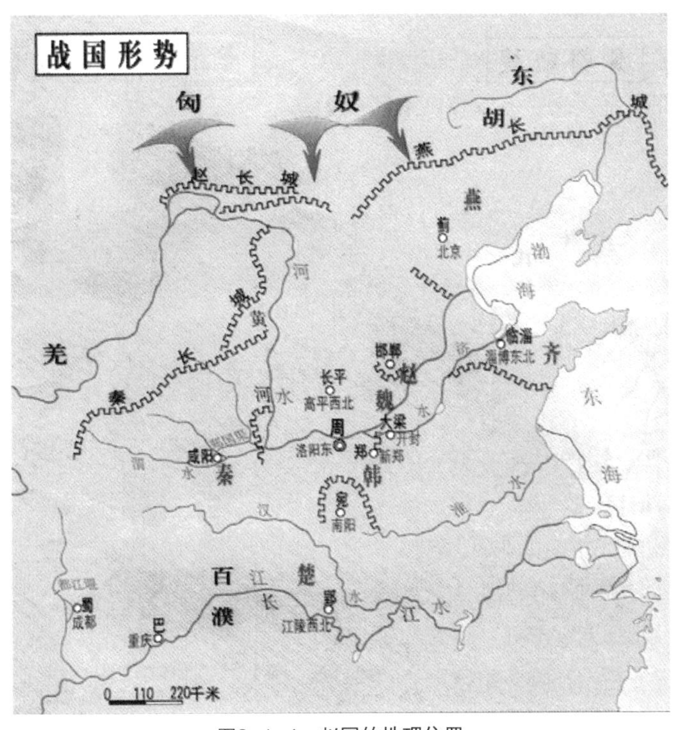

图3-1-4　赵国的地理位置

战国时期的赵国属于疆域较大的国家，然而就其综合国力来说，最多只能算在二三流的发展水准，用现在的话来讲属于标准的“发展中国家”（图3-1-4）。另外，由于当时赵国军队的服装形制是衣长、袖宽、腰肥、下摆大，并在裤外一定要加长服，穿着行动极不方便，更别说骑马打仗了，因此，在交战中常常处于不利地位（图3-1-5）。鉴于这种情况，赵武灵王决心改革服制，推行“胡服骑射”，加强军事力量，从而达到强国的目的，这实际上也是其进一步深化政治改革的一个方面。

有一天，赵武灵王对大臣楼缓说：“咱们

东边有齐国、中山（古国名），北边有燕国、东胡，西边有秦国、韩国和楼烦（古部落名）。我们要不发奋图强，随时就会被人家灭了，那岂不愧对列祖列宗吗？要发奋图强，看来必须好好来一番改革。爱卿有何高见？”楼缓答道：“咱们的军事亟待改革。”“我觉得咱们穿的服装，长袍大褂，干活、打仗都不方便，不如胡人（泛指北方的少数民族）短衣窄袖，脚上穿皮靴，灵活得多。我打算仿照胡人的风俗，把服装改一改，你看怎么样？”武灵王的这个想法一经传开，就遭到不少大臣，尤其以他叔叔公子成为首的一些人的反对。武灵王为了说服公子成，亲自到公子成家做思想工作，他用大量的事例说明学习胡服的好处，终于使公子成同意胡服。然而，仍有一些王族公子和大臣极力反对，他们指责武灵王说：“衣服习俗，古之理法，变更古法，是数祖忘典、不可原谅的罪过。”武灵王批驳他们说：“古今习俗不同，有什么古法可言？帝王都不是承袭的，有什么礼制可循？夏、商、周三代都是根据时代的不同而制定法规，根据不同的情况而制定礼仪。礼制、法令都是因时制宜、因地制宜，衣服、器械只要使用方便，又何必死守古代那一套？”在经过了异常激烈的论战之后，武灵王力排众议，在大臣肥义等人的支持下，坚持“法度制令各顺其宜，衣服器械各便其用”的观点，毅然决定服装改革，下令在全国改穿胡人的服装（图3-1-6）。

图3-1-5　战国彩绘木俑

赵武灵王在胡服措施成功推行之后，接着训练骑兵队伍，改变了原来的军事装备，赵国的军事战斗力一下子提高了起来，赵国的综合国力也日渐强大。赵国不仅打败了过去经常来犯的中山国，而且还往北方开辟了上千里的疆域，成为当时的“七雄”之一。

从赵武灵王胡服骑射中我们可以看到，服饰首先应具备的普遍意义就是它的适用性，或者说实用功能。赵武灵王认为，原先兵败的根源之一在于服饰的实用功能差，要改变这种状况，就必须建立一种适用有效的行为法则。他从服饰入手，提出一系列改造政策。这种适用并没有片面否定美和装饰，而是强调必须先“质”而后“文”，也就是说只有先将“适用”的功能性问题解决了，再去谈审美问题。同时，胡服骑射为服装的流行和创新提供了良好的环境，实现了中国服装史上第一次南北交流，是中国服装史上第一个转折点。

三、断缨却嫌

春秋五霸之一的楚庄王成功事迹颇多，我们这里要讲的是一个有关服装的生动故事。

一次，在成功平息内部鬬越椒（之前担任令尹）叛乱后，楚庄王在郢都（今天的湖北荆州）大摆庆功宴，犒赏立有战功的将士。在盛大的庆功宴上，众功臣开怀畅饮，从日上三竿喝到薄暮时分。灯火摇曳中，乐池内轻歌曼舞的美人更是让常年征战的将军们眼花缭乱，如痴如醉。忽然，一阵狂风穿堂而入，吹熄了所有的烛火，大堂之内顿时陷入一片漆黑。这时，有人趁黑暗之际拉住楚妃许姬的衣袖，酒后无德意欲非礼。机智的楚妃巧妙地扯下了那人的冠缨（帽缨），禀报楚王并呈上证物，请求严查。现在只要楚庄王一声令下，便可让那位将军在众人面前颜面尽失，甚至换

图3-1-6　战国时期赵国武士铜像

来杀身之祸。但楚庄王不等楚妃说完，却令她先行退下。

"不要点灯！"楚庄王的声音透着威严："今日宴饮，大家重在尽兴，诸位将军不如把头上的冠缨都取下来，来个不醉不归，如何？"楚庄王深知这场战争的胜利来之不易，是众将士的浴血厮杀才最终改变了他"人为刀俎，我为鱼肉"的局面。而这场庆功宴正是君臣联络感情、加深信任的绝好时机，绝不能因为这件事情动杀机，影响将来的成就霸业。果然，待掌灯的侍女将烛火再一次点亮的时候，众将军的冠缨都已经取了下来，一切恢复如常，依旧是歌舞升平。

数年后，楚庄王派兵攻打郑国。副将唐狡自告奋勇，拼命杀敌，率百名壮士为先锋，使大军一天就攻到了郑国国都的郊外。于是，楚庄王决定奖赏唐狡，并要重用他。唐狡说："我就是当年那位拉美人衣袂的罪人，大王能隐微臣之罪而不诛，哪还敢奢望奖赏呢？"后世一位名叫髯翁的文人专门作了一首七绝来称赞楚庄王：

暗中牵袂醉中情，玉手如风已绝缨。
尽说君王江海量，畜鱼水忌十分清。

圣人曰：小人常戚戚，君子坦荡荡。楚庄王为了包容犯错误的将军而命令众人一起扯断帽缨的这次宴会，就成了中国历史上有名的"绝缨会"，成语"楚庄绝缨"也由此产生。那么这里说的"缨"具体指代的是我们服装中的哪个部分呢？说到这里我们就应该对古代的军服形制有一定的了解。

古代战事中，战将们是身着护身衣，头戴护头帽（盔顶竖长缨），这就是所谓的"甲"和"胄"（胄即是"盔"）。《尚书·说命》中注有"甲铠，胄兜鍪也"，意思是说，古代胄就是兜鍪，均以金属制造。古代的"甲"，由于外形似坚硬的壳而得名，是一种用于防御，属于功能性极强的服装的一部分。

盔缨最初是作为装饰品出现，有学者推论，盔缨用雉翎（野鸟的羽毛）是取其勇猛好斗之意也。同时，根据盔缨材质和规格的不同是可以区别武官官阶的，如果插旗的话则可以标明隶属部队，某些时候可以作为特别行动的识别标志。后来随着军队的正规化，它的存在意义也就只剩下纯粹的装饰作用了（图3-1-7）。

图3-1-7　长缨

四、遥远的木屐声

木屐是我国传统木质鞋具的总称，具有凉爽、防滑、坚固耐磨、取材方便、制作简单、行步有声等诸多特点。相关史料表明，木屐在我国有着悠久的历史，这里说的是南朝宋代刘敬叔《异苑》中讲到的一个与木屐有关的故事。

相传晋文公重耳在继位之前曾经长期流亡国外，某次他在卫文公处吃了闭门羹，不得不前往齐桓公那里求助。途中染上风寒，发高烧，昏迷中他说很想喝一碗肉汤，可是随从们带的盘缠早就所剩无几了，况且这前不着村、后不着店的地方哪里去弄肉汤？此时介子推偷偷找了个角落，自己动手割下了大腿上的一块肉，煮出了一碗肉汤。重耳喝完之后，风寒不治而愈。后来重耳获得齐桓公的支持，最终成为晋文公。

晋文公执掌国家政权以后，随从们纷纷自行申报功绩，都希望加官晋爵。唯有介子推非常低调，背着老母隐居到深山老林（绵山，今山西介山）去了。后来晋文公想起了那碗救命的肉汤，于是派人上山去请介子推下来受赏。可是介子推比后来的黄公望（《富春山居图》的作者）还有脾气，就是不肯接受。无奈之下，晋文公放火三面烧山，留一面作为介子推的逃生通道，希望能逼他下山。然而，介子推和他母亲居然抱着一棵树活活被烧死。

听到介子推宁死也不愿接受高官厚禄的消息，晋文公懊悔不已，但是此时为时已晚。为了纪念介子推，晋文公将那棵树砍倒，亲手设计制作出一双木制"拖鞋"，让嗒嗒作响的木屐之声时刻提醒自己不要重蹈覆辙。据说晋文公经常望着木屐叹息不已，足蹬木屐"以示吾过"，嘴边常念叨："足下，悲乎！"以表示对介子推的怀念之情，以后"足下"就成为了对朋友的敬称。

初时，木屐的外形宛若一只用木板钉成的小凳子，上面再接合鞋帮，着地的两只脚称为屐齿（图3-1-8～图3-1-10）。由于屐齿的接触面积小，所以能适应泥泞的路面或在雨天行走，人不易滑倒。南北朝诗人谢灵运则将木屐的功能发挥到了极致。他将木屐的屐齿设计为可以活动的，上山时前低后高，下山时前高后低，这样无论上山下山都一样如履平地了（图3-1-11）。

后来出于生活的需要，慢慢出现了由整块木料凿成的拖鞋形式的木屐。这样的木屐有更多的优点，并且形式更加丰富多样。随着中外文化交流，木屐远传域外，在日本、朝鲜和东南亚一带，至今仍盛行不衰。

当我们今天穿着木屐的时候，不知道还有多少人会联想到这个遥远的传说呢？一双小小的木屐竟然还有着这么厚重的故事在里面。不过仔细思量，在我们高度发达的现代文明里，会不会还有人会像介子推这样"低调"呢？

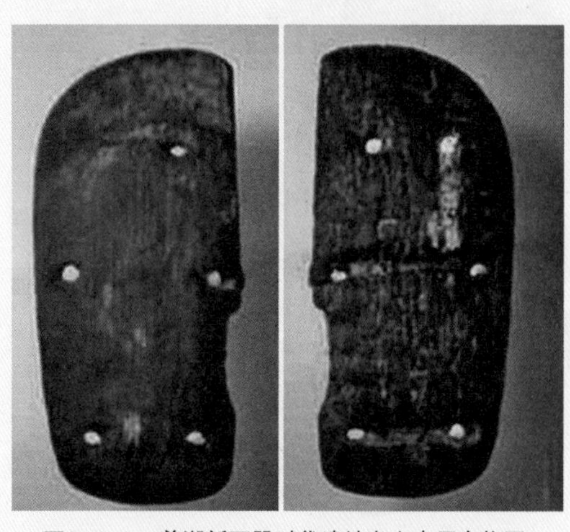

图3-1-8　慈湖新石器时代遗址出土木屐实物图

图3-1-9　扬州汉陵苑 浮石与木屐

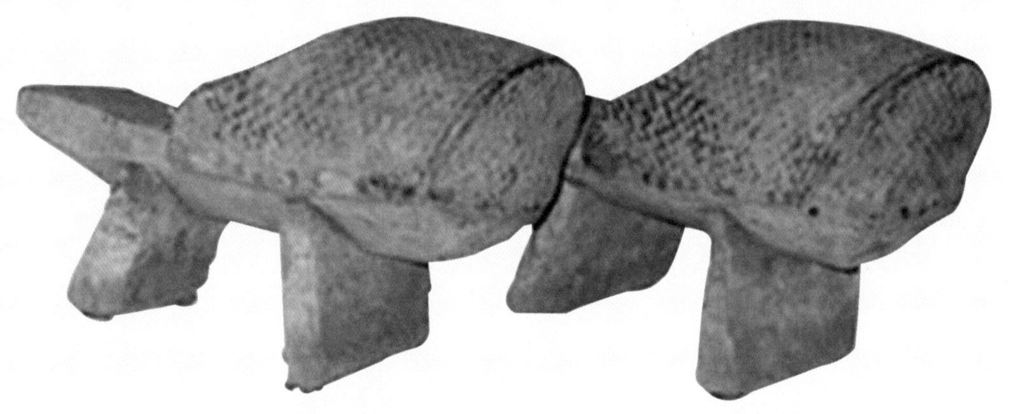

图3-1-10 方头木屐

图3-1-11 南朝活络齿屐

第二章 秦汉服饰

一、秦始皇陵兵马俑

说到秦始皇兵马俑，我们或许可以从一部电影穿越回去—《古今大战秦俑情》；说到秦俑与现代服装的关系，我们也会很自然地联想到1994年著名服装设计师马可的“兄弟杯”金奖获奖作品—《秦俑》。

让我们先从“秦皇汉武”的秦始皇开始说起吧！

秦始皇出生在各国争斗异常激烈的战国时期。当时秦是战国七雄之一，秦始皇的曾祖父秦昭王听取了范雎“远交近攻”的战略，把进攻的矛头先对准了邻近的韩国和魏国，而和较远的赵国联合。此战略颇有成效，为秦始皇建立统一政权打下了坚实的基础。而后，秦始皇又确立郡县制度，抗击匈奴，征伐南越，修建长城、驰道和灵渠，创造了前无古人的业绩。

秦始皇即位后不久就开始为自己修建陵墓，陵墓中有大量守卫陵寝的陶俑。从目前在陕西临潼一、二、三号坑内发掘出土的陶俑来看，这些兵马俑的雕塑手法极为写实，成为今天进行考古历史研究的极好史料（图3-2-1）。

出土的秦代兵俑分为军俑、军吏俑、骑士俑、射手俑、步兵俑与驭手俑等，他们的铠甲服饰装束亦表现了军队的等级制度。秦兵马俑坑中所塑士兵个个根据活人模型仿制，头发亦是根据统一规矩修饰，可是梳理时的线型、髭须的剪饰、发髻的缠束仍有各种变化。他们所穿戴的甲胄塑成时显然是由金属板片以皮条穿缀而成，所穿鞋底上还钉有铁钉。兵士所用之甲，骑兵与步兵不同，军官所用之盔也比一般士兵的精细。所有塑像的姿势也按战斗的需要而定，有些严肃地立着，有的跪着在操强弩，有的在挽战车，有的在准备肉搏。侧翼有战车及骑兵掩护，好像准备随时与敌人一决雌雄。

图3-2-1 秦始皇陵穿袍跪俑

这些都是秦兵俑中最为常见的铠甲样式，是普通战士的装束。这类铠甲有如下特点：首先，胸部的甲片都是上片压下片，腹部的甲片都是下片压上片，以便于活动。其次，从胸腹正中的中线来看，所有甲片都由中间向两侧叠压，肩部甲片的组合与腹部相同；在肩部、腹部和颈下周围的甲片都用连甲带连接，所有甲片上都有甲钉，其数或二或三或四不等，最多者不超过六枚。再

图3-2-2　秦代将军

图3-2-3　秦始皇陵车驭手俑

次，甲衣的长度前后相等，皆为64厘米，其下摆一般多呈圆形，周围不另施边缘（图3-2-2～图3-2-5）。

秦始皇陵内的七千余名兵马俑，造型虽然各不相同，但他们的衣装服饰，全都体现了秦人崇尚简洁实用的风格。秦国的军队在战斗中所向披靡，固然很大程度上是因为统帅治军有方、将士同仇敌忾，但与他们作战时的装备，包括军装的设计制作也是分不开的。另外，兵马俑所体现的秦人崇尚简洁实用的服饰风格甚至也影响到了民服。秦代民间服饰以简洁实用为主，与周朝的服饰有很大的不同。秦代衣饰的这种朴实简洁的风格，一直影响了秦以后两千多年中国衣饰的走向。

二、深衣的规矩

图3-2-4　秦朝军服

图3-2-5　秦始皇陵出土兵马俑

这里先讲一个关于孟子的故事。传说有一天，孟子突然从外面回到家里。一推门，见到自己的夫人一个人在家。她大概是劳累了，需要暂时休息一下，便箕踞而坐，结果正巧被孟子看到。孟子摔门而出，找到母亲说："我媳妇没有礼貌，我要休了她！"孟母早年断织、三迁、买东家豚肉的故事，都是流传千古的佳话，可见孟母并不是一个偏听便信、一味袒护儿子的人。于是她问道："媳妇怎么没有礼貌了呢？"孟子答："她箕踞而坐！"孟母问道："你怎么知道的？"孟子答："我亲眼所见。"孟母说："《仪礼》中讲，将要入门，先问一声谁在；将要上堂，要先扬声报到；将要入户，眼睛的视线要朝下，不要让屋子里的人事先没有准备。如今，你来到卧室，进门前没有说话，结果媳妇箕踞而坐被你看了个正着。这是你没有礼貌，并非媳妇没有礼貌。"听了母亲的话，孟子便打消了休妻的想法。

我们从故事中不难发现一个关键点——箕踞，何为"箕踞"呢？这是古人的一种坐姿，这种姿势就是两腿

图3-2-6 《三才图会》中深衣正面图

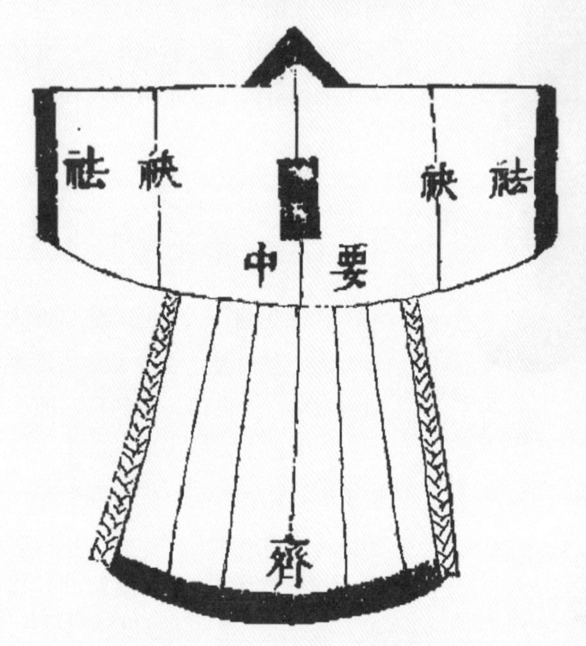

图3-2-7 《三才图会》中深衣背面图

向前伸，两膝微曲而坐，因整个人坐的形象像一个簸箕，故叫“箕踞”。其实这在今天只是无关大雅的举动，可对于几千年前的古人来说则是如同袒露下身，是一种非常无理的行为—因为古人无内裤可穿—这才是问题的关键。正是由于内衣不全，“屈身之事皆跪行之，以防露体。箕踞或露下体，故不论男女，以为大不敬”。意思是箕踞相当于故意让人看见下体，既是对他人的不敬，也不雅。

所以为了避免此类情况的发生，人们将上衣与下裳缝合起来，做成“衣裳连属”的“深衣”，且早期深衣多为曲裾、续衽钩边，这样防守就十分严密了（图3-2-6～图3-2-8）。因为这时的深衣两端不开衩，衣襟很长，在前身交叠后，绕至身后，形成三角形，再用带子系扎。这样里面穿不穿裤子就无所谓了；而且即使后来有了裤子，也是开裆裤。与曲裾深衣对应的另一种深衣形制是直裾深衣。这种形制的出现依然与内裤有关—后来出现了合裆裤之后，曲裾绕襟的深衣已属多余，所以，直裾深衣就渐渐多了起来（图3-2-9）。只是由于当时穿开裆裤的习俗未能一下子改过来，直襟深衣又有遮蔽不严的弊端，所以直裾深衣最初还不能作为正式服装穿用。

深衣既是士大夫阶层的居家便服，也是庶人百姓的礼服，男女通用。故《礼记·深衣篇》载：“故可以为文，可以为武，可以摈相，可以治军旅，完且弗费，善衣之项也。”表明了当时男女、文武、贵贱皆可穿深衣，这一点在湖南长沙和湖北云梦等地出土的男女木俑及帛画上可以看到。

深衣的形制是衣与裳连在一起，由于衣料比较轻薄，为了防止薄衣缠身，采用平挺的锦类织物镶边（衣边和袖口等处均有半寸宽的镶边），边上再装饰

图3-2-8 曲裾深衣实物图

图3-2-9 直裾深衣实物图

种种图案，即“衣作绣，锦为沿”，将实用与审美巧妙地结合。衣料质地与衣边颜色根据祖父母、父母是否健在而定。衣服的长度以到脚踝为宜，即“长毋被土”，约离地4寸。

深衣对后世服制影响作用较为明显，魏晋时期的大袖长衫、隋唐时期的宽袍、宋代的襕衫、元代的长袍，直至明代的补服都是古代上衣下裳相连的深衣制的发展演变，深衣形制对于我国服饰流变的影响可见一斑。

三、奢华的汉代玉衣

1968年5月23日，河北满城县一支工程兵部队正在执行开凿穿山隧道的命令。当隧道深入十几米后，爆破的烟雾散尽，工兵们却突然发现眼前出现了一个7米多高的山洞。从这个山洞中发现的一些器物，经专家确认是罕见的汉代文物，且因为墓中青铜器铭文中有“中山内府卅四年”“卅九年”等字样，遂断定墓主人为中山靖王刘胜（因西汉中山国王共传10代，超过上述在位年数的只有刘胜1人）。

在这座异常隐蔽的汉墓中，专家们惊喜地发现了一件用数千片玉片组成、以金线连缀而成的金缕玉衣。这件玉衣全长188厘米，保存完整，形状如人体，由2000多片玉片用金丝编缀而成，每块玉片的大小和形状都经过严密设计和精细加工，是我国考古发掘中首次发现的完整的金缕玉衣。

玉衣也叫“玉匣”“玉押”，是汉代皇帝和高级贵族死时穿用的殓服，外观和人体形状相同。汉代黄老思想盛行，且当时的人认为玉是“山岳精英”，将金玉置于人的九窍，人的精气不会外泄，可使尸骨不腐，即“金玉在九窍，则死者为之不朽”，可求来世再生。据《西京杂志》（那时的“杂志”，实际上是政府文告）记载，汉代帝王下葬时都用“珠襦玉匣”，形如铠甲，用金丝连接。所以汉代皇帝和贵族死时均穿“玉衣”入葬（图3-2-11、图3-2-12）。

一件玉衣通常由头罩、上身、袖子、手套、裤筒和鞋六个部分组成，全部由玉片拼成，并用金丝加以编缀。玉衣内头部有玉眼盖、鼻塞，下腹部有生殖器罩盒和肛门塞。周缘以红色织物锁边，裤筒处裹以铁条锁边，使其加固成型。脸盖上刻画眼、鼻、嘴形，胸背部宽阔，臀腹部鼓突，完全似人之体型。中山靖王刘胜的金缕玉衣用一千多克金丝连缀起2 498片大小不等的玉片，整件玉衣设计精巧、做工细致，是旷世难得的艺术瑰宝，故其出土时轰动国内外考古界。

由于金缕玉衣象征着帝王贵族的身份，有非常严格的制作工艺要求，汉代的统治者还设立了专门从事玉衣管理与制作的“东园”。这里的工匠对大量的玉片进行选料、钻孔、抛光等十多道工序的加工，并把玉片按照人体不同的部位设计成不同的大小和形状，再用金线相连。

然而，用金缕玉衣作葬服不仅没有实现王侯贵族们保持尸骨不坏的心愿，反而招来盗墓毁尸的厄运。我们注意到玉衣起源于东周时的“缀玉面幕”“缀玉衣服”，到三国时曹丕下诏禁用玉衣，玉衣大致流行了400年。此后，玉衣便消失在了中国历史的长河中。

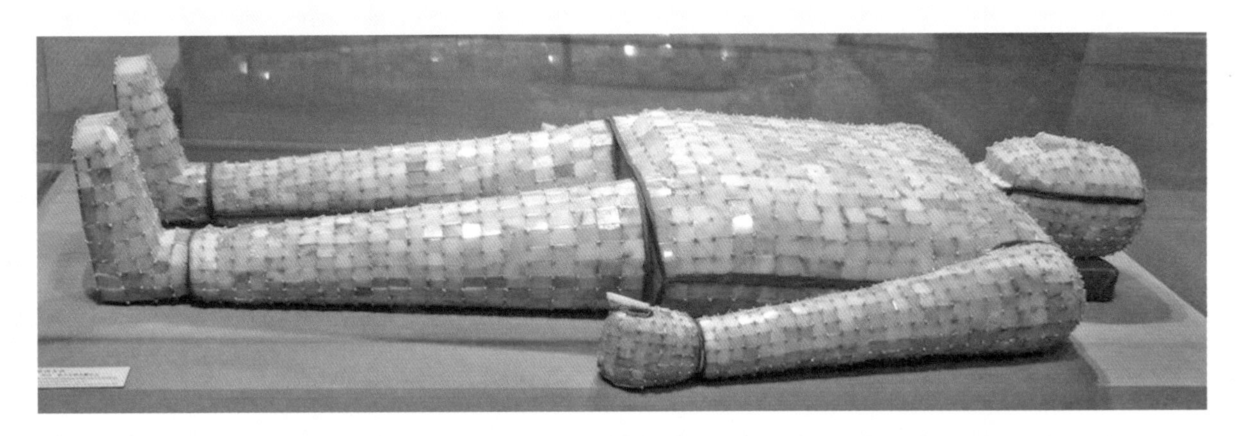

图3-2-11　金缕玉衣

图3-2-12　玉面罩

第三章 魏晋服饰

一、“竹林七贤”的风度

“魏晋风度”出自鲁迅先生1927年7月的演讲《魏晋风度及文章与药及酒之关系》一文，以率真、坦荡、任诞、淡定、洒脱、旷达作为其注解。我们去观察一个时代，最直观的当然莫过于观察这个时代的人，“竹林七贤”便是魏晋时期的代表。

《世说新语》中记载了一件趣事，阮籍和他的侄子阮咸住在道南，另有一些姓阮的人住在道北。北阮富，而南阮穷。每年七月七日，北阮时兴晾晒衣物，摆出来的都是些绫罗绸缎，实则是借晒衣之俗以摆阔。有一次，阮咸用竹竿挑了一条粗布大裤衩立于中庭。别人不解，问他晒这个干什么，他回答说：“我不是也不能免俗吗，因此也来凑个热闹。”这种行为本身即是对绫罗绸缎、锦衣玉食的生活，以及权贵阶层的礼俗的嘲讽与抨击。

作为“竹林七贤”另一代表人物的刘伶，他与服装的交集故事更为经典。据说有一次刘伶在屋中赤身裸体，人们见到而讥笑他时，伶曰：“我以天地为栋宇，屋室为裈衣，诸君何为入我裈中？”这里的“裈”是裤子的意思，我们从这个故事可以看出刘伶之率真本性，又自然联想到了契诃夫的那篇《装在套子里的人》，一中一外，一裸露一掩饰，两者形成了鲜明的对比。

刘伶不穿衣服，“竹林七贤”中其他几位衣服穿得也不多。或者说即使穿着衣服，但也要想方设法地敞开。袒胸露臂的敞领对襟复襦，广口大裆裤，均为隐士最为钟爱之服饰。这种衣式敞而裨之，散漫不受拘束，放任自然。作为魏晋文人代表的“竹林七贤”，他们的服饰形象均不同程度地表现出“任诞”（即任性、放诞）的士人做派。他们的这一行为，既是受老庄思想的影响，也是对于现实不满的一种发泄，他们的服饰成

图3-3-1　顾恺之《洛神赋图》局部1

图3-3-2　顾恺之《洛神赋图》局部2

为中国服饰史上最具特色和最为风流潇洒的男子士儒服饰（图3-3-1、图3-3-2）。

“竹林七贤”的服饰形象是魏晋风度的外在表现。究其产生根源，表面上看是时代苦闷郁积的结果，实际上源于人更高境界的审美意识。褒衣博带、解衣当风，这些服饰装束和行为并不是将着装者由社会人降格为自然人，而是在人本意识的精神领域里左奔右突，令人内在与外在的魅力表达得更加全面、更为合理、更为自由（图3-3-3）。

魏晋南北朝时期在政治方面充满了分裂与动乱，但在学术思想上却是一个融合创新的时代，它打破了两汉时期“罢黜百家，独尊儒术”的数百年的统治意识，算得上是中国古代一次小规模的“文艺复兴”。这个时期的思想家们，在某种意义上“复兴”了先秦各家学术，整个社会文化表现出一种个体觉醒的状态。

图3-3-3　顾恺之《女史箴图》局部1

二、褒衣博带

“褒衣博带”是魏晋时期典型的服饰风格特征，这一服饰基本的形制特点概括起来讲就是衣下宽、衣袖阔、衣带广，整个服装显得超乎寻常的肥硕。明代冯梦龙编纂的笑话集《古今笑史》中有一个笑话，题目是《异服》，说的就是魏晋时期的故事：

曹奎穿了一件袖子非常大的袍子，是那种“张袂成阴”式的超大型号衣袖（一打开仿佛能形成一片绿荫），十分引人注目。杨衍看见他穿如此奇装异服，不禁问道：“你袍袖为什么要做得那么大？”曹奎回答说：“袖子做得大一点是为了装下普天之下的苍生呀。”这是一种以拯救天下苍生为己任的博大胸怀，他把儒家的经典思想在服饰上作了很独到的解释。杨衍听了，哈哈大笑说：“只可以装一个苍生罢了。”末了冯梦龙评论道：“今吾苏遍地曹奎矣。”不管对其引申的意义有何看法，可以认定的史实是大袖袍的确是魏晋时期的流行服饰。

其实，魏晋时期朝服、公服变化不大，依然沿袭的是东汉服制。倒是此间日常服饰受到少数民族及外来文化的影响，变化较为明显。

魏晋时期主要的服饰样式为裤褶、袍及妇女服饰的襦、衫等。这样的形制特点给人以自由洒脱、超凡脱俗的感觉，是当时文人、士族所十分崇尚的服饰。

1.裤褶。裤褶是北方游牧民族的传统服装，其形若袍，短身而广袖，其基本款式为上身穿齐膝大袖衣，下身穿肥管裤，裤又有小口裤和大口裤之分，以大口裤为时髦。因穿大口裤不方便，所以用3尺长的锦带将裤管缚住。从这整个服装的样式来看，除受时代性“褒衣博带”的流行时尚的影响以外，同时吸收了北方少数民族在独特的自然环境中培养的实用、务实的风格（为了能够穿上这一时代流行的服装以显示自我而又不影响基本的生活，便将肥硕的裤管用锦带束起）。

2.袍。魏晋时期的袍基本上沿袭了东汉的式样，并做出一些适合时代的修改而形成了宽衫大袖，袖口部位也去除了紧束的袖头，服装由紧缚而走向开放。《宋书 · 周郎传》记“凡一袖之大，足断为两，一裾之长，可分为二”，这时期的袍代表着“褒衣博带”的典型式样，在领、袖及下摆处皆有缘饰，服装整体宽松、柔顺，缘饰色彩亮丽，清新淡雅（图3-3-4、图3-3-5）。

3.襦裙。这一时期的妇女服饰大抵承袭秦汉服饰的特点，又吸收了少数民族的优点。妇女一般上身穿襦、衫，下身穿裙，这一时期妇女的服装也崇尚“褒衣博带”，款式多为上俭下丰，袖管肥大，裙多折裥裙。

图3-3-4　顾恺之《列女传》

有的将裙摆放长、裙长曳地，下摆宽松，在晋代画家顾恺之传世名画《洛神赋图》《女史箴图》等图卷中都可以找到这类遗迹（图3-3-6、图3-3-7）。

东晋葛洪所撰《抱朴子·讥惑篇》记载："丧乱以来，衣物屡变，冠履衣服，袖袂裁制，日月改制，无复一定，乍长乍短，一广一狭，忽高忽卑，或粗或细，所饰无常，以同为快。其好事者，朝夕仿效。"所以"褒衣博带"这一特征在这里并不能单独作为一种服饰风貌来理解，在这一时期一些士人服饰都体现出这种风格，但是对于广大庶民来说，出于实际劳作的考量，又借北方游牧民族服饰南迁中原之机，却将其服饰更改得更加紧窄与便利。所以总体上这还是一个"双轨制"的时期。

图3-3-5　孙位《高逸图》中戴巾子、穿宽衫的士人

图3-3-6 顾恺之《女史箴图》局部1

图3-3-7 顾恺之《女史箴图》局部2

三、孝文改制

《资治通鉴》中记载了一段关于北魏孝文帝亲自巡视服饰改制情况的对话："魏主谓任城王澄曰：'朕离京以来，旧俗少变不？'对曰：'圣化日新。'帝曰：'朕入城，见车上妇人犹戴帽，着小袄，何谓日新？'对曰：'著者少，不著者多。'帝曰：'任城此何言也，此欲使满城尽著邪？'澄与留守官皆免冠谢。"这个故事的大意是，一次孝文帝到任城视察，对当地一名叫元澄的官员说："我昨日进城，见车上妇人，戴着胡冠，穿着小袖襦袄，这样的事，你为什么不检查一下？"元澄解释说："现在穿胡服的人已经很少了。"孝文帝当即严厉地说："难道你要让全城人都穿胡服吗？古人说：一句话说得不当可以使整个国家丧失，这句话说的不就是你这样的糊涂虫吗？"

读到这里很多读者很自然会联想到前面我们说的胡服骑射了，没错，我们这里讲的北魏孝文帝与战国时期赵武灵王改深衣为胡服的著名服饰改革截然相反，一个是"汉"改"胡"，一个是"胡"学"汉"（孝文帝全面推行的汉化政策，包括服饰的汉化）。虽然从表面上看来，赵武灵王将中原服饰改制成胡服和孝文帝将胡服改制成中原汉族服饰只是方向不同的两次服饰改革，但根据"透过现象看本质"的理论，我们也不难得出结论：赵武灵王是因为服装的实用功能性——适应作战需要；而孝文帝的服饰改革则是趋向于内藏于服饰之中的文化认同感。从上文孝文帝与官员的对话中，我们可以看出原来鲜卑百姓都穿夹领小袖的衣服，下令改穿汉人服装后，有的鲜卑妇女不愿改变服饰，孝文帝看到了就责备有关的官员没有尽到职责，可见其推行汉服的决心和改制的艰难。

那么，北魏孝文帝为什么要推行服饰的汉化政策呢？"孝文改制"又是怎么回事？北魏孝文帝是否真是一位"离经叛道"的皇帝呢？

北族胡人入主中原，首先需要解决的问题就是由狩猎、畜牧文化转向农耕文化的过渡，在这一过程中的

图3–3–8　北魏仪仗俑

图3–3–9　北魏男侍俑

图3–3–10　北魏男侍俑

不适应在所难免。因此，改制，特别是遵循汉文化“垂衣裳而治天下”理念所推行的服饰改革成为首要任务。所以孝文帝将“服饰”作为改革的切入点是有道理的。一方面，是因为北魏孝文帝的生母和祖母都是汉族女子，其自幼即受到汉族文化的熏陶，对汉文化敬仰有加；而更重要的原因则是想通过融入汉族文化以巩固中央集权，加强自身统治。于是，486年魏孝文帝始服衮冕，作为胡人后裔的孝文帝奉行“皇帝造冕垂旒”之服制，这一举措也成为其服饰改革最鲜明的标志。太和十八年（494年），孝文帝又自平城迁都洛阳，便于进一步推行汉化改革，鼓励鲜卑族与汉族通婚，共同改革鲜卑旧俗，禁止30岁以下的官员说鲜卑话，把鲜卑复音的姓氏改为音近的单音汉姓（皇族包括皇帝自己改姓元）。495年孝文帝又引见群臣，颁赐百官冠服，以易胡服，即改“群臣皆服汉魏衣冠”（图3-3-8～图3-3-10）。

从战国时代的胡服骑射到北魏时期的“孝文改制”，我们注意到文化传播的范围既可以是国与国之间地域层面上的，还可以是一国之内不同方位之间的。尽管传播的力度与波及面不尽相同，但却足以说明包括服饰在内的文化传播，其深度与广度正是文明不断前进的动力。当然，“孝文改制”这一举措也使魏孝文帝成为中国历史上少数民族国君提倡服饰汉化的第一人。

四、花木兰替父从军

说起女扮男装，我们至少会提到两个相关的故事——“女驸马”和“花木兰”，可以说这两个故事已经家喻户晓了。与后来所发生的中性化时尚不同，这两个故事只是个案，一个对应在安徽的黄梅戏里，另一个对应在河南的豫剧中。

“……许多女英雄，也把功劳建，为国杀敌是代代出英贤，这女子们哪一点儿不如儿男？”这是河南豫剧中的著名选段《谁说女子不如男》中的唱词，可谓唱出了巾帼英雄花木兰保家卫国的英雄气概。而当年女子不可能涉足军营，那么花木兰是怎样将自己打扮成“名副其实”的男儿的呢？为了能保家卫国，花木兰义不容辞将女装改戎装，像真将军一般驰骋沙场。“万里赴戎机，关山度若飞。朔气传金柝，寒光照铁衣。”花木兰穿着戎装后的飒爽英姿和带兵打仗的豪迈气概在这几句诗里被表现得淋漓尽致。我们仿佛见到了那一位驰骋疆场、奋勇杀敌的花将军！

那么，北魏时期“寒光照铁衣”中的铁衣是怎么回事呢？

由于冶铁技术的发展，魏晋南北朝时期的士兵防护服中出现了比秦汉时期更完备的钢铁铠甲。北魏时期的军装比较典型的有筒袖铠、裲裆铠及明光铠等。筒袖铠一般都用鱼鳞纹甲片或龟背纹甲片，前后连属，肩装筒袖；头戴兜鍪，顶上多饰有长缨，两侧都有护耳。裲裆铠的形制与裲裆衫比较接近，但材料则是以金属为主，也有兽皮制作的（图3-3-11）。据记载当时武卫服制有“平巾帻，紫衫，大口裤，金装裲裆甲”“平巾帻，绛衫”“大口裤褶，银装裲裆甲”。裲裆铠一般长至膝上，腰部以上是胸背甲。有的用小甲片编缀而成，有的用整块大甲片，甲身分前后2片，肩部及两侧用带系束。胸前和背后有圆护。明光铠是一种在胸背装有金属圆护的铠甲。腰束革带，下穿大口缚裤。到了北朝末年，这种铠甲使用更加广泛，并逐渐取代了裲裆铠的形制。因大多以铜铁等金属制成，并且打磨得极光，颇似镜子。在战场上穿着这样的铠甲，由于太阳的照射会发出耀眼的“明光”，故又称“明光铠”（图3-3-12）。这种铠甲的样式很多，而且繁简不一，有的只是在裲裆的基础上前后各加两块圆护，有的则装有护肩、护膝，复杂的还有重护肩。身甲大多长至臀部，腰间用皮带系束（图3-3-13、图3-3-14）。

图3-3-11　戴兜鍪、穿裲裆铠的武士

北周将领蔡佑与北齐的军队在邙山大战时，就是穿着这种明光铠指挥作战的。蔡佑着明光铠奔击，所到之处一团亮光，使得北齐那一方的将士不知道是什么东西，吓得士兵丢盔弃甲，四散而逃。北齐营中都说“这是一个铁猛兽啊”，可见当时这种铠甲还不是很普遍。到了南北朝后期，这种铠甲才开始普遍起来。

图3-3-12　戴兜鍪、穿明光铠的武将

图3-3-13　裲裆铠穿戴展示图

图3-3-14　明光铠穿戴展示图

第四章 唐宋服饰

一、《虢国夫人游春图》

张萱，唐代开元天宝间享有盛名的杰出画家，工画人物，擅绘贵族妇女、婴儿、鞍马，名冠当时。据传其所画妇女，惯用朱色晕染耳根，为其特色；在构写亭台、树木、花鸟等宫苑景物时尤以点簇笔法见长，传世作品有《捣练图》《虢国夫人游春图》等。

虢国夫人是唐玄宗的宠妃杨玉环的三姐，从图中我们可以看出画家在表现虢国夫人的生活奢侈、豪华方面极为精到：红裙，青袄，白巾，绿鞍，骑鞍上金缕银丝精细的绣织，都显得十分富丽。另外，夫人的体态丰姿绰约，雍容华贵，脸庞丰润，具有“态浓意远淑且真，肌理细腻骨肉匀”的神韵。

图3-4-1 张萱《虢国夫人游春图》局部1

《虢国夫人游春图》是盛唐时贵族妇女的真实写照，一群骑马执鞭、徐徐前行的游人真实再现了一次春日出游的场景。从画中我们可以看到男子的圆领（团领）袍与女子的上襦下裙（图3-4-1）。

圆领袍即一种有圆形衣领的长衣，长度通常到膝盖以下，汉魏以前多用于西域，有别于中原传统的交领，六朝后渐入中原。隋唐以后使用尤多，多用于官吏常服。

上襦下裙即由短上衣加长裙组成的套装。其中襦即是上身长不过膝的短衣，一般多采用大襟，衣襟右掩，衣袖有宽窄两式。隋唐以后，其式样有所变化，除大襟之外，更多采用对襟，穿时衣襟敞开，不用纽扣，下束于裙内。与上身着襦对应，下身束裙子，为包括唐代在内的我国古代汉民族的日常衣着之一。上襦下裙之上又常搭披帛（又称“画帛”），通常用一轻薄的纱罗制成，上面印画图纹。披帛长度一般为2米以上，用时将它披搭在肩上，并盘绕于两臂之间，类似形象在陕西省乾县唐章怀太子墓壁画《观鸟捕蝉图》中亦可发现（图3-4-2）。

图3-4-2 陕西省乾县唐章怀太子墓壁画《观鸟捕蝉图》

另外，再仔细观察的话，可以看到画中的女子也有穿着圆领袍的，这就说明在唐朝亦有中性化的装束。据记载，唐代女子喜欢穿男装的始作俑者就是大名鼎鼎的太平公主。《新唐书·五行志一》：“高宗尝内宴，太平公主紫衫、玉带、皂罗折上巾，具纷砺七事，歌舞于帝前。帝与武后笑曰：‘女子不可为武官，何为此装束？’”用我们今天的话来说，这个故事是这样的：一天，皇后武则天正陪着高宗坐在正殿上议事，忽然一位年轻人走上殿来。见那人身穿紫色战袍，腰悬玉带，头戴皂罗折上巾，身上佩戴着边官和五品以上武官的砺石（磨石）、佩刀、火石等七件饰物，以男子仪态载歌载舞到高宗面前。这时，两个人才注意到来者是他们的女儿太平公主。武则天笑着问道："女子不能做武官，我儿为什么这般打扮？"只见太平公主出人意料地指着一身男装答道："赏给我一个驸马，可以吗？"两人这才明白：女儿是想选女婿，不禁哈哈大笑起来。这种女着男装的风气自宫廷开始，后来慢慢波及民间。史称："至天宝年中，士人之妻著丈夫靴、衫、鞭、帽，内外一体也。"其形象多为头戴幞头，身穿窄袖圆领缺胯衫，腰系蹀躞带（北方游牧民族男子为随身携带小件物品而佩服的腰带，它由连接带端的带钩、皮革质的带身和从带身垂下的用于系物的小皮带蹀躞三部分组成），足着乌皮靴。

"何须浅碧深红色，自是花中第一流"，我们甚至可以说这种独具特色的"中性化"时尚宛若唐朝服饰百花园中的一枝出墙的红杏，使本来已经色彩缤纷的唐代女装更加富有魅力，也使整个唐代顿时鲜活起来、阳刚起来了。

二、古代中国时尚的"泉眼"

唐代的一切时尚都是从长安开始的。套用易中天先生的"巴比伦、雅典、耶路撒冷等都是文明的泉眼和源头"的说法，那么长安城便是唐代一切时尚文明的"泉眼"，而且这个"泉眼"在汉代就已经形成—"城中好高髻，四方高一尺；城中好广眉，四方且半额；城中好大袖，四方全匹帛"便是最好的注解。这里的"城中"指的就是西汉京都长安城中，"高髻""广眉""大袖"都是汉朝时兴的妇女妆饰。而我们这里要讨论的是唐代的长安城，从服饰时尚的角度来考察，绝好地说明了长安不仅是唐朝的政治文化中心，也是时尚之都。

来看看长安的位置：位于秦岭之下，渭水之滨。远从西汉时起，就有"八水绕长安"之说，八水使长安得到灌溉，土壤肥沃，物产丰饶；河流给它带来交通运输之便，关东地区、剑南地区和江南地区的丝绸源源不断而来；秦岭茂盛如青障的森林，不仅带来了王维在诗中一再赞美的"深林""空林"景致，更带来了良好的小气候。这一切，使长安这个唐代的政治、经济、文化中心，天然地成为富庶繁华的时尚中心。唐初可以说是服饰创制时期，自隋文帝开始的"复汉魏衣冠"的服饰改革之后，历经唐太宗、高宗对服制、服式做出规定，开创了服饰制度，并一直相沿到盛唐玄宗时期。在这种对制度的沿用中，长安不断地给中国女性"制定"着新的时尚审美标准，从体型到服饰到化妆，甚至到生活方式。

这是一个非常注重时尚的朝代，尤其是女性更是时髦成风。关于唐朝的女性时尚，有一段著名的记载，读来令人忍俊不禁，这简直就是男人对女人不服管束、追逐时尚的抱怨和牢骚："……风俗奢靡，不依格令，绮罗锦绣，随所好尚""上自宫掖，下至匹庶，递相仿效，贵贱无别。"（《旧唐书·舆服志》）唐朝是中国封建社会的鼎盛时期，它并蓄古今、博采中外，创造了繁荣富丽、博大自由的服饰文化，而身处其中的宫廷和上层社会妇女即贵族女性，除律令格式规定礼服之外的日常着装更是极富时代特色，引领女装潮流，出现了神秘高耸的帷帽、潇洒伶俐的胡服、轻巧袒露的薄纱衣裙等新奇大胆的装束。

长安女性讲究丰腴之美。"慢束罗裙半露胸"即是对这种体现丰腴之美装束的描绘，当然，这是中国古代女子着装中最为大胆的一种。盛唐之后，在妇女中流行过一种袒领，里面不穿内衣，袒胸脯于外，古人有诗云"粉胸半掩疑暗雪，长留白雪占胸前"，便是对这种装束的赞美。这种服装恐怕是中国古代少有的"性感时装"，它既表现了女性颈部之美，更突出了胸部的丰腴。由于唐代以女子体态丰腴为美，对胸部的表现就更加引人注目，这种"突出"打破了中国服饰的传统审美观念中对于人体的掩蔽方式（图3-4-3、图3-4-4）。

长安女性讲究雾里看花，若隐若现。"绮罗纤缕见肌肤"（即仅以轻纱蔽体）的袒胸裙，以娇奢、雅逸的情调和对柔软温腻、动人体态的勾勒，形象地再现了唐人的审美风尚和艺术情趣，体现了唐代文化开放的特点。一个民族在满足了自己基本的生存需要之后，必然转向更高的生活需求，即追求更高质量的生活方式，唐朝国富民强，文化繁荣，人们在尽情享受生活之余，进而把对美好生活的热爱转化成为对美的赞颂和追求。

长安女性讲究高腰节、穿胡服和男装（图3-4-5、图3-4-6）。

图3-4-3　《内人双陆图》

图3-4-4　《宫中图》

图3-4-5　《舞乐图》

总体来说，长安城所引导的服饰时尚是由遮蔽而渐趋显露，在服饰花纹、妆饰上由简单而趋复杂，在服装风格上由简朴而趋奢华，在女子身材和体型上由清秀而趋丰腴。

可惜，唐代妇女服饰的这种健康人性自然流露的趋势到宋代就被遏制了，这也说明了唐代妇女服饰的解放之短暂而可贵。唐与宋的时代交替，长安与开封之间的时尚交接，其具体内容亦发生了深刻变化。总之，唐宋之间的变化，清楚地表明不同的社会风气与精神气候，构成了服饰文化的深层内涵。

三、石榴裙的时尚

你一定听过“拜倒在石榴裙下”这句话，但这句话是怎么来的呢？

传说杨贵妃十分喜爱石榴花，特别爱穿着绣满石榴花纹的彩裙。唐明皇过分宠爱杨贵妃，不理朝政，因此大臣们就将这迁怒于杨贵妃，对她拒不使礼。一天唐明皇设宴召群臣共饮，并邀杨贵妃献舞助兴。可贵妃向皇上耳语道：“这些臣子大多对臣妾侧目而视，不使礼，我不愿为他们献舞。”唐明皇一听，感到宠妃受了委屈，所以立即下令所有文官武将以后见到贵妃一律使礼。众臣无奈，只能听令。从此，大臣凡见到杨贵妃身着石榴裙走来，无不下跪使拜礼。于是“拜倒在石榴裙下”的典故流传千年，至今成了耳熟能详的俗语。

石榴裙自然是与石榴有关。石榴原产于西域以外的波斯（今伊朗）一带，大约在公元前2世纪时传入我国。据晋代文人张华《博物志》记载：“汉张骞出使西域，得涂林安石国榴种以归，故名安石榴。”中国人视石榴为吉祥物，暗含多子多福，所以古人称石榴为“千房同膜，千子如

图3-4-6　唐女俑

一”。民间在男女婚嫁之时，常常在新房案头或者别的地方置放切开果皮、露出红籽的石榴，人们也有以石榴彼此相赠祝福安康吉祥的举止。从万楚《五日观妓》一诗中“眉黛夺将萱草色，红裙妒杀石榴花”的描写来看，石榴裙实际上就是一种近似于石榴花色的红裙。红色是一种热情奔放的色彩，也是最具丰富情感和内涵的色彩，所以具有热烈、浪漫、强烈等不可抗拒的感染力。石榴裙凸现的是色彩新奇别致的效果，它象征着盛唐时期的女性大胆、开放、奔腾不羁的内心世界，代表了唐代女子热爱生活、和自然相融的审美情趣。

石榴裙在唐代一经流行起来，就迅速引起文人们的热情关注和热烈赞颂。唐诗中所反映的石榴裙色彩艳丽、迷人的情况最为突出。李白有诗吟道“移舟木兰棹，行酒石榴裙”“眉欺杨柳叶，裙妒石榴花”，杜审言的诗也吟咏道“红粉青娥映楚云，桃花马上石榴裙”。万楚的《五日观伎》诗对“石榴裙”所做的精彩描绘“眉黛夺将萱草色，红裙妒杀石榴花”，是唐诗中描写石榴裙最为著名的。因为石榴裙的流行，渐渐地，石榴裙也就成美女的代名词，男子迷恋女子则被称为“拜倒在石榴裙下”。石榴裙成为古代年轻、漂亮女子的代称是有着长久历史的、不只是唐代的专属服装而已。石榴裙在唐代之前和之后都对我国民族服装（主要是女性服装）产生了非常深远的影响。

原来，石榴裙即大红色女裙，因以石榴花炼染而成，故名。亦可泛指其他红裙，通常为妇女所着，多见于年轻妇女，至唐尤为盛行。五代以后曾一度冷落，至明清时再度流行，并一直沿用至近代。

四、胡服风靡的时代

贵族女性从对胡舞的喜爱发展到对充满异域风情的胡服的模仿，使得胡服在唐代迅速流行。《新唐书·五行志一》记载：“天宝初，贵游士庶好衣胡服，为豹皮帽，妇人则簪步摇钗，衩衣之制度，衿袖窄小。”

自汉通西域至隋唐，通过丝绸之路带来的异国风俗和文化，再一次为胸怀博大的唐代人所接纳。“胡酒”“胡舞”“胡乐”“胡服”成为当时盛极一时的长安风尚。其中“胡服”是古代诸夏汉人对西方和北方各族胡人所穿的服装的总称，即塞外民族西戎和东胡的服装，与当时中原地区宽大博带式的汉族服饰有较大差异。后亦泛称汉服以外的外族服装为胡服。胡服一般多为贴身短衣，长裤和革靴，衣身紧窄，活动便利（图3-4-7）。

作为唐代服饰的舶来品，胡服的主要特征是简洁、方便。如头戴锦绣浑脱帽，身穿翻领窄袖锦边袍，下穿条纹小口裤，脚穿透空软锦靴，腰间有若干条小带垂下，这种带子叫蹀躞带，原来也是北方游牧民族的装束。唐代女子穿着胡服所展示出的矫健骁勇的阳刚之美，为本来绚丽的唐代妇女服饰又增添了一笔别样的风彩。

天宝年间，官民均穿紧身胡服进行社交活动，士大夫的妻子们索性穿起丈夫的胡服招摇过市。据《旧唐书·舆服志》记载，当时女子“或有着丈夫衣服、靴、衫，而尊卑内外，斯一贯矣”；“宫人从驾，皆胡帽乘马，海内效之，至露髻驰骋，而帷帽亦废，而衣男子衣而靴，如奚、契丹之服。”所以，唐代女子除了着“丈夫衣服靴衫”之外，还喜欢“女穿胡服”，即“唐代女子衣着偏好胡装，身穿紧腰胡装，足登小皮靴，朱唇赭颊，是时尚的打扮”。这是当时的人们“慕胡俗、施胡妆、用胡器、进胡食、好胡乐、喜胡舞、迷胡戏、胡风流行朝野，弥漫天下”的重要组成部分。其具体形制可以从唐代胡人俑像中略见一斑：梳辫盘髻、卷发髯、高尖蕃帽、翻领衣袍、小袖细衫、尖勾锦靴、葡萄飘带、玉石腰带等，都在相关陶俑塑刻中表现得淋漓尽致。时尚是社会变化的缩影，服装的流行趋势随着社会在不停地变化，胡人服装对汉人的影响肯定是这一时期胡人进入中原社会后融入汉人社会的结果（图3-4-8、图3-4-9）。

图3–4–7　唐代胡俑

服装是社会政治气候的晴雨表。唐代是中国封建社会的鼎盛时期，尤其是贞观、开元年间，政治气候宽松，人们安居乐业。唐朝的京师长安，是当时政治、经济、文化的中心，同时也是东西文化交流的中心。服装文化有输出，也有输入。尤其是对异国衣冠服饰的兼收并蓄，使唐朝服饰的这一朵奇葩盛开得更加鲜艳。

五、游子身上衣

唐朝诗人孟郊的《游子吟》云：“慈母手中线，游子身上衣。临行密密缝，意恐迟迟归。谁言寸草心，报得三春晖。”这首千百年来被人们用来勉励自己的好诗，同时也描述了慈母为儿子缝衣纳衫做女红的画面。同是唐代的另一位诗人秦韬玉，则用一首《贫女》诗，把一位擅长针黹的巧手贫家女的闺怨刻画得淋漓尽致，同时还抒发了诗人怀才不遇的情感：“蓬门未识绮罗香，拟托良媒益自伤。谁爱风流高格调，共怜时世俭梳妆。敢将十指夸针巧，不把双眉斗画长。苦恨年年压金线，为他人作嫁衣裳！”

图3–4–8　戴风帽的骑马俑和戴帷帽的骑马俑1

最生动展示女红的小说则是明朝出版的《金瓶梅》，其中数十次提及女红，略举二例。在第一回中，王婆请潘金莲帮她做衣服，细表为：“妇人量了长短，裁剪完毕，就动手缝制起来。婆子看了，口里不住喝彩道：‘好手工！老身活了六七十也不多见过这样好的针线活！’”在第十七回中又有：“金莲道：‘我要做一双大红缎子平底鞋，鞋尖上绣个鹦鹉摘桃。’李瓶儿道：‘我有一大块大红十样锦缎子，也照姐姐的鞋样描一双，我做高底的。’于是也取回针线筐，两个在一块做起了鞋。”而在《金瓶梅》中作为职业裁缝代表的“赵裁缝”却较少被提及，只有做寿衣等少数几次和他有关，连西门庆这样一个大户人家都如此，说明了古代社会中家庭女红所占份额远远超出了职业裁缝。

在绘画中反映女红图景的作品，最早可追溯到唐代画家张萱的《捣练图》；再有河北井陉县出土的金代墓室中的粉绘《捣练图》等。它们分别再现了宫廷和民间的女红场景（图3-4-10、图3-4-11）。

图3-4-9　戴风帽的骑马俑和戴帷帽的骑马俑2

其实，作为中国传统文化的一部分，作为女红文化的载体，女红自有它独特的魅力。毕竟它伴随人类文明也有几千年的历史了，而且与人们的日常生活密不可分，与各地的民族习俗紧密相连，与深厚的社会文化一脉相承。中国是世界上最古老的农业文明国家之一，数千年间"男耕女织"的社会形态造就了人民衣食的生活基础。

在中国，20世纪60年代以前的人，小时候大都穿过自己母亲亲手做的布鞋。那时，全家人穿旧的衣服裤子不能丢掉，而是撕成一片片的布，用糨糊一层一层裱糊在一块木板上，干了之后从木板上揭下，然后按照鞋底大小画线剪下，几层叠在一起纳紧，就成了鞋底的主体部分"千层底"。纳鞋底的工作十分艰辛，是母亲千锥万线所制成。往往几个女人围在一起，边纳鞋底边聊家常；到了晚上，做母亲的还在昏黄的油灯下纳鞋底，只见她来来回回地扎线拉线，每次线拉到头后都要把线在手上绕两圈，用力再紧一紧。在整个做鞋的过程中，做母亲的会不断把鞋底和鞋帮在孩子的脚上反复比量，多次修改（一种充满感情的"高级定制"！）。所以最能体现千针万线慈母爱的也许便是这双布鞋了吧。

图3-4-10　张萱《捣练图》局部1

图3-4-11　张萱《捣练图》局部2

六、虎头鞋的来历

以老虎为形象的虎头鞋，是我国民间儿童服饰中比较典型的一种样式，它与虎头帽、虎围嘴、虎面肚兜等共同成为儿童服装中重要的组成部分，具有鲜明的特色，这些以虎为形象的儿童服饰寓意深远，深受中国传统虎文化因素的影响。"虎头鞋"也叫"猫头鞋"，取其造型别致、比猫画虎之意（图3-4-12、图3-4-13）。"虎头鞋"的历史已无法准确考证，各地有各地的说法，这里主要采用一个流传比较广的说法。

在很久很久以前，村子里有一户人家的妇人心灵手巧，最擅长刺绣。据传她绣的鱼见水就能游，绣的花能引来蜜蜂、蝴蝶。有了这样的巧手母亲，这家的孩子自然就穿得与众不同了。有一天夜里，突然来了一个专门吃小孩的妖怪，抓走了村子里的许多小孩。待到人们惊魂稍定之后才发现，全村只有这户人家的小孩安然无恙，而当人们百思不得其解的时候，有人发觉了其中的秘密，那就是孩子脚上穿着的一双"虎头鞋"！因此，村子里人们便认定是这双"虎头鞋"的"威力"救了孩子。所以从那时开始便人人仿效，一直流传到了今天。后来人们甚至发明了一系列的虎头帽、虎头围嘴、虎头围裙等，以为孩子避邪。

不管这个传说是否属实，反正自我们的祖辈起，北方地区农村的大多数小孩都穿过"虎头鞋"。相传，谁家的娃娃只要穿上鞋底宽大的"虎头鞋"，就能快速学会走路，它不但穿着舒适，还能"祛病""辟邪"，助人成长。直到今天，"虎头鞋"在中国的一些地区还代代相传，长穿不衰，而且随着时代的发展，时不时穿出个花样来。今天还有一些地区，谁家添个宝宝，做姥姥的送上几双"虎头鞋"是万万不可缺少的，以希望孩子身体强壮且成人后像虎一样威风，另一个是让虎做孩子的保护神，防止外来邪魔恶鬼侵扰，以此来表达老一辈对娃娃们的祝福与美好的愿景。除了虎头鞋以外，还有虎头帽（图3-4-14、图3-4-15）、虎头围嘴、虎头鞋垫等。其中虎头鞋和虎头帽较为常见。

图3-4-12　民间虎头鞋1

从制作工艺上来说，虎头帽较为简单。制作虎头帽时，先要选定布料，按照一定的规格、尺寸剪开，然后用丝线缝制起来，即是一顶普通的帽子，一个像小披风式的物什。接着，在帽顶上用各色丝线绣出眼睛、眉毛、鼻子、嘴巴，一顶栩栩如生的虎头帽就做成了。如果在帽里附上一层布料，就是有里子的虎头帽，这两种虎头帽统称单帽，多在春秋天戴；如果在表、里之间再絮一层棉花，就是棉虎头帽。

虎头鞋的做工相对复杂。一双地道的"虎头鞋"，必须全部用手工缝制。其主要工序为打袼褙、做鞋底、做鞋帮。其中关键在于鞋脸的造型设计和各种彩线的使用搭配，一双鞋之所以是"虎头鞋"而不是别的什么鞋，以及判断一双"虎头鞋"的好看与否，全在于此了。打袼褙，就是把旧破布一层层地用糨糊黏起来，晾干后备用。袼褙打好后就根据鞋样子剪下来做鞋底和鞋帮的内衬。鞋帮做妥后，就另找块布剪成虎头的样子，在上面绣上眼、嘴、鼻子和胡须等，镶在鞋帮的前面，两边再用红布缝个小耳朵。鞋的后边另缀块布作为尾巴，也正好当成提鞋的工具。鞋面的颜色以红、黄为主，虎嘴、眉毛、鼻、眼等处常采用粗线条勾勒，夸张地表现虎的威猛。制作虎头鞋时，还常用兔毛将鞋口、虎耳、虎眼等镶边，红、黄、白间杂，轮廓清晰。

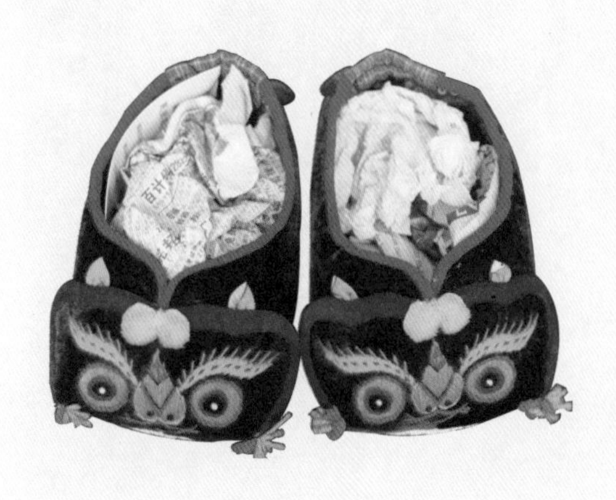

图3-4-13　民间虎头鞋2

图3-4-14　民间虎头帽1

图3-4-15　民间虎头帽2

如果以虎头样式作为专题，那将是一个美不胜收的艺术系列。为新生命制作的肚兜、或是姥姥舅家为外甥制作的庆生礼品，都是对新生命最直接的佑护与赞颂。虎头鞋、虎头帽、虎形围嘴、肚兜与各种护生用具，构成了围绕生命主题的配套艺术表现，在民间艺术中形成了一个特殊的领域，蕴含了中国老百姓自古以来“佑福祛祸”的观念。

七、《清明上河图》

北宋张择端的《清明上河图》，以精致的工笔记录了北宋末叶、徽宗时代首都汴京（今开封）郊区和城内汴河两岸的建筑和民生。作品以长卷形式，采用散点透视的构图法，将繁杂的景物与五百多个衣着不同、神情各异的人物形象纳入统一而富于变化的画面之中。

《清明上河图》是一幅描写北宋汴京城一角的现实主义风俗画，它的现实主义特征使其成为今日观照宋代服饰的重要依据（图3-4-16）。图中可以看到宋代男子一般着襦、袄。其长度通常至膝，有夹里，有时还填有棉絮。事实上襦与袄几乎没有区别，后来干脆就都称之为袄了。宋代劳动人民的主要日常衣着就是袄。宋人小说中的“郡小吏”常常“冬夏一布襦”，这里的“布襦”也就是袄。现代服饰专家周锡保先生说，靖康之乱时，有钱人都拿自己的绫罗绸缎去换老百姓的布袄，以躲避金人的掳虐，反过来证明了袄是公认的宋代平民服饰。

宋人另有短褐。这是粗布或者麻布制作的服装，相对粗糙，也是劳动人民服用居多。其衣身相对窄小，衣袖也较为平直窄小，因此实用功能反而较强，适合在生产劳动第一线者穿着。

宋人还有衫与凉衫。宋代的衫是指没有

图3-4-16　张择端《清明上河图》局部1

袖头的上衣，作为内衣与外套均可。作为内衣时略短小，作为外套长一些。衫在宋代另有凉衫、白衫等名称，因为其常常披在外面，颜色又以白色居多。《清明上河图》中女子戴帷帽乘驴者，披的就是凉衫（图3-4-17、图3-4-18）。

图3-4-17　张择端《清明上河图》局部2

图3-4-18　张择端《清明上河图》局部3

常言道，穿衣戴帽，各有所好。现在的人穿衣服很随便，没有什么条条框框的限制，既可以穿名牌，着正装；也可以穿休闲，玩混搭。但是在宋代，穿衣戴帽绝不是一件简单的事，它是“礼”的一部分，不仅要看身份，还要分场合，甚至连服装的配饰也有严格的规范。

据《东京梦华录》记载，宋朝各行各业都有自己的“制服”：“其士农工商，诸行百户，衣装各有本色，不敢越外。谓如香铺裹香人，即顶帽披背。质库掌事，即着皂衫角带，不顶帽之类。街市行人，便认得是何色目。”这段话的意思就是说，按照规定，民间各行各业都有着装的要求，不能乱了。比如，香铺裹香的伙计，应戴一种有长披背的帽子；典押行的掌柜，得穿特制的马甲，系角带，不准戴帽子等。这样一来，外人一看就知道他是干什么的了（图3-4-19、图3-4-20）。

宋代程朱理学的“禁欲主义”使得对于各种欲望的社会控制力量也逐步加强，抑制自我欲望、注重道德修养的风气很大程度上影响到了服饰。宋代主张服饰不应过分奢华，而应崇尚简朴，进而导致宋代服饰式样变化不大，颜色由鲜艳走向平淡，整体风格上呈现出拘谨与质朴的趋向。

图3-4-19　刘松年《斗茶图》

图3-4-20　李唐《村医图》

八、《冬日婴戏图》

我国历史上没有童装，有的只是小衫、小袄等成人服装的缩小板，从严格的意义上讲，这种服装能否叫童装令人生疑。我国童装是从20世纪30年代洋童装进入国内以后，伴随着近代服饰发展史而诞生的，是中外服饰文化交融的产物。那么，在20世纪30年代之前我国的孩子们穿什么呢？或许，《冬日戏婴图》可以给予部分解答。

画家苏汉臣为北宋宣和画院待诏（官名，待命供奉内廷的人），南渡后又复职，任承信郎（官名）。擅画佛道、仕女，尤精儿童，《冬日婴戏图》便是其代表作。

此轴描绘了两个儿童在花下嬉戏的情景：初冬的庭园，假山旁山茶与蜀葵、野草盛开，两个满脸稚气的小孩在与顽皮的小猫嬉戏玩闹，舞动手中旗杆。男童正俏皮地斜睨一瞥，全神贯注注意着猫的动向，沉浸其中；旁边头梳发卷的女孩应该是他的姐姐，正用手指轻轻阻挡着，以防男童行动，一边还举着旗杆，故作老成的动作却不由让人开怀一笑。

其中男童上着两件直领对襟褂，里长外短；均有朱红沿领襟镶滚，里窄外宽，两前襟之间系带相连，下身穿着裤与双梁鞋。其姐姐的服饰为交领大襟袍，连袖直身，沿领、襟、摆与袖口均有阔边镶滚，形制属于传统样式，透过衣领隐约可见其里面穿着的小衣（图3-4-21）。

宋代在百姓服饰穿着上做出很多规定和限制，但对儿童服饰制约较少，多彩活跃的童装成为宋代服装的亮点。童装的特色是上丰下俭；上衣款式繁多，有襟袄、长襦、短衫、带衩、褙子等，褙子又分长袖、半袖、无袖。下裳以裤为主，女童也着裙。童服面料有丝绸、棉帛、麻纺等，这些童装形制与当时成人服装形制极为相似（图3-4-22、图3-4-23）。

在我国古代，这种以"婴戏图"或曰"戏婴图"作为题材的绘画作品较为普遍，是中国人物画的一种。因为以小孩为主要绘画对象，且以表现童真为主要目的，所以画面丰富，形态生动有趣（图3-4-24）。画面上的儿童，或玩耍，或嬉戏，千姿百态，妙趣横生。还有和生肖图案、各种吉祥器物、儿童游戏结合的，均象征着多子多福、生活美满。百多个幼童济济一堂的画面，则寓意着连生贵子、五子登科、百子千孙的美好寓意。

图3-4-21　苏汉臣《冬日婴戏图》局部

图3-4-22　苏汉臣《秋庭婴戏图》

图3-4-23　苏汉臣《长春百子图卷》局部

图3-4-24　苏汉臣《货郎图》

第五章 明清服饰

一、苏意犯人

明代薛冈《天爵堂文集笔余·卷一》记载了这样一段趣事：时有一人刚到杭州上任做官，笞打一个身穿窄袜浅鞋（属“奇装异服”，亦属当时的一种时尚穿着打扮）的犯人，枷号示众。一时想不出如何书封才好，灵机一动，写上“苏意犯人”四个大字，一时传为笑谈。

苏意的“苏”是指苏州。今天的苏州在时尚圈的地位一般，但是在明清时期，苏州的地位相当于今天的上海。明人文震亨在《长物志》中明确指出苏州的服饰“领袖海内风气”，清人徐珂则在他的《清稗类钞》中这样来打比方：“顺康时，妇女妆饰，以苏州为最好，犹欧洲各国之巴黎也。”或者可以说，恰恰是近代上海一方面引进了西方的时尚，另一方面也继承了当年苏州的衣钵，才成就了今天的上海。

据说，明代的苏州人聪慧好古，引领着全国各地城市的流行风尚，当时流行两个新名词，这就是“苏样”和我们开篇说到的“苏意”。凡物式样新鲜离奇，一概可称为“苏样”；见到别的稀奇鲜见之物，也可称为“苏意”。这说明苏州是当时全国的风向标：但凡苏州人说好，大家便群起效仿、追捧；苏州人说过时了，全国人便弃之犹恐不及。另外，在明代还经常出现“苏作”“姑苏作”等工艺美术制作及技艺的指称，和“苏铸”“苏绣”“吴扇”“吴帻”“吴笔砚”等以苏州冠名的工艺美术品名。“破虽破，苏州货”，没有底气谁好意思这么说。

“苏意”是侧重“苏样”意象的一种提法。明代文震孟《姑苏名贤小记·小序》亦言：“当世言苏人，则薄之至用相排调，一切轻薄浮靡之习，咸笑指为‘苏意’，就是‘做人透骨时样’。”不仅如此，在当时，一切稀奇鲜见的事物，也径称为“苏意”。而明人吴从先在其《小窗自纪》中所言“苏意”，又指一种生活方式，“焚香煮茗，从来清课，至于今讹曰‘苏意’。天下无不焚之煮之，独以意归苏，以苏非着意于此，则以此写意耳。”总之，正如有的学者所论，所谓的“苏样”，就是苏州人生活中累积的文化样本，而此“苏样”所具体呈现出来的生活态度、行为，则被称为“苏意”。

那么，“苏意”服饰具体指的是怎样的一种服饰呢？或许我们可以从几个关键词中找到答案：

第一，小而精。小，小到极致就是苏州网师园里的“一步桥”，真的一步就可以跨过去的桥；但是小不怕，可以借景，比如拙政园就借了“双塔”。

精，精到。精打细算，惜“料”如金。“苏作”红木家具与“广作”相比，一个重要的特点就是用料少（因为红木都是从南洋运来，广州捷足先登，到苏州所剩无几）。但正因为用料紧张，所以“苏作”就在精雕细刻上下足了功夫。服装也是如此（图3-5-1、图3-5-2）。

图3-5-1　后世的“苏样”1

苏绣甚是有名，但在服饰上用得还不如北方多。北方的民间服饰中刺绣很多，但是精细的不多。苏绣不常用，但一旦用了，就要在精细的前提下用，而不敢滥用。同

图3-5-2 后世的“苏样”2

样，衣服上的一道道滚边，也是一样要做得精细——真的是细，所以不是“细香滚”就是“韭菜边”。可以说“苏意”的本质是精致的生活。

第二，新奇。

据冯梦龙描绘，明后期士子常常是：“头戴一顶时样绝纱巾，身穿银红吴绫道袍，里边绣花白领袄儿，脚下白绞袜，大红鞋，手中执一柄书画扇子。”

这在当时就是一种新奇的装束。这种新奇体现了一种敢为天下之先的弄潮儿精神，哪怕这种“苏意犯人”式的新奇在始创之初往往不被常人接受。这反映了流行传播的一个特质，即流行总是由点到面、由少数到多数的，而苏州人就是这个“少数”，苏州就是这个“点”（图3-5-3、图3-5-4）。这一点在整个中华民族的民族气质中显得尤为宝贵。

图3-5-3 后世的“苏样”3

图3-5-4　后世的“苏样”4

二、戚继光与蟒袍

嘉靖三十九年（1560年）三月，戚继光由浙江都司参将调任独镇一方的分守台（州）、金（华）、严（州）等处地方参将。他根据该地三面阻山、一面临海的情况，做出以陆战为主、兼用水战的决策，并制造战船，加强海上防务。经过一个月的战斗，戚家军九战九捷，彻底消灭了侵犯台州的倭寇。

戚继光抗击倭寇为国家安定与海防安全作出了突出贡献，朝廷以示嘉许，赐之以“蟒衣”，又称蟒袍（与之类似的尚有飞鱼服、斗牛服，其实“牛”“鱼”亦类似蟒形，皆为较尊贵的赐服）。

蟒袍，又被称为花衣，因袍上绣有蟒纹（蟒形似龙）而得名。蟒袍与皇帝所穿的龙衮服相似，本不在官服之列，而是明朝内使监宦官、宰辅蒙恩特赏的赐服，获得这类赐服被认为是极大的荣宠。明代的蟒形仅比龙少一爪，故蟒袍非经皇帝特赐不得穿用。明沈德符《万历野获编 · 补遗 · 卷二》说：“蟒衣，如象（像）龙之服，与至尊所御袍相肖，但减一爪耳。……凡有庆典，百官皆蟒服，于此时日之内，谓之花衣期。”其服装特点是大襟、斜领、袖子宽松，前襟的腰际横有一镑，下打满裥。所绣纹样，除胸前、后背两组之外，还分布在肩袖的上端及腰下（一横条）。左右肋下还各缝一条本色制成的宽边，当时称为“摆”。据《明史 · 舆服志》记载：正德十三年（1518年），“赐群臣大红纻丝罗纱各一。其服色，一品斗牛，二品飞鱼，三品蟒，四五品麒麟，六七品虎、彪……”。《明史 · 舆服志》记内使官服，说永乐以后“宦官在帝左右必蟒服，……绣蟒于左右，系以鸾带。……次则飞鱼……单蟒面皆斜向，坐蟒则正向，尤贵。又有膝襕者，亦如曳撒，上有蟒补，当膝处横织细云蟒，盖南郊及山陵扈从，便于乘马也。或召对燕见，君臣皆不用袍而用此；第蟒有五爪四爪之分，襕有红、黄之别耳。”由这段记载可知，蟒衣有单蟒，即绣两条行蟒纹于衣襟左右；有坐蟒，即除左右襟两条行蟒外，在前胸后背加正面坐蟒纹，这些都是尊贵的式样（图3-5-5、图3-5-6）。

图3-5-5　民族英雄戚继光赭红蟒袍坐像

图3-5-6　蟒袍

三、从“辫线袄”到“程子衣”

“辫线袄”或称“腰线袄子”始于金代元人服饰。河南焦作金墓出土陶俑即着此衣，其他类似出土墓葬表明，元代此衣广为流行。其制窄袖，腰作辫线细折，密密打裥，又用红紫帛捻成线，横腰间；下作竖折裙式。简单地说，就是圆领、紧袖、下摆宽大、折有密裥，另在腰部缝以辫线制成的宽阔围腰，有的还钉有纽扣。

“辫线袄”实际是胡服的一种。从其形制来看，与中原汉服区别甚大。首先，“辫线袄”是窄袖，不同于常规的大袖；其次，“辫线袄”的腰间有一道横向破缝，尽管我们历史上的“深衣”在腰间亦有破缝，但两者性质不同，“深衣”的破缝是将上衣下裳“连属”起来的痕迹，并非有意而为之；而“辫线袄”的破缝则是其在腰线以下“密密打裥”的前提，显然是有心设计的结果。将历史中的中国服装形制拿出来与西方服装逐一比较便可发现，“辫线袄”是最像西方服装的中国服装。像在哪里？

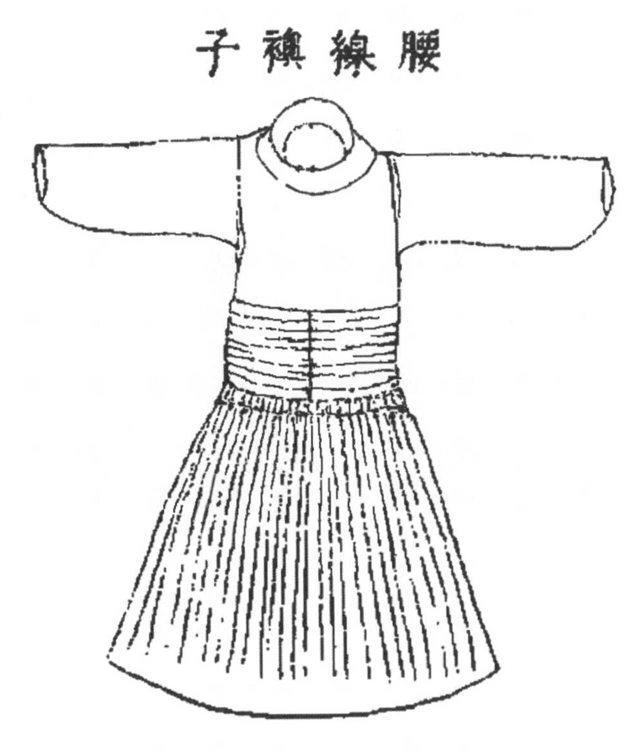

图3-5-7　“辫线袄”（或称“腰线袄子”）

还是从衣袖与腰身两处来看。衣袖是窄袖，这一点像；腰身既然有了褶裥就必然会产生一定量的腰围与臀围之差，并非是一条笔直的侧缝线，这一点也像。那么又为什么仅仅是“像”而不就是“是”呢？因为“辫线袄”的窄袖是直袖而非西方服装的装袖，又因为“辫线袄”的腰线不是西方服装的“收省”而形成，所以只是看起来通过褶裥而略有收

图3-5-8 “曳撒”

图3-5-9 “程子衣”

腰之势，并非具有实际意义上的收腰之实（图3-5-7）。

因此，“辫线袄”的实际服用功能较强，因此对于服装运动机能要求较高的人群来说，他们更乐意穿用。《万历野获编》有：“若细缝裤褶，自是虏人上马之衣。”即认为最初可能是身份低卑的侍从和仪卫穿着。故《元史·舆服志》将其列入“仪卫服饰”条内：“羽林将军二人……领宿卫骑士二十人……皆角弓金凤翅幞头，紫袖细褶辫线袄，束带，乌靴……”但从元刻本图像看，穿“辫线袄”者也不限于仪卫，尤其在元代后期，如元人刻本《事林广记》插图中的武官等，又如《全相平话五种》插图中的“番邦”侍臣官吏等，均穿着“辫线袄”。

到了明朝，朱元璋上台以后提出要恢复唐制，实际上就是要恢复中原汉制，比如唐与明的官员们都着盘领袍。但是“辫线袄”却被沿袭下来，只是改了一个名字叫“曳撒”（图3-5-8）。同样，由于其出色的便利性，故也依然是君臣外出乘马时所穿的袍式，后来明代士大夫日常也穿这种形式的服装，并称其为“程子衣”（图3-5-9）。至此，从“辫线袄”到“程子衣”，完成了从元到明两个朝代的跨越，也完成了从武到文两种身份的兼容。“程子衣”形制当然与“辫线袄”一致，大襟、右衽、斜领，前襟的腰部有接缝，下面打满褶裥，只是袖子略宽松。

历史始终在走马灯般变幻的改朝换代下延续，服饰的流变只是其表象之一。从“辫线袄”到“程子衣”，或许我们可以从找寻服饰的更替与变迁过程感悟到历史的变迁吧！

四、“鞭打芦花”闵子骞

《列朝诗集》收录过清初士人殷无美撰写的一条诗话：嘉定有一民妇，大字不识，更遑论吟诗填词。嫁人后生有一双儿女，忽忽六载春秋，妇人因病垂死，口不能言。在病榻上突然索要纸笔，濡墨书七绝一首。诗云：“当时二八到君家，尺素无成愧桑麻；今日对君无别语，免教儿女衣芦花。”写完递于其夫，一恸而绝。

这里面有两个用典似乎需要稍加解释，一是“尺素”，原意是指古代少女闺房里用的手帕，当然是很精致的那种。因为古代的棉帛和蚕丝都是手工在织布机上织出，纹理相对粗糙，那些有心的女孩子就特意精心织出一些丝帛来，裁好以后用作手帕，这就是“尺素”。 第二个用典是“衣芦花”。何谓“衣芦花”呢？这就需要说到一个人——闵子骞。

相传公元前526年左右，年仅八岁的闵子骞丧母，父续娶后妻姚氏，生得闵革、闵蒙二子。由于继母姚氏疼爱自己亲生的儿子，便对幼小的闵子骞备加虐待。但生性诚实敦厚的闵子骞对此并无怨言。有一年临近年关，闵父驱牛车外出访友，偕三子随从，闵子骞赶车，行至今安徽萧县城南一村庄，天气骤变，朔风怒号，寒风刺骨。闵子骞战栗不已，手指冻僵，赶牛车的缰绳和鞭皆滑落于地，使得牛车也翻倒在雪地里。其父见状，以为闵子骞真像继母常说的那样懒惰，非常生气，拾起牛鞭，怒抽闵子骞。不料鞭落衣绽，露出芦花，芦花纷飞，饥寒交迫的闵子骞也晕倒在雪地里。其父见此惊奇不已，待撕开闵革、闵蒙的衣服，见尽是丝絮后恍然大悟，始知是后妻所为，虐待前子，忙脱下自己的衣服裹住闵子骞。闵父急忙勒车返回家中，举鞭抽打后妻，并当场写下休书，要立即将后妻赶出家门。苏醒过来的闵子骞却长跪在父亲面前，苦苦哀求父亲不要赶走后母，他诚恳地对父亲说：“母在一子寒，母去三子单。”父亲听了闵子骞讲出的一番道理，遂罢休妻之事。继母听了闵子骞的话深受感动，遂痛改前非，待三子如一，成为慈母，家庭和睦。孔子得知此事后，大加赞扬曰：“孝哉闵子骞，人不间于其父母昆弟之。”这就是数千年来民间流传甚广的“鞭打芦花闵子骞”的故事。

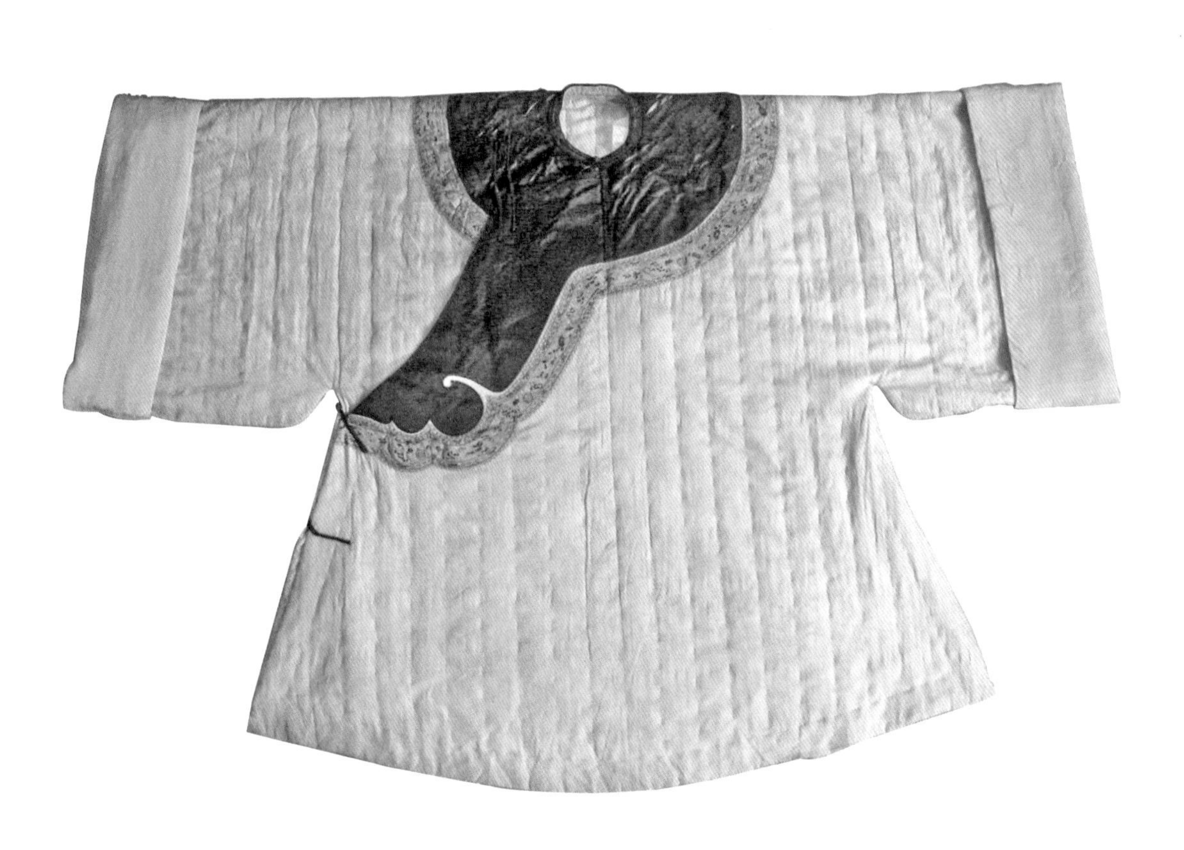

图3-5-10　清中期的棉袄

自夏、商、周三代以来约4000年的中国文明史中，人们的衣料大致在前3000年以丝麻为主，后1000年逐渐转变为以棉花为主。至元明时代，棉花逐渐部分取代丝麻，成为中国重要的天然纤维作物。棉衣是为了御寒而在中间絮上了棉花等保温材料的衣服。我们从对传世实物的细致观察不难发现，勤劳智慧的古代人民通过将衣服内填充丝、棉或能起到御寒的保暖材料制作棉衣。

江南大学民间服饰传习馆藏有清中期棉袄一件（图3-5-10）。其形制为：大襟，右衽，圆领，领襟镶如意云头，一字扣，两侧开衩，直身大袖，袖口有挽袖。关键是此袄填有棉絮，并由绗缝工艺将填絮固定下来，不易滑落。

五、《红楼梦》与官府织造

工业化生产之前，服装是如何做出来的呢？其实在很长一段时间内，我国服装的制作形式不外乎三种：一种是家庭女红，一种是专职裁缝，还有一种便是下面讲到的官府织造。三种服装制作方式并行不悖，长时间内相互平行地存在着，只是到了近代服装产业的出现，这种官府织造、民间家庭女红与专职裁缝并存的格局才被打破。

官府织造由来已久。早在《周礼》中就有相关规定，其中关于理想政府的设置就包括了做衣服与管衣服的人—“函人”管“甲”，“缝人”管“衣”，“裘人”管“裘”；又有“追师”掌管冠冕，“屦人”掌管鞋履。而后这些做好的盔甲、衣服、皮装与鞋帽都交给“司服”与“内司服”，由他们负责打理。这些职官都是管理者，手下都有工匠与奴隶从事具体劳作，即所谓“以官领之，以授匠作”，意思就是行政官员领导下的手工作坊。所以既有干部编制的人—“府”“史”“士”；又有工人编制的人—“工”“徒”；还有奴隶—“奚”。以《周礼》中的“掌皮”与“百工”为例，“掌皮”担任管理工作，相当于裘皮原料车间主任；“百工”担任生产工作，就是工人。

到了西汉，始设“东织”“西织”，这是掌管王室所用丝帛织造与染色和掌管王室与官员祭祀服装裁造与纹绣的机构。后来汉成帝裁撤东织，改西织为“织室”，设在未央宫，属“少府”。主要工作职责未变。另设有掌管内服衣物的“内署”。

至唐朝设“殿中省”与“少府监”。其中“殿中省”掌管天子生活起居之事，沿袭了隋朝的六尚二十四司的设置格局：即尚食、尚药、尚衣、尚舍、尚乘、尚辇六局。尚衣局的正副长官叫作“奉御”与“直长”，他们主持与管理服装，解释其礼仪制度，责任在于要严格按礼仪行事，不要穿错了。内宫女官也沿袭了隋之“尚服”“尚功”之职，其中“少府监”仍是主管官营手工业的部门，《唐六典·少府军器监》云：“少府监之职，掌百工伎巧之政令，总中尚、左尚、右尚、织染、掌冶五署，庀其工徒，谨其缮作；少监为之贰。凡天子之服御，百官之仪制，展采备物，率其属以供焉。”其下辖的中尚署、左尚署、右尚署、织染署都与“女功”有关，尤其是织染署，更是一个以女功为主要工种的中央官府手工作坊，下设25个织染作坊，即织纴之作10个，组绶之作5个，紬线之作4个，练染之作6个。另“掖庭局”也承担供奉宫廷的女功制作，但这个单位的人选有点意思，其中有不少是犯人中的“女功技艺”者，有点“劳改”的性质。

宋沿袭了隋唐之制。殿中省六尚局依然，但更完备。比如“尚衣局”下设“衣徒”。但“少府监”下属部门的称谓与工作职责有所变化，“文思院”掌管金银首饰，下设作坊进行设计与制造工作；“绫锦院”“染院”分管服装面料的织造与染色；“裁造院”掌管服装的裁制，供王室服御与祭祀所用；“文绣院”掌管车、服、祭祀所用的绣品。这些部门分别管理与承担着织造、印染、裁制、刺绣等制作流程。

明设“尚衣监”掌管皇帝的冠冕、袍服、靴袜等事务，设有掌印太监一人，余下各级官员不设定数。这是一个很大的变化，隋唐以来一直由女官负责的部分事务改由宦官替代。“巾帽局”掌管宫中内使帽靴、驸马冠靴及藩王之国诸旗尉帽靴，“针工局”掌管宫中衣服造作、“内织染局”掌管染造御用及宫内应用缎匹绢帛之事。宫廷百官与内府所需的皮革由“皮作局”掌管。另设“浣衣局”，为宫内皇亲国戚提供洗衣。同时，设江宁织造、苏州织造与杭州织造，由提督织造宦官主管，专办宫廷御用与官用之纺织品。

苏州自古丝织业发达，明代时即为全国丝织中心之一。为满足宫廷需求，自元代起官府就曾在苏州设立织造局，直接加以管理。明织染局设在现在的北局。清顺治三年（1646），在带城桥东明末贵戚周奎故宅建织造局，又名总织局。康熙十三年（1674）改为织造衙门，亦称织造府或织造署，由内务府派郎官掌管，并将总织局迁至衙门以北。织造署除了在苏州、松江、常州自设机房雇工制造以供皇室消费外，兼管三府机户和征收机税等事务，与当时的江宁、杭州织造署并称“江南三织造”。

由于名著《红楼梦》作者曹雪芹的祖父曹寅和舅祖李煦曾先后担任苏州织造之职（也难怪曹雪芹将小说中女子服饰刻画得如此淋漓尽致），《红楼梦》中又有不少地方提及苏州的人文风物，因此，织造署旧址也引起了红学专家的极大兴趣。

清朝，织造官由内务府派遣，虽然内务府郎中仅为正五品，但派到地方后属钦差性质，与地方长官平行，权势较大。不仅管理织务、机户、征收机税等，亦兼理采办及皇帝交办的其他事务，且监察地方，可专折奏事，行文中称“织造部堂”。清朝时，江宁、杭州、苏州三处各设织造监督一人，简称“织造”。织造不属于常设官缺，例以内务府司员简派，事实上多是由资深的内务府正五品郎中出任。原则上织造每年更替一次，但可以连任，所以出现像李家、曹家那样长期担任织造的世家。

清朝的苏州织造署曾显赫一时。它的旧址即今苏州十中校园。康熙、乾隆每次南巡江南，在苏州均宿于织造府行宫。织造署织造虽为五品官，但因为是钦差，实际地位与一品大员之总督、巡抚相差无几，且往往是皇帝心腹，随时能够密奏地方各种情况，为皇上的耳目。康熙时，苏州织造为曹寅，即曹雪芹祖父，后调任江宁织造；苏州织造继任为李煦，即曹寅内兄；杭州织造为孙文成，为曹寅母系亲属。全国三大织造真可谓“联络有亲，一荣俱荣，一损俱损”。曹寅的生母曾是康熙的乳母，曹寅当过皇帝的侍读，曹寅与康熙皇帝是年龄相近的“一起玩大”的年少君臣。可见织造地位之炙热。

六、衣冠禽兽

《明朝那些事儿》确实让“明朝”火了一把，书中用戏谑或者说颇为幽默化的语言解读了许多发生在大明王朝的“那些不得不说”的故事，一时间掀起了一股“明朝热”，让诸多看客深陷其中，不能自拔。故事之精彩，文笔之生动，解读之绝妙，让人仿佛一下子“穿越”回了明朝。那让我们也“穿越”到明朝去，找寻一下明朝服饰在我国服饰文明进程中所走过的痕迹。

明代的朝服、公服基本延续了唐宋的品色与服制，但明代在弘扬传统的同时也形成了自己的特色—补子，即按照不同的“文禽武兽”规则来标识不同职官品级。这种规则颇具创意，甚至连清代的冠服创制者都选择继承。

图3-5-11　明补服1

洪武二十四年（1391），朝廷始定职官常服使用补子，即以金线或彩丝绣成禽兽纹样，缀于官服胸背，通常做成方形，前后各一。文官用禽，以示文明；武官用兽，以示威武。所用禽兽尊卑不一，借以辨别身份等级，充分体现了中华民族象征文化的丰富内涵（图3-5-11、图3-5-12）。

到了清代，官员的服饰根据明代官吏常服的制式有了发展和变更，在清朝政府中有正式职位官员的官方着装，正式名称为“补服”。“补子”又分圆补、方补两种，

图3-5-12　泰州明墓出土狮子补服

图3-5-13　补子1

图3-5-14　补子3

图3-5-15　清补服1

图3-5-16　清补服2

圆补用于贝子以上皇亲者，上为五爪金龙纹，分别饰于左右肩上及前胸和后背；方补则均用于文官和武将等官员。这块在前胸后背处分别装饰一块方形（或圆形）饰有鸟兽的图案，即称为“补子”，文官官服绣禽，武将官服绣兽，再加之头上的冠帽，俗称“衣冠禽兽”（图3-5-13、图3-5-14）。

清朝时期的官服大都是由织造局来完成制作的，一般的裁缝是不能制作官服的。“补子”的绣法复杂多样：线外包金银的叫作平金绣，在夏服上用的叫戳纱绣，只用彩线而线外不包金银的叫彩绣，还有打籽绣等多种方式。

清代服饰是历代服装中最繁复且别出心裁的。文武百官的官衔差别，主要看冠服顶子、蟒袍以及补服的纹饰。冠后插有翎枝，其制六品以下用蓝翎，五品以上用花翎；至于蟒袍，一品至三品绣五爪九蟒，四品至六品绣四爪八蟒，七品至九品绣四爪五蟒；而就补服而言，自亲王以下皆有补服，其色石青，前后缀有补子，文禽武兽。文官五品、武官四品以上，均需悬挂朝珠，朝珠共108颗（喻指人生烦恼数量），旁附小珠三串(一边一串，一边二串），名位“记念”。另有一串垂于背，名“背云”。 补子用动物图案装饰，文官依次为：仙鹤、锦鸡、孔雀、雪雁、白鹇、鹭鸶、鸂鶒、鹌鹑、练雀，武将则是麒麟、雄狮、悍豹、猛虎、棕熊、彪、犀牛、海马（图3-5-15、图3-5-16）。动物鸟兽的下方加上一些山纹或水纹（唤作“海水江崖”纹），据闻是清廷要表示“坐稳江山”之意。

七、肚兜的文化

《红楼梦》第三十六回写宝钗来到宝玉房中，看见袭人在做针线，原来是白绫红里的兜肚，上面扎着鸳鸯戏莲的花样，红莲绿叶，五色鸳鸯。

汉代刘熙《释名·释衣服》曰：“抱腹，上下有带，抱裹其腹，上无裆者也。”在古老的中国，肚兜可

图3-5-17　肚兜1

图3-5-18　肚兜2

以说是最具有传统民族特色的服饰之一。肚兜古称"兜肚"，是中国传统服饰中护胸腹的贴身内衣，又有"抹胸""抹肚""抹腹""裹肚""兜子"等诸多别称。"抹胸"是唐宋时期的称谓，发展到清代则称之为"肚兜"或"兜肚"。

传统样式的肚兜一般做成菱形状，上端部分裁为平行，使得整个肚兜形成五角。上面两角及左右两角缀有带子，带子的质料一般有丝绳、金链等。肚兜的做法是：先确定兜围、斜襟、腰角、口袋（不是有意而为之，而是在肚兜的两层布料之间，只缝合两端，中间并不完全缝合，好似形成了一个口袋，并在布上直接描绘出事先确定好的设计图样，裁成的菱形布片长宽约30厘米，下端成圆弧形或尖角状。除了上面说的在左右两角直接缀有带子以外，有的肚兜在上面的两角上装有一对花扣，以便钩穿金银链条（或固定布带子）用以系在颈子上，左右两角则用细布带固定。穿着时上面两带系结在颈部，左右两带系结在腰间，这样正好遮挡住肚脐小腹，可以避免肚子受凉——或许这便是肚兜的实用属性所在了（图3-5-17、图3-5-18）。

说完了肚兜的实用属性，接下来自然而然就要来"剖析"一下肚兜的精神属性了。

肚兜的面积虽小，但内涵丰富。肚兜向外的面料上绣有五颜六色的图案，而这些图案基本上都可以被民俗学家们解读出诸多的美好寓意，如"葫芦""石榴""南瓜""蛙形"图案象征多子多福；"虎""五毒"图案则是祈福孩子健康成长；有些肚兜上绣有"蝶恋花""连生贵子""麒麟送子""凤穿牡丹""连年有余""金鱼串荷花""鸳鸯戏水""喜鹊登梅"等图样，这些图样除了寓意吉祥、辟邪之外，又富有爱情美满、幸福绵长的意味。江南大学民间服饰传习馆藏有一件绣着"一片冰心"纹的肚兜，反映了少女对爱情的忠贞（图3-5-19）。这些图案所表达的象征寓意与中国古代的生活习惯、神鬼文化、图腾崇拜等都息息相关，蕴含着巨大的民俗内涵，是我们现代人了解传统文化的一个很好的角度（图3-5-20）。

一个小小的肚兜如果要制作得精美，那也是需要花费很多时间的，用近代作家张爱玲的话说："惟有世界上最清闲的国家里最闲的人，方才能够领略到这些细节的妙处。"

图3-5-19　肚兜3

图3-5-20　肚兜4

第六章 民国服饰

一、海派

长期以来，“海派”可以用作一个形容词，用来形容美好、洋气的意思。为什么这样显著的一个名词会转换成了形容词呢？要回答这个问题首先要复原“海派”作为名词的涵义。

海派首先是一个文化术语，用来说明上海是清末民初外来文化进入中国的桥头堡，文明婚礼、文明戏与“荷兰水”都是由此引入。20世纪30年代曾经引发了一场关于海派的争论，鲁迅、沈从文、曹聚仁等名流都卷入其中。鲁迅说：“京派是官的帮闲，海派是商的帮忙而已。”这句话点出了海派的一个本质特征，即更多包含着商业性质的脂粉气，也就是所谓“名士才情”与“商业竞卖”之并举—叶浅予等人在当时的上海又画画又设计时装，岂不也是在走这条路?

海派又是一个美术术语，用来说明一种绘画的艺术风格，这些海派画家“手握两支画笔，一手伸向传统，一手伸向西方……”，从某种意义上讲，这也很贴切地代表了海派的实质，那就是与西方发生了关系。

然后，海派才是一个具有时尚意味的术语，用来表示“洋气”，带有前天的“帅”、昨天的“酷”与今天的“in”的意思；或者说海派就是洋派，就是西方的生活方式从窗户“跳进来”—因为我们不让他从门里进来（钱钟书语）；如果转换成具有学术意味的术语，那就是“中体西用”“西学东渐”。

海派服饰是“洋为中用”的典范。上海开埠之后，英、美、法等国渐次在上海设立了“国中之国”的租界，以一种直观外在的形式，展示了他们的建筑、服装、生活方式。以教会、教会学校、好莱坞电影与报刊等为代表的文化势力，则更多的是在思想上内在地影响着国人。当这两方面的影响相交汇而产生了巨大的作用时，英商“福利”公司与“惠罗”公司的环球百货又适时地满足了人们的需要。在品种上包括西装、连衣裙、西式大衣甚至牛仔裤，在配饰上包括贝雷帽、玻璃丝袜、高跟鞋与玻璃皮带。这就是海派约等于洋派的一面。一款海派的改良旗袍，隐约可见里面的吊带内衣，又清晰可见脚上的高跟凉鞋，就是这种传统与外洋的叠加的绝妙写照。同时，“我们的阔太太阔小姐们置办起新装来，总是喜欢到外商的时装公司去”。所以海派就是古老的东方大陆面向海洋文明开启的第一扇窗户。

海派服饰又是中西合璧的典范。还在古代，仿佛上苍有意要对上海这个未来之星进行一番培养，所以便让上海紧邻苏、杭两市，被宋、明以来中国的两大经济与时尚中心包夹其间。这时的上海就是苏州的卫星城，就像后来的苏州是上海的卫星城一样。彼时有所谓“苏州样”的专属名称，就是苏州人在生活中累积的文化样本，一种考究、精致的生活态度。这是中国式生活的最高境界。除了穿的，还有用的。比如，家具中的“苏作”，同样意味着相对于“广作”的精巧与高古。而之所以说是一种态度，就是说其与金钱的关系不是太大。经济基础殷实固然好办，不殷实也可以办—螺蛳壳里也可以做道场。所以近代的“海派”是中国雅致的市民文化与西洋舶来品的结合，是西式的外观与中式的内在气质的结合，内外呼应，外“洋”内“中”，可以理解成西洋文明与江南文明混合之后在上海形成的新的服装风格。所谓在苏州开花，在上海结果。

从某种意义上讲，海派处于一个传统与现代、东方与西方的“十字街头”。不同文明之间的融合（现在叫作混搭）并不是一件容易的事情，但老上海人华丽地做到了（图3-6-1、图3-6-2）。

女人善变，在某种意义上被女性气质所主导的海派服饰也是善变的。当时的小报有这样的报道：“摩登的妇人，她们对于装束衣服，不时在翻着新花样。”或者是：“上海女子都以式样贴身为美观，裁缝更为迎合女子心理起见，穷心极思、标新立异，女子服装式样的更改，层出不穷。”这种“穷心极思”就是创造性设计，正是能工巧匠们的不断创新，保证了“善变”始终是一潭流动的活水。《良友》杂志曾经记录了1922～1927年间旗袍的变化情况：1922年，旗袍不但左襟开衩，袖口也开了衩；1923年，旗袍在加长的同时，衩也开得更高了；1924年，又开始流行低衩，袍长却加长至鞋面；1925年，袍长与袖长一起缩短，开衩又向上提高了一寸

图3-6-1　海派婚礼服

图3-6-2　海派居家服

多；1926年，袍长更短，袖长更是短到仅至肩下二三寸；1927年，袍长继续减短，袖长减至零—出现了无袖旗袍。从中可以看到旗袍年年有变，所以报人曹聚仁才会这样来总结：“离不开长了短，短了长，长了又短，这张伸缩表也和交易所的统计图相去不远。”（图3-6-3）所以当时才会出现当铺拒当女子时装的现象。

但是万变不离其宗，那就是体面。以服装的体面与否作为评判人的依据，就是俗话说的“只重衣衫不重人”（图3-6-4）。所以赵丹在《马路天使》里可以不着衬衫而只穿个“假领”，但外面的西式制服、领带却一个也不能少。而海派的精彩之处就在于，穿上西装之后“假领”就看不出来是假的了。鲁迅就发现了在上海“穿时髦衣服比土气便宜”的现象：“如果一色旧衣服，公共电车的车掌会不照你的话停车，公园看守会格外认真地检查门券；大宅子或大客寓的门丁会不许你走进正门。所以……一条洋服裤子却每晚必须压在枕头底下，使两面裤腿上的折痕天天有棱角。”冯小刚也发现了这个现象，诸位看官请回忆一下《天下无贼》中的刘德华对门卫说了些什么。但近代上海的体面完全不同于古代的等级，至少在面子上不会有意去制造“官”与“民”的区

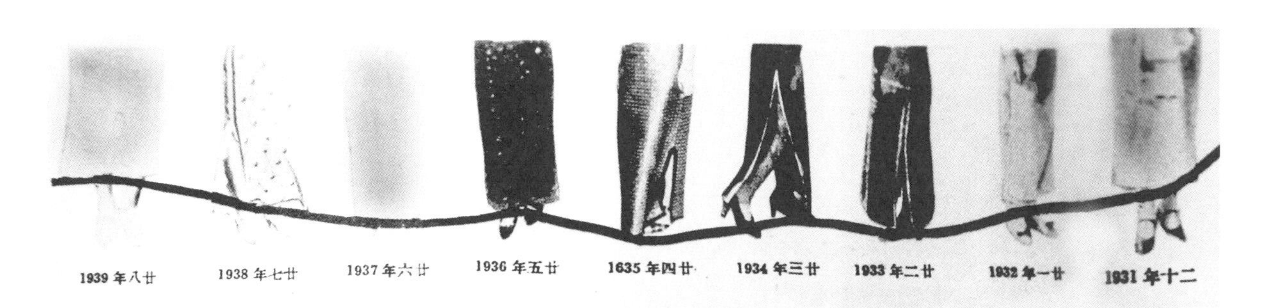

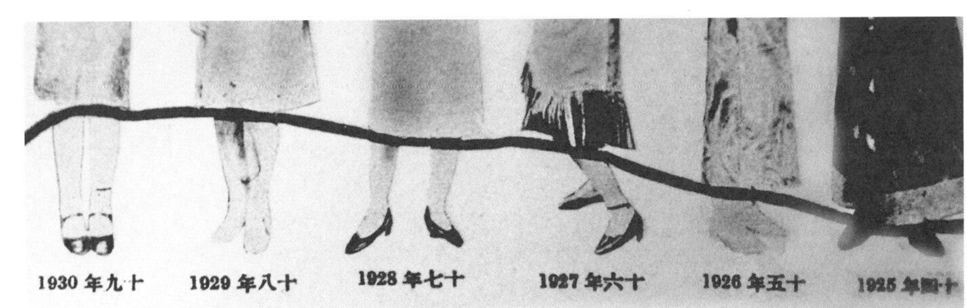

图3-6-3　《良友》杂志所绘旗袍下摆长度变化起伏图

图3-6-4　丰子恺漫画《马路上，互用醋意的眼光观察服装》

别。也就是说表面上的等级区别已经消除，穿中山装的人的宗旨也是为百姓的“民生”服务。既然如此，此时任何一个服装品种在理论上可以让任何人穿—所以《上海滩》里的丁力可以在一夜之间脱下短衫换上西装，而无须遵循过去孔夫子为我们制定的种种礼仪与限制。

海派可不仅仅是上海的事情，其巨大的号召力能够支配全中国，也能够辐射到今天。清人徐珂对此的记录是：“上海繁华甲于中国，一衣一服，莫不矜奇斗巧，日出新裁。”时人对此的记录是：“上海妇女装饰风式之势力足以支配长江流域各处……”后人周锡保先生的评价是：“上海在当时已成为全国服饰的中心，各地也都以上海的趋向而追逐之。”在后来的很长一段时间里，海派就意味着质量，意味着时尚，意味着高水平的有情调的生活。

二、《玲珑》的故事

《玲珑》是民国时期在上海发行的一本杂志，之所以叫作“玲珑”，大概有两层意思：第一层意思是指其开本小，只相当于两副扑克牌大小；第二层意思是暗喻该刊所具备的女性化内容，即以服装、美容、服装评论与女性情感等女性生活话题作为刊物的主要内容。由于当时专业的、独立的时装杂志还未曾出现，所以可以说该杂志就是当年的一份准时装杂志。

《玲珑》中的文章多紧密切合妇女的生活实际，少高谈阔论，多平易近人，且篇幅单一短小，其风格如同该刊物的开本装帧，颇具“尺水兴波”之风。在引导上海滩女子服饰与妆容时尚方面颇具号召力，号称在当时时髦女子中间《玲珑》杂志人手一册。

《玲珑》杂志中与服装相关的内容主要集中于以下四个方面：

图3-6-5　《玲珑》杂志封面

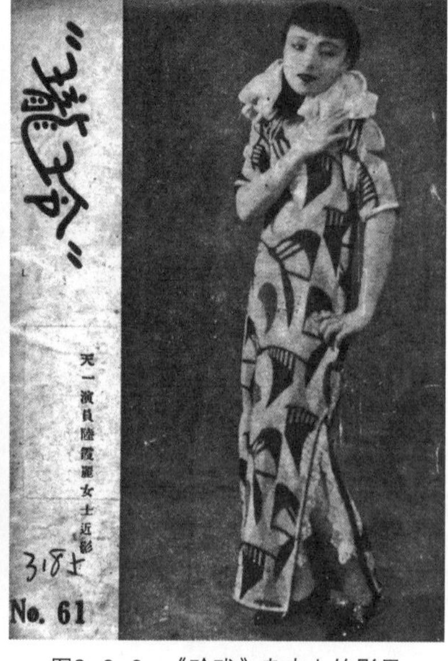

图3-6-6　《玲珑》杂志上的影星

第一，该刊常常发表名媛闺秀身着新装的照片。比如，其创刊号即用上海滩邮票大王周会觉之女周淑蘅之玉照，其为西洋卷发，西式衣裙，标准摩登女郎形象（图3-6-5）。另有供职于当时外交部的女职员与供职于“天一”电影公司的女明星等（图3-6-6、图3-6-7），这一阶层的女子才会被列为封面，故凸显自上而下式的流行路线。

第二，发表叶浅予等“上海时装研究社”的服装画新作。在叶浅予等人的设计中，一手伸向传统，一手伸向西方，两种文化的

图3-6-7 《玲珑》杂志上的白领

交融就逐渐形成了“海派”服装的特色。在他们的设计中，旗袍就这样被西方元素所“改良”了——直改曲、宽改窄、松身改收腰。叶浅予设计的“西洋晚装不过是装着领子的”，这一“装着领子”就成了旗袍了；而这旗袍的下半截又是“西化”的。而且这不仅停留在设计层面上，有人已经将其化为现实了—电影明星张织云等人也是这身装束，上半截如旗袍，下半截如连衣裙，实际上就是这两者的合二为一。

第三，发布美国、法国等国外的时装与妆容流行讯息。有关欧美的最新发型，到底卷发应该是长、中长，还是略短，鬈曲的波浪到底是大些还是小些，《玲珑》之中都有答案。而且当时《玲珑》杂志认为，“从前服装以巴黎为标准，现在美国也渐渐追上来了，尤其是好莱坞的明星们”。所以当时的《玲珑》杂志1935年总第213期分别以“女明星麦唐纳的新装五种”“好莱坞之新装”与“好莱坞的新型服装”为题目推介了她们的晚礼服、连衣裙、夹克、斗篷、套装等。

第四，发表有关服装评论、化妆术、护肤术等相关方法的文章。沈诒祥之《廉美的服饰》，在“不反对新装，不反对美丽服饰”的前提下，加了一个“廉”字。此观点符合勤劳朴素的民族传统，也符合当时内忧外患的时代背景。同时也指出了达到此目标的条件是“有审美观念的人”，他们才“常常能够拣得价廉物美的东西”。

同时评论家们也认识到“我们内部的完美就形成了外表的美来”。这里的“外表的美”，指的是通过服装修饰出来的，或人的体格气质与服装相统一的美；这里的“内部的完美”，指的是通过身体的锻炼而达到的身材的健美，同时也辩证地认识到人的健美体格是形成总体外表美的基础。

三、电影皇后胡蝶

上海是世界上第一批放映电影的城市之一。第一次在徐园上演“西洋影戏”是在1896年，仅比卢米埃尔兄弟发明电影晚了一年。电影很快成为一门大众艺术，观众多，影响大，门槛低（既指价格适中，也指无须识字—无声片需要识字，但无声片很快就被有声片淘汰了）。尤其是对于服装的传播来说，电影还有一个当时的其他媒介都无法比拟的优势，那就是直观，一目了然。对于“大波浪”的烫发，对于高跟鞋，对于西式晚礼服……电影的“搬运”作用毋庸置疑。其中“时装片”对时装的影响更是直接。本来就是天生丽质的电影明星，再加美轮美奂的时装装扮，当然让人炫目并试图“追星”（虔诚性摹仿），或让人心生妒意也会摹仿（竞争性摹仿）。

有电影当然就会有电影明星。让我们把铺着红地毯的星光大道延伸到半个世纪之前吧！

胡蝶，1907年出生于广东鹤山，原名胡瑞华。1925年考入中华电影学校，后入“明星”公司。主演过《女律师》《歌女红牡丹》《啼笑因缘》《姊妹花》《劫后桃花》《绝代佳人》《春之梦》等电影，官方评价是“中国电影史上最著名的女演员之一”。民间的评选则把这“之一”给拿掉了，直接册封“电影皇后”，也就是第一名（附带说明一下，在那次评选中阮玲玉被选为第二名）。

其实胡蝶的脸型很“传统”，尤其是那一对酒窝，正是传统美女的标志。那又是一个拿电影画报当时装杂志看的时代，所以胡蝶与时尚圈的关系尤其密切。她参加了不少当时专业的时尚活动，包括时装摄影等平面展示与时装表演等动态展示。从当时的报纸与杂志中可以寻其芳踪。胡蝶实际上就是当时静安寺路（今南京

图3-6-8 胡蝶1

图3-6-9 胡蝶2

西路）上的那家最著名的女子西装店——"鸿翔"的代言人，她为"鸿翔"拍过好多时装照，她在"鸿翔"定制的绣有蝴蝶的婚礼服也被大肆渲染。胡蝶还为当时的"无敌牌"蝶霜做了一则影响深远的广告，用了胡蝶的两张照片作为对照："胡蝶今昔容貌之比较—未用蝶霜前胡蝶容貌很美，用了蝶霜后胡蝶容貌更美。"此种"使用前"和"使用后"的对照广告模式成为半个多世纪以来，至今屡试不爽的经典与范式。

胡蝶的居家生活照也在当时的电影画报中被曝光，供当时的追星族参考。胡蝶身着改良旗袍的形象最为撩人（图3-6-8、图3-6-9）。其中一款是梳长辫、留刘海，着"细香滚"改良旗袍，大襟右衽，收腰开衩，主要特点是从领口沿开襟而下的滚边特别精细，故称为"细香滚"或"韭菜边"——像一炷香或是韭菜那样细。另一款是大波浪卷发，着宽边旗袍，主要特点是镶边极宽，且用西式圆点印花布来做，在中西合璧的改良旗袍的基础上再加一些西洋的成分。胡蝶所着改良旗袍的影像是旗袍史上的一个"范式"。这种旗袍是直接表现女子的身形的，所以对于身形的要求高得苛刻，胖一点点不好看，瘦一些些也不好看。所以有着匀称身材与甜美笑容的胡蝶是改良旗袍的最佳"形象代言人"。

另外，电影明星们直接参与到服装行业中去，也是民国时期上海常见的一种兼职。因为明星效应是时尚圈的永恒主题。欧洲18世纪的时尚明星就是蓬巴杜夫人自己，自查理·沃斯更加专业地把自己的太太玛丽·沃斯培训成模特之后，贵妇人本人渐渐退居二线，让位于专业的模特。20世纪上半叶上海的时装表演，论模特的出身，基本上是电影明星、大家闺秀、交际花三分天下，或者说电影明星兼职服装模特，是当时模特们身份的三大构成之一。她们参与到商业性表演中，这对于时尚的影响比较直接；同时也出现在赈灾义演等场合，在1935年总第101期《良友》杂志报道的一次"慈善筹款"时装表演中，我们可以检索到顾兰君、顾梅君、严月娴、宣景琳、朱秋痕、徐琴芳、曾文姬等一长串当时当红明星与名媛的名单。她们引导了当时的时尚，而从这一层意义上讲，她们甚至是比较崇高地引导了时尚。

四、美人鱼杨秀琼

1933年，在南京中央体育场举行的民国第五届全运会上，原籍广东东莞、代表香港队参赛的游泳选手杨秀琼先后斩获50米自由泳、100米仰泳与自由泳、200米蛙泳四金，后又参加4×50米接力赛获冠军，一举成为当时十分耀眼的体育明星。1935年，民国第六届全运会在刚落成的上海江湾体育场举行，已经声名显赫的杨秀琼因平时社交与商务活动频繁而疏于练习，但仍收获两金。媒体再次争相报道，梅开二度。

一个全运会一般涉及几十个运动项目，由此而产生的冠军、明星会有上百人，为何女子游泳惹人关注？为何杨秀琼特别惹人关注？

首先，在民国前的封建中国，对女子的基本要求之一是笑不露齿、足不出户，体育锻炼等户外运动极少。正因为如此，所以每年春天逛个庙会才会那么高兴，才会那么容易引发与异性的一见钟情。而民国时期封建束缚逐渐松绑，女校开始兴盛起来，女孩走出家门走进校门，接受了西式现代教育，也接受了田径、游泳等现代体育活动与交际舞等现代社交活动（杨秀琼本人即在香港尊德女校念书）。但这样的女孩在当时仍然是少数，用专业表述叫作中小学教育适龄青少年入学率很低，女性更低，而体育成绩出众的女性就更是凤毛麟角了，所以这是杨秀琼得以万众瞩目的原因之一。

其次，一般来说游泳运动员的身形都十分健美、标准，杨秀琼固然也是如此。但同时杨秀琼还拥有姣好的面容，也就是说她是集运动员的身段与电影明星的脸蛋于一身。游泳游得快的人很多，但同时还兼有电影明星般美貌的就少见了。所以这是杨秀琼得以万众瞩目的原因之二。何况游泳项目的专业运动服又相对暴露，尤其是相对于当时的日常服装来说那是相当地暴露了。据说当时尚有清末遗老遗少在观赛中见到泳装女子而主动退场的现象，他们是秉承“非礼勿视”的道德准则行事；但对于大多数普通观众来说，他们是来观赏比赛，又是来观赏美女比赛，还是来观赏衣着不再那么含蓄的美女比赛，岂不因大饱眼福而欢呼雀跃?

那么，杨秀琼当时的泳衣是何型何款?

泳衣与作为现代竞技体育项目的游泳一样都是舶来品。但即使在西方，泳衣的历史也并不长。在古希腊、古罗马时期，人们都是裸泳，就像希腊古典奥运会都是裸身参赛一样（所以才禁止异性参加）。直到17——19世纪才逐渐出现了泳衣，但那还是由连衣裙与灯笼裤所组成，实际上就是贵族日常服装的简化版，所以有专家认为穿这样的泳衣游泳具有一定的危险性。20世纪早期的泳衣包括泳帽、长袖泳衣、泳裤、泳袜与泳鞋，也与日常服装的配备几乎一样，主要区别仅在于是用拒水材料制作而已。而且衣裤上均要设计放松量与皱褶，以防止女性出水时，泳衣紧贴身体而显露身形（这不奇怪，因为在当时的美国，还有女性因为路过积水处时把裙摆提得过高而被拘捕的）。但是这样的泳衣与“更高、更快、更强”的现代竞技精神相背离，不仅不会更快反而会更慢，于是泳衣的改革势在必行。

图3-6-10　杨秀琼在1935年全运会上

这场改革是大刀阔斧的。泳裤、泳袜与泳鞋一律取消，只穿一件紧身的连体式泳衣，而且这件泳衣取消了衣袖（我们今天常见的泳衣就是此款）。至于戴不戴帽子，让运动员自己选择。20世纪40年代末，这件泳衣又被分离成乳罩与三角裤两个部分，被称之为“三点式”泳衣或“比基尼”泳衣，意思是其视觉效果堪比在比基尼岛上进行的核试验！

在连体式泳衣与比基尼泳衣之间还存在一个过渡款式，这个款式就出现于杨秀琼运动生涯的高峰期——20世纪30年代。王受之先生在《20世纪世界时装》中写道：“上面是乳罩，下面是短裤，这是现代流行的两段式女泳衣的最早模式。但也考虑到当时的穿着习惯，两段没有截然分开，在乳罩与短裤之间还用一个环和几根带子连了起来，在视觉上造成一种整体的感觉。”可以把王老师的这段文字与1935年总第20期《美术生活》中所载杨秀琼在江湾体育场泳池边的留影做一比照，发现完全一致（图3-6-10），正是此款！说明当时杨秀琼不仅游得快，长得美，连泳衣也是那个时代最时尚的！

五、“鸿翔”今昔

遥望1917年的上海静安寺“张园”，在这个辛亥革命中孙中山、章太炎等革命先辈宣传共和的革命圣地，新开了一家女装店，老板唤作金宝珍(即金鸿翔)。他与孙中山没有直接关系，但是与孙夫人有些关联—都是来自上海浦东川沙的老乡。所以有人把金鸿翔归结为红帮裁缝是有问题的，因为红帮裁缝从籍贯上讲应是奉帮裁缝，当年“鸿翔”正式落脚的静安寺路(今南京西路)863号，几乎就是今天“鸿翔百货”迁出的原址。后来“鸿翔”在南京路（今南京东路）586号又开了一家“分号”。

“鸿翔”是史家公认的国人创办的第一家西式女子时装店。它建立了近代中国女子时装业的若干个“标杆”。

首先，是十分西化的设计。在辛亥革命与新文化运动之前，中国人的穿衣问题主要靠老祖宗来解决。“黄帝始去皮服布”，意味着先人们摆脱了原始愚昧而进入到了文明阶段，这个“布”就是“上衣下裳”，我们一穿就是5000年。其间虽然小改小革不断，但总的形制一直作为“华夷之辨”的威仪而不可动摇，我们有一个特立独行于世界民族服装之林的体系——也可以叫做有“个性”。而在辛亥革命与新文化运动之后，我们穿衣的凭据一下子变成了依赖于外洋——要“与各国人民一样，俾免歧视”，从有“个性”变成了讲“共性”。金鸿翔本人也在这个大背景下由中装裁缝变成了西装裁缝，而且为了使自己的西装技术更正宗，还于1914年随舅舅到俄国海参崴的西装店打工。因此做好、做大西式女时装成为鸿翔店的宗旨。为此，当年的“鸿翔”订了《美开乐》等外国时装杂志，让顾客从中挑选中意的款式；当年的“鸿翔”还聘请了汉希倍克这样的外籍设计师，干脆“洋”到极致；甚至有段时间“鸿翔”的包扣工都是用的犹太籍工人，太平洋战争期间外国时装杂志进不了上海，“鸿翔”的师傅只能自己摸索着设计，等战后收到杂志一看，嘿！就是这个样！说明“鸿翔”已经“西”到骨髓里去了。

其次，是“前店后场”的经营模式。“前店”是一个营业场所，“后场”是一个加工场所。“前店”接待顾客，通过喝咖啡、看杂志、聊天来了解客人的审美趣味，然后确定服装款式与面料；“后场”把“前店”接下来的“生活”以严谨的态度、高超的技艺进行加工，包括做样、试穿、修改等一整套顾客都会嫌麻烦而师傅们仍然乐此不疲的环节。这个做法与欧洲高级定制时装的做法非常相似，难以考证的是，这是英雄所见略同，还是金鸿翔少年时期跟随舅舅到俄国学来的本事。

再次，是强烈的广告意识。民国前的中国服装无需广告——家庭“女红”反正是自己做自己穿，而那些“东织室”“西织室”做出来的衣服实际上是发给官员穿的。而在这个时期的上海，在这样繁荣的女子时装业中，“酒香不怕巷子深”的时代结束了。金鸿翔本人就说过：“要使鸿翔这块招牌响亮，除了货真价实外，还要靠做广告去宣传。”所以他傍上了当红影星胡蝶做“鸿翔”的模特，在胡蝶1935年11月婚礼之际，奉上绣满100只各式蝴蝶纹的礼服；而胡蝶身穿“鸿翔”的“百蝶裙”婚礼服，又留下了一个时代的经典。用今天的话说叫“强强联合”（图3-6-11、图3-6-12）。宋氏三姐妹也是“鸿翔”的客人，宋庆龄还喜欢还价，她指着宋美龄说：“我不像她那么有钱。”但得到大实惠的还是金鸿翔，他得到了宋庆龄“推陈出新，妙手天成，国货精华，经济干城”的亲笔题词，他还得到了蔡元培“国货津梁”的匾额，放在今天鸿翔也会成就“标王”了吧（图3-6-13）。

图3-6-11　胡蝶代言“鸿翔”晚礼服1

图3-6-12　胡蝶代言“鸿翔”晚礼服2

在改革开放之初，中国时装界与中国足球队同时立下了一个走向世界的誓愿。中国足球队在2002年进入了世界杯，中国时装界至今却还徘徊在巴黎之外。教科书上说一个优秀的设计师、一个优秀的品

图3-6-13 “鸿翔”女装的广告

牌需要具备的素质与条件是：勤奋、天分、品质、机遇、艺术与美、合理的性价比……谁要说我们中国时装界缺其中一样，那真是比窦娥还冤。但问题在于我们缺失了自己的历史传统。这种缺失不仅包括古典的农业文明，也包括近代上海等沿海地区所形成的“中西合璧”的工业文明与商业文明，比如像“鸿翔”这样已经在服装领域取得的成就与地位。

但接下来的问题是，当经济与文化产生冲突时怎么办？更直接的表述是，当“鸿翔”这个老牌子钱赚得不够的时候怎么办？能不能回避这个问题？首先，我们中国人不能回避这个问题——作为劳动密集型行业的服装业是很多中国人的饭碗，中国本身也是一个巨大的服装市场，而且随着人民生活水平的提高，这个市场还会越来越大。所以这个市场不能丢。而要做好这个市场，需要经济与文化和谐并存，一个搭台，一个唱戏。

六、徐志摩开服装店

徐志摩开书店是大家都知道的，而且这与他的文人身份有关；但徐志摩还开过服装店，知道这个事的人就比较少了。而且一般来说写诗是“高大上”的事（阳春白雪），做衣服却是一件十分接地气的事（下里巴人），这两件事差距太大，大得甚至有人质疑徐志摩开服装店的真实性。

且看《北洋画报》1927年8月27日的报道“上海新企业云裳公司之开幕之所见”，有文有图有真相。文说“上海新开之云裳公司，专制妇女时装衣服及装饰品……公司股东之兀者有胡适之，徐志摩夫妇等”；图有“云裳公司股东徐志摩君及其夫人陆小曼女士”（图3-6-14）。此文图已经可以明确云裳公司的股东有三人，即五四运动的旗手胡适、徐志摩与陆小曼。另据《上海画报》1927年7月15日“云裳碎锦录”报道，在“云裳”开业后3天曾经开了股东大会，出席会议的有董事长宋春舫，常务董事徐志摩与唐瑛，董事周瘦鹃、陈小蝶与谭雅声夫人。这么说其股东有了八人。

“云裳”的股东应该还有第九人，那就是徐志摩的前妻张幼仪。问题来了，张幼仪不是前妻么？但当时张幼仪是离婚不离家，她由徐家的媳妇变成了徐家的干女儿，继续掌管老徐家的产业。同时张幼仪十分能干，善于经商，同样作为“海归”的她亦做到了上海银行业的高层。

老板们已经一一亮相，再来让“云裳”的员工们闪亮登场吧。

设计师：江小鹣。1927年9月6日《上海画报》介绍其为：“任事之艺术家……曰江小鹣张景秋二先生是。江为名儒建霞先生之公子，家学渊源，初负笈日本，有声于留学界。”《北洋画报》的介绍为：“其艺术部主任为江小鹣，留东外史中之有名人物也。江君又曾留学巴黎及维也纳。”综合这两份简介，我们可以知道以下信息：设计师江小鹣是留日与留欧的“海归”，在留学生中声名显赫。回国后从事雕塑创作与建筑设计工作（苏州甪直千年古刹保圣寺中中西合璧的罗汉堂便是他的大作），并以艺术部主任的身份主持着“云裳”的设

图3-6-14 “云裳”股东徐志摩及其夫人陆小曼

图3-6-15 作为“云裳”模特的陆小曼

计工作。这在当时的服装圈很是普遍，因为当时十分罕见服装设计师这一行，所以服装设计师的工作往往是请美术家来兼职的。

模特：陆小曼与唐瑛。作为夫人，而且又有容貌，陆小曼充当“云裳”的模特责无旁贷。她毕业于被称为“法国学堂”的北京圣心学堂，文学、戏剧与美术都有所成就。曾在一次画展后留下了“陆小曼的画不是最好，但最有名”的评价。在“云裳”，徐志摩与陆小曼的关系可以美好地比拟于世界时装泰斗查理·沃斯与玛丽·沃斯，既是夫妻关系，也是老板与模特的关系。所以在1927年他们的“云裳”店开业时，陆小曼当仁不让作为主角登场（图3-6-15），同时还叫上了她的好友唐瑛助阵，唐瑛在民国时期上海的“十里洋场”上号称“交际南斗星”。当时的所谓“南唐北陆”，“北陆”是陆小曼，“南唐”即是唐瑛。所以“云裳”的两名模特是南北双星闪耀。唐瑛毕业于上海“中西女中”，她的名校文凭与美貌一样都是交际名媛的硬件，且周瘦鹃在《香云新语》文中称其“为上海交际社会中之魅首……其一衣一饰，胥足为上海闺秀之楷模”。当时上海滩上的重要时尚活动都少不了唐瑛，或者说少了她活动的成色就降低了。所以陆小曼与唐瑛同时现身“云裳”开业典礼，是徐志摩的面子与荣耀。

媒体报道：周瘦鹃。他是现代文学大家，《礼拜六》与《紫罗兰》杂志主编兼主笔，鲁迅誉其为“昏夜之星光，鸡群之鸣鹤”的通俗文学与通俗出版业泰斗。当时社会上有“宁可不讨小老婆，不可不看礼拜六”之说，所以周瘦鹃被归置于“礼拜六派”或称“鸳鸯蝴蝶派”的代表作家。周瘦鹃为“云裳”开业写了两篇通讯报道，分别是1927年8月10日发表于《申报》的“云想衣裳记”与发表于1927年8月15日的《上海画报》“云裳碎锦录”。一个开业通讯，便是由此大家撰写。

匾额书写：吴湖帆。吴氏与周瘦鹃是苏州老乡，都是民国时期在沪上立足、发达，只是一人作画，一人作文。所以周瘦鹃办的是杂志社，吴湖帆办的是书画事务所，他被认定为20世纪中国画坛重要的山水画家、书法家与文物鉴定家。他来书写“云裳”招牌，完全不让那些股东们的显赫身份。当时报道说“云裳”二字字作篆体，金地银字，既古雅又引人注目云。

连“云裳”的顾客都是那么强悍。据《云裳碎锦录》的记录有：“张啸林夫人、杜月笙夫人、范回春夫人、王茂亭夫人，皆上海名妇人也。”且她们“参观一切新装束，颇加称许”，末了“各订购一衣离去”。不要以为她们点赞是出于社交礼貌，她们是真心喜欢这里的新装束，因为“他日苟有人见诸夫人新装灿灿，现身于交际场中者，须知为云裳出品也”。

显然，如此强大的股东、员工与顾客阵容，当然可以被称之为“史上最牛服装店”。其地位亦得到新闻界首肯，民国报人曹聚仁在他的《云裳时装公司》一文中写道：“当年静安寺路、同孚路一带，都有第一流时装公司，其中以云裳、鸿翔为最著。”“云裳”的影响力还折射到了其他领域，来自上海影戏公司的电影导演登门拜访，想合作拍摄时装电影。另当时汽车尚不普及，而车展更是稀罕，但是“云裳”已有模特充当车展的车模

图3-6-16　“云裳”的车模

（图3-6-16），真是诗人般的超前前卫。

至此徐志摩开服装店的故事已经坐实，那么质疑是如何生成的？主要是来自于后人的一些回忆录。这些回忆录一般是半个世纪后所作，在具有极高的史料价值的同时不免也有瑕疵。即使是曹聚仁这样的名记者，在20世纪60年代回忆“云裳”时，也用了“云裳初创，那是民国十六七年的事”这样的模糊词语——到底是开业于1927年还是1928年？语焉不详。但这种语焉不详正是一种科学的态度与作为报人的素质，有依据就说，没有依据就不说，事实不清的就含糊地说。所以在新闻报道与回忆录之间产生争议的时候，我们好像更愿意相信媒体。那么当事人自己怎么说？徐志摩当年给友人的信中写道：我最近开了两个店，一个是书店（指“新月”），一个是服装店（指“云裳”）。当然即使是本人的书信，若要作为依据的话，仍然需要与其他史料结合起来形成一个证据链才可以被采信。好在1927年间的《上海画报》、《北洋画报》与《申报》等媒体刊登的徐志摩开店的故事提供了相对可信的版本。

好不容易把徐志摩开服装店的事梳理清楚，但这家唤作“云裳”的店到底是念“云裳”（yún cháng）还是念“云裳”（yún shang）？古代的“上衣下裳”的“裳”得念cháng（第二声），这里的“裳”是“裙”的意思。现代的“衣裳”的“裳”得念shang（轻声），是衣服的泛称。徐志摩与李白是同行，所以“云裳”店名出自“云想衣裳花想容”的诗句的可能性很大，若是如此便是“云裳”（yún cháng）；但若是仅仅想表达一个现代汉语关于衣服的泛指，那显然就是“云裳”（yún shang）。当初是怎么想的确实很难考证，想法是一种人的主观意识，我们后人也只能凭我们的主观意识去推测，难以建立客观的逻辑链条。

七、与假冒伪劣打官司

假冒伪劣的商品好像哪朝哪代都有。既然“天下熙熙，皆为利来；天下攘攘，皆为利往”，于是总有人觉得做假冒伪劣比做真家伙更容易获利—那是当然，因为假冒伪劣的成本显然更低。民国时期有人假冒当时名牌衬衫“新光”出售伪“新光”。于是“新光”衬衫厂立即报警，当时的法院对此进行了调查与判决。所有发生这一切过程的文本材料至今仍然十分完整地保存在上海市档案馆。

我们根据相关档案复原当时这个事件的全过程——

首先，是一份举报材料："傅先生（指新光衬衫的老板兼上海衬衫业同业公会会长傅良骏）大鉴：贵厂出品内衣，畅销全国，誉驰中外。唯近有冒牌次货发现，普通领冒订科学领、劣质杂牌内衣改订新光商标，鱼目混珠，揽销一般。急需运往内地客户，故沪市颇难发现。长此以往，对于贵厂信誉殊为不利。经侦查结果，得悉其来源为贵厂高级职工所为。此后请将各式商标装潢品，妥为保管，勿使散漫各处。以免为患，特此敬告。并请台安。恕不具名"。此材料举报了三个内容：第一，发现了使用"新光"商标的劣质衬衣，主要是在上海以外的其他地区；第二，查得此事为"新光"之"内鬼"所为，且来自企业高层；第三，建议采取防范措施。

接到举报后，"新光"厂不敢怠慢，赶紧调查取证并立即报警。此也有相关档案为证："幸赖各界人士奖勉与爱护，业务日渐扩展，薄负声誉，兹闻湖南一带，有人仿冒本厂商标及商号，制成劣质内衣，欺骗顾客，蒙混行销渔利。本公司物质上与信誉上所受损失巨大，查假冒商标商号应负刑事罪责，务祈当地司法机关军警新闻以及社会当局赐予协助……"从这份档案中，"新光"厂首先简要介绍了企业的厂址、规模、品种、品牌与销售地区等重要信息，让大家知道自己是一家响当当的正规大厂。接着笔锋一转，说明了在湖南等地发生了仿冒该厂"司麦脱"商标的劣质衬衫的情况。这与举报信的内容相符，也是该案的核心内容。末了提请司法机关处理。

最终法院审理判决结果如下："民国二十六年六月九日到江苏上海第二特区地方法院刑事判决正本——本院判决主文：被告张××意图欺骗他人而仿造已登记之商标，处罚金一百五十元，如易服劳役，以三元折算一日。仿造之商标一张没收。"法院判决被告败诉，并给予了相应的处罚。一百五十元对于平民百姓不是小钱，但对于商人来说也不是大钱，根据1937年6月《申报》所载折算标准约合黄金二两，所以总觉得处罚力度不够。若是不付钱改劳役也不过五十天，说明犯罪成本太低。

那么"新光"究竟是一家怎样的企业？上海市档案馆也有相关文本可以说明。其中该厂经济部的厂务报告表数据十分详实：

该厂员工总数接近1 200人，其中管理人员为214人，技术人员为21人；工人总数为903人，其中男工为399人，女工为315人，童工与学徒为189人。若是按照操作熟练程度来分，其中"技工"人数为816人，"粗工"人数为87人。至1948年，员工人数达到了1 900余人，其中职员300余人，工人1 600余人。而同时期上海其他衬衫企业的员工一般只有几十人到上百人，更显得"新光"一家独大（图3-6-17）。

该厂年产包括衬衣在内的各种内衣10.26万打。年产府绸12.95万疋（府绸是当时制作衬衫的主要面料）；漂染布疋25.8万疋（"新光"具有独立完成从织、染到缝纫一条龙生产的能力）。至1948年达到每月出品内衣2万余打。这些产品畅销国内外，其主打品牌"司麦脱"衬衫更是声名显赫，不仅在国内深受欢迎，还出口到新加坡与缅甸等地。1948年第13期《中国生活》对此有十分生动的报道："目前无论在国内任何城市，只要你到百货商店的玻璃窗前稍一逗留，便会发现那琳琅满目的货架上，一定总摆着几件'司麦脱'衬衣。"（图3-6-18）而且"如你走进门想选购几件衬衣的话，殷勤的店伙计首先便拿出'司麦脱'的给你看"。

该厂现代化机械充足，拥有织布机463台，织造准备机器82台，丝光车2台，染色机28台，烘燥机3台；他整理机器13台，各式缝纫机359台。这些数据表明该厂已普遍采用机器织造与缝制生产。近代国人认为清末引进的缝纫机的优点是"细针密缕，顷刻告成，可抵女红十人"；缺点是"只可缝边，不能别用"。这里的"别用"显然是指中国传统的手工技艺，比如镶滚、盘扣、刺绣等。而衬衫结构简单，工艺简单，直缝多，批量大，对于缝纫机来说十分有用武之地。

衬衫业是现代成衣业在中国的最初实践。相对于西装业、时装业的定制生产，衬衫业的生产方式是全新的和革命性的。这种方式纯粹是、直接是工业革命的产物，即使在西方也是19世纪中叶才发生的事。具体又有两个指征：一是用机器来做（刚巧有人发明了缝纫机）；二是根据预先设计的规格来做（刚巧有人提出了号型概念）。它的基本特征就是批量化生产——此前做衣服是一件一件地做，工业化后改成一批一批地做。这样就大大提高了服装的生产效率，是服装生产"商品化"的前提（我们今天所说的与所穿的"成衣"就是这种生产方式的产物）。民国时期的民族衬衫业率先采取了如此先进的生产方式来生产，其意义已经超越了服装本

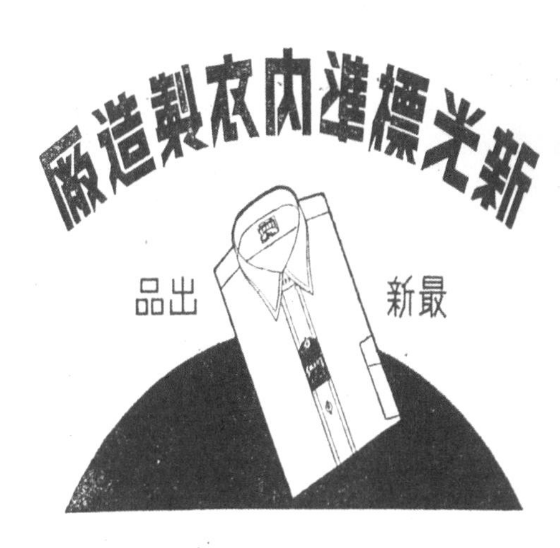

图3-6-17　新光衬衣广告之一

图3-6-18　新光衬衣广告之二

身，对于整个近现代工业的生产方式、管理方式与营销方式都提供了可供借鉴的范例。

“新光”衬衫厂及其“司麦脱”品牌至今还在生产与销售中，连地址都没换。在上海市档案馆藏1949年《关于上海市私营衬衫工业概况》中，“新光”厂登记的地址为唐山路216号，而今日厂址是在唐山路215号。如何差了一号，有待于另外一个领域的专家去研究。只是还有一件事有些让人揪心。2004年辽宁省质量技术监督局发布告示，题为《真假“司麦脱”衬衫识别》，说明了“新光”衬衫厂及其“司麦脱”品牌与“李鬼”的斗争至今仍在进行中。

八、都市新女红

“‘冯小姐，蝴蝶花是这样结的吗？’冯女士，请你把大衣的开领法教给我‘密司冯，珠串花怎样织的？’几位求知欲很强的姑娘，手中拿着结绒线的棒针或钩针和各色的绒线，纠缠着冯女士。冯女士很耐心很和气地把绒线编织法详详细细地教给她们。”（图3-6-19）

这就是当时学习绒线编结的热闹场面，冯小姐冯女士就是大名鼎鼎的冯秋萍。这是1936年12月14日《时事新报》的一篇报道，题目叫作“冯秋萍女士谈毛绒编织法”。

绒线与其他纺织品相比，最大的优点之一，就是可以拆了结，结了拆，拆了再结，反复使用。由于此时绒线编织刚刚在中国兴起不久，大多数家庭主妇还不会。而此时上海有几位心灵手巧的编结高手，她们也就自然而然成为一代宗师。冯秋萍，上海一所小学的美术教员。“从西国女士长习编结，积十余年”，颇有心得。1936年，应聘上海“义生泰”绒线行担任编织人员，同年在上海方浜路恒安坊22号创设“良友编织社”，后更名为“良友绒线服饰公司”（1956年冯秋萍被上海工艺美术研究室聘为工艺师，主持绒线服装设计工作，在“全国手工艺品展览会”上以58种新样式而获得很高赞誉。）。冯氏的编织服装涉及的品种十分广泛，有马甲、旗袍、风雪大衣、围巾、童鞋和童帽等，甚至还有男式西装和沙发靠垫。

早在20世纪30年代初，冯秀萍即在行业内外声誉渐隆，并常被邀请至绒线行与广播电台讲解和传授绒线

图3-6-19 研习新女红

图3-6-20 《秋萍绒线刺绣编结法》

图3-6-21 《培英毛线编结法》

编织技术。据记载，冯秀萍当时“每天下午2:00到5:00，在义生泰教授绒线编织法外，又于每日上午十二时半至一点三刻，在元昌广播电台播音”（上海解放后的第三天，她就应邀在上海人民广播电台继续讲授编结艺术）。1936年12月，出版了《秋萍毛织刺绣编织法》，将她设计的花型与款式、使用工具、材料、方法和步骤公布于众，从此一发而不可收。1948年又出版了《秋萍绒线编结法》，她在民国时期设计的不少经典之作都发表在这本书上（图3-6-20）。这时她的《秋萍绒线刺绣编结法》已经出到了第十九册，呢绒业同业公会会长、“恒源祥”的老板沈莱舟为其作序，用尽“执我绒线业编结界之牛耳”“编结界不可多得之奇才”之类溢美之词。冯秋萍的编结技术十分全面，棒针、钩针、刺绣无所不能。同时，她的文笔也不错，饶有兴趣地将这些技术和盘托出。如将绒线刺绣的方法总结为飞形刺绣法、回针刺绣法、纽粒刺绣法等12种方法，如将绒线编织的针法总结为底针、短针、长针、交叉针、萝卜丝针等几十种针法。

黄培英，中国近代职业教育家黄炎培的堂妹。著有《培英丝毛线编结法初集》（1935年版）、《培英毛线编结法》（1946年版）等教科书（图3-6-21）。书中的具体内容与其他类似教材无异，都是讲的针法、针数、工具、材料，或者更细，分为“前身结法”“后身结法”“袖管结法”之类。有意思的是，她书里的每一款服装的题名都不是用的编结法的名称，而是用的模特的姓名。而她的模特不是名伶就是歌星，这样也许就吸引了不少追星族吧。比如某女装的题名就是“歌星皇后韩菁清小姐”，接着照例是“用具：培英九号棒针二枚，缝针一枚。用料：双猫牌羊毛绒玫瑰色七绞，紫酱色一绞，黄色一绞。针数：每花八针。编结法：起头144针，同第44图的花式结去，直三吋高……”于是相应的，男装就是“王介民先生”、童装就是“郑思蕙小妹妹”了。

研习女红一直是中国女性的兴趣所在。民国时期的上海，年轻女性也依然在飞针走线，但针已经不是传统的绣花针与缝衣针，线也不是传统的丝线与纱线。她们拿来了西洋的棒针与绒线在继续飞针走线，这种女红风靡一时，所以当年恒源祥的老板沈莱舟曾重金聘请编织大师到“恒源祥”坐堂，你买他的绒线，她来教你怎么织，就像药店里的坐堂医生一样，只不过一个是解除病痛，一个是播撒美好。

本编参考文献

[1] 沈从文 . 中国古代服饰研究 [M]. 香港：商务印书馆香港分馆，1981.

[2] 周锡保 . 中国古代服装史 [M]. 上海：中国戏剧出版社，1984.

[3] 周汛、高春明 . 中国历代服饰 [M]. 上海：学林出版社，1984.

[4] 黄能馥 . 中国服饰史 [M]. 上海：上海人民出版社，2004.

[5] 黄能馥、乔巧玲 . 衣冠天下：中国服装图史 [M]. 北京：中华书局，2009.

[6] 张竞琼 . 从一元到二元：中国近代服装的传承经脉 [M]. 北京：中国纺织出版社，2009.

[7] 张竞琼、曹喆 . 看得见的中国服装史 [M]. 北京：中华书局，2012.

[8] 江冰 . 中国服饰文化 [M]. 广州：广东人民出版社，2009.

[9] 吴欣 . 中国消失的服饰 [M]. 济南：山东画报出版社，2010.

[10] 沈周 . 古代服饰 [M]. 合肥：黄山书社，2012.

[11] 赵超 . 衣冠五千年：中国服饰文化 [M]. 济南：济南出版社，2004.

[12] 徐累 . 霓裳羽衣 [M]. 北京：中国人民大学出版社，2009.

[13] 华梅、王春晓 . 服饰与伦理 [M]. 北京：中国时代经济出版社，2010.

[14] 华梅、李劲松 . 服饰与阶层 [M]. 北京：中国时代经济出版社，2010.

[15] 臧长风 . 服饰的故事 [M]. 济南：山东画报出版社，2006.

[16] 胡平 . 遮蔽的美丽：中国女红文化 [M]. 南京：南京大学出版社，2006.

[17] 汤献斌 . 立体与平面：中西服饰文化比较 [M]. 北京：中国纺织出版社，2002.

[18] 王维堤 . 中国服饰文化 [M]. 上海：上海古籍出版社，2009.

[19] 郑婕 . 图说中国传统服饰 [M]. 北京：世界图书出版公司，2008.

本编编著 张竞琼 曹康乐

第四编　中国历代服饰赏析

第一章 自然相时期

自然相时期，指人类的早期，其上限直到今天依然无法确定，只能勉强设定它的下限，即新石器时期晚期，母系氏族社会逐渐走向兴旺之际。自然，一是取自自然物，解决遇到的问题；二是进一步加工这些自然提供的材料，以最有效的方式完成它的形状；三是当对材料有进一步认识和把握之后，比照自然的形态，去再造它们，当然首先是发现它们之间的功能相似点。

自然相，就是这个时期，人类设计制造，包括自身设计所显示的本质特征。

没有谈到这个时期的上限，因为时间太过漫长，按科学考古发现，有说在300万年前，有说在200万年前，而在中国这片大地上是在170万年前。

一、楚辞里的“山鬼”

最早的服饰是什么样子，如何设计，为什么是这个样子，早在2300多年前的屈原，就有了深入的探索，其探索的内驱力来自他对生命意义的理性追寻。

楚辞，历来和屈原联系在一起。屈原被公认为中国第一位浪漫主义伟大诗人，为人熟知的莫过于他的《离骚》。孔子说“诗言志”，《离骚》便是屈原的“言志篇”。屈原自我介绍是“帝高阳之苗裔兮”，说自己是黄帝之子颛顼的后代子孙。苗者，草之茎叶，根所生也；裔者，衣裙之末，衣之余也。最早的人类的最早分类与归纳，就是以“衣”作为基础。

他感激天赋美质于内，又看重后天品德和学术的修养；他肩披香草江离与白芷，腰间佩戴编结成索的秋兰，借香草以喻美质，以服饰和体态的修饰张扬志向。他感叹“进不入以离兮”，不被朝廷信任而决定隐退，退而要做的却是“修吾初服”，以整治当初的服饰，表达身退而不改夙志。这时他的服饰形象是：

制芰荷以为衣兮，集芙蓉以为裳。
高余冠之岌岌兮，常余佩之陆离。

用荷叶、荷花作自己的上衣下裳，帽子高高，佩带长长，洁身自好，超然不群，还一再强调“余独好修以为常”。屈原的独好修洁，既指内在美质，又指外在美态，他认为美质必然表现为美态，内心美好的人，必然也看重外在的修饰，使之形质相称，而且外在的修洁，可以促进内在美质的培养。诗人晚年被流放时写下的《涉江》（九章）中，仍是以自身的服饰形象描绘以申其志：

余幼好此奇服兮，年既老而不衰。
带长铗之陆离兮，冠切云之崔嵬。
被明月兮佩宝璐。

屈原通过他的楚辞，让我们听到他内心的声音，看到了他沿江流行吟之中的服饰形象。诗言志，服饰亦言志。

屈原所着“奇服”，是在战国时期成熟服饰基础上的创新。有这个时期工艺精进、新材料发明、文明交流的因素，才有崔嵬切云的高冠、长长的佩剑和悬挂的美玉明珠。但是，他取自然之物，表达天然情志的“扈江离与辟芷兮，纫秋兰以为佩”“制芰荷以为衣兮，集芙蓉以为裳”，固然有上述美质、美态的寓意，也有意无意地重演了“人”作为内属从自然中独立出来时最初最自然的形态——下意识地将树叶藤蔓披挂在身上，装饰自己。这层潜意识，屈原在他的另一篇楚辞，即在对“山鬼”的咏叹之中自然而然地流露出来。

题名《山鬼》的著名中国画有许多版本（图4-1-1、图4-1-2），其灵感皆来自屈原的《九歌·山鬼》中的神话传说形象，屈原的美文提供了最大的想象空间。

“山鬼”在屈原的笔下这样出场：

若有人兮山之阿，被薜荔兮带女罗。
既含睇兮又宜笑，子慕予兮善窈窕。
乘赤豹兮从文狸，辛夷车兮结桂旗。
被石兰兮带杜衡，折芳馨兮遗所思。

他心目中的“山鬼”竟是一位笑容美妙、体态亦美妙的女子，披挂着香草藤蔓，凸现于青山绿树之中。屈原人化了这个山鬼，而人化的外在标志则是服饰，哪怕这服饰仅仅只是树藤蔓草。如今不少服饰史著作，都引用了《山鬼》中的这段诗句，并选用附图，将其作为人类服饰最初的形象依据和服饰发生的必然图景。因为人类自身的设计，就是以取自自然馈赠的最方便的方式开始的。

人最初用来装饰自身的，是藤蔓树叶，是野草山花。植物装扮起来的人，有着不同寻常的视觉效果和收获的喜悦。自然，这些植物容易枯萎，披挂在身上的时间不会太久，所以有些人认为不可信，花草如何能作为衣服？这是以今天的服饰质量标准来要求的。正因为植物易于枯萎，才说明当时的采摘披挂是精神需要，

图4-1-1　徐悲鸿笔下的《山鬼》

图4-1-2　顾炳鑫笔下的《山鬼》

正因为易于枯萎，人们才以兽皮来缝制最初的“服装”。

狩猎远比采集要困难得多，勇气、技能、机遇、相应的工具与武器是必备的条件，所以，最初无论是遭遇战还是埋伏设计的狩猎，能够猎获野兽，尤其是比人的力量大得多的动物，如大型食肉动物，就更加不容易了。服装之所以成形，是因为有一定面积的面料，而当时的面料只有兽皮。于是，面料的概念最初也来自兽皮。兽皮激发了人造大面积面料的灵感，其面积的大小所提供的披挂兽皮的形式，也极有可能是交领样式出现的原型。

二、山顶洞人的骨针和串饰

1930年，在北京人遗址——北京周口店龙骨山顶部的洞穴中，发现了迄今1.8万年左右，（当时所知最早）与世隔绝的墓葬。山顶洞人的遗物中，有两件文化信物最为著名：一件是串饰（图4-1-3），另一件是骨针。这是最早发现的，但不是最早和唯一的，继此之后，还有更早的骨针和串饰出土，而且串饰的材料因地而异。到今天已经可以证明，这段时期出土的遗址，大多有骨针和串饰，这也是历史发展的必然现象。

而这两件文化信物都是为服饰而创造的。

饰物的材料，在任何时代既是物质基础，又是精神象征。而且象征意义更多取决于材料，甚至审美形态设计也受制于材料。就人类制作的“物”而言，最早的饰物是穿孔兽牙、蚌壳、鸵鸟蛋壳等，进一步是切割的兽骨管、石珠等。串饰的成分非常丰富，不过除了石材这种传统材料，大多来自当时的“食材厨余”：有穿孔的海蚶壳、青鱼眼骨、刻道的野兽骨管、穿孔的兽牙等。青绿色的石珠、内壁幻出七彩的贝壳、曾经光润如瓷的兽骨们在出土时，散落在女主人的头骨边，已经不成串，但有些仍成半圆整齐地排列，穿孔处染上了赤铁矿粉的红色，有着长期佩戴留下的磨损痕迹。

为什么刻意染上红色？红色是自觉意识选择的生命的象征，中国人坚守的红色是全人类最初都直接感知并广泛使用的。最早使用的赤铁矿粉（即赭石）无需提炼，即取即用，而至迟到仰韶文化时期，人们已经使用更加鲜亮的朱砂，朱砂因纯粹、浓艳风行了几千年，直到汉代。西汉初年的马王堆汉墓，就出土了成匹的朱砂染就的丝织品。

而在山顶洞人时期，石珠制作需要凿、磨和钻孔，所使用的最硬的工具便是石器，海蚶壳产地即使是最近的渤海离周口店也有200公里，能取到赤铁矿粉最近的地方是100公里外的河北宣化。

山顶洞人的这枚骨针长约8厘米，刮磨得非常精细，只有3.1毫米粗的端头，开了一个1毫米宽的狭长的“针鼻”。残缺的针孔和光滑微弯的针身，留下使用时用力的痕迹，大小如同我们在许多年前还在用以缝棉被的绗花针。

自然，这时还没有棉被可缝，而最有可能缝制的是兽皮。山顶洞的堆积层中动物化石就达48种，毛皮及骨角原材料充足。相比相邻50多万年前的北京猿人遗址，石器有砍砸器、刮削器、雕刻器、尖状器、石锤和石锥等，多达10多万件。而山顶洞人遗址中的石器很少，仅发现20多件，因为此时有了比用石器短距离投掷和正面搏杀更有效捕获野兽的手段。

北京猿人当年最精细的石器——石锥，与山顶洞人的骨针相比，是工艺和功能的差距，也是创制者生活方式的差距。骨锥仅是要在坚硬的东西上锥个洞，而骨针则不仅要穿透兽皮，还要引线将它们连缀起来。凭借骨针提供的信息量，我们可以想象骨针被运用起来后的必然结果，可以推测是怎样巨大的心理动机，促使山顶洞人一点一点磨凿成了这根堪称精致的骨针。至迟在这时，已经有了成形的兽皮服（图4-1-4）。

我们在辽宁小孤山遗址发现了比山顶洞人遗址中更早的骨针，一共三枚。在这一文化期内，离今天时间越近的遗址，出土的骨针越多，而且越细。

要谈中国的服饰史，骨针的出现是正剧的开始。正因为有了骨针，才有了我们今天称之为“衣服”的成形服饰。连缀成衣的是“线”，骨针只是引导工具，“穿针”只为“引线”。发展到能穿过山顶洞人这枚1毫米宽针鼻的线，堪称精细。这种线只能来自麻，由麻类植物茎皮纤维分剥而来。麻纤维已经很长，但再长不过两米，

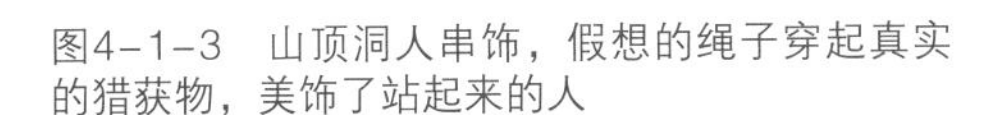
图4-1-3　山顶洞人串饰，假想的绳子穿起真实的猎获物，美饰了站起来的人

图4-1-4　骨针将兽皮缝制成了一件衣服，反穿舒适柔软，正穿威武荣耀

麻纤维坚韧，但弹性不够。人们在藤蔓植物扭绞缠绕的自然启示下，通过接续、加捻，获得弹性拉力，麻线随心而长。藤筐竹篮的编织，发力投石的绳索，围捕佃猎编结的网罟设计，一切创意最终成就了细密的麻布，如从“绳”到“线”，经历了漫长的岁月，由“线”到经纬交织能成衣的“布”，还要到数千年之后。

随着对“线”的技术的精进，对“布”的品质要求更高。随后，口会吐丝的“蚕”进入了人的认知与审美想象视野。蚕吐丝结茧，茧内化为蚕蛹，煮茧取蛹得到蚕丝。蚕丝极长，长达数百米，蚕丝极细，4根蚕丝大约为1根头发粗细，更多股蚕丝合捻，才有了最初的丝线。

先民们为保护而遮蔽也好，借保护以装饰也好，借遮蔽以炫耀也好，都是为了情感的需要和思想的交流设计服饰，首先便开始于头发编结，套得上插满草叶、兽牙、翎羽环箍的头部；好悬挂显示给人看的颈项；能系绳作为更多佩饰物依据的腰部，成为了服饰的“首要部位”。日后，大面积服装就是从腰间腹下悬垂的一长条面料逐渐演化扩展开来的。而这块最初的腰布，则被保留下来，成为帝王冕服的标志之一——“蔽膝”。

人由自然而然的“生存”，到寻找天与地之间的对应点，开始人类的“生活”，其重要的标志就是为自身的设计。但是从服饰发展来看，这些便于在丛林山路上奔跑的机能性极强的服装，可以作为最早成形的兽皮服饰和编织物服饰的依据。人对自身的设计，从衣饰之物取自自然，且式样是自然而然生成的，如“上衣下裳”雏形的交领短衣，更长些的“上下一贯”的袍服等。人们开始寻找生活在天地之间的确定性了。

第二章 天相时期

天相时期，距今7000年左右，中国及世界上其他地区大部分范围出现了一段气温上升时期，是宜于原始人类耕作种植的时期。农业种植更多依赖对天象的观察，生产活动及生活失利往往是由于气候、地质环境的突变，或难以预测和克服的灾害造成的。比如距今约7000年的河姆渡持续了2000多年的繁荣，就消失在海洋潮汐的入侵之中，海拔不过1米多的居住地一朝变为泽国，这样的问题，是当时人根本想不到的。周边地区2000多年之后，再度兴起的良渚文化，更是人们历经千年磨难之后，勤于对天象的观察，在敬畏之下进行了解与探索而形成的。

地面上的人，将鸟儿看做自己无法企及的天空的使者。水中有游鱼，鱼水自如，鱼的繁衍，让原始先民欲与之合体，鱼水关系是人祈望的与自然之间的关系。鸟与鱼，成为先人通天达地的信使。此时的文化代表是彩陶，彩绘的具象图形，多为鱼和鸟，并且这些鱼和鸟，随着人的概括能力的提高成为符号系统。大多今天称作几何纹的纹样，也无一不与对于天象观察相联系，不与相应的活动相关联。对自然变化的把握，力求自身在天地之间位置的确定，这些都必然在各种设计物，彩陶的设计如此，人对自身的设计也是如此。

农耕定居模式建立，便有了可预期的收获，可以有计划地储存、饲养和发展，氏族人口也稳步发展。农业的需要促进了手工业的发展，从向自然模仿而进步的先民，有了更多的自己主动的活动。器具形态虽然多自然形态仿生，但其结构因直接针对实用功能，视觉效果显现的就是工艺成形过程，所以更接近本质，具有简洁的特征。

一、半坡人面鱼纹

图4－2－1　半坡人面鱼纹盆

人面鱼纹是以鱼纹为代表的半坡彩陶非常特别和珍贵的纹样。在距今7000多年前的彩陶上，我们已经能够看到原始先民描绘的自身形象，当然都是当时最有代表性、最时髦的服饰形象（图4-2-1）。

彩陶是新石器时代中晚期的文化标志，所谓“彩”，简单地说，即是上面绘有彩色的纹样；复杂地说，纹样是集体意识的载体，是观念情感的物化形式。定居的生活方式丰富了这种观念情感的需要，技术和工艺手段的进步都来自强大的内需驱动。相似的纹样可以延续五六百年。除了器具，还通过服饰显示于众。

鱼纹是仰韶文化半坡类型的代表性纹样，各种各样，变化多端。鱼与原始人的生存和生活有关，绘有鱼纹与当时生产资料的生产和人类自身的生产——生殖崇拜、生命意义有关，绘有鱼纹的彩陶与相关的祭祀有关，人面鱼纹无疑是当时祭师形象与祭祀场面的绘形，尽管这种绘形形意参半，精美的人面鱼纹盆也无疑是祭祀发展到高级阶段的祭器。

祭祀是当时最社会化的活动，祭祀的时刻是社会生活最重要的时刻，交流的对象非常重要，而且还见不

图4-2-2　半山型人形彩陶上祭师的辫子造型

图4-2-3　甘肃秦安大地湾出土的彩陶上的齐眉刘海女子形象，美的标准建立在适应生活的基础之上

到，只在冥想之中。虽然人面纹有着臆想的成分，但我们还是可以看到当时处在庄严场合下的重要人物头部修饰装束的概貌——面部涂饰，强调大的色块，远距离也能让人看清他代表的特定社会角色特征。我们注意到头部装饰是祭祀的对象“鱼”，出现在嘴角、额角、头上，一切能够固定的地方，并且头上有高冠，尖顶向上，冠上有帽翅，左右伸展向上弯翘。如此庄重的装饰和郑重的表达，说明这是一次祭祀，祭祀中人的一方向冥冥中能够赐福的另一方遥示敬意。

二、人形彩陶器盖

甘肃出土的半山型人形彩陶器盖，描绘的也是一位祭师的形象。他头顶左右结成发髻，披散的头发已经梳理编成辫子，一条条发辫像蛇一样突出地弯曲在脑后，这也是三股辫最早的由来（图4-2-2）。他（他们）之所以如此妆扮，据专家分析，与蛇的图腾崇拜有关，也是“龙的传人”的一支。

彩陶上的男子盛装而庄严，与此形成对比，我们看到女子的形象要温婉得多。1973年甘肃秦安大地湾出土人形彩陶罐的女子形象（图4-2-3），披肩短发，齐眉刘海，显然经过精心修剪、梳理、打点，又让它自然松散着，保持自然的形态。

束发更多的是为了行动上的方便，是参与社会活动的状态。头部的加饰束发和戴冠，最初通过庄严感和空间气势的营造来体现身份地位，后逐渐演变，作为礼仪象征固定下来。作为礼仪的象征，“冠”在很长一段历史时期，成为个人尊严被维护。“正衣冠”在服饰礼仪化后，几乎是古代君子操守的同义语。头发的装饰，头发的打理，从最初即是为最庄重的目标而设计，以庄重的形式出现的。

三、青海的舞蹈纹盆

口径29厘米的舞蹈纹盆（图4-2-4），与仰韶文化的人面鱼纹盆同样有名，出土于青海上孙家寨，而归属于得名甘肃临洮的马家窑文化，它是彩陶中的奇迹。甘肃临洮与青海上孙家寨两地周边彩陶的大量出土，证明当时的马家窑文化盛极一时。

我们看见盆的内侧绘有五个手牵着手的人，像在欢快地舞蹈。外侧两人没有被牵着的手，画成分叉——因为注重动态，才会刻意描绘，力图强调在甩动，这是我们看到的整体着装人物。

图4-2-4 马家窑文化舞蹈纹盆

中国服饰史将它当做最早整体装束的信实资料，窄袖紧身襦衣，衣长及膝，头上裹巾。由于舞动，头侧巾角斜逸，身侧衣襟飘飞，而且在视觉传达上得以强调。中国古代服饰，特别讲究动态美感，许多设计都考虑到动态效果，一些饰件还是专为增加动感而设计的。

对服饰的刻意设计，因为穿着目的的重要。由前面的半坡彩陶上的人面纹，及涉及头部装饰严整的纹样，都与祭祀相关，其形象大半为巫师——祭祀的主持者。祭祀有一定的目的，具备相应的内容，当人们在巫师的指挥下，将心愿一一陈述，这一过程充满虔诚感激和热望，为强化这一点，有服饰和手持道具的舞蹈逐渐规范化。

巫、舞、武，在中国是同源的。古代中国初期的服饰，是在巫、舞、武的相互渗透之中丰富起来的，在具体社会生活中的大多数时间，三者很难区分。

当服饰形成基本的社会制度之后，互相混淆的情况才有所改变。代表社会权威的巫，逐渐为王权，最后被皇权所取代。留在民间局部范围的巫，在服饰上依然保留最初的样式，变化不大。而武，对服饰的要求最基本的功能，就是护卫血肉之躯的生命，在这个基础上要求便于人体自由活动、四肢的舒展。军装对机能性和功能性的双重要求，为日常服饰的适用性作出了表率，对服饰适应人体提出了更高的要求。

而对人设计自身的美的追求，贡献最大的是“舞”。舞，这一艺术形式获得最大限度的自由，任何时候的舞，都给服饰的艺术化以极大的刺激和丰富。舞，是心情的释放，是躯体活力的释放，也丰富了服饰的色与形。服饰，在某种意义上是在以舞蹈为基础的人体艺术上发展起来的。而舞蹈纹盆所体现的正是古代中国早期的舞服。

原始社会的舞蹈，不是唯美唯艺术的舞蹈，而是皆有主题的，主持者往往就是领舞者或领唱者，是这活剧的中心人物，人物主次的区别在于服饰，地位越重要，服饰越显眼。随着一般服饰的发展，重要人物的服饰在区别的前提下也就越繁复。

四、良渚玉器羽冠神人

南下长江，北纬30度左右的东海之滨，继河姆渡文化之后，良渚文化崛起，其文化标志就是玉器，玉器同时是所有良渚文化墓葬的特色。浙江余杭反山遗址的出土玉器堪为代表，其中羽冠神人纹形象最神异。

良渚文化玉器上的羽冠神人，又被称为“神人兽面纹”，大多以浅浮雕和阴线，凹下去地依附在另有功能的玉器之上，这些玉器又以“礼地”的“琮”为多。就人对自身设计而言，神人依附在玉器上，玉器表征的是对天象的关注、对自然变化的把握，力求自身在天地之间位置的确定。

羽冠神人玉器（图4-2-5）是我们研究服饰的关注点，神人的打扮不可等闲视之，因为同时同地已经有了丝织品。我们今天看到的虽然是绢片和丝线、丝带，但竹编上的一经一纬、二经二纬的人字纹、梅花眼、菱形花格在当时都已经有了，这些编织方法至今都在使用。编织是良渚文化除玉器外的第二个特色。良渚文化中心的太湖流域，早在距今5500年左右的马家浜文化——江苏苏州的草鞋山遗址，就发现三块碳化的麻织物残片。经鉴定是纬线起花密度达到26~28根的罗纹织品，这是中国迄今发现最早的纺织物。良渚文化的钱山漾遗址1958年出土了距今4700年前的三块平纹丝织物，虽然碳化，但已测定织物密度为每平方厘米经密52根，纬密48根。而在更早的河姆渡文化遗址，出土的象牙盅上就刻有四条蚕纹，记录下了6900年前的蚕祭。而距今约5500年的仰韶文化遗址，1984年在河南荥阳青台村发现了罗纹丝织品，罗是加捻的丝线在编织上绞经织成的面料，更具弹性。蚕丝的面料穿在身上，轻扬飘飞，与此时的天相物象观念相辅相成，形成审美风度。线条被着重表现，如同良渚玉器上的那些细线，无论工艺与纹饰，丝线都成为一个模仿企及的标杆。

图4-2-5　羽冠神人与兽面复合的图像（良渚文化玉琮王局部）

第三章 生命相时期

此时已不再是对自然简单的敬畏，而有了一定的自信，神异的龙凤传说（图4-3-1），就是对生命来源探究的一个确定性的表征，将祖先看作力量的来源。这一时期与自然相时期，交叉于父系氏族社会，经历夏商西周，一直延续到以人的日常生活为重要表现开始的春秋战国前期。

之所以称为生命相，依据的是对祖先祭祀的重视程度。衣裳，诞生于关乎社稷大事的一系列祭祀等文化活动，是祭祀中精神对话的双方"人"的标志。青铜工艺从发端到成熟，是一个长期的过程，而服饰作为观念的载体要方便，也要早得多了。治理天下，依靠"垂衣裳"，这是称古代中国为"衣冠王国"的一个重要事实。中国依靠"衣冠"及其相配套的制度，维系了几千年一贯制的统一国家。

一、黄帝垂衣裳而天下治

（一）前开型的衣与裳

衣裳，就是上衣下裳。这是古代中国服饰最显著的两大特点之一，而另一特点则是前面谈过的"丝织"。前开型，指上衣在胸腹前成两片，可以自由掩合。这种结构是在全世界范围考察之后，总结出的几种服饰类型之一，每一种服饰类型都是地域气候影响的结果。

图4-3-1　江陵马山一号战国楚墓出土的凤鸟花卉纹刺绣及复原图

前开型的上衣与下裳结构，也是由中国人生活的地理气候环境所决定的。最早用来蔽体的服饰，即以一定面积覆盖身体的，应该是腰布。腰布起初很短，也不能够将身躯围起来，当它长及膝盖以下，并且能够合围起来，才称之为"裳"。当用许多面料缝合而成，就称之为"裙"了。有了围裙的"裳"，我们的祖先仍然没有将腰间腹下垂挂的腰布去掉，恰恰相反，这条原先贴体的腰布，由内而外，作为上衣下裳服制的最重要的部分，称为"蔽膝"。由腰布开始，再有上身服饰，面料覆盖与固定形成交领，以此为基础，袖子渐渐增长，围合躯体的裳也渐渐增长。上衣和下裳，和谐地此短彼长（图4-3-2）。

前开型的上衣，左右衣襟在胸前交合后，用带子系住。最初可能衣襟向左边掩住，因为这样方便，后来变成了向右边掩住，称之为"右衽"，而保留了原有习惯的少数民族，称之为"左衽"。

上衣下裳的组合先决地被选择定型充当了礼服样式，在中国是合情合理的。上衣下裳，作为权威服制，最早出现，所以被赋予了崇高的地位。中国连续的文明也维护了这个"传统"，由机能形态上升为程式形态。

图4-3-2　唐代画家阎立本《历代帝王图卷》中,晋武帝司马炎的上衣下裳形象

（二）一统长袍的衣与裳

除上衣下裳之外，古代中国还有一种衣制，就是“袍”。袍的产生要晚得多，是上衣独立发展的结果，是人对自身整体感要求的产物，也是生活便利在服饰发展演化中的反映。

从形态而言，最初的袍也是交领的，右衽或者左衽的开关闭合，利用系带缠紧松散。到后来又慢慢地简化为不用开襟而可以套头穿入的袍子，而这种袍子更具整体感。袍的晚出，是服饰发展的必然过程。晚出的袍服，视觉中使着装者更具庄严感，作为道具在统摄人心的大用场时成为首选。唐代的“襕衫”，对上衣下裳制尊重的同时，又确认了长袍的合法性，历千年而不衰。唐代以后，袍服基本成为官服以及皇帝日常服饰的样式。有开襟的，也有套头的（图4-3-3）。即使如此，唐代以后，袍服作为上衣下裳的替代品，无论在祭祀场合还是平时办公的“省服”，上衣下裳的格式因为观念的意义，也会通过在袍服的下摆凭空横着缝上整幅的面料进行视觉分割。

图4-3-3　唐代画家阎立本《步辇图》中唐太宗着袍服形象

二、殷墟妇好

妇好是第22代商王武丁的一位立有战功的妃子。1976年河南安阳小屯村西北的考古发掘，使这位3000多年前的女子闻名于世，墓葬与陪葬铸铭由商王的儿子祖庚和祖甲完成。

妇好长什么样子？没有遗骨，无从定型。唯一能间接与她的形象相联系的，就是墓中一尊小玉人（图4-3-4）。虽然只有7厘米，但正襟跽坐的玉人仍不失其风采，服饰华美。

玉人为跽坐，即两手抚膝，足趾着地，臀部坐在脚后跟上（臀部离开脚后跟为跪）。人的行走、坐卧是人行动的基本形态。坐，既是休息也是活动的形态，坐的姿态从一个侧面反映出人的生产生活方式和行为，影响时代器具的形态和服饰结构的变化。跽坐的玉人，上身穿着交领窄袖口的丝质长袖衣，衣长一直盖到脚踝处，衣上“绣”满了“目纹”和“云纹”（商代青铜器上流行兽面纹的简化纹样），宽宽的腰带束住腹前垂下的蔽膝，又在后腰结成蛇头结。头发整齐地在右耳侧编成一条辫子，绕后脑一周后又压进辫根里，头上戴一顶有绣花筒状饰的圆箍型的“頍”。古文献中记载的最上层统治者服饰的名和形，与这尊玉人相互印证。

图4-3-4 殷商妇好墓出土的盛装跽坐玉人

三、站立的大祭师

我们所看到的商代贵妇的服饰，从形制上已经非常成熟，礼仪化。与此同时，在商王朝鞭长莫及的西南地区，传说存在过一个古蜀国。对四川广汉三星堆几十年的科学考古研究，让我们见到了这个地区这个时期代表人物为自己塑造浇铸的青铜雕像，而且是服饰形象，有站立的整体形象，也有脸部特写。

站立姿态的人物雕像也称立人，最大的立人净高163.5厘米，与真人身高相仿（图4-3-5），夸张了人的脸部结构特征，但不违五官比例（图4-3-6）。他一身的装扮最出色：高高的复瓣莲花装饰的花冠，三层丝织服装，领口和衣裾边翻出层次来。这是直到汉代都流行的做法，多衣表征富足。大祭师丝织服装纹饰尽管与中原商王朝服饰有相似之处，但他穿的不是上下分开的“衣裳”，而是一统长袍，直盖到脚踝上。衣衽是左掩的，左衽是少数民族的标志。他没有穿鞋，赤着脚，这也是区别于中原王朝的显著特征。

图4-3-5 三星堆大祭司的燕尾服及燕尾服白描图

四、西周秩序

（一）绨绣纹章

孔子说过：“服周之冕。”《周礼》被后世当做礼服制定的蓝本，礼服形态随世迁移，礼服质料日益精美，历朝历代的礼服，虽然都有一望而知的不同差异，但万变不离其宗，基本原则不变。

冕服制在当时社会生活中的地位和关系重大，《左传》记述，臧哀伯向鲁桓公建议不要接受宋国弑君臣子华督行贿的大鼎，因为礼器及特

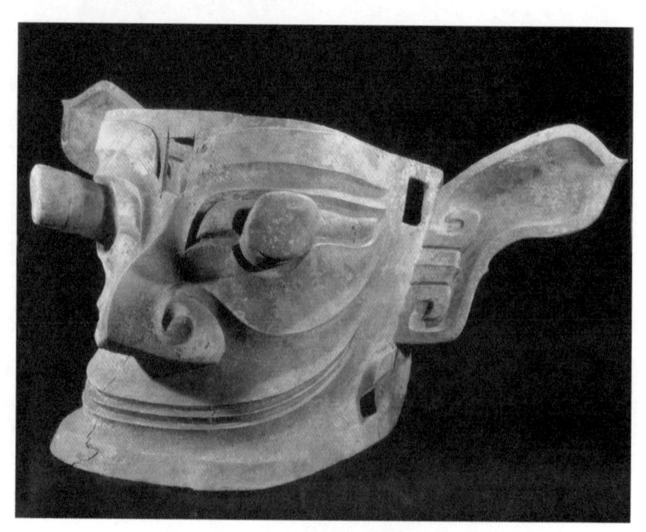

图4-3-6 充满理想的三星堆纵目面像

定的纹样，还有为礼仪之作的服饰都表示等级，而维护等级具有维护社会风气和法律的意义，接受来路不正的礼器，无以教化人民，失去责罚百姓的标准。

冕冠是冕服最不同凡响的醒目处，由圆筒帽卷覆盖称之为“延”的木质长方形冕板组成，“延”是冕冠的形象及达意的主体。《周礼》中记载的延板，前端呈圆弧状，象征天，后面的方形自然是“地”的意思。延上面漆玄色（黑色）象征天，下面漆纁色（红色）象征地。后高前低，有俯视怜惜百姓之意。前后各悬垂12串，由12块五彩玉组成的“旒”。五彩玉由五彩丝绳贯穿，这根五彩丝绳叫做“藻”。“藻”穿玉，玉饰“藻”，五彩的玉、五彩的丝绳象征岁月流转、五行克生。冕冠帽圈两侧的孔“武”，用以插玉笄，“受命于天”的主旨之下，长长的“天河带”自此悬垂而下至腹部，横插玉笄的两端垂至耳边的小圆球叫“充耳”，意谓不会听信谗言，“充耳不闻”。

图4-3-7　“十二章”纹样

此时，“衣裳”上绣有“十二章”纹样（图4-3-7），是冕服制度的灵魂，而且一脉相承，一直到清王朝灭亡，甚至又以强大的魔力附着于专制执政者袁世凯，诱惑他披挂起冕服，上演倒退历史的闹剧。所以，以冕服为中心的礼服制又叫章服制，也正是因为它能象征统治权威。服饰的时效性，较之任何人类造物都来得不留情面。虽然服装在现代有流行循环周期，但循环过来已是形似而神非。另一方面，时效性恰恰是服饰强大社会功能的本质反映。也可以说，没有任何人类造物，如服饰一般具有此巨大的普及和同化作用。

（二）发冠之美

发冠之美，首先在于冠之所饰所依附的发髻。在中国，“身体发肤，受之父母，不敢毁伤，孝之始也”的习俗自古即有。精心打理头发，不仅为便利生活，同时也是文化制约的结果。扭绞盘髻是最早也是最方便的方式。约束固定发髻的工具最早的是一头尖、一头粗的“笄”。

最好的笄，应该是骨质的，利用了兽骨的天然结构形态，恰到好处。7000年前的河姆渡遗址和半坡遗址的骨笄是特色工艺品。3000多年前殷墟妇好墓出土的骨笄（图4-3-8）多达499件，而西周遗址出土骨笄有700余件，还出现了铜笄。这说明骨笄在流行了几千年后，因为发型和装饰的要求，出现了更精致、更坚韧的头发紧固件。当笄与冠联系起来之后，至迟在周代，有了“追师”专门管理宫中冠帽。笄有不同的形制，簪就是笄在装饰上丰富起来的品种。簪在功能上进化，为了便于固定头发，有了两个叉，于是称为“钗”。人们的愿望越高，叉就越多，当多达7个时，“华胜”出现了。“华胜”的功能是能负载更多的装饰物，并且能在以发髻为基座的头上站稳。壮丽的“华胜”，对人具有极大的审美诱惑。中国人对飘逸轻盈美感的向往，注定要让承载金银和宝石的“华胜”轻盈起来。

到汉代，“步摇”出现，随步摇动，设计使结构活络，工艺使构件精巧，采用高质量的重金属，设计为轻俏的视觉效果（图4-3-9）。唐代的花钗，有双凤、菊花等许多形式，在命妇的头上闪烁。

人们为盘结头发费了很多的心思，创造了很多方法和发式。发胶就是必需品，今天仍然使用的发胶，在商代贵族中就很流行，而当时则是用树木汁液做成，“绿色”生态，不像今天多为化学品。商墓中出土的玉人

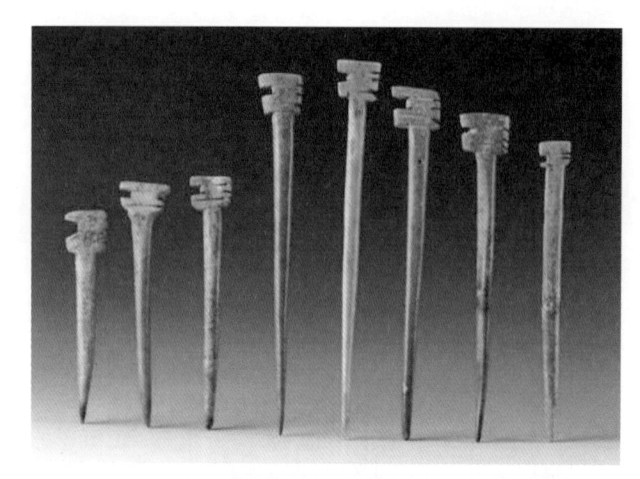

图4-3-8 殷商骨笄

图4-3-9 步摇

的头上发辫盘绕，盘绕的样式复杂而有致。

《礼记》证明，至少到周代，头发的编织盘结有了社会道德风习的明文规定。女子15岁，用“及笄”表示，就是说可以盘髻了，到法定结婚年龄了。真正插上“笄”，还留有5年的待嫁准备期，20岁还未许嫁，就会特意举行一个“笄礼”，盘上髻，插上笄，虽然礼后取下，但那意思是说，早该嫁出了。

秦始皇陵兵马俑坑，驻阵国家之师，他们未戴头盔以示英勇，精心盘结的辫髻显示出个体对生命的尊重。发髻的编结，盘绕的精致，有使人可以观摩再三的细部。留意到这一点，继续探索，我们可以发现发式的变化之多之妙，超出今天都市发型设计师最新奇的辫结（图4-3-10）。

五、衣冠王国

（一）盛唐

从东汉结束的189年，到唐代建立的618年，虽然其间400多年，战事频仍，易主频仍，冕服制度仍在汉代的基础上继续发展。唐太宗李世民是中国历

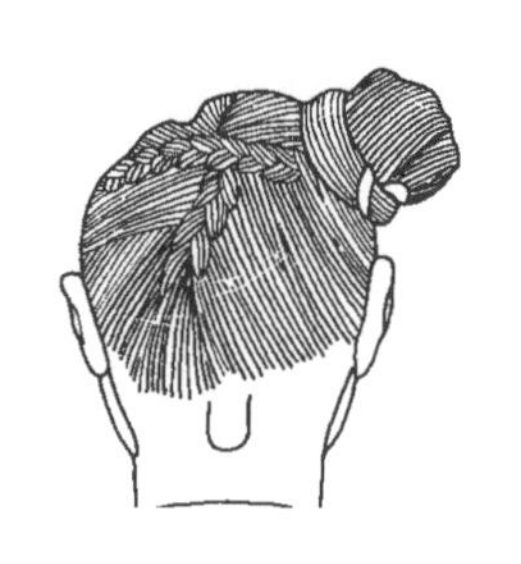
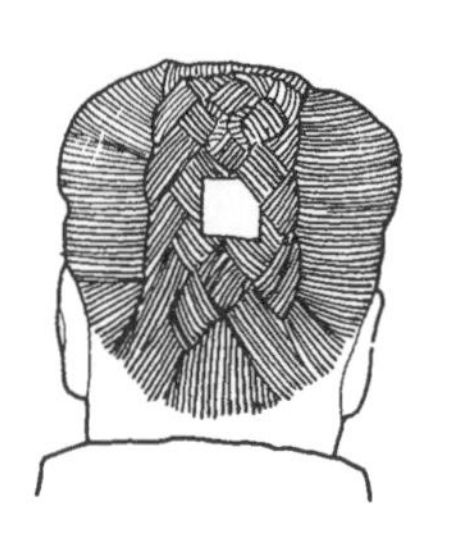
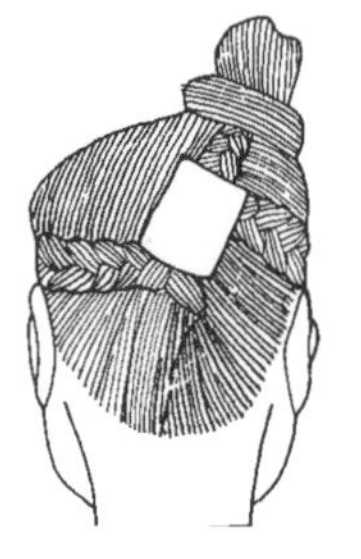
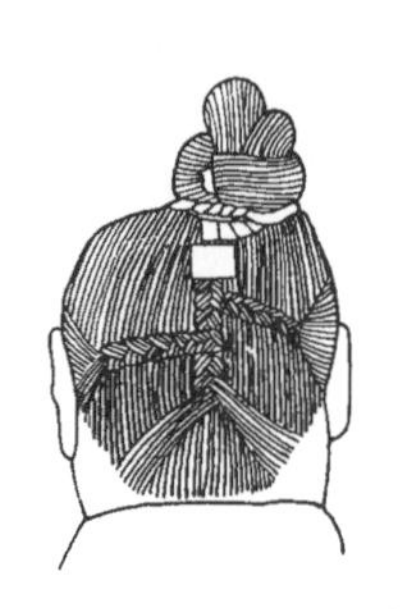
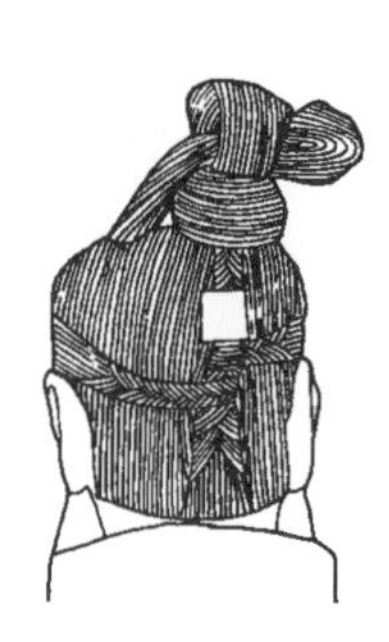

图4-3-10 兵俑男模发式

史上公认的有作为的帝王，唐代比照隋代创制了内容更详尽的朝服，创制了以“袍”替代“上衣下裳”的两部制，即在袍服的下摆凭空横着缝上整幅的面料，进行视觉分割，生生标识出“上衣下裳”来，当时人称之为“襕衫”或“襕袍”。

以方便的袍服作为公服，燕服以幞头作为冠帽，穿高帮浅筒方便的乌皮靴，唐太宗就以如此的打扮，参与隆重的接见仪式。唐太宗接见为松赞干布迎娶文成公主的吐蕃丞相禄东赞，阎立本的《步辇图》记下了当时的场景（图4-3-11）。

（二）大宋

宋太祖赵匡胤穿着新制的服装，成为宋代的典范和视觉形象代表（图4-3-12）。曲领袍，袍式沿袭唐代，大袖自衫而来。最大的创新就是幞头，在唐代翘角幞头的基础上，拉直拉长，长到超出两肩，甚至超出上举的两臂间的宽度。这样的冠式，由不得人有半点的不端肃，头偏斜一点，偏斜角度将会极大夸张。

宋代特色的官服还有几个特征，方心曲领是最为显著的视觉形象。故宫南薰殿旧藏这幅宋代皇帝画像（图4-3-13），绛纱袍上佩戴的就是方心曲领，头上戴着通天冠，手持笏板。这种仅次于冕服的形象，较之前

图4-3-11　唐代阎立本的《步辇图》局部

面的赵匡胤的服饰更正式，适应庄重场合。通天冠，早在汉代即为天子上朝的朝冠，以称之为“山述”的浮雕蝉纹金板，与诸侯王戴的“远游冠”相区别。不过宋代的通天冠，要华美精致得多。

文臣们上朝戴“进贤冠”，武将们戴“貂婵冠”，如图中的范仲淹（图4-3-14），这是他作为武官职责的服装。武将们的冠帽，从象征威武开始，就以各种猛禽猛兽相比拟，在造型上模拟，用皮毛翎羽装饰。等级制越严明，则象征意义越强。

宋代的皇后服装，承袭传统而设计，贴满“雉鸟”的翟衣（图4-3-15）就是一种，而以凤冠、衫裙、缨络的“大衣”为盛装。

（三）一统天下

中国历史上，虽然大部分时间都是以中原汉族为主的中央政府形成经济文化发展的主流，但这些沿袭的朝代和更替的中央政权，很少有不与少数民族分立的政权交锋的，这种周边游牧地区与农业种植经济地区的和与战，周而复始，很少止息。甚至隋代、唐代，还与少数民族有着直接的血缘关系。少数民族政权对中原文化的仰慕，对自身传统的尊重，也都集中在服饰上。

图4-3-12　戴着直角幞头的宋太祖赵匡胤

北魏

最先成大器的是鲜卑族的拓跋宏（467—499年，北魏第六位皇帝），开创北朝北魏，495年迁都洛阳，统一了北方。做到这一点，很大程度上得益于他对汉族文化的学习，而这个途径是由他提倡鲜卑贵族汉化，改易汉姓，通过鲜卑与汉服的交融实现的。

北魏孝文帝改易汉服，出于鲜卑民族对先进文化的崇拜，出于鲜卑政权对古代中国服饰所具有的统治作用的崇拜。汉族不允许少数民族穿汉服，这几乎成了惯例，而现在掌握了北方大片土地之后的鲜卑族，终于扬眉吐气，孝文帝以学习作为基

图4-3-13　戴通天冠的宋代皇帝

图4-3-14　戴貂蝉冠的范仲淹

图4-3-15　宋代皇后的翟衣，布满鸟儿的纹样

础，以强大自己作为目标改易汉服，最后也给历史留下了新的可循之规。此后无论是与宋代相伴随三四百年的辽西夏金元，还是后起的满族建立的清，都延续这条路线。汉族章服制度，几乎就是民族间在朝在野的一个权衡工具。

辽

辽，是与北宋并存的契丹少数民族政权。在宋代，先后有三个少数民族政权与之相始终，即辽、西夏、金。有效的统治来自有效的国策，国策的体现之一则是服饰。辽太宗耶律德光得后晋北方十六州之后，力行“一国两制”：南官为汉人，穿汉服，管理汉人；北官为契丹人，穿契丹服，管理契丹人。而皇帝为了表示他不分亲疏，身体力行带领三品以上官员穿南服，皇后女眷仍然穿契丹服以安抚旧部下臣，用心不可谓不良苦。

即使是穿汉族服饰，区别依然存在，契丹男子是要髡发的，即在头部不同地方剃掉一些头发，形成不同的发式。一般头顶是要剃掉一块的，而两鬓则留着两绺肩下长垂，20世纪下半叶出土的辽墓壁画展示了这种形象（图4-3-16）。

图4-3-16　辽墓壁画中的契丹人

契丹一心一意学习汉族文化与经济，想与北宋王朝并驾齐驱，但文化习俗却出现了相反方向的渗透。契丹的服饰因便于劳作和行动，一段时间连北宋京师河南开封的老百姓也穿起了契丹特色的服装。

图4-3-17　髡发的游牧民族，金代画家的《文姬归汉图》局部

金

金的强盛也得自服饰礼仪制度所代表的文化传统，而它的一套做法先是从战败国辽那里学习“一国两制”的具体做法，渡过黄河之后，则开始吸收宋代的冠服制度。皇帝的冕服、通天冠、绛纱袍一应俱全，而且在治理国家上非常奏效。尽管如此，适应气候和生活方式的民族服装还是日常生活的常服，借金人追述往事的《文姬归汉图》（图4-3-17），我们可以看到金人的服饰特点。

西夏

将西夏（1038—1227年）发展到一个历史高度的李元昊，对中原汉族文化一直很信服，他的服制及其一应规程都从唐朝和宋朝寻找依据，综合运用，而且都是右衽，与辽坚持左衽不同。汉服是他的常礼服，而王妃则穿回鹘服装，实行双轨制。与他之前及之后的许多少数民族政权一样，马上得天下，汉礼治天下。

（四）大哉乾元

1206年成吉思汗建立统一蒙古汗国，其间经历1227年灭西夏，1234年灭金，直到1260年他的孙子忽必烈继大汗位。忽必烈笃信汉族文化，政治体制以《易经》“大哉乾元”为立国目标，认同同一祖先、同一体制，最终入主中原，建立元朝并开创最初的繁荣。元代的服制基本保持了蒙古特色，而且并不在意汉族传统冕服的正统象征意义。直到元英宗1321年以后才制定服制，而且因人设事，因事设计服装，事完职了，办公服就脱下了。但此举并不是不重视服饰，也不是不重视服装的号召意义，恰恰相反，元朝比任何一个朝代都重视服装对于民族感情凝聚力的作用，比任何一个朝代都靡费地在贵族服饰上大张旗鼓地铺陈张扬，它讲求的是珠宝首饰特色。

蒙古袍最具特色的是织金锦的质孙服，这种最具特色的蒙古袍服，汉语译作“一色衣”，采用的制式是上下一体而又分为两部分，上紧身，而下身是一道打满称作“襞积”的褶子的短裳，跃马不受袍子羁绊，扬鞭不至风寒侵衣。就质孙服服制而言，一般认为承袭了汉族的“上衣下裳”。而质孙服的本质，在于它参与构成贵族盛典的民族凝聚力。

（五）大明宫中

明代皇帝，折上巾、穿龙袍，依然在面料工艺纹样的基础上以刺绣表现主题纹样，中心纹样为龙，又以龙的各种形态如坐龙、升龙等表现服用的不同场所的区别（图4-3-18）。

明代皇后，依例凤冠霞帔。定陵万历皇帝的两个后妃服饰冠戴，镶嵌珍珠达2000多颗（图4-3-19）。

图4-3-18　明代太祖洪武帝戴折上巾的画像

图4-3-19　明代万历皇后凤冠和万历皇帝金冠

图4-3-20　明代官员的织金蟒袍，展角幞头，白玉腰带装束

而官员服饰，也依然沿用宋代的旧制，尺度上较宋稍有变化，如明代官员的织金蟒袍，展角幞头，白玉腰带装束（图4-3-20）。一般时间里，官员们戴着明代特点的短翅圆角的乌纱幞头。纹样的社会审美逐渐浓厚，蟒纹就是对龙纹向往，但又不得已而求其次的一种现实。龙，不仅皇帝看重，下官也看重，但必须以一种道德和制度来规范。也有忠心耿耿的官员上书皇帝说，今天的蟒的样子越来越像龙，违背了制度。《明史·舆服制》规定"文武官常服""一品至六品穿四爪龙"。这里的"四爪龙"，即蟒。

明代洪武二十五年以后，开始实行补服制度。沈度展示的是一个时期文官的典型样式，穿红色盘领袍服，戴乌纱帽（图4-3-21）。虽然官服当胸的图案是方形，中央金绣的振翅禽鸟却是显见的。

明代的军服（图4-3-22），与前代没有太大区别，只是加强了防护功能，而防护功能是以重量的增加为代价的。

（六）大清帝国

最后打败明朝大军的，是善骑射的满族的骁勇之师。当然他们的服饰也是便于骑射的。清代皇袍及官员制服，是与前代全然不同的一种服制。这种服制在我们今天看来，没有前朝汉服儒雅风度，几百年后，洋人紧身利索的上衣下裤长皮靴，又衬得它不伦不类，令人惭愧。

实际上，服饰之中的内容还远不止于此，对统治者而言，有很重要的政治意义，对老百姓而言，包含了很深的民族感情。总之，清王朝的皇袍官服是励志的。

图4-3-21　乌纱幞头的明代文官服式

图4-3-22　明代军人

没有哪一个少数民族政权是不借用汉民族

政权的文化与具体统治制度的，清代在平定全国之后也不例外，但是坚持了满族服制。就拿现藏故宫博物院乾隆皇帝的一件绣月白缎面片金边袷朝袍来说，袍服以绣纹标示，在中间截断，下部加褶放大，形成上衣下裳形式，如汉族帝王一样，袍身当胸为一条生机勃勃的升龙和十二章纹样。刺绣十二章纹样云腾浪涌中，出没40多条小龙，并且保留了满族服装马蹄窄袖、挡风披肩等骑射民族精干利索的特征（图4-3-23）。笠帽，在汉族原本就是下层劳动人群的常服，而因为其机能性，清代宫廷一直也以其为官帽。

清代的冠服制非常复杂和繁褥，而且严格，不能在规定品级外、活动场合外穿用，违者要受严惩，甚至可能殃及自身和家族性命。官员冠帽的复杂程度也因品级而增减。这样一来，似乎根据季节行事，但是在盛夏身穿刺绣的厚重官服，还要戴上一顶帽子，尽管称之为凉帽（图4-3-24），也可以想象是极不舒服的。而顶子与翎子则有另外的搭配佩戴，顶子安放在镂花的金座上，金座上还有配饰珠宝，作为等级的补充说明。

“前胸后背”实际上讲的是王公大臣所穿的官服，除了陪衬穿礼服的皇帝与皇子，还是常礼服。因为一般作为罩衣，又称为“外套”。它的样子是我们见得最多的清代服式，早朝列队在宝殿等候皇帝召见的百官穿的服装：圆领，对襟，宽松，短制，袖仅及手，长仅过膝，一声呐喊，撩开对襟，即刻就可俯下身去，拜倒在

图4-3-23　清代乾隆帝与皇后画像

地。在俯下身去的这清一色的石青色制服中，辨别官品，有顶子翎子，还有背上的“补子”——“后背”；抬起头，直起身，前面还有一块，叫做“前胸”。

清代的补子承袭明代而来，文官补子纹样是禽鸟（图4-3-25），武官补子纹样为瑞兽。不过明代的补服是袍服，当胸补子是整块的，清代的补服是对襟的，胸前的一块分作两半。明代的是圆的，而清代除了皇室成员一律是方形，都是为了符合清代服装力求的英武、端正。明代的补子在工艺上多用金线盘绣，地多为素色，清代基本采用缂丝织成，为彩地深绀黑和深红色。明代文官补子上的禽鸟大多成双，而清代则为单飞。若受皇帝“颁赐五爪龙缎、立龙缎，应挑去一爪穿用”。

中国帝王君主冕服制几千年的承继皆因生命祖先的意义，一脉相传，皇后等后宫女眷在行大礼上也有对等服饰（图4-3-26），不如此不足以保持一个统一的概念。而生活有它自身的逻辑，随着生活方式的转变，中

国人的服饰也在不断地变化发展，并不与属于一个国家机器的宫廷礼服、官场制服一致，相反倒是在观念一统之下，礼服制服还会随生活变一变形式。因为服饰里的人也要生活。

图4-3-24　清乾隆夏朝冠

图4-3-25　清代一品文官的补子

图4-3-26　清代孝庄文皇后朝服

第四章 人相时期

所谓“人相”，指约春秋战国、两汉至魏晋南北朝时期。即在人的自身设计中，极力表现人自身形象，对人身体的钟爱和肯定，描绘社会事件和日常生活，而且是以一种布满人物的图景出现，如战国青铜器上的采桑图案（图4-4-1）。再者，就是在日常生活用具和居所环境的设计中考虑日常使用的方便，注重人的尺度。

而这个时期人们利用所掌握的所有织染技术，表现在面料和自己身上的是祝颂生命的字句，就如我们在“道具”中看到的。纹样，饱含对生活的企望，成为强烈的视觉张扬。

一、变革的春秋战国

“满堂之坐，视钩各异”，这句话出自西汉《淮南子》，是对春秋五霸之一的始霸齐桓公，在管仲的帮助下完成霸业，高朋满座、宾客济济的盛况的一段描述。“钩”，当时叫做“带钩”（图4-4-2），而且那个时候的带钩，是一个时尚的新鲜“道具”。此时的带钩，不是中原的传统，《汉书·匈奴传》说：“犀毗，胡带之钩也，亦曰鲜卑，亦曰师比，总一物也，语有轻重耳。”从这句话，我们了解了它的出处。

图4-4-1　宴乐狩猎攻战纹壶上的服饰形象

少数民族的带钩，与中原的不同还表现在形态上。这些鎏金的、镶嵌玉石珠宝的、雕镂铸造成各种形态纹样的带钩（图4-4-3），就会有不一样的理解了。“同而不和”是中国服饰艺术的一个重要特点。而服饰在此时最能代表财富，也最能证明一个人的社会地位。

图4-4-2　战国中期玉带钩

赵武灵王胡服骑射

赵武灵王冲破阻挠，推行胡服骑射，励行改革，改变了中国军队中宽袖的最初正规军装，以后逐渐演变改进为后来的盔甲装备。一切“法度制令各顺其宜，衣服器械各便其用”，要方便就要穿“独鼻裈”——满裆裤，穿不用围“下裳”的紧身中长衣。有裆裤应该成熟最早，而要从社会基础所谓下层人生活中提取作为“服饰”艺术，却要经历相当长的历史时期。看这位汉代的快乐的说唱俑的穿着（图4-4-4）就会有较深的认识。

图4-4-3　战国包金镶玉嵌琉璃银带钩

服装的机能性满足了人的活动，并释

放了人的机能性。赵武灵王的改制是中国古代服饰史中的大事，尽管在日常生活中，中原的服饰依然我行我素，以宽衣大袖为美，而没有裆的“绔”一直延续到1000多年后的南宋。好在宽衣大袖虽有快速行动之累，而肢体在其间还是很惬意的。合裆的“裈”却因它的机能性仍是下层劳作者的标志，为上层社会日常穿戴所不齿。有裆裤，这一适应了生活方式的变化成熟起来的服饰，不彰于朝而存于野，一直存活在下层老百姓的日常生活中。

图4-4-4　穿着裈的东汉说唱佣，四川天回山出土

二、务实秦朝

（一）与子同袍

袍，作为中国服饰的一种典型样式，流行于春秋战国以后。与其说是物质的服饰样式，不如说是穿着方式的样式。袍，是长衣，能罩住下身，上衣不必再围系下裳。

1974年西安临潼出土兵马俑，几千陶马、辎重、冷兵器伴随几千凛然将士，展示出秦军雄风。强大阵容的组成者个个体格高大，军风整肃。将军、中级军官、下等士官、一般士兵一律穿袍服，以袍的长度相区别。一般士兵在膝盖以上，官阶越高，袍长越长。由此可见，衣长则保护性能好，整体形象好，有威严感，而衣短虽机能性好，行动便捷，但在等级社会里反而不如长衣受到崇尚。

将军穿长袍，且为两重，里面的一层罩到膝盖以下；长袍之上，象征鳞甲的尖底铠甲，保护胸腹，陶俑的脚上登方口齐头翘尖履，头上是深紫色鹖冠，橘色冠带，威严尊贵；以剑拄地，双手在剑柄上合十。

中级军官穿长袍，袍上齐边甲，和将军一样彩绘；脚上也穿着方口齐头翘尖履，还有护腿；腰间佩剑；头上是双板长冠，挺拔整肃。

下等士官穿长袍配铠甲。虽然有护腿，但鞋子却是浅口的。头上有结构简洁的长冠。左手按佩剑，右手持握长兵器。

士兵穿长袍。最具特色的就是腹下系结的皮带钩，在陶俑上被表现得仔细而突出。脚上的鞋子——履，大多为浅口，而且是平头，便于行动。铠甲，在身上是局部的，根据兵种的不同而有不同部位，比如骑兵的铠甲只在腰际等。不过铠甲的甲片较大，没有区分等级的彩绘。士兵袍的穿着，也有自己的特点，而这个特点是由裁剪设计时留下的：尽量少裁剪，围裹的袍服在下缘伸出欹角，有规律的欹角反倒多一层遮蔽，成为一种功能性样式（图4-4-5）。

秦俑中一位担任了前线指挥责任的将军的军服，由100多片4厘米见方的小甲片连缀而成，由牛皮切割的带子穿组。肩上另有“披膊”。铠甲呈分体结构，用彩色绦带联结，而且官阶的大小可以从绦结大小长短上看出来。此时军装的进步，在于按照人体划分铠甲结构，更便于身体屈伸行动（图4-4-6）。官阶越高，甲衣覆盖面越大，甲片越小，行动也因此越方便。

除甲衣的区别之外，区别最大在头部。中级军官与下级军官戴板状的“长冠”。中级军官戴双板（图4-4-7），下级军官为单板。士兵头上虽没有冠，但是也有编结精致的发辫和盘绕仔细的发髻，变化多端的盘绕的发髻编结精致，有使人可以观摩再三的细节。编结之精致，用心之深，表现在对生命的尊重，同时张扬视死如归且必胜的决心。

而“与子同袍”，既是自身的设计，也是一种人与人之间关系的建立，是人与人关系密切程度的表征。

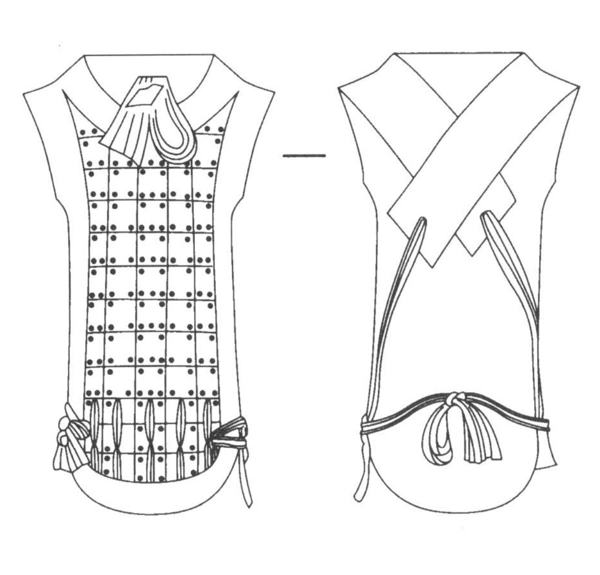

图4-4-5 秦军（兵俑）的战袍样式及军装上背带设计

图4-4-6　秦将军俑　　　　图4-4-7　秦中级军官的双板长冠

三、汉舞乐府

汉代的经济空前发展，思想活跃，只要不涉及谋反，以创物为标志的设计活动比任何一个时代都要兴盛。“衣食足，礼仪兴”，汉服重冕冠，汉代服饰沿用深衣制，最初创制了许多帽子式样，以别等级，从汉代的画像石、画像砖和墓室壁画等生动影像中得以呈现（图4-4-8）。

主要的冠式，据文字与实物图像资料，如画像石、画像砖和墓室壁画等考证有10多种，这些冠帽大多象征性很强，与日常的取用方便、保护性、遮蔽性之间的联系不是很密切，很多被逐渐淘汰，保留下来的则为仪式所用，以示传统，如冕冠、通天冠、进贤冠等少数几种。没有身份戴冠的人，只能裹巾。秦始皇时，“使黔首自实田”，即让戴着黑幅巾的黎民百姓自报田亩，按亩纳税。幅巾覆盖在发髻之上，卫生实用，一直沿用。无论是冠，还是幅巾，都戴在头上，在服饰史上称为“首服”。首服也不断由方便实用上升为象征标识，越来越累赘，几百年后幅巾逐渐演变成了幞头，为唐代使用，改造之后成了官帽。

（一）辛追的曲裾深衣

辛追是西汉初长沙王轪侯家族在2000年后第一位面世之人，T形帛画的“非衣”上临画了她的近照，覆盖在外棺之上。这位轪侯夫人的墓中出土了50多件成衣，其中40多件有刺绣，足见她对于服装美的热爱与见地。

辛追夫人随身衣服最多的款式是最新潮的曲裾深衣。提到“深衣”，有诸多疑问，它究竟是衣，还是袍？因为《礼记》中有“深衣”专门一章，在战国到汉代的几百年间，这种当时人称之为“深衣”的样式，是无论男女、官服燕服都通用的。而且还有直裾和曲裾之分，而我们今天在文物资料中看到标注的都是“袍”，有一种说法，有夹里的衣服就称之为“袍”。

图4-4-8　汉代画像石拓片上的善舞长袖

直裾深衣，是上衣加长自然形成的样子，交领覆盖过胸前到右腋下之后，垂直下去齐到衣裾的下摆。交领的"深衣"最大的好处，就是在四季分明、多雨潮湿的环境中，加强了对腹部的保暖功能。

曲裾深衣，关键以剪裁体现设计的优越。我们看到的曲裾深衣，门襟覆过右胸，又绕到了身后，直到尖尖的三角衣裾在左腰露出，再系住。直裾深衣布料直裁，因而省料。而曲裾深衣为斜裁，更多考虑人活动中的舒适性。斜裁需要较宽的门幅，从辛追随葬的物品分析，48厘米左右的门幅已经能够保证设计制作的需求。斜裁最大限度释放出面料组织中的弹性，在那个席地而坐的时代，服装的弹性比今天有更强的功能意义。斜裁的曲裾深衣中三角形的门襟，考虑到了对膝盖的保护，而在腋下尤其是腰下挪让开了，背部覆盖的恰恰是跽坐受力的腰臀。也就是说深衣照顾到了对身体的保护，又不妨碍人的起居，而且在行走之时，较直裾更少羁绊。而在形态美的视觉观赏之中，旋转的曲裾给人以活动轻盈而变化的美感（图4-4-9、图4-4-10）。

斜裁，较之一般直裁在面料上要多出五分之二。斜裁称得上是此时的一大发明，影响了此后几百年席地而坐的服装样式。

（二）长信宫灯

长信宫是汉代著名的宫殿，为汉武帝的祖母窦太后居住。长信宫灯，出自汉武帝的兄弟刘胜的墓中。中山国故址多年后的主人刘胜和妻子窦绾墓室堪称宏大，墓葬相应丰厚，出土有金银器、漆器、玉器、丝织品等。其中最著名的是用金银线将上千玉片连缀而成的"金缕玉衣"，金镂玉衣虽然没有现实穿戴的意义可考，却彰显了汉人对服饰寄托的重望。

穿在墓主身上的金镂玉衣，不是现实中的服饰。倒是作为照明使用的长信宫灯，如同一座人体雕塑，有汉代服装模特的效果（图4-4-11）。被艺术设计史频频引用的这尊穿戴了西汉时装的女子雕像，一器双关，宫灯竟是由这双膝着地，足尖抵地，肩平身直的女子静静地擎着。将它置于案上，能开合旋转，灯罩中的灯源正在30厘米的合适高度闪耀，光辉中看这女子的打扮，是我们已经熟悉的深衣，颈间衣领层层叠起，腰间紧裹，护住臀部，膝以下袍裾散曳成表现出跪姿的曲度。同样层层叠起的两幅袍袖藏着妙想巧思：上扶的一只成了虹管风道，下握的一只自然地垂成盛水降解灯膏油烟容器的一部分。她中分发髻，上覆巾帼，平和无言，朴拙端整。

图4-4-9　长沙马王堆罗绮锦袍斜裁的曲裾深衣

图4-4-10　长沙马王堆斜裁深衣

（三）陌上采桑罗敷女

除了袍服的深衣，女子的服制还流行两部制“短褥长裙”，而汉乐府《陌上桑》中的采桑女罗敷是典型形象。

日出东南隅，照我秦氏楼。

秦氏有好女，自名为罗敷。

罗敷喜蚕桑，采桑城南隅。

青丝为笼系，桂枝为笼钩。

头上倭坠髻，耳中明月珠。

缃绮为下裙，紫绮为上襦。

行者见罗敷，下担捋髭须。

少年见罗敷，脱帽著帩头。

文中提到的道具——服饰的名词有头上的倭坠髻、耳中的明月珠、缃绮的下裙、紫绮的上襦和男子需时常捋的髭须、脱帽才能整理的帩头。

襦为短至腰间的上衣；裙是几幅丝绢“成群”缝连起来长盖脚背的裙。襦裙是汉以后一直到明清的主要服制之一（图4-4-12）。

图4-4-11　长信宫灯

“上襦下裙”衣裙之比是比黄金分割率（0.618）更大的一种比率，如果说黄金分割表现了生物自然的生长节律，而中国的比率则是创造的艺术，这一比率通行于中国的建筑、器具、画幅，甚至龙凤纹样。

中国人的绝对高度虽然不高，出色身材比例也不过6头身，不像现代模特常见的7头身或8头身，但这并不妨碍中国女子表现婀娜的体态和修长的身形，短褥长裙是一种，通过交领曲裾的边缘分割的深衣又是一种，到宋代创制的褙子，一直演变到流行清代的比甲，更是以直线的门襟与比它更长的内裙的倒置比率，保持了中国女子的一贯风度。

汉代生活中的服装，看似简单的结构，却是追求简洁的结果。简洁的外形下，覆盖着那颗爱美的、委婉含蓄的心，懂得收放自如和调适度宜。

图4-4-12　短襦长裙及着袍服的侍女形象

四、魏晋风度

（一）凌波洛神

洛神故事传之久远。洛神是从魏晋流传至今的艺术的主角。主角的光彩来自曹植的诗歌《洛神赋》和顾恺之的帛画《洛神赋图》。

曹植心中的世界虽然太过凄美，但也确实非常惊艳。美女之美，在曹植的笔下，借助了服饰的魅力："其形也，翩若惊鸿，宛若游龙""攘袖见素手，皓腕约金环。头上金爵钗，腰佩翠琅玕。明珠交玉体，珊瑚间木难。罗衣何飘飘，轻裾随风还。顾盼遗光彩，长啸气若兰。"洛神通体时尚的装束，体现着魏晋人经历乱世，胸臆难平，但仍不失潇洒襟怀。

魏晋女子服制承两汉，仍是深衣、襦裙、衫，但是衣着形态已经普遍变得纤细和轻盈，能够达到"翩若惊鸿，宛若游龙"的视觉效果，这应该与面料的轻薄有关。而且魏晋女子的整体设计比前代鲜明，新创的服饰附件起了很大作用，延续至后代（图4-4-13）。

对应曹植的《洛神赋》，有顾恺之的《洛神赋图》（图4-4-14），还有南朝模印拼嵌砖画、北朝墓室壁画对照，整体风貌是轻盈飞动，如风筝的飘带御风飘飞，使看不见的风视觉化。襦裙系腰飘垂的丝带，深衣下摆完全因装饰裁成三角，层层叠叠的衣裾，就有了层层叠叠的飞动的三角——"髾"襦裙、深衣腰间都裹一块小围裙样的"腰彩"，"腰彩"之下又有两条或数条丝带——"襳"飘垂，一条丝"帔"，绕过后颈，从两肩披下，或从后背径直滑落在手臂的袖上。头上青丝绾成的有镂空的环髻和添加"义发"形成实心的"大手髻"，发髻美的标准是自然合度的危、斜、偏、侧，实际就是动态形成的轻盈感。与之相呼应的，还有腮边尖尖的鬓角，发髻

图4-4-13　晋祠圣母殿中的侍女形象

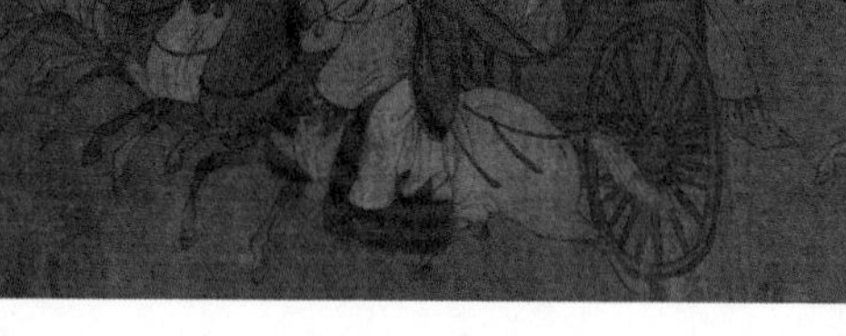

图4-4-14　东晋顾恺之《洛神赋图》局部

图4-4-15　东晋顾恺之《女史箴图》局部

上金片串接成树枝状颤颤巍巍的簪子"金步摇"。顾恺之另有著名画作《女史箴图》（图4-4-15），其中的女子高髻危耸，髻下留出细长的梢尾，与腰下的垂梢裙相呼应，步履之间轻盈飘摇。

洛神形象只是民间女子流行服饰的一个典型代表。魏晋南北朝400多年的南北分立，而且此消彼长权力再分配，给予服饰更多自由发展和流行交融的机会。唯美的长裙和高髻，在汉族审美文化的"风"与"修"中，自由发展到极致。

（二）褒衣博带

"褒衣博带"是汉族服饰的一大形态特征，同样是褒衣博带，分作袍和衫。衫是大袖，而袍我们已经了解，袖管很大却在袖口收成了"袪"，所以举起来可以遮荫。同样是大袖的衫举起来，看见的却是露出的一条胳膊，因为袖子没有袪，是敞口的（图4-4-16）。那时披发跣足、袒胸露臂是一种蔑视朝廷的自在自发之为，发展到南朝竟成了一种时尚流行，而少了许多政治意味，不会被疑为政治犯。

自晋末开始的这一类穿法却完全没有了规矩，似乎逆反，像女子们一样化妆涂粉，没有了男子应有的阳刚和粗犷。服饰的性别错位，是时代政治的原因。富家子弟穿的"高齿屐"，应该是乡间雨天泥路的对应设计。开了田园诗新风的谢灵运就对木屐有过创新设计，创造了可脱卸的鞋齿，上山齿在后面，下山齿转移到木屐前面。

图4-4-16　竹林七贤全景

图4-4-17　东晋顾恺之《洛神赋图》

魏晋男子的服饰常态是什么样子呢?

依然借东晋顾恺之的《洛神赋图》来看。大袖衫是正规穿法，领口很低，虽不像"竹林七贤"们敞着，却依然可以看到服饰松快潇洒的风格，按理说一个北方政权南迁，为适应南方的潮热改造服饰也是可以的。画中人物头戴漆冠，漆冠早在汉初的马王堆三号墓中便有了，是长沙潮湿气候的产物，几百年后依然适用。罩住发髻的漆冠和高高耸立的梁冠，首先在视觉上满足了人们对修长身材不息的热望，当然前面谈到的穿木屐也可达同样的效果（图4-4-17）。帽子不但可纵向增加身高，还能横向扩展，平添威严，人们早就明白个中道理，有了硬挺纱帽的实践，就有了把帽子做得更大且轻巧的可能。

图4-4-18 徐州狮子山北齐墓门吏俑，着大袖衫，衫长及地，头戴小冠，修长俊秀

（三）风雪夜归人

河北景县封氏墓是北魏至隋代的遗存，曾经出土一尊文吏俑，穿着带帽兜的风雪衣，很具功能性，可见这种结构并非今人的创制，五胡十六国及北朝，早早就流行这种适应北方风雪气候的服饰。后来带帽兜的服饰到隋代成为女子的时装（图4-4-18）。少数民族的裲裆铠与裤褶背带裤对中原居家常装和行旅军装产生过影响。因为裲裆，前胸后背都护卫挡风，机能性很强（图4-4-19）。

裤褶，是毛布套装，裤子肥大,裤脚口也大，宽松舒适，做事行动时，膝盖部裤管上用1米长带子系扎住，行走便不会绞缠两腿。如果需要，还可以在脚踝之上再系扎一道带子。这种样式称为“缚裤”。上衣为大袖，但是比衫短，短到膝盖以上，革带在腰间一系，将中原的飘逸舒适与行动利索巧妙集中一身。

图4-4-19 河南邓州南北朝画像砖中穿裤褶行进中的吹鼓手

第五章 花相时期

人用来比喻自身，花是用得最多的一种。花，在一个相当长的历史阶段，是女子的象征。从花草装饰的历史与形态当中，我们得知花成为生命象征在纹样上的表征。就如花一直到很晚才进入到我们的审美视野一样，花并不为女子的专利。作为男权社会的官服，在“衣冠王国”已经讲到，这里也要讲到生活中女子和男子的日常服饰。

一、国色天香

“国色天香”一词出自唐代，具体表征为牡丹。唐代的博大和强盛，因牡丹类似的特征给人的感受，藉牡丹作象征和载体。隋唐伊始，则是花的世界，服饰之上，无论印染还是刺绣，甚至织锦，倘有飞鸟和走兽，也在万花丛中徜徉。

（一）簪花仕女

唐簪花仕女爱花而花，加载有宽大发鬓的头顶，从《簪花仕女图》周昉笔下这群丰腴的美人（图4-5-1）可以看出，在流行簪花的唐代，服装也像花朵盛开一样，奔放洋溢着生命热情。对花的热爱有着观念的原因，用大朵牡丹妆扮头顶，系在胸以上，加大了下身比例的裙子，有着人体的美学意义。

结合整体形象来看，高大的发髻，发髻之上摇曳大花型的鲜花，牡丹、莲花灿烂触目，丰盛的头饰协调于丰腴的体态，裙前高及胸，后摆逶迤拖地，长裙之上罩一层轻薄透肤的广袖长衫，加上肩后臂腕上缠绕垂覆的披帔，体态的丰腴显出来的竟是轻盈柔软，温润可人。

石榴红以其颜色的饱和与耀眼，迎合了时代的热情，广为流行。当时京城“石榴花发街欲焚，蟠枝曲朵皆崩云，千门万户买不尽，剩将儿女染红裙”。石榴红花，石榴红裙，炙手可热，白居易赞“眉欺杨柳色，裙妒石榴花”；酒仙李白也欣赏“行酒石榴裙”，同时“拜倒石榴裙下”，那本意却是审美的。

图4-5-1 唐代周昉的《簪花仕女图》局部

总之，曳地长裙，广袖长衫，飘飞披帔，高髻鲜花，蛾眉花钿，高头丝履，婉约跳脱，衬托以丰腴雍容为美的盛唐女子，构成人们对唐代女子服饰的感性认识。

（二）唐代公主

图4-5-2　唐永泰公主和仕女们，半臂由短襦而来，对襟，系带，穿脱方便，胸前多一层飘动的短衣裾

公主的特殊身份，最能代表一个时代的服饰流行。她能穿一个时期最尊贵的服饰，也能标新立异而无所顾忌，而且为人仿效承认。

永泰公主——半臂·长裙

半臂是一种很有发展前途的常服，就如在唐代永泰公主的墓室壁画上描绘的一样（图4-5-2）。半臂，是在魏晋时期出现过的半袖衫的一种变体，即将半截宽袖的短衣套穿在紧身的衣裙之上，适应生活的常态和行动的便利，季节更替衣服添加都能应付自如。而审美视野中，看到的是修长而不失飘逸的身形。

长裙之上的半臂，堪称一种视觉美的创造。除了实用的目的，可尽量展露内外两层衣。当汉代的三重衣从领口翻出内衣，已经不能满足感情需要时，半臂就诞生了，而且开始流行。

太平公主——男装·回鹘装

《新唐书·五行志》记载了一个唐宫细节，太平公主在酒宴上着男装为父亲献舞，而且穿的还是典型武官装束：紫衫、玉带、皂罗折上巾，腰间革带上挂着适应野外生存的“鞢䪓七事”。书中没有唐高宗的语录，倒是记有武则天笑语女子不能为武官，为什么穿武官服？这里提示的第一个信息是，女子为文官，此时已非鲜见。第二个信息是，女着男装，从此开了风气。帷帽作为胡人务实的服装，虽然被盛唐女子选择性地放弃了，但胡服尤其是回鹘服装，其形式和功能一再影响着汉族的服装。

图4-5-3　骑马戴帷帽的唐代女子佣，新疆出土

到唐玄宗李隆基时期，帷帽（图4-5-3）是女子外出的装束，据说由西域传入，最初的创制当是对当地风沙天气的适应。帷帽有长短不一的形式，各种各样的叫法，短的有网眼遮住脸面的叫帷帽，而以黑纱垂挂长可掩蔽全身的叫羃篱。不戴帷帽的唐代妇女，跟着男子策马出行。带着侍女孺幼踏青郊游成为时尚，《虢国夫人游春图》（图4-5-4）就描绘了这样的景象。

少数民族女装对汉族的影响较大的，还有回鹘（图4-5-5）。长袍翻领，衣身宽大，袖子用猩红色织锦，配上织金花边，桃心形金冠，金簪钗，金耳饰，金碧辉煌，而面部化妆的点唇、腮红、面靥、花钿，皆结构成红色与金色统一的整体形象。

图4-5-4 《虢国夫人游春图》中骑马的女子

图4-5-5 穿回鹘装的晚唐贵妇，张大千临摹安西榆林壁画

图4-5-6 唐代着白袍、乌幞头、黑皮靴策马男子形象

（三）幞头与胡服

幞头。在今天，男子服饰远逊色于女子服饰。男子自从成为人类世界规则的制定者以来就是如此，在取得社会权威的同时，他必须放弃很多属于私人性的审美表现。而张扬个性是一种本能，男子穿戴的个性，集中在了“幞头”上。

幞头是唐代男子服饰的最大特色，因为身着圆领袍衫，脚登乌皮靴是一种时代服制。唐代以圆领袍衫的色彩来区别官阶品第（图4-5-6），除了官阶，也可从服色得知某人属于某个社会阶层。纯洁的白色麻布衣，因其不事染绣，是庶人的标签，是未入仕途知识分子的标志。白衣秀士，可以是隐居不仕的高人，也可说成是一介贫寒书生。幞头在唐代不仅贵贱不分，老少皆宜，西域及域外来者也将此当做唐代文明服戴。

图4-5-7 唐三彩骆驼戴乐舞俑，西域人着幞头袍衫汉服，弹奏西域乐器

西域的服饰，除帷帽在中原流行一时，还有伴着胡舞而来的各种胡服。

胡服。胡服的概念很广，前述的回鹘装是最容易确认具体来源的。我们今天看到的唐三彩驮马和骆驼，牵着这些鸣驼嘶马的大多是高鼻深目的少数民族汉子。“骆驼载乐舞俑”是一个乐舞小分队的表演现场：四名乐者成蒜瓣状背靠背围坐，西域龟兹、西凉“为众乐之准”的弹奏琵琶，横吹的“觱篥”击拍的手鼓，深目高鼻两鬓大胡子的舞者站立在中央，他头戴幞头，着长袍，前襟一角放达地撩起掖在腰间，露出踢踏舞步的长筒软靴，下颌微抬，应节忘情而舞。连骆驼都昂首后仰，闭目聆听，张大鼻翼做无词的和声吟唱。

胡服是随着舞蹈的典型化而流行的。汉族传统的舞则较为“软”，柔软的舞蹈，舒缓的动作，靠动作带动大袖，飘飞垂落曳散来显示优美婀娜的体态。而西域胡服为保证特定的健舞、大幅度的动作、快节奏的腾挪，舞服自然紧身窄袖而少羁绊了（图4-5-7）。

二、清水出芙蓉

清水出芙蓉，天然去雕饰。
——李白

唐代李白的感怀佳句，因合了唐代之后尤其是宋代文学艺术的意蕴，而成为宋代审美的名句流传至今。即所谓"绚烂之极，归于平淡"的那种臻于成熟美学境界的追求。

（一）韩熙载夜宴

《韩熙载夜宴图》与南唐后主李煜有关，由他的廷臣顾闳中所画，给今人留下了五代的官宦生活的真实写照。夜宴中的服饰真是很美，具有末世少有的盛世夸张。女子服饰非常亮眼，露出抹胸的敞领短襦，长长窄窄但能随时绾起滑落的袖子，贴体却并不妨碍大幅度动作的及地长裙，腰间臂间宽宽窄窄的飘垂丝带，包括高髻上垂在脑后打成花结的丝带，全身爽利，长长短短一垂到底的长线条尾梢轻扬，此时的服饰已经没有了盛唐的浮躁和晚唐的颓势，显出了平和合度（图4-5-8）。

男子的服饰仍是幞头，圆领长衫，乌皮靴，态度恭谨，有的做着表敬意的叉手状。独韩熙载洒脱得穿一领白色交领便服，坦胸露腹，还自挥团扇，黑纱高装巾帽仍工工整整地戴着，神色戚然，心不在焉（图4-5-9）。

图4-5-8　五代顾闳中作品《韩熙载夜宴图》中的优雅女子形象

图4-5-9　《韩熙载夜宴图》中各姿态男子的各色装束

（二）李清照与宋词宋瓷

李清照，中国历史上最著名的女词人，以人品与才情遗世，而世人对她的理解，皆来自她的诗词文论。如下面的《醉花阴》就是大家熟悉的：

薄雾浓云愁永昼，瑞脑消金兽。
佳节又重阳，玉枕纱橱，半夜凉初透。
东篱把酒黄昏后，有暗香盈袖。
莫道不消魂，帘卷西风，人比黄花瘦。

词句中可以看到她的室内环境及陈设，即书香门第文人的一般生活设计，其中“玉枕”就是瓷枕——一种当时流行的时尚物件（图4-5-10）。

此时的服装不仅面料色彩、纹样布局、服装样式和着装风格，都与瓷有很深的关系。瓷与现实生活中人的关系，人与物之间在“用”上联系起来，在“用”的过程中建立起的关系，情感的投射，都会在物我两方面产生影响。因为这物是人的观念的产物，完成人的使命。人按照自己的理想创作，器物就有了人自己的影子，此时的瓷器代表器形，如哥窑、官窑、景德镇窑等的贯耳瓶、梅瓶、玉壶春，以及新创制的凤耳瓶等，都有人体美的投射。

李清照的审美，依然是女子所特有的，建立在对自身妆容修饰的基础上，她崇尚的是“客华淡伫，绰约俱见天真”的姿容，对她的妆容描述可见这个时期服装的基础及最早的一种审美情致。

词中可清楚看到，这个时期的女子重面部美容，柳眼梅腮，粉妆花钿，髻高鬓张，凤钗斜插。尤其是年轻女子，节日出游，发髻上的装饰更是丰盛：“铺翠冠儿，拈金雪柳，簇带争济楚。”和任何一个女子一样，李清照特别注意到对应的那个审美的人——男子，她借《减字木兰花》，将女子以妆容胜鲜花的心理，同时又以鲜花为美的标准，执意要郎君给她一个首肯的情境，也让我们看到了宋代女子流行戴鲜花的风习。

图4-5-10　宋代定窑孩儿枕上的孩儿衣衫

图4-5-11　宋代花冠

（三）花冠重楼“一年景”

花冠，是宋代女子戴花的一种独特形式。

花冠和发髻是分开的，花冠笼罩在发髻之上。花冠以罗绢染色制成，像缭绕高耸发髻上的彩色的雾，并不湮没发髻的美丽，反而因为更高更大，像背景一般衬托着青丝婀娜，衬托乌髻上珠翠金玉的烁烁闪射。花冠并非发髻单一的变化形式，相反流行的发髻很多，盘绕方式比唐代要复杂和巧妙，流行掺进义发，完成各种造型。花冠是一种锦上添花，同时因为可以随意卸下，展示不依赖发髻，不会影响发髻的固定形态，是一种比较理想的装饰形式，也反映出宋代比较理性的一面，心思的精致曲折。

宋代流行花的装饰，较唐代有过之而无不及。覆罩在高髻之上的花冠，还有一个称呼——重楼子。据说，有的花冠高达1米，齐肩而宽，在衬托得娇小的脸庞边，耸立起来，确实如同一座花楼（图4-5-11）。

除了花冠，额上和双颊依然流行剪贴金箔和彩纸花，称之为“花子”。脸上的花子依然是一个背景和衬托，衬托着如“远山”的“翠眉”，远山衬托下的是诉说心曲的“横波”眼光。

宋代女子的服饰更是鲜花满身，不仅以色彩和形态的和谐美构成形式美感，更重要的就是对自己手工技艺的欣赏，一种装饰心理过程的满足。宋代衣裙花边刺绣，最流行“一年景”，即一年四季的花卉的各种组合。“一年景”所表达的审美愿望，那就是阅尽天下的花色，收归于人的自身设计之中。而花边又是一种边界的限定，人整体形态的轮廓勾勒，基本结构的长方框直线条，细部的灵动婉转精致活跃，这就是宋代的服装和宋代的人。

（四）走向人前的褙子

宋代流行的时装样式，称为"褙子"。褙子可以说是宋代女子服装最大的成就，不仅将唐代的半身褙子发展成了全身的日常服装，进而成为礼服，而且影响到明清。褙子，正因为是日常服饰，而且上升为礼服，才可以说是宋代服装样式的代表。"褙子"的基本形式是长袖、长衣身，女装的领形一般是直领对襟式；腋下开

图4-5-12　南宋的褙子实物，窄袖，衣长125厘米，长过脚踝

衩，前后襟不合缝，缀有系带，但是并不系结，让其自然悬垂，却因开了衩，可以剪裁得紧身合体，行动又并无妨碍，修长而典雅，动静得宜（图4-5-12）。

而褙子的结构样式早已有之，在汉初就是常服，长沙马王堆汉墓中就已穿在了木俑侍女身上。服用方便、行动便利的需求，必然成为服装功能性结构刻意设计的最早作品。

宋代的褙子直接承袭隋唐，而往前追溯，与许多样式一样，被认为来自北方少数民族，具体的样式是军队的甲衣裲裆，之所以如此称呼，据说是其一当胸，其一当背。军戎服装的机能性在民间生活化之后，就成就了"背心"和"坎肩"。在依然便利手臂活动的前提下，覆盖面扩大，从肩头垂下来，衣身再覆过臀部，就成了唐代的"半袖"。唐代的半袖，因为以方便手臂活动为目标，都比较短小，虽流行，却作不了礼服。礼服，如果说有标准，那就是视觉整体感的标准，是要将人体简洁化到最整体的形态，产生美感而得到公认的。褙子在宋代，首先因为躯体保暖了，而做事手无碍，行走腿无碍；外在形态上，又是一种新鲜的美的比例，一时间被穿成了常服。为人乐穿的服装才有可能向礼服发展，也就是说，衣身越来越长（图4-5-13）。

宋代女子仍如唐代一样，喜穿襦裙（图4-5-14），短襦长裙，腰间垂下编成花结的丝绦，既制约裙裾，又在行走时飘荡如清风吹拂。上身的披帛因刺绣花纹而变得有厚度，无需添减衣裙，挪移之间就可以调节适应天气变化。

图4-5-13 宋代穿短褙子的杂剧演员

图4-5-14 宋人《伴闲秋兴图》着短襦长裙及袍服的侍女

宋代女子的另外一种特别的代表性装束，则是男装。唐代女子穿男装的圆领袍服为宋代所沿袭，男式的圆领袍服作为女装，没有停留在流行时装层面，而上升到国家标准制服层面，成为女官制服、使女常服用。

广袖的褙子是褙子向唯美方向的变化（图4-5-15），而褙子的机能性的进一步发展，就是无袖（图4-5-16）。这种无袖的褙子，成为一百年后明代女子的重要外衣。

就如女子着男装时，区别于男子的是簪花和妆容。男子的常服在褙子、袍子之上，还有头上的“首服”，以示特征个性。

（五）宋词与东坡巾

东坡巾，显见的就与豪放派的苏东坡相关了。苏轼代表作《念奴娇·赤壁怀古》中的千古风流人物，有雄姿英发的周公瑾，有羽扇纶巾神闲气定的诸葛孔明，在谈笑间，看樯橹灰飞烟灭。羽扇纶巾，在外是一种风度气质，是智者表现在衣饰上的一种儒雅符号。

苏东坡本人就以设计的东坡高装巾子，成为自己的人格外在形态，存在于此后千年的古代文人和知识分子的心中。就头巾而言，唐太宗戴出流行的舒适潇洒的幞头，在改造成官帽的过程中，最终演化为缺乏人性化的僵硬的直角幞头。潇洒的知识分子又开始自行设计舒适的新头巾。而从杨万里词中可看到头巾折叠，是宋代知识分子喜爱的“羽扇纶巾风袅袅”，那是一种有理性的风流放达（图4-5-17）。

苏东坡设计的“东坡巾”样式最新，流传最久。因为创制者的人格才情，当苏东坡本人一再成为后代画中形象时，“东坡巾”的名气也就越来越大（图4-5-18）。

当折叠头巾成为“东坡巾”时，早已不是一顶简单的头巾，同时也不是单件的帽子，而是一位士人搭配上羽扇之后的整体形象的一部分，而在衣冠楚楚的个人的心目中，还有着一种意象——理想中的正直优秀、博学多才的形象。这样的一种穿着设计，成为一种习惯，一种准则。在今天的时尚流行现象里，依然有着古代文明文化的影子，建立在人的内心对美的追求上。

图4-5-15　南宋的大袖背子，取传统大袖的美感与直襟的方便

图4-5-16　着无袖衫的宋代女子

图4-5-17　北宋《睢阳五老图》中的毕世长像

图4-5-18 宋代的东坡巾

三、墨梅金花

（一）王冕的梅花

我家洗砚池边树，朵朵花开淡墨痕。
不要人夸好颜色，只留清气满乾坤。

——王冕

每一种花都有自己当令的时节，梅花开在最寒冷的时节，鲜有同伴，鲜亮地开放，有凌霜傲雪的模样。而在民族歧视深重的元代，入了文人的心，随着文人的手，在宣纸上点染得到处开放，于是成了这个时代的特征。

提到梅花，王冕却是我们第一个会想到的。他以画梅写梅为大家熟悉，鲜明地针对元代蒙古贵族的统治而来。民族歧视和民族压迫的政策笼罩元朝百年，尤其是中后期。处在最下等级的是南方汉人，知识分子的地位则在职业分等的九等中低于娼妓，而仅高于乞丐。汉族人在日常穿戴上受到法律严酷限制的局面没有得到改善。

元代流行的花形意象，保留着汉族唐宋样式的服饰，都有民族感情和抵抗民族歧视的内涵在其中。应该说，元代在利用服饰进行有效统治是极其失败的，远不及300多年后满清的统治管理。

（二）黯淡的汉人服饰

民族歧视，服饰首当其冲，而色彩使用的限制，则是歧视最厉害的手段。元代，黯淡的汉族人在社会地位和政治上，是实实在在以服饰颜色的黯淡为表征的。

元代的服饰禁忌多而严格，服饰色彩几乎能区别民族的不同。1315年，规定庶人不得用赭黄色，不准用柳芳绿、红白闪色、鸡头紫、栀子红、胭脂红。男子帽笠不许饰金玉，靴不准有花样；甚至女子首饰金饰也有限数，还只准用银。

元人陶宗仪《南村辍耕录·写像诀》列举各种染色，最为丰富的是褐色系，多达20种名目，如砖褐、荆褐、鹰背褐、银褐、珠子褐等。以今人眼光乍一看，这些色彩非但没有让我们生出黯淡的感觉，反倒像是大手笔的色彩大师，调制出这么多的内涵丰富、有美感深度的颜色。我们从这些自己民族的文字中，深切感受到了声音、气味、景色，当然更重要的还是层次丰富斑斓的色彩。

褐色，一直是作为卑贱的颜色在中原存在。朝廷的服色禁令使褐色等少数几种颜色成为大多数人可选之色。汉族人民，尤其是汉族知识分子的介入，创造出一个黯淡色系的文化深度，使原本的黯淡变得丰富，成为普遍，普遍成了一种流行，发展成为一种色彩审美的高品位。在这种流行面前，元代皇帝也无法抗拒，竟然最后连自己的服饰上都使用褐色。当然这在禁令之初是没有想到的事。

（三）大红姑姑冠与蒙古袍衫

蒙古族贵族尚红色，虽然我们前面提及流行的红色，不及褐色丰富，但是红色的响亮耀眼，使贵族必然据为专宠。

进入等级社会的任何朝代，帽子都是服饰设计中的“首要”。蒙古贵族女子服饰的“首要”就是大红色的“姑

图4-5-19　当代T台上重演的元代姑姑冠

姑冠”。姑姑冠有许多的写法，比如“罟罟冠”，大多是译音所致。姑姑冠是高高的冠帽，大红绫罗里面的骨架是用筒卷的桦树皮、铁丝网织。

姑姑冠一般高约1米，还有更高的，冠顶插上野鸡彩色翎毛，需保持身姿平衡，戴着不舒服是可以想见的，走动起来，头正腰直，屏息敛神，自然会有一种端肃的高贵，微步生风，冠饰飞动，更具美感。走近一点可以看到冠上满饰珠玉、琥珀、金箔华胜，有各种各样的名目，代表她们的身份等级（图4-5-19）。头饰作为等级的象征意义尤为重大。

蒙古男子的头饰，除了保暖的皮帽，则是自己的“发型”。最流行的是剃“婆焦”，就是除了前额正中及两侧留下三缕头发，其余全部剃掉。留下的头发，前额一缕截至眉间，两侧垂绾，悬至肩上。侧边这两缕头发因为挡住了斜视的目光，斜视蒙古人称之为“狼视”，所以又叫“不狼儿”。上至成吉思汗，下至平民百姓都是如此发式。站在一个历史的发展角度看，蒙古族的“婆焦”并不会落后于当时汉族男子发式，相反有其生活的便利处。头发剃去的部位也是容易出汗的部位。留起与生俱来的头发，整理长发，是各个民族的乐事，蒙古族也不例外，尽管剃去后所剩无几，梳理的发式却千变万化（图4-5-20）。

图4-5-20　蒙古族传统发式

蒙古族的服饰有着机能上的优势，影响到明代的服装。

（四）青花瓷与民间印花布衣裙

青花釉里红青瓷罐（图4-5-21）代表了中国制瓷技术史上的一个里程碑，一是烧成了“娇艳欲滴”的青色釉下彩，铜红釉下彩烧制虽然在明代才能完全控制，但此瓷罐青花中的红釉晶莹，是个难得的意外；二是钴料青花的出现，深受中国人的喜爱，在视觉审美和文化心理上达到一种高度和谐，几百年过去，由此竟然自发形成了中式饮食器具装饰的代表色，一直延续到今天，国宴上的中式餐具依然是青花。

有许多美学家、民俗专家认为是来自民间的蓝印花布潜移默化培养起来的审美经验。当织金流行于元代，当各色的花样都由皇帝官家所专有，不得擅用之后，平民百姓就只有另辟蹊径，去开发新的审美领域了。

民间蓝印花布，据前述所知，元代以《农桑辑要》为代表，标志了这个时代的重大成就，种植棉花，当时称作“木棉”，带来了新的气象，以养蚕缫丝，丝织锦绣闻名于世的帝国，以麻布衣饰构成生活普通场景的中华。在13～14世纪的元代，以一位今上海松江区原乌泥泾乡间童养媳出身的黄道婆为标志，普及了棉布的袍衫衣裙，棉花种植，棉纺的发展，一定程度上适应了老百姓对衣饰面料实用舒适和装饰的需要。

图4-5-21　元青花釉里红青瓷罐

四、缠枝牡丹

（一）牡丹亭下杜丽娘

你道翠生生出落的裙衫儿茜，艳晶晶花簪八宝填，可知我常一生爱好的是天然，恰三春好处无人见。不提防沉鱼落雁鸟惊喧，只怕的羞花闭月花愁颤。

——汤显祖《牡丹亭·醉扶归》

《牡丹亭》是中国最著名古典代表戏剧之一，而杜丽娘则是剧中的主人公，著作者是汤显祖。杜丽娘是南安太守之女，一天偷偷跑到后花园，而她在官衙已经住了三年，竟很少迈出闺房，连后院都未去过，一见之下深受震动，真实自然是如此美妙：“原来姹紫嫣红开遍，似这般都付与断井颓垣。良辰美景奈何天，赏心乐事谁家院！”因震动而沉迷酣梦，在梦中还结交了心仪的书生。精神压抑的现实与梦中的际遇，使杜丽娘心仪以至身死相随而去，埋骨幽泉。人虽死，魂魄则因情而不散，三年追寻，终致魂还而寻觅到梦中之人，死而复生。此时并非不讲文化，幽闭闺中的太守之女，精于女红，饱读诗书，极尽妆容，在传统文化的各个方面，都有优厚的物质条件供她深究开掘和施展才艺，恰恰是作为一个自然人，被限制生命的自由，一个社会人，被禁锢思想的自由。

不到六万字的剧本，汤显祖竟然用了300多个“花”字，如写明白的木笔花、惹天台的碧桃花、春点额的腊梅花、堪插戴的玉簪花、露渲腮的蔷薇花、人美怀的宜男花、魂魄洒的杜鹃花等。以“花”为曲牌的就有《醉花阴》《山桃红》《梨花儿》《榴花泣》《玉芙蓉》《月上海棠》等近20种。

花，完全成为了人的情感、生活形态的一个喻体和象征符号。一种花，一段典故，可以是一位女子一生各个阶段的写照。《牡丹亭》中的两个主人公——杜丽娘暗喻啼血染就杜鹃花，柳梦梅“柳花飘零亦潇洒，梅花香幽有气节”。花的意象之下的服饰又有怎样的时代特点呢？工艺中人工创造的花的意蕴和花的形象，每个时代都不同，皆因时代的技艺发展，工艺材料进步。

杜丽娘作为官宦一途的子女，穿着的衣裙自能代表当时日常服饰的最高审美形态。中国古代女子服饰的基本样式，“裙衫”“花簪”依然一以贯之地传承明代，“花簪”也更加精致，流行的是“八宝填”。而“裙衫”的质地、装饰、款式也有了新的变化。

（二）禁忌与流行

什么是禁忌？禁忌属于社会文化、社会权势和风俗习惯，对行为举动、语言文字、服饰装扮、所作的社会等级、地点时间等方面的规定。禁忌是相对的，在一个社会共同体中，一般是大部分人的禁忌相对小部分人的无禁忌。而流行作为社会文化，在性质上恰恰不同，具有大众性，在封建社会有民主的因素。流行表现为一种显在的普遍，而起源往往是一种并非普通的物以稀为贵的诱惑。明代服饰的流行，最初是以禁忌为诱因的。

明代的服饰反映出时代的变化特点。

女子服饰的面料、纹样、色泽虽然因生产力的发展而丰富靓丽，但制约了社会发展的封建制度对服饰也有严格的制约，违反规定，即是僭越。除了平民，官员女眷，即所谓命妇，都有所属官阶不同的禁忌。有趣的是，官阶越高的穿戴首饰服装越沉重，因为更隆重。虽沉重，却又是社会正统最高荣誉和地位的标志而甘愿承受。与缠足相似，三寸小脚是正统，缠足痛，行走苦，而一旦为社会审美主流所推崇，则不辞辛苦。小脚的欣赏者，是这个时代的男子，貌似有着社会权威地位的男性同样生活在服饰禁忌中。

官服历来华美，在服式一统的情况下，纹样、色彩是审美的主要目标，天顺二年（1458年）时，朝廷明令规定“蟒龙、飞鱼、斗牛、大鹏、象生狮子、四宝相花、大西番莲、大云花样等”“玄色、黑、绿、柳黄、姜黄、明黄等”都不许百姓穿用，甚至违例奏请者也会科道纠劾，治以重罪。但服饰美的力量太强大，屡禁不止，违反规定又会有新的规定出台禁止，甚至新皇继位也会以重申服饰制度以重整朝纲，树立权威。1522年，明世宗嘉靖皇帝下继位诏：“近来冒滥玉带，蟒龙、飞鱼、斗牛服色，皆庶官杂流并各处将领夤缘奏乞，今俱不许。武职卑官僭用公侯服者，亦禁绝之。”此后是屡禁不绝，而不绝屡禁。

民服中也不乏禁忌。当时汉族男子习惯戴一种头巾，上有四根带子便于包裹头部，汉服重新得到尊重时，有人献计而被命名为“四方平定巾”。巾子本是方便合用的头巾，但是一旦冠名，则成为规定，庶人必须佩戴，本来是人民对新政权的拥护，却反过来成了一种强制。服饰的统治意义和严肃性随之体现，出现一系列的规定，最重要的一条就是民间不许用贵重的面料，即使面料本身不得呈现纹样，也不得用金线刺绣，色彩则不许用深重的大红、鸦青、黄色，只能是浅淡的紫、绿、桃红等。最后连首饰的材料都由官方文件规定，金饰、玉、玛瑙、珊瑚、琥珀都有特定限制，服饰在这个时代由民族歧视变成了阶级压迫。而且由于明朝创建者自身的经历，和以正统封建制度为正宗的简单思想，特别歧视商人。庶人之中，商人所处地位极低，洪武二十六年规定，一家之中有一人经商者，全家不许穿绸和纱，而农民至少还可以穿廉价的绸和纱。生产力的发展，以苏州为代表的江南丝绸业的发展，保证了富商大贾的存在和增加。

滞后的生产关系不能有效地支持生产力的发展，而与先进生产力伴生的第一批商人，只能奉封建权威为最高价值标准。明代中后期社会的特点，历来被认为是资本主义萌芽，而这些新的生产关系的因素就出现在手工艺中与服饰密切相关的染织行业，而成为经济繁荣的物质财富象征之一的就是繁花似锦的各种丝织品，而这些产品绝大部分用作了服饰。

中国服饰对图案的喜爱，最初虽然为象征标志的需求，其本质植根于对自身手工技艺的钟爱。明清两朝官服上的补子，就具有这种特征，而使用的材料都是时代最新创制的代表。

（三）《天水冰山录》

明代创制的用于服饰的材料和组合形式非常多，成为现实的用品记录比较集中的，而且具有代表性的文

图4-5-22　唐代的半臂，宋元之后，加长腰身，成了明代的比甲，《燕寝怡情》图册局部

图4-5-23　端坐的这位唐代梳高髻的女子，着敞着领子的窄袖，外罩半臂，纤秀与飘逸共存

字资料是《天水冰山录》。如此富有诗意的名字，并不是这个盛行小说创作的时代的一部文学著作，而是历史上有名的奸臣严嵩家产在嘉靖末年被抄没的一册记录。

奸诈贪婪的严嵩聚敛私藏了大量堪称那个时期物质文明精华的手工艺品，尤其是与服饰相关的手工艺品。妆花、织金、遍地金袍服织成料等丝绸织物达1.4万余匹。这些染织物的色彩有红、大红、水红、桃红、闪红、青、天青、黑青、绿、墨绿、油绿、沙绿、柳绿、蓝、沈香、玉色、紫、黄、白、葱白、杂色、闪色等，色相丰富，色调之间过渡含蓄，对比柔和。

服饰讲求整体感，以体形为造型基础，而面料早已设计了这种伏笔。如云锦即有红妆花五爪蟒过肩缎、青织金妆花织金、蓝织金仙鹤通袖织金缎、青织金过肩蟒罗、红妆花凤女裙罗，这些皆属于明代新的创制。

服饰的整体设计，包括服饰上的机能性构件，书中载录的带钩绦丝带就有68条，为什么这样多？当然因为服饰色调与样式的搭配和统调。

明代的小说创作非常兴盛，与市井生活的丰富联系在一起。《金瓶梅》——这本中国第一部由文人独创的家庭题材的小说，创作于明代晚期，作者兰陵笑笑生，其署名掩盖了真实姓名，却是为了更真实地再现现实社会生活。

丝织品面料，在明代后期是人情交往的重要馈赠，小说中处处可见"便买一匹蓝绸、一匹白绸、一匹白绢，再用十两好绵"，用毡包包了，将人送去。西门庆吩咐裁缝做的服装样式有大红通袖遍地锦袍儿、大红遍地锦五彩妆花通袖袄、兽朝麒麟补子缎袍儿、玄色五彩金遍边葫芦样鸾凤穿花罗袍等，而且裁剪非常快，"须臾共裁剪三十件衣服"。而这些让人看得眼花缭乱的面料和裁剪成的衣服，兰陵笑笑生将书中的主人公，尤其是女子服饰描写更多，各式各样的服饰衬托显示各式各样的人。

（四）成熟的色彩服饰审美

明代女子的服饰承袭了唐宋服制的样式，又有自己的时代特点。

同样是发髻高绾，鲜花绕髻，但是额间多了一道"抹额"。"抹额"的头饰据说与头部的防寒有关，起源不唯独是简单的装饰。只是年轻女子额间窄窄一道头箍，有一种强烈的自我意识存在，就如隋唐的花钿面靥。既是机能的，又因为机能性而坚持下来，使它成为一种装饰美。"抹额"直到整个清代，都存在于女子装束的各方式之中。

明代女子依然喜欢肩披长帛，褙子也依然是生活中具有生命力的服饰。明代最具自己时代特点的服饰是"比甲"（图

4-5-22）。比甲，从形式上看好像是去掉了袖子的褙子，长度相似但是无袖，虽然只是少了两只袖子，却方便了随气温变化添衣又不至臃肿的需要，从服饰形象来看，齐肩袖口缘边形成的分割，加强了纤细身条的审美视觉效果。如果我们还记得宋代褙子的前身——唐代的半袖前身（图4-5-23）——魏晋来自军服启示的裲裆，就会感受到中国古代的服装，始终是在审美上依据着装人的舒适性，在结构上依据最方便实用的方式变化。而且利用机能性结构的每一次变化，形成新的流行风格样式。

明代的女子也依然以穿着裙子为主，裙子的变化，以直线居多。其中多褶裙成为明代特色长裙。在以“修长”“风度”为服饰审美特征的国度，多褶裙之所以出现且流行，关键在于丝织面料普遍的进步，其质料特点是更轻薄更细致，同时更富弹性。

短襦长裙几千年的延续，依然是日常服饰的主角（图4-5-24），对色彩搭配非常讲究。对女子服饰的审美，其欣赏方在于男子。明代尤其是中后期之后的知识分子，有着一系列的理论著述，李渔的《闲情偶寄》就是代表。

图4-5-24　明代民间女子的襦裙装扮

（五）《闲情偶寄》文人谈态度

李渔，以戏曲创作闻名于世，他活跃在明末清初特定的文化环境之中，《闲情偶寄》是他一生阅历的美学研究成果。虽然历来被戏剧界引以为理论著述，但是戏剧中服饰的重要地位，书中因有对服饰中的人的心理分析及其生活环境的研究，又成为设计界所关注的一本古代设计理论著作。尤其是人对自身的设计的论述，非常精彩精到。

李渔提出：态度是服饰之于人审美的关键，尤其是对欣赏对象女子而言。态度，如果没有态，则再有颜色也不能动人。一些状貌姿容无一可取者，却令人“思之不倦”“舍命相从”。

图4-5-25　宋赵佶临摹张萱《捣练图》局部

服饰美，不仅是物质的服和饰的美，也不只是服饰上身整体的动作的美，而最重要的是穿着的人的内在天性，通过服饰形象在任何环境情境中所传达的心灵美。从人必须穿衣而言讨论服饰美，该如此认定。而立足于人，则服饰是人自身设计。

如唐代张萱的《捣练图》（图4-5-25），盛唐短襦长裙的那位缝衣的女子，左手上送，身子前倾，探头咬断线头的瞬间，表现缝衣这件事情的完结。女子的姿态美极具张力，那是一种美的姿态，来自劳作的态度的必然形态。心和行为一致，意识和形态和谐。

明代的中国文化，最大的一个特征就是因为经济发展带来城市化后，出现的一个知识分子阶层创造的特有的文人文化。文人画在这个时候的勃兴，就是这种文化在绘画

图4-5-26　明代唐寅的《桐荫清梦图轴》中的文人形象

艺术活动中的一个显像。如唐寅的《桐荫清梦图轴》，大袖衫，一片桐荫，一张多档调节的折叠交椅的闲卧，虽免去方巾帽，方布裹扎发髻，但一领飘逸的大袖衫，一双翘头鞋，态度洒脱，也就只能是文人（图4-5-26）。

在明代，文人的写真图比任何时代都多。而且中国自古的大袖，在这个朝代的男子斜襟袍衫的基本样式上，得到最大限度的张扬，与女子衣裙形成鲜明对比，袖管（袂）和袖口（袪）更加宽大。宽身长裾，大襟领口讲究的白色包边，罩袍则必在领间显出洁净的白色内衣。对服饰贴体的舒适和态度的优雅，比任何时代都来得讲究。同样如此，头上是视觉设计的重点。儒巾是流行的首服，撑起方顶的是柔软细腻的面料，脑后垂下长长的两根带子，行走生风，有款有型，优雅潇洒。

至于市井众生相，个个以服饰相区别，而且讲究服饰装扮，衣饰丰富多彩。个性化的穿戴，也反映出这个时代思想的活跃，政治禁忌的管制也因无力而无效。

五、《月曼清游图册》

《月曼清游图册》是清代活跃于雍正、乾隆两朝的宫廷画家陈枚的一本画册。画中的清代后宫女子服饰及其相互间交往的姿态，比较真实地再现了经过一百来年的统治政策的调整后，民族关系缓和的实质。

（一）清宫官袍

我们看到《月曼清游图册》，俨然是风清月朗的太平盛世的境界，这正是乾隆御题的后宫四季图写。清明盛世往前退回100年，还是一片刀光剑影、血雨腥风。

民族压迫，从体饰开始；反抗，亦从体饰表现。服饰的强制，是强制人心；服饰的坚守，亦是人心的坚守。征服人心，必从生活方式着手，体饰首当其冲。留发不留头，留头不留发！如此惨烈的事情，双方之间的精神对抗，是何等激烈。最后清廷为长治久安计，不得不以“十从十不从”妥协。民族服饰成了统治与反统治的焦点。

虽然最初的入关满族统治者以“留发不留头”平定了天下，最后还是采纳了明朝遗臣金之俊的“十不从”，缓和民怨，安定人心。“十不从”是“男从女不从，生从死不从，阳从阴不从，官从隶不从，老从少不从，儒从而释道不从，倡从而优伶不从，仕官从而婚姻不从，国号从而官号不从，役税从而语言文字不从”。简单地来说，即军队、男人，属于社会的主要力量，则要一律着满族服装；妇孺、隶、伶、婚丧等，构不成对政权的威胁，可穿汉族服装。

图4-5-27　抚琴的胤禛着汉装，《雍正行乐图》局部

图4-5-28　清代郎世宁笔下青年的乾隆和老年的雍正在汉文化背景空间之中，《平安春信图》局部

图4-5-29 《月曼清游图册》之着汉服襦裙的满族贵族及着襦裙的劳作者

乾隆继位的1736年，清朝建立已经100多年，入关也有90多年，在汉文化的熏陶下长大的乾隆皇帝，一天穿上心仪已久的汉式冕服出现在应召而来的大臣们面前，一老臣答乾隆“是否像汉人？”问，说：“皇上于汉诚似矣，而于满则非也。”客观、理性是前中期的清朝的优点，一句话点醒乾隆，汉族文化历史悠久，不利用服饰保持满族特色，则难以统治；而不尊重汉文化及服饰的现实，难取得民族间的亲信，也不能有效统治。实际上，雍正就留下着汉装的画像（图4-5-27），而乾隆在此基础上更进一步，他让郎世宁画了自己着汉装，在汉文化背景的竹林中，将自己的青年和雍正的老年形象共处一个空间，画上题词：写真世宁擅，绩我少年时，入室皤然者，不知此是谁（图4-5-28）？

清代开始，中国以汉族为代表的男子传统服装从此中断。200多年后清王朝覆灭，再行兴起的汉族服装已不复是原来的模样。

历史证明，“十不从”的对策不仅在当时是一个政治方略，同时反映了民族之间融洽交往和文化交流的心愿。实际上，汉族的服饰风度对满清贵族从来都具有吸引力，日常闲居，汉族服饰的舒适也是显见的。满清统治者之所以坚持旗服最主要目的是保证合法合理的统治权威，当“十不从”作为政策实行之后，汉族女子服饰马上被满族女子将当做高层次文化的美来追求。当清廷政权巩固，成为新的正统，满族的服装实际也得到汉族的认可，因为旗服有着自己穿用方便和审美特点。又过了100多年，清王朝大势已去，甚至倾覆之时，旗服因其机能性特点和代表一个时代中华民族的物化形态，反倒在民间流行开来。旗袍，这种并非旗人之袍的服饰，就是在清代灭亡之后，根据新时代新志趣创造的新样式带着复杂的民族情感而来，成了传统中国服饰女装的代表。

（二）后宫汉妆

乾隆时期的后宫旗女，并不时时穿旗袍。在我们印象中，她们着长袍马甲，高达17厘米的两把头拉翅子旗髻，厚达两寸的花盆底鞋。因为马甲在长袍之上分割比例，与格外修长亦矫健的形象相差太远。纵观整个清代，我们可以看到清代中期，即嘉庆之前是另外一种景象。

这景象来自《月曼清游图册》（图4-5-29）。整套画册以全年四季12个月为基本框架，从踏雪寻诗吟咏开始，继之寒夜寻梅、赏梅、画梅，到闲庭对弈黑白子的阴阳思想的揣摩、曲池荡千、韶华斗丽、池亭赏鱼等12个场面，看到的全都是汉族女子的装束，表现的是对汉族文化的学习和欣赏。

鸦片战争之后，旗人女子的服饰有较大的变化，旗髻流行，实际上也有出于以满族服装唤起八旗子弟民族意识，扬先主之荣光的意义。处于困顿的清王朝，端肃服饰，以振旧朝纲，齐心明志，强力支撑。

20世纪80年代之后，中国有足够的进步和成就坦然地回顾自1840年鸦片战争开始的百年屈辱的历史时，清宫景象成为影院银幕、家庭荧屏最常见的景象，那个时代的当事者，无论男女无一不是端肃的旗装，不管是在朝廷之上，还是在闺闱之中（图4-5-30）。即使如此，盘长纹样等汉族文化最典型的视觉符号，最为醒目地成为旗服上的刺绣装饰。

当窗临水，让莲荷相伴做针线活的清雍正帝胤祯的妃子，放宽袖口的褙子，宽宽的花边领口、盘髻，只在内衣立领上显露旗服的样式。而这个立领，也成为以后汉服的一个重要特征（图4-5-31）。

（三）民间旗装

汉族妇女在清代早期就在“十不从”的妥协政策下，得到赦免，依然可以穿汉族服饰。但是清代统治的巩固，清廷满族服装基础上的官服，取得正统地位，也在百姓心目中成为服装正统。最初的尝试，是在婚姻仪典之上，作为礼服区别日常的明式女装穿戴一下，在殡丧入殓时作为死后的哀荣借用一下。因为旗服的“便于作事”，逐渐在汉族妇女之间流传开来。与清初男子被迫剃头易服不同的是，汉族女子穿旗装，是一种自然的服饰的变化流行。

宣宗道光对满族女子服饰汉化的责难，在另一方面成为满族女装受到尊崇，包括民间汉族妇女尊崇的一个催化剂。满族服装，在民间的流行逐渐形成，进入了一个无论结构还是装饰都大融合的阶段。不过几十年时间，衣身衣袖变窄变小，满族女子穿裤子的习俗为汉族女子所接受，不再是裙子的一统天下，而且裤管也由大变小变短。嘉庆时期，女裤已为汉族女子作为常服穿着。光绪之后，女裤流行，穿裙子的倒少了。长裤的普及和旗装的变短分不开，而旗装变短应该说，也是环境条件许可，而且也为了行动的方便，适应加速了节奏的社会生活。

改造过的旗装不仅反映在结构上。经济的繁荣和手工艺的发展，机制新面料的品种和花式的增多，反而煽起人们以个性的装饰，标示新颖的热情。《红楼梦》中描述了众多的云锦织物，如镂金百蝶穿花大红云缎窄肩袄、二色金百蝶穿花大红箭袖、玫瑰紫二色金银鼠比肩褂、水红妆缎狐嵌褶子、晴雯抱病织补的孔雀裘等，都是生活在江宁织造府的曹雪芹，印象深刻地新的织品和服饰新样式。

立领是北方及西部少数民族服装的一个特点，适应了地域气候条件。因为是立领，当胸可供装饰的服饰面积比较大，而领口多滚边刺绣装饰，襟边袖口也形成统一的装饰带和纹样。服装尤其是上衣的边饰成为重点，边饰的工艺手法中，刺绣又成为体现用心的首选，穿戴者自己也能参与设计制作，因而流行起来。

变化了的生活，新的时代思潮，都显示在服装上。显示在服装上的是一种感受变化，寻求变化的社会内在心理。变化，建立在原有的服装，往往就是过度装饰；建立在对新的生活的追寻上，这样就会以对结构的改造为关注重点，甚至表现为忽略装饰。中国的手工艺，以及人的服饰设计，进入到一个变相时期。

图4-5-30　着长袍马甲，梳旗髻，登花盆底鞋的清末女子

图4-5-31　清人绘《胤禛妃行乐图屏》中的汉服皇妃

第六章 变相时期

变相时期，指的是西风东渐，形成重大服饰变革的辛亥革命以来，出现在大都市的新服饰。

从形式上看，此时中国的服饰有了许多外来的成分，可以说主要受欧美的影响，包括受日本的影响，而日本在明治维新之后主要以西服为新时代的新服装。从本质看，它是一种社会生产方式发生根本性变化所带来的生活方式变化。

变相时期服饰最初的变化，来自一些革命精英分子身体力行的倡导，到这个社会变革真正到来之后，服饰则是在按照自己的流行规则起作用的。社会政治的动荡，并没有阻碍，甚至是促进了服饰与新的生产关系的一种协调和磨合。

一、中山装演中国心

（一）呼唤变革的时代

中山装是这个时期变革中的服饰代表。此时服装的改良变革是动荡巨变社会的一个重要的组成部分，有着意义重大的历史背景。

清王朝的腐朽与国势衰微，激起爱国之士变法维新。1894年甲午海战惨败。康有为等人联名上书，戊戌变法失败给社会以极大震动，最直接的结果就是大批青年出国留学，断发易服便在这部分人中得以实现。不过其服是穿人家的西装，而非根据国情经过改良。回国之后，国仍故国，只得装上假辫子以求符合旧制。不过在当时不光是图喜庆，而是图保命。

（二）穿西装的黄兴们

1905年黄兴的装束，代表了先进知识阶层的服饰特征，有思想，精理论，重实践，能文能武（图4-6-1）。不仅是黄兴，许多当时的思想精英们留下了潇洒英俊的西装照片，如变法维新的发起者梁启超、以国学之名著称的教育家蔡元培、共产革命的领袖人物陈独秀，他们的西装样式包括衬衣的领头式样和穿法，都与当时国际流行的样式相一致。

孙中山于1911年底回国，次年元旦就任中华民国临时大总统期间，穿着国际最流行的西装套服：翻折领圆角白衬衣，小领结窄领带，双排钮西装。

图4-6-1　1905年黄兴的装束

新的服制的生长，必须有其合情合理的土壤。西装虽好，但在当时要作为中国民众普及的日常服装不免牵强，而难以存活。新生的民国政府也曾仿照西洋诸国服制，颁布服制条例，规定了男女礼服，作为法规，而此时对新的服装没有任何禁令的民国初年，要大众依法执行新设计的服装时，却意外的没有形成气候，更不要说是流行了。实际上没有什么可意外的，熟悉了服装流行的规律之后，就会知道一种服装的流行，只能是自发形成，可引导而不可强制，而自发形成需要基础，这个基础是文化，而形成文化则需要时日。

（三）蔡锷将军与护国军

蔡锷将军的闻名，与护国军联系在一起。作为军人，戎装整肃是他主要的社会形象。中国近代军装的改革，走过了一条比较复杂的道路。

图4-6-2　清代长袍马褂的男子

图4-6-3　近代改革保留了夏朝帽的清廷军装

清代服装是一种宜于骑射的服装，将这种作为朝服，也说明了清廷务实。以军装为原型的务实清代服装，在近代因为交通发展，在越来越趋于整体的世界中显得难合时宜（图4-6-2）。

一面是全套接受外来现代军装的革命军军装，一面是为适应国际通行礼仪和现代战争实战的清廷军装，在较长的时间内，代表中国形象的军装不断在设计修改。

而最初改革后的清廷近代军装（图4-6-3），虽然已经吸收了西方现代服装的特点，短衣长裤，不再穿长袍，结构形态非常合理。佩剑的悬挂，包括戴白色手套，都是西方军服的形式特征，一并学习了过来。但是作为清代几百年一直坚持的发式和冠帽制式依然保留，帽翎长垂的夏朝帽、中国传统的盘长如意结作为标志赫然出现在袖子的前部。形态带着没有变的本质，依然延续。

1904年前后，和许多留学日本的青年英才一样，蔡锷的留影中有日本士官生特点的着装，简洁精干。

1912年1月1日，孙中山从上海乘火车去南京就职，与护送的各路军队威武的现代军装相对应，也是一身严整军装，其形式与当时发达国家的军装没有区别。在云南担任护国军总司令的蔡锷，穿将军礼服，佩带流苏肩章，大盖帽上的高耸帽缨虽然依然带有强烈的装饰意味，但是平素精干的军装，已经完全是进入了兵器时代的现代军装了。军装，因为其功能性的特殊要求，总是走在时代的最前列，或者说，保留了一些功能的本质因素，为服装适应生活实际时时借鉴。而帽徽、领章、肩章、胸章、袖章则是军队权威的标志（图4-6-4）。

（四）孙中山设计的中山服

中山装与中国伟大的革命先驱孙中山联系在一起。一说是孙中山喜好穿着而得名，因为基本的形制与当时青年学生喜欢穿的“学生装”相类，这种改造简化了的西装，让从长袍中钻出来了的青年人穿出了蓬勃朝气。另一说是中山装之所以为人所乐穿，是因为经孙中山之手设计。而且这设计后的服饰，从形态到寄蕴的精神，贴切了中国人的心。

不管如何，中山装简洁、明快而庄重，受当时走在革命最前头的知识分子喜爱，又因孙中山的原因，使空间上的流布而有了时间上的传承。到后来礼服化的中山装虽然复杂了许多，需大雅之堂相得益彰，简装形制的中山装仍然在日常生活层面流传。成功收回港澳的中国从世纪之交起，旗袍由悄然而起到逐渐走向普及的同时，没有翻领的中山装又以衬衣与外衣两种形式在知识分子，尤其是艺术家中兴起。简洁的形态与立领，也使人依稀领略中国传统服饰的韵味。

历史照片中，1923年孙中山穿的服装，立领有了翻驳，而还只有两个翻盖的下口袋，5颗钮扣。1924年，孙中山的服装添加了两个同样翻盖的上口袋，有7颗钮扣。

中山装，作为国家级服制，它的生命是长存的，它诞生在中华民族从几千年封建桎梏中解放的时刻，释放人类心中理想的时刻，它的形制中就包含了理想的因素，只要我们还在向前走，它本质的必然就会使我们不会放弃它。

图4-6-4　1915年前后蔡锷将军的军装

二、青春之歌

（一）家春秋

巴金的《家》《春》《秋》，虽然自1931年出版，书中记下的旧事新闻却是从1923年他离家出走之前开始的。记载的是20世纪20年代初，中国内地的代表了传统文化势力的一个大家族中形形色色的人，有保守的家长，有无奈的长兄，还有求进步的青年，在时代大潮中的演出。在社会矛盾的冲突中，服饰成为新兴进步人物的醒目的符号。

觉明、觉慧是学生，棉袍依然还是他们冬天常穿的服装。头上的短发、脸上金丝眼镜和脚上的皮鞋，是时代的显著标志，当然他们还经常手持《新青年》《新潮》等进步杂志。和这些意气飞扬的新青年不同，这个时期大户人家的少爷，衣着要光鲜得多，但却透出旧思想束缚的怯弱。

而此时女子的脚呢，书中强调了年龄最小的觉明的四妹淑贞（10岁），穿青缎子绣花鞋移动着小脚吃力行走。琴，是当时学生之中少有的女子，此时"穿了一件淡青湖绉棉袄，下面系着一条青裙。发鬓垂在两只耳边，把她的鹅蛋形的面庞，显得恰到好处。整齐的前刘海下面，在两道修眉和一根略略高的鼻子的中间，不高不低地嵌着一对大眼"，清纯、素雅，无脂粉。但是琴虽然是女学生典型的装束，却还不是最时兴的，琴此时还是长长的辫子。但是她已经向往着短发了，她说："学堂里头已经有人剪过了，我亲眼看见的。"

（二）早春二月

电影《早春二月》是根据革命青年柔石的小说《二月》的名字改编而来，为20世纪60年代的人们所熟悉。

故事中有一个年轻女学生陶岚，不过其所处的时代是1926年，所在的是江南沿海小镇，离大都市上海不远。

故事的背景，也寓意了中国革命还处在一个春寒料峭，但毕竟春天会来临的历史时刻。而这一年3月20日，发生的中山舰事件，就是这个时期所有社会矛盾的一个典型具象。

文嫂盘髻，大袖口斜襟衫大裤管长裤，20世纪早期流行的两侧细褶的长裙，截短后成为这个时代劳动妇女围裙的样式，并且成为江南沿海一带具有地方特色的民间服装样式。

谢芳饰演的陶岚，刘海齐额，独辫长长，揽到胸前时，那是青春羞涩，甩回后背，在腰际之下，宽宽长长的围巾与长辫一起甩动，走出青春的轻捷。此时流行的圆摆短袄长裙，也具有衬托出青春婀娜的机能。

具体的服式"袄裙"，实际与过去的襦裙形制相类，最大的区别是上衣短而大。上衣整体裁剪，无插肩，右襟高领，盘扣纽结，圆摆，下沿脐上，摆跟高至腰际。在视觉上强调了细腰，袖有长有短，一般与衣摆相若，一眼看去，如以头顶虚拟一圆心，下摆为半径，画出的一个扇面，手臂渐抬，折扇展开，至两臂与肩平，则扇页尽展，两臂垂下，手指交握，则绸扇收拢。长裙亦有如此的效果。高领衫袄、黑色长裙是最先出现的女子"文明新装"，袖口、裙管宽大且短，劳作手不污袖，足不污裙，四肢可做大幅度动作，又因缘边高领框出秀颈，圆摆勾出纤腰，如花蒂，如绿萼托着舒柔的花朵，清新、自然、柔美。这种称得上是芳馥的女性气息，还因为衣饰之下除了天然的自由躯体，无一金银珠宝首饰的束缚。齐耳覆额的短发，露出小腿的天足，更是当时美的最高崇尚。

孙道临饰演的萧涧秋西裤革履，梳西式分头，穿有钮扣的短立领的日式学生装，戴长围巾，长外衣在手臂搁着，爽利而矫健。剧照中他身旁映衬的陶慕侃是此时典型的头戴礼帽、穿长袍、戴长围巾的装束（图4-6-5）。知识分子的服装，穿出了儒雅和适应自身生活的便利。

在这个年代里，中国的服装变革的思想和风习，都来自外部世界，可以看出，男子较之女子，要进步得早，进步得大。

（三）青春之歌

女子的服装终于随着时代的进步，与男子相当。在反映20世纪30年代爱国青年的影片《青春之歌》中，谢芳饰演的林道静已经剪成齐耳短发。

杨沫原作中，林道静出场时坐在火车上，十七八岁的林道静"穿着白洋布短旗袍、白线袜、白运动鞋，手里捏着一条素白的手绢，……浑身上下全是白色"，身边还有一大堆"漂亮白绸子包起来的南胡、箫、笛，旁边还放着整洁的琵琶、月琴、竹笙"。

1931年"九一八"事件之后，国难当头。到了1933年，侵略者已经将事件演化成战争，从局部祸害到近乎全国，北京的学生在此时走上街头，受到全社会的支持，成为民族精神觉醒、爱国热情高涨的象征（图4-6-6）。

此时，知识女性的服装，也体现了这种成熟。潇洒朴素的短发，中国传统的长袍，以示

图4-6-5 《早春二月》（1963年的电影剧照）

庄重。这就是最早的现代“旗袍”。长能露出小半截小腿，方便的袖口盖得住手腕。经过磨难成熟起来的林道静，以组织者的身份走在这个行列中。她的服饰代表了一个时代的新气象，士林蓝的旗袍上，罩着一件红色的开襟编织毛衣，剧中具有革命的象征意义，同时也是这个时期新的知识妇女的一种流行服饰。而这种流行源自上海，这种流行也体现了服饰发展的一条规律——内衣外穿。

图4-6-6 《青春之歌》（1959年的电影剧照）

三、长衫西服、马褂革履

只有当外来的服装被普遍接受，才可能有新的综合。新的综合，是主动的，表现为交融。根据新的生活而有新的组合关系。下面从物质服饰的结构，以中外两种形式的结合、新旧两个时期的组合两节，来介绍此时男子的一般服饰及其演变。

（一）中外两种形式的结合

如果从服饰变革来考察，宋庆龄的家庭更加典型。因为她的父亲少年时就随家人到达美国经商。而且即使在这样的家庭中，1917年宋庆龄与父母一家八口，在上海拍摄的全家福中，西装革履的宋耀如的左侧，是穿绣缎对襟立领马甲的妻子，紧贴她站立的小女儿却是大翻领水兵裙服，那个未成年的儿子，则依然穿着中式的右衽偏襟的白色袍衫。

这种中外的结合，应该是以日常生活为依据的自然选择，主妇和未成年的孩子选择宽松舒适的传统服装，而父亲和青年男女，则是穿着带有时代标记的社会环境中的主流服装。

这种并行不悖，在1915年的“西服结婚照”之后的一系列留影中，我们总是可以看到这样的服饰搭配。1919年在上海留下的结婚四周年的纪念照中，宋庆龄穿西式的大氅坐着，孙中山穿长袍马褂站立相伴。1922年11月站立的孙中山穿立领的西便服，端坐的宋庆龄穿偏襟的短袄长裙，西式的革履统调了服饰。

鲁迅 是中国现代历史上最著名的人物之一，被称为“民族之魂”。留学日本以来，鲁迅留下不少照片，其中在1903年拍的一张照片上，他穿着学生服，立领、紧身，根据西装做简化设计，带有西装下摆的圆角，4~5个钮扣。为了适应起居方式，可以只扣上面两个或者一个。

在1904年拍的照片上，鲁迅穿着和服，头戴有胶质帽檐的四角帽，这种帽式带有欧洲传统帽式和现代材料的特征，所以不仅是我国会将民族服装和现代改革了的西式服装混穿，而且日本也是如此。这也是国家民族服装在交融的过程尤其是初期的常见现象。

1933年2月17日中外人士会聚中山故居的一个场景中，宋庆龄的左边是蔡元培和鲁迅，都穿中式的棉长袍，她的右边为英国的萧伯纳，穿一身现代西服，留有上个世纪风格的大胡子，而坐着的短烫发的史沫特莱，则将中国的旗袍当做礼服穿着。居于中心位置的宋庆龄本人，传统地梳理旨平复的盘髻，身着镶边的旗袍，套着绒线编结的中式小背心，长及脚背的袍裾下是西式中跟皮鞋（图4-6-7）。

中外两种服式形式的结合设计，使宋庆龄的穿着堪称典范。1929年，赴欧洲考察的宋庆龄穿着流行时装，头戴浅色的圆顶浅檐的毡帽，短外衣里面是膝下7厘米左右的短裙，与环境融合在一起（图4-6-8）。

中外两种形式的结合，有这样几种情况：

一是将外国主要是西方的服装带入中国文化环境，中外两种服式装束，各行其是地并存；二是一个人装束上两种服式的搭配穿着，关系亲密的人之间穿两种服式，有意进行搭配，注意统调；三是在生活积累的经验中，逐渐形成新的服式和组合方式。

图4-6-7　1933年上海孙中山故居（莫里哀路29号，今香山路7号），萧伯纳来访

图4-6-8　1929年赴欧洲考察的宋庆龄戴圆顶浅色毡帽，穿短裙、短风衣

如最常见的长衫，中西搭配穿着，将长衫当做外衣时，则可以在长衫底下穿上西裤。穿中式长衫居家时，外出再套上西式的大衣。脚上的鞋，可以是中式的布面布底，也可以是西式的皮鞋。20世纪30年代前后，橡胶底球鞋传入，中西结合而成的布面胶鞋也开始出现。

（二）新旧两个时期的组合

接受了新思想的年轻人，就如我们前面所谈到，多穿学生装和西装。出国西洋和东洋回国的大多穿西装，发式与此相一致。实际上，学生装也有中国民族服装的一些元素：立领，不翻领，简洁整体感很强。

改良的服装，是在新的生活方式下的新旧两个时期服饰结合而成的。

马褂长袍的组合穿着，在民国初期比较普遍。传统的马褂样式很多，如琵琶襟，长布纽带有装饰性，就像是弦轴。一字襟，在前胸腹部折分钮上，是一种可脱卸的功能设计，同时在视觉上丰富上下的比例层次。还有就是大襟，尽量的短，而且也通过横向的扩展，强调这种短，加大下身长的比例效果。还有一种行装，在下摆的右边有以上相同原理的设计。

服装组合上，瓜皮帽、马褂无袖、长衫布鞋是一种组合；若是冬天，马甲是长袖，头上戴上毛皮帽；头上换上礼帽，无袖马甲变成长袖的，脚登有跟皮鞋，成为另一种组合，而且更加时尚。

后来成为常礼服的长衫，就是右衽而左右下摆开衩的一种。如果从服式上考源，立领由行装变化而来，而翻折领也可从满清可拆卸的领头找到依据。回归到康熙皇帝的清代前期，清代贵族青年的闲适打扮，让我们看到了最初的长衫（图4-6-9）。

图4-6-9　清代贵族青年的闲适打扮，康熙十七子果郡王的“休闲装”

1917年1月26日，鲁迅留下了纪念生日的一张著名的照片，我们看到为适应北京气候和当时的新生活的长衫，成为了鲁迅的选择，而且日后再也没有脱下过。长衫，成为他的一种标志。1925年7月4日，鲁迅为《阿Q正传》的出版而拍摄的照片，穿着的就是浅色长衫（图4-6-10）。鲁迅50岁时左联为之纪念拍下的照片中依然是浅色的长衫（图4-6-11）。

长衫成为外衣礼服，是此时形成的流行。长衫也逐渐地也成为中国知识分子在1949年之前的服饰形象标志，如我们印象中的那些革命志士，如清华园荷塘边的闻一多雕像，如以许晓轩为原型的《红岩》中的许云峰，从中我们都看得到长衫在现代知识分子身上穿出的挺拔俊逸、具有整体美感的那种魅力。

图4-6-10　鲁迅，摄于1925年7月4日

图4-6-12　1930年鲁迅50岁时左联为之纪念拍下的照片

四、沪上旗袍非旗装

从传统走向现代，由男子开始，而女子服饰一旦跟时代接上头，其变化无论样式还是速度，都是男子的服饰所不能与之相比的。女子的服饰由简到繁，百变不厌，装饰的热情也在20世纪30年代达到高潮。尤其是繁华的上海，和明清中国的衣料在西方市场大受欢迎一样，西方经机器纺织的各种不同于中国风格的衣料，在上海滩掀起了一阵时装风。各大百货公司、纺织公司及服装公司率先纷纷举办“时装表演”，妇女服装中心、各大报刊杂志开辟“服装专栏”以示响应。画家们充当了最早的时装设计师，画家笔下的时装设计也因而更具感召力。20世纪90年代摄制的《上海一家人》中的主人公李亚男，便是这个时期从事服装设计、经销面料成功的民族资本家。典型的形象反映了当时的一个典型现象——服饰业的兴盛。

20世纪30年代的那股时装风，在20世纪90年代末又顺应着新时代女子追求纤细柔美的体态，慢慢地复活了，又有似曾相识的气息，萦绕在那些纤秀的身躯之上。

（一）沪上旗袍非旗装

提及中国女子的民族服饰，人们自然会想到是旗袍。实际上，从满清入关，旗袍进入中原，只不过300多年的历史，真正风行是在20世纪的30年代。我们今天所说的旗袍，或外国人所认定的旗袍，皆是此时的“旗袍”，而非清朝满族旗女所着旗袍。那时的旗袍宽大平直，与后来的紧腰贴体、袍衩高开、露出双腿肌肤，相去太远。

旗袍的流行，在审美和实用上都有其合理性。作为中国民族女子服饰代表的旗袍，是在受西式服饰的影响下改良的结果。而且改良后的旗袍，适宜中国人的体形，保留了中国传统服饰的形制、面料、装饰的基本特点，还能和西装搭配穿着，有西装的庄重，又有中国服装的温婉、柔顺，有时代新鲜的气息，又有传统文化积蓄的气韵。和男子西装革履与长衫马褂并行不悖一样，旗袍的流行，有着自身的原因。

民国初年，作为引领服饰潮流的青年女子，多为一些出国留洋的知识女性，而且是以日本女装为仿效对象：上穿窄而修长的高领衫袄，下着黑色长裙，衣不饰绣，面不敷彩，身无饰物，这样的装束，被称之为“文明新装”。这种服装有着独特的清新气息和女性魅力，1923年8月14日宋庆龄与孙中山在永丰舰与官兵留影时就是穿类似的装束，更加平易和生活化。

知识女性的时装，虽然与旗袍改良没有直接的联系，但是为新的生活创造新的穿着，在人们的意识中起到了推波助澜的作用。

服饰的创新，需要一个民族特点和时代心理的基础。

袍服是中国的传统服饰，袍服的形制，是中国人的身材体形、气候、观念习俗、审美情趣经过数千年的磨合筛选遗存下来的，有其必然性，新时代生活节奏加快、生活方式的变化，外来服式又为快节奏的生活提供了可仿效的样板，于是旗袍便成为时装创造的基础。

平面的袍服，靠人体支撑，靠行动时风吹衣动，衬托出人的体态之美，人体与袍服之间的余量较大，才能“风”。后来日本的时装大师三宅一生设计了以身体与面料对话的服装，极为轰动，成功在于加倍扩大了“余量”，增大了人体在面料中活动的空间，不能成为日常服饰的原因也在于过大的余量使身体不能有效地带动面料一起行动，现实中提供活动空间的障碍太多。

旗袍的改良，在于依据人的形体，裁小腰身，降低领口，缩短裙长，使人的体态显现得更直接，活动更方便。可以说旗袍之所以能成为中华女装的代表，与揉进了西装的优点是分不开的。

旗袍基于“旗袍”——旗人女子的袍服。发展到后来，无论是意义和形式，都不再是原有的旗袍。旗袍演化蜕变而成的时间并不长，只有10多年，明显变化的次数却无可计数。

（二）烫发和盘髻

谈到旗袍，总会想到全身整体设计的发式。中国女子的头发，称之为“青丝”，当做一种珍惜和爱赏，也是因为中国蚕丝文化形成的审美标准。而且在17世纪中叶之前，男子也以一头青丝为至重梳妆。盘髻，是最

图4-6-12 烫发的阮玲玉

基础也是最普遍的一种青丝结束方式。在20世纪20年代进入到一种新的社会体制阶段以来，女子的头发也经历了300年前男子经历的窘迫。当然也有不在少数的男子为失去满族风格的发辫感到难堪不已。

中国女子留长发，盘发髻的习俗沿袭了数千年。剪短发最初不是出于一种流行，而是社会革命使然。那是在民国初年，就像电影《革命家庭》中的女主角，在革命丈夫和进步的孩子们的哄笑中，不无惊慌地接受了无奈的现实。由于不是为审美形成流行所致，所以许多剪去发髻的女子，在遗憾之中，重新等待头发长长。这个时候的短发一般接近肩头，崭齐，而没有特别的样式。而就是这种无样式，一直到20世纪末，都是一种保留在边远地区的劳动妇女最常见的发式。如果出现在城市，那一定是强调一种朴素作风。而最初大约20世纪30年代末，女性才真正开始自觉流行短发。

1933年前后，烫发成为一种时髦。烫发也是一种外来的时尚，是外来的现代科技发展的设计技术。可能是剪短的头发寻求新的表达，也可能是短发流行的前兆。流行总是那样无法捉摸，而且发生之前永远只是可能，促成发生的原因往往不是一个，所以发生之后，也只能说可能，总之短发在烫发之后流行了。我们看到的阮玲玉就以一个当时非常新鲜的与国际潮流同步的烫发形象出现在公众之前，引起人们的倾慕（图4-6-12）。我们从她的眼睛里就可以读到她自己也感到的那种欣然。另起的一波，以模仿西方女子为尚，好莱坞的电影和二战节节胜利的盟国都给流行以动力。女子们将头发染成红、黄、棕、褐等，亦如50年后20世纪90年代末期以来的上海——当然，当时的代表地也是上海。

不过20世纪40年代和今天这个多元化的社会一样，又开始流行发髻（今天是久违了半个世纪）。今天留发髻者大多是年轻女子，以发髻求一点成熟女子的风韵。也有不少年纪稍长，45~55岁的中年妇女，以发髻透露出对青春的依恋和精致的心境。虽然都是留发髻，但因年龄差异，目标也各有不同，但无外乎寻求一种女性本质的庄重娴静的美。只是今天发髻的式样较之民国初年还是要少，远没有达到兴盛的程度。盘髻作为一种头发的处理形式，在世界范围内都是各个时期热衷，而将永远流行的。

与当时不同的是，今天有了短发，真正的短发。短发给了女子发式变化以更广阔的天地，大街上不少年轻女子的头发短到近乎男子的发式，却是另一种妩媚和活力的洋溢。

（三）上海月份牌

最初的广而告之的广告，大约要推上海20世纪20年代至40年代的月份牌（现在这些月份牌服饰史常被用作形象资料），通过它可以看到上海作为国际商埠的服装的年月变化。月份牌虽然形式取自欧美，目的是商品推荐，而上面的人物却是中国本土的，穿着新潮，当时看画的人是可以仿效而为之的。

袍、连衣裙对身躯作了一个统调。前面我们已经看到了旗袍经历的阶段性变化，现在横向地看看组合的不同方式在不同的人身上穿出的不同风韵。蜕变出的新旗袍，轻便，适体，装饰不再是必须履行的程序，可随意而为、即兴点染，款式也没有一定之规：既可以无领无袖，又可以有领有袖；既可以有领有袖且简短，亦可无领无袖而长及足踝（图4-6-13）。

搭配上也具有极大的灵活性，外可覆围巾、着大衣、套西装，亦可披大氅，中西皆宜。可身无饰物，亦可手套、胸花、别针、耳环、手镯、戒指一应俱全。

一袭旗袍，可装扮出来素雅、华贵不同的风格，可穿出居家的娴静，也可穿出就职的利索大方，总能最好展现中国女性的体态美质。如果用“浓妆淡抹总相宜”这句话来说旗袍，也是相宜的。

旗袍是中西合璧的典范，不仅指旗袍的形制，也指旗袍与西装搭配穿着的方式。

尽管人对自身的设计源于强大的内需，源于生命热情的张扬，毕竟这载体是人造的物，是服饰。作为一种依附于人体的人造物，离人的生命距离最近的人造物，服饰也有生命，而且不止一条，一条是在人体上，生命各部分发育的先后有着必然的秩序；一条属于它自己的成熟成长，有相对的独立性。

图4-6-13　上海月份牌女子形象

本编参考文献

[1] 沈从文．中国古代服饰研究［M］．上海：上海书店出版社，2005.

[2] 沈从文．龙凤艺术［M］．北京：北京十月文艺出版社，2010.

[3] 黄能馥、陈娟娟．中国服装史［M］．北京：中国旅游出版社，1996.

[4] 李当岐．服装学概论［M］．北京：高等教育出版社，1997.

[5] 赵丰．中国丝绸史［M］．杭州：浙江美术学院出版社，1992.

[6] 华梅．人类服饰文化学［M］．天津：天津人民出版社，1995.

[7] 张孟常．器以载道——中国工艺美术史分期研究［M］．北京：中国摄影出版社，2002.

[8] 张孟常．工艺美术［M］．太原：山西教育出版社，1996.

[9] 湖南省博物馆、中国科学院考古研究所．长沙马王堆一号汉墓发掘简报［M］．北京：文物出版社，1973.

[10] 浙江省文物考古研究所．良渚文化玉器［M］．北京：文物出版社，1989.

[11] 闻人军．考工记注释［M］．上海：上海古籍出版社，1993.

[12] 徐光启．农政全书［M］．上海：商务印书馆，1930.

[13] 李诫．营造法式［M］．北京：人民出版社，2006.

[14] 宋应星．天工开物［M］．北京：中国社会出版社，2004.

[15] 李渔．闲情偶寄［M］．北京：中华书局，2007.

[16] 计成．园冶［M］．北京：中华书局，2011.

[17]（美）赫伯特·西蒙．关于人为事物的科学［M］．北京：解放军出版社，1988.

[18] 海德格尔．海德格尔选集［M］．上海：上海三联书店，1996.

[19]（美）亨利·戴维·梭罗．瓦尔登湖［M］．徐迟，译．上海：上海译文出版社，2006.

[20] 赵国华．生殖崇拜文化论［M］．北京：中国社会科学出版社，1990.

本编编著 张孟常

第五编　从服饰到语言文字

第一章 文字篇

汉族的服饰文化积淀丰厚，绚丽多彩。虽然中国历经不同的统治时期，但汉民族的思想、文化、审美情趣等一直没有中断，如同汉字一样，流传百世。与衣服有关的汉字数以百计，在甲骨文里，也有一定数量的相关文字。古代服装文化在古汉字中有生动的形象呈现。

本章基本上以象形文字为基础（包括个别会意字），以甲骨文、金文形体为主，对与服饰有关的汉字独具的象形特点及其悠久的历史进行描述，考察古代服饰的原始形态，如“玉”“丝”“巾”等，了解服装文化的早期状态。

一、麻：纺麻绩线一万年

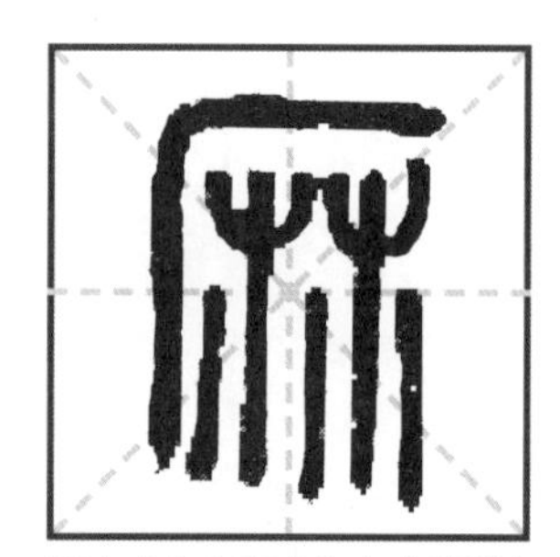

麻（《金文字典》）（容庚）

“麻”（má）为金文字形，是个会意字。上部是“厂”，表示屋檐形，其内不是“林”字，而是挂着的一缕一缕的纤麻，晒干才能用。麻的本义，是可做绳索的大麻。

麻，起源于我国，有“国纺源头，万年衣祖”之称。考古史表明，世界服饰文明源于东方，源于中国。麻文化作为东方服饰文明的重要标志，在我国已有1万多年的历史。麻的发现、运用，居天然纤维（麻、丝、毛、棉）之首。

因此这种植物常被誉为“中国草”。

宋代诗人范成大的《四时田园杂兴》组诗是一组大型的田园诗，共60首，描写农村春、夏、秋、冬4个季节的景色和农民的生活，其中的一首：“昼出耘田夜绩麻，村庄儿女各当家。童孙未解供耕织，也傍桑阴学种瓜。”描写的是农村夏日生活中的一个场景。首句“昼出耘田夜绩麻”，是说白天下田去除草，晚上搓麻线。“绩麻”是指妇女们在白天干完农活后，晚上就搓麻线，再织成布（图5-1-1～图5-1-3）。

图5-1-1　战国麻布（湖南长沙出土）

图5-1-2　苎麻短袄（霞浦文博网）

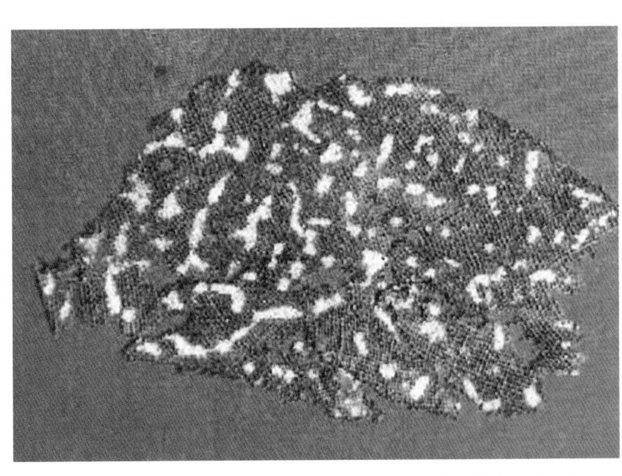

图5-1-3 战国印花苎麻布（江西省博物馆藏品）

二、桑：种桑养蚕开启华夏文明

桑（《甲骨文字典》）（徐中舒）

“桑”（sāng），甲骨文形体，象形字，像桑树形，上部为树冠，下部有树根。《说文》：“桑，蚕所食叶木。”我国是世界上种桑养蚕最早的国家之一，种桑养蚕是中华民族对人类文明的伟大贡献之一。

关于“种桑养蚕”，有一个美丽的传说：相传有年春天，一位少女在桑园养蚕时，碰到黄帝。黄帝看到她的身上穿着一件金色彩衣，闪着轻柔、温和的黄光，地面上堆着一堆蚕茧。黄帝就问少女身上穿的是什么，少女就说了种桑养蚕、抽丝织绸的道理。黄帝听后，想起人们还在过着夏披树叶、冬穿兽皮的生活，感觉这是一项大的发明，能让人民穿衣御寒。他就与这位少女结为夫妻，让她向百官和百姓传授种桑养蚕的技术。这位少女就是黄帝的正妃嫘祖。

在我国商代，甲骨文中已出现桑、蚕、丝、帛等字形。到了周代，种桑养蚕已是常见农活。据统计，1000条蚕从幼蚕到吐丝作茧，需吃约20千克的桑叶，才能吐500克的丝。

桑树的形象在古代艺术品中频频出现。战国时期的采桑宴乐狩猎攻占壶上十分逼真地刻画了女奴们在桑林中歌舞的情景（图5-1-4～图5-1-6）。

图5-1-4 河姆渡文化蚕纹牙雕器

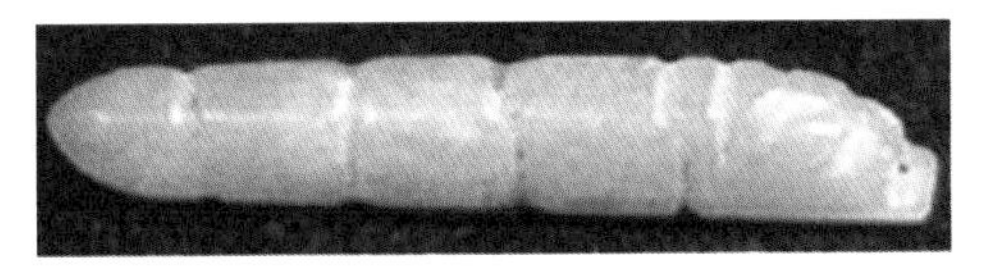

图5-1-5 河南安阳殷墟中发现的一件雕琢得形态逼真的玉蚕

图5-1-6 晋朝《采桑图》（魏晋墓砖）

三、丝：古代服饰文化的代表

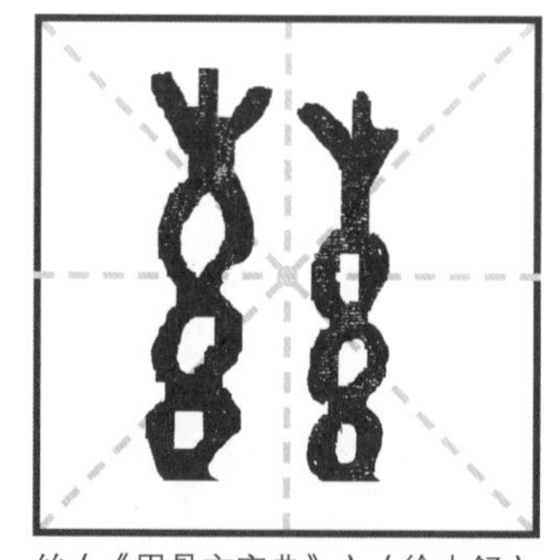

丝（《甲骨文字典》）（徐中舒）

“丝”（sī），有点像是毛线，简化字跟甲骨文差别比较大，繁体字写作“絲”，就很相似了，所以这是一个象形字。甲骨文字形就是把两小把蚕丝扭在一起之形。本义就是“蚕丝”。丝是蚕在结茧时所吐出的一种液体，由丝蛋白和丝胶遇到空气凝固而成。丝的性能优良，韧性大而且弹性好。一条蚕可吐丝长达1000米左右。养蚕缫丝、丝织刺绣，成为中国古代妇女的主要劳动之一。蚕这样一条小小的虫儿在中国人的生活中起了很大的作用，也是之后丝绸之路的由来的源头。

缫丝织绸是我国人民的伟大创造。考古资料证明，我国的丝织技术至少已有5000年的历史。丝绸品种有绸、缎、绫、罗、绉、纱、绢、绡、丝绒等，质地精美，绚丽多彩。

丝绸是我国古文化象征之一，具有轻盈、舒适、光亮等神奇特性，并以卓越的品质、精美的花色和丰富的文化内涵闻名于世，对世界纺织技术的发展起过重大作用，在世界上一直享有盛誉。古希腊人和古罗马人称我国为“丝国”。

因此，丝绸不仅是一种服装面料，也是我国古代文明和服饰文化的代表，为早期世界服装的发展作出了重要贡献（图5-1-7～图5-1-9）。

图5-1-7 商代玉刀上的丝织品云雷纹图案（北京故宫博物院藏品）

图5-1-8 汉代“五星出东方利中国”织锦（新疆考古研究所藏品）

图5-1-9　元代缫丝图

四、玉：君子无故玉不去身

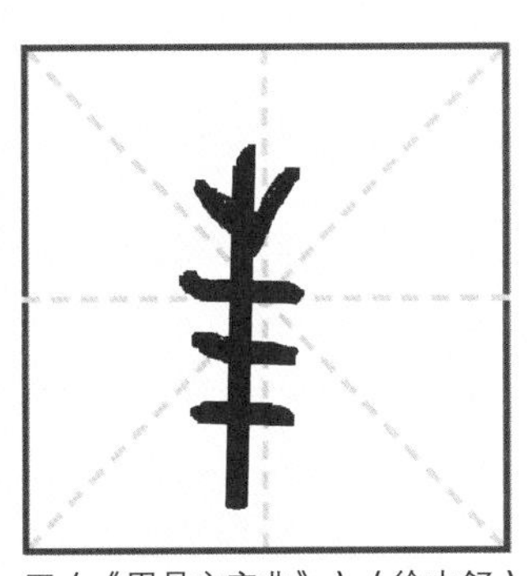

玉（《甲骨文字典》）（徐中舒）

"玉"（yù），甲骨文形体如串玉之形。横划代表玉，竖划代表穿玉之丝。古人以玉为宝，所以要用绳索串起来。玉的本义是温润而有光泽的美石。"玉"字是个部首字。在汉字中凡由"玉为部首的字，大都与玉石或玉器有关，如"环""琳""珍""珂"等。

在传统观念里，玉是吉祥物，能求祥避祸，给人们带来安宁幸福。古往今来，玉因其美观、高贵而为人尊崇、喜爱。因为玉有"德"，所以古人强调"君子无故玉不去身"。

在我国所有的文化历史传承中，从发祥起就始终一脉相传、未曾中断的就是玉文化，最近的事例可见玉文化之影响——2008年北京奥运奖牌金镶玉就是古老的玉文化传统与当代奥林匹克人文价值相结合的杰出作品，是古老而又年轻的中国玉文化的有力见证（图5-1-10～图5-1-12）。

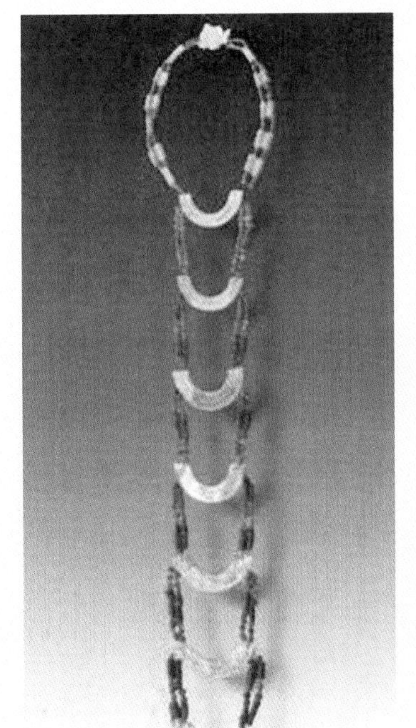

图5-1-10　西周玉组佩

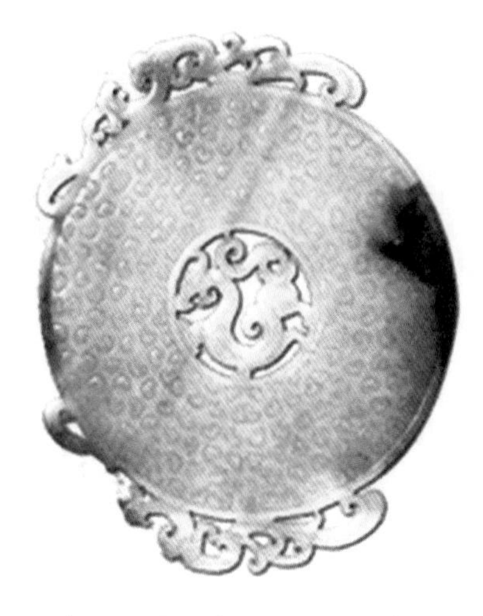

图5-1-11　战国双凤纽座白玉系璧（北京故宫博物院藏品）

图5-1-12　2008年北京奥运会金牌（金镶玉）

五、玦：古老的玉制装饰品

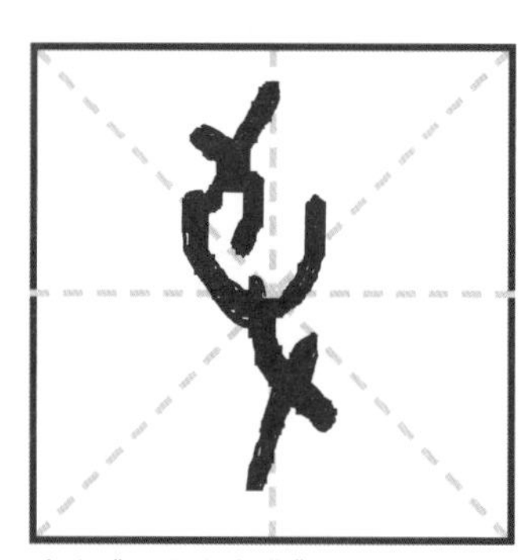

玦（《甲骨文字典》）（徐中舒）

“玦”（jué），《甲骨文字典》解字认为，“ ”像玦形，为环形而有缺口之玉璧，以两手持之会意。关于玦，有个著名的故事，即“鸿门宴”。

公元前207年，楚霸王项羽在谋臣范增的策划下，在鸿门（今陕西临潼东）设宴，欲除掉劲敌刘邦。在宴饮过程中，自知实力不敌的刘邦卑辞言好，项羽因此而犹豫不决，急得谋士范增朝项羽频丢眼色，并且三次举起随身所佩之玉玦，希望项羽快做决（玦）断，杀掉刘邦，建立霸业。那么，这里的“玉玦”指的是什么呢?

玦是指一种环形而有缺口的玉器，它产生于新石器时代，是我国最古老的玉制装饰品之一。

玉玦的用途有许多种说法，归纳起来大概有以下三种：一是耳饰；二是佩饰；三是殉葬品。有人认为玦与“诀”同音，表示与死者永别，是死者的专用品（图5-1-13～图5-1-15）。

玦有两个同音字，即“决定”的“决”和“断绝”的“绝”。春秋战国时期，玉玦是一个人遇事果断的标志。到了汉代，人们根据它“有缺”而赋予它新的功能，即“赐环则还，赐玦则绝”，“玦”为决裂、决绝往来的象征物。玦与环相对，“环”通“还”，为和

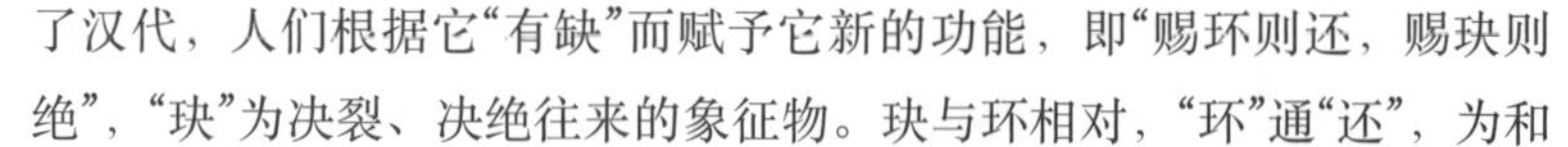

图5-1-13　兽形玉玦（红山文化）

图5-1-14　西周玉玦

好的象征物。例如，古人由于意见不合、立场不同产生矛盾，赠玦于对方表示断绝来往；若要和好就赠环于对方表示和好。因此，玦器身虽小，功用却很大，不容忽视。

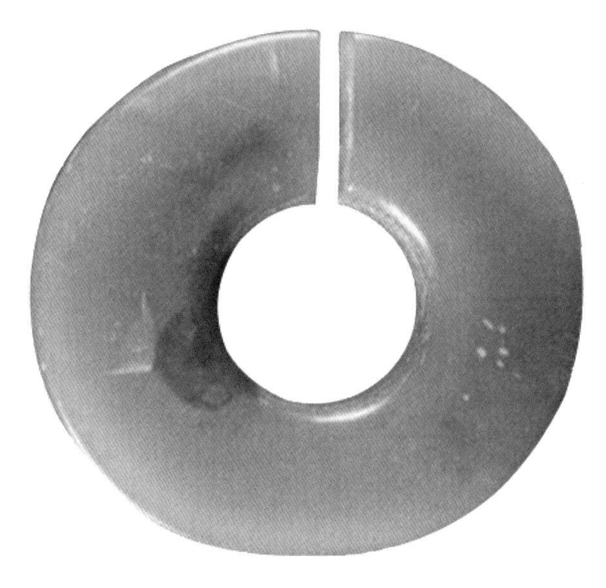

图5-1-15　新石器时代玉玦（南京博物院藏品）

六、带：束缚与装饰的统一

带（《文字源流浅析》）（康殷）

"带"（dài），象形字，上面表示束在腰间的一根带子和用带的两端打成的结，下面像垂下的须子，有装饰作用。

腰带是我国古代服装上一个很有特色的组成部分。在纽扣出现前，衣服的"闭合"靠在衣襟之间一根根称为"衿"的小带子系结起来，充当纽扣的作

图5-1-16　五代服饰，穿襦裙、披帛的妇女（顾闳中的《韩熙载夜宴图》局部）

图5-1-17　清代镂雕龙纹云形翡翠带扣（云南省博物馆藏品）

用。在衣服外面的腰部再束一根带，把衣服裹好，随身携带的物体也就系在这根腰带上。带有革带和大带之分（图5-1-16、图5-1-17）。

西周晚期至春秋早期，华夏民族采用铜带钩固定在革带的一端，只要把带钩勾住革带另一端的环或孔眼，就能把革带勾住，使用非常方便。古文献记载春秋时齐国管仲追赶齐桓公，拔箭向他射去，正好射中了带钩，齐桓公装死躲过了这场灾难，后成为齐国的国君，即齐桓公。齐桓公知道管仲有才能，不记前仇，重用管仲，终完成霸业。

在等级森严的古代社会里，腰带有着表达贵贱等级的功能。贵族阶级的腰带用绢织成。丝带束紧腰部后下垂的部分，有个专门的名称叫“绅”，“绅”可引申为“绅士”，居家的绅士称为“乡绅”等，都是从腰“绅”上衍变而来的。

腰带作为一种基本的服饰物，还作为“服饰符号”，成为人们联络情感的信物，如“合欢带”用来表示爱情。合欢带即鸳鸯绣带，是一种绣有鸳鸯图案的带子（图5-1-18）。

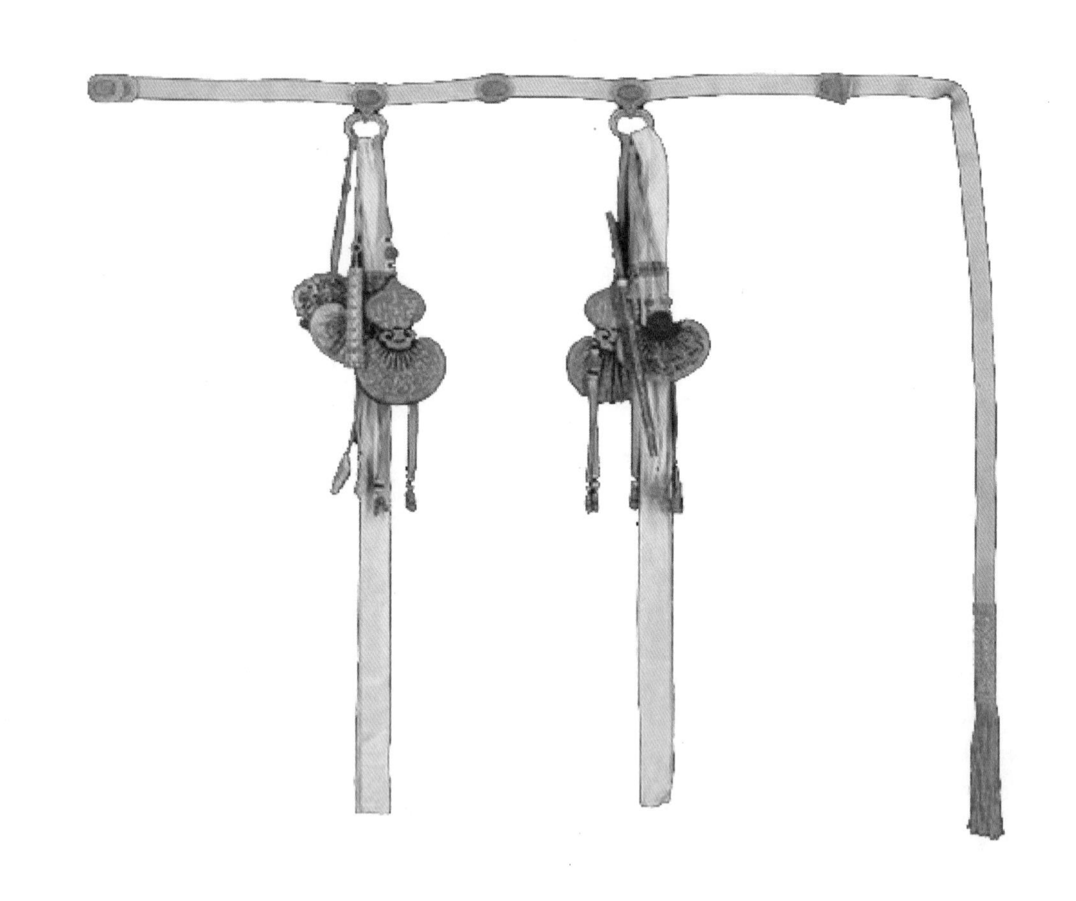

图5-1-18　清代嘉庆年间吉服带，长192厘米。

七、衣：圣主垂衣人伦建

“衣”（yī），甲骨文形体，象形，就像衣服之形。上部的“人”字形部分是衣领，两侧的开口处是衣袖，中间是交衽的衣襟。所以“衣”字的本义指上衣。古代衣裳并举时，衣只指上衣，下衣叫做裳。

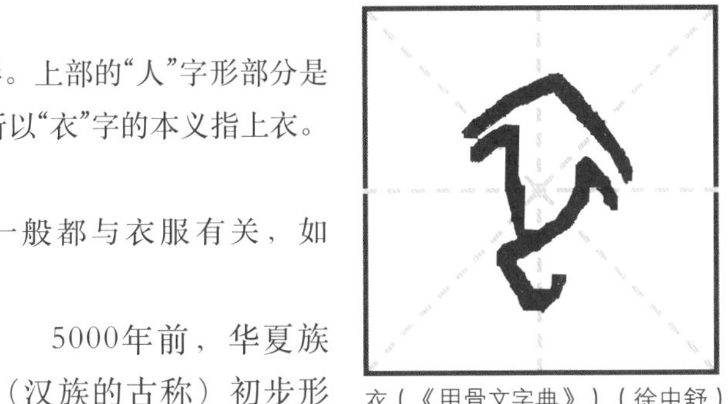
衣（《甲骨文字典》）（徐中舒）

“衣”是汉字的一个部首。从“衣”的字一般都与衣服有关，如“初”“衬”“衫”“袄”“袭”等。

图5-1-19　穿深衣的楚国妇女（湖南长沙陈家大山楚墓出土帛画）

5000年前，华夏族（汉族的古称）初步形成，并孕育、发展出人类历史上最为辉煌灿烂的先进文明。作为华夏文明重要物质形态的汉服，这个时期已经产生。相关的文献资料屡见不鲜，如《周易》中有讲到，在黄帝、尧、舜时期，开始出现了衣裳，从而结束了史前那种围披状态。

始于商代的“上衣下裳”是我国最早的衣裳制度的基本形式，衣一般是交领大袖的，裳的结构类似裙子，衣裳制是华夏民族最早的服装形式。为了表示尊重传统，“衣裳”形制被作为最高级别的礼服形式。至今我们仍把各种衣服统称为“衣裳”（图5-1-19～图5-1-21）。

图5-1-20　汉代三重大红深衣

图5-1-21　张卿予，身穿淡青色长袍，乌巾朱履（明代曾鲸绘，浙江省博物馆藏品）

八、裘：荣华富贵话裘皮

“裘”（qiú），象形字，像一件绒毛朝向外面的皮衣；金文加一只手（又），表示用手提着绒毛朝外的皮衣，也表读音；篆书将“又”变成“求”，表读音更明显了。本义是皮衣，即兽毛朝外的皮衣。

裘（《甲骨文字典》）（徐中舒）

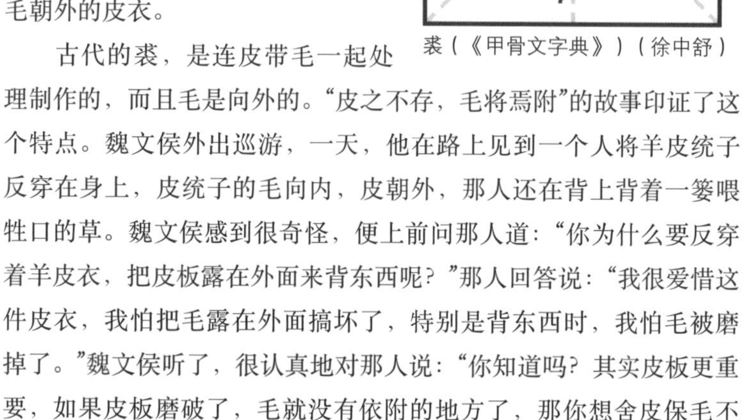

图5-1-22　唐代闫立本《历代帝王图》中帝王外着宽袖狐皮大衣（形如大袖衫），毛在外

古代的裘，是连皮带毛一起处理制作的，而且毛是向外的。“皮之不存，毛将焉附”的故事印证了这个特点。魏文侯外出巡游，一天，他在路上见到一个人将羊皮统子反穿在身上，皮统子的毛向内，皮朝外，那人还在背上背着一篓喂牲口的草。魏文侯感到很奇怪，便上前问那人道：“你为什么要反穿着羊皮衣，把皮板露在外面来背东西呢？”那人回答说：“我很爱惜这件皮衣，我怕把毛露在外面搞坏了，特别是背东西时，我怕毛被磨掉了。”魏文侯听了，很认真地对那人说：“你知道吗？其实皮板更重要，如果皮板磨破了，毛就没有依附的地方了，那你想舍皮保毛不是一个错误的想法吗？”

用以做裘的皮毛多种多样，有狐、虎、豹、熊、犬、羊、鹿、貂等，这些皮料又轻又暖，所以又统称轻裘、轻暖（图5-1-22～图5-1-23）。

狐的皮毛很珍贵，是制裘的好材料。由于珍贵，就不易得。有时制裘不够用，只好以狐的皮毛为身，而以稍次于它的羊羔皮毛做袖，于是就有“狐裘羔袖”这一成语。

狐的腋下皮毛尤为上乘，它细长柔软洁白，但只是狐皮毛中的极小部分，当然价值更高。用狐腋的白皮毛制成的皮袍称为“狐白裘”。古代，只有君王才有资格穿，因为集很多狐腋才能制一裘，所以又有成语“集腋成裘”，比喻积少成多或合众力以成大事。

图5-1-23　清代明黄江绸黑狐皮端罩（北京故宫博物院藏）

九、蓑：最早的雨衣

蓑（《文字蒙求》）（王筠）

“蓑”（suō）、本作“衰”，象形字。像编织雨衣蓑草下垂之形。“蓑”是后起字，本义为蓑衣。

依文献记载，早在周代便有了蓑衣，那是最早的雨衣。

蓑草的表皮较光滑，本身又呈空心状，所以用来制雨衣，雨水不易渗透。随着时代进步，人们又发现了多种可用作雨衣的材料，但蓑衣并没有被淘汰，尤以农夫、渔人所用为多，历代诗文中存有不少描写。张志和《渔父》词一共只有27个字，然而却写出了一种高远的情思和清空的意境，其中“青箬笠，绿蓑衣，斜风细雨不须归”是尤其自适脱俗（图5-1-24～图5-1-25）。

随着文人雅士的歌吟，蓑衣又成为隐逸的象征，与钓舟相伴。自古以来关于出世的吟咏从未停过，人们想到蓑衣，便联想起万丈烟波、四海为家的生活。

古诗文中常蓑、笠并用，如柳宗元《江雪》：“孤舟蓑笠翁，独钓寒江雪。”

图5-1-24　五代《雪渔图》中戴斗笠、披蓑衣的文人

图5-1-25　明代《烟波渔乐图》（佚名）

十、甲：战士的护身衣

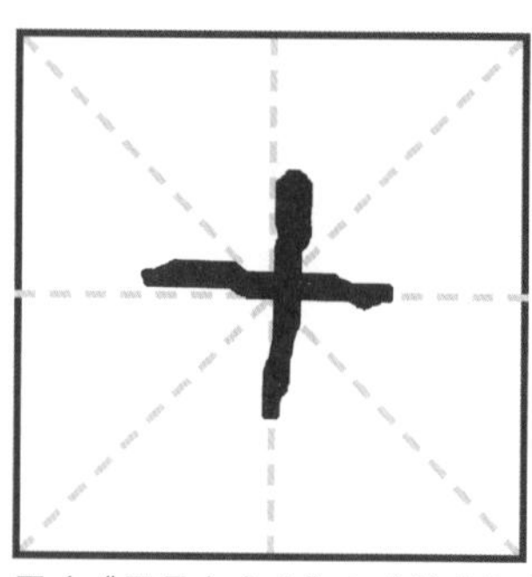

甲（《甲骨文字典》）（徐中舒）

“甲”（jiǎ），象形字，像古代武士身上穿的铁甲片之间的“十”字缝。“甲”字的本义就是古代战士穿的“护身衣”。

古代铠甲经历了从单片到多片、从皮革到金属的发展过程，铁甲的出现始于秦汉，每件铠甲需使用几万块铁甲片。

从文物遗存看，开始时“甲”以皮制作，主要是用很厚的犀牛皮等制成。秦始皇时代大量使用皮甲，整件铠甲以一排排长方形皮甲片编缀而成。

汉代有一种软甲叫“絮衣”，是用丝、麻原料做面衣，再加絮里的甲衣，以软弹的作用来防御刀枪。

南北朝时期因战争频繁，战服变化发展，这时出现3种著名的铠甲，其中“明光铠”就是在铠甲的胸背两侧装上两块圆形或椭圆形的金属护镜，这是一种十分威武的军服。

唐朝仍以皮甲和铁甲为主。

宋代铁甲有许多甲片，最多达1825块甲片，轻者15千克，重者达25千克。士兵穿上实在是负重累累，怪不得要“丢盔弃甲”了。当时，战马的装束也随主人，在实战中用马面帘和马身甲装饰，总称“马甲”。

元代甲胄以水牛皮做里，外层挂满铁甲片，甲片以皮条相连。明代军戎大体与宋、元时期相同，质地大多为铁。

清代的甲胄与前代有所不同，其配制与满族旗装紧密相连。将领的服饰，上身甲衣以马褂为基本式样，衣身宽肥，袖端是马蹄袖，设有左右两块用带联系的护肩，腋下有护腋，胸前、后背有护心镜，镜下底襟边有护腹的“前裆”，左边缝上同样的一块“左裆”。这些块状装饰物，都用纽扣与衣身相连。士兵的服饰是短衣窄袖，紧身袄裤，还有加镶边的背心。镶边是八旗兵的标志。比如，正黄旗兵，其背心是黄色镶大红色边；在这些背心的胸背各缝一个圆圈，圈内书写一个标志字样，比如，步兵的标志是“兵”“勇”等（图5-1-26、图5-1-27）。

图5-1-26　穿铠甲的秦代将士（陕西临潼出土陶俑）

图5-1-27　魏晋南北朝戴兜鍪、穿裆铠甲的武士（甘肃敦煌莫高窟285窟壁画）

十一、须：阳刚男子话“须眉”

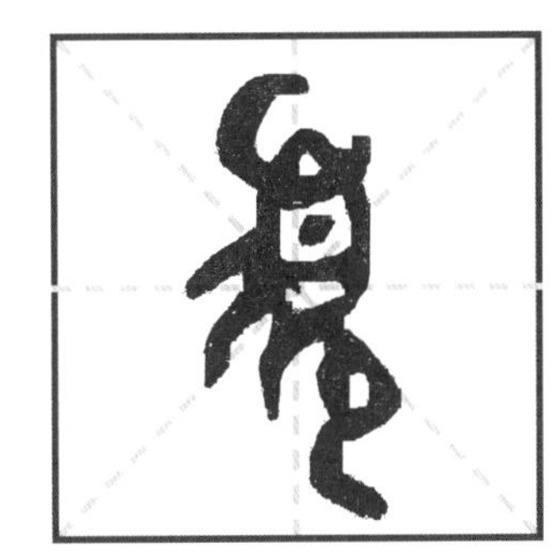
须（《文字源流浅析》）（康殷）

“须眉”、“须”（xū），象形。从“页”，从“彡”。“页”表示头，“彡”表毛饰，指人面上的毛。“须”的本义是胡须。

胡须是男性特征的重要组成部分。秦汉时期，男性面部装饰遵循凸现和修饰男性特征的美学原则，以此来展现男子的阳刚之美。浓密而修剪整齐的须眉是人们心目中美男子的重要指标。古以男子浓眉密须为美，以“须眉男子”指男子汉大丈夫。

胡须个总名称。细分起来，嘴上面的叫“髭”（zī），在面颊两边的叫“髯”，在下巴底下的才叫“须”。但习惯上并不认真区分。

虽然都是胡须，我国的样式和外国的样式不相同，各个历史时期也不一样。

据鲁迅考证，我国古代的胡须，样式是两边向上翘起；元、明之后才向下拖。沈从文对我国古代的服饰有很深的研究，也很注意胡须。他认为，因为古人的胡须不同，所以鉴别古人的胡须对判断历史文物的真伪大有帮助。例如，战国人的胡子像倒过来的菱角，向上翘一点；西汉人的胡须是长长的左右两撇；到隋代，甚至要依据身份把胡须梳成不同的辫子。而今在古装戏中见到的胡须都向下垂，想来统统是元、明以后的面貌了(图5-1-28、图5-1-29)。

图5-1-28　秦代兵士陶俑

图5-1-29　美髯飘逸的关羽（甘肃武威市古浪县博物馆藏品）

十二、发：丝丝缕缕见真情

发（《金文字典》）（容庚）

“发”（fà），甲骨文形体，象形。

头发作为人体生命物质的一部分，也是服饰的重要组成部分，在我国服饰文化中有着丰富的人文内涵。在漫长的人类发展史上，汉族人的头发一直被当作生命荣誉的一部分，珍惜异常。在这个现在看似简单的柔顺纤维物质上，曾发生了许许多多感人的故事(图 5-1-30、图 5-1-31)。

《世说新语》记载了“截发留宾”的故事，写的是头发带出的亲情。陶侃(陶渊明的曾祖父)年少时就有大志，其家境贫寒，和母亲湛氏住在一起。同郡人范逵有一次到陶侃家找地方住宿。当时，冰天雪地已经好多天了，陶侃家一无所有。可是范逵车马仆从很多。陶侃的母亲湛氏对他说：“你只管到外面留下客人，我来想办法。”湛氏的头发很长，拖到地上，她剪下来做成两条假发，换到几担米。又把每根柱子都削下一半做柴来烧，把草垫子弄碎做草料喂马。到傍晚，便摆上了精美的饮食，连随从们也不欠缺。在华夏民族的习俗里，一头青丝常被视为性命，一般不轻易动刀修剪。陶母剪发完全出于自愿，这是一个母亲对孩子无私的爱。

头发中的爱情故事同样迷人。在我国古代，作为爱情的象征，再没有比头发更能见证两个人曾经有过的恩爱。

“结发夫妻”讲的就是忠贞不渝的爱情。汉苏武出使匈奴，临行时作《留别妻》诗与妻子道别：“结发为夫妻，恩爱两不疑。”“结发”来源于古代婚礼中的一项习俗，称为“结发礼”。在结婚仪式上，新郎、新娘饮交杯酒以后，男左女右坐在床前，各取一缕头发，结成同心结样式，抛于床下，这样，仪式才告完成。

图5-1-31　壁画《吹横笛乐女》

图5-1-30　唐代贵妇峨髻簪花发式

十三、文：胸前刻的花纹

文（《甲骨文字典》）（徐中舒）

“文”（wén），甲骨文形，像一个心宽体胖的壮年人——最上端是头，向左右伸展的是两臂，下部是两腿，胸前刻有美观的花纹。

文，就是文身。

“文身”的起源，大约是在旧石器时代晚期，最初只是在身上涂抹一种或白或黑的单一的颜色，后来发展到刺纹，在人体上纹刺各种图案。

古代东南部落生活在水边，龙是传说中的水神，人们以为把龙的图案刺在身上，水怪便不会加害自己（图5-1-32）。

文身是自愿的，多是士兵和游侠少年所为，借此表示自己的剽悍、勇健。《水浒传》里文身的英雄有史进、鲁智深、阮小五、杨雄、燕青、龚旺6人。史进刺一身花纹，从肩臂到胸膛，总共有9条龙，故号“九纹龙”（图5-1-33）；鲁智深叫“花和尚”，不是因风流、放荡，而是因身上刺有花纹、后来又削发为僧之故；阮小五胸前刺着一只豹虎；杨雄刺有一身蓝靛色的花纹；燕青一身雪练似白肉，卢俊义叫来个匠人在他身上刺了一身花纹；龚旺浑身刺着虎斑，颈项上刺着个虎头，故号“花项虎”。

文是外在的美好的东西，但是它的美好代表着某种内在的东西，并且和内在的东西是一致的。文不仅是衣服上的美好的彩饰，也是内在精神的一种反映，正因为如此，才称得上吉祥（图5-1-34）。在后来的金文中，我们可以看到很多“文”字的字形，中间的图案变成了一颗心的形状，正是这个原因。

图5-1-32　人面鱼纹（半坡文化）

图5-1-33　史进（戴敦邦水浒人物）

图5-1-34　彩陶人头形器口瓶（甘肃省博物馆藏品）

十四、美：美丽从“头”起始

美（《甲骨文字典》）（徐中舒）

甲骨文中的“美”（měi），最初便是画着一个舞人的形象，头上插着4根飘曳的雉尾或羊首，“像人首上加羽毛或羊首等饰物之形，古人以此为美”。汉字中的“美”字，其实就是一个戴着头饰的人，其头饰也许是一个羊头，有两只角；也许是两根长长的翎毛。因而说“美”字“像头上戴羽毛装饰物的舞人之形”。

从保存下来的我国古老的崖壁画可以看出，凡是形体较为高大的人物几乎都有头饰（有的还有尾饰），而且头饰非常突出，有的头饰的长度甚至超过人体本身的长度。

那么，从何时起人类有了爱美的心理呢？在博物馆里，我们会发现万年前的山顶洞人已经有了美的要求和追求。那些用兽骨、兽齿穿成的串饰，除了有对狩猎胜利的纪念及象征着勇敢、智慧和力量之外，也是一种原始美的体现。

头饰文化源远流长，它穿过铁血诗书的两汉，穿过万邦来朝的盛唐，穿过繁花似锦的宋朝，在今天看来，就是中华五千年文博之精华。特别是古代女子头饰的种类之丰富多彩，无论是“发簪”“发钗”“花钿”，还是“步摇”“凤冠”“发梳”，都是那样的摇曳生姿，让人赞叹不已。

美是人们共同的追求，自古以来，人皆爱美，美给予人的是舒畅与欢愉（图5-1-35～图5-1-37）。

图5-1-35　商持环铜人

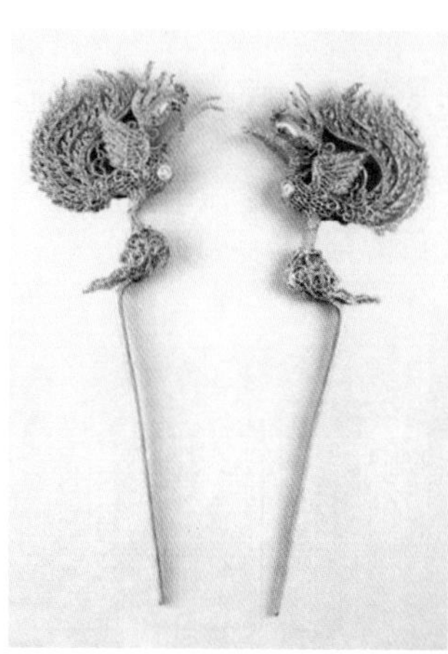
图5-1-36　唐四蝶金步摇

图5-1-37　高髻簪花女子（明代唐寅《牡丹仕女图》局部）

十五、婴：用贝做成的项链

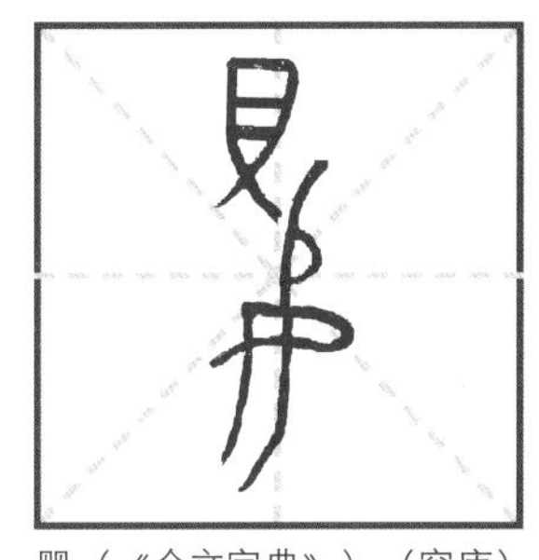
婴（《金文字典》）（容庚）

“婴（yīng）儿”的“婴”字，在现代泛指婴孩，不论男孩、女孩都包括在内。然而在古时，这两者之间有严格的区别：凡出生不久的孩子，女孩称“婴”，男孩称“孺”或“儿”。

为什么女孩为“婴”呢？

“婴”，本为会意字，上部是“贝”，下部是“女”，表示妇女颈上挂着由贝做成的装饰品。贝在古代是一种非常难得的珍贵之物，除用作货币外，很长一段时期，贝等软体动物的介壳一直是人们制作颈饰的首选材料，妇女们把它们串起来挂在脖子上作为装饰。所以，“婴”本义即指戴在女人脖子上的串贝颈饰。

人类从旧石器时代就开始佩戴饰品，其中，颈饰是目前发现最多、制作最精美的饰品。到新石器时代，人们以海贝、螺介、骨、牙、石、玉等制作串饰及项链作装饰，就更为普遍了。

在一些考古遗存中发现，古代先民佩挂贝饰，似以女性为主，这种现象估计与当时的社会地位有关，尤其在母系社会，男子处于女子的从属地位，生活待遇不如女子优越（图5-1-38～图5-1-40）。

图5-1-38　清金镶玉龙戏珠纹项圈

图5-1-39　隋镶嵌宝玉金项链

图5-1-40　戴着一挂项圈的女子（明代唐寅《吹箫图》）

十六、巾：女儿的心事

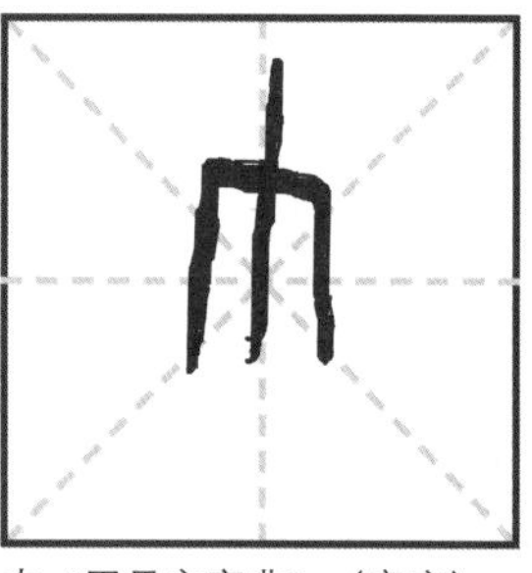
巾《甲骨文字典》（容庚）

“巾”（jīn），象形。甲骨文字形，像布巾下垂之形。本义：佩巾、拭布，相当于现在的手巾。北宋张俞《蚕妇》：“昨日入城市，归来泪满巾。遍身罗绮者，不是养蚕人。”

古人以左为贵，男子出生后要在门左挂一张木弓，而女子出生后则在门右挂一条佩巾，既用来表示男子的阳刚和女子的阴柔,也预示着男女双方在家庭的基本分工和基本职责。由此也可以看出，诞生习俗和礼仪是很受重视的，人丁的繁衍和家族的延续是中国人价值观中最重要的部分。悬挂标志物之功用:一则报喜;二则避邪镇恶,保护产妇和婴儿不受邪魔之侵害。

在古代，佩巾是女子为人妻的一种标志。女子出嫁的时候，由母亲将佩巾系在女儿身上，称为结缡，以示女子将嫁于他人为妻，将要侍奉公婆，要严守妇道，告诉她要遵守各种礼仪，不能违反。

巾，后来还有“头巾”的义项等。古代诗文中涉及巾时，有关男子的多指头巾，有关女子的多指佩巾、手巾（图5-1-41～图5-1-43）。

图5-1-41　清代大红色缎绣花卉彩帨。

图5-1-42　宝兰绣花手巾（宁波服装博物馆藏品）

图5-1-43　宋代盖头巾、簪梳的农妇形象

十七、冕：最尊贵的礼冠

冕（免）（《文字源流浅析》）（康殷）

“冕”（miǎn），本字为“免”，“像人头上戴 形的免——冕”（《文字源流浅析》）。

冕，本义是古代帝王、诸侯及卿大夫所戴的礼帽，由“延”“旒”“纩”“紞（dǎn）”等部件组成。“延”，是一块长方形的板；“旒”，是延的前后沿挂着的一串串小圆玉；“纩”是系在冠圈上悬在耳孔外的玉石，通常叫做瑱（tiàn）；紞是垂在延的两侧用以悬纩的彩绦。

图5-1-44　明鲁王九旒冕（山东省博物馆藏品）

冕是天子、诸侯、大夫的祭服，是一种最尊贵的礼冠。最初，天子、诸侯、大夫在祭祀时都戴冕，所以“冠冕”又作仕宦的代称。宋朝以后只有帝王才能加冕，所以“冕旒”又是帝王代称。帝王的冠冕豪华气派，所以人们形容它是“冠冕堂皇”。王维《和贾舍人早朝大明宫之作》诗中写到，“万国衣冠拜冕旒”，“冕旒”即借代帝王（图5-1-44、图5-1-45）。

冕冠的各个部件都有其象征意义：

（一）冕板前低后高：呈前俯之状，以示俯伏谦逊，象征应关怀百姓之义。

（二）前圆后方：象征了古人“天圆地方”的天地观念。

（三）垂旒：前后各悬12旒，最初是12块五彩玉，按朱、白、苍、黄、玄顺次排列，每块玉相间距离3.3厘米，每旒长40厘米，象征五行生克及岁月运转。

（四）瑱：从玉笄两端垂于两耳旁边，称为“瑱”或“充耳”，象征君王不能轻信谗言。

图5-1-45　戴冕冠、穿礼服的皇帝（唐代阎立本《历代帝王图》）

十八、弁：最古老的朝冠

弁（《说文解字注》）（段玉裁）

弁（biàn）的形制，上锐小,下广大,像人的两手做相合状,也是象形字。

弁，是古代一种尊贵的冠，为男子穿礼服时所戴。弁与冠自天子至士都可戴,到周代,冕与弁开始分尊卑，即冕尊而弁次之。吉礼之服用冕，通常礼服用弁。 古代的弁,有爵弁、皮弁、韦弁之分。

爵弁：亦作“雀弁”。古代礼冠的一种，比冕次一级。用于祭祀，是文冠。

皮弁：皮弁为军戎田猎的帽子。

韦弁：作用同皮弁，到南北朝以后就不闻有此弁制了。

上述各种弁服的形制,目前除在明代朱檀墓出土有皮弁的实物外,尚未见有早期的实物。明代已经随隋唐的制度而改用乌纱了（图5-1-46～图5-1-48）。

冠、冕、弁虽是三物，但由于都是男子的头服，大同小异，所以冠又是三者的总称。

图5-1-46　明鲁荒王墓出土的皮弁

图5-1-47　头戴皮弁的陈废帝伯宗（唐代阎立本《历代帝王图》）

图5-1-48　戴弁冠的陈后主（唐代阎立本《历代帝王图》）

十九、帽：护顶的衣

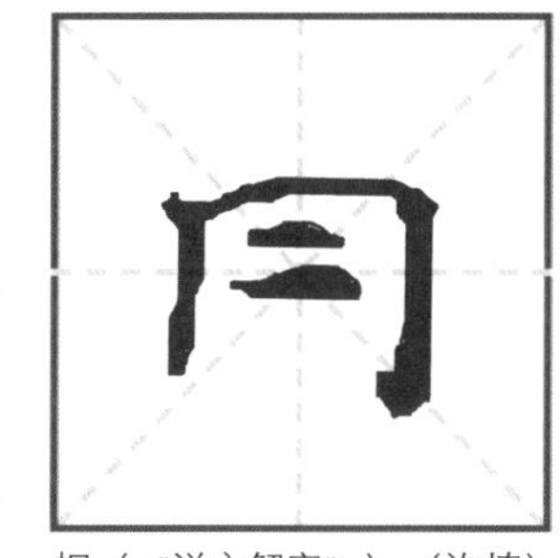
帽（《说文解字》）（许慎）

帽（mào），本作"月"，像帽形,又作"冒"。现为"帽"。形声，从"巾"，"冒"声；巾是丝织品，表示材料。

护顶的头衣，最初只是一块搭在或结在头上的皮或布，后渐求美观。商代通作帽箍式。周代则有平形、尖形、月牙形等。魏晋以前的帽只是一种便帽，以后渐用于正式场合，形制多样。

纱帽是古代君主或贵族、官员所戴的一种帽子。以纱制成，故名。乌纱帽是用乌纱制作的圆顶官帽，东晋宫官已戴之。

明代官吏最常戴的一种冠帽是乌纱帽，是由唐代幞头演变而来的圆顶冠帽。后人逐渐把乌纱帽引申为官职的代称，如被革职罢官，说成"丢了乌纱帽"，"保住乌纱帽"意为保住了官职。因此"乌纱帽"已成为官职的代名词了。

唐代妇女戴帽，有网状面纱的帷帽和来自西域的浑脱帽。

帽子的功用在于防风沙、避严寒、免日晒，其功不可没，是有一定的科学道理的（图5-1-49～图5-1-52）。

图5-1-49　明代乌纱帽（上海潘允徵墓出土）

图5-1-50　戴乌纱帽、穿盘领补服的明朝官吏（明人《沈度写真像》）

图5-1-51　北朝陶风帽俑

图5-1-52　帷帽

二十、市：原始生殖崇拜的遗制

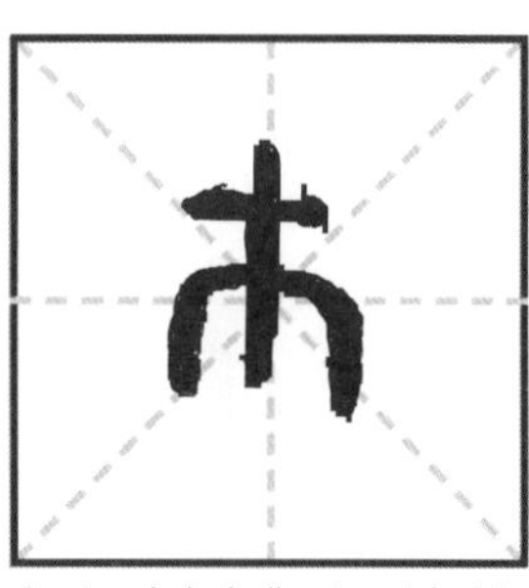
市（《金文字典》）（容庚）

“市”（fú）是象形字，像遮蔽胸腹前的衣服。在字形中，“市”清晰明白地标示了它所在的位置。

人类最早是用树叶或兽皮围在腹下膝前。这种服饰样式形成的根本原因是出于实用，因为这样做不仅可以使腹部御寒，而且也可以遮羞，同时还可能是为了保护人类赖以繁殖后代的生殖器，体现了蕴涵于市的生殖崇拜的重大意义。

汉朝以后，“市”又称“蔽膝”。顾名思义，这是遮盖大腿至膝部的服饰。根据古代文献描述，我们可以想象古代蔽膝的形制与现在的围裙相似。所不同的是，蔽膝稍窄，而且一定要长到能“蔽膝”。

市在商周至元明时为一种祭服，形似围裙，系在腰间，其长蔽膝，为跪拜时所用（图5-1-53）。

后来，人们把蔽前与蔽后的两片围腰连缀缝合起来，即为裳，也就是后世的裙子。

图5-1-53　戴冠、穿窄袖衣、佩市的贵族男子（西周玉人）

二十一、作：伯余初作衣

作（《甲骨文字典》）（徐中舒）

“作”（zuò），甲骨文形体，像作衣之初仅成领形之形。本义：作衣。其“乍”（象形写法）形像缝纫之线迹。以夸张之线迹置未成之衣上。

在原始社会，人类为了抵御寒冷，直接用草叶和兽皮蔽体，慢慢地学会了采集野生的葛、麻、蚕丝等，并利用猎获的鸟兽的毛羽，进行撮、绩、编、织而成粗陋的衣服，由此发展了编织、裁切、缝缀的技术。人们根据撮绳的经验，创造出绩和纺的技术。

连缀草叶要用绳子，缝缀兽皮起初用锥子钻孔，再穿入细绳，后来就演化出针线缝合的技术。早期的有孔针是用骨头、象牙、木料及荆棘磨制而成的。

发明有针眼的针，在人类历史上是最伟大的技术进步之一，其重要意义可与车轮的发明和人工取火相提并论。1930年在北京市房山区周口店龙骨山发现山顶洞人的居住遗址，所出土的骨针刮磨得很光滑，针身保存完好，仅针孔残缺。它是我国最早发现的旧石器时代的缝纫工具（图5-1-54～图5-1-57）。

人类直到14世纪才发明了第一枚钢制的手针。18世纪90年代开始，缝纫逐渐机械化。

图5-1-54　“作”图示《文字源流浅析》

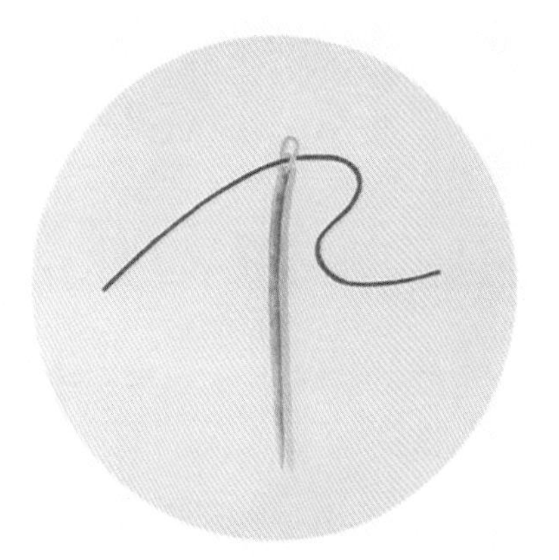
图5-1-55　原始骨针

图5-1-56　20世纪20年代朱金木雕如意绕线板（宁波服装博物馆藏品）

图5-1-57　20世纪40年代竹编针线篮（宁波服装博物馆藏品）

二十二、玄：上衣如天

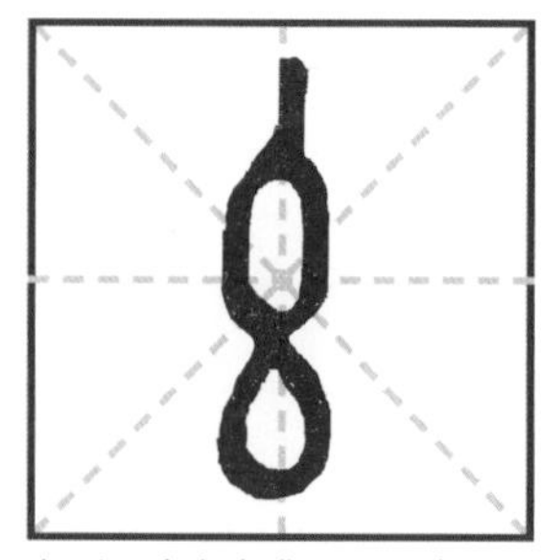
玄（《金文字典》）（容庚）

“玄”（xuán），象形字。小篆字，下端像单绞的丝，上端是丝绞上的系带，表示作染丝用的丝结。本义为赤黑色，即黑中带红，泛指黑色。

我国服饰的色彩，与古代五方正色的信仰相结合，构成了传统服饰的底色。传统服色观念——五方正色：青、赤、黄、白、黑，代表天下四方、时令节气。

“玄”即为黑中扬赤。“玄”色较之青、赤、黄、白、黑等五正色尤为尊贵而独居其上。天之色彩即为玄，为至高无上之色。

“以玄拟天”反映了周朝的政教思想、政教设施情况。所以周制的婚服不是大红大绿，新郎新娘都穿着端庄的玄色礼服，玄色是象征着天的色彩。整个仪式宁静、安详。

图5-1-58 玄纁

图5-1-59 汉光武帝 刘秀（唐代阎立本《历代帝王图》）

与玄黑搭配的是纁红。玄黑与纁红是汉服中最隆重端庄的搭配。

玄，黑中扬赤，象征天的颜色；纁，黄里并赤，其意表征大地。这二色是华夏文化中最神圣和高贵的色彩，天地间的和谐映照在服章上，写在华夏先民的心里。这种色调的衣服穿在身上，有一种天人合一的智慧和敬天礼地的虔意。

“玄”的金文像悬挂的丝，有“悬”的意义。“玄”之义为虚，故“玄”引申为虚空、玄妙（图5-1-58、图5-1-59）。

二十三、裔：飘飞的衣裾

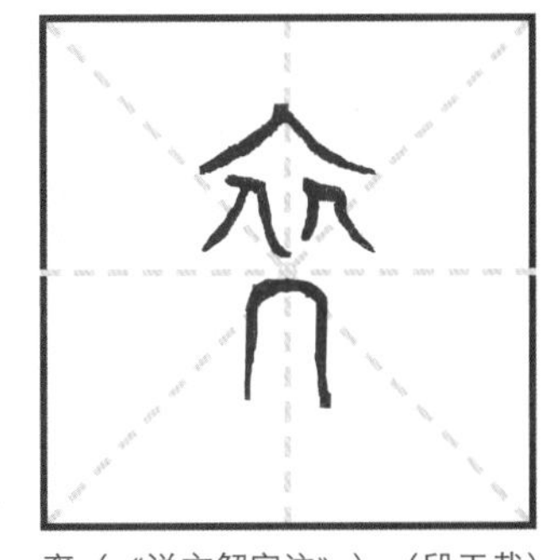
裔（《说文解字注》）（段玉裁）

“裔”（yì），上为“衣”，下为“裙”形。《说文解字》：“裔，衣裾也。”“裾”一般认为是衣服的前襟。

历史上，我们的祖先在衣襟上做文章，创制了富有文化内涵的“深衣”。深衣根据衣裾绕襟与否可分为直裾和曲裾。

曲裾深衣的后片衣襟接长，加长后的衣襟形成三角，经过背后再绕至前襟，然后腰部缚以大带，可遮住三角衽片的末梢。

曲裾的出现，与汉族衣冠最初没有连裆的罩裤有关，下摆有了这样几重保护就合理得多，因此，曲裾深衣在未发明裤的先秦至汉代较为流行。开始男女均可穿着。慢慢地，男子曲裾越来越少，曲裾作为女子衣装保留的时间相对长一些。直到东汉末至魏晋，襦裙始兴，曲裾深衣自然也几乎销声匿迹。

“裔”字，由“衣裾”引申为“衣服的边缘”，有时也就当“边”讲，由“边”义又可以引申为“边远之地”，由此又引申为“后代”，如屈原《离骚》：“帝高阳之苗裔兮。”意思是：“我本是古帝高阳氏的后代（图5-1-60、图5-1-61）。”

图5-1-60　马王堆出土曲裾深衣

图5-1-61　复原的楚国女装曲裾袍服

二十四、专：最原始的纺织工具

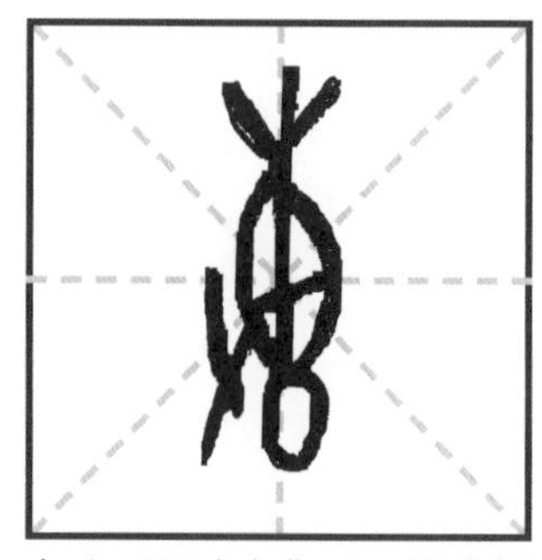
专（《甲骨文字典》）（徐中舒）

“专（zhuān）”（專、耑），是象形字。甲骨文字形,右边像纺塼（zhuān、古同“砖”），左边是手（寸）,合起来即像用手旋转纺砖的形状。专的本义是纺坠，纺坠纺线要转动，所以加“车”旁写作“转”。加“手”旁写作“抟”，表示用手撮捏成团。甲骨文中的“专”，是世界上最早用文字记载下来的纺纱工具的名称。

我国最早采用的纺织材料主要是麻（指大麻和苎麻）、葛纤维，麻、葛纤维要纺成线才能织布。人类在长期的生产实践中认识到，把植物纤维合股并适当加捻，可以增加纤维的强度和抗拉度，经久耐用，于是出现了原始的纺纱技术。人们开始是用手搓合，后来发现利用回转体的惯性给纤维做成的长条（须条）加上拈回，比用手搓又快又匀。这种回转体由石片或陶片做成扁圆形，称为纺轮；中间插一短杆，称为锭杆或专杆，用以卷绕拈制纱线。纺轮和专杆合起来称为“纺专”。纺专是我国最早的纺纱工具。

纺专的构造虽然简单，却具备了现代纱锭的最基本功能——合股和加捻。它比手工捻纱提高了工效，同时也促进了织布技术的发展。

典故中的“生女弄瓦”，就是指女孩子从小就要用纺专学纺纱（图5-1-62～图5-1-64）。

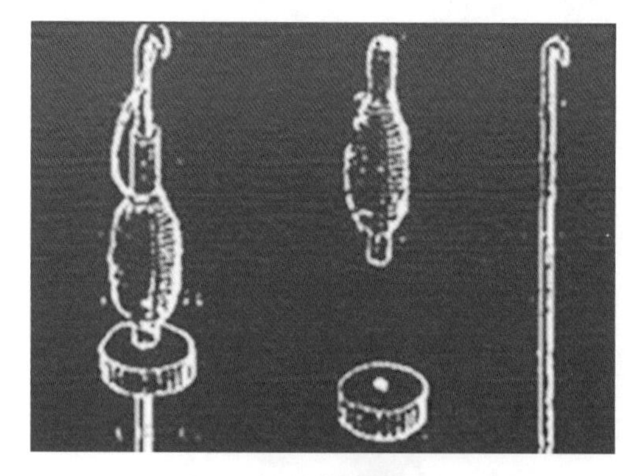
图5-1-62　纺坠（中国数字科技馆网）

图5-1-63陶纺轮（河姆渡文化）

图5-1-64　纺车图（北宋王居正）

二十五、黹：赏心悦目话刺绣

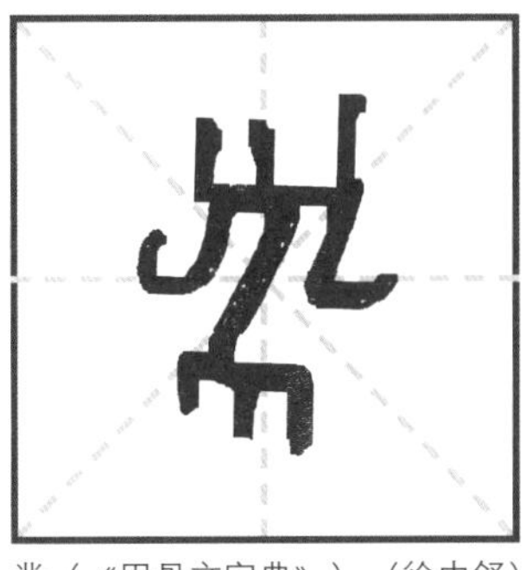
黹（《甲骨文字典》）（徐中舒）

“黹”（zhǐ），像所刺图案之形。即古代的绣。

刺绣又名“针绣”，俗称“绣花”，以绣针引彩线（丝、绒、线）按设计的花样，在织物上刺缀运针，以绣迹构成纹样或文字。后因刺绣多为妇女所作，故又名“女红（gōng）”。

我国的刺绣艺术历史悠久，早在远古时代就伴随着玉器、陶器和织物而诞生。刺绣在我国服装史上占有重要的地位。刺绣与养蚕、缫丝分不开。随着蚕丝的使用和丝织品的产生与发展，刺绣工艺也逐渐兴起。

1958年，在我国长沙楚墓中出土了龙凤图案的刺绣品，这是2000多年前古战国时期的刺绣品，是现在已发现的我国最早的刺绣实物之一。到唐代和宋代，刺绣工艺都有很大发展。

如今，刺绣工艺几乎遍布全国，苏州的苏绣、湖南的湘绣、四川的蜀绣、广东的粤绣（广绣）各具特色，被誉为中国的四大刺绣，各类民间刺绣也别具特色。

刺绣在中华民族5000年的文明史上，是一项闪耀着智慧之光的发明创造，获得了全世界的赞美（图5-1-65～图5-1-67）。

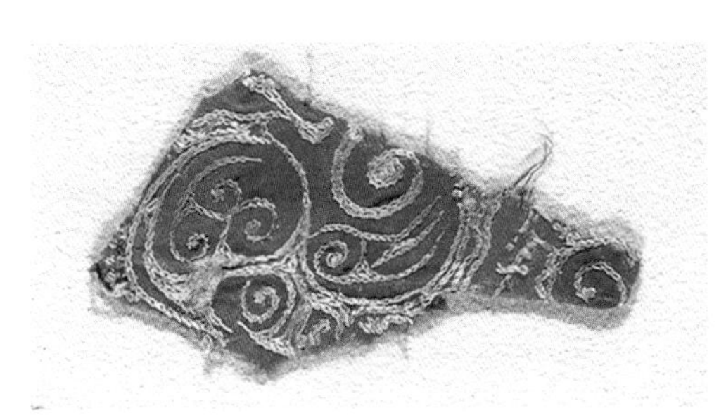
图5-1-65　汉代刺绣残片

图5-1-66 明苏绣山鸡白兔图轴（苏州刺绣研究所藏品）

图5-1-67　宁波金银彩绣（宁波服装博物馆藏品）

二十六、衮：画龙于衣

衮（《金文字典》）（容庚）

“衮”（gǔn），本义为画龙于衣，常指古代帝王或三公（古代最高的官）祭祀时穿的礼服。

“衮”亦称“衮服”。我国传统的衮衣以日、月、星辰、山、龙、华虫、宗彝、藻、火、粉米、黼、黻十二章纹为饰。“十二章纹”就是以十二种固定的文饰，或画、或织、或绣在天子及诸侯的官服上。一种文饰称为一章，并以饰章的多寡来表示等级，各章均有各自特定的含意和文化意蕴。例如，日、月、星辰取其照临光明之意，象征着帝王皇恩浩荡，普照四方；龙，取其应变之意，象征帝王善于审时度势地处理国家大事和对人民进行教诲。

十二章纹的图案，具有极其深厚的我国古代的传统文化意识。

清代废除十二章纹，但皇帝衮服纹饰仍以龙为主。灿烂的黄色与龙的纹饰、云彩图案结合在一起，构成了明清时期皇帝服饰的主要特征，黄色的龙袍成为我国封建社会最高权力的标志（图5-1-68～图5-1-70）。

图5-1-69　明代洒线绣龙袍（出土实物，袍料立水部分已剪短）

图5-1-70　清代明黄色缎绣彩云黄龙夹龙袍

图5-1-68　十二章纹

第二章 成语篇

成语被称为"活化石"，是汉语言文化的精华，蕴涵着中华民族丰富的精神内涵。

我国是纺织服装大国，很早就有了纺织服装业。河姆渡文化中已有原始腰机和引纬工具。1927年，在山西出土的半个蚕茧，说明在4700年前，我国先民就已懂得养蚕、缫丝、织绩。

在我国，与服饰有关的词语不计其数，表现形式丰富多彩，而在服饰语海里，数量最多、应用范围最广的当数成语。

本部分以成语为切入点，对中国服饰文化进行解读，可让读者从多个层面领略中华服饰的丰富文化内涵，同时感受中华成语的无限魅力。

一、高冠博带：记录儒生的装束

高冠博带，出自《墨子》，意思是戴着高大的帽子，系着宽阔的衣带。形容儒生的装束。

"冠"在古代是头上装饰的总称，早期只是一种束发的发罩。它的主要功能是用于礼仪上。我国作为衣冠上国，向来讲究衣冠不分家。冠巾对应着身份地位，男子二十岁弱冠后，士人冠而庶人巾。衣冠齐整才是完整的仪容，古人非常重视。

图5-2-1 汉代戴长冠、穿袍服的官员（马王堆汉墓出土木俑）

衣冠甚至比生命更重要。公元前480年，卫国发生了政变。孔子的两个弟子—子路和子羔都在卫国。当时，子路直入宫廷与武士决斗，结果被卫士打断了结冠的缨带，冠就要掉下来了。这个时候，子路高叫："君子死，冠不免！"于是停止战斗，结缨正冠，结果丧命。

冠的名目式样繁多，在众多的冠中，文人学子所戴的冠为"进贤冠"，也称"梁冠"。进贤冠的形制可以在现藏于湖南省博物馆的青釉对坐书写俑上看到，图中两个对坐书写的南北朝文人所戴的冠饰就是进贤冠。

进贤冠始于汉代，历经魏、晋、南北朝、唐、宋、明，是历代文人学子所喜爱的冠饰之一。历经数百年而不衰，足见其生命力。它的形制在历代沿革的同时，随着历朝审美和政治的需要而有所改变。进贤冠自元代以后叫"梁冠"。

高冠博带亦作"峨冠博带"，显示了古代士大夫的尊贵潇洒（图5-2-1～图5-2-3）。

图5-2-2　对坐书写俑（湖南省博物馆藏品）

图5-2-3　戴梁冠、穿衫子的文吏（东晋顾恺之《洛神赋图》局部）

二、长袖善舞：记录舞衣翩跹

长袖善舞，出自《韩非子》。袖子长，有利于起舞，指有所依靠，事情就容易成功。

历代舞服是中华服饰宝库中的一串串明珠。

一袭设计得好的舞服，是舞蹈家美化舞姿、表情达意必不可少的辅助手段。唐代白居易《霓裳羽衣歌》是这样写舞服和舞饰的："虹裳霞帔步摇冠，钿璎累累佩珊珊。"从中可以看出舞服在表现舞姿和表达感情中所起的巨大作用。无论是早期与巫术纠缠在一起的娱神乐舞，还是后来从巫术中分离出来娱人的乐舞，舞服在同时代的服饰中都属美妙的精品。

我国古代舞衣的主要特色是长袖、束腰、飘逸。这和我国是丝织品的故乡有关。在战国末年，舞衣长袖已成时尚。许多舞姿是借助舞袖得以表现的，而只有轻柔的丝织物才能取得长袖挥舞自如、飘逸多姿的最佳效果（图5-2-4～图5-2-6）。

图5-2-5　唐代黄釉陶女舞俑（大唐西市博物馆藏品）

图5-2-4　汉代玉舞人，长袖、螺壳发髻（广州市西汉南越王墓博物馆藏品）

图5-2-6　壁画《红衣舞女》（中国历史博物馆藏品）

三、奇装异服：求异心理成就服饰的发展

奇装异服，出自战国屈原《涉江》，指与一般人的衣着相比显得特异的服装。

《涉江》这首诗，开头五句写屈原自己自幼喜好奇特而华美的服饰，直到年老也不松懈。屈原用奇异的服饰、高洁的生活情趣来比喻自己善美的品德和远大而崇高的理想。

奇服也称"险衣"，它是一种有违常态、有悖礼制的"不正"之服，用今天的话来说，就是奇装异服。魏晋南北朝时期是奇装异服的盛行时期，政权的动荡、经济的萧条以及诸王的混战，都为奇装的流行创造了条件，如魏尚书何晏，平时喜欢穿妇人之服。

唐宋时期的奇服，常常以质料取胜。如唐中宗的女儿安乐公主，汇集百鸟之羽，织成二裙，正面看时为一种颜色，侧面看时又是一种颜色；日光下是一种颜色，暗影中又是一种颜色,而百鸟之状全部显现。

在中国人的眼里，"奇装异服"一直代表着异端、叛逆。其实，所谓的奇装异服最重要的特征就是彰显个性，自穿自乐也是一种难得的勇气。

事实上，所有的时装都是由"奇装异服"演绎而来，过去那些让我们心动的衣服，必然为今天更加"奇异"的时装所替代，这是美的进化必然，也是服装发展的必然（图5-2-7、图5-2-8）。

图5-2-7 《屈子行吟图》（明·陈洪绶）

图5-2-8 《庵簪花图》（明·陈洪绶）

四、广袖高髻：展示古代服饰流行

图5-2-9　后唐高髻拱手女俑（福建博物院藏品）

广袖高髻，出自汉代童谣："城中好高髻，四方高一尺。城中好大眉，四方眉半额。城中好广袖，四方用匹帛。"形容风俗奢靡。其意思是长安城里妇女流行梳高髻，从四周看有一尺高度；女人流行画眉，额前显得既光滑明亮又平坦；流行宽大的袖衣，所使用的材料要很多。反映当时服饰流行的状况。

所谓服饰的流行性，是指服饰的款式、花色和颜色以及风格在同一时代某一个时段的迅速传播，即所谓风行一时，而成为社会上人们服饰的主导潮流，从而形成特殊的服饰景观。

服饰流行是一种社会文化现象，反映了一定历史和地域环境条件下，人们对服装审美需求的变化，并在时代精神的作用下使一种着装方式形成广泛传播的社会风潮。服饰的流行引领了服饰文化的发展，丰富了人类的社会生活（图5-2-9、图5-2-10）。

图5-2-10　初唐壁画中梳高髻、身穿半袖衣裙披帛的仕女形象

五、张敞画眉：记录古代女性眉妆历史

张敞画眉，出自《汉书·张敞传》，张敞替妻子画眉毛，旧时比喻夫妻感情好。

人们常用“眉清目秀”“眉目如画”作为评价美女的基本标准，说的就是眉毛在五官中的位置举重若轻。另外，眉在目上，眉目一体，是面部最生动的部分，并成为古代妇女表达情感的主要表征与手段之一，于是可以“挤眉弄眼”“眉目传情”。

汉时兴描眉，形成眉妆史上第一个高潮。“张敞画眉”之典故可见时风。这一高潮的形成“与汉代礼制的形成、统治者的重视有关，与姬妾盛行、男尊女卑进一步强化也有密切关系”。女子的装扮，往往以男子喜怒为转移，更以取悦男子、媚惑男子为目的，典型如“愁眉啼妆”。

到了唐朝，政治稳定，经济繁荣，促进了妆饰文化的发展，画眉之风达到了登峰造极的地步。风流天子李隆基甚至命人作了“十眉图”。唐代妇女的画眉样式，比起从前要显得宽阔和浓重一些。唐人给这些不同的眉式赋予了不同的名称，比较著名的有柳叶眉、却月眉、八字眉等。柳叶眉简称“柳眉”，这是一种眉头粗圆、眉梢尖锐、眉身宽阔的眉式，因形状与柳叶相似而得名。

历代女子画眉样式，主要体现在长短、粗细、曲直和浓淡等方面（图5-2-11、图5-2-12）。

图5-2-11　唐代贵妇饰桂叶眉

图5-2-12　《张敞画眉图》（清·周秉沂）

六、及笄年华：记录失落的生命礼赞

及笄年华，出自《礼记》，古代女子已订婚者十五而笄；未订婚者二十而笄。指少女到了可以出嫁的年龄。

笄是古代盘头发用的簪子。古代女子15岁前，发式通常是将头发集束在头部的双侧，梳成树丫或兽角状，之所以称女孩为“丫头”，就来源于此。女子满15岁就被看作成人，如果已经许嫁，便可梳成人的发髻了，这时就需要使用发笄。而一般说来，女子在“及笄”之前，父母就已经给她定下婚事了，一般在“及笄”那一年出嫁，所以，结婚的妇女都是盘发的。古时称女子成年为“及笄”，就是这个意思。女子插笄在古代是一件很重要的事情，一般都要举行仪式。

我国传统的人生仪礼，把换装当做一个重要的人生阶段。传统汉族男子的成年礼叫“加冠”，也称冠礼；女子的成年礼叫“加笄”，叫做“笄礼”。

笄礼，产生于周代。笄礼和男子的冠礼一样，是对人生责任的提醒，是要提醒他们：从此将由家庭中毫无责任的“孺子”转变为正式跨入社会的成年人，只有能履践孝、悌、忠、顺的德行，才能成为合格的儿子（女儿）、合格的弟弟（妹妹）、合格的公民（过去指合格的臣下或百姓）、合格的晚辈……各种合格的社会角色。

在笄礼过程中，笄者将要先后更换3次服饰。3次加笄的服饰，分别有不同的蕴义，象征着女子成长的过程。　加笄之后，如同羽化的蝴蝶一样，笄者从稚气的女孩转变成一个要承担社会责任的“成年人”（图5-2-13～图5-2-15）。

图5-2-14　唐代女子丫髻发式

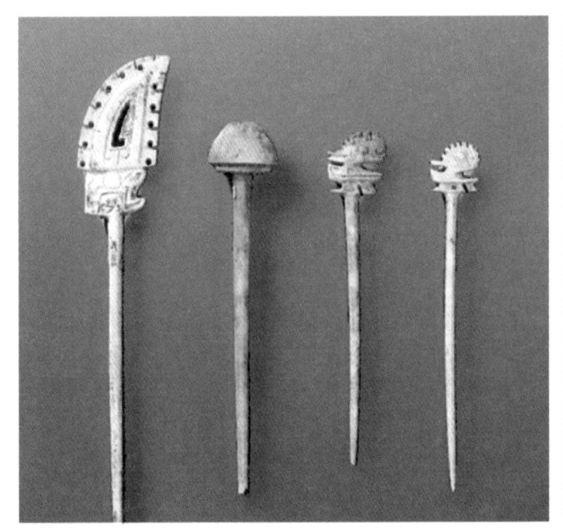

图5-2-13　商骨笄

图5-2-15　当代传承，河南女大学生复原古代“女子笄礼”

七、珠联璧合：展现诗意的中国饰品

珠联璧合，出自东汉班固《汉书·律历志上》，意思是珍珠联串在一起，美玉结合在一块，比喻杰出的人才或美好的事物结合在一起。

璧是我国古代流行的平圆有孔的玉。在我国传统文化中，玉石和珍珠并重，前者是君子的象征，温润如玉；后者是女子的最爱，珍珠的晶莹和色彩，正如佳人的容颜。珍珠联成串，美玉合成双，正是集高贵、祥瑞和优秀于一体，称作“珠联璧合”。

在汉语言词汇中，以“珠”“玉”组成的成语，都与美好事物有关。比如，珠光宝气、珠圆玉润、字字珠玑、珠规玉矩（比喻人的言行纯正合乎规矩）。

我国是世界上利用珍珠最早的国家之一，广西合浦是著名的珍珠产地。“珠还合浦”是千古流传的古代典故。

2010年上海世博会的广西馆有一件“镇馆之宝”——手托“南珠王”的“珍珠仙女”。“珍珠仙女”头上戴着的“海之皇冠”镶嵌有228颗南珠，手上托着的“南珠王”是目前我国最大的一颗天然海水珍珠，最大直径1.55厘米，重3.6克。

在我国，玉器所隐含的意义是非常特殊的。佩戴玉饰的风俗历代盛行。玉器自从出现以来，延续了7000多年，成为我国传统文化的特色之一。玉璧是一种中有穿孔的扁平状圆形玉器，古人认为玉璧是上天恩赐的宝物，具有沟通天地的灵性（图5-2-16～图5-2-18）。

图5-2-16　珍珠仙女（广西新闻网）

图5-2-17　良渚文化玉璧

图5-2-18　红山文化三联玉璧（黑龙江博物馆藏品）

八、褒衣博带：文人追求的风范

褒衣博带，出自《汉书·隽不疑传》，意味着宽袍，系阔带，指古代儒生的装束。

各个时期文人的穿着不尽相同，但基本特征都是宽大飘逸。如春秋时期的文人是峨冠博带。峨冠是高耸的头冠，博带是宽大的带子，秦汉时期儒生的装束承袭了战国时期儒服的基本样式，高冠，方领，衣袖宽大。西汉时参加盐铁会议的文人均“褒衣博带”。魏晋时期的文人穿宽衣大袖，宋代文人戴高巾，穿宽博长袍。明代文人穿襕衫，清代文人穿长袍，即使到了近代，民国时期的文人大多仍然固守长衫。

宽大的服饰之所以受文人喜爱，是因为它能够表明读书人的身份，说明其不需要参加繁重的体力劳动，是一个社会阶层的特征。

“褒衣博带”尤以魏晋最甚。魏晋时期是历史上政治极为混乱的年代，但在精神上却颇为自由开放。文人意欲进贤而又怯于宦海沉浮，只得自我超脱，除沉迷于山水之间，便在服饰上寻找宣泄，以傲世为荣，强调返璞归真，畅谈玄学之风盛行，故而宽衣大袖，袒胸露背（图5-2-19～图5-2-21）。

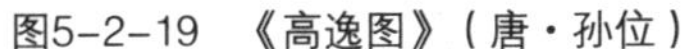

图5-2-19 《高逸图》（唐·孙位）

图5-2-20 魏晋士人服饰（《北齐校书图》局部）

图5-2-21 明代戴儒巾或四方平定巾、穿衫子的士人（《娄东十老图》局部）

九、衣冠礼乐：造就五千年华夏文明

衣冠礼乐，出自南朝任昉《策秀才文》，指各种等级的穿戴服饰及各种礼仪规范。

“中国有服章之美谓之华，有礼仪之大故称夏”，这就是“华夏”一词的来历。服章即指汉服，礼仪即指儒家道德规范。这一思想造就了伟大的华夏文明。

在世人心中华夏民族与礼仪之大和服章之美密不可分，衣冠服饰和礼仪制度、思想文化一样，是我国传统文化中不可分割的重要一环。中华民族古老的服饰文化绚丽多彩，与民族属性息息相关。我国也因此自古以来被尊称为“衣冠上国”“礼仪之邦”。

古人认为着装礼节是相当重要的，如果衣服穿在身上，却不知道它的制度、等级，那就是无知。在我国古代服饰文化中，服饰的礼制化是非常重要的。

自汉代以后，我国的服饰制度已经相当完备了，表现出明显的政治伦理观念。从皇帝到皇子皇孙乃至皇族，从文武百官到庶民百姓，都有严格的服制；从服饰颜色、服饰式样到图案花纹，都有相关规定，不能逾越（图5-2-22、图5-2-23）。

图5-2-22　2008年北京奥运会开幕式展“礼乐”之邦盛世气象

图5-2-23　北京奥运会开幕式，峨冠高耸、古衣苍然的三千弟子手持《论语》竹简，进退肃然，跪叩无言

十、貂蝉满座：折射服饰教育功能

图5-2-24　貂蝉冠

貂蝉满座，出自南朝范晔《后汉书·舆服志》，指官帽上用蝉形图案的金铛为装饰，并插上貂尾，旧指官爵多而滥。

为什么用“蝉”形金铛装饰官帽？这里有较多的文化内涵：

蝉取义为高洁、清虚。所以蝉在古人的心目中地位很高，是一种神秘而圣洁的灵物，被视为纯洁、清高、通灵的象征。

早在石器时代，先民们就对蝉有所关注，视为神奇的动物，它出于泥土之中，无巢无穴，脱壳羽化，食露而生，高洁不群，以鸣报夏，这些特性已引起先民的尊崇与敬畏。早在红山文化、良渚文化时期就已出现了玉蝉。先人以玉为材，磨制成蝉形，将其放在死者的口中而象征其进入另一个世界。这种放入死者口中的玉蝉，称为唅蝉，玉唅蝉从夏商周起，绵绵延续了数千年，直到民国时期还有此风俗。

古人吟咏蝉的诗赋也很多。汉班昭的《蝉赋》、唐骆宾王的《在狱咏蝉 》诗等都与“蝉义”有关。我国由汉代开始，不少名物、珍品，常冠以“蝉”字，特别是服饰一类，如“蝉冠”“蝉珥”“蝉冕”。

古人认为貂尾外柔内韧，蝉则高洁，因此常常把貂尾和玉蝉一同用在帽子上作装饰，比喻自身高洁、外柔内刚。古代很多达官贵人都佩戴这种装饰的帽子（图5-2-24～图5-2-26）。

图5-2-25　佩蝉

图5-2-26　北燕（409–436）金铛附蝉（辽宁博物馆藏品）

十一、美女簪花：记录历久不衰的簪花习俗

图5-2-27　三国簪花持箕陶俑

美女簪花，出自南朝袁昂《古今书评》，形容书法娟秀，也比喻诗文清新秀丽。簪意思是插戴。

女子头簪时令鲜花，作为习俗早在汉代就已经出现。四川成都羊子山西汉墓出土的女陶俑，发髻正中插着一朵硕大的菊花，菊花两旁还簇拥着数朵小花。

汉代以后，簪花之俗在妇女中历久不衰。季节不同，所簪之花自然不同。一般情况，春天多簪牡丹、芍药，夏天多簪石榴、茉莉，秋天多簪菊花、秋葵等。

古代妇女除了簪戴鲜花外，还有簪戴假花的。制作假花的材料有绢帛、丝绒、色纸和珠宝等。手工艺人以绢帛仿照鲜花制作，这种装饰花除无香气之外，其最大的特点是永葆色泽鲜艳。清代末年有珠花问世，较为贵重的是用金翠宝玉和珊瑚制成的珠花，及用翠鸟羽毛做成的翠花。

不光女子，古代男子也有簪戴鲜花的风俗。唐朝已有男子簪花的现象。男子簪花到了宋朝更日益普遍（图5-2-27～图5-2-29）。

图5-2-28　五代高髻簪花（敦煌莫高窟壁画）

图5-2-29　唐代簪花女子（唐代周昉《簪花仕女图》）

十二、角巾私第：传达“东坡式”的精神寄托

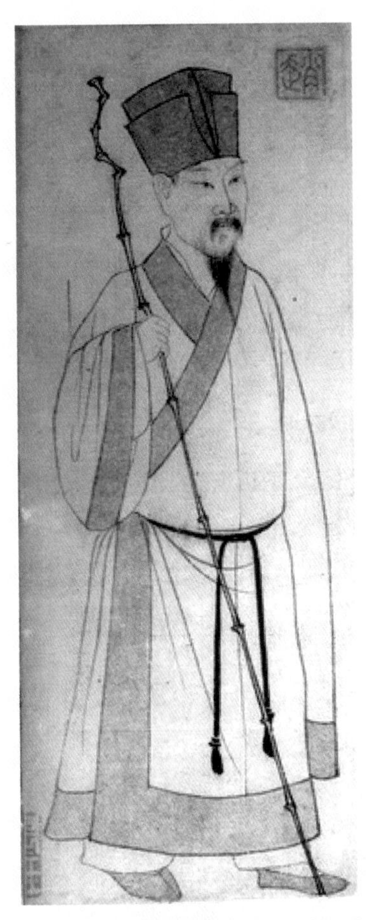

图5-2-30 《苏东坡立像》（元·赵孟頫）

角巾私第，出自《晋书·王浚传》，意为脱掉官服，戴上头巾，居住在私宅，指闲居不仕。

其中“角巾”或称“乌角巾”，为古时隐士常戴的一种有棱角的头巾。北宋大文学家、词人苏东坡常戴此巾，《东坡居士集》有“父老争看乌角巾”句，因而又称“东坡巾”。宋代著名画家李公麟的传世名画《西园雅集图》和元代赵孟頫绘的《苏轼像册》中的苏轼像所戴的巾子，都是这样的巾式。

角巾形制为四棱方正形，棱角十分突出，内外有四墙，内墙又较外墙高出许多。从服饰文化的特定含义、外观、内涵的总体看，既有一种端直、持重之感，还给人留下高雅、方正、庄重的印象。

宋代治学求解之风日盛，儒生装束备受青睐。因着儒生常用服饰而为他人尊敬，使儒生情调的打扮流行开来，东坡巾便是其中一例（图5-2-30～图5-2-32）。

图5-2-31 《西园雅集图》（局部）

图5-2-32 《苏轼题竹》（明·杜堇）

十三、蝶粉蜂黄：反映佛教对服饰文化的影响

蝶粉蜂黄，出自唐代李商隐《酬崔八早梅有赠兼示之作》诗，指古代妇女粉面额黄，装扮美容。

佛教产生于古代印度，在西汉末年传入我国。到魏晋南北朝之后，佛教成了我国的主要宗教。佛教对我国文化影响深远，如对器物造型及装饰的影响、对建筑的影响，与此同时，佛教也渗透到服饰文化中。

成语“蝶粉蜂黄”记录了“额黄”的化妆习俗。

“额黄”是指妇女在额上涂黄粉的妆式。这种化妆方式起源于南北朝，当时全国大兴寺院，塑佛身、开石窟蔚然成风。妇女们从涂金的佛像上受到启发，也将自己的额头染成黄色，久之便形成了染额黄的风俗。唐朝时额黄更加盛行，到宋代额黄还在流行。

据文献记载，妇女额部涂黄主要有两种方法，一种为染画，一种为粘贴。按照佛教宗教理念，在额头上点红、贴花，是智慧的象征，寓意吉祥。佛教对服饰文化的影响还体现在发式、衣饰等几个方面，如“飞天髻”、披帛、袒露装和半臂装等。佛教文化影响并丰富了传统服饰内涵（图5-2-33、图5-2-34）。

图5-2-33　额黄妆妇女

图5-2-34　穿襦裙及半臂的初唐宫女（陕西乾县唐永泰公主墓壁画）

十四、悬龟系鱼：吉祥鱼文化在服饰中的反映

悬龟系鱼，出自《新唐书·舆服志》，后指高官显宦。

在唐代官服中有时代特色的当属章服，章服是唐代佩了鱼符、鱼袋的官服。鱼符、鱼袋均为唐朝官员朝服、礼服的一种。鱼袋是用来装鱼符的，通常系在大带上，随身佩鱼，其作用一是明贵贱、辨尊严，另一是作为臣子应皇帝召见进宫的凭证。鱼符之形为鲤鱼，是以"鲤"喻"李"，寓意李家天下。

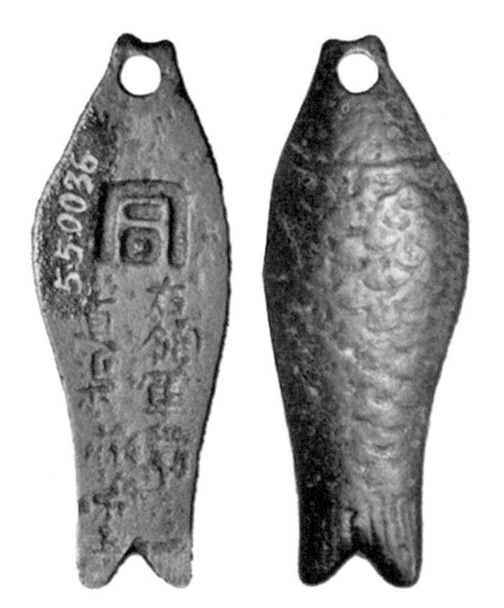

图5-2-35　唐代木鱼符

武则天时暗谶她姓武，是"玄武"，"玄武"就是龟，改佩鱼为佩龟，并规定三品以上龟袋用金饰，四品用银饰，五品用铜饰。唐代诗人李商隐的《为有》诗："为有云屏无限娇，凤城寒尽怕春宵。无端嫁得金龟婿，辜负香衾事早朝。"写一贵族女子在冬去春来之时，埋怨身居高官的丈夫因为要赴早朝而辜负了一刻千金的春宵，将丈夫称为"金龟婿"。这里的金龟即是亲王或三品以上官员。后世遂以"金龟婿"代指身份高贵的夫婿。

唐中宗后又改佩龟为佩鱼。

鱼袋前后形制有所不一。最早的鱼袋大多以布帛制作，故以"袋"名，后来则将其制成一个长方形木匣，以木料为之，外裹皮革，并以金银为饰。从《步辇图》中，可见一持笏文吏，腰带之下垂一挂饰，以布帛缚结而成。

图5-2-36　唐朝龟符

鱼符早在隋代就已经出现，但其作为一种身份象征放入鱼袋中则是到唐代才确定下来。

宋时只有鱼袋，没有鱼符，紫服佩金鱼，绯色饰银鱼。到明代，佩鱼不再为官员专用，而成为纯粹的佩饰（图5-2-35～图5-2-38）。

图5-2-37　《步辇图》（局部）

图5-2-38　鱼袋

十五、锦上添花：描绘美轮美奂的中国服饰

锦上添花，出自宋黄庭坚《了了庵颂》诗。意思是在锦上绣花，比喻好上加好，美上添美。

锦是有彩色花纹的丝织品，已有3000年以上的历史，我国早在春秋以前就已经生产锦类织物。

“锦”字的含意还可理解为“金帛”，意为“像金银一样华丽高贵的织物”。锦的生产工艺要求高，织造难度大，所以它是古代最贵重的织物。古人把锦看成和黄金等价。事实上古代和现代确有用金银箔丝装饰织造的锦缎，只是现代的金银丝并非真正的黄金和白银制成，而分别是铜和铝制作的闪光丝而已。锦的外观瑰丽多彩，花纹精致高雅，花型立体生动。

图5-2-39　方格兽纹锦（新疆吐鲁番阿斯塔那出土实物）

锦的品种有蜀锦（产地）、宋锦（朝代）、云锦（花型）之分。其中，云锦是我国最华丽高贵的锦缎，集历代织锦工艺艺术之大成，因美如天上的云霞而得“云锦”之名。云锦在织造过程中大量使用金钱、银线，并配以五彩丝绒线等稀有名贵锦线交织而成，使之富丽堂皇，光彩夺目，有“寸锦寸金”的美誉。锦被誉为“东方瑰宝”，是中华民族乃至全世界最珍贵的历史文化遗产之一。

因为锦的贵重，所以多用来形容美好的事物，如成语“锦绣前程”，形容前途十分美好；“锦心绣口”，形容文思优美、辞藻华丽。

锦和绣是丝绸最为华丽的两种装饰技法和效果，“锦上添花”记录了我国服饰的纷繁美丽（图5-2-39～图5-2-41）。

图5-2-40　联珠大鹿纹锦纹

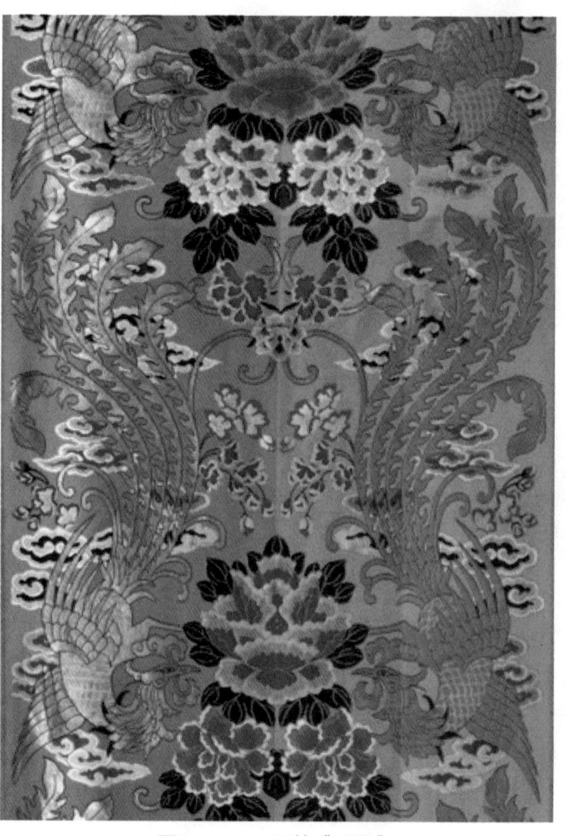

图5-2-41　云锦《双凤》

十六、羽扇纶巾：记录儒将的装束

羽扇纶巾，出自宋代苏轼《念奴娇 · 赤壁怀古》词，意思是拿着羽毛扇子，戴着青丝绶的头巾，形容态度从容。

纶巾是古代一种头巾、幅巾，以丝带编成，一般为青色，相传为三国时诸葛亮所创，又称"诸葛巾"。当然，最早提出"羽扇纶巾"这个名词的人却是宋代的苏东坡。历史上"羽扇纶巾"是魏晋时代人们的一种习惯装束。魏晋时代，上层人物多以风度潇洒、举止雍容为美，而"羽扇纶巾"的装束则能够显示出这样的"名士"派头，即使亲临战阵，也往往如此装束。

扇子在我国已有三四千年的历史。羽扇是用鸟的羽毛做的扇子。东汉末年羽扇盛行于江东，除了诸葛亮之外，当时手里整天拿着扇子的名士也不少。

到了宋代，在苏东坡著名的《念奴娇 · 赤壁怀古》中，"雄姿英发""羽扇纶巾"代表风流倜傥的儒将形象（图5-2-42～图5-2-44）。

图5-2-42　《诸葛亮画像》（元 · 赵孟頫）

图5-2-43　羽扇

图5-2-44　戴纶巾的诸葛亮（明末画家张风的《诸葛亮像》）

十七、风鬟雾鬓：记录远去的迷人发式

风鬟雾鬓，出自宋代苏轼《题毛女贞》诗，形容女子头发的美。

发式是妇女头部的重要装饰，能增加其仪容的俊美。古代妇女发式造型的变化，极为富丽而多姿，历代相承，不断变化，从简至繁，又从繁复简，往返交替。鬟，是我国古代妇女发型之一。所梳的环状发髻即为鬟。鬟与髻的区别在于鬟为空心状而髻为实心状。鬟在秦代就已经在贵族妇女中流行。

隋唐五代妇女的鬟式很多，有高鬟、低鬟等。鬟式一直流传至宋元时期，式样和名称有所不同，梳妆对象也有所变化。

鬓，指的是耳前额下部位所留的头发。古代妇女有留长鬓的习俗，比如魏晋南北朝时期就非常流行。晋代顾恺之《女史箴图》中就描绘了妇女梳长鬓的形象。隋唐时期妇女的鬓式更为丰富，名称很多，有蝉鬓、雪鬓、丛鬓等。

“雾鬓”即“蝉鬓”。蝉鬓是指面颊两旁近耳的头发薄如蝉翼。“蝉鬓”一词，出现在三国时代的魏国，是魏国王宫中一名叫莫琼树的宫女所梳。这种鬓式盛行于魏晋南北朝时期，唐代、宋代沿用不衰。它轻薄透明，形如云雾，所以又称为“云鬓”。《木兰诗》中就有“当窗理云鬓，对镜贴花黄”的诗句（图5-2-45～图5-2-8）。

图5-2-45　梳双环髻的妇女（顾恺之《洛神赋图》局部）

图5-2-46　侍女（站立者）头梳高髻，上插步摇首饰，髻后垂有一髾。（顾恺之《女史箴图》局部）

梳理蝉鬓，不仅需要一定的技巧，还需要借助梳妆用品。先秦时期，妇女就已经用油脂润发，以后陆续出现的蜜蜡、芦荟、茶子油等一系列用品，使鬓发松而不乱，应该就是早期的定型水了。

风鬟雾鬓，形容女子头发的美。

图5-2-47 唐鹦鹉髻

图5-2-48 北魏海螺髻贵妇俑（龙门石窟）

十八、淡妆浓抹：勾画古代女性美妆文化

淡妆浓抹，出自宋代苏轼《饮湖上初晴后雨》诗，指淡雅和浓艳两种不同的妆饰打扮。

人之美丑主要重颜面，所以面妆成为女性人体装饰中最为重要的一部分。除了画眉，古代妇女面部化妆一般有敷铅粉、抹胭脂、点口脂、贴花钿等。

用粉搽于脸上，是古代妇女化妆的重要手段。一般认为这一手段始于战国时期。成语“粉白黛黑”说的是我国古代妇女最早的敷粉妆法。

先秦、两汉时期，女性的美尚未取得独立的价值，人们虽然欣赏女性之美，但更强调道德，表现出了以德压美的倾向。先秦时期人们的审美观，重人工修饰，讲究质朴。但这时期的女子已经知道一白可以遮百丑，开始使用妆粉，脸色敷粉以“白”为主。后来由于胭脂的推广流行，汉代以后妇女作“红妆”者与日俱增，且经久不衰。

除了“红妆”，历代女性对美的追求还在“红唇”上下功夫。“丹”即朱砂，它是古代妇女妆唇所用红脂的主要原料，朱砂的色彩为“红”，故古人常称女性的口唇为“朱唇”。

历代女性美妆体现了历代女性对生活的热爱和对自我完善的期盼，同时也成为美化社会生活的积极力量（图5-2-49～图5-2-51）。

图5-2-49　饰桃花妆的妇女（唐人《弈棋仕女图》局部）

图5-2-51　《对镜仕女图轴》（清·朱本）

图5-2-50　《陈崇光柳下晓妆图》（清）·(南京博物馆藏品)

十九、环肥燕瘦：反映审美情趣的流变

环肥燕瘦，出自宋代苏轼《孙莘老求墨妙亭诗》，“环”指唐玄宗的贵妃杨玉环，丰满圆润；“燕”指汉成帝皇后赵飞燕，像轻盈的燕子。环肥燕瘦，形容女子体态不同而各有其风韵，也揭示了审美情趣因时代的变化而改变的现象。

先秦、两汉时期，人们欣赏女性之美，但更强调道德，讲求女性秀外而慧中，端庄而德佳。受物质条件的限制，这一时期女性的服饰较为古朴，衣服、鞋子和男子无多大的差别，身上没有巾、带等饰物，头上也只是挽一个简单的发髻，没有太多妆饰，尽显古朴之美。

随着服饰审美观的演变，魏晋南北朝已是质朴到富丽的成熟时期，从魏晋时期开始，女性之美开始获得独立的价值，得到欣赏和珍视。当时追求女性温婉妩媚，婀娜多姿。女性多身穿广袖短襦，曳地长裙。

唐朝更是追求奇异艳丽，此时为中国女性妆饰的集大成时代，从画家的作品就可以了解唐代社会的妇女以“健肥壮硕”为审美标准，其“丰肌”为世人所好，体态丰盈、容貌浓艳被视为当时社会的标准。

继而五代宋元期间，时代精神与审美情趣皆为之一变，厌丰腴华丽，而喜清幽淡雅。故当时女人多苗条清雅。

明清两代，审美观念较为广泛。在我国传统文化的浸染下，十分强调人的内在修养，“内在美”备受推崇。与此同时，古时之“丰肉微骨”复获青睐，力求女性“浓纤得衷，修短合度”，奉为一时典范。

美丽的标准因时代的变化而改变，但人们对于美丽的追求永远不变。

“环肥燕瘦”也比喻艺术作品风格流派各具特点，各擅其美（图5-2-52～图5-2-55）。

图5-2-52　女俑以巾裹头，身材修长，线条优美

图5-2-54　《唐人宫乐图》（台北故宫博物院藏品）

图5-2-53　《华清出浴图》（清·康涛）（天津市艺术博物馆藏品）

图5-2-55　赵飞燕“掌上舞”（明代木刻）

二十、裙带关系：牵动缭乱的腰带文化

裙带关系，出自宋代赵升《朝野类要》，指相互勾结攀缘的妇女姻亲关系。裙带是女子束裙裳的腰带。妇女的腰带，因织绣纹样，有不同的说法：鸳鸯绣带，是一种绣有鸳鸯图案的带子。凤带，是绣有凤凰花饰的衣带，为古代贵族女子所系。还有"莲花绣带""葡萄绣带"等说法。

南北朝时期的妇女服饰中腰间加以束带，腰带柔软而长，一般在腰间绕一、两圈之后再打结。腰带长且能系漂亮的结式，并有飘逸的带尾，使女性服饰显得更加妩媚动人，有很强的装饰效果。

在唐代，妇女常服中腰带又以束带为主，以柔软绵长、缠绕花结为美。

明代妇女在腰带上常挂长穗、佩玉等，往往还挂上一根以丝带编成的"宫绦"，一般在中间打几个环结，然后下垂至地，有的还在中间串上一块玉佩，借以压裙幅，使其不至散开而影响美观。

清代妇女所束腰带多在上衣内，较窄，用于编结而下垂流苏。后改为长而阔的绸带，系于衣内而露于裤外，成为一种装饰品。颜色浅而鲜艳，一般垂于左边，带下端有流苏、绣花或镶滚。

裙带关系比喻妻女、姊妹的亲属。多含讥刺意（图5-2-56～图5-2-59）。

图5-2-56　唐女裙

图5-2-57　唐代襦裙

图5-2-58　插簪钗、穿襦裙、披帛的妇女（宋人《妃子浴儿图》）

图5-2-59　簪珠翠发饰的贵妇及挂玉佩的侍女（明末陈洪绶《夔龙补衮图》）

二十一、凤冠霞帔：古代女子的人生理想

凤冠霞帔，出自元代杨显之《潇湘雨》，是旧时富家女子出嫁时的装束，以示荣耀。也指官员夫人的礼服。

凤冠，就是在冠上缀以凤凰。以凤凰饰首的风气，早在汉代已经形成，汉以后沿袭不衰。正式将凤冠确定为礼冠，并将其收入冠服制度是宋以后的事情。明时凤冠有两种形式，一种是后妃所戴，冠上缀有龙凤等装饰。如皇后凤冠，缀九龙四凤；另一种为命妇所戴彩冠，上面不缀龙凤，缀珠翚（huī）、花钗，习惯上也称凤冠。另外，明清时平民女子所戴彩冠，也叫凤冠，多用于婚礼。

凤是人们心目中的瑞鸟，是天下太平的象征。古人认为时逢太平盛世，便有凤凰飞来。在我国人的思想形态里，"凤凰"自古以来就是传说中重要的吉祥神奇之物，据说凤凰能火中再生，象征美好、才智和吉祥。

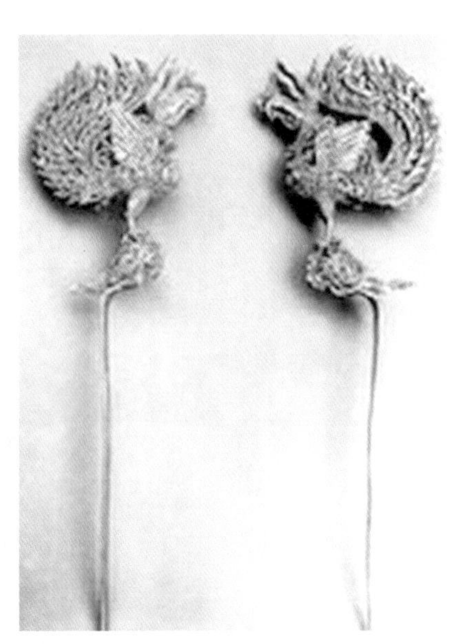

图5-2-60　明代金凤簪

帔始于南北朝时期，近似今日披风，男女都用。 隋唐以后，人们常赞美帔子美如彩霞，所以有了"霞帔"的名称。宋代以来，霞帔是朝廷命妇的礼服，随品级的高低而有所不同。

霞帔用锦缎制作，上面有绣花，两端做成三角形，下端垂金玉坠子。不要小看这样一件服饰，它向来是女性社会身份的一种标志，承担着女性一生中的最大愿望。

婚姻,对每个人来讲都是终身大事，因而结婚也被古往今来的人们亲切地称呼为"小登科"。霞帔是宫廷命妇的着装，平民女子出嫁时也可以穿着，不能当诰命夫人，做一个幸福的新娘也是美好的理想。

所以戴凤冠、披霞帔做夫人，正是女子的人生理想，虽然今天已不流行，但却不容忘却（图5-2-60～图5-2-64）。

图5-2-61　皇后金凤冠：明孝恪皇后像（《历代帝后像》）

图5-2-62　龙凤珠翠冠（北京定陵出土实物）

图5-2-63　清代命妇礼服霞帔

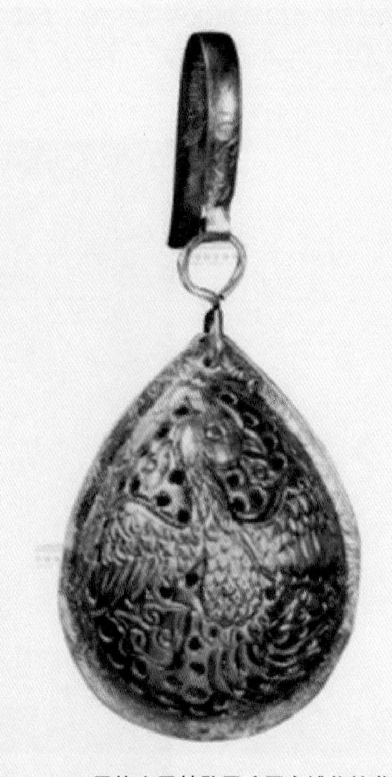

图5-2-64　凤纹金霞帔坠子（国家博物馆藏品）

二十二、蜀锦吴绫：织就千年高贵盛名

蜀锦吴绫，出自明吴承恩《西游记》，泛指各种精美的丝织品，后比喻（声名）高贵（图5-2-65、图5-2-66）。

蜀锦指四川生产的彩锦，是传统的丝织工艺品。蜀锦因其历史悠久、工艺独特，有中国四大名锦之首的美誉。

蜀锦起源于战国时期，兴起于汉代。因为汉朝时成都蜀锦织造业已经十分发达，朝廷在成都设有专管织锦的官员，因此成都被称为“锦官城”，简称“锦城”；而环绕成都的锦江，也因有众多老百姓在其中洗濯蜀锦而得名。

图5-2-65　月华锦

蜀锦以色晕彩条的雨丝锦、月华锦最具特色。

吴绫是古代吴地所产的一种有纹彩的丝织品，以轻薄著名。

唐代最负盛名的吴绫织物应该是缭绫了，这是朝廷在地方定织的专属丝织物之一。大文豪白居易专门为它创作了著名的《缭绫》诗篇，流传千年，也使其成为后人所熟知的绫品种。“缭绫”为一种用青、白两色丝织成的花绫，费工很大，使用的丝很细，质地轻，是皇室做舞者衣裙的原料。《缭绫》真实地记述了唐代缭绫花样之美、品质之精、织造之难、价值之贵。

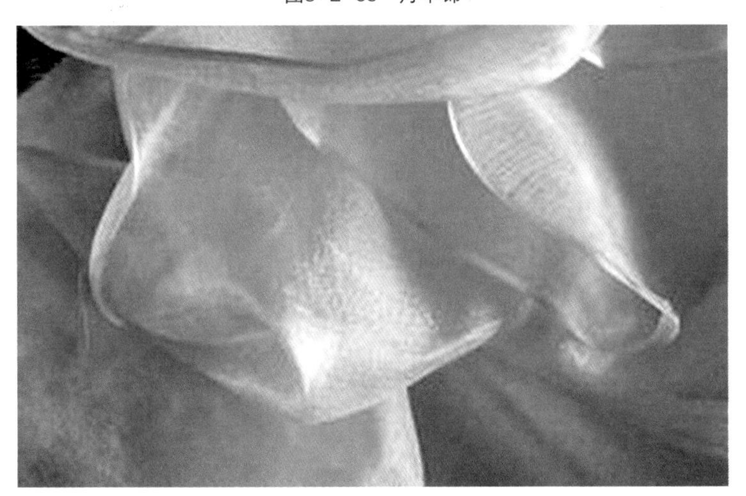

图5-2-66　湖州绫绢

二十三、脱白挂绿：反映古代文人的人生理想

“脱白挂绿”出自明代凌濛初《二刻拍案惊奇》，意思是脱去白衣，换上绿袍。指初登仕途。

在我国古代，不同官职穿的衣服在颜色上有区别，这是一种制度。这种官职不同而服色不同的情况，在唐代以前就有所反映，而真正形成一种制度是在唐代。

比如唐高宗时候规定：文武官员三品以上衣服是紫色，可佩有金玉佩饰的腰带；七品为浅绿色，六品、七品可佩有银饰的腰带等。

既然是皇帝专门下诏书，足以说明已经把这种以不同的服色来标志官员不同品级的现象制度化，既然是制度化，官员和老百姓就不能乱穿不同颜色的衣服。

图5-2-67 宋代公服：展脚幞头、大袖襕衫及玉带

古代把这种不同品级的不同服色衣服，称之为“品色衣”。也就是说，只要看到一个官员所穿衣的服色，便可以判断出他是几品官员。

文人在发迹之前所穿的服色多为“白色”。所以说，“脱白挂绿”既是文人的人生理想，也是文人发迹、改变命运的真实写照。其中“白”即“白襕”，或“白衫”“白衣”等，都是文人还未发迹时穿的常服。

古代把没有功名、没有官位的人称“白身”“白丁”。无功名者既然称“白身”“白丁”，所以就习惯穿白色的衣服，当然这种衣服不像孝服是用白色麻布制成的，而是用白色的棉布或丝织品制成的。

唐代诗人白居易的《琵琶行》最后两句是：“坐中泣下谁最多，江州司马青衫湿。”这是白居易听完琵琶女弹奏的琵琶之后，被深深地打动，在座的人中流泪最多的便是他自己。但他说“江州司马青衫湿”，其中标出“青衫”二字，是因为他当时所任的江州司马，在蛮荒之地，官职仅为九品，官卑职微，所以只能身着“青衫”（图5-2-67～图5-2-69）。

图5-2-68 扎巾、穿袍衫的士人（宋人《松阴论道图》局部）

图5-2-69 《琵琶行图》（明·郭诩）（故宫博物院藏品）

二十四、象简乌纱：朝廷命官的穿戴

象简乌纱，出自明代冯惟敏《商调集贤宾》。意思是手执象牙笏，头戴乌纱帽。指旧时大官的装束。

“简”是古代大臣朝见君主时所持的记事板，又叫朝笏；象简是象牙做的朝笏，即象笏。乌纱是黑纱制成的官帽。

笏板，又称手板、玉板或朝板，是古代大臣上殿面君时的工具。笏板最主要的用途是古代大臣朝见天子时记录天子的命令或旨意，也可用来书写向天子上奏的章疏内容，为备忘提示用。

唐代武德四年（621）以后，笏板开始有了等级之分，五品官以上才能用象牙笏，六品以下用竹笏。清朝不再使用笏板。

“乌纱”是一种黑纱制成的帽子。它始自东晋，那时乌纱并非官员所特有，而是不分贵贱，臣民皆可戴。到了唐代，乌纱帽才定为官服；到宋朝时加上了“双翅”；到了明朝，朝廷官员全部戴乌纱帽，“乌纱帽”才正式成为做官为宦的代名词。到了清朝，乌纱帽虽被顶子花翎所取代，但在日常语境里，“乌纱帽”还是和做官紧密联系在一起的（图5-2-70、图5-2-71）。

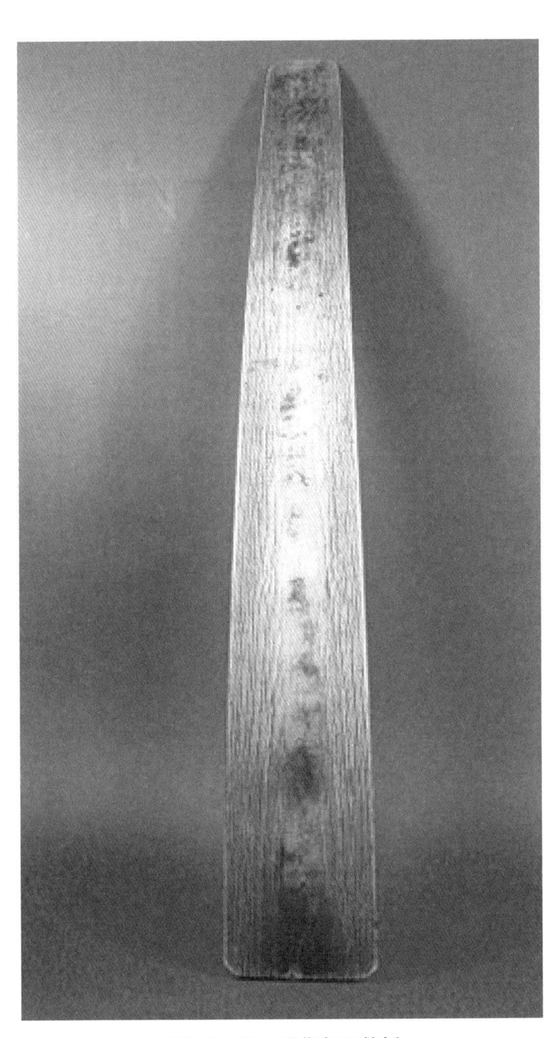

图5-2-70　明代象牙笏板

图5-2-71　戴乌纱幞头、穿织金蟒袍的官吏（明人《李贞写真像》）

二十五、鞋弓袜小：反映服饰审美的异化

鞋弓袜小，出自明代周朝俊《红梅记》。指旧时妇女小脚。

弓鞋是古代缠足妇女所穿的鞋子。妇女因缠足脚呈弓形，故其鞋有此名。

妇人缠足一般认为起始于五代时期的南唐。这是一种对四五岁年龄幼女施行的“强行术”。幼女因骨骼柔弱，家长遂趁此用长布帛包紧缠裹其第二至第五个脚趾，以大脚趾作为缠裹后的足尖，四趾折于足下，令足形呈三角形状。用布帛紧裹使其不变形，如此，被折四趾完全被折断。数月定形后，再套上素袜和“小脚鞋”。

图5-2-72　缠足女子（宋《杂剧人物图》局部）

据说将女人的小脚称为“金莲”，是南唐皇帝李煜的“发明”。南唐李后主的舞女窈娘以帛绕足，使之纤小屈突而足尖呈新月状，在金质莲花上翩翩起舞，舞姿优美，飘飘然若仙子，而有了“三寸金莲”美名。这激起当时妇女极大的倾慕，以至于争相效仿，纷纷以缠足为美、为贵、为娇、为雅。

宋代缠足之习颇具规模，并因此影响了鞋履式样，进而影响到妇女体态乃至思想。

我国妇女的小脚，起于五代，风行于宋，是对人性的摧残和对妇女的迫害，成为汉民族文化中最丑陋的“文化”之一。它给女性造成了极大的痛苦，如民谚所说：“小脚一双，眼泪一缸”。辛亥革命后废止缠足，但直到五四运动之后，才基本被真正唾弃（图5-2-72～图5-2-74）。

图5-2-74　宋人绘《杂剧图》

图5-2-73　蓝缎硬底弓鞋（宁波服装博物馆藏品）

二十六、女扮男装：服饰性别差异的悖逆

女扮男装，出自清代李汝珍《镜花缘》，指女子穿上男装，打扮成男子的模样。

在人类服装文明史上，性别在服装的形成与发展中扮演着至关重要的角色。男人女人生理不同，服饰式样有差别也是自然的事情。

文献记载中最早好穿男服的女子是夏桀的宠妃末喜。

唐朝前期是妇女着男装的盛行时代。唐高宗和武则天的爱女太平公主曾在一次家宴上，一身男性装束，身穿紫衫，腰围玉带，头戴皂罗折上巾，以赳赳男子的仪态舞到高宗面前。

唐武宗时也有女子身着男装。武宗妃子王氏善于歌舞，又曾帮助武宗获得帝位，是以深得君王的宠爱。王妃体长纤瘦，与武宗的身段很相似，当武宗狩猎时，她穿着男子的袍服陪同，并骑而行，她与武宗的形象差不多，人们分不出来哪个是皇帝，哪个是妃子。

男女装混穿，在传统的观念里是不合礼仪的，甚至是严重的政治问题，而不是生活小事，更不是个人兴趣好恶的问题。但即便如此，历史上总有不守“规矩”的女子，留下许多故事。我国传统文学中女扮男装的例子有很多，如花木兰、祝英台，或代父从军，或追求爱情（图5-2-75、图5-2-76）。

图5-2-75　幞头袍衫是唐朝男子的主要装束，至天宝年间，妇女也模仿穿着（张萱《虢国夫人游春图》局部）

图5-2-76　梳高髻或同心髻，穿圆领袍衫、小口裤，襦裙、披帛、半臂，浅履的年轻宫女（陕西省乾县唐章怀太子墓壁画《观鸟捕蝉图》局部）

二十七、描鸾刺凤：描绘传统女红的最高境界

描鸾刺凤，出自明代陆采《明珠记》，形容女子工于刺绣。

我国女性纺织、编织、刺绣、缝纫的技艺被统称为“女红（gōng）”。（女红是讲究天时、地利、材美与巧手的一项艺术，而女红技巧从过去到现在都是由母女、婆媳世代传袭而来，因此又可称为“母亲的艺术”。女红是我国女性的传统标识之一。）

我国传统的农业社会，不仅树立了以农为本的思想，同时也形成了男耕女织的传统，女子从小学习描花刺绣、纺纱织布、裁衣缝纫等女红活计，在江南一带尤为风行，并视为女子德性的一部分。

女红的最高境界莫过于刺绣。

让我国的刺绣艺术走上世界舞台的是被清末著名学者俞樾喻为“针神”的女红艺术大师沈寿。作为姑苏女子，她7岁弄针，8岁学绣，十六七岁便成了有名的刺绣能手，其作品进献清廷为慈禧太后祝寿。慈禧极为满意，任命其为清宫绣工科总教习。沈寿自创了“仿真绣”，在我国近代刺绣史上开拓了一代新风。而将“女红”艺术升华为理论的人，则是清朝末代状元、近代著名的实业家兼教育家张謇。1914年，张謇在江苏南通创办了女红传习所，沈寿应聘到南通，担任所长兼教习，培养了许多苏绣人才（图5-2-77～图5-2-79）。

图5-2-79　明代红色领绫刺绣凤穿花纹经面（故宫博物院藏品）

图5-2-77　《挥扇仕女图局部·围绣》（唐·周昉）

图5-2-78　沈寿

二十八、绫罗绸缎：诠释飘逸的东方神韵

绫罗绸缎，出自清代文康《儿女英雄传》，泛指各种精美的丝织品。

缫丝织绸是中国人民的伟大创造。考古资料证明，我国的丝织技术至少有5000年历史。在浙江吴兴钱山漾新石器时代遗址中发现的绢片，是我国目前所发现的最早的丝织品。殷墟出土的青铜器上常常发现丝绢的印痕，表明商代的丝织技术已经取得了长足的进展。周代以后，特别是春秋战国时期，随着社会经济的发展，蚕桑丝绸业也发展兴盛。

丝绸文化历史久远，集中反映在与丝绸相关的历史记载、文物遗存、诗歌文章等各个领域之中。

“罗衣何飘飘，轻裾随风还”。丝绸最早出现在我国，并得到不断发展，培育了以“礼”为魂、以“锦”为材，而以“绣”为工的中华服饰气质。因丝绸独特的质感、贯通畅达的美感，以及我国传统服饰宽松舒适的形制，打造了飘逸的东方服装神韵。真所谓举手间行云流水，行动处长风盈袖（图5-2-80～图5-2-83）。

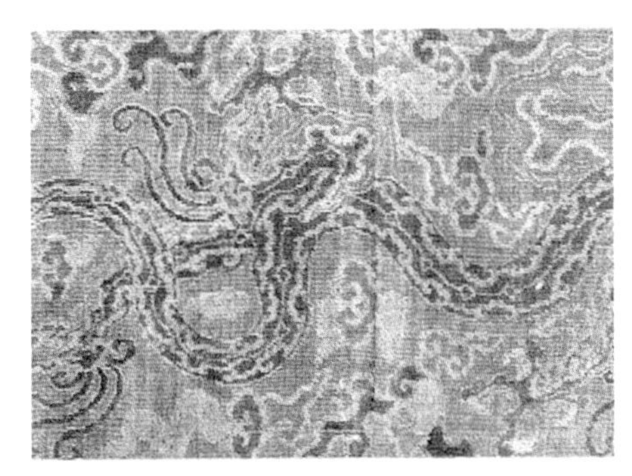

图5-2-80　明代湖色地锁子云龙纹妆花罗（北京故宫博物院藏品）

图5-2-81　清代湘绣红缎地凤凰、牡丹纹单片（湖南沅陵博物馆藏品）

图5-2-82　衣带飘拂，婀娜多姿（元代周朗《杜秋娘图》）

图5-2-83　飘逸的衣饰（南宋马和之《唐风图》）

本编参考文献

[1] 徐中舒．甲骨文字典〔M〕．成都：四川辞书出版社，2003

[2] 左安民．细说汉字 --- 1000 个汉字的起源与演变〔M〕．北京：九洲出版社，2005

[3] 华师大中国文字研究与应用中心．常用汉字字源手册〔M〕．广州：南方日报出版社，2002

[4] 汤可敬．说文解字今释〔M〕．长沙：岳麓书社，2004

[5] 冯盈之．服饰成语导读〔M〕．杭州：浙江大学出版社，2007

[6] 华梅．中国服装史〔M〕．天津：天津人民美术出版社，1999

[7] 华梅．服饰与中国文化〔M〕．北京：人民文学出版社，2001

[8] 袁杰英．中国历代服饰史〔M〕．北京：高等教育出版社，1994

[9] 陈高华，徐吉军．中国服饰通史〔M〕．宁波：宁波出版社，2002

[10] 高春明．中国服饰〔M〕．上海：上海外语教育出版社，2002

[11] 高春明．中国服饰名物考〔M〕．上海：上海文化出版社，2001

[12] 李芽．中国历代妆饰〔M〕．北京：中国纺织出版社，2004

[13] 王继平，服饰文化学〔M〕．武汉：华中理工大学出版社，1998

[14] 许星．中外女性服饰文化〔M〕．北京：中国纺织出版社，2001

[15] 戴平．中国民族服饰文化研究〔M〕．上海：上海人民出版社，2000

本编编著 冯盈之

第六编　传统服饰图案的符号密码

第一章 植物图案

服饰品是中国传统艺术中重要的组成门类，而图案无疑是服饰艺术中最为靓丽的构成要素。

从棉到棉线，从蚕茧到丝线，从线到布，再从布到衣，再到美丽的图案装饰，可以说每个阶段的手工艺中都体现了中国女性的勤劳和智慧，而衣装上的图案则是中国女性情感的呈现。在柔软的纤维和面料中，图案以它的形象、色彩再现了她们全部的精神世界，传递了母亲对孩子、妻子对丈夫、女子对心上人……特殊的情感。里面包含了人间全部的爱与对美好生活的祝愿和期盼，更体现了宫廷及官府的织染局、绣坊，以及中国广袤的地域及文化下的差异，服饰图案因此也成为解读中国传统文化的重要构成要素。

宝相花、缠枝花、团花、牡丹、梅花等植物图案，龙凤、鸟蝶、狮虎等动物图案，才子佳人、神话传说中的人物图案，以及亭台楼阁、山水、杂宝等景物图案，日月、水火、联珠、回纹等自然元素及抽象图案，无不一一在服饰中丰富地呈现出来，伴随着吉祥、寓意的中国式图案表现，构成了服饰艺术的图像世界。

图案装饰了服饰，服饰因图案而变得美丽、精致，图案同时也赋予了服饰审美与艺术的意味。蓝染、彩印、刺绣、缂丝、织锦等农耕社会留传下来的手工艺赋予了图案独特的艺术表现，在中国传统服饰品类中表现为补子图案、马面裙图案、挽绣图案、肚兜图案、荷包图案、云肩图案、暖耳图案、绣鞋图案、鞋垫图案等，形成了中国传统服饰的艺术样式。

以植物为题材的装饰纹样是传统服饰图案中最常见的表现手法。它运用了折枝、缠枝、团花图案；单独纹、连续纹以及重复、对称、均衡等样式，并结合概括的色块、细腻的渐变等形式，穿插着飞禽走兽，表现出一派祥和美好的中国传统服饰图案艺术魅力。植物纹是传统服饰图案的典范，深深地影响着现代服饰图案的造型表现（图6-1-1）。

图6-1-1 “五彩花卉团花”刺绣女长袍图案

一、宝相花

宝相花又称宝仙花，图案以牡丹、莲花为主体，融合荷花、菊花、石榴等多种花型构成。宝相花始盛行于隋唐，原为佛教中对佛像的尊称，寓意吉祥、美满、富贵。是中国传统花卉纹样的经典代表。

宝相花有平面团形和立面层叠形两种形式。图案外形工整丰满，结构对称严谨，花瓣规律性渐变，多层次退晕色。以非写实性、程式化为造型特征，构成意象性装饰花朵纹样。广泛运用于中国传统印花、织锦等工艺的服饰图案中。中国出土的唐代织物品中就有宝相花云头鞋以及宝相花印花裙料（图6-1-2～图6-1-4）。

图6-1-2“宝相花”斜纹面料图案周凯丽临摹

图6-1-3“宝相花”织锦图案，徐源临摹

图6-1-4“宝相花”织锦图案，徐源临摹

二、缠枝花

缠枝花以常青藤、扶芳藤、紫藤、金银花、爬山虎、凌霄、葡萄等藤蔓植物的枝茎表现成波状、涡旋形或S形，并缀以叶子、花卉、动物纹等，构成二方连续或四方连续图案样式。寓意延绵不断、生生不息和吉祥美好。

缠枝纹兴起于宋代，元、明、清三代尤为盛行，枝茎与不同的花卉组合而得名为缠枝莲花、缠枝牡丹、缠枝宝相花等，表现在许多传世的服饰用品中。缠枝纹以波卷缠绕的结构、花叶繁茂的造型样式，成为唯美与优雅的经典代表纹饰，流传广泛且经久不衰（图6-1-5、图6-1-6）。作品以牡丹象征着富贵，莲花象征着佛教中净土中的圣洁，莲花以傲霜的秉性被视为君子之花，组成寓意丰富的吉祥纹，并以精细的织工，成为经典的缠枝纹妆花缎织物。

图6-1-5“缠枝牡丹”纹

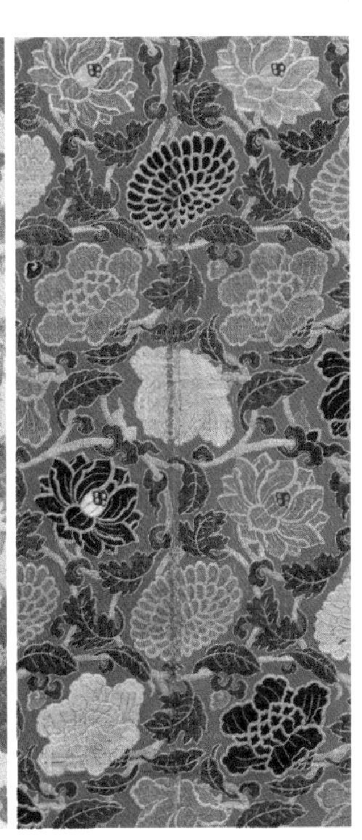

图6-1-6“缠枝牡丹莲菊”纹

图6-1-7“团花”纹织锦女袍图案

图6-1-8“人物纹团花”刺绣女装图案

三、团花

团花是指以各种纹饰构成外形圆润成团状的图案，内以四季花草植物、飞鸟虫鱼、吉祥文字、龙凤、才子佳人等纹样构成图案，象征吉祥如意、一团和气（图6-1-7）。

纹样以菊花、牡丹、梅花、兰花等花草与蝴蝶纹组合成团花图案。团花在隋唐时期已成为常见图案，用于袍服的胸、背、肩等部位，至明清时期极为盛行，成为固定的服饰图案，有“四团龙”纹、“四团凤”纹、“八团龙凤”纹等图案格式。

在服饰面料图案中，团花可分为两种：无底纹的清团花图案，与底纹结合的混团花图案。团花图案多以放射、旋转、对称等为结构，配以刺绣工艺，以多彩光洁的丝线使图案呈现出精美细致、饱满华丽的艺术样式，成为中国传统图案的经典样式（图6-1-8）。

四、四君子纹

四君子纹是指以梅花、兰花、竹子、菊花四种植物构成的图案。纹样源自中国传统人文画题材，借植物的习性寄托文人雅士的孤高傲岸情怀以及不随世俗浮沉的气节，以寓意君子的高洁品德，是中国传统价值观的体现。

此图案起源于晚唐，盛行于宋代，并在民间服饰文化中广为流传。服饰图案中以织绣、靛蓝染等工艺表现的四君子纹，造型丰富、曲直穿插、设色雅致，以四方连续形式常见于男子便服等服饰图案中。

拓展图案：岁寒三友纹

以青松、翠竹、冬梅构成图案，三种植物，均不畏严霜，清雅高洁，被中国古代文人所推崇，寓意历经考验的忠贞友谊。百姓则因其长青不老和经冬不凋，视为旺盛的生命力，成为广为流传的吉祥纹样，这种图案在宋代已有完整的造型样式。服饰图案中的“岁寒三友”纹主要以刺绣、织花、靛蓝染等工艺，表现剪影样式的三种植物穿插的动感造型，结合四方连续等形式，多应用于服饰图案中（图6-1-9～图6-1-11）。图6-1-9作品以素面缎为底，描绘了一松、一竹、一梅。弯曲的松枝上缀满了松叶与松果，挺拔的竹枝上竹叶昂扬，简练的梅枝则以暖粉色巧妙地将梅花表现得醒目却不失画面的整体性，更有一石和一水的烘托，配以精巧的烟袋外形，将岁寒中的“三友”表现得清雅高洁，体现了中国传统文人的精神追求与闲情逸致。

图6-1-9 “岁寒三友” 纹刺绣烟袋

图6-1-10 “梅兰竹菊” 纹型版蓝印花布
图6-1-11 “梅兰竹菊” 纹刺绣女装图案

五、牡丹花

牡丹，称为“国花”和“花王”，因其造型雍容华贵，被喻为美丽的化身和富贵的象征，以表达人们对富贵吉祥、幸福美满人生的追求。牡丹花的形象被广泛运用于中国传统的雕刻、绘画以及装饰纹样中，更是服饰图案中出现频率最高的花卉图案之一，用于女性服饰图案装饰。在今天，以牡丹花为主题的装饰图案被视为中国民族特色的图形表现，成为中国造型元素之一。

牡丹花可与凤鸟、缠枝、寿石、花瓶、桃子、雄鸡等图形组合，构成具有丰富吉祥寓意图案，常用于女性服饰图案中（图6-1-12）。

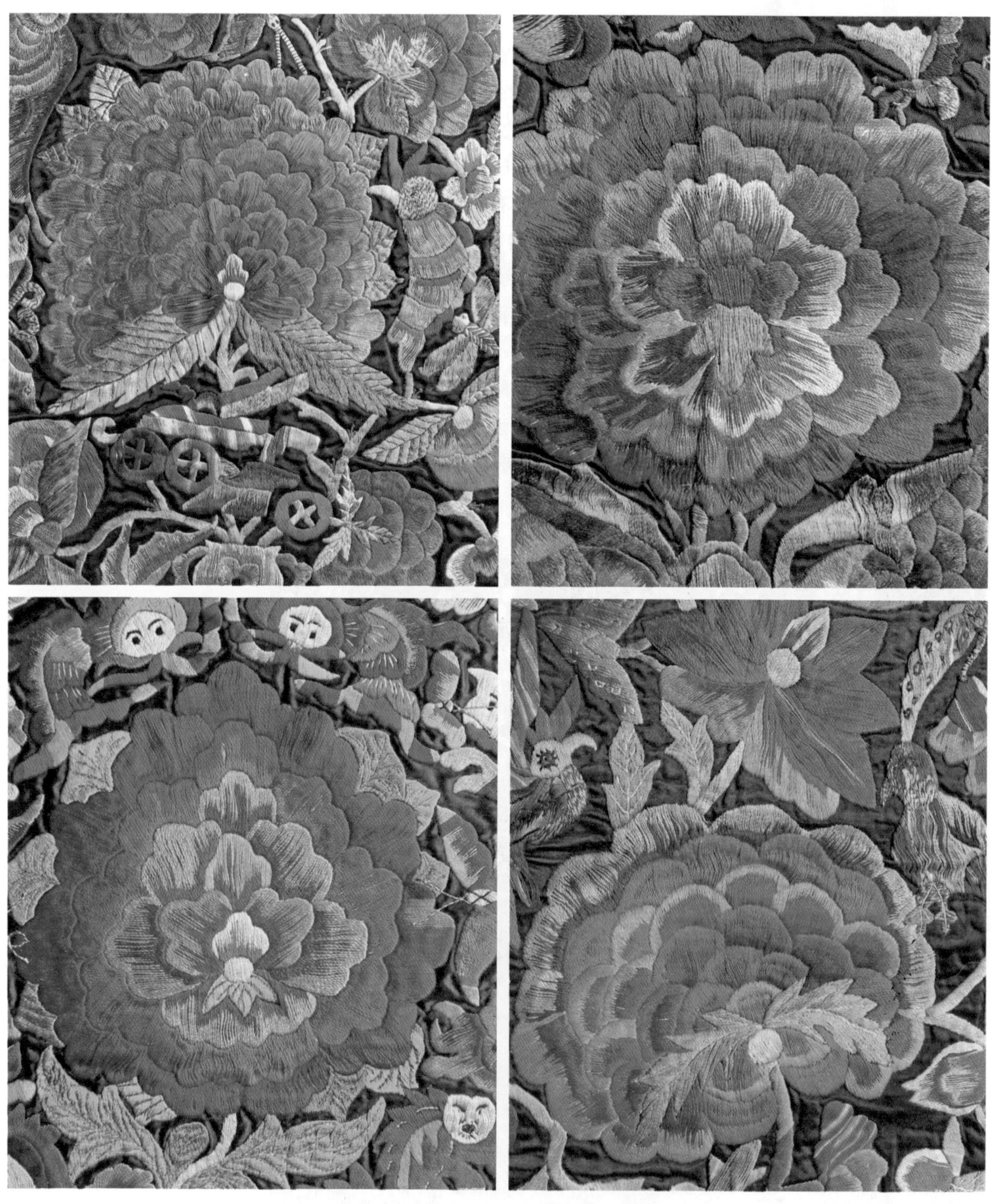

图6-1-12 “牡丹花与鸟蝶”纹刺绣围裙图案

拓展图案：凤穿牡丹纹

又称凤戏牡丹、牡丹引凤。中国古代视牡丹为花中之王，视凤为鸟中之王，两者组合意为光明美好和富贵幸福，也比喻婚姻的吉祥美满。

以凤与牡丹组合的中国传统吉祥纹样，以静态圆润的牡丹结合纤细灵动的凤，形成造型、动态的对比，具有很强的装饰表现力。运用独幅、连续格式的凤穿牡丹纹，结合刺绣、彩印、型版印花等工艺，广泛应用于女性服饰图案设计（图6-1-13～图6-1-16）。

图6-1-13“凤戏牡丹”纹纳纱绣钱袋荷包

图6-1-14“凤戏牡丹”纹刺绣女装定位图案

图6-1-15“凤戏牡丹”纹刺绣儿童棉马甲图案

图6-1-16“凤戏牡丹花蝶”纹独幅图案刺绣女装

六、梅花

梅花，冰肌玉骨、清雅俊逸、凌寒留香地开放在严寒中，被中国传统诗人画家喜好与赞美，是历代画家描绘最多的花卉之一。梅花的不畏寒冷被视为坚强与高洁；梅花的老干发新枝，被视为不衰与长春；梅花开于百花之先，被视为传春报喜的吉祥之花；五个花瓣构成的梅花，也是象征福、禄、寿、喜、财的五福之花。同时，梅花也是“岁寒三友”之首。

梅花造型简练，极易描绘，或多或少，或疏或密，都能表达梅花的形态样式，成为中国传统图案中最喜闻乐见的装饰花卉之一，明清以来尤为普遍，是服饰图案的常用纹样（图6-1-17、图6-1-18）。

拓展图案：喜鹊登梅纹

又称喜上眉梢，描绘喜鹊立于梅花枝的中国传统装饰图案。以喜鹊的“喜”，与梅花的谐音“眉”，形象地表现喜上眉梢的景致，寓意喜事临门。此图案在唐宋时期就有记载，明清时期广为流行，成为重要的服饰图案之一，多用于女性服饰，可见于以刺绣、蓝印花布等工艺表现的传世服装饰品中（图6-1-19）。

图6-1-17 “折枝梅花”纹刺绣便服袍料图案

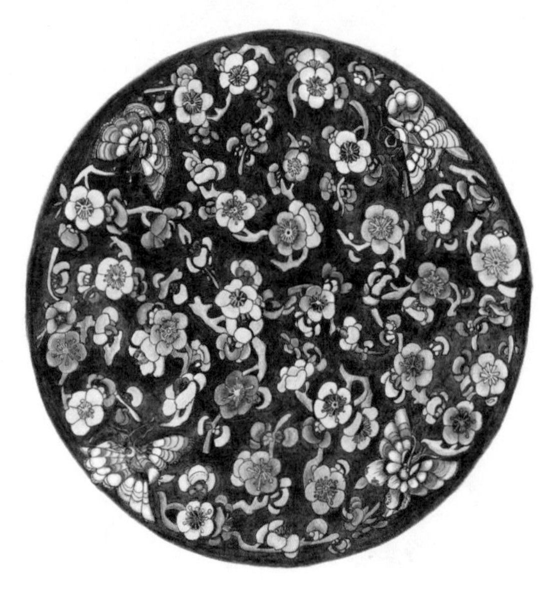

图6-1-18 “折枝梅花与蝴蝶”纹刺绣女装图案，汤卓鸾临摹

图6-1-19 “喜鹊登梅”纹钱袋荷包

七、花草鸟虫纹

花草鸟虫纹泛指以花、草等植物，与禽鸟、虫鱼、畜兽等动物纹构成的图案。源于中国的传统绘画——花鸟画，是中国古代文人的一种借物抒情、托物言志的题材与艺术表现手法。其作品可追溯到六朝时期，至宋代已达到花鸟画的高峰，影响了装饰图案的造型与表现，也流行于服饰图案的表现中，在花草鸟虫的物象造型中，呈现的是描绘者的志趣与情操，赋予了图案深刻的意境（图6-1-20～图6-1-23）。图6-1-20 作品为苗女围裙的前胸装饰图案，与下方蓝或黑等单色染棉布组合成围裙。图案多以对称格式描绘出牡丹等变异花草，与凤鸟、蝴蝶、鱼等鸟虫组合成图案，构图饱满，用色对比艳丽。

图6-1-21“多种花草与蝴蝶鱼”纹刺绣帽尾

图6-1-20“花草鸟虫”纹刺绣围裙胸花

图6-1-22“花草鸟蝶动物”纹刺绣儿童马甲背面图案

图6-1-23“花卉与鸟雀蝴蝶”纹刺绣腰带头

八、百花纹

百，虚指数多，百花纹是指以牡丹、芙蓉、莲花、菊花、水仙等数种四季花卉构成的图案。汇集各种花卉的百花纹，以花枝簇拥，蔓草与枝叶穿插，形成丰富多彩、一派富贵繁荣的景致，喻为许多美好的事物同时出现的吉祥之兆。

百花纹结合织锦、刺绣等多种工艺，多用于女装图案设计中，流传甚广（图6-1-24）。

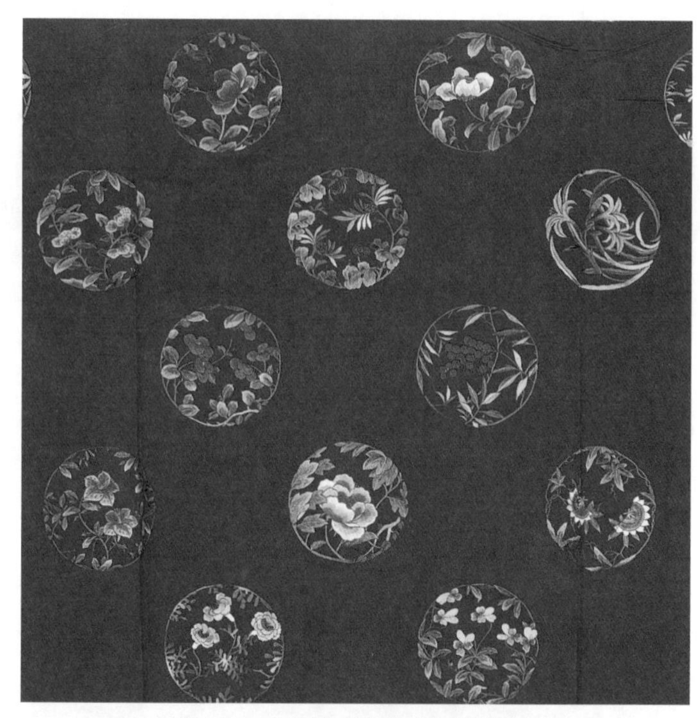

图6-1-24“百花”纹便服缎面绒绣袍料

九、三多纹

三多纹以佛手、石榴、桃子构成图案。佛手代表“佛陀”，象征佛之手，能招来福禄吉祥，其谐音“福”，喻为多福；石榴借其多籽的特征，象征子孙繁衍，家族昌盛，喻为多子；桃子因传说为神仙吃的果实，而象征“与天地同寿，与日月同庚”，喻为多寿。三多纹表现了中国人传统朴素的人生价值观，是对美好人生的期盼与颂祷，常与寿字、蝙蝠以及花草纹样组合形成图案，用于长者的服饰图案中（图6-1-25）。

图6-1-25“福寿三多”纹妆花缎，徐源临摹

十、瓜瓞绵绵纹

瓜瓞绵绵纹以瓜与藤蔓、蝴蝶构成图案，瓜以多籽象征多子，蝶谐音“瓞”，瓜蔓象征绵绵不断，图案寓意子孙昌盛，事业兴盛。此图案在唐和南宋时已有记载，明清后流传广泛。以瓜形的厚实、藤蔓的卷曲、彩蝶的灵动，呈现疏密有致、动静有别的和谐图案样式。应用于蓝印花布女装、刺绣荷包、鞋垫等男女服饰图案中（图6-1-26、图6-1-27）。

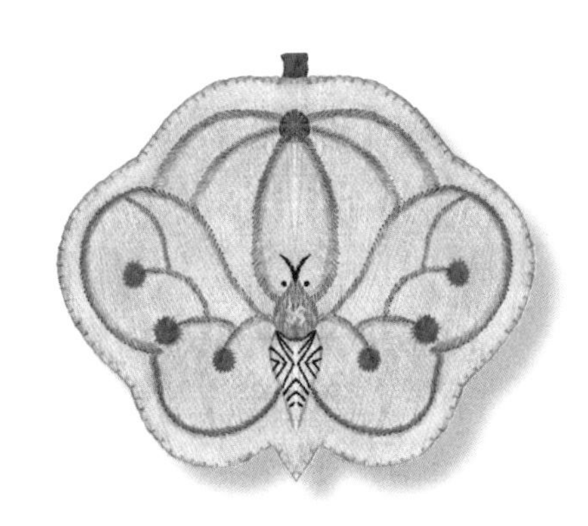

图6-1-26 “瓜瓞绵绵”纹刺绣荷包图案，王银临摹

图6-1-27 “瓜瓞绵绵”纹刺绣女裙图案

第二章 动物图案

动物与人类社会的生活一直有着密不可分的关系，从图腾崇拜到各种吉祥寓意，动物图案始终是中国传统服饰图案中重要的造型元素。动物图案主要包括龙、凤等传说动物，虎、狮子等具有吉祥辟邪象征意义的兽类，蝙蝠、鱼等寓意动物，更有如“龙凤呈祥”“五福捧寿”“百蝶纹”等以动物构成的经典服饰图案。动物图案造型来源于自然，因中国式的寓意使之呈现出特殊的装饰美感，使服饰因之增色（图6-2-1）。

图6-2-1 “龙与动物花卉”纹刺绣荷包图案

一、龙纹

龙纹集蛇身、鱼鳞、蜥腿、鹿角、鹰爪、蛇尾等形象为一体，是一种意象化造型图案，为中国传统祥瑞神异动物装饰纹。龙被视作神圣、吉祥、吉庆之物，是英勇、权威和尊贵的象征，集传神、写意、美化于一体，为中国历代皇室御用服饰图案。龙的形象经过历朝历代的演化与发展，呈现或爬行、或飞翔、或卷曲交缠的形象，变化无穷，极具装饰感。各种造型和姿态的龙纹分为正龙、团龙、盘龙、坐龙、行龙等，成为起源最早、流传最广、应用最久的中国传统纹饰。封建统治阶级以龙代表至高无上的皇帝，应用于龙袍、龙褂等服饰中，结合织绣等工艺，呈现出精美绝伦的艺术样式。今天，龙纹通过各种应用表现成为象征中华民族精神的经典图案样式（图6-2-2～图6-2-4）。图6-2-3作品以苗族特有的图腾崇拜纹——苗龙居于中心，以盘龙式的鱼龙纹表现出苗家女率真稚气、热烈奔放的个性。

图6-2-2“龙”纹御用龙袍背面

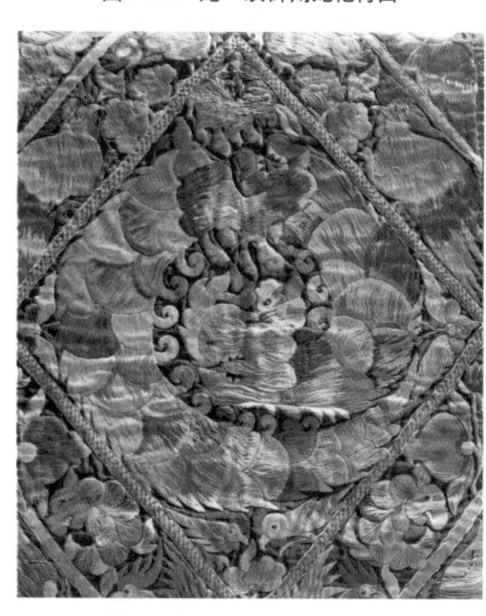

图6-2-3“苗龙”纹刺绣围裙图案（局部）

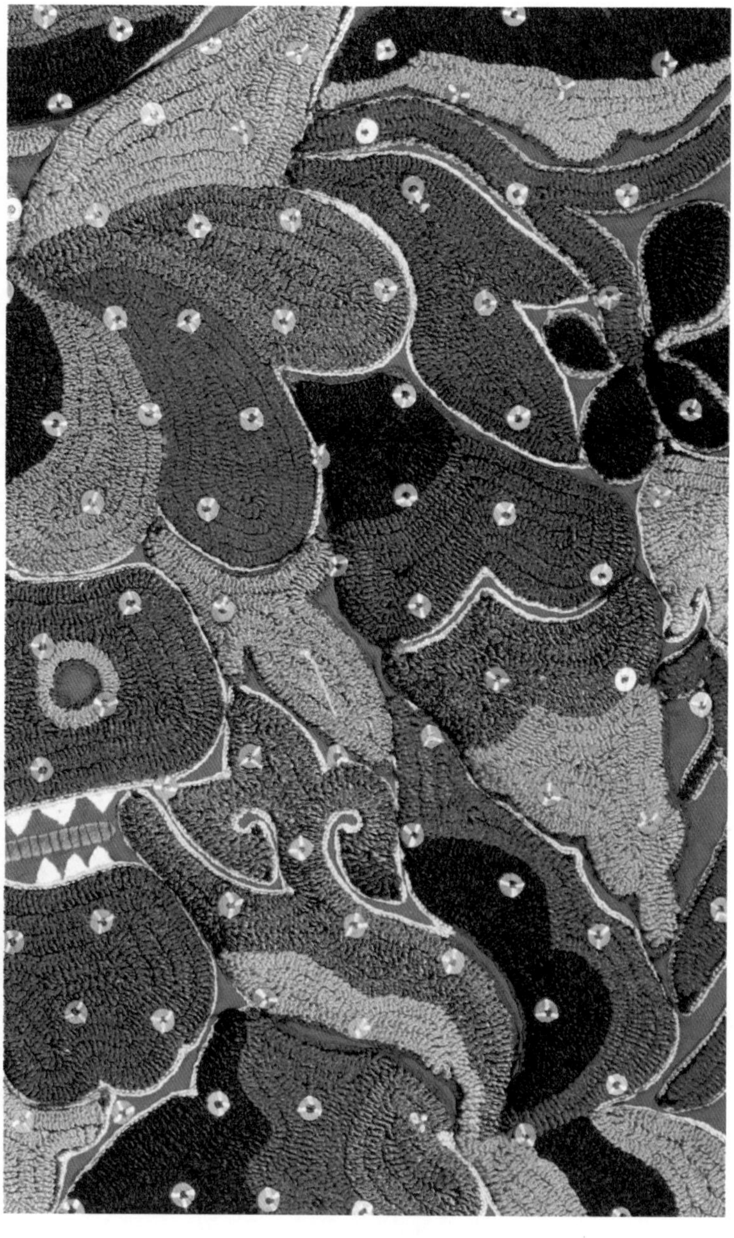

图6-2-4“苗龙”服用刺绣图案（局部）

二、凤纹

凤纹也称凤凰纹、凤鸟纹，以多种鸟禽集于一体的意象化神鸟。凤鸟纹以长冠飞羽、卷尾曲爪、翅膀灵动飘逸的优美形象应用于宫廷、民间的服饰图案中，是中国传统祥瑞神异装饰鸟纹。

凤纹与象征帝王的龙纹相配，在封建皇朝被视为最高贵女性的代表。凤还是传说中能给人带来和平、幸福的瑞鸟，象征吉祥与喜庆的事物，是融现实与理想的完美形象。凤纹历史悠久，历朝历代对凤的形象进行了演化与发展，各种造型和姿态的凤纹分为团凤、盘凤、对凤、双凤、飞凤等，造型细腻华美，以其独特的艺术魅力成为体现中华民族精神的经典图案样式，有大量皇室和民间的传世服饰作品流传下来（图6-2-5～图6-2-7）。图6-2-7作品以鲜艳的对比色丝线在块面中的穿插运用，从暖红色到蓝绿色，过渡自由生动，体现了苗家女子对色彩、图形的完美表现。

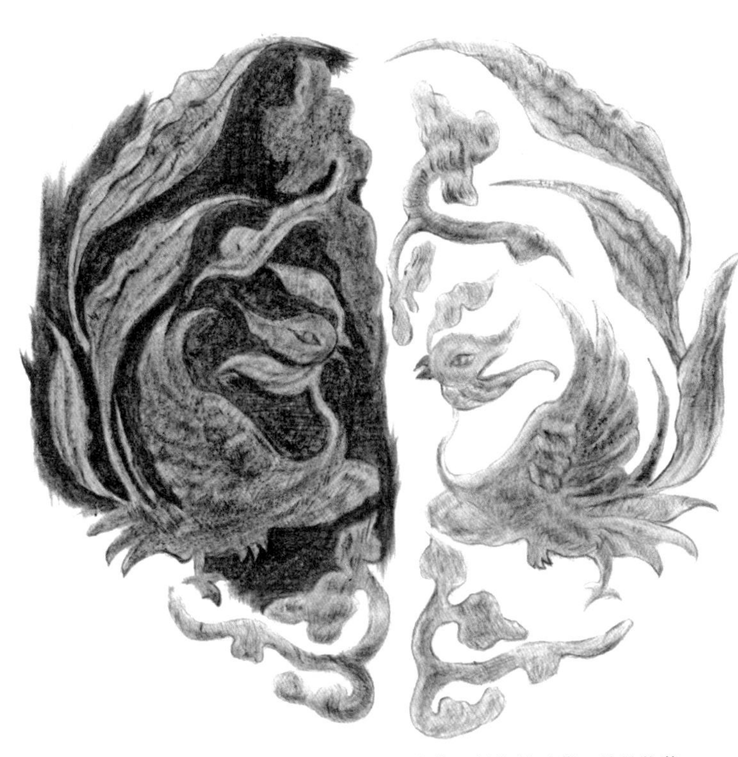

图6-2-5“对凤”纹刺绣长袍图案，图案位于长袍的后背，丛灿临摹

图6-2-6“凤戏牡丹如意”纹刺绣服装图案
图6-2-7“凤戏牡丹花鸟”纹刺绣围裙图案

拓展图案：龙凤呈祥纹

以龙与凤构成的图案，是中国传统祥瑞装饰纹。龙与凤对应飞舞，配以朵朵瑞云、灵芝为辅饰，呈现出一派祥和之气，象征阴阳谐和、婚恋美满、吉祥福瑞。清代以前多用于帝后衣饰，近代流行于民间婚庆喜事的服饰中，结合喜庆的对比色表现出图案的造型。以印染、织绣、蓝印花布等不同工艺手段表现的龙凤呈祥纹各具艺术魅力，是民间婚嫁服饰的常用纹样（图6-2-8、图6-2-9）。

图6-2-8“龙凤呈祥”纹刺绣马面裙裙门图案

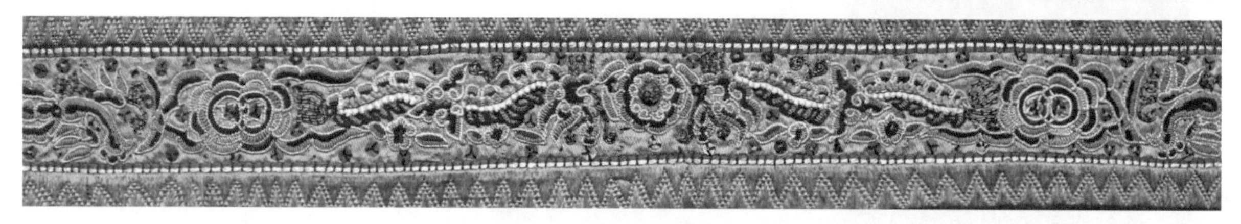

图6-2-9“龙凤呈祥”刺绣服装边带图案

三、鸟纹

与植物中的花卉相对应，鸟纹是中国装饰图案中表现最多的动物纹样。鸟以其绚丽多彩的羽毛以及丰富多样的造型，在视觉上呈现出优美、生动的形象特征。在中国传统文化中，鸟是自由快乐的象征，不同的鸟也寓意着不同的含义：喜鹊喻为喜事，仙鹤喻为吉祥长寿，鸳鸯喻为长相厮守的恩爱夫妻，孔雀喻为吉祥美丽等。鸟还可与各式花草植物构成丰富的图案造型，为世人所喜爱。

以鸟纹为题材的图案经常出现在明清的文官官补以及各式女性服饰品中（图6-2-10～图6-2-14）。图6-2-10苗族女装的衣袖多饰有长方形装饰图案，左右各一，鸟纹是重要的图案题材之一。或飞翔、或成对的鸟纹与花卉组合，以多种丰富的刺绣针法及艳丽的配色，展现了苗家女子的艺术造诣。图6-2-11是一组描绘植物花草与各色飞禽的挽袖图案，有树枝头对视的鸟儿，有站在枝干上回眸的鸟儿，有仰望天空的鸟儿，有涉水在荷叶上的鸟儿……彩色丝线塑造了鸟儿美丽的羽毛和优美的造型。

图6-2-10“鸟与花”纹苗族衣袖刺绣图案

图6-2-11“鸟与花”纹刺绣挽袖图案

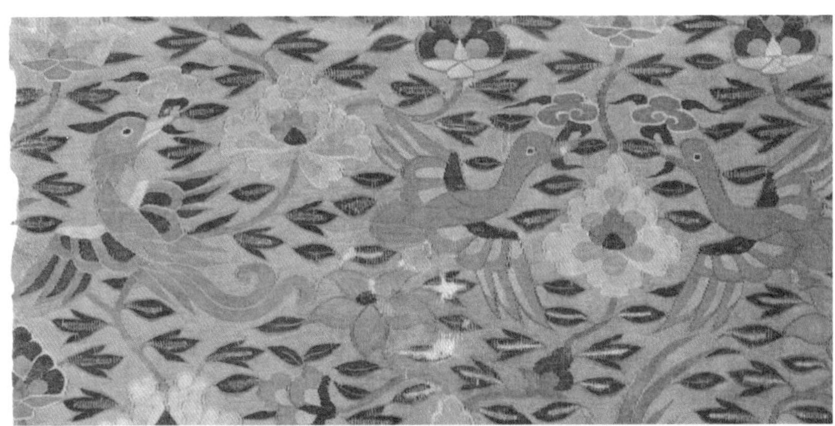
图6-2-12“鸟与花”纹缂丝面料

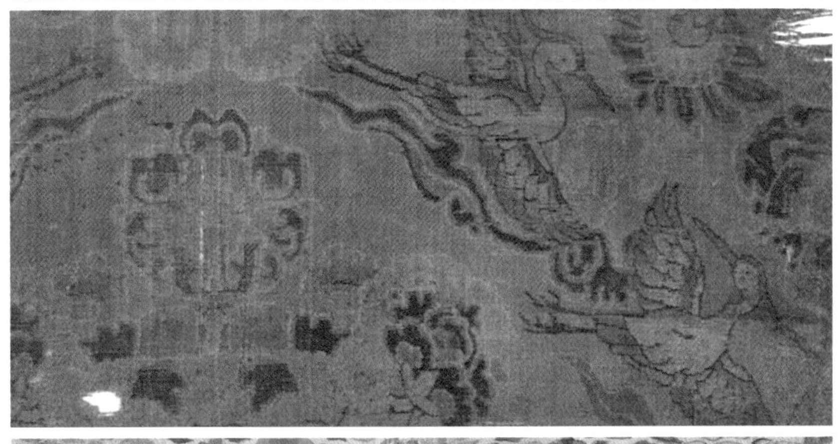
图6-2-13“云鹤花卉”纹面料

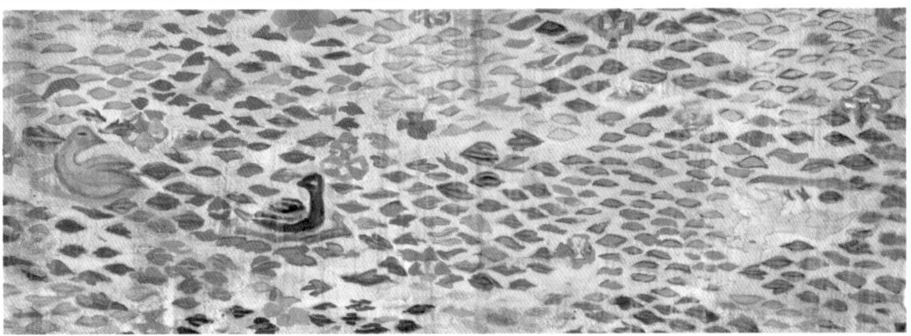
图6-2-14“水鸟与倒卧的动物”纹，陆艺临摹

四、蝴蝶纹

早在战国时期，道家学派的代表人物庄子以“庄周梦蝶”——通过梦中变蝴蝶和梦醒蝴蝶化为己的描述——提出了哲学的命题；更有家喻户晓的民间传说——“梁祝化蝶”。显然，蝴蝶在中国传统文化中有着深厚的渊源和重要的地位。蝴蝶图案主要的表现形式：以数只蝴蝶构成的百蝶纹；花与蝶构成的蝶恋花纹；猫与蝶构成的耄耋纹等，蝴蝶这一昆虫因蝶谐音于“耋”而象征吉祥长寿，用于装饰年长女性的服饰，其造型轻盈美丽，是美好、吉祥的象征，喻为婚姻的美满与和谐，也是婚庆服饰的图案。

蝴蝶纹最早出现在唐代的织绣品上，在之后的辽代丝织物中蝴蝶图案更为普遍，一直盛行至清代的服装，慈禧许多寿辰的服装都采用了蝴蝶纹。蝴蝶纹还是中国西南地区苗族钟爱的服饰图案，以“蝴蝶妈妈”为代表的吉祥图案，成为苗家女装与服饰的重要纹样（图6-2-15～图6-2-21）。

图6-2-15“百蝶”纹蓝印花布面料

图6-2-19“蝴蝶妈妈”吉祥寓意纹苗族衣袖刺绣装饰图案，苗家手织棉底布，盘带绣、劈丝绣、钉片绣，贵州黔东南，20世纪中期，私人藏品，作者拍摄

图6-2-16“百蝶散花”纹绛丝女装

图6-2-17“百蝶”纹彩绣后妃用袍

图6-2-20“蝶与彩云”纹苗族衣袖刺绣装饰图案，苗家手织棉底布，盘带绣，贵州黔东南，20世纪中期，私人藏品，作者拍摄

图6-2-18“花与蝶”纹苗族衣袖刺绣装饰图案

图6-2-21“百蝶”纹女装刺绣图案

五、鱼纹

鱼纹是历史久远且流传极广的中国传统装饰纹，从原始时期的彩陶鱼纹到清代的青花鱼盆图案，鱼纹也是历代织绣图案的纹样。鱼与“余”谐音，被喻为富余、吉庆的幸运之物；基于鱼的多籽特性，鱼纹还具有生殖繁盛、多子多孙的祝福含义。

鱼纹造型生动，体态优美，中国人对鱼的特殊喜爱，更赋予了鱼人情味和美好的寓意，是中国传统服饰文化中喜闻乐见的图案（图6-2-22～图6-2-24）。图6-2-22作品以白底彩绣描绘了两条相向而对的鲤鱼，并以八宝纹加以烘托，对称的格式，却因设色的不同获得了变化，盘金绣工艺勾勒出纹样的轮廓，使图案清晰且精致。图6-2-23作品以牡丹、寿桃、人面鱼纹构成图案，分别代表了富贵、长寿、有余；图案构图饱满，设色艳丽，体现了中国民间传统的审美趣味。图6-2-24作品以水面露出的鲤鱼头与尾，巧妙地刻画了鲤鱼的动态；高耸的龙门，寓意着中举、高升、飞黄腾达的美好期盼，表达了逆流前进、奋发向上的精神追求。并衬以两条相向的龙纹、云朵、莲花、青蛙、水波纹，呈现出欢快吉祥的画面。

图6-2-22“双鱼八宝”纹寓意粉扑

图6-2-23“富寿有余”寓意纹刺绣帽尾图

图6-2-24“鲤鱼跳龙门”寓意纹刺绣帽尾图案

六、虎纹

中国传统历来称虎为兽中之王，敬虎为神，有著名的代表北方的“白虎”神，虎能驱邪镇宅，还是保护之神。在民间，有形容孩子“虎头虎脑”，昵称孩子为“虎娃”“虎妞”，在有些地区虎头鞋、虎头帽成为一种伴随孩子成长不可或缺的必备服饰品，虎纹无疑是广受欢迎而最深入民心的动物形象。

中国平原可谓无虎之地，于是“照猫画虎”成为一种风尚，头顶“王”字的虎在形象上不但具有虎的强壮威武，而且有猫的活泼可爱，广泛地出现在各种服饰图案中（图6-2-25、图6-2-26）。

图6-2-25 “虎头”纹贴布绣服饰图案，殷凤霞临摹

图6-2-26 “对虎”纹挑花绣瑶族围裙图案

七、狮纹

中国人历来把狮子视为吉祥之兽。狮子不但是守候官衙庙堂、院落宅门的卫士，是一种镇宅之兽，也是权力的象征，更是一种神圣吉祥的瑞兽：寺庙里有供奉骑狮子的文殊菩萨像；佛家说法音声震动世界、群兽慑服称之为"狮子吼"；而脚踩绣球的狮子寓意着"好事在后"；配绶带的狮子寓意着"喜事连连"，狮子成为喜乐、欢腾、富有生命力的象征。

狮纹造型特点为：头顶丰厚卷曲的鬃毛，双目圆瞪，张牙舞爪，生动的形态后面透露着威严与勇敢，出现在多种形式的服饰品图案中，是富有中国特色的动物形象（图6-2-27、图6-2-28）。图6-2-28作品自上而下，以孔雀、牡丹、戏球狮子构成图案，代表了美丽幸福、富贵花开、好事在后等吉祥含义，配以浓艳的对比色，营造出一幅丰富而喜庆的画面。

图6-2-28"花鸟狮"纹刺绣帽尾图案

组图6-2-27"狮子"纹服饰贴布绣图案

八、羊纹

作为家畜的羊，历来与人们关系密切，它因温柔儒雅的性格深受人们喜爱。传统中国人还把羊与“祥”通用，羊纹即寓意了吉祥、吉利而被称为“吉羊”。中国古代的甲骨文中的“美”字，便是头顶大角的羊形，羊也是美好的象征。在民间，羊还与“阳”谐音，以“三羊”的纹样组合寓意“三阳开泰”，“三羊”象征朝阳、正阳、夕阳，以表示充满希望、勃勃生机的景象，预示好运来临，以装饰服饰（图6-2-29）。

图6-2-29 “对羊”纹覆面锦

九、鹿纹

鹿与中国传统文化中的“福、禄、寿”三星中的禄字同音，寓意长寿和繁盛。古人称鹿为长寿之仙兽，鹿纹也就成了年长者的常用服饰图案。鹿纹最常搭配的是仙鹤纹，并与灵芝草、松树等形象构成“鹿鹤同春”（图6-2-30）。

图6-2-30 “连珠鹿”纹锦

十、鹤纹

仙鹤被中国古人视为鸟类中吉祥长寿的代表仙禽，称神可驾鹤升天，去世的人为驾鹤西游，把修身洁行的人称为“鹤鸣之士”，以比喻贤能之士的高尚品德。鹤还是明清一品文官的补子图案，称“一品鸟”。素以喙、颈、腿“三长”著称的鹤，常呈现出美丽高雅，且带有几分仙风道骨的形象，可以说，中国传统文化赋予了鹤以仙道与精神的气息，成为服饰品中特有的图案（图6-2-31、图6-2-32）。图6-2-31以鹤、蝙蝠、祥云、牡丹、四君子（梅兰竹菊）、山石构成图案。

图6-2-31“鹤与花”刺绣马面裙裙门图案

拓展图案：鹿鹤同春

以梅花鹿、仙鹤、松树等组合而成的图案，寓意春满乾坤，万物滋润，是常见的祝寿类吉祥纹样。中国古代谓东、西、南、北为四方，与天、地为六合，“鹿”与“六”谐音，“鹤”与“合”谐音，“鹿鹤同春”也即“六合同春”，是经典的祝寿图案，也是人们表达国泰民安良好愿望的图案。图6-2-33怀挡为宫廷帝后用膳时的专用品，相当于餐巾，尺寸为86厘米左右。

图6-2-32“云鹤”纹妆花纱
图6-2-33“鹤鹿同春”纹缂丝怀挡（对角局部）

十一、蝙蝠纹

蝙蝠因为与"福""富"谐音，成为中国传统的吉祥装饰纹样。蝙蝠纹的造型表现，通常重点落在翅膀的表现上：张开起舞的翅膀，结构对称，配以卷曲的外形，如祥云般优美。理想化的蝙蝠造型蕴含着创作者的移情与想象的色彩，是中国传统文化特有的图案造型。蝙蝠纹多用于长者的服饰图案中，寄托了美好的祝愿与祈福（图6-2-34）。

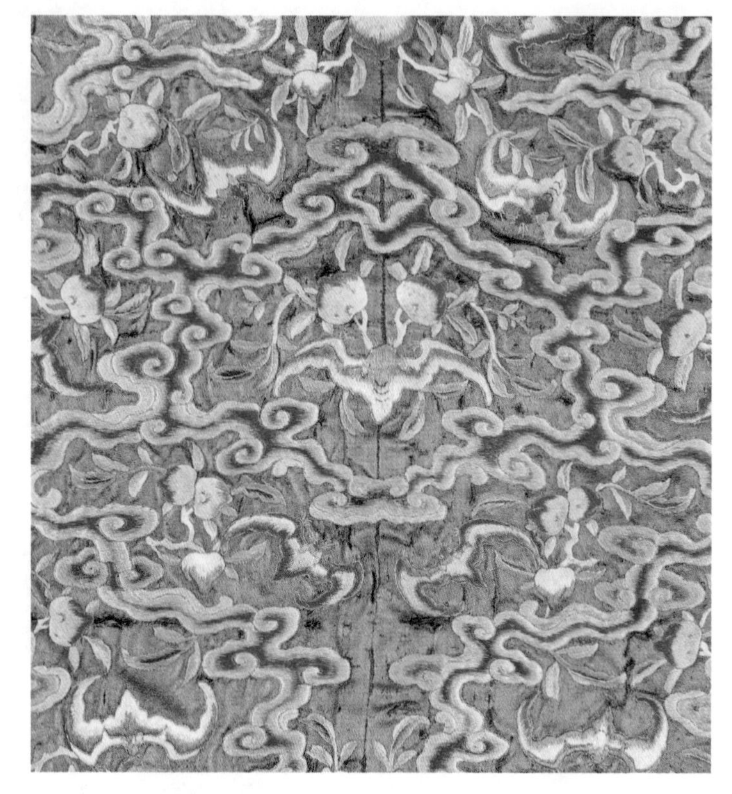

图6-2-34"福寿双全"寓意纹刺绣腰圆荷包图案

拓展图案：五福捧寿纹

以五只蝙蝠围绕寿字或寿桃构成的图案，五只蝙蝠分别代表寿、福、贵、康宁、子孙众多；寿字与寿桃代表长寿，图案寓意富贵长寿，多用于年长者服饰中，寄予吉利与祝福的寓意。图案多呈对称、完满的团状，静态的寿纹和桃纹与张开翅膀的动态蝙蝠形成对比，是中国民间流传甚广的代表性图案样式（图6-2-35）。

图6-2-35"百福百寿多子多孙"纹刺绣女长袍图案

十二、五毒纹

以蝎、蛇、蜈蚣、壁虎、蟾蜍五毒构成的图案。每到端午节，中国民间绣五毒纹以使毒虫不近身，驱害防病的习俗，以表示人们对平安、美好愿望与祈福。图案通常以大红色为底布，五毒形象用白色、黑色或绿色配以其他彩线缝制而成，结合平绣、贴布绣等多种工艺，表现出平面或具有浮雕立体感的五毒形象，呈现出造型拙朴生动、色彩对比浓艳的艺术特色。民间有五毒纹肚兜、五毒纹马甲等，其中最为盛行的是陕西等地区，是常用的成人与孩童服饰图案（图6-2-36）。

图6-2-36“奔虎五毒”纹妆花纱，周凯丽临摹

十三、鸳鸯纹

鸳鸯以雌雄偶居不离，在水面上成双成对的习性，被中国古人称为匹鸟，喻意夫妻恩爱白头偕老，永不分离。鸳鸯纹也是中国传统纹样中女孩表达爱意的装饰图案，多刺绣于荷包、鞋垫等服饰品上，赠送给心上人。

鸳鸯纹在造型表现上，常以脸相对，或亲切交颈的动态描绘，通过结合多彩的丝线刺绣工艺，细腻多层次地表现鸳鸯绚丽的羽毛，加上水波涟漪的烘托，呈现出幸福美满的画面，也是婚庆服饰中常见的装饰纹（图6-2-37、图6-2-38）。

图6-2-37“鸳鸯花卉”纹

图6-2-38“鸳鸯”纹

第三章 人物图案

图6-3-1 “人物”纹刺绣荷包图案

服饰中的人物图案主要包括才子佳人纹、戏曲人物纹、神话人物纹、戏婴纹、麒麟送子纹、狩猎纹等，题材涉及中国传统文化中的神话传说、戏曲文学以及宗教文化中的人物造型，多选取表现美好、吉祥的人物，以传达当时人们的精神价值观。人物图案多出现在服饰品等小件织物图案中，也应用在服装面料图案中，其中以人物团花和挽袖中的人物图案最为常见（图6-3-1）。

一、才子佳人纹

“才子佳人”泛指有才学的男子与美貌的女子，是中国传统社会中匹配的男女和理想的婚姻关系。有情才有爱，无奇不成书，这也成了无数中国文学、传说故事中的男女主角的经典模式。“窈窕淑女，君子好逑”“天生一对，地设一双”……中国人历来追求美好的爱情，“愿得一心人，白首不相离”，而“才子佳人”无疑是最完美的婚姻模式。在造型上，才子佳人常常与琴棋书画相伴，配以小桥流水的中式园林场景，形成中国特色的人物图案，用于挽袖、荷包等服饰图案中（图6-3-2）。图6-3-2图案造型细腻，设色雅致，勾勒出美好的人物场景，表现了现实与理想交融的幸福画面。

图6-3-2 “才子佳人”纹刺绣挽袖（女装袖口装饰）图案

二、戏曲人物纹

中国戏曲经历汉、唐、宋发展成完整的戏曲艺术，其中有著名的京剧、豫剧、越剧、昆曲等共360余种，遍及全国城乡的每一块土壤。这种以歌舞演绎故事，带观众远离现实生活的戏曲艺术，不仅是传统中国人的重要娱乐方式，也成了中国人重要的精神食量。其中的戏曲人物造型也影响了服饰图案的艺术表达。

在造型上，戏曲人物图案往往有着显著的服装与扮相，并选取重要的故事情节加以人物动态的表现，运用在荷包、肚兜等服饰图案中（图6-3-3～图6-3-5）。图6-3-3戏曲《拾玉镯》是许多剧种的曲目，盛行于20世纪五六十年代。剧中描绘了男子傅朋因爱慕女子孙玉姣，故将玉镯丢落在玉姣家门前，玉姣拾起玉镯表示接受傅朋情意的爱情故事。作品以对称的格式，将男女主人翁安排在以象征美好纯洁爱情的莲花两旁，用色明丽对比，粗犷的人物造型结合刺绣工艺，呈现出浓郁的民间审美情趣。图6-3-4《牛郎织女》是一个千古流传的美丽爱情故事，也是中国四大民间爱情传说之一。“牛郎织女”也泛指一对恋人，或比喻分居两地的夫妻。作品描绘了脚踏云彩的织女，手持织布梭子；牛郎也脚踩云朵，手持牛鞭跟随在牛之后；低头的牛仿佛正带着牛郎走过天河去与织女相会，而中间的牡丹好似隔断了他俩，却又预示着美好的未来。

图6-3-3 戏曲故事“拾玉镯”纹刺绣荷包图案

图6-3-4传说故事“牛郎织女”刺绣荷包图案

图6-3-5“故事人物”纹刺绣褡裢荷包正反面图案

三、神话（传说）人物纹

和龙凤等动物纹一样，中国传统文化中的神话人物也是丰富多彩的，上至天下至地，包容四方，有各路神仙道人，流传或记载在经史典籍中，诸如伏羲、女娲、西王母、嫦娥、八仙等，他们的贤能与智慧被人颂扬，而能除害降妖的力量更是深入人心，影响着中国人对历史人物的品评和对现实人物的期望。可以说，每一个人物都有着鲜明的东方文化特色，成为中国文化的重要构成部分，也呈现在服饰图案的艺术世界中。

图6-3-6 “和合二仙” 寓意纹服装绣片

神话人物的造型或以衣着，或以手中器具，或以背景烘托，勾画出人物特色，用在荷包、肚兜等服饰物件图案中（图6-3-6～图6-3-8）。传说，“蝴蝶妈妈”为苗族人共同的祖先，苗族姑娘服饰上饰有图6-3-7所示图案，体现了苗族人“祈蝴蝶妈妈庇佑”的古老心态，是一种传统图腾文化的形象表现。图6-3-8图案描绘了两位仙人，一手持荷花、一手捧盒子，利用“荷”与“盒”的谐音，寓意了“和谐和好”；盒中飞出的蝙蝠象征福寿，牡丹与铜钱象征富贵。图案寓意了白头偕老、永结同心，以表达对新婚夫妻的美好祝愿，是民间广为流传的图案。

图6-3-7 “蝴蝶妈妈” 纹服饰蜡染图案，詹晶莹临摹

图6-3-8 “和合二仙” 寓意纹蓝印花布

《天仙送子》

作品描绘了一天仙脚踩祥云，双手捧着手举桂花的婴儿；另一天仙手擎彩羽障扇，乘祥云随风行进；并配有蝙蝠、牡丹、桂花等装饰纹，寓意富贵吉祥。天仙造型端庄典雅，童子活泼可爱，配饰纹错落穿插；更有飞舞的蝙蝠、飘动的云朵、灵动的衣饰飘带、摇动的彩羽障扇，使画面颇具动感。蓝紫色彩的主形用色，恰到好处地与湖绿丝织提花底布相得益彰，烘托出暖红童子，勾勒出图案主题，而牡丹、蝙蝠、彩羽障扇柄的红色，别具匠心地呼应了主题用色，使画面的色彩在对比中获得了和谐。图6-3-9为同一服装刺绣图案，描绘一头戴乌纱帽，脚踩鱼龙，手持笏板（手板、朝板：古代臣子上殿面君时的工具）、身穿红袍的文状元，以象征“大魁天下”，表达了人们对人生未来的美好向往与祝愿。

图6-3-9 “天仙送子” 纹刺绣女装图案

四、婴戏纹

婴戏纹以众多童子捉迷藏、耍灯笼、放风筝、荡秋千、扑蝶、读书、下棋等嬉戏游戏场面，配以四季花卉或场景，构成图案，寓意多子多孙，富贵满堂，表达了人们对幸福生活的向往与追求。婴戏纹样在辽代已出现在丝织物上，后流传盛广，出土的明孝靖皇后的彩绣夹衣，整件服装上绣了一百个动态各异的童子，为婴戏纹的经典例证。图案多以红底，彩线刺绣，金线勾勒边形，人物造型炯异生动，或配以器物与建筑、植物花草，烘托吉祥热闹的气氛，应用于女性服装的衣料、挽袖等部件中（图6-3-10～图6-3-12）。

图6-3-10“婴戏”纹刺绣挽袖图案

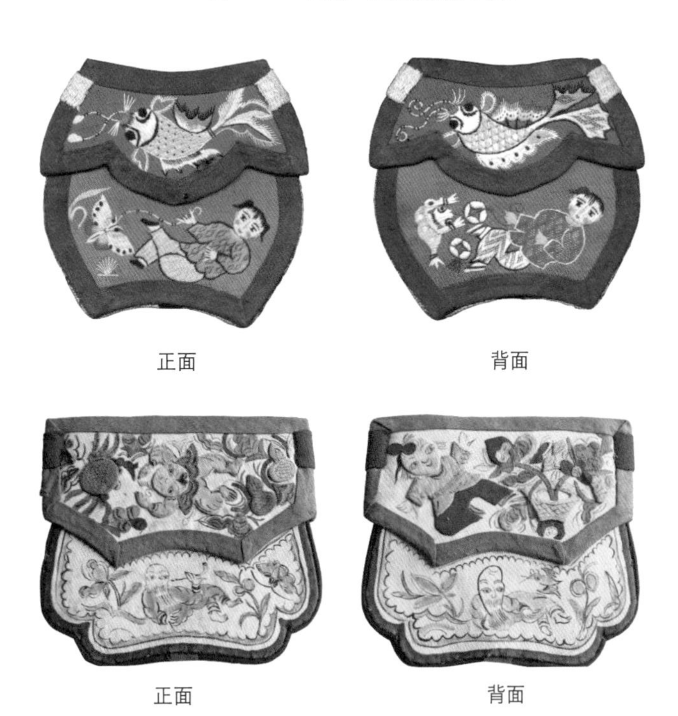

正面　背面

正面　背面

图6-3-11“婴戏”纹刺绣钱袋荷包正面、背面图案
图6-3-12“婴戏”纹刺绣钱袋荷包正面、背面图案

五、麒麟送子纹

以童子跨骑麒麟构成图案，童子佩挂“长命锁”，手持莲和笙，喻“连生”，寓意天降神兽喜送贵子。传说中麒麟能带来子嗣，是一种能使家庭繁荣昌盛的祥瑞神兽，其身似鹿，牛尾独角，周身鳞甲。图案源于中国古时祈子风俗，出现于明代晚期，至清代开始广为流行，是民间喜闻乐见的吉祥图案。结合织绣与印染工艺表现于织物中，其中以麒麟送子纹蓝印花布最为著名（图6-3-13～图6-3-15）。图6-3-15作品以圆形为画面，构图饱满，色块化的图形用金线勾勒，使图形明了且不失细节；在色彩上，以冷色的图形与暖红色的底色形成对比，使主题突出。

图6-3-13 “麒麟送子”纹型版印花面料图案

图6-3-14 “麒麟送子”纹腰包刺绣图案

图6-3-15 “麒麟送子”纹刺绣粉扑袋图案

六、狩猎纹

狩猎又称捕猎，是人类早期的一种为食物和毛皮捕杀野生动物，并发展成娱乐活动的行为。狩猎与古人的生活息息相关，更是男人勇敢的表现，狩猎纹也就成了一种英雄气节的象征，为人们所崇尚。

中国历代许多器物都有以狩猎纹为装饰图案，在隋唐时期已成为服装的流行图案。

狩猎纹在造型上多以简洁的外形勾勒出追赶野兽的场面，或是征服野兽的男人（图6-3-16～图6-3-18）。

图6-3-16“狩猎”纹夹缬绢

图6-3-17“狩猎”纹刺绣服饰图案

图6-3-18“联珠狩猎”纹织锦，盛睿智临摹

第四章 景物图案

图6-4-1“风景”纹刺绣荷包图案

景物图案包括景象与器物图案，虽不及植物、动物题材的纹样那么频繁地出现在服饰图案中，却是许多服饰产品传达寓意和意境不可或缺的图案组成部分。如烘托人物纹的亭台楼阁纹，衬托花鸟纹的山水纹，更有表现文人雅士志趣的博古纹以及反映宗教寓意的八宝纹、暗八仙和杂宝纹，构成中国古代文化特有的纹样样式（图6-4-1）。

一、亭台楼阁纹

多以亭、廊、榭、楼阁等庭院及园林建筑构成，供人休憩、远望、游赏的古代建筑，建筑造型朴素、秀丽、雅致——“虽然算不得大园庭，那亭台楼阁，树林山水，却也点缀结构得幽雅不俗。”（清·文康《儿女英雄传》）可见其建筑本身表达了人们的生活意趣以及对自然的热爱，更寄托了文人志士的审美情趣和理想追求。亭台楼阁纹在造型上多以平面的透视，加以山水、奇石、禽鸟、才子佳人，烘托出一幅闲庭意趣的美好画面，用于挽袖、荷包等服饰图案中。图6-4-2作品以散点式构图，将山石、树木花卉、蝴蝶、鸟雀等纹样环绕成一组组亭台楼阁，构成坎肩衣料大面图案，宝蓝色的底料恰到好处地形成了纹样的背景，似天空又似湖水，给人无限的遐想。

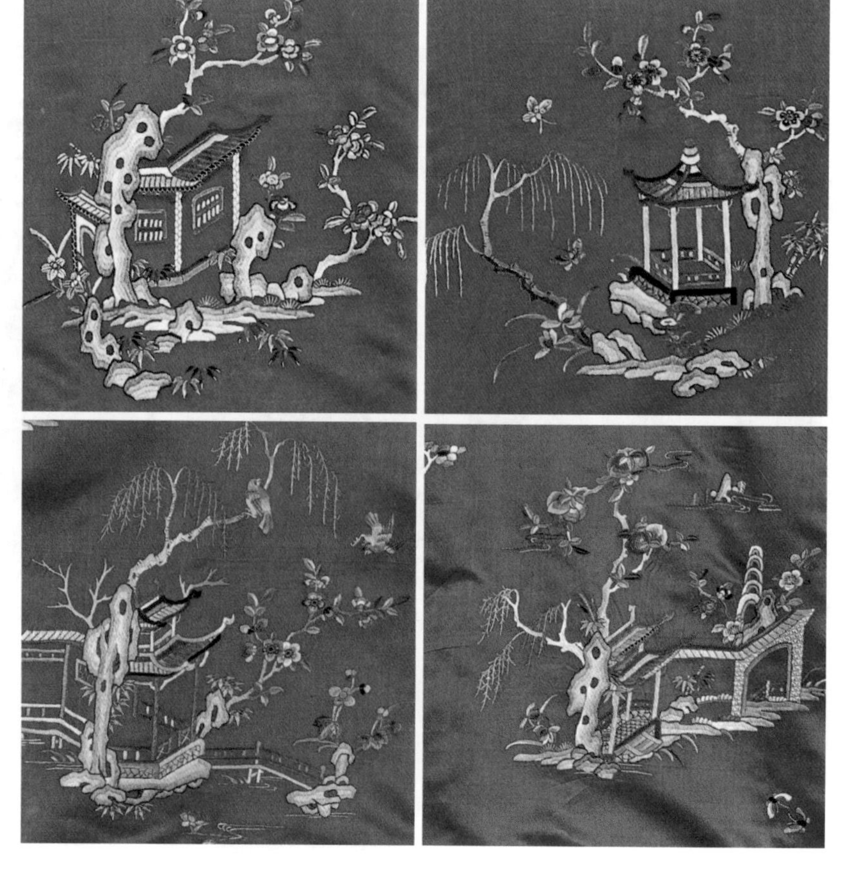

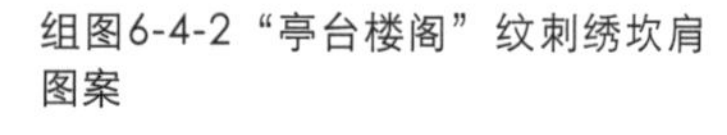

组图6-4-2“亭台楼阁”纹刺绣坎肩图案

二、山水纹

描绘自然景观的山水画形成于魏晋南北朝时期，在北宋时趋于成熟，是中国画中的重要画种，同时也影响了装饰艺术的图案表现。

山水纹积淀了厚重的人文情怀和内在意蕴，呈现出一种空灵幽谷、宁静致远的意境与格调。在造型表现上，或细腻清淡的经纬纱，或细密绣线加上金线勾勒，表现出一派超凡脱俗的自然景象。多运用在挽袖、荷包、肚兜等服饰图案中（图6-4-3、图6-4-4）。

图6-4-3“山水”纹刺绣腰包图案

图6-4-4“山水及人物”纹衣边与帽尾图案

三、杂宝纹

杂宝纹图案以金锭、银锭、宝珠、琉璃、玛瑙、珊瑚、犀角、金钱、方胜、象牙、法轮、万字、祥云、灵芝、艾叶、卷书、笔、磬、鼎、葫芦等构成图案，源于民间传说和宗教习惯中带有含义的宝物，因形象较多且任意组合而称杂宝。纹样自宋代开始出现，到明代，杂宝纹样的组合较为定型，也有七珍八宝之称，广泛地出现在服饰品图案中（图6-4-5）。

图6-4-5“杂宝”纹刺绣钱袋荷包图案

四、八吉祥和暗八仙纹

八吉祥和暗八仙纹也称八宝花。图案源于佛教的物象，分别是法螺、法轮、宝伞、白盖、莲花、宝瓶、金鱼、盘长，以象征佛教的威力。这种佛教八吉祥纹在元末明初开始出现在织绣品中，明清时更为流行。八吉祥纹造型丰富多样，或以连续循环样式，或以定位图案样式出现，结合织绣工艺，运用于男女便服以及马面裙、荷包、挽袖等图案中。

暗八仙纹取自古代神话中的八仙手持的宝物，有钟离权的扇子、吕洞宾的宝剑、铁拐李的葫芦、曹国舅的玉板、张果老的渔鼓、韩湘子的神箫、蓝采和的花篮、何仙姑的荷花。图案始于清代，是中国民间服饰中喜闻乐见的图案（图6-4-6）。

图6-4-6“暗八仙”纹刺绣服饰图案

五、博古纹

博古指古代的器物，包括古董、花瓶、盆景、书画、文房四宝、天文仪器等，体现了古代文人雅士的情趣爱好。寓意高洁清雅的人文品行。图案流行于明末清初，以绛丝、刺绣等工艺出现在服饰图案中（图6-4-7～图6-4-9）。

图6-4-7“花卉博古”纹刺绣马面裙裙门图案

图6-4-8“花卉博古”纹刺绣马面裙裙门图案

图6-4-9“仙鹤、花卉、博古”纹刺绣挽袖图案

六、花篮纹

花篮纹描绘盛有花卉的篮子图案。花篮是社交和礼仪常用的装饰物件，也是中国传统民间故事中八仙之一蓝采和的手中宝物，以篮中的神花异果，寓意广通神明，也称为暗八仙纹之一，用于传统服饰图案中。花篮图案在构图上常以花篮形成图案的中心点，使各种花卉、蝴蝶纹聚散组合，疏密有致。图案在造型样式上以表现花卉与篮子的丰富、细腻为特色，并以多样的工艺来表现图案（图6-4-10～图6-4-12）。

图6-4-10“花与蓝”纹刺绣服装团花图案

图6-4-11“花鸟与蓝”纹手绘贴布钱包荷包

图6-4-12“花与蓝”纹刺绣衣料图案

第五章 自然元素及抽象图案

中国传统服饰图案中除了表现动植物等具象纹样外，还有许多表现日、月、云、火、水等元素的图案以及富有寓意的回纹、联珠纹、如意纹等抽象纹样；更有反映古代帝王服饰特有的纹饰，如十二章纹、海水江崖纹等；还有中国式表现文字的字花纹，以构成丰富多彩且充满想象的服装纹饰（图6-5-1）。

图6-5-1“抽象”纹刺绣围裙图案

图6-5-2“云凤”纹暗花缎

图6-5-3“云”纹丝织图案

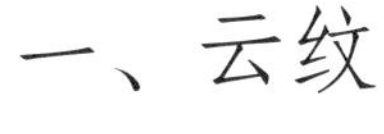

一、云纹

在古代中国，自然天象的云与农业活动关系紧密，也成为人们传达吉祥征兆且具有文化和艺术表象的纹样，各朝各代创造了形象丰富的云纹，成为器物、织物的重要装饰纹饰。商周时期有云雷纹，先秦时期有卷云纹，楚汉时期有云气纹，隋唐时期有朵云纹、如意纹，明代有四合云纹、行云纹等。云纹造型细腻生动、立体而富有动感，表现在中国古代龙袍图案、民间服饰等织绣中，寓意如意与高升，是最能代表中国造型元素的图案之一（图6-5-2～图6-5-8）。

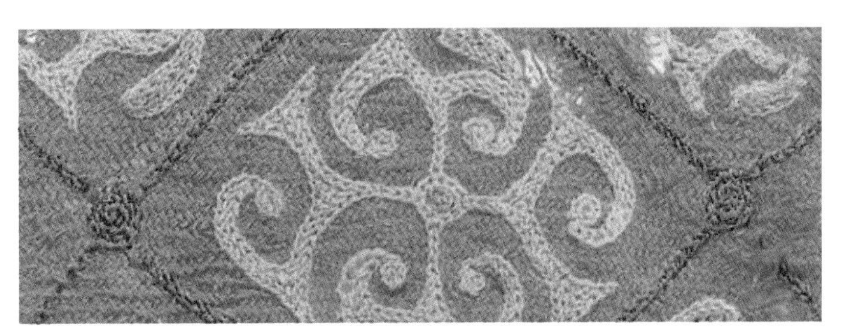

图6-5-4 红地辫绣菱格填花纹毛织品

图6-5-5一品文官方补刺绣“彩云”纹图案（局部）

图6-5-6二品武官方补刺绣“卷云”纹图案（局部）

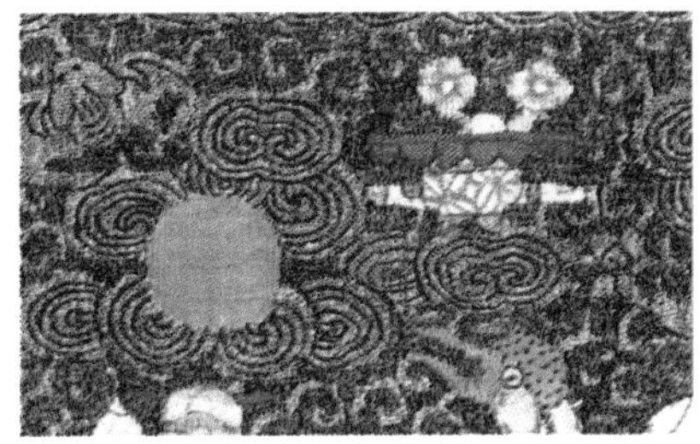

图6-5-7一品文官方补缂丝“卷云”纹图案（局部）

图6-5-8七品文官方补刺绣“卷云”纹图案（局部）

二、日月纹

日月纹指描绘太阳、月亮的纹样。早在中国古代的陶、青铜等很多器物上就有代表太阳、月亮纹的描绘，帝王服饰中十二章纹为首的就是日月纹，它是古人对日月崇拜和信仰的表现。日月纹不仅是帝王服饰用的图案，也是少数民族、民间服饰图案中常用的纹样之一。

在服饰图案中，日月纹不仅作为寓意的装饰纹样，也是烘托和点缀景象的重要纹样，尤其表现在用刺绣塑造的图案空间里：日纹与月纹的出现，使没有透视的中国式民间特有的造型空间获得了天与地的真实区别。日月纹还是侗族服饰中的重要纹饰，侗族以自己特有的造型样式为世人描绘了他们心目中的日月纹，为服饰图案留下了精彩的篇章（图6-5-9～图6-5-11）。

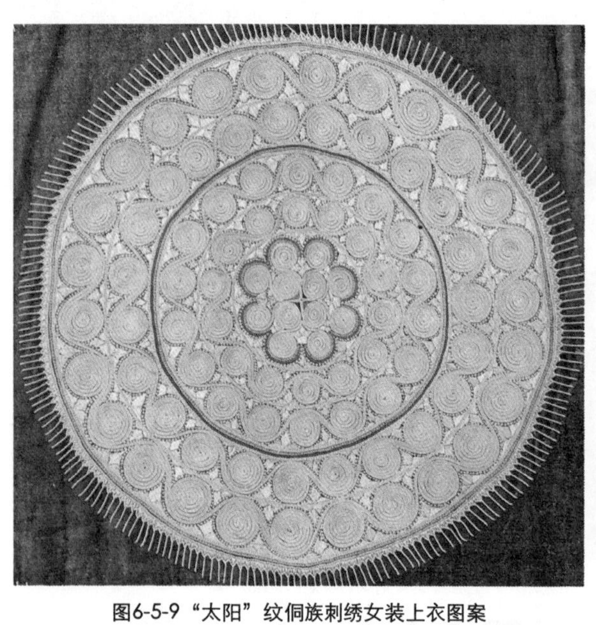

图6-5-9“太阳”纹侗族刺绣女装上衣图案

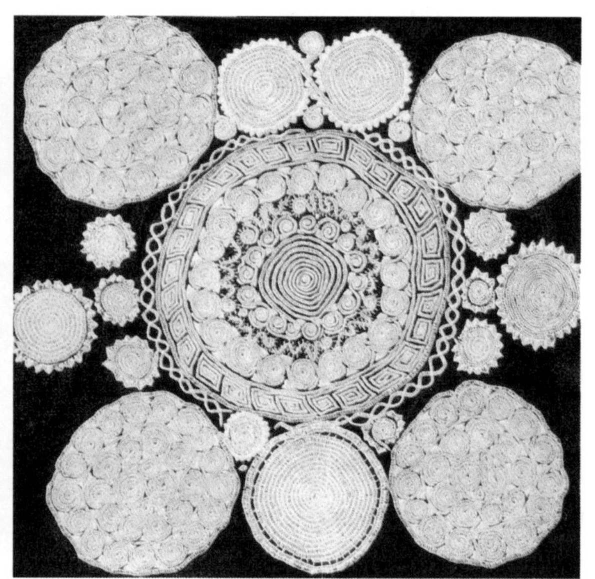

图6-5-10“日月”纹侗族刺绣女装背部图案

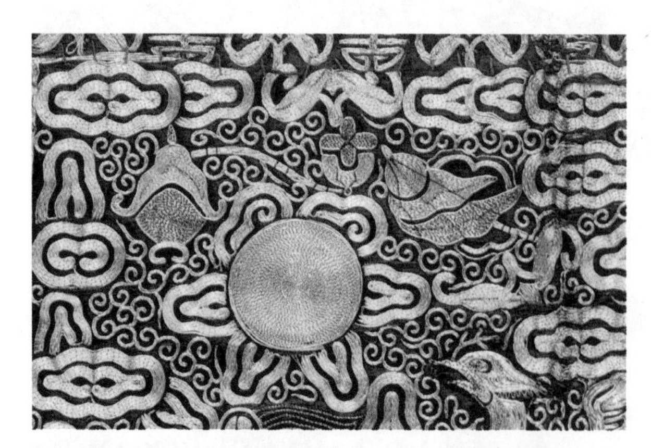

图6-5-11五品文官方补刺绣“太阳”纹图案（局部）

三、火纹

古人视火为神圣而伟大的自然力量，也视太阳为火。对火纹的描绘也是对其崇拜与敬畏的表现。火纹早在商代的青铜器上就出现了，也是清代十二章纹组成元素之一，并且是中国少数民族彝族的重要服饰纹饰。火纹的造型多以圆涡形、向上的弧线等来表现火的流动光焰（图6-5-12、图6-5-13）。

图6-5-12“日月”纹侗族刺绣背扇图案

图6-5-13“火”纹侗族刺绣芦笙衣图案（局部）

四、水纹

水纹即描绘水波的纹样，是中国重要的传统纹样之一。水，是中国古代物质观——“五行”之一，它更是人类生存密不可分的一种自然物质。滋养万物的水，给世界带来生命，也给人类带来灾祸，古人对水的敬畏之情也反映在对水纹的描绘上。从人类最早的器物彩陶，到技艺高超的青铜等，以条纹、涡纹、三角涡纹、漩纹、曲纹、波纹等呈现出各式水纹。水纹运用在服装图案中，最著名的要属清代官服的海水江崖纹。

“福如东海长流水”，连绵不断的水波纹寓意了幸福永存，也表现了古人对“福运长久”的人生期盼（图6-5-14、图6-5-15）。

图6-5-14“水”纹传统蓝印花布图案

图6-5-15“水”纹刺绣服装底边图案

拓展图案：海水江崖纹

海水江崖纹为中国清代官服装饰纹样。由自然气象的海水、浪花等图形组成图案，多作为龙袍底边下摆等处的装饰。波浪翻滚的水浪中立有山石宝物，表示绵延不断的吉祥含意，寓意“一统山河”“万世升平”，在明代官服上已见雏形，是清代官服的程式化图案。海水江崖纹工整精细，设色浓丽华美，造型具有很强的装饰性（图6-5-16）。

图6-5-16“海水江崖”纹缂丝龙袍图案

拓展图案：涡妥纹

苗语，旋涡纹，是苗族传统中的古老纹样。涡妥纹造型上以黑白相间，线条由细到粗，旋转形成外形圆润的图形，寓意着团结和吉祥，同时也喻为铜鼓花，来比喻苗族人祭祖时的踩鼓场面。用苗家特有的蜡染工艺表现的涡妥纹，精细紧致、秩序中带有感性的手工变化，成为苗寨衣裙的重要纹饰（图6-5-17）。

图6-5-17“涡妥”纹蜡染苗族女装后背图案

五、十二章纹

中国传统祭祀服饰纹样，由各具象征意义的十二种图案日、月、星辰、群山、龙、华虫、宗彝、藻、火、粉米、黼、黻组成，被认为是最尊贵的纹样，包含了至善至美的品德，是中国帝制时代的服饰等级标志，帝王及高级官员礼服上绘绣该纹被称为“章服”。十二章纹约在周代已经形成，秦汉以前多为服装上的吉祥纹饰，自东汉确立十二章纹制后，各朝各代把它作为舆服制度的一个重要组成部分。十二章纹延用近两千年，多为文献记载，流传下来的实物很少，明定陵出土的数件缂丝衮服提供了详实的实物及图案资料。日纹：太阳，其中绘有公鸡；月纹：月亮，其中绘有白兔；星辰纹：天上的星宿，以线连接圆圈形的星星组成星宿；山纹：即群山，以色块组成山形；龙纹：龙形；华虫纹：一种雉鸟；宗彝纹：即宗庙彝器，并绘以虎与猿形；藻纹：即水草，为水草形；火纹：火焰形；粉米：白米，为米粒形；黼纹：黑白斧形，刃白身黑；黻纹：如“亞”形或两兽相背。

日月星辰，象征光明无私；山，象征众人所仰；龙，象征擅于应变；华虫，象征华美文采；宗彝，象征勇猛智慧；藻，象征冰清玉洁；火，象征照耀光辉；粉米，象征洁白且能滋养；黼，象征做事果断；黻，象征背恶向善（图6-5-18）。

图6-5-18“十二章纹”缂丝清皇帝服饰图案

六、联珠纹

团纹的四周饰以若干小圆圈，圆圈相套相连，如同联珠，向四周循环发展，形成大圆的主题纹样，并组成四方连续纹样。借“珠”的美好，喻“珠联璧合”，后发展出了在大圆小圆中间配以鸟兽或几何纹。中国原始时期的彩陶装饰中就有联珠纹的萌芽，隋唐时期受当时波斯萨珊时代的图案影响而成，成为唐代的流行纹样，应用于古代织锦。唐代阎立本创作的《步辇图》，便刻画了人物服饰上的联珠纹（图6-5-19～图6-5-21）。

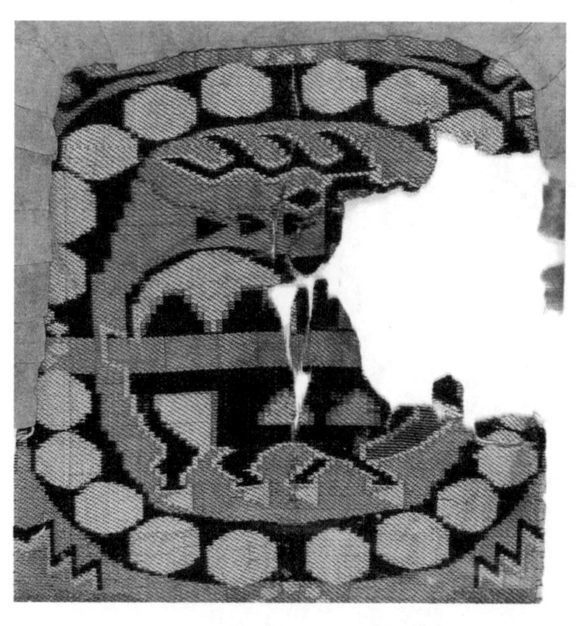

图6-5-19 “鹿纹联珠”纹锦覆面图案

图6-5-20 “立鸟大联珠”纹锦覆面图案

图6-5-21 “骑士联珠”纹锦图案

七、回纹

民间称回回锦，以直线折绕或曲线螺旋而成，寓意“吉利绵长”“富贵不断头”。由商代陶器和青铜上的雷纹衍化而来。图案多以重复排列，表现出井井有条、凝滞严谨、整齐划一的视觉效果。回纹作为边饰出现在中国传统服装的领口、袖边等部位；也作为服装面料图案设计的辅助底纹；民间服饰中的四方连续回纹组合而成为“回回锦”（图6-5-22、图6-5-23）。

图6-5-22“花卉回纹”侗族刺绣围裙图案

图6-5-23“花卉回纹”侗族刺绣围裙图案

八、如意纹

如意纹源于中国传统器物装饰纹样。如意为柄端呈手指形或心字形，用以搔痒的器物，后发展成把玩或观赏之物，造型有灵芝和朵云形，喻为“称心如意”。中国民间有以如意纹和“瓶”“戟”“磬”“牡丹”等纹组成的吉祥图案，传达“平安如意”“吉庆有余”“富贵如意”等含义，应用于服装领、衩、门襟等的镶边以及其他服饰图案中（图6-5-24～图6-5-26）。

图6-5-24 云肩 “富贵如意”纹肚兜

图6-5-25 “戏婴如意”纹女装侧缝衩边（局部）

图6-5-26 “如意”纹云肩（局部） 以孔雀、鹿、蝶、梅兰竹菊（四季纹）等纹饰构成图案

九、文字纹

服饰图案中的文字纹主要有两种表现形式。第一种为以独立的福、喜、寿等字面吉祥的文字与其他花卉鸟兽组成图案。以文的词意加强图案的表达，多结合织绣等工艺进行表现。运用在婚庆嫁娶、祝寿等服饰品中。此形式保存完好的最早实物要属汉代的“五星出东方利中国”的棉质护膊，以织锦的工艺将云气、鸟兽等纹饰与汉字组成护膊。

第二种为字花，表现为将汉字的间架结构与花草、凤鸟等形象结合，奇思巧意地使文字形象化。图与文默契组合，表现出图中有文、文中有图的图案样式。字花图案多表现在民间服饰品中，多以刺绣工艺来实现图案。

刺绣在旧时也称为“女红”。旧中国的女子因为没有受教育的机会导致她们绝大多数不识字，绣字也就成了“照猫画虎”，她们在用图寄托梦想与情感的同时，也以“画”字似的描摹来表达对文化的热爱。心智高的女子能把文字与图案结合出文人画的气息，呈现在服饰用品中（图6-5-27、图6-5-28）。图6-5-27图案以“五、星、出、东、方、利、中、国”汉隶文字与星纹、云纹、孔雀、仙鹤、辟邪、虎纹组成，采用植物染料的“青赤黄白绿”五色，与五星对应，在丰富的图案中呈现了中国传统的阴阳五行学说。

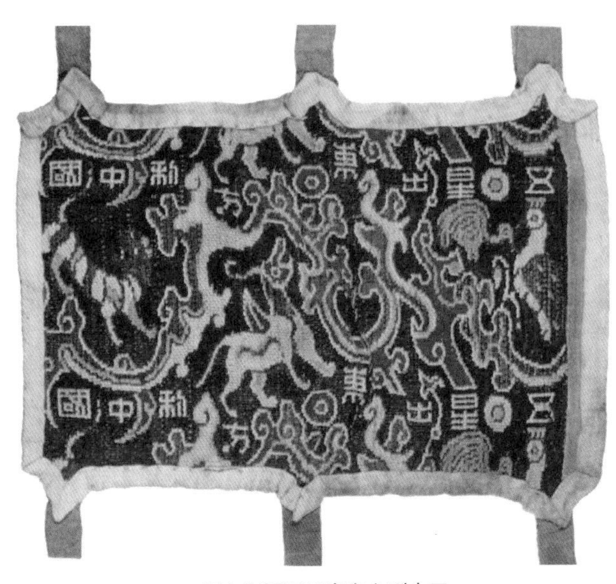

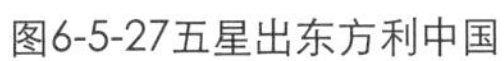

图6-5-27五星出东方利中国

图6-5-28 “福字花”纹刺绣荷包图案

拓展图案：双喜纹

双喜纹又称“双禧”“喜喜”，字花的一种，“禧”为福或喜神之意，通常以“双喜”和“双禧”的形式出现，由两个喜字构成的“喜喜”字，是汉字中特有的介于文字和图案之间的一种符号。双喜纹寄寓“双喜临门”“喜上加喜”之意，多与鸳鸯等吉祥纹样组合运用，表示恩爱和欢愉，在民间最常见于婚嫁等服饰图案中（图6-5-29、图6-5-30）。

图6-5-29 “鹤鹿同春寿字”纹织花服装图案

图6-5-30 “竹子双喜”纹刺绣对襟坎肩图案

拓展图案：万字纹

万字纹又称卍纹，卍纹是古代的符咒、护符或宗教标志，意为“吉祥万德之所集”，被认为是太阳或火的象征。在古代印度、波斯、希腊等国家都有出现。佛教认为它是释加牟尼胸部所现的“瑞相”，用作“万德”吉祥的标志。唐武则天制定此字读“万”。万字纹即用“卍”字向外延伸组成四方连续图案，连续不断的卍字纹称作曲水，表示连绵长久之意。多用作图案边式或底纹，又可演化成各种“万寿锦”锦纹，寓意“绵长不断”和“万福万寿不断头”之意，多用于德高望重的长者服饰装饰中（图6-5-31）。

图6-5-31 “蝴蝶花卉万字”纹传世蓝印花布图案

拓展图案：寿字纹

寿字纹由单个或多个变形的“寿”字组成图案；有错落有致的“寿”组成犹如花纹的装饰效果，表示长寿、百寿等祝福之意。图案以四方连续形式，采用锦缎与刺绣工艺，烘托富贵而华丽的“寿字纹”，多用于年长者的服饰中（图6-5-32）。

图6-5-32 “五彩海棠金寿字”纹刺绣便服袍料

第六章 品类图案

图案与服饰产品有着相互依存的关系，相互作用，彼此生辉。服饰品类的不同也产生了丰富的图案样式，充分体现了中国传统服饰的形制。其中包括补子图案、马面裙图案、挽袖图案、肚兜图案、荷包图案、云肩图案、暖耳图案、绣鞋图案、鞋垫图案、氆氇图案、定位图案、边饰图案等（图6-6-1）。

图6-6-1 “蝴蝶花草”纹肚兜

一、补子图案

补子图案,又称“官补”“绣胸”“胸背”。明清时期官员朝服的胸背各饰一块由动物为主形，配以花卉、海水江崖、器物、云纹、太阳、火纹、文字等构成的方形补子图案。补子图案分文官和武官两大类，明清的官职不同，图案造型也各不相同。具体为：明代文官——一品仙鹤，二品锦鸡，三品孔雀，四品云雁，五品白鹇，六品鹭鸶，七品鸂鶒，八品黄鹂，九品鹌鹑；明代武官——一品、二品狮子，三品、四品虎豹，五品熊罴，六品、七品彪，八品犀牛，九品海马；杂职——练鹊；风宪官——獬豸。清代文官——一品鹤，二品、三品孔雀，四品雁，五品白鹇，六品鹭鸶，七品鸂鶒，八品鹌鹑，九品练雀；清代武官——一品麒麟，二品狮，三品豹，四品虎，五品熊，六品彪，七品、八品犀牛，九品海马。代表官位的补服定型于明代，图案随官职而变化，明代补子的绸料约40～50厘米见方，素色为多，底子多为红色，用金线盘成各种图案。清代补子以青、黑、深红等深色为底，五彩织绣，补子的绸料多为30厘米。补子图案制作方法有缂丝、织锦和刺绣三种工艺，外形规整，图案精细，制作精良，造型极具装饰感，有着极高的工艺和审美价值（图6-6-2～图6-6-4）。图6-6-4方形补子是明清补服的常用形式，明代补子胸背为整块绸料表现图案，而清代补服前片补子则在中间对剖，以适合对襟形制的补服。此官补运用了打籽绣、金线盘绣勾勒轮廓，残损的表象中依然清晰地呈现出主体鸟禽、日、祥云、牡丹、蝙蝠、海水江崖、盘长等纹饰，并以蝙蝠与寿字纹构成寓意“福寿”的边框纹饰，丰富细腻的暖金色调间透出一派典雅与华丽。

图6-6-2“练鹊”纹

图6-6-3“孔雀”纹

图6-6-4清代文官方形补子左半（右半缺失）

二、马面裙图案

中国传统裙装图案，又称“马面褶裙”，始于明朝，延续至民国。裙子左右两侧各有四条方便跨步的顺风褶裥，前后裙片中间各有一段光面，称为“马面”，上饰有重复或对称纹样以构成马面裙图案。图案外形规整，呈25厘米×30厘米左右的长方形，内容以团花、器具等吉祥图案构成。布局繁密，多以对称结构，从中心向周围展开，精致华美。马面图案多以红、白、黄、蓝为主要色调，分别与裙身相对应协调，适合不同年龄的女性穿着。图案以刺绣为工艺特色，针法多样，主花型常用打籽绣来表现，细腻紧致，别具特色，是中国传统服饰图案的精华（图6-6-5～图6-6-9）。图6-6-5马面裙以满地正反两块长方形裙门图案，并与褶裥处的单独纹花草纹呼应，图案多集中在裙面中下部，以吻合上装的下摆对裙面上半部的遮盖，正好显露出完整的图案。此作品以牡丹与花瓶寓意富贵平安，以松、竹、梅寓意三君子，结合八宝纹构成图案，构图饱满，设色华丽。

图6-6-5刺绣“富贵平安八宝”纹刺绣马面裙

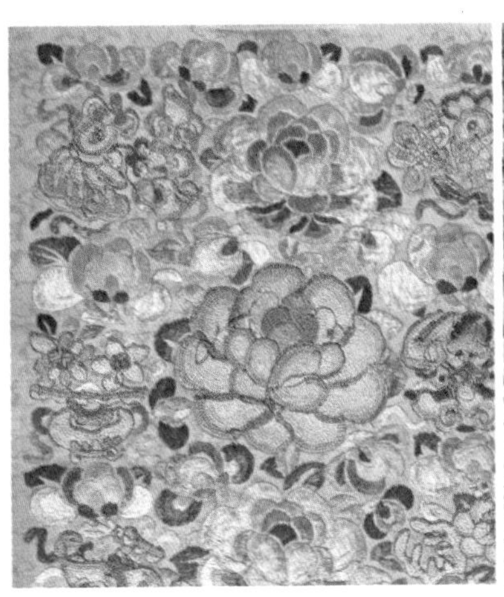

图6-6-6“牡丹八宝”纹马面裙裙门

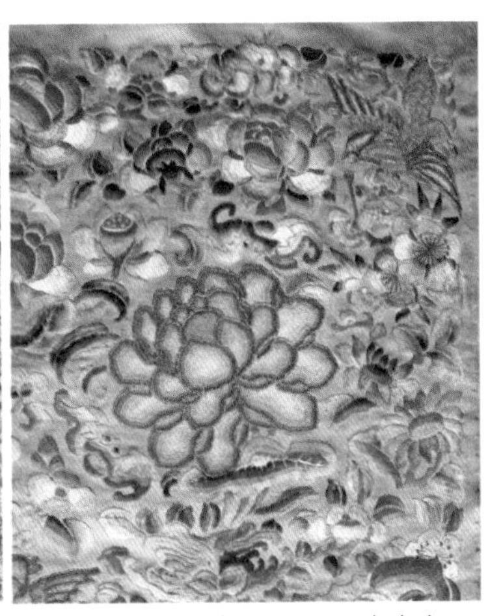

图6-6-7“莲花鸟雀”纹马面裙裙门

图6-6-8“庭院仕女”纹马面裙裙门

图6-6-9“富贵平安八宝”纹刺绣马面裙裙门

三、挽绣图案

挽绣图案是指中国清代女装袖口图案。女上衣或礼服的袖口部分各拼接一段绣花图案，穿时翻卷在外。两袖图案重复或对称格式，在10厘米×50厘米上下的长方形空间中，正向布局图案，环绕袖口。图案包括人物山水、亭台楼阁、植物飞禽、吉祥器具，其中以人物题材为经典样式。琴棋书画、才子佳人、男耕女织、渔樵耕读等的描绘，充满了祥和安乐的意境，反映了中国民间朴素的人生价值观。挽袖图案布局细密谨致，丰富多样的造型由上而下，平铺直叙却不失层次，色调清淡雅致，是民间服饰品中追求绘画意境的图案样式之一。结合刺绣工艺，针法多样，绣工精细，盘金、银线勾勒外形，别具特色。挽绣图案多以浅色或白底绸缎为底布，也有少量的黄、蓝为底布色调，适合不同年龄的女性穿着（图6-6-10～图6-6-14）。

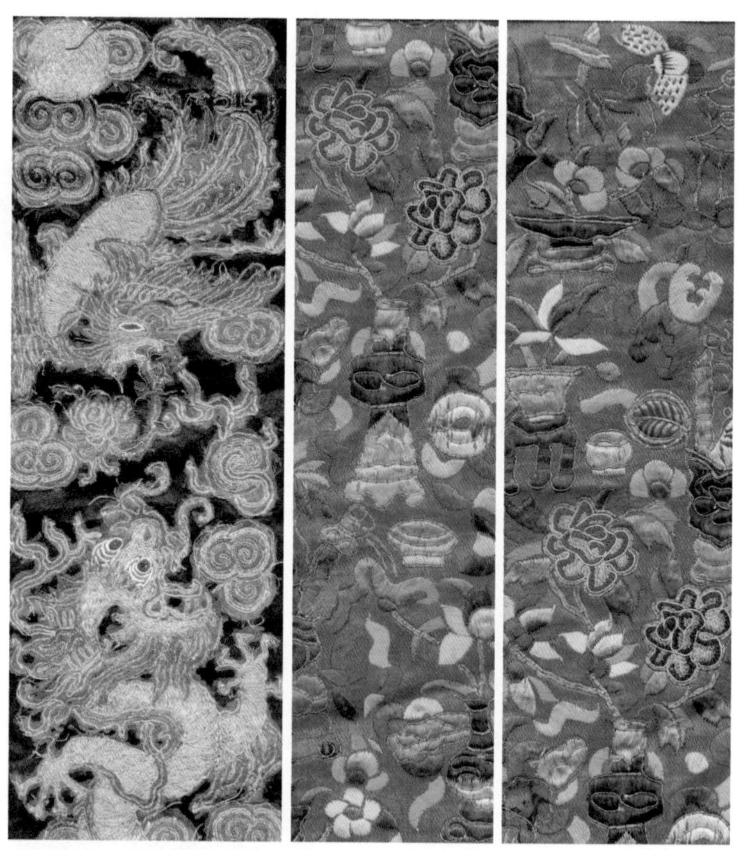

图6-6-10“龙凤呈祥”纹挽袖（局部）

图6-6-11“富贵平安八宝”纹（一对，局部）

图6-6-12“牡丹兰花八宝”纹挽袖（局部）

图6-6-13“梅花人物”纹挽袖（一对，局部）

图6-6-14“凤戏牡丹”纹挽袖（一对，局部）

四、肚兜图案

肚兜图案为中国传统护胸腹的贴身内衣图案。肚兜外形多为菱形，上角系于头颈，两侧两角系于腰间，面上饰有图案。图案题材多为中国民间传说、吉祥图案或民俗讲究，有趋吉避凶、吉祥幸福、连生贵子、麒麟送子、凤穿牡丹、连年有余等。图案强调中心和边饰，工艺以平绣和贴布绣为主，配以最具喜庆代表的红色底布图案。男女均用，其中儿童与女性肚兜图案较为精致考究（图6-6-15～图6-6-23）。

图6-6-15戏曲“喜福会”纹五彩绣菱形兜肚（胸襟局部图案），张美珍临摹

图6-6-16“马上封侯”寓意纹五彩绣菱形兜肚（胸襟局部图案），张美珍临摹

图6-6-17“彩凤、蝴蝶”纹五彩色晕绣菱形棉布兜肚，张美珍临摹

图6-6-18“花蝶斗艳”纹五彩绣菱形肚兜，张美珍临摹

图6-6-19“福临人间”寓意纹五彩盘绣肚兜（上、下部分），张美珍临摹

图6-6-20“蝶恋花”纹五彩绣兜肚，张美珍临摹

图6-6-21“如意”形串珠挂式五彩绣兜肚，张美珍临摹

图6-6-22“吹箫引凤”纹菱形五彩绣兜肚，张美珍临摹

图6-6-23“男女童子”纹肚兜

五、荷包图案

荷包为放置零星物品的随身佩带小包，是古人出门必备的服饰品。荷包外形呈圆形、椭圆形、方形、长方形、桃形、如意形、石榴形等，图案由花卉草虫、鸟兽、山水、人物、吉祥语、诗词文字等构成。图案装饰性强，繁简不一，色彩鲜艳，并结合精细的各种针法刺绣表现，是集中国传统文化和民间工艺美术的综合体现。荷包也是中国民间男女定情物，图案因此富有浪漫美好的意韵（图6-6-24～图6-6-39）。

图6-6-24“富贵牡丹”纹刺绣方形荷包，沈立临摹

图6-6-25“鸟与莲”纹荷包

图6-6-26“高贵长寿”纹刺绣方形荷包，沈立临摹

图6-6-27“花与鸟”纹刺绣钱袋荷包，崔玉凤临摹

图6-6-28“富贵平安”纹刺绣方荷包，沈立临摹

图6-6-29“鸟与莲”纹荷包

图6-6-30“凤戏牡丹”纹刺绣八角形荷包，沈立临摹

图6-6-31“八仙人物”纹刺绣葫芦形香袋荷包，沈立临摹

图6-6-32“龙”纹刺绣石榴形荷包，程门雪临摹

图6-6-33“莲与水”纹刺绣石榴形荷包，程门雪临摹

图6-6-34“富贵牡丹”纹刺绣荷包，程门雪临摹

图6-6-35“方胜”纹纳纱绣钱袋荷包

图6-6-36“凤戏牡丹”纹刺绣抱肚荷包，张天澜临摹

图6-6-37“多子多寿”纹刺绣抱肚荷包，张天澜临摹

图6-6-38“戏曲人物暗八仙”纹刺绣抱肚荷包，沈立临摹

图6-6-39“狮子戏球”纹刺绣抱肚荷包，沈立临摹

六、云肩图案

云肩图案又称披肩图案,为中国古代妇女肩部饰品图案。云肩多以丝缎织锦制作，整体造型外圆内方，造型以领口为中心，结构呈“X”“米”字等放射形，结合云纹、如意、柳叶、荷花等外形，以对称、重复、旋转式组合，内置人物、花鸟、建筑场景等构成图案。云肩在隋朝以后发展而成，明清时普及到社会各个阶层，妇女多在岁时节令或婚嫁时佩戴，以示喜庆和隆重。云肩图案色彩典雅丰富，表现了人们对生活、爱情、婚姻的美好祝愿。云肩打破中式T形服装的平面设计，是中国服饰中立体剪裁的典型样式。

拓展图案：富贵吉祥多子多福

作品以手持桂花（寓意贵）、竹笙（寓意生）、石榴（寓意多子）、如意（寓意吉祥如意）、宝盒（寓意合）的童子、仙女以及牡丹和四季花草构成图案，红、绿、白底相间，蓝色包边，层次分明，对比间不失雅致，是民间服饰图案的经典之作（图6-6-40～图6-6-42）。

图6-6-40“富贵吉祥多子多福”纹刺绣云肩寓意图案

图6-6-41“吉祥花果”纹刺绣云肩图案，王独伊临摹

图6-6-42“吉祥花果”纹刺绣云肩图案，王独伊临摹

七、暖耳图案

暖耳图案又称“煖耳”“耳衣”。中国北方传统冬季用来防寒护耳的饰品图案。外形以桃形为主，高7厘米左右，里衬为兔毛，面饰以吉祥动物、花鸟植物纹构成图案。左右耳图案以重复或对称格式，结合刺绣工艺，制作精美，色调调和。多为男性用品，流行于官服与民间服饰中（图6-6-43～图6-6-46）。

图6-6-43“知足常乐”寓意纹暖耳，高燕临摹

图6-6-44“福寿”寓意纹暖耳，高燕临摹

图6-6-45“云鸟”纹暖耳，高燕临摹

图6-6-46“花鸟八宝”纹暖耳

八、儿童帽图案

儿童服饰品是中国传统服饰中隆重装饰的产品之一。这里包含了母亲对孩童的情感与深深的祝福，也是反映中国传统文化的服饰产品代表。

作为儿童头部保护的服饰品——儿童帽子的图案装饰，因其附着在立体形态、结构多变的帽子表面，呈现出多样的图案形态。儿童帽子图案最常用的是以刺绣工艺表现各种寓意吉祥的图案，花鸟纹、鱼纹、虎头纹以及几何纹，形态各异，各具特色，流行于中国大江南北与各个民族（图6-6-47、图6-6-48）。

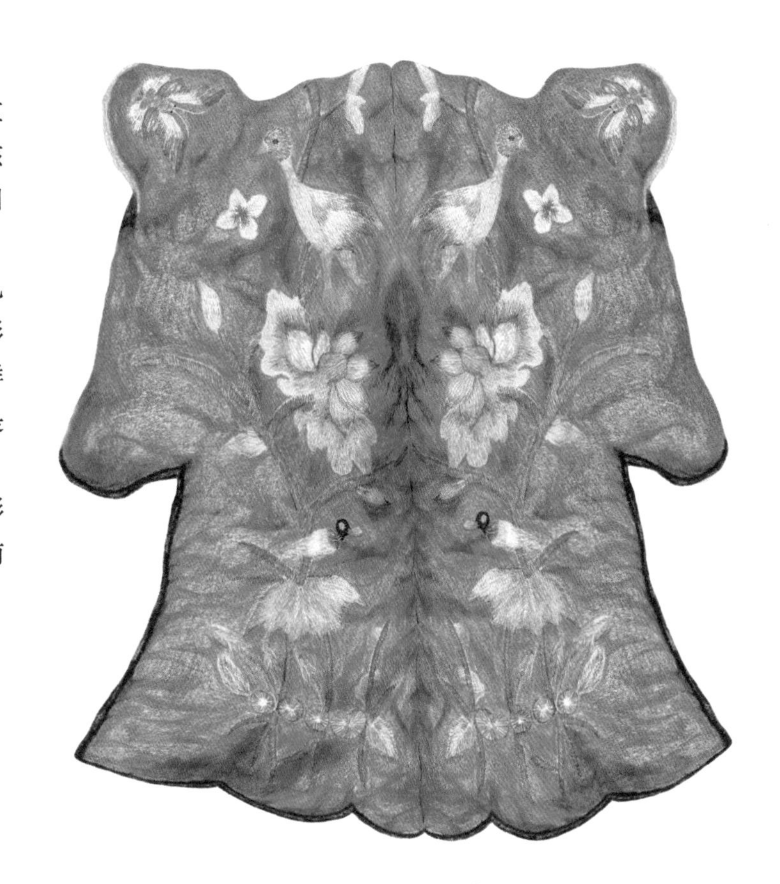

图6-6-47“白鹤莲花”纹刺绣童帽图案，王银临摹

图6-6-48“吉祥花卉”纹刺绣童帽

九、绣鞋图案

绣鞋图案为中国民间传统服饰图案。绣纹样于鞋面，图案有凤凰、鸳鸯、喜鹊、蝴蝶与牡丹、莲花、梅花等吉祥动植物纹，常以单独纹样的形式布局于鞋头或鞋帮，两只鞋的图案呈对称格式。以平绣为主要工艺，制作精致，色彩浓艳对比，是明清以来妇女广为流行的服饰品图案样式（图6-6-49、图6-6-50）。

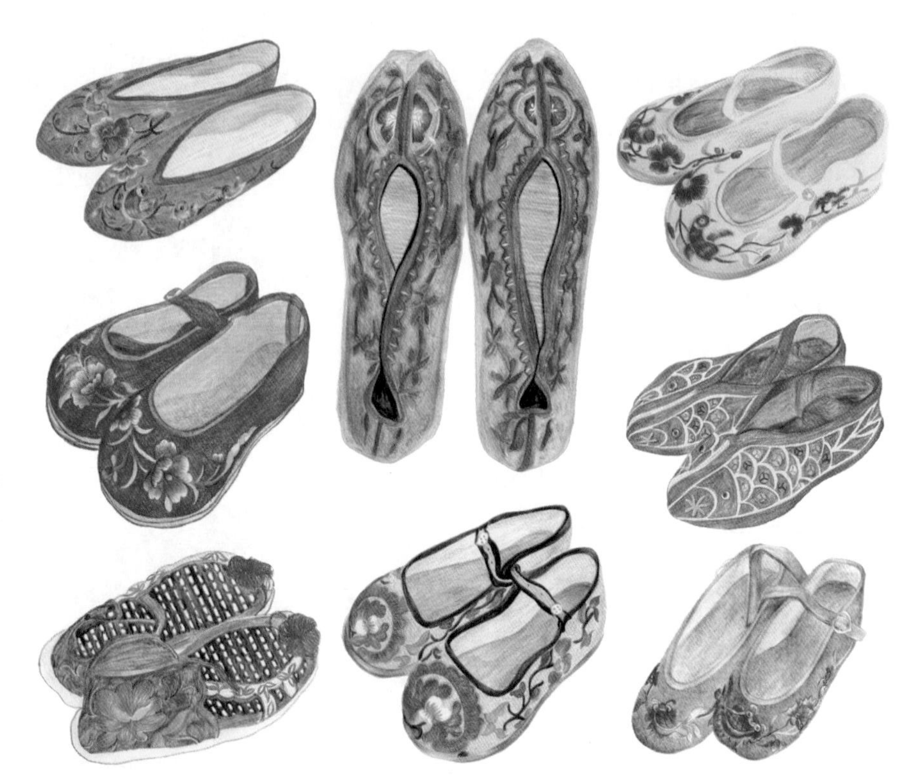

图6-6-49“花卉”纹、“花与鸟”纹、“鱼”纹等手工绣花各式布鞋，袁珊瑚临摹

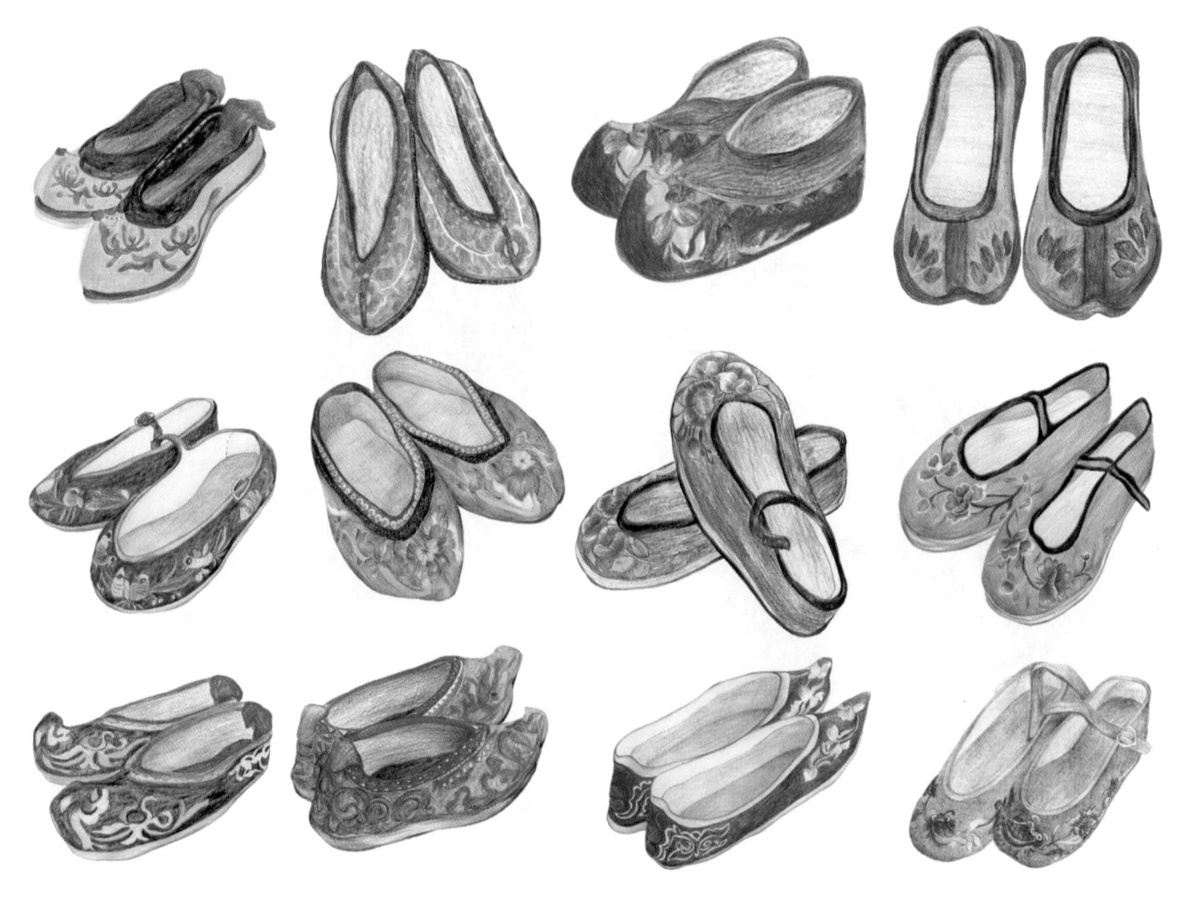

图6-6-50“花卉”纹、“花与鸟”纹、“鱼”纹等各式手工绣花布鞋，袁珊瑚临摹

十、鞋垫图案

鞋垫图案为中国民俗服饰用品图案。用于布鞋内底垫的装饰图案，由龙凤、喜鹊、鸳鸯、牡丹、莲花等具象纹，喜福等文字纹以及抽象几何纹构成鞋垫图案，富有吉祥寓意。图案以刺绣为工艺，配色热烈明快、对比鲜明、繁简适宜，呈现粗犷生动的艺术特色。鞋垫具有保持鞋内清洁和保暖的作用，图案赋予了其审美价值，也寄托了人们的理想和祝福，是民间农村女子自绣自制的手工服饰品，也是表达情感的信物（图6-6-51）。

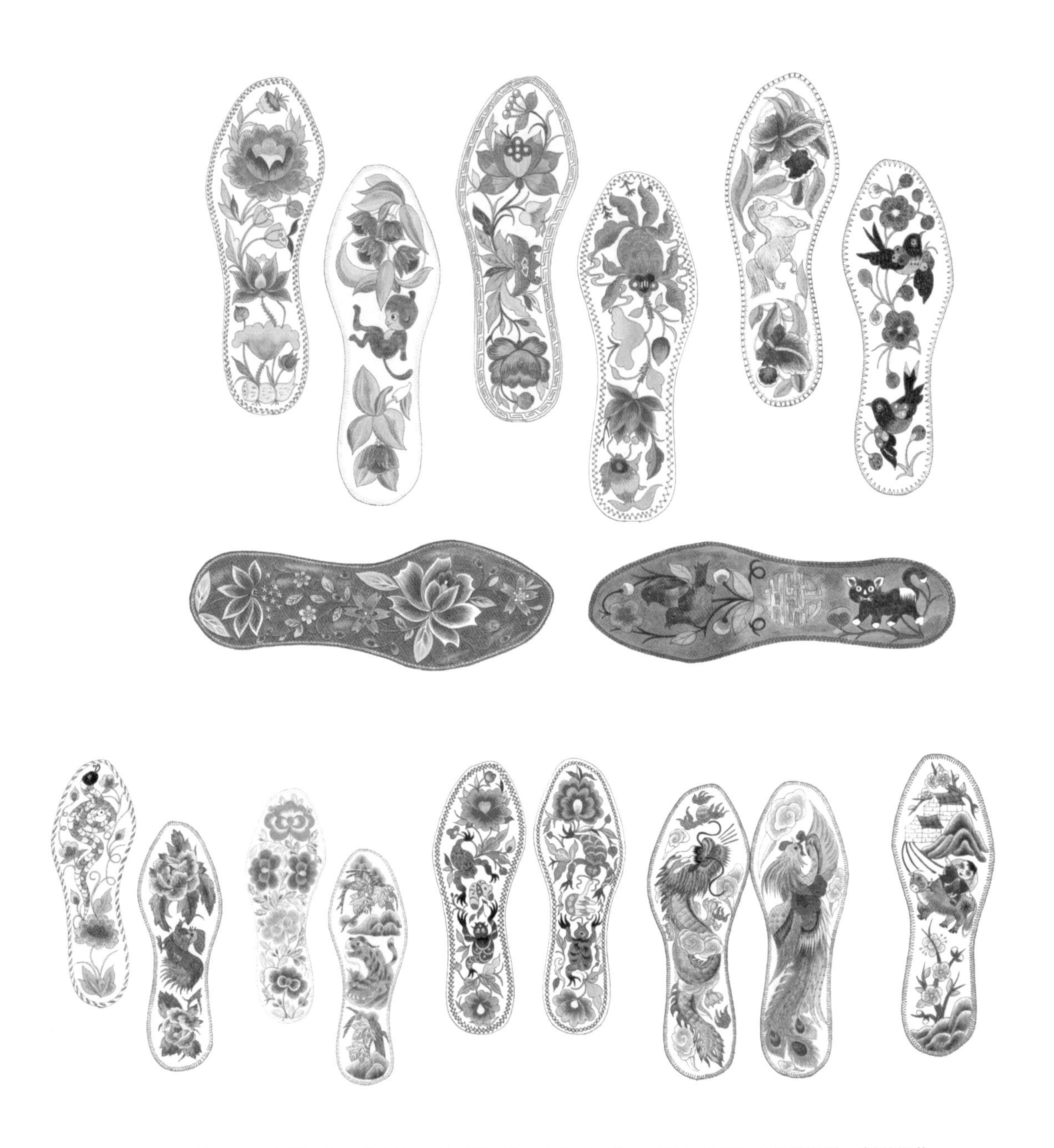

图6-6-51 “十二生肖”纹、花卉纹、“双喜”纹、“金蟾”纹、“龙凤呈祥”纹绣花鞋垫，刘洋临摹

十一、氆氇图案

氆氇图案为藏族手工织造的传统羊毛织物图案。藏语音译而来，用天然茜草、荞麦、大黄、核桃皮等染色羊毛，织成赭红、黄、绿等条纹，也有再盖十字纹等模板印形成图案。氆氇图案产生于公元7世纪吐蕃时期，沿用至今，并以扎朗、浪卡子、江孜、芒康等产地著名。氆氇图案造型粗犷简洁、细密平整、质软光滑，是结实耐用、保暖性好的装饰面料，用于藏袍、藏靴等面料与边饰，是藏族的代表图案之一（图6-6-52、图6-6-53）。

图6-6-52藏区各式氆氇

图6-6-53藏族服饰中的氆氇

十二、定位图案

定位图案根据服饰品特定部位完成图案设计，是传统手工化服饰图案的主要表现手法，有单独纹样和二方连续纹样两种样式。内容广泛、造型丰富，图案大小与排列受限于款式的部位。常用于前襟、后背、裙摆、领口、帽檐等部位，如马面裙中的定位马面图案、云肩图案等（图6-6-54、图6-6-55）。图6-6-54作品以牡丹与花瓶组合成富贵平安的寓意纹样，配以凤鸟、枝叶构成帽尾的主图案，边缘以缠枝梅花、兰草构成边饰图案，对称却不失变化，并以底边的鸟纹与上方的凤纹呼应。设色上以白底配以多彩形成主图案，黑底配以蓝白色形成边饰图案，色彩主次分明却不失和谐统一。

图6-6-54“富贵平安”纹寓意刺绣帽尾图案

图6-6-55“梅花瓜果”纹刺绣腰带头

十三、件料图案

件料图案为服饰面料图案设计的一种格式。以完成一件服装或服饰品的图案设计为目的，图案结合款式的面积进行布局。传统的手工刺绣通常是在服装或服饰品完成制作后进行图案创作，织锦类则可根据服饰款式与尺寸进行图案设计，再缝制完成产品。图6-6-56作品以边带图案、角隅图案、中心图案三部分构成，牡丹外形的中心图案则以多种折枝花鸟纹，配以不同的底色形成花瓣，更是以开屏的孔雀与花构成花卉的中心，并以边框的"福禄寿"缠枝花草呼应，在有序中呈现繁华，表现了中国少数民族"花中套花"的繁复图案表现样式，传达了长辈对孩童美好未来的祝福与期盼。

图6-6-56"花卉鸟雀"纹苗族背扇

十四、边饰图案

边饰图案是指用于服饰产品边缘装饰的图案。图案表现有两种形式，其一是以一个基本组织为单元，向左右或上下循环连接成带状的图案。因连接点为两边，故也称二方连续纹样，这样的图案方式便于复制与工艺制作。其二，是图案以边缘为部位，以纹样的独立形式完成造型，此类图案更符合手工化的图案创作规律，也是中国传统服饰图案中的边饰图案特色。

边饰图案最常见的题材是花草植物，具有很强的节奏秩序感和边饰感，以刺绣、印花为主要工艺。主要应用在服装的袖口、领口、裙摆等部位（图6-6-57、图6-6-58）。

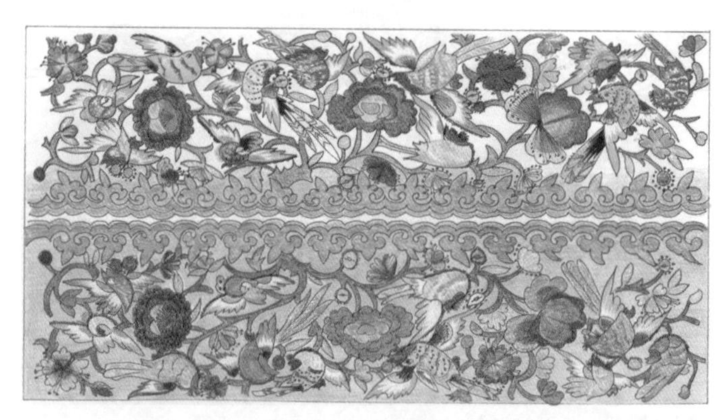

图6-6-57"鸟与花"纹刺绣袖边图案，许丛丛临摹

图6-6-58"花卉人物"纹刺绣女装边饰

第七章 工艺图案

中国传统服饰图案有着独特的传统手工艺样式，图案因此获得了独特的风貌，成为中国传统文化中的经典篇章。图案的表现工艺具体有手绘图案、扎染图案、蜡染图案、蓝印花布图案、彩印花布图案、土布图案、织锦图案、缂丝图案、刺绣图案、挑花图案、爱得利丝绸图案等（图6-7-1）。

图6-7-1刺绣、蜡染、挑花、色织土布等综合工艺表现的女装图案

一、手绘图案

使用染料在织物上直接绘制图案形成手绘图案。据史料记载，约在三四千年前的商周时代就有手绘的帷幔和服装。清宫廷有手绘花卉丝绸袜子。手绘是人们在织物上表现图案的最古老方法。

手绘图案也是刺绣工艺的草图稿中国民间有手绘结合刺绣、贴布绣的手法，手绘更是描绘图案细节的重要手法（图6-7-2、图6-7-3）。手绘也受到中国画表现技法的影响，图6-7-3图案描绘了红衣绿裙女子调皮地手指一黑喜鹊，边上有篮子、农具、花草，下方有盛开的牡丹，营造出了一幅农业社会中美好情趣的小场景。手绘用笔生动率真，设色浓郁。用笔洗练生动，准确地传达一花一叶，手绘更是人物五官的重要塑造手法。

图6-7-2手绘“花与蝶”纹夹袜，王银临摹

图6-7-3手绘“人戏鸟”纹钱包荷包

二、扎染图案

扎染图案也称绞缬图案，是中国古老的手工防染印花艺术。中国扎染约有1500年的历史，唐代贵族以穿绞缬服饰为时尚之风，现今中国云南大理仍保留具有特色的扎染图案。

图案按设计的花纹形状，将面料进行捆、扎、缝、绞、折叠等各种方法用以防染，后入缸浸染，再抽去扎或缝的线，获得单色扎染图案；同一织物运用多次扎结和染色，可获得套色扎染。扎染图案以抽象与写意纹为特色，不同的扎染方式形成不同的图案效果。著名的扎染图案有鹿胎纹、鱼子缬、小蝴蝶纹等。扎染图案或古朴粗犷或细腻有致，不可预测的渗化效果更使图案生动自然，流行于世界各地的服饰设计中（图6-7-4）。

图6-7-4 “梅花”纹扎染图案

拓展图案：鱼子缬纹

鱼子缬纹是中国扎染工艺的经典图案样式，以靛蓝染底色上规则排列的白色小圆圈纹为图案，因手工扎痕而带来变化，使图案在有序中获得变化，是深受人们喜爱的服饰图案。由于工艺费时费工，产量低而更显图案的珍稀（图6-7-5）。

图6-7-5 “鱼子缬”纹扎染图案

三、 蜡染图案

蜡染图案又称腊缬图案，是中国古老的手工防染印花艺术。图案按设计的花纹形状，用蜡刀或笔，蘸熔蜡绘于布上，再浸染退蜡而成图案。蜡染图案内容多样，有花、鸟、虫、鱼等具象纹，也有丰富的几何纹，浸染时龟裂的蜡产生自然生动的“冰纹”，是蜡染图案的特色之一。蜡染早在秦汉时期就有记载，到唐代得到了很大的发展，并有出土蜡染实物衣裙。至今中国的苗族依然沿用古朴清新的蓝白蜡染图案装饰衣裙（图6-7-6～图6-7-8）。

图6-7-6 “鱼纹团花”纹蜡染女装图案

图6-7-7 “鸟雀鱼”纹蜡染女装图案

图6-7-8 “涡妥回纹”图案蜡染围裙（折叠呈现的正反面）

四、蓝印花布图案

蓝印花布图案又称药斑布、浇花布、靛蓝花布，是中国古老的手工印花艺术。蓝印花布图案分型版印和夹染两种制作工艺。型版的方法为：按图案镂刻油纸形成花版，覆于布面，用石灰、豆粉与水调成防染粉浆进行刮印，晾干后用靛蓝染色，再晾干，铲去粉浆而成蓝白图案花布。夹染的方法为：按图案雕刻两块花纹对称的木板，将对折的布夹持于两板之间并紧固，使靛蓝染液渗入雕空处，形成蓝白图案花布，图案以对称花纹为特色。蓝印花布已有千余年历史，明清时期盛行于各地，并各具特色，其中以江苏南通最为著名。蓝印花布图案以白底蓝花、蓝底白花为特点，以来自民间的花草鸟兽等具象纹组合成寓意吉祥的图案，有“凤穿牡丹纹”“喜鹊登梅纹”“瓜瓞绵绵纹”“麒麟送子纹”“百蝶纹”等，呈现淳朴自然、清新明快的造型特色，代表中国民间的审美情趣，是中国农业社会时期百姓人家服饰的常用布料（图6-7-9～图6-7-11）。

组图6-7-9 各式蓝印花布纹样

图6-7-10 “花与蝶”纹蓝印花布女装及“连年有余”纹蓝印花布纹样

图6-7-11晾晒的蓝印花布

五、彩印花布图案

中国最早的画缋技艺（画缋：以染液直接在衣料上手绘的手法，后发展成手绘与刺绣结合的技艺）是中国彩印花布的雏形，因其在工艺上无法满足复杂的印花技术而产生了彩印印花技术。

中国的彩印花布历史可追溯到长沙马王堆西汉墓出土的“印花敷彩”丝质品，在秦汉时期已形成了较为成熟的彩印花布染制技法，隋唐时期更是在技术与花型上得到了很大发展，明清时期获得了更高的技术水准。虽然彩印技术在色牢度上不及型版防染印花——蓝印花布，一度起伏发展，而其独特的图案色彩使其一直持续至20世纪70年代的机印普及才逐渐退出印染业。

彩印花布的图案多以寓意吉祥的花鸟虫鱼为题材，在工艺上分为纸版漏印、木版捺印和木版拓印，其中纸版漏印以较小的散花形成四方连续纹样用于服饰中的包袱皮、头巾面料等；木版捺印以花型小、轮廓精细、色调暗等形成面料图案特色，多用于制作服装面料；木版拓印则在用色艳丽、花型丰富、花位也略大，多用于包袱皮等用品的面料中（图6-7-12～图6-7-14）。图6-7-14作品以满堂的金鱼寓意金玉满堂，衬以莲花，动感的金鱼与静态的莲花相得益彰，设色对比，颇显民间的审美特色。

图6-7-12“富贵牡丹”纹包袱皮

图6-7-13“福与寿花卉”纹包袱皮

图6-7-14“金玉满堂”纹寓意彩印花布图案

六、土布图案

土布图案又称粗布图案，为中国民间手工织机织造而成的面料图案。以手工纺制的棉纱线为材料，最早的土布以靛蓝与本白交织成条纹、格纹，后发展出多种色调的图案。图案线条粗、纹理深，具有柔软舒适、透气、吸汗的特性，为男女老少皆宜的服装服饰用布（图6-7-15）。

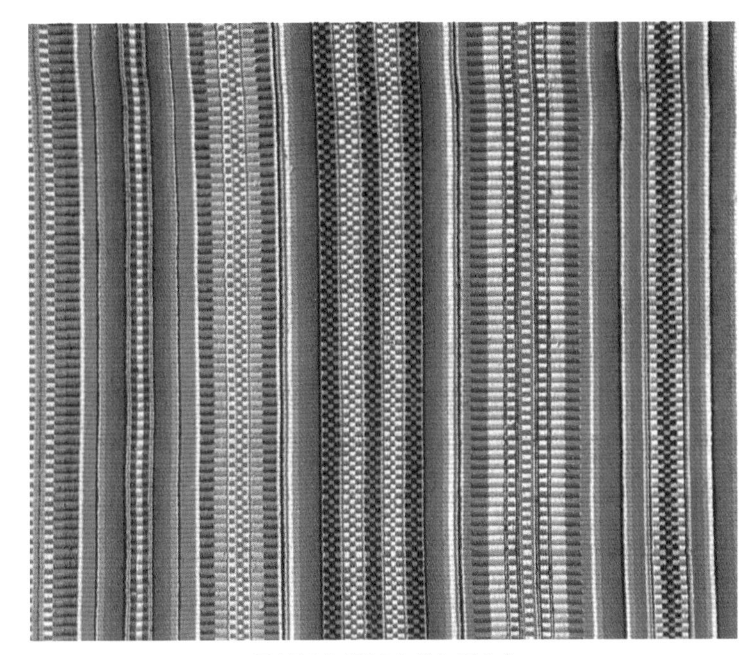

图6-7-15“彩条”纹色织土布

七、织锦图案

织锦图案以染色经纬线，多层交织的通梭工艺，经提花、织造工艺织出图案。

“锦”在中国已有3000多年的历史，在文字上，“锦”是“金”与“帛”字的组合，指中国古代名贵的丝帛，也是最高技术水平的织物，早在商周时代就有锦的丝织物；汉代设有织室、锦署来织造织锦，用以供应宫廷；唐代贞观年间有著名的绫阳公样；北宋宫廷建立了规模庞大的织造工场，生产各种锦；元代在宫廷设立了织染局，庞大的机构与优秀的工匠，为中国历史上生产了大量的织金锦（织物中加入金）；明清时期，除官府的织造外，民间的作坊也蓬勃发展，有著名的江南三锦，即南京的云锦、苏州的宋锦、杭州的杭锦，与四川的蜀锦并称为四大名锦。同时，还有各地发展起来的少数民族的土家锦、侗锦、黎锦、傣锦、瑶锦、苗锦等织锦（图6-7-16、图6-7-17）。图6-7-16作品以灵芝、水仙、竹子、桃子、牡丹等纹饰，构成寓意灵仙祝寿、富贵长寿的含义图案。图6-7-17作品以莲蓬、石榴、佛手、桃子等纹样与背景骨架中的菊花、宝相花、古钱纹、卐字纹等组成图案，寓意多子、多福、多寿的吉祥含义。

图6-7-16“灵仙祝寿”纹锦

图6-7-17“锦群地三多花卉”纹锦

织锦因年代、地域等因素的不同，图案在题材及造型样式上呈现出极为丰富多彩的样式。

八、缂丝图案

缂丝是我国传统名贵的丝织品种，以本色生丝为经，各色彩丝为纬，通经断纬织造而成。缂丝源自缂毛，在汉代、南北朝、唐代都有缂毛织物的发现，唐代已出现忍冬莲花纹的缂丝品。因缂丝织造精细且费时，宋元以后成为皇家御用织物，南宋时期迎来了缂丝技艺的黄金时代，明清时期更是成为帝后服饰用品的织造工艺，在清中晚期作品中表现丰富多样。在清代的宫廷传世品中，有大量缂丝图案的服装以及荷包、扇子、扇套、眼镜套。

缂丝织造工艺方法为：用经丝挣于木机上，用手工把各色纬丝按照花纹轮廓，一块一块地分块织成平纹花样，纬丝不贯穿整个幅面，当纹样轮廓碰到垂直线时，便留下断痕，承空看，如尖刀刻镂，因此也称为刻丝、尅丝、克丝、缂丝，明代周祁《名义考》统一定名为"缂丝"（图6-7-18、图6-7-19）。

图6-7-18"紫藤折枝"纹缂丝女装图案

图6-7-19缂丝加刺绣三品武官"豹纹"补子图案

九、刺绣图案

刺绣图案又称针绣、丝绣工艺。按图案设计的花纹形状，用针将丝线施于织物，以绣迹形成图案。刺绣图案因针法和配色的不同，加上地域与文化的不同，形成造型立体、风格迥异的图案。刺绣图案是人类古老的服饰装饰手段，在中国4000前就有章服制度的“衣画而裳绣”，汉唐绣业高度发展，宋代刺绣服装在民间广为流行，明代刺绣已成为表现力极强的艺术手法，产生了苏、粤、湘、蜀四大名绣。图案内容多为寓意吉祥，设色与针法各具特色。刺绣较印花等工艺，图案与服装结合更为紧密与自由，定位图案是刺绣最为常见的图案表现样式，最常见的刺绣图案以服装袖口、衣领、裙边、门襟等为主要装饰部位（图6-7-20～图6-7-23）。

图6-7-20“牡丹花草”纹刺绣

图6-7-21“花草人物”纹帽缀饰

图6-7-22“凤戏牡丹”纹女装衣袖装饰

图6-7-23“佛手、寿桃花卉”纹女装衣袖装饰

十、挑花图案

挑花图案又称十字、架花、挑罗绣等，是一种民间刺绣针法。绣时针线按经纬行走，以十字、叉形拼列组成各种抽象或具象图案，行距、大小一致，呈现整齐清晰的针迹，色彩以单色或少套色为主，是一种简单易学的阵绣图案工艺。挑花绣图案具有图案装饰性强、耐洗性好等特点，广泛流行于民间及少数民族居住区。其中，最具代表性的有苗族、瑶族等少数民族的妇女用围裙、头帕以及小儿背篼等日常服饰品（图6-7-24～图6-7-26）。图6-7-24作品以凤鸟、牡丹、万字纹的对称格式构成，错落层叠，疏中有密，密中带疏，是瑶族著名的服饰图案样式。

图6-7-24 “富贵长久”寓意纹头帕中心图案

图6-7-25 “十字”纹挑花头巾角隅图案

图6-7-26 “凤鸟”纹头帕底边图案

十一、爱得利丝绸图案

爱得利丝绸图案也称舒库拉绸、和田绸，新疆维吾尔族将传统扎经染丝织面料用于服饰图案中。爱得利丝绸图案的制作工序是：绷挂经线，把设计的花纹绘在经面上，用玉米皮和棉线扎结用以防染，再施于分段染色，最后完成面料图案的织造。图案因织造时不能准确对花，故有纹样轮廓虚化朦胧的艺术效果，并以粗犷的线条、弯钩、不规则块面组成几何图形为造型样式。以饱和的红、黄、绿、蓝与黑为主色，色彩对比艳丽，是维吾尔族妇女喜爱的衣裙用料图案（图6-7-27、图6-7-28）。图6-7-28此作品以分段染色的白、绿、藕荷、黄、红等色的经线与纬线交织成图案。

图6-7-27 “胡桃”纹彩织爱得利丝绸
图6-7-28 “几何”纹彩织爱得利丝绸

本编参考文献

[1] 张渭源，王传铭 . 服饰辞海 [M]，北京：中国纺织出版社，2011.

[2] 汪芳 . 衣袖之魅——中国清代挽袖艺术 [J]，美术观察，2012.

[3] 汪芳 . 枕着的文字——中国枕顶艺术 [J]，艺术世界，2012.

[4] 陈娟娟 . 中国织绣服饰论文集 [M]，北京：紫禁城出版社，2005.

[5] 赵丰 . 中国丝绸艺术史 [M]，北京：文物出版社，2005.

[6] 包铭新，赵丰 . 中国织绣鉴赏与收藏 [M]，上海：上海书店出版社，1997.

[7] 欣弘 . 百姓收藏图鉴——织绣 [M]，长沙：湖南美术出版社，2006.

[8] 王树村 . 中国吉祥图集成 [M]，石家庄：河北人民出版社，1992.

[9] 陈正雄 . 清代宫廷服饰 [M]，台北：国立历史博物馆，中华民国 97.

[10] 李友友 . 民间刺绣 [M]，北京：中国轻工业出版社，2005.

[11] 严勇，房宏俊 . 天朝衣冠——故宫博物院藏清代宫廷服饰精品展 [M]，北京：紫禁城出版社，2008.

[12] 徐炼 . 中国民间美术 [M]，武汉：华中理工大学出版社，1995.

[13] 沈从文 . 中国服饰史 [M]. 西安：陕西师范大学出版社，2004.

[14] 吴山 . 中国工艺美术大词典 [M]. 南京：江苏美术出版社，2011.

本编编著 汪芳

第七编　汉民族的百姓服饰

第一章 汉民族民间服饰缘起

积淀深厚、博大而灿烂的民间文化是数千年来我国各族人民用勤劳的双手创造出来的智慧结晶，它与民间的社会、生活、民俗风情、民族情感以及理想深深连接在一起。民间服饰文化则是民间文化重要的外在表现形式，也是内在的民俗情感与民间艺术的重要的综合表现载体，折射出我国民间丰富多彩的社会与精神文化。

一、汉民族的源流

汉民族由古代华夏族和其他民族长期混居交融发展而成，也是中华民族大家庭中的主要成员，占全国总人口的90%以上，主要聚居于中东部的黄河、长江、珠江三大流域和松辽平原，还有一部分在西部边疆地区与少数民族交错杂居，另还有数千万人口散居在世界各地。

（一）汉民族的起源

以“炎黄子孙”自诩的汉民族在汉以前称华夏。之所以称为“汉民族”，与后来大汉王朝的崛起和强盛密不可分。也就是说，有了汉王朝才有了“汉人”“汉民族”的称谓。然而，汉民族的形成并非一蹴而就。它经历了从原始部落到民族形成的发展过程，经历了夏、商、周各代并与部分蛮、夷、戎、狄等边缘民族融合而组成华夏民族，最后经历秦汉大一统并成形于汉代这三个漫长的历史阶段。

1. 汉民族初露端倪

公元前23世纪至公元前22世纪左右，夏部落在黄河中游、洛河流域的传统中原地区首先崛起，随后成立了第一个奴隶制国家夏王朝。其后，商灭夏，周灭商，商周相继在中原地区成立和发展。此外，楚、越两族则在长江流域相继崛起。相对而言，长江流域的原始部落并没有成立国家政权，社会发展的进程也相对缓慢。在这一阶段，原先的野蛮原始部落逐渐演化成为拥有相对文明的原生民族，这就是汉民族的起始发端。

2. 华夏民族在春秋战国大融合中铸成

从部落发展成民族的夏、商、周、楚、越等部族，历经王朝更迭至春秋战国时期，民族关系也发生了巨大变动。由于农业经济的发展、战争的推动和文明的进步，各族之间相互往来频繁，既有冲突也相互吸收，不同民族文化互相渗透，使民族之间出现了融合的大趋势，致使中原各族被统称为华夏民族。此后，“华夏”成为早期中原主源民族及周边往来频繁的各支源民族的共同称呼。但此时的华夏各族还是一个个分散的、不统一的民族，这是汉民族的形成阶段。

3. 汉民族在秦汉“大一统”中形成

汉民族的形成标志是族称的确定。公元前221年，秦国完成六国兼并，成立了秦王朝，实现了全国的大一统。这是华夏大地上第一个统一的中央集权封建王朝，使得华夏民族更趋向于一个稳定的族群共同体。此后，在长达400多年的汉王朝的统治下，“统一”成为中国历史发展的主流。于是，在汉王朝与周边少数民族进行空前频繁的各种交往活动中，其他民族称汉朝的军队为“汉兵”，汉朝的使者为“汉使”，汉朝的人为“汉人”。“华族自前汉的武帝宣帝以后，便开始叫汉民族。”这就是汉民族形成的初成阶段。

（二）汉民族“多元一体”的流变

东汉以后，中央集权的封建国家四分五裂，各民族或部族为了躲避战乱而四处流徙。当时进入中原的各少数民族统治者都积极吸收汉族文化，以适应进入中原的统治地位，同时也将其自身的民族文化带入汉族文化中，如北魏孝文帝的服制改革等。这时期，由于战乱促使了大批北方汉族人南迁，黄河流域文化被大量移植南方，于是苏、皖、闽、浙、粤等地区的汉族文化也逐步崛起。生活在该地区的古代夷、越之裔也在与汉民族共同发展交往的过程中，逐渐被汉民族同化而失去本民族的原生特点，完全融入了汉民族的大家庭。

隋唐时期，南北恢复统一。在开放的民族政策引导之下，民族文化出现大交流和大融合的趋势。著名的"丝绸之路"就是在这个时期呈现出欣欣向荣的局面。唐朝对外族的文化交流呈现出一片盛世辉煌的景象，奠定了"开元盛世"的社会文化基础。这一时期，留居中原的匈奴、鲜卑等少数民族的遗裔也已经完全融进汉民族文明之中。

宋元时期，北方蒙古族灭辽、西夏、金、大理、宋，建立了蒙古族统治的元朝少数民族政权，元代"汉人"的概念内含契丹、女真、高丽及原来金统治下的汉人，这加速了南北各民族分别融入汉民族的过程。到元末时期，滞留中原数以十万计的蒙古族兵民中相当一部分都已经融入汉民族之中，汉民族家庭进一步扩大。

明初，实行了全面恢复汉族文化的政策。洪武元年，明太祖朱元璋下诏变革旧制，禁止辫发、椎髻等异族发式和胡服、胡语、胡姓等，这一变革更是强行加快了恢复大汉民族文化的速度，进一步推动了汉民族的兴盛与发展。

清朝是满族建立的少数民族政权，此时期大量满人进入关内以后，普遍习用汉语、汉字。清朝仍然部分使用从前汉民族政权的各项制度，如兴科举制，以八股取士，促使各族上层人士注意学习吸收汉族文化。

辛亥革命以后，中华民国宣告中国为统一的多民族国家。1949年中华人民共和国成立以后，说汉话、习汉俗、民族自我意识为"汉族"的中国人民，都承认自己汉民族成分。

总的来说，在漫长的发展历史中，以中原文化为主导、黄河文明和长江文明的交融为基础的汉民族之所以有如今的规模，是其自身发展与吸收、融合了周边地域和其他民族的优秀文化成分的共同结果，与汉民族自身强大的生命力、"多元一体"的凝聚力和融合力是分不开的。

二、汉民族民间服饰发展史略

如果说汉民族的传统精神思想表现在精英和典籍的"雅文化"中，那么汉民族的情感与个性则是鲜明而直接地表现于民间的"俗文化"上。代表"俗文化"的民间服饰文化与代表"雅文化"的宫廷艺术往往是互动的。民间向往上流社会的生活，极力模仿宫廷艺术的华丽精致和繁复，而宫廷艺术也常常借鉴民间的技法和艺术形式的多变与灵活。正是两者的交融与共生才构成了具有审美情趣和艺术境界的民族文化完整体系。汉民族民间服饰发展也是如此。

（一）先秦时期汉民族民间服饰

先秦商周初期汉民族民间服装的基本形制是"上衣下裳"的搭配形式，大多以质料粗陋的襦衣——"褐"为主，色彩主要为白、绿、黑色。

至周代，服饰文化逐渐成为礼治文化的重要组成部分，冠服制度的确定，使得从天子、卿士至平民百姓都有严格的章服制度。此外，我国传统汉民族服饰的重要形制——"深衣"在周朝末期已开始形成，它奠定了中国古代服装平面几何结构的宽舒结构形式（图7-1-1、图7-1-2）。深衣既作为士大夫的服饰形制，也是普通阶层的礼服形式，男女皆可穿用。

（二）秦汉时期汉民族民间服饰

秦统一中国，创立了新的服饰制度，对后世汉代产生了重要影响。汉初期尚节俭，后因政权的巩固及经济的发展，服饰风尚也随之变化而趋于奢华，创新之处颇多（图7-1-3）。

西汉初期，深衣是较常见的日常服饰形式。襜褕则是该时期一种较长的单衣，为男女通用的非正式之服。襦裙是汉代妇女的常服，襦是一种长至腰间的短衣，衣身较窄，衣袖较宽，裙不是现代意义上筒状的裙子，而是一种上窄下宽的平面布片，用细绳围系在腰部，裙长及地。襦衫为汉代的一般服装，襦、裤、布裙是男子日常装束，农民常常穿束腰短衣。袍在战国时期就开始出现，男女都可穿着，庶人可以穿用白袍。此外，汉末还流行一种两只裤管肥大的大口裤，为普通男女日常下裳形式。

（三）魏晋南北朝时期汉民族民间服饰

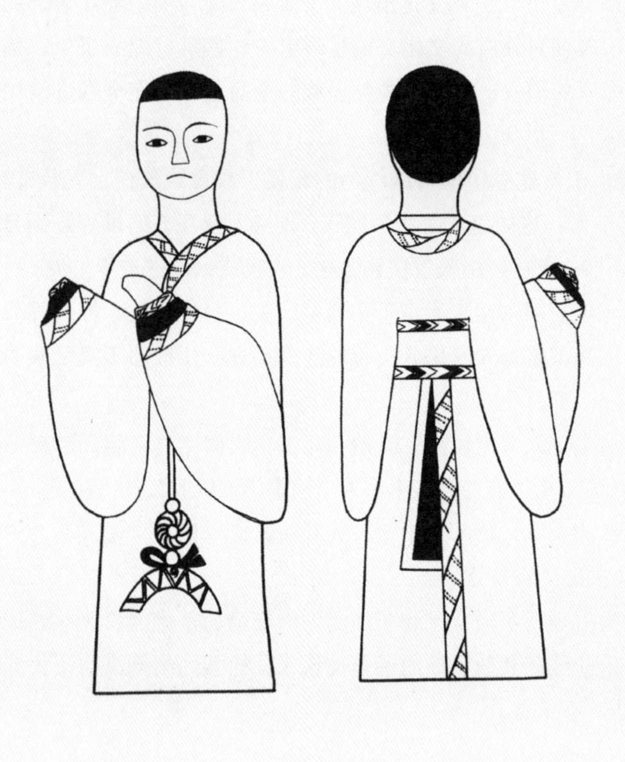

图7-1-1　信阳楚墓中着直裾衣女俑（先秦）

图7-1-2　楚墓中着直裾衣彩绘女俑（先秦）

图7-1-3　云梦西汉墓中着绕襟衣彩绘女俑（西汉）

这个时期是我国历史上又一段分裂时期，同时也是民族大融合时期。这一时期最流行的服装为宽衫、裤褶、裲裆（图7-1-4）。宽衫为对襟大袖，长至脚踝，相对于过去变得更加宽大；裤褶、裲裆皆由北方游牧民族传入，这时成为汉民族大众的日常服装类别。裤褶中，上身为长至膝盖的大袖衣，下身为大口裤。裲裆亦作“两裆”，多为布帛所制，只有两片衣襟，无袖，可有夹里或絮绵，男女皆可穿，其中妇女穿的常施彩绣，是后世“背心”或“坎肩”的原型。

民间头部服饰品主要有头巾和风帽。从文人儒生到普通男子都戴头巾，风帽也是很常用的，庶民男子多戴乌帽。妇女扎头巾，头发梳成各种式样的发髻。脚部的服饰品主要是屐。南方穿木屐的现象最普遍，男式和女式屐的区别在于鞋头形状：男屐为方头、女屐为圆头。

（四）隋唐五代十国时期汉民族民间服饰

隋文帝统一南北朝，建立了多民族的中央集权制国家——隋朝，其“休养生息”政策为唐的兴盛奠定了基础。唐朝作为中国封建文化的一个顶峰，国力强盛，社会风俗逐渐趋于奢华，随着服饰制度的进一步完备，在服式、服色、妆容方面都呈现出多姿多彩的趋势。

隋唐男子多着圆领（或翻折领）的窄袖袍衫，或胯骨以下开衩的“缺胯袍”，腰间配革带（图7-1-5）。这个时期女装尤其丰富多彩，多穿衫、帔、半臂、裙等（图7-1-6、图7-1-7）。其

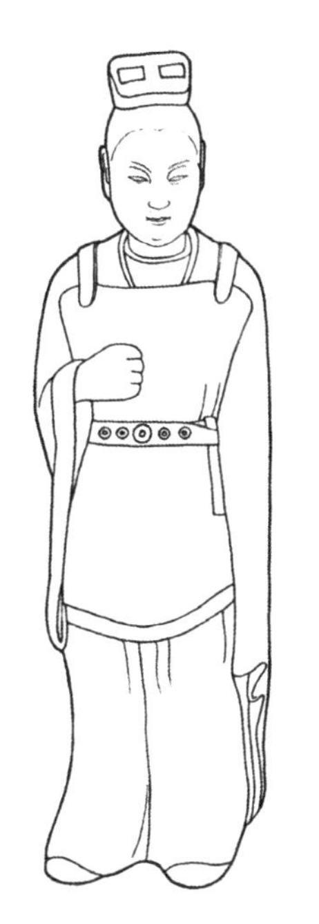

图7-1-4　河北景县封氏墓中着裲裆裤褶服陶俑（北朝）

图7-1-5　《文苑图》中着圆领袍衫的在职人员（唐）

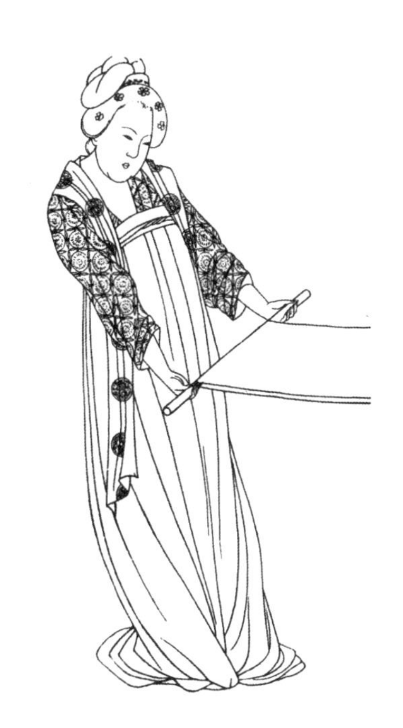

图7-1-6　《捣练图》中着披帛、襦裙的女子（唐）

图7-1-7　《宫中图》中着披帛、襦裙的女子（五代）

中，上衣的袒领更是中国历代女子服饰中所绝有。裙子由几片布拼接在一起，束至胸部以上，裙身刺纹绣，称为高腰襦裙。此外，唐代还流行一种条纹裙，条纹早期较宽而晚期较窄。衫比襦长一些，普通妇女为劳作方便常着窄袖衫。在饰物方面，唐朝女性常着帔子，似一条长围巾，披在女子的肩上，绕之于臂，使女子更显柔美、飘逸。半臂是一种短袖的外衣，在唐前期比较流行。另外，唐时民间女子着胡服和男装的情况也不少见。

唐代男子头部服饰品最常用的为“幞头”，女子头饰丰富而夺目，各种发髻和妆容目不暇接，可从当时的壁画与绘画作品中得到印证。文武官员及庶民百姓都可穿靴子，只是样式略有差别。一般妇女则多穿轻便的线鞋和蒲履，庶人妻女不能穿五色线靴和履。此外，南唐时期出现妇女缠足现象，弓鞋开始在民间逐渐流行。

（五）宋代汉民族民间服饰

宋代服饰的风格比较保守内敛，服制等级明确，其造型款式等基本延续了唐代形式。有直裰、袍、襦、衫、褐衣、袄、褙子、半臂、裹肚、裙、裤等样式。图7-1-8为宋代汉民族民间服饰。其中以褙子最具特色，对襟，两侧开衩，多罩在其他衣服外面穿着，虽男女都穿，但在女服中尤为盛行（图7-1-9）。

宋代百姓的头部服饰品主要有幞头、巾。宋代幞头主要是文武百官的规定冠戴服饰，平民百姓也可戴用，但形状不同。民间戴巾的风气普遍，巾的款式多样，最流行的巾式为东坡巾（又称乌角巾）。宋代女鞋主要有凤鞋、平头鞋、弓鞋、靸鞋。

图7-1-8　太原晋祠中着交领襦裙的彩塑女子（宋）

图7-1-9　河南偃师酒流沟宋墓中着褙子的女子砖刻画像（宋）

（六）明代汉民族民间服饰

公元1368年，朱元璋建立明朝。一方面，在服制上上采周汉，下取唐宋，从多方面将古代中原服饰形制恢复和完善；另一方面，明代纺织与手工技术达到空前的工艺水平，这使平民百姓的服饰在材料质量、工艺技术、装饰花色等方面都有很大提高。

随着明代经济的恢复，至明中叶，服装形制呈现“花冠裙袄，大袖圆领”的繁奢之势，奠定了其后汉民族民间传统女装的基本原型。明代男子多穿直裰、罩甲、曳撒、褡护、褶子、裤、褂、衫等。妇女的服饰丰富多样，主要有衫、袄、霞帔、褙子、比甲、裙子等（图7-1-10）。明朝末年，民间服饰审美逐渐趋向“新颖、奇异”的表现风格，如男装女性化倾向，女子常穿用各色布料拼接而成的“水田衣”等，不胜枚举。

明代头部服饰品以巾、帽为主。女性家常

图7-1-10　《百美图》中着云肩、衫、裙的女子（明）

图7-1-11　《燕寝怡情图》中着云肩、镶边对襟袿、马面裙的女子（清）

时喜欢将头发挽成一窝丝，以表现轻松、随意的生活。明代平民男子最常穿着的是一种名为“皮扎翁”的长筒式履，南方劳动者还常穿蒲鞋；女性缠足现象普遍，相适应的弓鞋分为平底、高底两种，其相关服饰配件还有睡鞋、袜等。此外，民间妇女还常穿凤头鞋、云头鞋等。

（七）清代汉民族民间服饰

清代汉民族女性着装沿用前朝的“上衣下裳”形制，上衣有袄、褂、衫和马甲，单衣为褂、衫，有夹里的为袄，下裳有裙和裤之分。妇女服装样式和图形翻新很快，衣饰上更加追求镶滚（镶绲）绣等工艺的装饰，袖口增大，且服装有许多边饰（图7-1-11）。汉民族男性则主要穿袍和马甲。

清代汉民族男子留长辫，经常戴瓜皮帽。农民、商贩等劳动者多戴毡帽；劳作时戴草帽来蔽日遮雨；老年人、僧尼戴风帽；妇女额头上戴包头和眉勒，北方有以条状貂皮围于髻下额上如帽套一般的“昭君套”。男子的足服有靴、鞋、袜。汉民族缠足妇女穿弓鞋，多高底，鞋头常缀有璎珞、铃铛等装饰。此外，还包括各种拖鞋、睡鞋、木屐等。

（八）民国及以后汉民族民间服饰

民国初期，汉民族民间服饰基本延续了清末的传统形式。同时期一些留学海外人员和洋行买办开始穿着西式服装。特别是辛亥革命后，作为封建等级象征意义的礼服上的繁琐装饰被逐渐淘汰。这时期男子一般是穿短衣长裤，外穿长袍、长衫，或在长袍外加马褂、背心。妇女早期服饰一般是上衣衫、下裙或裤，到20世纪20年代后，妇女普遍穿旗袍，外加无袖短坎肩或有袖绒线衫。公职人员和知识分子穿中山装（孙中山创导并首先穿着而得名），也有一部分开明的知识分子和激进人士穿西装。农村男衣为对襟上衣和长裤；女衣多为大襟右衽袄衫，下着长裤或裙。20世纪50年代后，城镇男衣以中山装、人民装为主，女衣为列宁装、上衣下裙或连衣裙。农村仍为上衣下裤。20世纪80年代以后又兴起穿着西装、夹克衫等，女衣款式更是新颖多样，不断变化，呈现“多元文化”的风格倾向。

三、汉民族民间服饰流变中的民族融合

在不同的历史时期，汉民族的服饰因民族融合及地域间交往的影响，其特征及文化都有所不同。总的来说，民族文化的融合在汉民族服饰上的表现，主要有汉民族和边缘少数民族之间的服饰文化借鉴，当政少数民族与汉民族之间相互的服饰影响，南北东西不同地域服饰文化交流，以及中外服饰文化的融合发展。与汉民族服饰发展相关的具有代表性的服饰交流集中地发生在以下几个历史时期。

（一）春秋战国时期借鉴胡人服饰的“胡服骑射”

春秋战国时期不同地域的民间服饰有很大不同，可谓“七国异服”：齐人举国衣紫；楚人高冠珠履；越人断发文身；秦将红巾包头；燕国毡裘绝伦等。最有代表性的是赵武灵王的“胡服骑射”，其起因是赵武灵王学习胡人穿着便利的裤装是为了便于骑马，后来“习胡服，求便利”成了当时服饰变化的总体倾向，使得中原民族开始穿着便利的裤装。不难看出，当时中原地区华夏各族善于合理吸收周边少数民族服饰中的可取之处。

（二）魏晋南北朝时期的“南北融合”

魏晋南北朝时期是我国历史上又一个分裂时期，由于战乱频繁而导致的民族大迁徙和民族大融合成为这一时期的显著特点。初期各族服装沿用旧制，后期因相互接触而渐趋融合。入驻中原的北方少数民族改穿汉民族服装，汉胡服饰并行且趋于融合，其中北魏孝文帝改革使满朝尽穿汉民族服装，便是一个典型案例。南方汉民族在原来汉代服装的基础上，也吸收了北方少数民族的服装特色，将服装裁剪得更为窄小与合体。如裤褶、裲裆皆由北方游牧民族传入南方，并成为汉民族大众服装。

（三）唐宋元代时期的“各族融合”

唐朝时期民间女子着胡服的情况很普遍，女着男装的情况也很常见。唐朝兼容并蓄的风格与该时期略为松弛的传统礼教是相辅相成的。《新唐书》卷三四《五行志》载："太尉长孙无忌以乌羊毛为浑脱毡帽，人多效之，谓之赵公浑脱，近服妖也。"是说长孙无忌是鲜卑族，是太宗李世民的小舅子，喜欢戴少数民族风格的帽子，后来天下人都跟风效仿。从体现隋唐衣饰民俗的典籍中可见，当时带有少数民族特色的服装上至宫廷下到民间，都较为普遍。

宋元时期是我国古代民族大融合的又一高峰时期，其中元朝更为突出。早期大量的少数民族融于汉民族，如契丹人在南宋时大批进入中原，至元代中叶已被元朝政府视同于汉人。女真人内迁，与汉人错杂而居，互为婚姻。汉化的少数民族，民族特色已逐渐丧失，改用汉姓，提倡儒学，其服饰文化也逐渐融入汉民族文化之中。

（四）明末清初时期的"汉从满制"与"满汉融合"

清王朝是由少数民族统治的中央集权封建王朝，也是中国最后一个封建政权。清初满族政府实行民族间的服制折中政策"剃发易服"与"十从十不从"，促成独具满汉交融风格的双轨形式，即汉民族男子穿起满装，汉民族女子及儿童等的服装基本保留了明末的形制，满汉服饰既各自有本民族特色，又互相呈现融合趋势，在社会生活中呈现服饰风俗与样式的多变。然而，随着两族文化的共同发展和不断交流，到清中后期逐渐受满族服饰风格影响而有所变化。特别在服装制作和装饰工艺技术上，满汉之间相互交融，服装装饰艺术逐渐走向繁复和精致，奠定了1840年以前我国汉民族服饰的社会、生活与习俗等呈现多元与融合的发展趋势。

（五）清末民国时期的"传统回归"与"中西融合"

民国时期是一段传统与开放、时尚与复古并存的历史时期。在那段不稳固又动荡的社会政治背景下，西方思想和事物的引进，对中国不同文化区域的服饰以及国人审美观产生了不同深度和层次的影响，有吸收、有利用、有拒绝，呈现"新旧并行、中西交融、多元发展"的社会风尚和特征。这一时期出现了西式大衣与旗袍、连衣裙与马面裙、皮鞋与弓鞋等并行的现象。同时，具有创新意义的旗袍和倒大袖具有我国民族符号的特征，而具有典型的中西服饰文化交流特征的则是"中西混搭"的搭配风格，并成为新的时尚。当时上海、青岛、天津等沿海地区的服饰，因最先接受西方现代科学和文化、艺术的熏陶，成为中西服饰杂糅现象的典型例证，至1949年中华人民共和国成立之后，才出现了本质的变革，传统服饰也才逐渐被废弃。

第二章 汉民族民间“上衣下裳”的造型艺术

纵观中国几千年的发展历史，汉民族民间服装造型发展呈现出二元并存发展的趋势，具体可以概括为“上下分裁”和“上下通裁”两种基本的造型与结构形式。在不同历史阶段以及不同朝代，这两种形式又呈现出各不相同的艺术特点（图7-2-1）。

一、汉民族民间服装的形制

（一）基本形制——深衣

深衣，奠定了汉民族民间服装的基本形制。其基本造型是先将上衣下裳分裁，然后在腰部缝合，成为整长衣。深衣产生于周代，后世以礼服形式存在，具有深远的传统文化意义。其具体形制的每一部分都有极深的含意，“深意”亦是取自“深衣”的谐音。比如：在深衣的制作中，先将上衣下裳分裁，然后在腰部缝合，成为整长衣，以示尊祖承古，象征天人合一，恢宏大度，公平正直，包容万物的东方美德；其袖根宽大，袖口收祛，象征天道圆融；领口直角相交，象征地道方正；背后一条直缝贯通上下，象征人道正直；下摆平齐，象征权衡；分上衣、下裳两部分，象征两仪；上衣用布四幅，象征一年四季；下裳用布十二幅，象征一年十二个月（图7-2-2）。

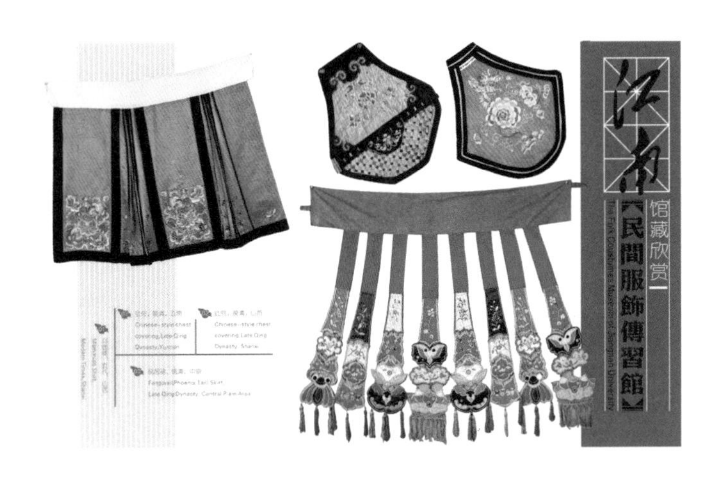

图7-2-1 “上衣下裳”的民间服饰造型

深衣在战国时期已经颇为盛行，分为直裾与曲裾两种形式，男女都可以穿着，均为交领右衽，并渐渐向宽博衣身与广袖方向发展。汉时出现“袿衣”（图7-2-3），之后逐步演变，衽边加大加长，出现“绕襟深衣”（图7-2-4），魏晋以后传统深衣形式逐步消失，并演变为通身袍服。

深衣对后来各个朝代的服饰影响深远，例如在宋朝士大夫中曾兴起一股穿“野服”之风，其形制就类似深衣。大儒朱熹就常穿它见客，他穿的“野服”上衣宽大，直衣领，两边的带相连，腰间束着大宽带，闲居时解开，见客时束起。士大夫们身着野服，意在以野为伴，不理朝政。此外，明代也有文人效仿穿着深衣。这些都说明深衣在古代有着较为明显的社会与文化特质。

图7-2-2　深衣复原图（正面）

图7-2-3　穿袿衣的女子（顾恺之《女史箴图》卷袿衣）

（二）汉民族民间服装形制的演变

1.“上下分裁”式演变

上衣下裳，即上身着衣，下身着裳，这种穿着搭配形式是汉民族早期服饰的基本形制。至汉代时服装形制是窄袖右衽、矩形交领，下装上窄下宽，腰间做褶裥，系带。魏晋南北朝时期，上装除右襟外还有对襟（形式像现代的开衫），袖口或窄或宽，腰间系一围裳或是抱腰（也称腰采），外系丝带。隋唐时期上衣下裳逐渐分开，上衣为短襦或衫，对襟，领口变化丰富，如圆领、方领、斜领、袒领、直领或鸡心领等，下身搭配长裙，裙腰高至胸线，用绸带系扎，加披肩。宋代，上衣多为对襟褙子，不加纽扣，袖或宽或窄，衣服长度不一，右侧开衩，有长袖也有半袖或无袖，下装多穿褶裥裙，长可拖地，系绸带，并佩带绶环。明代比甲盛行，开襟，无袖，衣长过膝，下装穿裙，裙内穿膝裤。清代汉族女子日常穿袄裙、披风，下裳以长裙为主，裙常在长衣之内穿着。民国时期汉族女装上衣窄小，立领，袖长及肘，形似喇叭，下摆呈弧形，右衽；下裳为长裙，裙长渐短，亦有大量穿裤装（图7-2-5）。

图7-2-4　穿绕襟深衣的女子（湖南长沙马王堆一号汉墓出土帛画局部）

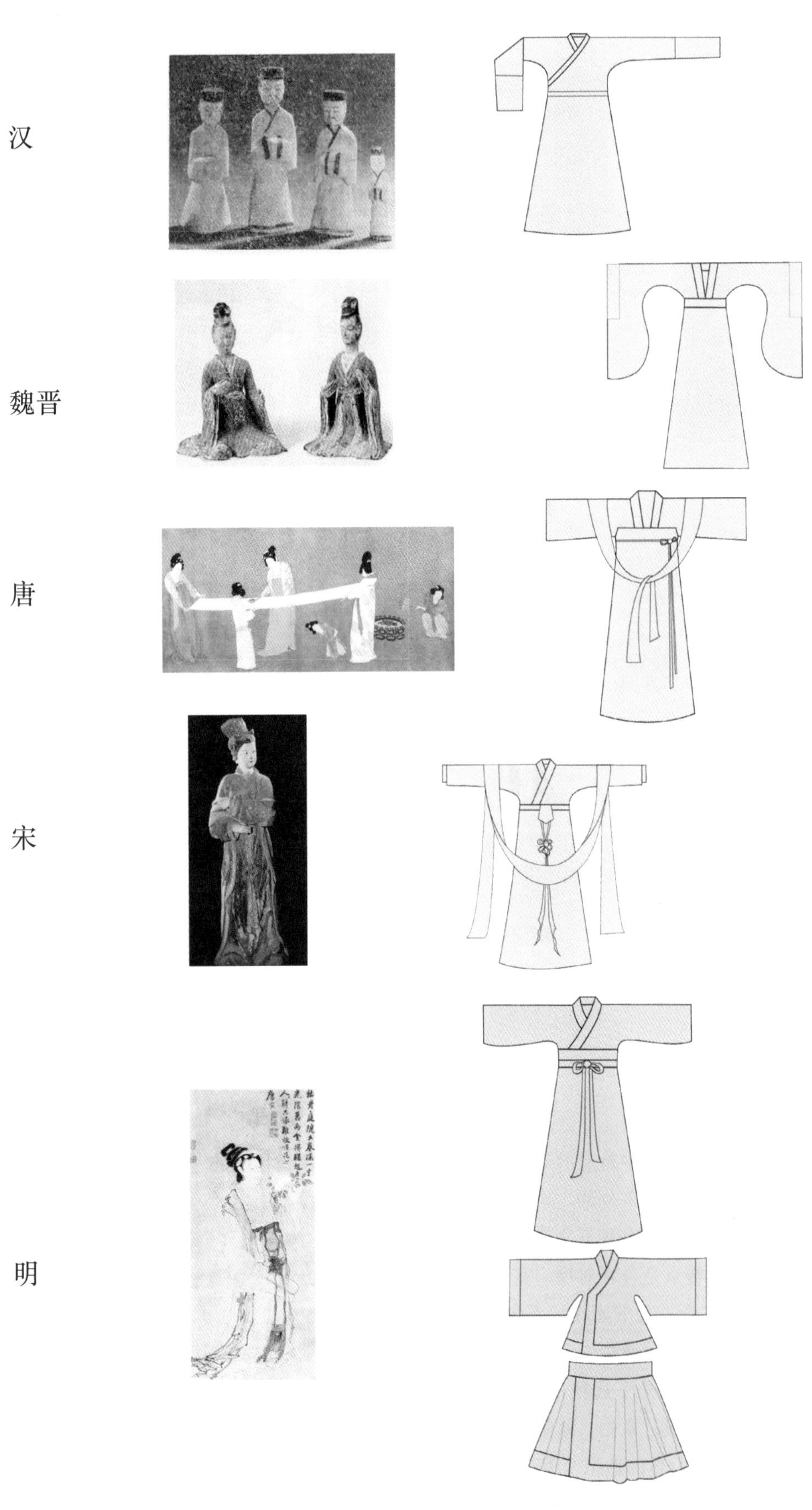

图7-2-5　“上下分裁”式衣裳的发展示意图

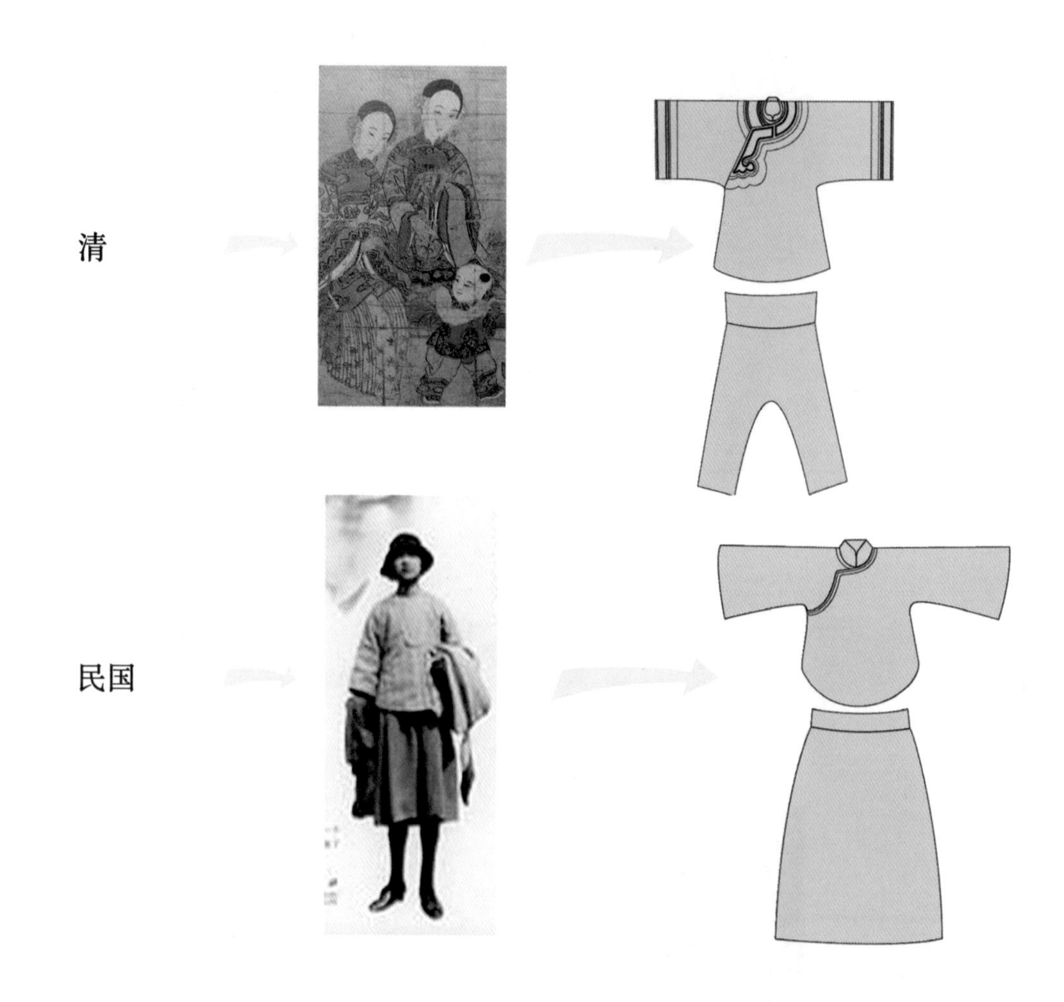

图7-2-5 “上下分裁”式衣裳的发展示意图（续）

2.“上下通裁”式演变

在我国数千年的历史进程中袍服的形制也不断发生着改变。汉代袍服的基本形制是交领、右衽、曲裾或直裾、多窄袖、内絮丝绵、上下分裁、系带、无开衩、下摆为直摆或圆摆；隋唐时期袍服以圆领袍衫为主，右衽、领袖及襟处有缘边、袖有宽窄之分，多随流行而变异，也有加襕干；宋代袍服按袖子的宽窄可分窄袖式和宽袖式两种，共同特点是合领对襟、宽身直腰、上下通裁、系带、两侧开衩、下摆为直摆或圆摆；明代袍服是盘领、右衽、宽身、上下通裁、系带、两侧开衩、下摆为直摆或圆摆；清代袍服圆领、大襟右衽、窄袖或马蹄袖、无收腰、上下通裁、系扣、两开衩或四开衩、直摆或圆摆；民国时期男子长袍为立领或高立领，右衽，窄袖，无收腰，上下通裁，系扣，两侧开衩，直摆；民国女子穿旗袍，形制特征为小立领或立领，右衽或双襟，上下通裁，系扣，两侧开衩，直摆或圆摆，其中腰部变化丰富，20世纪20年代为无收腰，后逐渐发展成有收腰、偏合体的造型（图7-2-6）。

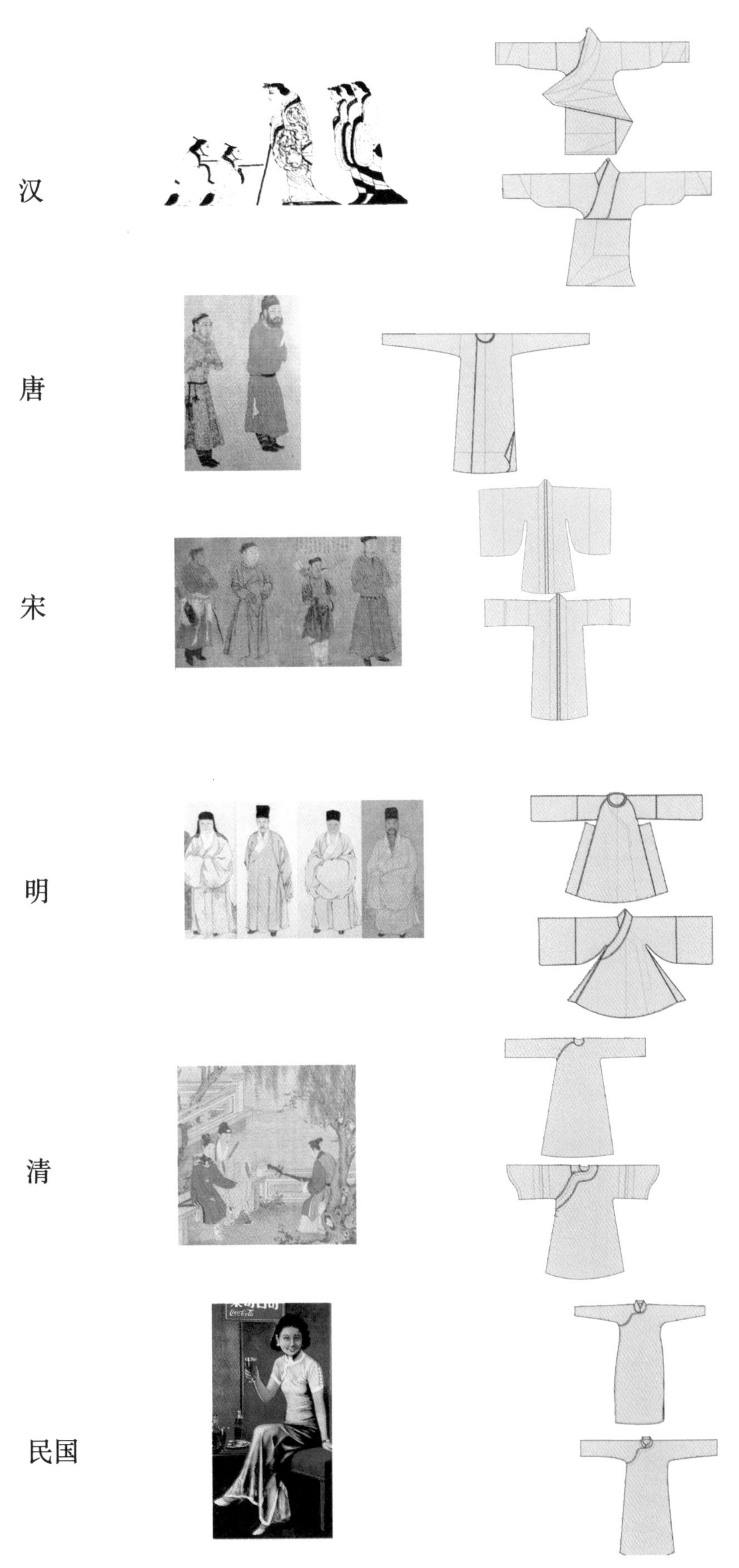

图7-2-6 “上下通裁”式袍服的发展示意图

综上，不同朝代上衣下裳亦有不同变化，优美的服装线条，令人浮想联翩，充分体现了汉民族柔静安逸、娴雅超脱、泰然自若的民族性格，以及平淡自然、含蓄委婉、典雅清新的审美情趣。

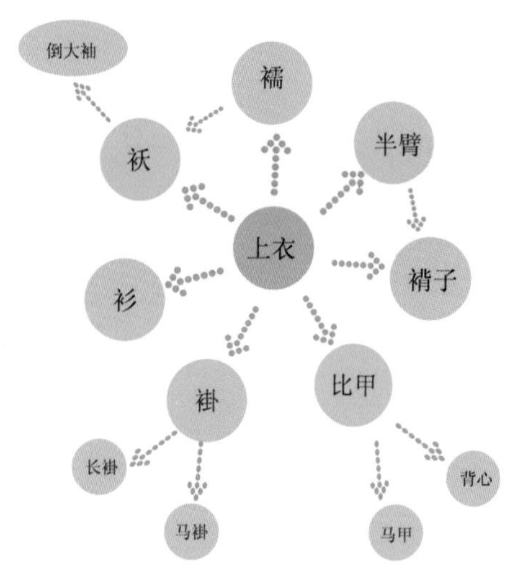

图7-2-7 汉族民间上衣示意图

二、“上 衣”类

国汉族民间上衣种类丰富，有长有短、有厚有薄，有丝的、有棉的。名称亦有多种称谓，例如“袄”“褂”“襦”“半臂”“比甲”“褙子”等（图7-2-7）。襦为上衣的最早服装形式。按衣长来分，较长并与襦一起穿着的称为袄，较长并与袄一起穿着的称为褂；以厚薄来分，厚的称为袄，薄的称为衫；以袖长来分，半袖为半臂、裲裆，无袖为比甲。

（一）襦

襦，《说文》曰：“短衣也”。襦为普通人常用的服装，通常用棉布制作，不用丝绸锦缎。襦的长度一般仅到腰间，又称“腰襦”。按薄厚可分为两种：一种为单衣，在夏天穿着，称为“禅襦”；另一种加衬里的襦，称之为“夹襦”，若另外絮有棉絮且在冬天穿着的则称之为“复襦”。妇女上身穿襦，下体多穿长裙，统称为襦裙。秦汉时期的襦为交领右衽，袖子很长，司马迁就有“长袖善舞，多钱善贾”的描述。唐朝的襦形式多为对襟，衣长短小，袖口总体上由紧窄向宽肥发展，领口变化丰富，其中袒领大袖衫流行一时。到宋代受到程朱理学思想的影响，襦变窄变长，袖子为小袖，并且直领较多，后世的袄即由襦发展而来（图7-2-8）。

图7-2-8 着襦披帛长裙女子（太原晋祠彩塑）

（二）袄

袄，即有衬里的上衣。袄的衣长一般不超过膝盖，近代形制为大襟窄袖，介于袍和襦之间。袄的历史可以追溯到南北朝时期，例如南朝有“布衫袄”，北魏有“小襦袄”，北齐有“合袴袄子”，隋代的“缺胯袄子”用作武官制服等。唐代男女都可以穿着袄，贵族一般在外面加外衣，平民则直接穿着，并且受到胡服影响出现翻领袄。宋代出现由唐代上襦发展而成的对襟袄。明清时期，袄成为女子的常用服装形式，基本形制为大襟右衽、连袖、立领、开衩摆（图7-2-9）。

袄是我国民间的日常必备服装。图7-2-10为立领窄身细袖大襟绣花袄，大襟右衽，立领圆摆，领口和大襟至侧襟处装有六对细襻。领、袖、大襟和沿开衩至下摆一周用细条镶滚装饰，相较之前的服装，袖子开始变细变小，衣长变短，腰变纤细。前身和袖身以松鹤纹样刺绣装饰，色彩浓艳，别致典雅，寓意深远。

按面料的组成，袄通常分为三类：只有一面一里两层的

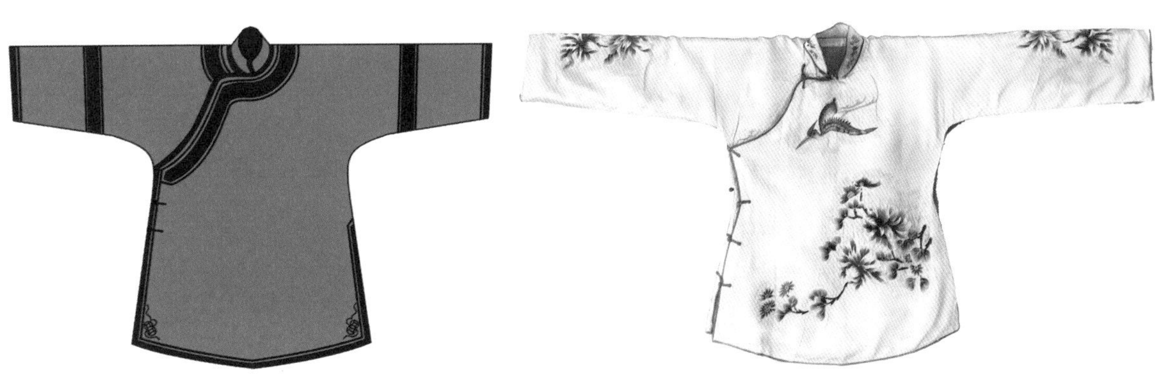

图7-2-9　传统袄平面图

图7-2-10　立领窄身细袖大襟刺绣花袄

为“夹袄”；里面之间加絮料的为“棉袄”（图7-2-11）；里面衬以裘皮的称之“皮袄”（图7-2-12）。汉族地区的裘皮以家畜的毛皮（如羊皮、狗皮等）为主要服装原料，也有以通过打猎而获得的毛皮（如灰狈皮、獭兔皮、狐皮、貂皮等）为原料，这类毛皮因稀少就显得格外珍贵。从其制作方式来看，形制延续了传统袄的造型，而裘皮也都是缝制在服装里面做衬用的，外观上很难看出是裘皮服装。皮袄按衣长又可分为小棉袄和大棉袄。大棉袄为外衣，衣身较长，一般盖过臀部；小棉袄紧身短小，衣长及腰（图7-2-13），一般是比较富裕家的女子在温暖室内的着装。相比之下，小棉袄显得轻松、适意，在北方常将小棉袄比作母女之情，说“闺女是娘贴心的小棉袄”，可见小棉袄的贴身与暖意。

图7-2-11　立领大襟棉袄

图7-2-12　传统裘皮袄

汉民族地区中也有少数地方使用左大襟和背开襟形式，领、袖、衣摆也有丰富的变化。例如河南巩义、鹤壁地区（图7-2-14），山东临沂地区（图7-2-15）等地便留存有很多的左襟袄。目前很难考证这些地区为少数民族后代，说法较多的是为左撇子在做“女红”时为解脱衣服提供方便。

图7-2-13　大襟印花镶边小棉袄

图7-2-14　河南鹤壁大襟左衽袄

图7-2-15　山东临沂大襟左衽袄

图7-2-16　传统绣花锦缎大襟袄

图7-2-17　传统大身彩条镶绲提花袄

对照江南大学民间服饰传习馆中丰富的清及民国时期的传世实物，袄的种类和形制将会有更生动直观的呈现（图7-2-16~图7-2-20）。

如图7-2-16所示为清代河南鹤壁地区传世大袄，宽袖大身，大襟右衽，立领，领围有四圈镶滚滚边组成云肩领围，并且一直延续到大襟、两侧开衩及下摆，领口和大襟至侧襟处装四对细襻，袖口襕干处绣蝶恋花纹样，不仅增加了衣服的整体美感而且有防污、防磨损的功能。它是当地女袄中的精品。

图7-2-17为清代江南传统丝绸提花女袄，形制为立领右衽大襟，宽身大袖。并且由于袄袖宽大导致大襟相对平直，袖口拼接白色襕干，刺绣精美绝伦，门襟和衣衩的止点装饰用云头纹连接，左右开衩处的如意纹样与衣摆相连，由紫色绸缎制成。在如意纹样的中心部位有一镂空，内藏一枚小如意，大如意与小如意间的绿色丝绸底布若隐若现，展现了一种婉约的含蓄美。

图7-2-18为民国初立领大襟镶滚绣花袄，形制为大襟右衽，立领，侧开衩。领口、袖口、大襟和开襟处都镶有机织彩条花边，前身绣花纹样为"凤戏牡丹"，肩部及两臂绣有"花开富贵"纹样，做工细致精美，堪称精品。领口、大襟到侧襟装有四对细襻。

图7-2-19为民国时期暗纹女袄，形制为大襟、立领、窄袖。面料为织锦团花面料，袖、领面大襟和下摆处用花边装饰。在近代纺织业兴起后，越来越多的机织花边代替了传统的手绣花边，花边的新材料、新品种、新款式的层出不穷，使服装更趋向于新颖。

图7-2-20为大襟立领中袖印花袄。20世纪三四十年代以后开始的工业化，使服装装饰不再局限于以前的刺绣、镶滚等工艺，工业印花开始流行，此件服装面料上的印花非常丰满，色调华丽协调。

"倒大袖"是传统女袄的创新形式，夏季穿时又具有新的特征，同时也是民国初期具有典型意义的女性上衣。区别于20世纪20年代以前的清代女性上衣，其被称为"文明新装"，由留洋女学生和中国本土的教会学校女学生率先穿着，后城市女性因视之为时髦而纷纷效仿。图7-2-21（a）所示为"倒大袖"的基本形制；图7-2-21（b）是传世立领大襟的倒大袖，由透空轻薄面料制成的"倒大袖"实物，喇叭形的袖口和圆弧形的衣摆呈现出"倒大袖"的主要特征，袖口、领口及大襟用彩条镶边，色彩搭配雅致。图7-2-21（b）所示的"倒大袖"面料为提花面料，轻盈通透，应是天热时穿着。穿着时，朦胧透露出人体美感，可见当时穿着者思想之开放，故猜测此件服装与镂空的蕾丝旗袍可能为当时"交际花"所穿用。

一般来说，"倒大袖"形制多为腰身窄小的大襟袄衫形式，摆长不过臀，多为圆弧形，使腰臀部呈自然曲线，袖子呈喇叭形，袖口一般约为23厘米，故被形象地称为"倒大袖"（图7-2-22）。富贵人家会在服装上绣上精致的花卉装饰（图7-2-23）。从装饰上看，清朝及以前的服饰大多采用非常繁复精美的装饰，如刺绣镶边等工艺几乎盖住了面料本身。而"倒大袖"的装饰则少得多，常见的也就是在边缘稍稍点缀上一些细花边，全显面料本色（图7-2-24）。从服装搭配形式上看，清以前的女上装往往要套上大、中、小袄三层，下装在长裤外面还得套上裙子，女子的曲线几乎完全遮掩在这种宽衣博袖之下。而文明新装则以新式面料制成的短袄搭配长裙，短袄里面衬一件薄薄的衬衣，相对以前的服饰来说，要贴身轻松得多。短袄略微收腰的设计是中国服饰展现女性曲线美的开端，宽袖长至肘部，裙子略微露出穿着丝袜的小腿，这些在以前都是不可想象的。

（三）褂

褂，是指罩在外面的衣服，通常是正式场合穿着的一种礼服。褂的长短和形式有多种，如马褂长不过腰，清朝末期的外衣大多称为褂，大斜襟外衣为"大褂"，贴身穿着的为"小褂"，有大襟、对襟、缺襟三种。图7-2-25为江南地区女褂，形制为宽身大袖，立领对襟，侧开衩。领口用四合如意云肩领装饰。门襟一对如意头与侧缝开衩处如意形饰边相呼应。如意形内镶滚刺绣彩条纹样精美，且装饰有多层镶滚，工艺复杂。领口处一对细襻及一粒盘扣，门襟上两粒鎏金暗扣，设计实用，装饰繁复精致。

图7-2-26是圆领对襟镶滚黑绸褂，袖身宽大，门襟处花边是"凤戏牡丹"刺绣，袖口挽边是"自然物语"刺绣图案，有梅花鹿在丛林中嬉戏，蝴蝶在花丛中飞舞，活灵活现、栩栩如生。此件服装工艺繁琐复杂，门襟有五对细襻，并缀有五粒鎏金镂空铜扣。整件外褂装饰极为繁复，呈现清时期几重镶滚装饰的典型。

图7-2-27为立领偏襟镶滚女褂，这件衣服形制比较奇特另类，门襟并未像一般女式上衣一样从前颈部向腋下偏去，而是在右胸部位置直接指向下摆，装饰采用黑色粗细不等的缘饰构成，视觉效果粗犷。

图7-2-28为西装领盘金绣对襟大红女褂。这是一件"中西合璧"的女性礼服，传统喜庆的红色是汉族婚礼的典型色彩，整体形制仍然保持了传统袄褂的基本形制，同时综合了中西流行元素。中式的流行元素为新样式的"倒大袖"的局部运用，与西式元素西装戗驳领进行了完美结合。

民国初期，男性的日常着装仍然以长袍马褂为主，短褂是广大农民的日常装束，有对襟和斜襟两种，也

图7-2-18　立领大襟镶滚绣花袄

图7-2-19　大襟暗纹团花镶边袄

图7-2-20　大襟立领中袖印花袄

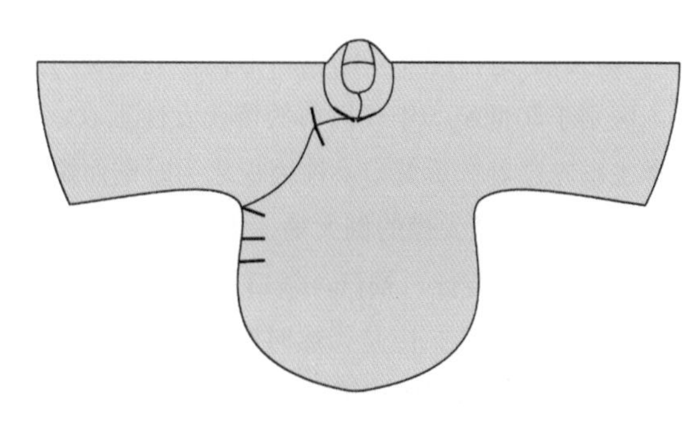

图7-2-21（a）“倒大袖”平面图

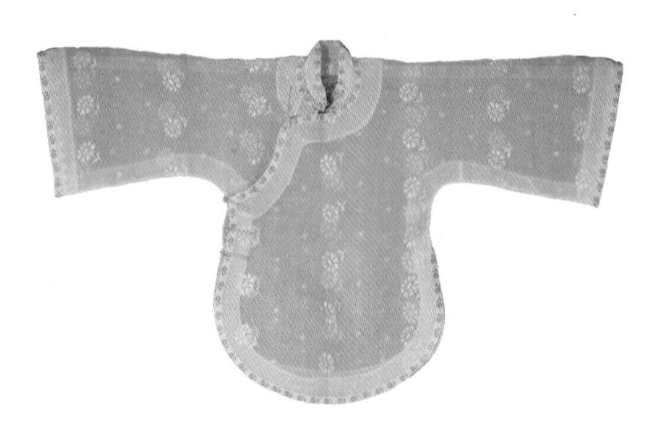

图7-2-21（b）　立领大襟圆摆透空提花“倒大袖”上衣

图7-2-22“倒大袖”上衣

图7-2-23　蓝底绸刺绣“倒大袖”上衣

图7-2-24 织锦团纹“倒大袖”上衣

图7-2-25　立领如意对襟镶滚绸褂

图7-2-26　圆领对襟镶滚黑绸褂

图7-2-27　立领偏襟镶滚女褂

图7-2-28　西装领盘金绣对襟大红女褂

有棉、夹、单之分，大多是对襟的，俗称“对襟褂子”，其款式是直线型的，长及臀部，两侧开小衩，立领，前面钉一排布疙瘩纽扣，下方两边用同样的布料做衣兜。图7-2-29为圆领如意对襟红绸褂，领口大如意头成翻领状，且袖口与领口呼应，并饰以四层条条间隔疏密不等的镶滚边。

马褂是褂的一种，一般衣长相对较短，是清代至民国时期男性常穿的服装之一，作为实用外衣，有单、夹、棉几种，在清朝是一种时髦装束。民国时期的汉族男性普遍穿着，且多与长袍搭配。

图7-2-30 ~图7-2-32为三种暗纹提花马褂，有大襟和对襟两种，透漏效果适合夏天穿着，民间比较少见。

（四）衫

衫，古代指无袖头的开衩上衣，现指单上衣。初见于东汉末年，服式特点为：采用平面裁剪方式，连袖、立领或无领、大襟，一般无衬里，以盘纽、襻带或明暗扣系襟，又称中式衫（图7-2-33）。衫的本意是衣

图7-2-29　圆领如意对襟红绸褂

图7-2-30　立领大襟透空暗纹提花马褂

图7-2-31　立领对襟透空暗纹团花马褂

图7-2-32　立领对襟蓝底透空马褂

图7-2-33　刺绣小衫

图7-2-34　无袖衫

的通称，如《正字通·衣部》所述："衫，衣之通称。"衫在民间穿用比较普遍。

衫的品种非常丰富，有汗衫、小衫、襕衫、帽衫、紫衫、凉衫、团衫、衫子等。有普通百姓的常用服装，有长短之分。衫一般都比较薄，按照长度不同可分为长衫和短衫，按穿用方式可分为汗衫、罩衫等。汗衫一般贴身穿用，以棉布为主要制作材料，无领，对襟，用纽扣或带子系襟，夏天穿用的也可无袖（图7-2-34）。罩衫，顾名思义，多罩于中式棉袄或其他服装之外，大多为立领，对襟或者大襟。女子罩衫多采用盘纽，农村老年妇女常穿用偏襟罩衫，衣摆有平形、圆形等，有的采用绣花或镶、滚等传统装饰工艺。男子罩衫大多采用暗门襟的对襟方式。

近代的衫俗称褂子、布褂子。身长渐短，窄袖，多不镶边，纽扣有铜扣、布扣、琉璃扣、核桃扣等。衫在近代主要有三种：一为贴身的汗衫；二为衬在里面不做外穿的有袖衣裳，称为衬衫；三为罩在襦袄之外，有袖长，用作外穿的上衣。图7-2-35为江南地区的“大襟拼接衫”。大襟拼接衫是江南水乡妇女的日常着装，式样为大襟、右衽，前胸、后背和袖子均用蓝白布或花色相异面料作不规则的拼接，所以称之为“大襟拼接衫”。大襟拼接有竖、横两种拼接方式，竖式拼接比较常见。大襟衫拼接的出手处作垂直线破缝，左右襟两色各异，左襟大致以腰节线为界，仍然上下两色各异，当地称之为掼肩头，也可破缝后左右两襟仍用一色；横拼接一般在腰节处水平破缝拼接，上下两色各异，但是这种运用一般较为少见。图7-2-35中为竖拼接衫，该种短衫色泽明快，清新别致，散发着超自然的魅力。

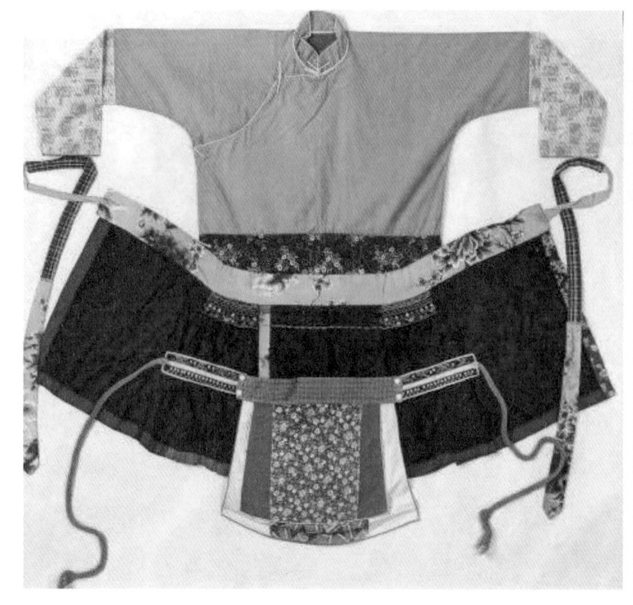

图7-2-35　大襟拼接衫

图7-2-36 ~图7-2-39为闽南的特色民俗服饰“缀做衫”和“节约衫”，是闽南惠安地区清末民初之后，以记载最早的“接袖衫”款式发展而来的惠安女服饰。清代闽南民俗服装形制是胸、腰、背宽阔，下沿稍呈弧形外展，袖口偏窄，袖子接长，故名“接袖衫”，又名“卷袖衫”。接袖的用意十分有趣，为的是让新娘入洞房时提起长袖以遮掩脸羞红，过了三日，才在长袖一半处翻卷逢住固定。到了清末，“接袖衫”各部分略微收缩，衣沿弧

图7-2-36　惠安女“缀做衫”

图7-2-37　惠安女“缀做衫”

图7-2-38　惠安女“节约衫”

图7-2-39　惠安女“节约衫”

图7-2-40 《百美图》中穿比甲女子（明）

图7-2-41 清代坎肩

度加长，臂围宽度加阔并向外弯展，腰围处的中式纽襻减少，两三个连在一起，袖口绕蓝布边。领围上刺绣图案逐渐消失，领根下方形布改为三角形。亦有胸、背中线两侧缀做两块方形黑色、深褐色绸布，其四边各镶接一块三角形色布，称“缀做衫”。

（五）马甲

马甲、比甲、背心和坎肩属于同一类服饰，是非紧身的无袖上衣。起初人们将其穿在罩衣里面，魏晋以后才逐渐穿在外面，并且增加了很多刺绣作为装饰。比甲是一种无袖、无领、对襟、两侧开衩至膝下的上衣，其样式较后来的马甲要长，一般长至臀部或膝部，有些长至离地不到一尺（图7-2-40）。到了宋代，无论男女尊卑都穿着它，之后又出现了许多称谓和演化，如“绰子”“搭护”“比肩”“背搭”“坎肩”“紧身”以及长度达到腰部的“马甲”等。

清代的坎肩也是这种形制，一般被穿在袍子的外面。《清稗类钞·服饰》记载：“半臂……即今日之坎肩也，又名背心。”或称坎夹子，有夹、棉两种。背心则是吴语民间方言俗称，又叫半臂、汗背心、汗溜儿、汗溻，有对襟和衣身右侧边开口两种。图7-2-41是清代的坎肩形式。常见样式有对襟（图7-2-42）、大襟（图7-2-43）、一字襟（图7-2-44）、缺襟（图7-2-45）和人字襟等。

另外，中原地区有给儿童穿“五毒背心”的习俗，这种用红、蓝、绿、黄、白五种颜色的布料拼接而成的背心，上绣有蝎子、蜈蚣、壁虎、蟾蜍、蜘蛛五种“毒物”，民间传说其有“以毒攻毒”的作用，故可祛邪除病，保护孩子健康成长。

（六）褙子

褙子由唐代半臂发展而来，因其两侧开长衩，便于行动而较受下人欢迎。因穿着者常站立于主人背侧，故形象地被称为“褙子”，后逐渐在各阶层中普及。

明代褙子通常是士庶女子的礼服，款式以直领对襟为主，前襟不用纽襻（可以带系结）。袖型分为三种：长袖褙子、短袖褙子、无袖褙子。男士的褙子有长有短，领型有交叉和直襟，形式比较丰富。女子穿的褙子都采用长袖、衣长过膝、腋下开衩、直领对襟。

（七）其他类别上衣（水田衣、竹衣、特殊形制童装）

图7-2-42　对襟马甲

图7-2-43　大襟马甲

图7-2-44　一字襟马甲

图7-2-45　缺襟马甲

水田衣因用多块长方形布片连缀而成，整件服装织料色彩互相交错形如水田而得名，也叫百衲衣（图7-2-46）。清代钱大昕《十驾斋养新录·水田衣》中云："释子以袈裟为水田衣。"

水田衣是明代流行的一种"时装"，以各色零碎布料拼接缝合而成，形似僧人的袈裟（图7-2-47）。据说这种方法在唐代就已出现，王维诗中就有"裁衣学水田"的描述。水田衣起初只是为了祈求平安富贵，从各家各户讨要碎布为小孩子缝制"百家衣"或"百家被"，后来女子也开始用此办法裁衣，并且成为一种时尚。水田衣的制作，在初始阶段较注意匀称，各种锦缎料都事先裁成长方形，再按一定规律编排缝制成衣。到了后来就有所变化，织锦料子可以大小不一，排列参差不齐，形状也可各不相同。到了明朝末期，奢靡颓废之风盛行，许多贵胄人家女眷为了做一件中意别致的水田衣，常不惜裁破一匹完整的锦缎。

汉民族民间上衣形制丰富多样，除以上介绍的之外，还有各地劳动人民充满创意、智慧与独特艺术风情的其他上衣形式。图7-2-48为编织衫，为夏天穿着的用棉线编制的镂空上衣；图7-2-49为竹衣；图7-2-50、图7-2-51为带有浓郁古典服饰味道的各式童装。

竹衣为夏季纳凉的内穿服饰，以竹子细枝与珠石穿联而成。由于竹衣有一定厚度，可以保持皮肤与外部空间有一定空隙，能有效防止汗湿后衣物贴体而不适。竹衣导热较快，散热较便捷，具有防暑、纳凉、降温的功效，为夏季服饰的佳品。

图7-2-46 《燕寝怡情图》（清）

图7-2-47 水田衣（明）

图7-2-48 编织衫

图7-2-49 竹衣

图7-2-50 大襟交领刺绣童装

图7-2-51 后系扣儿童连体衣

三、“下裳”类

汉民族民间下裳品种相对简单，分裙和裤两大类。裙分为马面裙、鱼鳞百褶裙、凤尾裙、作裙、围裙、筒裙等，裤分为大裆裤、膝裤、儿童类开裆裤等（图7-2-52）。

我国古代将下身穿着的所有服装形式，包括深衣腰以下部位的服饰统称为“裳”，也称为“下裳”。先秦时期裤子只有裤管，没有裤裆，称之为“胫衣”，私部全都暴露在外，所以当时用带子将布围在腰间，后世演变成裙。到汉代出现有裆的裤子，但是天子百官仍然沿用旧制，后世膝裤类同此类形式（图7-2-53）。

（一）马面裙

马面裙始于明朝（也可能可以追溯更早），延续至民国，是民间女性常见的“下裳”形式。马面裙是以5～6幅缎面拼合制作而成的长裙，整体呈现平面的“围式”造型（图7-2-54），展开后呈平面梯形或长方形，与我国传统的平面服饰造型相吻合。裙前后各有一片平幅裙门，俗称“马面”。裙门里外均有装饰，常常镶滚各种精致的花边或拼贴工艺装饰，而“马面”内更是绣满各类精美纹饰。

图7-2-55是古代妇女出席礼仪场合或出嫁时所穿的大红绣裙，以彩色花鸟刺绣图案装饰，用红色绸缎制成。马面上绣有“凤戏牡丹”传统纹样，马面之间镶有若干条缘边或滚边，细长线条和褶皱拉长了裙的视觉高度，视觉上略显修长。可见，现代的形式美法则中的错视原理在我国传统裙装上早有运用。此外，“马面”内主要图案为“花开富贵”、“凤戏牡丹”或“蝶恋花”，多寓意富贵、喜气，色彩对比强烈、鲜明。

图7-2-56为传统马面绣裙，马面上绣有百花纹样，马面边缘和下摆处用手绣花边和织带做镶滚装饰，并且裙身上镶嵌一条条蓝色缎条。清晚期开始在马面裙和鱼鳞百褶裙的百褶上镶嵌一条条深色的青色或蓝色缎条，甚至有时裙上不打百褶，直接镶嵌缎条，看似如一道道的栏杆，可称栏杆裙。从正面看栏杆的位置强化了裙子的侧缝，成为一种装饰。图7-2-57是一条粉蓝色马面裙，此种颜色较少见。

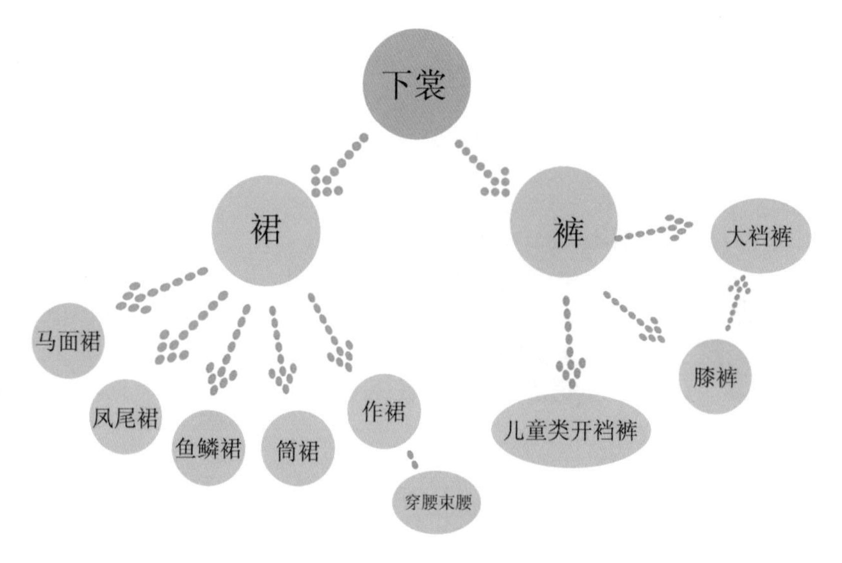

图7-2-52　汉民族民间下裳示意图

（二）凤尾裙

清代李斗在《扬州画舫录》中对凤尾裙有这样的描述：“裙式以缎裁剪作条，每条绣花，两畔镶以金线，碎逗成裙，谓之凤尾。”此裙悬垂感极好，穿之行走时绸缎翻动摇曳，极具动感。裙身饰以金丝线及鸟兽花卉纹图案（图7-2-58），形似凤尾般摇曳，将裙装与神话中美丽高贵的凤凰联系在一起，一般常见于礼仪和婚嫁场合，穿着于马面裙之外。由于形态美观，这款裙装

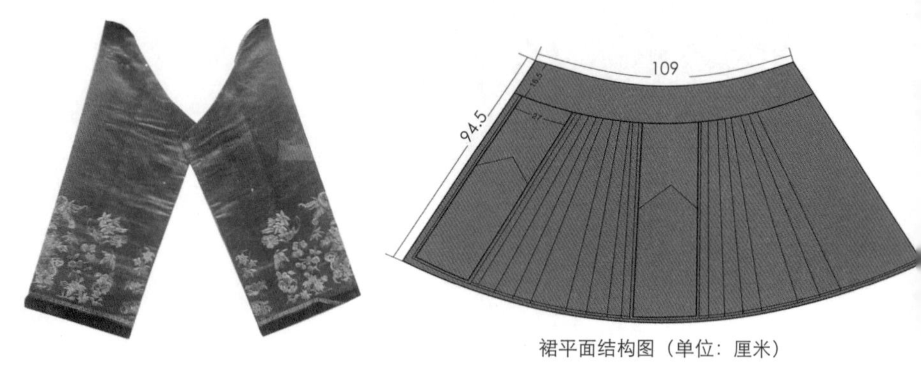

图7-2-53　绣花膝裤

裙平面结构图（单位：厘米）

图7-2-54　马面裙示意图

图7-2-55 传统马面绣裙

图7-2-56 传统马面绣裙（围折后效果）

图7-2-57 粉蓝色马面绣裙

图7-2-58 凤尾裙

图7-2-59 凤尾裙

得到了大多数人的认可，一直流行至清代乾隆年间，在近代也是被大家闺秀所钟爱，比起今天流行时装的生命周期可谓是生命力“旺盛”，魅力可见一斑。

凤尾裙在齐鲁民间又被称为“叮当裙”，在中原民间俗称裙带，又有叫“十带裙”，是围系在马面裙外的裙带，裙带的数量在8~12条不等（图7-2-59）。中原谓之“裙带”来表述这种服装腰带与各裙带部分之间的紧密关系，或许这就是今日“裙带关系”的由来。整个裙子全是由不同花型绣带组合，下面顶端吊小银铃，每行走一步叮当作响，旧时是为了让女孩子从小学习“移步金莲”的优雅而设计的。民间有两句俗语形容这种装束：“十带裙呛啷啷，木底鞋子咣哨哨。”

（三）鱼鳞百褶裙

鱼鳞百褶裙是马面裙的特殊形式之一，通常就是以数幅布帛接合而成的长褶裙。其在“马面”的两侧缀有丰富的自然细密而且规则整齐的褶裥，褶裥宽度为0.4~1.0厘米，比较富有特色的是此裙腰节很宽，最大可达到20厘米，可以宽松地裹围住整个臀部，为下部造型的摇曳摆动提供了结构上的保障。图7-2-60是鱼鳞百褶裙中常见的式样。此裙褶的数量是每边98个，褶宽0.5厘米，“马面”的周围和下摆装饰有黑色宽沿边及沿马面镶有多道彩色的花边，下摆还镶有镂空的吉祥纹样（较少见），马面内没有任何装饰。

图7-2-60　鱼鳞百褶裙

图7-2-61　鱼鳞百褶裙（此为特殊形式"孝裙"）

图7-2-62　鱼鳞百褶裙

图7-2-63　作裙

其褶裥间有时以各种丝线连缀成网状，在移步行动时裙装展开成鱼鳞状，故而谓之"鱼鳞百褶裙"。有时还在裙上缀上水纹装饰，流动的视觉效果极富有动感。《竹枝词》中曾经对此裙当时之流行给予感叹："凤尾如何久不闻，皮绵单袷费纷纭。而今无论何时节，都着鱼鳞百褶裙。"在山东，"女子出嫁时，下束百褶绣花裙，俗称龙凤裙。"女子平时上身着右开襟袄，高直硬领，四周环镶丝绦，腿穿彩裤，遇有庆典、喜事则穿百褶裙，戴绣花披肩。由此可见，百褶裙在当地是作为礼服出现的，是很正式的一种装束。但据留世实物考证，有钱人家在举办丧事时也会穿着素色百褶裙（图7-2-61）。但其昂贵的面料与精湛的工艺则使一般人家的女子望而却步。

在民国初期，裙装的穿着等级也是极其严格的，如"淄川的富家之妾只能穿浅色衣服，多为淡绿、粉红、藕荷色"（图7-2-62）。在传统观念中妾是不能穿红裙子的，体现出传统观念在当时的影响是比较深的。

关于百褶裙还有一个美丽的传说。《西京杂记 · 赵飞燕外传》载：汉成帝时，有一位体态轻盈、能歌善舞的宫女，名叫赵飞燕，深得成帝宠爱。有一天，她穿着一条云英裙，与汉成帝同游太液池。正当她在鼓乐声中翩翩起舞的时候，忽然刮起一阵大风，她像燕子一样被吹飞起来。周围的宫女见状急忙上前拉住她的裙子，才免于被风刮走，但是赵飞燕的裙子被拉出许多皱纹。出乎意料的是，这皱纹叠叠的裙子，却具有另一番风韵。于是，宫女们特意将裙子做出许多皱褶，时人称其为"留仙裙"，也就是我们现在所说的打褶裙。打褶裙慢慢传到民间，式样和色彩也不断被翻新，如隋唐时期有多幅裙，黄、红色裙；元代有素净淡雅的鱼鳞百褶裙；明代有红色褶裥长裙以及清代的百褶裙等。

（四）作裙、围裙、穿腰束腰

作裙，是系扎在布衫外面的下装衣裳。《句容县志》曾记述，当地"妇女旧皆着腰裙，不着者即被人指责"。《人文江南关键词》也记述："明代江南女子普遍流行的一种服饰为束腰短裙和自后向前的合欢裙……清初因为有'男从女不从'，江南女子的衣着式样还基本保持着显著的晚明风格。"

作裙是江南女性常见的"下裳"形式，其形制是高度齐膝，制作比较简单，由六片裙片拼合组成，前后开叠衩，以裙带围系于腰间。特别之处是在腰侧处各有一个10厘米左右见方的精致褶裥面，这精致褶裥面以彩线绣以几何网格形，或同色布纳成几何网格形，边缘饰以色彩协调的细滚边。作裙一般可绕腰围两周系扎，褶裥面位于裙子中心偏侧的位置，在下面两段靠近前中心线侧有两个固定缉结，在前面两个褶裥面间部分是重叠的两层裙片，里面的裙片上装有一个贴袋。如今，在江南水乡和长江下游沿岸地区的老年人仍然有这样的穿着习俗。

图7-2-63是江南民间常见的作裙。此作裙色彩应该为靛青色，从表面看裙面颜色似乎已经发白，主要是由于传统植物染料的染色牢度不高，加上江南水乡洗衣服为"打衣裳"（即使用结实的木棍在河边的石板上反复敲打衣服），故而时间久了后服装本来的颜色就褪得差不多了，只能依稀可见。另一方面，在前面裙片的内层颜色褪色较少，可以清楚地看出其靛青的本色。江南水乡的民间服饰注重经济性，在制作时考虑到易磨损部位可以经常拆换以利于节约，腰带就是其中之一的部件，本条作裙原先的腰带应该已经破损，这条深藏青色腰带是后加上的。

围裙形制和制作工艺相对来说就简单得多，较作裙也要长得多，一般至小腿或脚面，根据使用功能、时间、季节、地点的不同穿着的围裙亦不相同，在劳作时或在春夏季节一般使用民间称为"二幅头"围裙，在冬季则穿着"六幅头"围裙。顾名思义，"二幅头"围裙就是以传统手织土布的两幅宽拼合而成（图7-2-64），"六幅头"围裙是以六幅拼合，民间有称"卷裙"。

穿腰束腰，与作裙搭配使用，实际上是围系于作裙外的围腰或围裙，又称为腰裙。它分为两层，常用花布拼接，较多花色沿边，别具特色的是束腰板或称穿腰。束腰板呈带状，制作十分讲究，以密密麻麻的细致针法纳成坚挺形，有的束腰板上也绣以一些传统花卉或几何形图案，简洁但很鲜明。整个束腰分为两层，上层是翻盖，下层是束腰本体（图7-2-65）。通常穿腰束腰都要作竖式的两次拼接而成为三段，中间是一色，两边是共同的另一色。有的也有变异，拼接完全在于细节，表现在翻盖和束腰上端安排了两处小小的穿插。

（五）筒裙

筒裙已经具有了现代裙装的基本形制特征。传统意义上的马面裙等都是围式造型，侧缝不缝合，平展开就是梯形平面的一块布形状，主要通过扩大腰围围系于腰间达到重合，从而形成闭合的裙装效果。而筒裙两

图7-2-64 "二幅头"围裙

图7-2-65 穿腰束腰

侧已经缝合，没有重叠部分，没有“马面”形态，简洁而又方便，在裙片上直接绣花（图2-66），并保持前后对称，尺寸趋于合体。可以看出，腰宽和腰围明显与现代裙装的尺寸接近，显然这是受到西方服饰技术的影响，与中西文化交流是密不可分的（图7-2-67）。

（六）裤

“绔”是裤的最初形式，男女都可以穿，是古代下装的主要形制之一。商周时期出现绔，其形制只是在两腿上分别套一个裤管，上面到膝盖，下面到脚踝，用绳子系住，没有裆，外面穿裙，所以也称为“胫裤”。汉代出现裤腿延长至腰间的无裆长裤，称为“大袴”，以及有裆但不缝合、前后用带子系住的“穷绔”，也称“绲裆裤”，这种无裆袴一直沿用至宋明时期。有裆裤是由北方少数民族传到中原的，在汉代开始流行的一种下裳形式，称为“裈”。关于合裆，在《汉书·外戚传》中有这样的一个故事：昭帝年幼，外戚霍光把外孙女配与皇帝为后，也就是上官皇后。为了能使上官皇后独得宠幸，生太子，以确立自己把持朝纲的地位，霍光一直暗中活动。正巧，机会来了，某日昭帝偶染小恙，身体不适，他的亲信和太医为了讨好霍光，便说这是房事过度所致。于是命令后宫女子一律换上有裆的“穷绔”。这种有裆裤到魏晋时期开始盛行，裤型变得宽松肥大，叫“大口裤”。由于“大口裤”活动不方便，当时人们都用布带在膝下将裤腿系住，称为“缚裤”。宋代开始流行可罩在长裤外面的“胫衣”，称为“膝裤”。按照裤的形态，分为大裆裤、膝裤和儿童裤。

宽腰大裆裤，俗称“大裆裤子”（图7-2-68）。民间常穿的大裆裤可分为单裤、夹裤、棉裤三类。一般裤身为红色、蓝色或黑色，腰布用宽约五寸的异色土织布制成。穿裤时，自裤腰处将余量提起在腰间折叠，用带系住。男子穿的裤子一般为青裤白腰，女裤则大多采用鲜艳的色彩制作，腰也用相应的土布搭配，年轻女性的裤带上多有刺绣的花鸟图案作装饰。这种裤子的裤腿也很宽大，裤脚处成为装饰的主要地方，有的刺绣，

图7-2-66　刺绣筒裙

图7-2-67　透空蕾丝筒裙

图7-2-68　大裆裤

图7-2-69　大裆裤

图7-2-70　膝裤

图7-2-71　儿童开裆裤

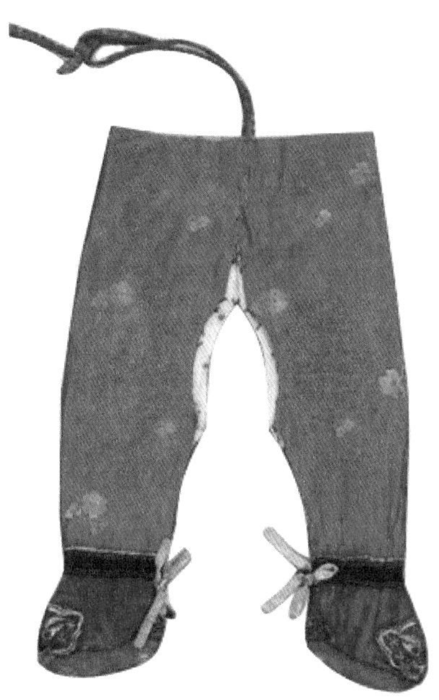
图7-2-72　儿童连脚裤

有的镶花边织带（图7-2-69）。这种大裆裤舒适透气，适宜劳作，穿着时将肥大的裤腰折叠以裤带扎紧。

膝裤又称套裤，基本形式为无裤腰，无裆，上口尖下裤脚平，实际上是两条裤腿系在腰上，臀部部分被省掉以节约面料。膝裤有夹和棉之分，男女都穿，妇女所穿的套裤裤管下脚常镶有花边，所用布帛色彩也较鲜艳（图7-2-70），在裤的顶端有可以穿在腰上的系带。

童裤的类型有开裆裤（图7-2-71）、连脚裤（图7-2-72）以及田鸡裤（田鸡裤是属连衣裤的一种，只不过它是短袖短裤，服装的造型很像青蛙，故称田鸡裤）。

四、衣裳连属的袍服

春秋战国时期开始出现上衣下裳连缀一体的服装样式，这种服装样式对之后汉民族服饰形制的发展有深远意义。在其后续发展历史中，其形式通常为袍式，长度不一，有单有薄。

（一）长袍

袍，是直腰身、过膝的中式外衣。一般有衬里，男女皆可穿用，是中国传统服饰中重要的服饰形式之一。袍的名称早在《诗经》《国语》中就已经出现。在东周时期的墓葬品中，袍为直襟直筒式，交领、右衽、长袖施缘、下摆长大、束腰带，与深衣有相似之处。大约自汉代开始，茧也称袍。隋唐时期，袍服盛行。

由西周时期开始形成的交领束腰带深衣至清朝偏襟系扣的长袍，虽然各个时期的袍服式样不尽相同，但主要特点都为宽衣肥袖，并在衣边处镶边，可作外衣（图7-2-73）。至近代特别是民国时期的长袍多为男装常礼服形式。1912年民国政府开始推广新式服装，规定了新礼服的标准：常礼服有两种，一种为西式，另一种为传统的长袍马褂，均黑色，料用丝、毛织品或棉麻织品（图7-2-74）。沿用传统服饰作为常礼服是恪守传统文化的一种表现。如图7-2-75所示的长袍形制为立领宽身，细长直袖，右衽斜襟，下摆略圆，面料为丝绸、棉麻面料，在领口、斜襟和侧缝处有6～9个不等的盘扣，整体造型与清末民国时期长袍的特征吻合。

古代袍服的袖子不仅长而且宽大，所以又称"广袖"。从"城中好大袖，四方全匹帛""张袂成阴"等描写，都可以体会到。历史故事中还有"朱亥袖四十斤铁椎杀晋鄙"的故事：信陵君带着朱亥到晋鄙那里夺取兵权，朱亥将四十斤重的大铁椎藏在衣袖中，准备见机行事。晋鄙果然不听调遣，朱亥就一铁椎将他打死了。于是信陵君顺利夺取了兵权，指挥大军前往救赵，终于击退了秦军，保全了赵国。朱亥将四十斤的铁椎藏于袖中，但是没有被人发现，这也间接证明古代袖子的宽大。

图7-2-73　立领大襟团花缎面长袍

图7-2-74　立领大襟长袍

（二）旗袍

旗袍，原指清代满族人所穿的一种袍服。其袍身肥大，袍袖相对宽短，袖口、接袖、大襟以及下摆等处装饰有缘饰，其中镶、滚、绣、贴是最常见的装饰工艺形式。著名服饰史论专家包铭新先生把旗袍定义为：具有中国传统服饰元素的一件套女装（One-piece dress with Chinese costume elements）。这里的中国元素是指立领、大襟、缘饰和图案色彩等。旗袍是中国近代后半段时期最重要的、具有传统形式和韵味的女装形式。小说家李伯元的《文明小史》记载："身上旗袍绫罗做，最最要紧配称身。玉臂呈露够眼热，肥臀摇摆足消

图7-2-75　立领大襟毛料长袍

魂。赤足算是时新样，足踏皮鞋要高跟”。

20世纪20年代以后旗袍形制逐渐发生了变化，衣身逐渐变小、变瘦，袖口逐渐缩小而向合体发展，长度开始缩短，腰身收紧，形成了现代旗袍的基本造型（图7-2-76）。图7-2-77旗袍为传统立领大襟绣花旗袍，裙身没有腰线变化，裙长到脚踝，袍身满身刺绣松鹤图案，象征松鹤延年，衬托出旗袍的文雅。

从20世纪30年代开始旗袍非常盛行，成为上层社会女性日常和社交场合中的主要服饰形式，形成了一股穿着旗袍的潮流，并逐渐成为经典的流行时装。20世纪40年代起，旗袍开始更趋于简便，衣长及袖长都相应缩短，袖也向细长和中袖（图7-2-78）、短袖（图7-2-79）与无袖（图7-2-80）发展，装饰也由绣花和滚边装饰向印花和滚边过渡，领子也改为低式，结构更加合体匀称，很好地体现了东方女性匀称娇弱

图7-2-76　立领大襟镶滚丝绸旗袍

图7-2-77　立领大襟绣花旗袍

图7-2-78　中袖旗袍

图7-2-79　短袖旗袍

图7-2-80　无袖旗袍

图7-2-81　立领大襟织锦烂花旗袍

的体态与典雅清秀的气质。《服装设计艺术》中如此评价旗袍的美:"中国服装的风格是简练、活泼的,它的式样是更多地突出自然形体美的效果,优雅而腼腆,这比华丽、辉煌的服装更有魅力。柔软的丝绸服装并没有欧洲古典服装那样繁琐的折裥,但却设计为曲线轮廓,这是最主要的造型手法,使妇女们在行动中能展示她们苗条的形体。折枝花卉刺绣图案在服装上灵活而不呆板,看来富有生气,使人感到愉快。"

江南大学民间服饰传习馆收藏有民国时期旗袍100余件,从造型、面料、工艺等方面都呈现出了异彩纷呈的效果,体现了我国这个时期的时尚风潮(图7-2-81~图7-2-85)。

图7-2-82　立领大襟印花棉旗袍

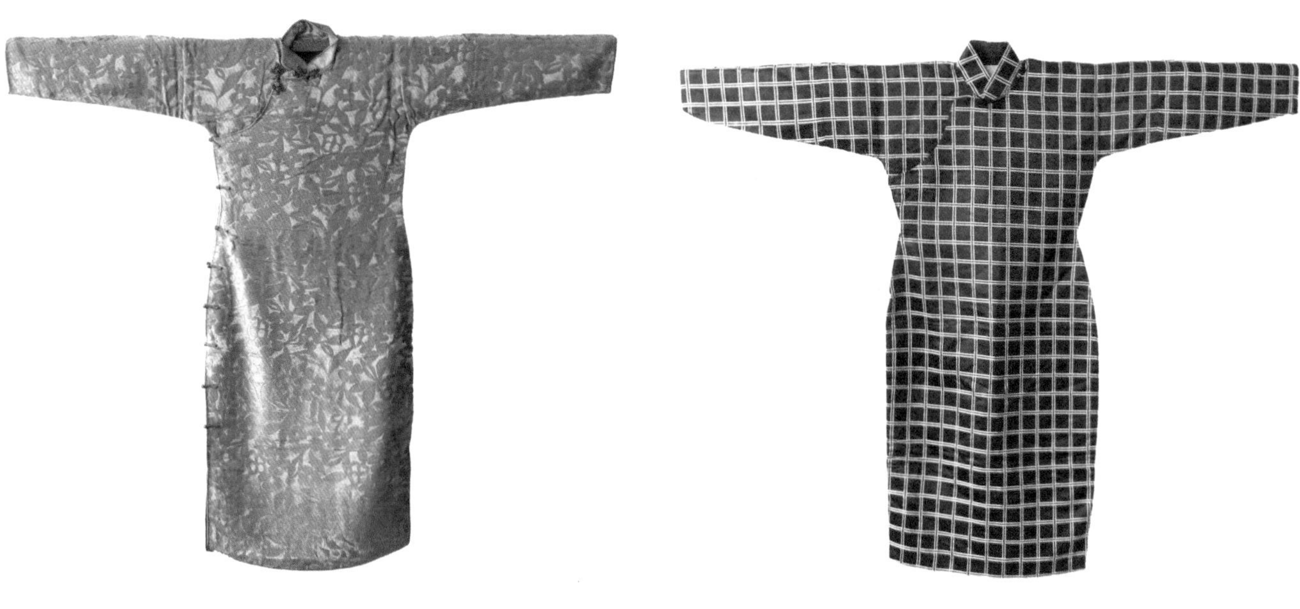

图7-2-83　立领大襟丝绒旗袍

图7-2-84　立领大襟格子布旗袍

图7-2-85　立领大襟印花旗袍

第三章 汉民族民间服饰品

服饰品就是指服装的配饰或配件。传统汉民族民间服饰品种类非常丰富，具有很高的实用、装饰和审美价值，其可以分为以实用为主装饰为辅的服饰品和纯装饰性的服饰品两大类。实用为主装饰为辅的服饰品主要有帽、包头巾、眉勒、云肩、胸兜、荷包、腰包、绑腿、鞋袜等，纯装饰性服饰品有各种首饰，如头簪、耳环、戒指、手镯等，构成了“华丽多姿”的汉民族服饰整体系统下的配饰家族（图7-3-1）。

图7-3-1 品类丰富的服饰品

一、头部服饰品

头部服饰品也叫做“首服”，是穿着、佩戴在头部的服饰部件，主要包括帽、眉勒、包头巾、暖耳等品种。

（一）帽

中国古代的冠帽发源于先秦时期的头衣，是我国古人使用的一种束发工具，同时出于审美和礼仪的需要，又是一种头上的装饰品。我国素有“礼仪之邦”的美誉，古人更把戴冠帽看做一件神圣的事情，参加丧祭、婚仪、朝事、斋戒等重大事件时都需要戴冠。成语“衣冠楚楚”“冠冕堂皇”都是表达冠帽在社会生活中的重要意义。

近代对于冠帽等首服的佩戴已经没有以前那样重视，其等级的功能也已经逐渐退化，除了保暖和保护功能外，它的装饰功能倒是大大增强了，特别是童帽，还富有极强的社会意蕴，寄托了人们对美好未来的向往。

近代汉民族民间常用帽有瓜皮帽、毡帽和风帽，以及雨天使用的斗笠等。

图7-3-2 瓜皮帽

瓜皮帽沿袭明代的六合统一帽形制，俗称小帽或者便帽，形状呈瓜棱形，圆顶，下承帽檐，绒线结顶，帽有软有硬，民国时期也较常见（图7-3-2）。毡帽多为农民、小商小贩等下层民众所用，有圆有方，品类繁多（图7-3-3）。风帽又叫风兜，俗称观音兜、半圆顶，两边有耳或者能够遮盖住除面部以外头部所有的部位，有棉有夹，也有用呢料或者裘皮制作的，是北方地区冬天主要的头部服饰品（图7-3-4）。斗笠，又名笠帽、箬笠，是一种遮阳光和雨的帽子，有很宽的边沿，用竹篾夹油纸或竹叶、棕丝等编织而成。在江南农村一带，几乎每家每户都有斗笠。外出时，不管天晴下雨，人们都把斗笠戴在头上，斗笠成了他们生产生活中不可缺少的必需品（图7-3-5）。

童帽在首服家族中最富有情趣文化，常采用精美的刺绣、缀镶等工艺制作而成。图7-3-6是刺绣精美的童帽，上有如意、蝙蝠、花朵等纹样，寄托了长辈对孩子的美好祝愿。图7-3-7中的帽子除了精美刺绣，还有飘逸的五彩丝线流苏，使幼儿在动起来时流苏能迎风飞舞，别具动感，更能展现儿童活泼的天性。

虎头帽是童帽中最常见的形式，是民间模仿老虎的形态而创造的服饰品。这与民间习俗延续有密切联系。俗话说得好："摸摸虎头，吃穿不愁；摸摸虎嘴，驱邪避鬼；摸摸虎身，步步高升；摸摸虎背，荣华富贵；摸摸虎尾，十全十美。"老百姓将虎视为心目中的保护神，老虎的威猛形象成为民间给后代的表达情感的寄托物，并通过一定的艺术夸张，表达希望孩童健康、活泼的成长和对未来前途的祈盼。其形象生动可爱，整个造型交织着长辈对晚辈的情和爱（图7-3-8）。

还有一种是以民间的表现宗教意涵为祈佑手段的童帽，即在小帽上缀上很多小的金属佛像，戴这样的帽子就像诸神守护在孩子身边一样。可见民众以期通过求宗教神灵保佑孩童平安成长的祈福心理，寓意非常的直白（图7-3-9、图7-3-10）。

图7-3-3　毡帽

图7-3-4　风帽

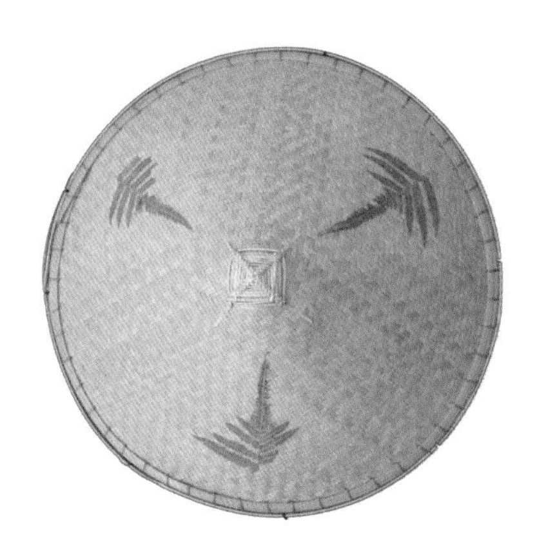

图7-3-5　斗笠

图7-3-6　刺绣童帽

图7-3-7　刺绣童帽

图7-3-8　虎头帽

图7-3-9　小佛像童帽

图7-3-10　小佛像童帽

（二）眉勒

眉勒是古代女性主要的头部装饰品之一，即以一条带状布系扎于额头周围。眉勒早在汉代就已经出现了，随着历史朝代的变更，眉勒的名称和形制也随之发展变化着。广东佛山澜石东汉墓出土的歌女舞俑的额头上便围有一条狭窄的帛巾；唐代民间男女喜庆时也多以红色布帛围在额上；元代永乐宫纯阳殿壁画上所绘的妇女额间也扎着布帛。这种系于额间的布帛发展到明清时期乃至民国时期成为最盛行的妇女头饰品，由于其下沿紧贴眉毛而被称为"眉勒"。冬季的眉勒常用裘皮制成，由于形似王昭君出塞时所戴的帽子而又被称为"昭君套"。小说《红楼梦》中描写王熙凤额间就围以"紫貂昭君套"，既保暖又美观，如图7-3-11所示。

眉勒从形制的角度分类可以分为带状形、半弯月形和如意形等。图7-3-12是如意形眉勒，图7-3-13是半弯月形眉勒，图7-3-14是镂空雕刻眉勒，图7-3-15是金属工艺装饰眉勒。眉勒大多采用布帛、锦、缎、毡、裘皮和丝绳做成。富贵人家的女性佩戴的眉勒质料多采用上等的暗花锦缎、丝绒、水獭、狐狸及貂等动物毛皮，其中貂、狐之皮是最时尚的，而且其装饰工艺繁缛复杂，如刺绣、盘金、镂空、镶嵌、钉珠、玉石装饰等，不胜其烦。而普通人家的女性所佩戴的眉勒则比较朴素和简单。

（三）包头巾

包头巾是古代汉族人常用的首服。包头巾是前人为防风沙、防太阳暴晒而采用的一种保护脸部与头部的服饰品，在我国民间较为常见。主要有江南水乡包头巾、惠安女包头巾和陕北包头巾。

江南水乡妇女的包头巾主要是三角包头。图7-3-16是戴包头巾的江南水乡妇女，它的形式感和构图都很独特，十分引人注目。平展时形似等腰梯形，斜边略带弧形。图7-3-17是三角包头巾，在头巾上部的两端，各连

图7-3-11　各种版本的《红楼梦》中王熙凤戴眉勒形象

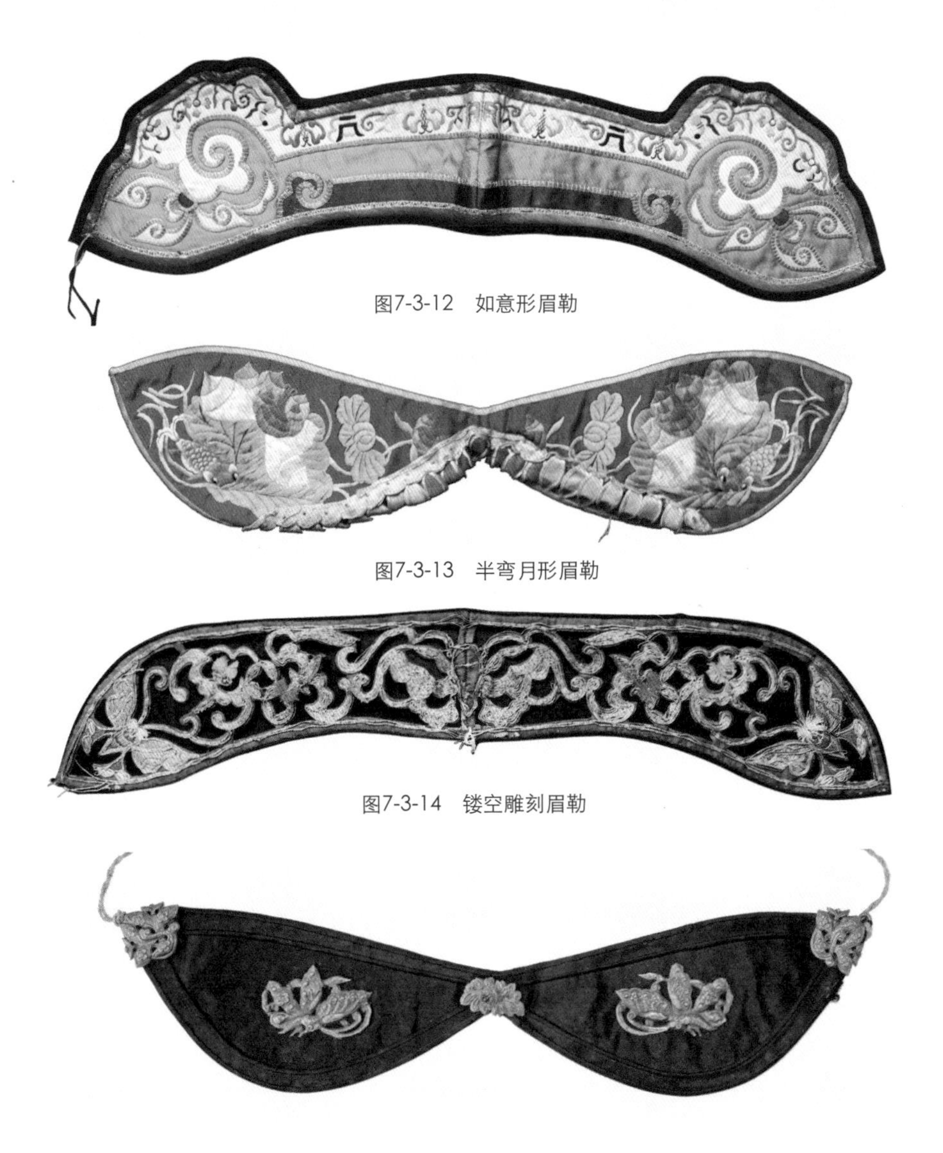

图7-3-12　如意形眉勒

图7-3-13　半弯月形眉勒

图7-3-14　镂空雕刻眉勒

图7-3-15　金属工艺装饰眉勒

图7-3-16　戴包头巾女子

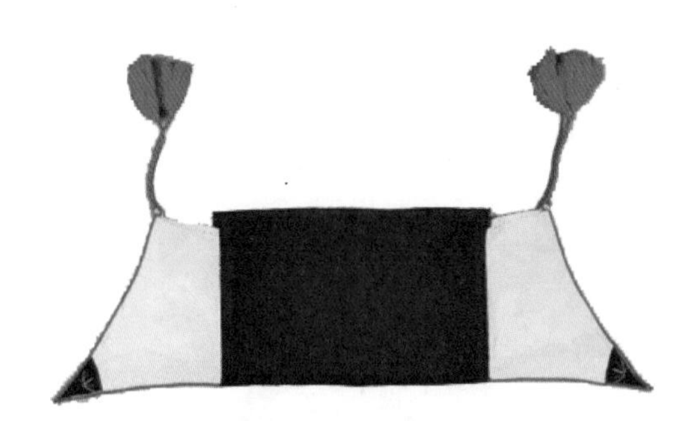

图7-3-17　三角包头巾

图7-3-18　惠安女包头巾

接一个宝剑头的带子，或是一个有流苏的绳子，目的都是用来收缚顶端。如果将包头巾缚戴端正，则整体呈立体三角形，头后上方还有一小空心三角形，发髻由此露出。头巾的余下部分则在肩颈部垂挂下来，形成两只又长又尖的尾部叉开、互相交叠、形似燕尾的三角形拖角，所以又叫“三角包头”。江南地区包头的结构特征主要表现在包头两端的拼角，包头一般用黑布做成，称为“顶”；两端用白、蓝等异色相拼接，称为“角”，即两色拼角。还有拼角上再进行拼色的，即三色拼角。两色拼角的包头，不常见绣花；三色拼角的，常见绣花，且绣花的位置多在拼角的顶端。一般如果拼色的话，就必有滚边，滚边只在拼角处才有，而且只在拼角的斜边和长边上滚边。包头的角上有的还缀有色彩鲜艳的绒线吊穗，用来点缀和装饰。

惠安女包头巾是一种在闽南妇女中流行的盖头巾，被文人称为“文公兜（斗）”。在泉州，妇女出门“向多以帕幂首，阔袖，执红漆杖”。左宗棠曾称其为“邹鲁”遗风。时至今日，泉州惠安女的特殊服饰中的花色头巾已成为“文公帕”的活化石。这种包头巾向两侧延展，后呈三角形，通风透气并还能防风防晒，同时在花头巾上戴上一顶金黄色的用细竹编的尖顶斗笠，使本已不甚外露的面容再遮一层面纱，这使得惠安女古老习俗由此更添几分神秘色彩。图7-3-18是戴包头巾的惠安女。

陕北包头巾是一种在陕北和晋西北地区常见的白羊肚头巾。这种白羊肚头巾头质地一流，手感上乘，黄土高原上的农民纷纷把它包在头上，除了春秋两季可以抵御风沙之外，还可以夏天防晒，冬天御寒。到了现代，制作头巾的原材料早已发生了天翻地覆的变化，但是白羊肚头巾还是被沿用下来，并成为陕北文化的一个见证和缩影。图7-3-19是戴白羊肚头巾的陕北老人。

盖头是包头的特殊形式，是在特定场合——婚礼上新娘使用的服饰品。姑娘出嫁时头上要盖着红盖头，拜了堂，送入洞房后再由新郎揭下来。它具有传统民俗文化的典型代表性意义（图7-3-20）。

图7-3-19　戴白羊肚头巾的陕北老人

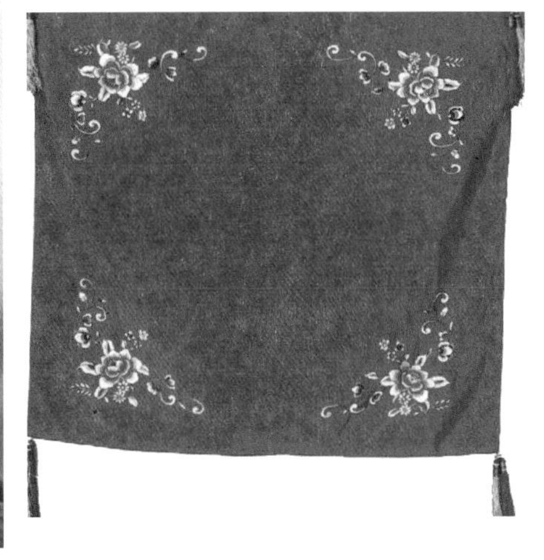

图7-3-20　花开富贵新娘盖头

（四）暖耳

暖耳，也叫耳罩、耳套、耳包，是冬天用来御寒、保护耳朵的服饰品。唐代叫“耳衣”，明代叫“暖耳”。根据《明史·舆服志》记载，明代万历以前，百官在十一月都会戴暖耳，后来在民间流行开来。这种暖耳是用黑色绸缎制成一个头箍，宽约两寸，两边用长方形貂皮裘垂于两肩。清代流行的暖耳形制有所改变，也是民间为了御寒护耳所制，在北方常见女子使用，分内外两层，外层绣有花卉图案，内层为一耳形窄边，戴时将内层窄边套在耳轮上面，就可以挡风保暖。图7-3-21是暖耳的内外层，形状大多为桃心形，用各色丝绸精制而成，上面绣着各种吉祥纹样；图7-3-22～图7-3-24为清末民国时期刺绣暖耳，一般多絮有薄棉，有的还在外侧边缘镶有裘皮，更加华丽美观。

图7-3-21　刺绣暖耳

图7-3-22　刺绣暖耳

图7-3-23　刺绣暖耳

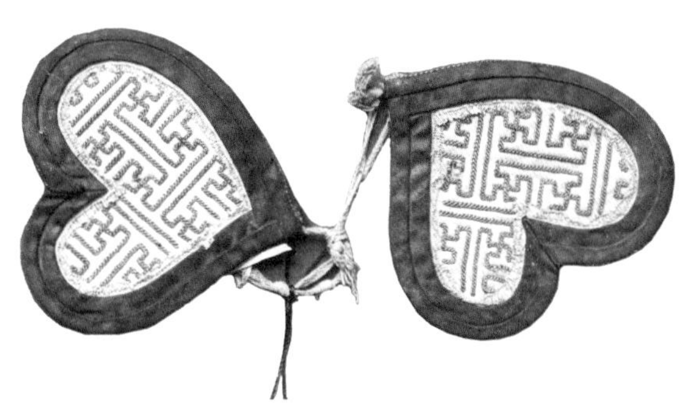

图7-3-24　刺绣暖耳

二、颈肩部服饰品

汉族民间女性颈肩部服饰品名目繁多，特别是装饰精美的云肩，是汉族女红艺术的重要载体，也是明清重要的礼仪性服饰品。其他还有围嘴、蓑衣、牛舌头、斗篷等。

（一）云肩

云肩又叫披肩或披领，是披在肩上的服饰部件，也是我国古代妇女尤其是明代以后带有礼仪色彩的重要服饰品，表现了女性服饰中鲜明的装饰艺术形态，成为我国汉民族各阶层女性服装艺术的重要符号，在我国汉民族民间服装历史上有着显著的地位和艺术价值。图7-3-25和图7-3-26是繁复刺绣的艺术云肩。

1. 云肩的起源与发展

云肩的基本形制为如意云式，以锦制成，饰有坠线，并以云纹为饰，披于肩上，故称“云肩”。云肩在古代常被视为仙人所披戴之物，如图7-3-27中所示的披云肩的何仙姑，还有隋唐时期敦煌壁画中披四合如意形云肩的观音等。云肩作为一种衣饰配件来说，起源于秦时妇女所着的披帛，它用一块纱或布帛围脖子一周，披佩在肩上，后在唐代民间十分流行，并逐渐发展分化出霞帔与云肩。霞帔作为官方贵族阶层礼服上的装饰并在明代形成定制，而云肩则融入了各民族的审美情感，演变为民间妇女专用的穿着形式（图7-3-28）。

“云肩”这一称谓的出现始于元代。《元史 · 舆服志》中描述云肩如四片垂云，青色缘，黄罗五色身，嵌金制作。明代有“围肩”的称呼，如崇祯《松江府志》记载围肩为女子肩部披覆的形似半莲叶，中间缀着金玉珠饰的服饰品。到清代又称“云肩”，据《清稗类钞 · 服饰》中记载说云肩是女子披覆于肩部的服饰品，一开始由元代舞女使用，到明代成为妇人礼服中的饰品，本朝汉族的新婚女子也使用。至清代中后期时其装饰审美意义要远大于其实用功能，成为青年妇女婚嫁时不可缺少的衣饰品。作为民间女子的肩饰物，云肩的工艺与装饰精美程度仅次于宫廷水平，尤其是中层以上社会的妇女穿着的云肩十分繁复，结构层次感和立体感强，手工装饰精湛，是民间的艺术珍品（图7-3-29）。

图7-3-25　华美云肩

图7-3-26　华美云肩

2. 云肩的形制

云肩造型各异，除了传统的四合如意式外，还出现了柳叶式、花瓣式、荷花式、蝙蝠式、葫芦式、披风式等，搭配上也是极尽奢华，出现了叠加混搭型云肩。不仅如此，而且穿着场合也有了分化，既有作为礼仪性比如婚礼、祭祀等穿着的大云肩，也有作为日常普通穿着的云肩，如柳叶形小云肩。普通常用型云肩和礼仪型云肩其形制基本相同，唯一不同的是其装饰效果。礼仪型更注重美化视觉效果，丰富的各色图案纹饰、精致典雅的刺绣、夸大的艺术外形以及玉石、飘带、垂穗这些华丽的装饰物被大量使用，强化了云肩的奢华效果。图7-3-30为云肩的主要形制分类。

云肩的主要形制是四合如意式，整体由四方“如意形”云头前后对合而成，对称均衡连接，并以不同的色彩搭配及工艺缘饰形成渐进的层次，一般大如意下边缘缀有几条绣花飘带。图7-3-31所示云肩采用连缀式结构，严谨工整，整体具有一定的结构层次感和立体感。

图7-3-27　何仙姑披云肩形象

图7-3-28　《燕寝怡情图》着云肩女子（清）

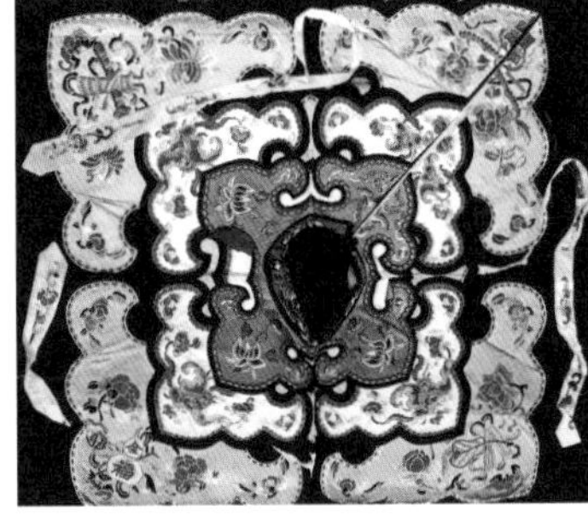

图7-3-29　云肩

四合如意式云肩有一到四层之分（图7-3-32），圈数有一到五圈不等，中间为如意领，领本身也可以成为一个独立的小云肩。这种多圈数的四合如意式云肩注重如意云纹样式的细节刻画。如意形作为纹样轮廓，在修饰上各不相同，将两个以上不同的形态的组合分割，以形成不同的效果。这种多形态的纹样曲线穿插分割，疏密浓淡、强弱虚实。既有大小面积与节奏的变化，浪漫精巧，层次感丰富，体现出极强的艺术性，又通过无数个散点纹样，用对称均衡式的具有宗教涵意的线条来协调于整体，使纹样富有动态的旋律美感。多种形态的如意纹从颈肩至胸背四周作环绕的垂挂装饰，花团锦簇，装饰审美效果明显。

云肩的纹饰设计上多以象征美好生活的花卉果实、生活场景或戏曲故事等仿摹形态作为题材。纹饰的色彩多样，并以其中一个作为主色调，通过色相的对比来构成色彩视觉冲突，并在间隔、镶嵌、叠加、互补等不同处置中，力求营造绚丽的色彩效应，以达到传颂不同情感内涵的目的（图7-3-33）。其装饰技艺的巧妙体现在它对每个部位都做精心的处理，钉绣、盘金、打籽、辫绣、锁绣和镶缘等技巧再结合贴切的针法，如平针、挽针、缠针、钉针、编针等手工技巧，针法细腻、光洁、紧密、匀称，强调以多样手法来丰富装饰效果。如缠针针迹匀密、边口齐整，常用来表现小花瓣与小草的纹样。其他装饰形式还有缘饰滚边和连接用的珠饰和缀饰。一条垂饰上就有多种装饰手法，串以不同的花结或者蝴蝶结，在丰富的变化中表达多项吉祥含义。

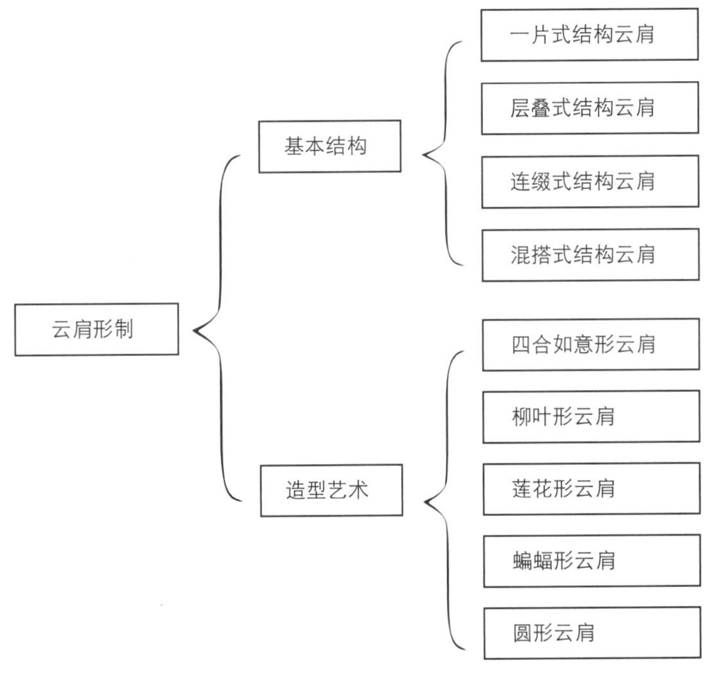

图7-3-30　云肩形制分类

云肩的另一种主要形式是柳叶形云肩。柳叶形云肩是模仿自然界植物叶子的柔美形态而创造的。图7-3-34是形制最简约的柳叶形云肩，为单层多叶片相连缀结构，由若干片大小不等的柳叶形状组成，整体形制呈现对角线对称，巧妙地把各种大小不同的形态糅合在一个圆形的平面里，以柳叶形为基本形变化，穿插了小如意云纹和因形状适合需要而产生的随意形，以实现构图上的饱满效果。装饰工艺采用刺绣和滚边，大柳叶上绣有花卉变形组合，小柳叶上绣有各

图7-3-31　云肩

图7-3-32　四合如意云肩

图7-3-33　四合如意云肩

图7-3-34　柳叶形云肩

种人物和动物形态的组合，每一个都赋予变化，随意形上的刺绣题材宽泛，是用来穿插和协调的。整个云肩内容丰实，结构紧凑，色调协调统一，比例和谐舒适，视觉平衡。柳叶形云肩从立体穿着效果来看，为片片柳叶紧密规律地平铺于人的前胸与后背，上窄下宽，方圆有形，应天地之象，动静、曲折、刚柔相生。以一种相同的纹样，在大小变异的布局中产生节奏感，而这种柳叶相似的形象的反复和变异则造成完整而丰富的旋律感和动感。这种层层叠叠的铺展，强化了装饰的动感，寄寓生命的无限活力。图7-3-35是多层的柳叶形与云头纹相结合的精美云肩。

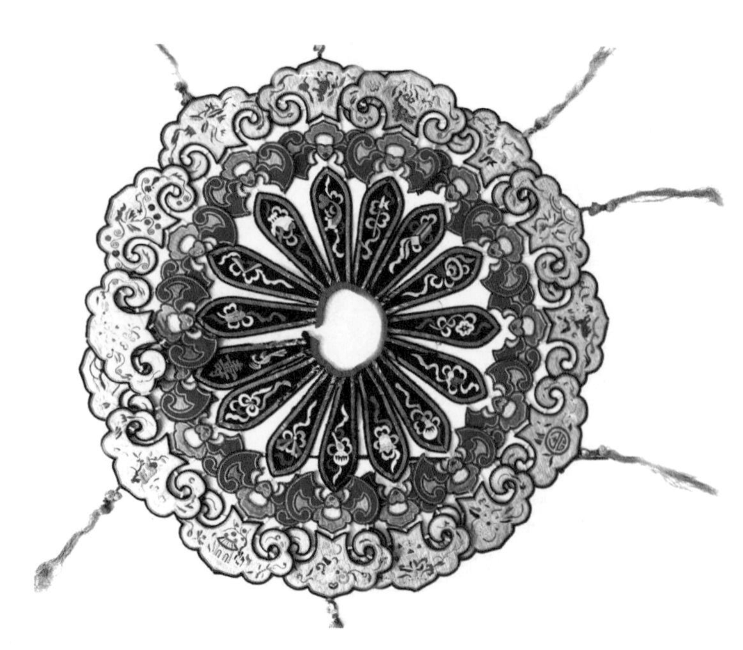

图7-3-35　柳叶形云肩

3. 云肩的适用功能性

云肩除了作为服饰品的装饰美观作用外，还体现了穿着卫生、健康和舒适等适用功能。传统云肩最初的基本功能是以实用性为主要目的的，其左右至肩，前后至胸和背，用于民间劳作时肩扛、挑等动作对肩部的保护，可以有效地减轻肩部疲劳和对服装肩部位的磨损，民间俗称“肩搭子”或“肩襻子”。而云肩的另一层实用意义是使衣服肩领部保持卫生、清洁。李渔在《闲情偶寄》中对云肩的实用防污功能作了明确阐

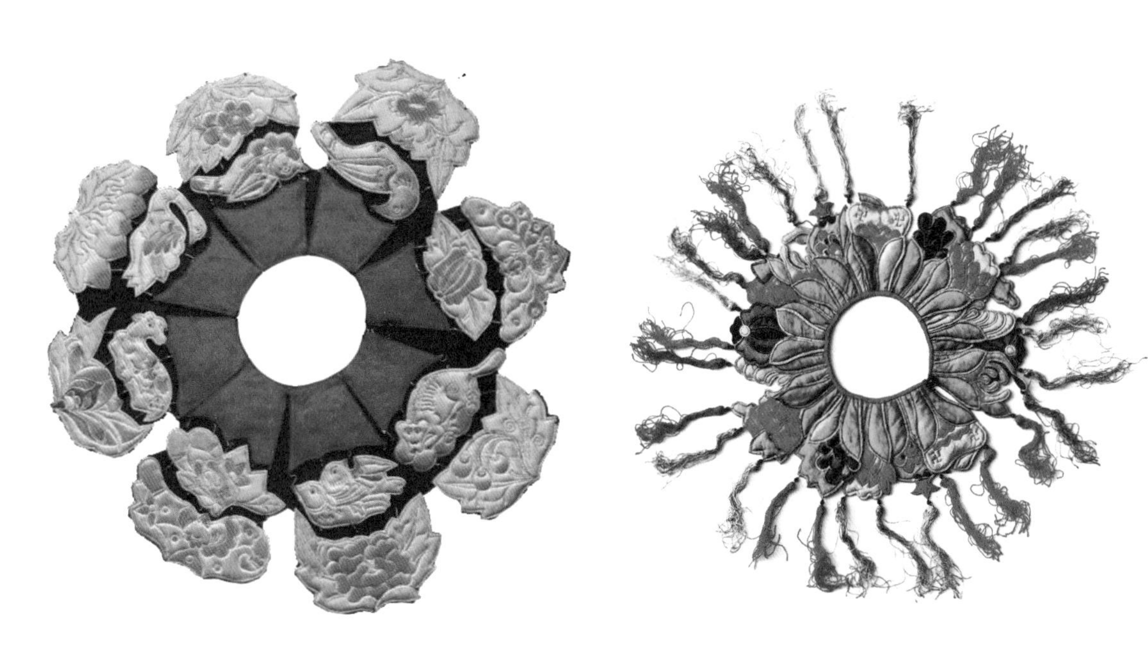

图7-3-36　儿童云肩　　图7-3-37　儿童云肩

述："云肩以护衣领，不使沾油，制之最善者也。"由于以前妇女梳低垂的发髻，恐怕衣服肩部被发髻油腻沾污，所以在肩部戴云肩以保持清洁是早期的主要原因。儿童的云肩通常是当作围脖使用，主要功能也是为了防止沾污（图7-3-36、图7-3-37）。

（二）围嘴

围嘴，又叫"围涎""涎葛拉"，是婴幼儿穿着使用的。把它戴在颈项间，防止涎水弄脏衣服且可以随时转动。围嘴有刺绣的，有素色的，有用花布拼成的，有夹的有单的，通常被做成圆形，也有刻着莲花瓣以求其美观（图7-3-38、图7-3-39）。

图7-3-38　刺绣围嘴

图7-3-39　刺绣围嘴

（三）蓑衣

蓑衣是用草或棕制成的、披在身上的防雨服饰品。旧时，蓑衣和斗笠是农家人的雨具，家家户户都少不了，但做一件蓑衣却很费时费料，需用棕或者草一点点地揉搓后编织。图7-3-40是用棕编织蓑衣，极富技巧性。稻草编结的蓑衣具有自然丰富的肌理效果。图7-3-41是以稻草编织的蓑衣，值得关注的是这是一种快要失

图7-3-40　棕蓑衣

传的民间工艺。

在唐宋时期，蓑衣便已是一种归隐文化的象征，蕴含着怀旧的田园情结，表现了古朴野趣的艺术情调。唐朝张志和《渔父》词"青箬笠，绿蓑衣，斜风细雨不须归"，描写了渔夫渔猎的休闲情态和对隐逸生活的向往。唐柳宗元《江雪》诗："孤舟蓑笠翁，独钓寒江雪。"宋苏轼《渔父》诗："自庇一身青蒻笠，相随到处绿蓑衣。"这些均有异曲同工之妙，表现诗人厌倦世俗的心境，而把细雨蓑衣的生活当做心中的向往，现在好多酒楼茶肆都会挂上一件这样的蓑衣以附庸诗性的清雅，表现一种文人情怀。

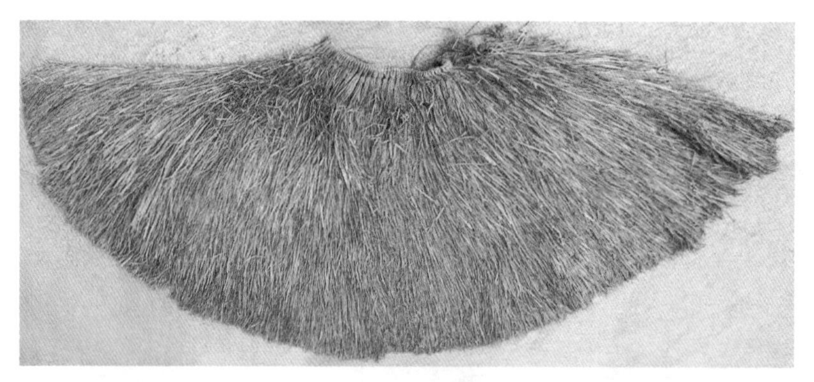

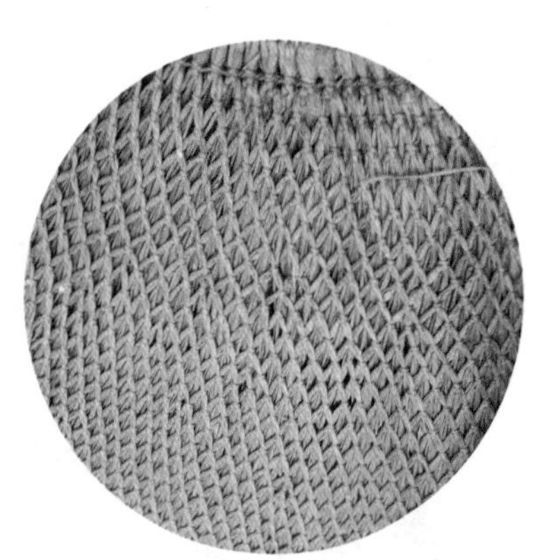

图7-3-41　稻草蓑衣

（四）牛舌头

牛舌头，一种领子，又叫"领衣"，因为造型像牛舌，所以又叫"牛舌头"（图7-3-42）。质料用布或绸缎，前为对襟，用纽扣系之，束在袍内，多为官员穿着。另一种叫披领（图7-3-43），遇庆典时除冠帽袍外，还要在礼服上另加披领，形似菱角，穿在袍褂的外面，它的功能类似于现在的领带。

（五）斗篷

斗篷，因为形状像一口扣着的大钟，在民间俗称"一口钟"，是冬春季节防寒的披风衣。最早盛行的斗篷是绸面，无袖，领有抽口领、交领和低领三种，将它披在身上，用带系在颈下。民国时通常男用称斗篷，女用称"一口钟"，讲究的人家总是以裘皮为里衬以表现富贵（图7-3-44）。

民国后，逐渐盛行模仿西洋装束，人们改穿大衣，只有孩童仍旧继续使用头篷。现在仍可见到不少婴幼儿有大红绸缎做的斗篷，又叫披风。图7-3-45是儿童使用的刺绣披风。

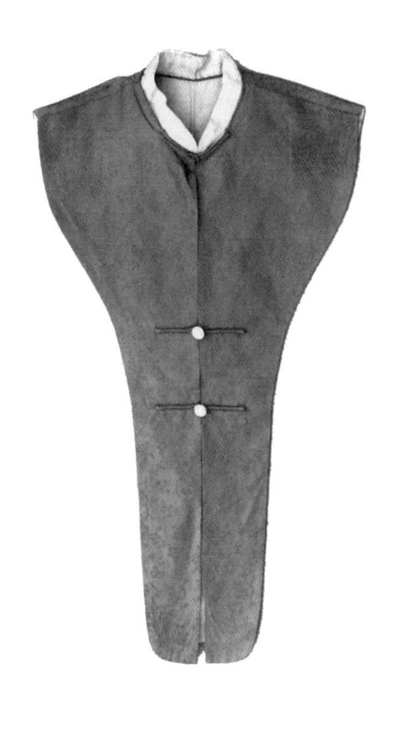

图7-3-42　牛舌头

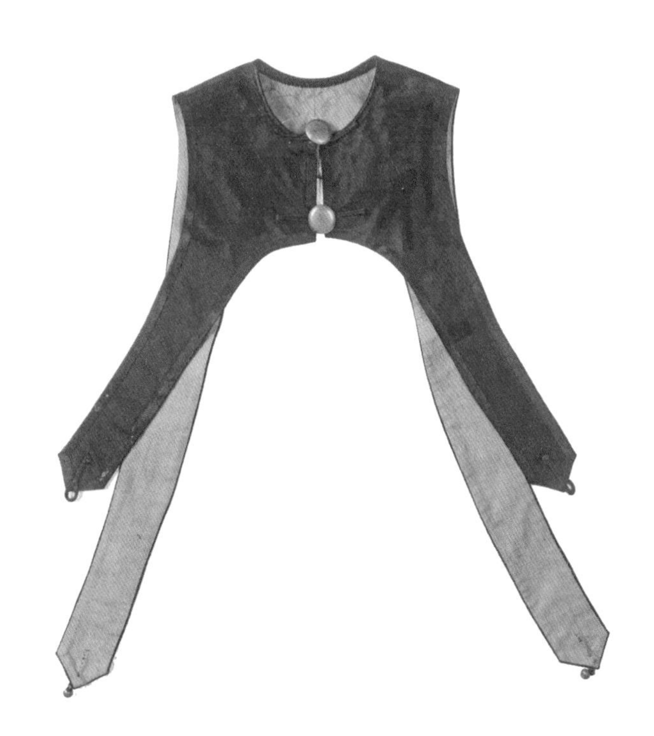

图7-3-43　披领

图7-3-44　一口钟

图7-3-45　披风

三、胸部服饰品

胸部服饰品一般指内衣，有肚兜、衬裙和胸衣等。

（一）肚兜

肚兜是遮盖胸前的贴身小衣。汉代又叫心衣、帕幅，又称腰巾、袜肚等，后又称之抹胸。徐珂的《清稗类钞·服饰》中记载："抹胸，胸间小衣也。一名抹腹，又名抹肚，以方尺之布为之，紧束前胸，以防风之内侵者，俗谓之兜肚。"从文献记载和流传的实物资料来看，清代以后民间俗称为肚兜或胸兜。

在陕西关中一带，肚兜往往伴随着人生礼仪。妇女有喜后，母亲和婆家要为快出世的娃娃缝制肚兜。端午节时，舅舅要给小外甥送肚兜儿。未过门的媳妇也会给未来的丈夫做肚兜。壮年人到了"过门坎"的年岁，也会换上新"裹肚儿"图个平安；老年人到了"过门坎"的忌年，闺女要为老人做"裹肚儿"，祷求长寿。不少地方人去世后，净身后先给穿"裹肚儿"，再穿寿衣。

近代的肚兜是当时民间的主要内衣形式，男女都会穿着，一般做成菱形，也有下角裁成圆弧形，对角设计，上角裁成浅凹状弧形，上有带以便套在颈间。富贵之家多用金链，一般人家则用银链、铜链或红色丝绳，腰部的两条带子束在背后。肚兜上一般很少素面，多为印花或绣花。其印花中最流行的是蓝印花布，绣花则丰富多彩。北方妇女喜欢在肚兜上绣花，有满绣，有在左右两角上绣花，有在顶端胸口部位绣花。其题材多为吉祥主题，年轻人多为爱情和向往美好生活愿望的主题，俗称"绣花兜"。兜面与兜口一般进行装饰刺绣，兜面绣具有主题含义的题材，如鸳鸯戏水、喜鹊登梅、刘海戏金蟾等图样，除吉祥避邪之外，又多爱情、幸福主题。图7-3-46是刺绣肚兜。年轻女人除自绣自用之外，亦常赠情人、赠丈夫，作传情与恩爱的信物；儿童肚兜多为辟邪和祈福吉祥主题（图7-3-47）；老年人的肚兜多为安康和长寿的主题，也有花卉的单独纹样，后来还出现了用吉祥和祝福的词语为题材的纹样，大多使用青色或蓝色肚兜。江南地区还有使用蓝印花布作为肚兜面料的，民间妇女肚兜的式样也基本相同，俗称"胸褡"，日常多用黑色或蓝黑色，系带用银链条、红色绒线带或织带，花布带子基本相同，穿着系扎的方法也一样。到民国时期所不同的是大多采用印花布作为肚兜面料，绣花很少，即使有绣花也只是在边缘绣一些小花和简单的几何纹样组合，色彩多淡雅。

传统内衣肚兜的基本功效是束住胸部，也体现了古人追求卫生和健康的需求，内衣上有个兜，可以贮存物品、香料、药物等。另一方面，肚兜的尺寸可以对胸腹部分进行掩蔽，因此，可以有效防止肚脐受凉，有

图7-3-46　刺绣肚兜

图7-3-47　儿童辟邪肚兜

图7-3-48　民国杂志封面女郎

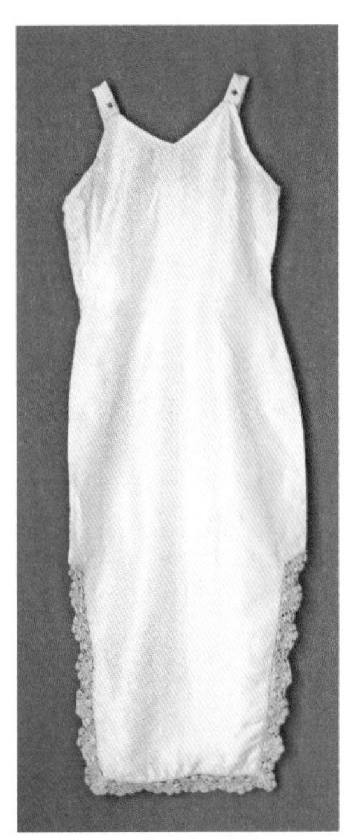

图7-3-49　衬裙

很好的御寒作用。

（二）衬裙

衬裙是与裙装配套穿着的服饰品，它是内穿的贴身衣物，民国时期常被穿在旗袍里面。图7-3-48是民国杂志封面上穿衬裙于旗袍内的女子，其质地为绉纱，比较轻薄，往往呈现半透明状，贴身透气舒适。它不但可以掩饰身体某些部位，而且可避免外裙面料对皮肤的不良刺激，又避免人体的分泌物、汗液等对裙子的污染，还可减轻人体与面料的直接磨损，延长裙子的穿着寿命，此外衬裙还可以起到支撑美化裙装轮廓的效果。图7-3-49是用丝绸制成的衬裙，用蕾丝花边沿边装饰，极富雅致艺术效果，可单独在室内穿着，既舒适又美观。

图7-3-50　民国画报上穿胸衣的女星

（三）胸衣

胸衣是保护乳房、美化乳房的女性物品。西风东渐给民国时期的服饰时尚带来巨变，而对内衣影响最大的莫过于思想观念的更新与开放。20世纪20年代末，内衣从海外传入中国，当时人们称之为“义乳”。最初，中国妇女并不习惯使用，电影女明星成为时尚体验的先行者，图7-3-50是画报上穿胸衣的女星。阮玲玉是最早戴“义乳”的中国妇女之一。在银幕上，她戴上义乳、身着旗袍后显现出的近乎完美的身体曲线，给妇女们以惊艳之感，于是“义乳”慢慢在上海、广州等大城市普及起来，并逐渐成为城市女性的主要内衣形式，如今城乡都已普及。

四、腰臀部服饰品

腰臀部服饰品既实用又精巧美观，主要有可传情达意的荷包和形状各异装载小物件的腰袋等。

（一）荷包

荷包，是古时人们随身佩带的一种小袋，又叫“荷囊”。荷包在战国时代已有，称为香囊。古代诗文中也有关于荷包的记载，《孔雀东南飞》是较早的一篇：“红罗覆斗帐，四角垂香囊。”民间传唱的《绣荷包》家喻户晓：“三月桃花开，情人捎书来，捎书带信儿，要一个荷包袋……荷包绣成了，无有人来捎，单等情郎来戴荷包！荷包戴胸前，妹妹好手段，把贤妹美名天下传！”

荷包通常用丝织物做成，上面有彩绣。造型有圆形、椭圆形、方形、长方形，也有桃形、如意形、石榴形等。图7-3-51是椭圆形荷包，图7-3-52是方形荷包。有盛钱的细长口袋，中间开口、两边各有一袋、系于腰带之上的褡裢；有精致小巧、兼玩赏和实用的绣花荷包，可存放各种小型物品，具有一定的实用性，还可作为男女间传情的信物；而儿童身上系挂的多为辟邪和祈佑平安成长的含意。

图7-3-51　莲藕多福刺绣荷包

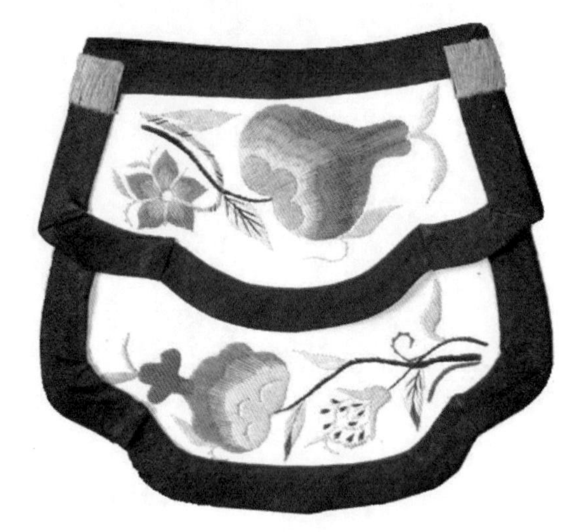

图7-3-52　多寿刺绣荷包

（二）腰袋

腰袋，为“腰子”状，也叫“腰圆荷包”，一种能装钱物的绣花袋，俗称“主腰子”“满腰转”。品种有烟荷包、钱包、腰袋，形如腰子状，上有系带，多为绒、缎面，喜用水纹、寿字图、松、石、竹子、蝙蝠图案等，是男性出门的主要装备。图7-3-53是抽象纹样刺绣腰袋，多为未婚妻或妻子赠送的富有情意的物品。其为两层双面镶边合二为一，下部封闭，上部开口，可装钱和其他小型物件。图7-3-54是莲花装饰腰袋，多用云纹、牡丹、佛手、莲花、宝瓶、蝴蝶等刺绣装饰。榆林小曲传唱：“人人都说妹妹好针线，你给哥哥缝上个满腰转。你给妹妹买上个一根针，钱多钱少都是你的心。”另有一种称“肋腰子”的宽硬腰带，束腰间又可兼作钱袋。它多用青色面料，表面用白线纳绣盘长、云彩头、狮子滚绣球等图案，车夫、脚夫多有此物。

图7-3-53　刺绣腰袋

图7-3-54　刺绣腰袋

五、腿足部服饰品

腿足部服饰品主要有绑腿、脚口和足衣，其中，体系庞杂、种类多样的足衣具有浓厚的文化特色。

（一）绑腿

绑腿，是系扎在腿部的服饰品，有长短、大小之分。徐珂《清稗类钞·服饰》记载："绑腿带为棉织物，紧束于胫，以助行路之便捷也。兵士及力作人恒用之。"绑腿在我国已有3000多年的历史，古称"行縢"，后来演化为绑腿，大多在农民劳作时穿着。

江南水乡妇女将绑腿作为重要的服饰品经常使用，在其方言里称绑腿为"卷绑"，形制有长和短两种。短卷绑穿着时，将整块布幅围裹于小腿至脚踝处，宽边在上，施于膝下；窄边在下，覆及足背。上下两端均有系带或揿钮用以缚扎固定，系带的形制较自由，末端为宝剑头。与短卷绑不同的是，长卷绑是先合拢成一个筒状，然后像裤子一样套上去，一直通达至股。同时，卷绑无论长短也都有单、夹之分，有的还填有棉絮，在整个窄边和斜边的大部分区域都有贴边，图7-3-55是长短不同的绑腿。

北方地区的绑腿与江南不同，人们喜欢用织带的形式将裤脚口扎紧。目的是防止害虫入侵，防风、活动便捷，天长日久逐渐形成习俗。严格来说北方的绑腿不能说是绑缚于整个腿部，而只在脚踝处用约10厘米宽的手织布扎住，称腿带，多为黑色，图7-3-56是黑色腿带。松散的裤脚被视为仪容不整和不礼貌的着装行为。

《嘉祥县志》记载：农村男子穿手工缝制的对襟大褂，大裤裆无缝裤、长裤腰的便裤。现在齐鲁地区较为闭塞的山区老年人仍有系扎腿带的习俗，《临沂市志》记载：老年人和中青年女子都要用带子扎住裤脚。

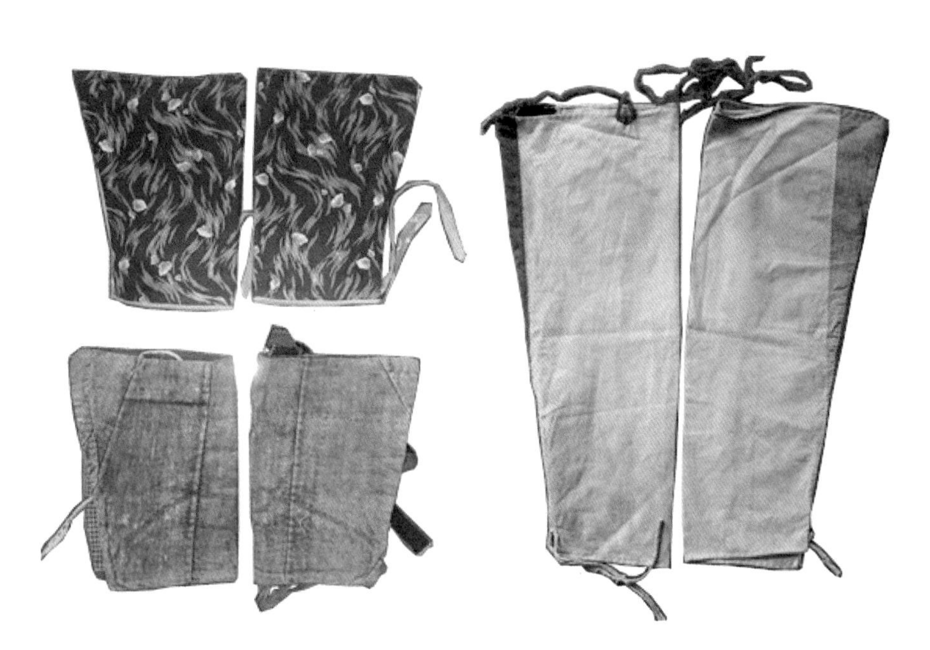

图7-3-55　绑腿

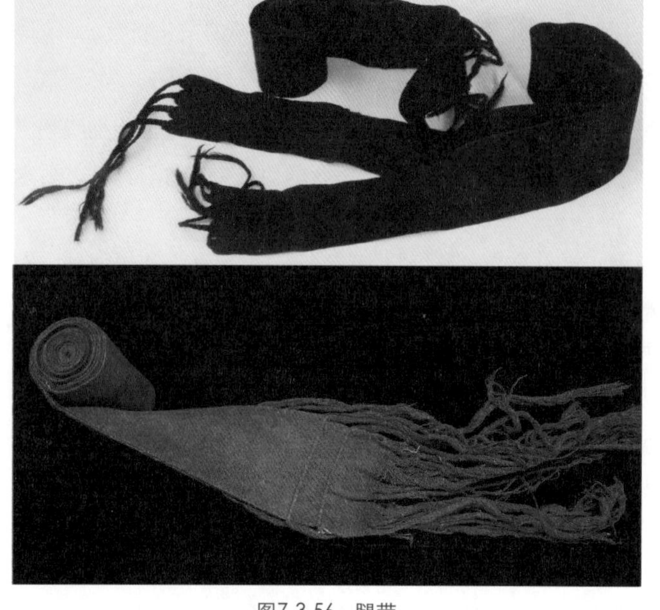

图7-3-56 腿带

图7-3-57 刺绣脚口

（二）脚口

脚口是套在脚踝处的一条绑带，图7-3-57是刺绣装饰的脚口，既可以保暖防风，又有美观的装饰作用，图7-3-58是套在鞋子上的脚口。

（三）足衣

足衣，是穿着在足部的服饰品，在古代被称为履，具有护脚的实用功能。图7-3-59是足衣分类图。

1. 从审美功能分类的足衣

从审美功能角度分，足衣可以分为小脚鞋、“放脚子”鞋和天足鞋。

小脚鞋又叫“弓鞋”或“三寸金莲”，是我国旧时妇女“缠足”之后穿着的特制鞋，因鞋尺寸很小且鞋底弯曲呈弓形，也叫做“弓鞋”。“三寸金莲”是“弓鞋”的俗名，是古时妇女缠足之后，足部头尖而“肚”丰，其鞋印颇似莲花瓣，故得此名。其典型特征为长度短、宽度窄、厚度薄、头部尖，而且足底无自然曲线。图7-3-60和图7-3-61是鞋头上翘的弓鞋，图7-3-62是尖头高跟弓鞋，图7-3-63是小圆头弓鞋，图7-3-64和图7-3-65是柳叶形弓鞋。

在日常生活中，什么场合穿什么样子的“三寸金莲”，其礼仪讲究颇多，尤其以婚嫁时候规矩最为严格。结婚时女子要准备三双金莲，一双是在上花轿之前穿着的紫面白底的金莲，取“白”和“紫”的谐音“百子”，寓意婚后子孙满堂；上花轿时，再在“百子金莲”外面套一双用正方形布或者绸折叠成的杏黄色或赤黄色布“金莲”，“黄色”有谐指“黄道吉日”的意思，讨个吉利；第三双是五彩丝绣的软底“金莲”，也叫“睡金莲”，

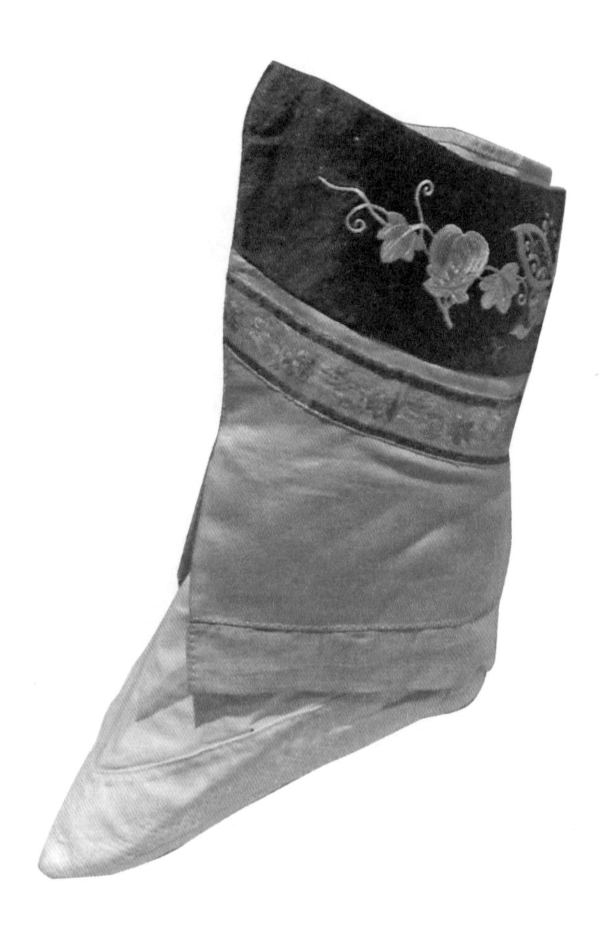

图7-3-58 刺绣脚口

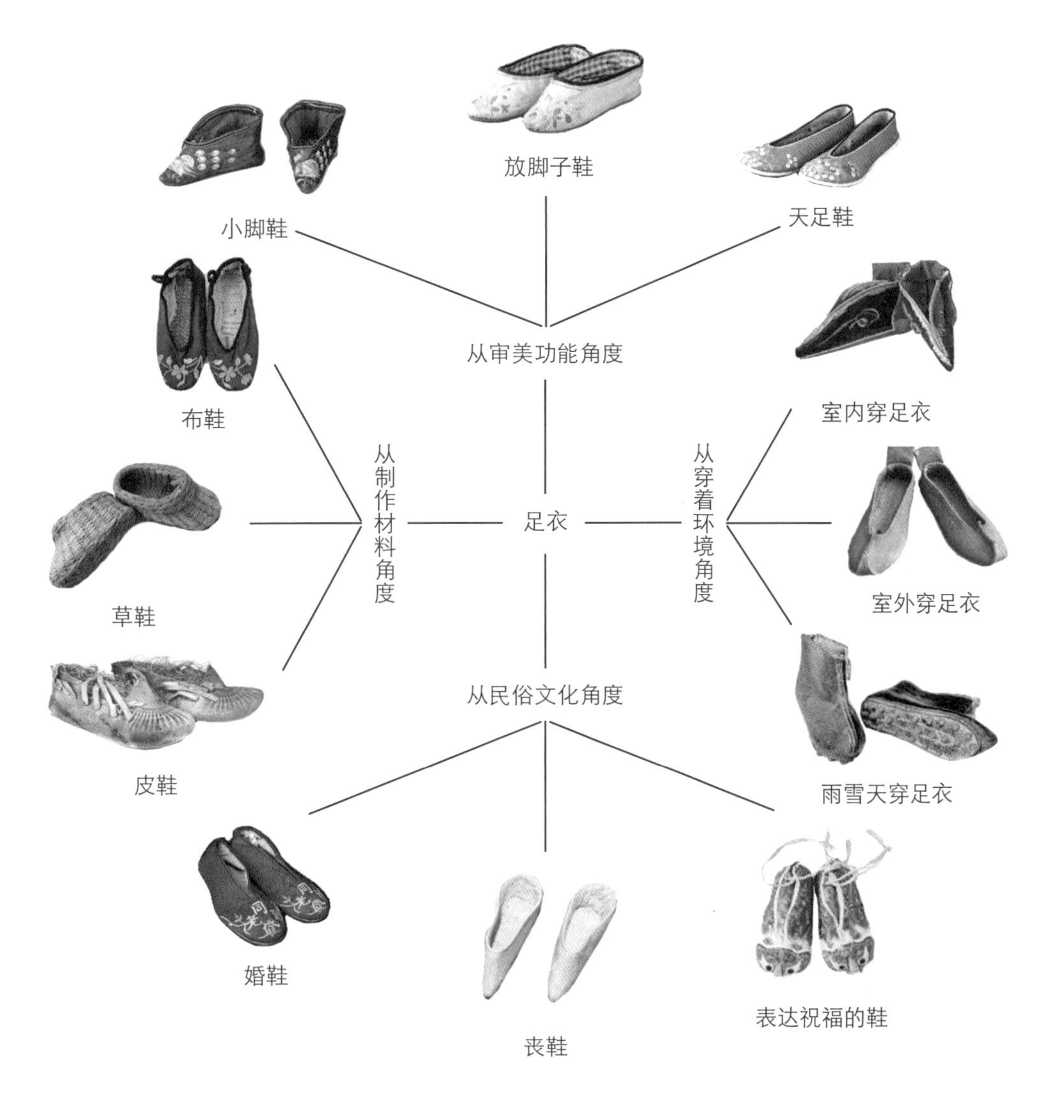

图7-3-59　足衣的分类

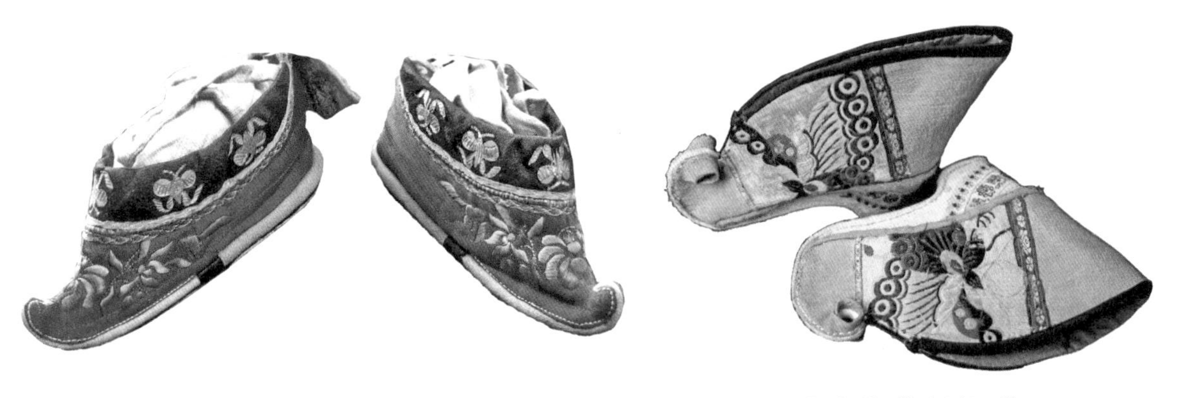

图7-3-60　鞋头上翘弓鞋

图7－3-61　鞋头上翘弓鞋

图7-3-62　尖头高跟弓鞋

图7-3-63　小圆头弓鞋

图7-3-64　柳叶形弓鞋

图7-3-65　柳叶形刺绣弓鞋

图7-3-66　高跟高筒弓鞋

图7-3-67　高跟高筒弓鞋

是拜过堂后上床睡觉时穿的，这双金莲的鞋内有画，脱下后由新郎新娘一起合看，其画面的内容与新婚之夜生活有密切关系。可见，“三寸金莲”包含着民间社会生活中许多文化寓意和民俗风情。

高跟高筒鞋并不是西方人的专利，在中国民间就流传着一些“三寸金莲”高跟高筒鞋。其有短腰鞋和长腰鞋之分。长腰鞋类似于今天流行的高筒靴，分为鞋头、鞋帮、鞋腰和鞋底，鞋腰与大裆裤筒下摆相呼应，所有部件分开制作与绣制，最后整合缝制为完整的鞋。图案多为吉祥花卉、象征爱情长久的“鱼戏莲”、象征长寿富贵的“耄耋富贵”等，使用贴布绣、平绣、镶花边等工艺手法，在当时是极其时髦的穿着（图7-3-66、图7-3-67）。

图7-3-69　“放脚子”绣花鞋

图7-3-68　“放脚子”绣花鞋

“放脚子”鞋是在民国时期提倡放足期间，适合已经缠足后又放开的脚型，俗称“解放脚”。这种鞋尺寸介于小脚鞋与天足鞋之间。图7-3-68是齐鲁地区特有的小圆头绣花鞋，图7-3-69是鞋头略微上翘的“放脚子”鞋。

图7-3-70　天足绣花鞋

天足鞋是适合没有外力作用的自然足部造型的足衣，图7-3-70是齐鲁地区的天足绣花鞋。天足鞋是适合行走和田间劳作之需要的服饰品，穿着舒适方便，不束缚脚，适宜行走和劳动需要。

“船形”绣花鞋是江南水乡特有的天足绣花鞋，鞋头尖而且上翘，形似水乡特有的、带有小篷的舢板船的船头部位造型，整个鞋型也类似这种船的流线型外形（图7-3-71）。这种船形绣花鞋的穿着适用性很好，鞋底是“两段底”，在鞋底前半部分装上一块由细布经过密扎加工后呈三角形状的薄鞋尖，鞋尖上翘，走路轻巧、利索，故俗称“扳趾头”鞋，后来又在鞋底钉上两块皮以防潮湿，同样不分左右脚。其鞋头绣花也颇具水乡韵味：缠枝牡丹图案的构成，嵌绣有蝙蝠、寿桃、荸荠和梅花，喻“福寿齐眉”，制作者故意将这四种图形隐藏于牡丹周围，若隐若现，更是增添了一些情趣。此种花形组合一般使用于新娘的绣花鞋上。

图7-3-71　“船形”绣花鞋

“猪拱”绣花鞋，也是江南水乡特有的绣花鞋，头扁圆而且略微上昂，形似猪鼻，故形象地称为“猪拱”绣花鞋（图7-3-72）。其形制和结构比较特别，均不分左右脚，这也许是出于制作方便的需要，也或许是出于民间风俗的需要。

图7-3-72　“猪拱”绣花鞋

齐鲁地区民间的特色足衣是“禅鞋”。俗称“三叉子鞋”“牛鼻子鞋”“夹鼻子鞋”“大鞋”。民国时期流行于齐鲁山区，最大的特点是鞋底厚，鞋帮用粗线密密麻麻纳过，以增强硬度和牢度，鞋底比鞋帮长大约6厘米，长出部分呈三角形，制作时先用蒸汽将鞋底馏软，然后扳弯厚底与鞋帮紧扣，使前脚面形成形似“牛鼻子”的形状并缝出棱角——俗称“锁梁”，后跟装“鞋提跟”以便穿

图7-3-73 禅鞋

着（图7-3-73）。此鞋尤其结实耐穿，适合爬山和在荆棘中劳动时穿用。

绣花鞋垫很具有地方特色，是置于鞋内的极普通和常见的服饰部件。其既是藏于足底不轻易示人的小小服饰品，也是保证足衣卫生性和使用牢度、足底健康性和舒适性的重要辅助服饰品。同时，通过民间女子运用各种绣花工艺手段，演绎成为从实用的服饰品到实用与审美兼有的重要服饰品。图7-3-74是十字绣花的鞋垫，图7-3-75是割绒绣花的鞋垫，即采用割绒技术，将多达十余层的棉布层层叠加，在中间以两层网状物隔开，进行两面绣花，绣好后用刀片从两层网状物中间割开成完全对称的两只鞋垫，绣花针法的密度、粗细和松紧决定了鞋垫的厚度和柔软程度。这样的鞋垫一面紧密细致，一面是绒面的柔软，非常透气和舒适。

图7-3-74 绣花鞋垫

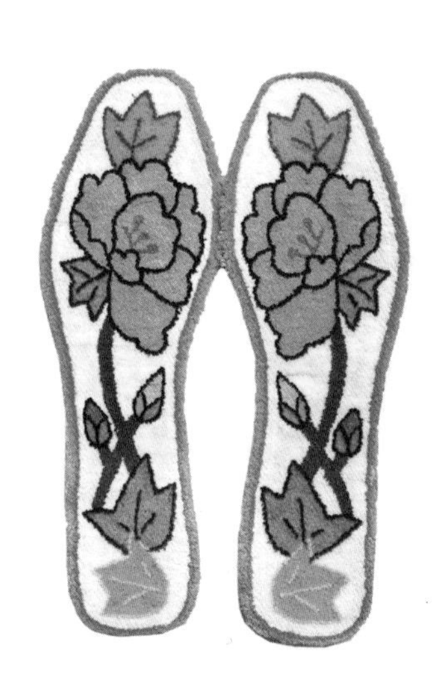

图7-3-75 绣花鞋垫

2. 从民俗文化角度分类的足衣

从民俗文化角度分，足衣可以分为婚鞋（图7-3-76）、丧鞋（民间也叫“送老鞋”），还有表现地域民俗文化特色的鞋，各种以动物形态表示祝福健康、强壮、驱邪避祸和吉祥含义的鞋子，如虎头鞋（图7-3-77）、狮头鞋、猪头鞋，以及一些特殊场合和用途穿着的鞋子，如黄布鞋等。

在传统社会里，闽南惠安女这个群体沿袭了奇特的民俗——早婚和常居娘家。她们在现实生活中饱尝诸多的苦难和不幸，再加上那里的男人主要从事海上作业，家里的一切工作便交给妇女。繁重的农业劳作以及闭塞贫困的社会环境等诸多因素使得惠安女肩负着沉重的体力劳动和精神负累。然而爱美和细腻的情感是东方女性的天性，在漫长的年月里，惠安女通过“女红”来美化朴实的服饰和表达内心的情意，通过古朴的鸡公鞋来寄托对爱人的思念，这也是她们生活中主要的精神安慰和寄托。女红图案花纹丰富多变、色彩艳丽和谐，体现出惠安女独特的审美心理特征，图7-3-78是鞋头很有特色的鸡公鞋。

3. 从制作材料角度分类的足衣

从制作材料角度分，足衣可以分为布鞋、草鞋（图7-3-79）、皮鞋或靴等形式。布鞋通常使用土织布和

图7-3-76　绣花婚鞋

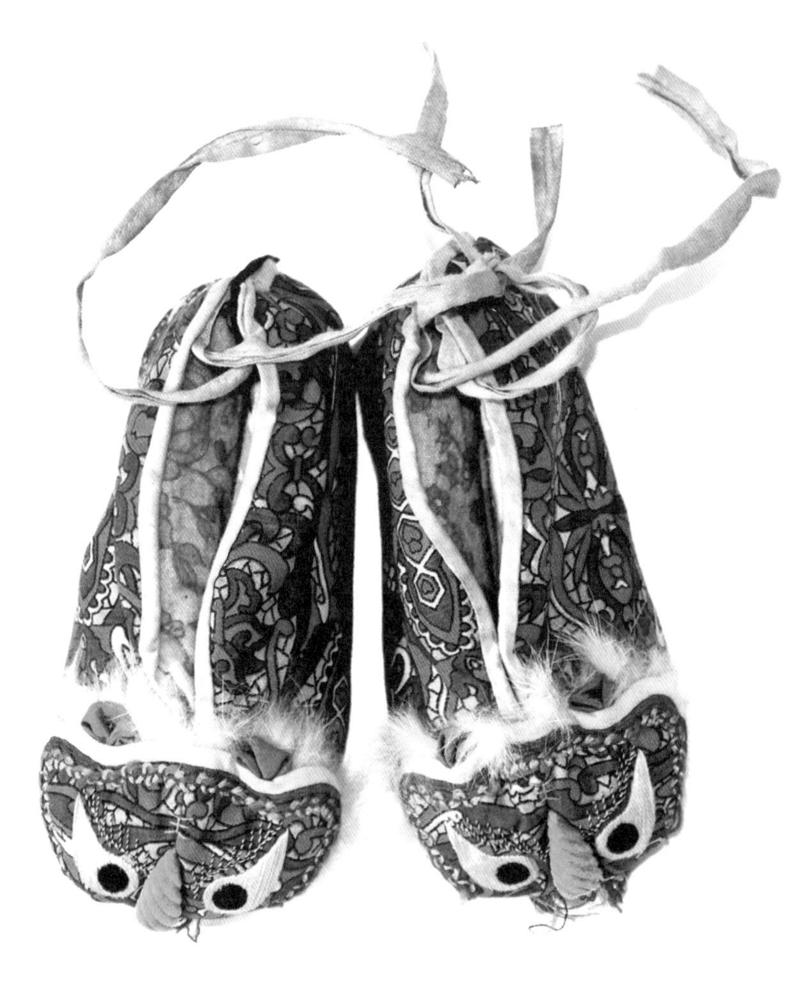

图7-3-77　虎头鞋

丝绸织锦等面料制作，一般为圆头、圆口、布帮和布底，南北方冬季都穿。草鞋常用于长江流域和沿海地区，南方使用稻草进行编制，齐鲁地区使用蒲草夹麻棕编制。夏天的草鞋是镂空状，形似今天的凉鞋，冬季穿草鞋又叫蒲窝，编制紧密，形似暖鞋，非常暖和，但穿着略显粗糙，并不十分舒适。北方地区寒冷，冬季气温一般在零下，因此常常使用皮靴保暖御寒。

乌拉鞋是旧时东北常见的皮质鞋（图7-3-80），以头层牛皮鞣制，特别之处是在鞋头捏出十多个整齐细密的小褶，工艺可见一斑。乌拉鞋宽松不勒脚趾，内垫关东三宝之一的乌拉草，乌拉草松软吸湿透气，在足部出汗后可将乌拉草取出晒干，仍可以重复使用，而且越垫越晒越柔软，因此，穿着这样的鞋不易生脚气和其他脚病。

4. 从穿着环境角度分类的足衣

从穿着环境角度分，足衣可以分为室内穿的足衣、室外穿的足衣、雨雪天穿的足衣、就寝用鞋套、冬季穿的棉鞋、其他季节穿的单鞋等。室内穿的足衣一般鞋底松软、轻薄，室外穿的足衣因需要行走或劳作的关系，鞋底较硬、耐磨；就寝用鞋套，相当于现在的袜套（图7-3-81）；雨雪天穿的足衣在齐鲁称之为油鞋、江南称为钉鞋（图7-3-82）。钉鞋，旧时雨鞋，一般在形似蚌壳的布鞋面上涂有桐油以防水，也有用牛皮制作，在鞋底整齐地钉

图7-3-78　鸡公鞋

图7-3-79　草鞋

图7-3-80　乌拉鞋

图7-3-81　袜套

图7-3-82　钉鞋

有椭圆形铁钉以防滑，并能够保持鞋底与地面有一定的空间，从而使得鞋底不易进水。

足衣是封建社会中礼教文化的标志，特别是“缠足”及“弓鞋”是传统女性服饰文化的重要表现形式。同时，足衣也是古代女子传情达意的载体。有歌谣传唱：“结识私情结识恩对恩，做双快鞋送郎君。薄薄哩个底来密密哩扎，情哥郎着子脚头轻。”这首歌谣在传达女子情思的同时也展示了其精巧的女红技艺，而服饰品鞋子，则是她们情感与技艺的物化的结果。

六、妆容及首饰

（一）妆容

爱美之心，古今皆然。从古至今，女子妆容可谓多姿多彩，不仅以粉饰面，两颊涂胭脂抹红，修眉饰黛，点染朱唇，甚至用五色花子贴在额上，每个朝代由于社会背景、政治经济制度、道德观念、风俗民情等的不同，妆容更是变化万千。相较以往朝代妆容的极致繁复与奢华，明清妇女一般崇尚秀美清丽的形象，以面庞秀美、弯曲细眉、细眼、薄小嘴唇为美。清末，西方先进文化和科学技术涌入，且女子受教育之风兴起，中国传统化妆旧法逐渐被淘汰，西洋化妆术被急剧提倡。

发型方面，古代汉族男女成年之后都把头发绾成发髻盘在头上，以笄固定。男子常常戴冠、巾、帽等，形制多样。女子发髻也可梳成各种式样，并在发髻上佩带珠花、步摇等各种饰物。鬓发两侧饰博鬓，也有戴帷帽、盖头的。汉族妇女的发式，在清代中叶模仿满族宫女发式，以高髻为尚。此后还流行过平髻、圆髻、如意髻等样式。清末，崇尚梳辫，初在少女中流行，之后逐渐普及。

从细致精巧的化妆工具上也可以看出妇女对妆容的重视和用心。粉扑，是妇女化妆用的工具，一面较柔软，背面则绣上各种精美的花卉图案（图7-3-83），还有各色各样的化妆包和工具，图7-3-84是带化妆镜的化妆包。

图7-3-83　粉扑

图7-3-84　化妆包

（二）首饰

古代首饰种类琳琅满目（图7-3-85），尤其是头部的装饰品（图7-3-86、图7-3-87），有簪、簪花、钗、梳钗、步摇、篦、金钿、银钿等，还有佩戴在颈部和手部的装饰品（图7-3-88、图7-3-89），其中最古老的首饰是梳饰。这些簪钗上处处充满着中国文化的精髓和传统思想的意趣。

图7-3-85　琳琅满目的首饰

图7-3-86　发饰

图7-3-87　发饰

图7-3-88　颈饰

图7-3-89　指环

第四章 汉民族民间服饰纹样

勤劳的汉民族常常喜欢在服饰及众多服饰品上绣印各种漂亮的纹样，在西方印染技术没进入国内前，心灵手巧的女子们总是采用各种技法如刺绣、提花等在服饰上做出眼花缭乱的视觉效果，其实，她们的目的也很简单，就是为了展现女子的女红才能和心智，以得到社会的尊重。在现在的人看来，这是具有广义范畴的装饰艺术，民间文化也由此大大拓宽了。

民间日常服饰上一般纹样都是装饰在衣片的胸前、后背、袖片、袖口、襟边、领口、下摆、裙片和裤脚口等部位，几乎所有服饰品都成为女子争奇斗艳和比女红内功的物件，这些纹样及衍生的工艺技术，既是一种图案造型艺术，又是民间情感传递的载体（图7-4-1）。

图7-4-1 “繁花似锦”的民间服饰纹样

汉民族民间服饰上的纹样多以吉祥纹样为主，有传情达意的重要作用。它不是简单地模拟自然物象的外形，而是以舍形取意的方式，传达一定的社会文化信息和人的审美情感。中华民族传统文化形态崇尚吉祥、喜庆、圆满、幸福和稳定，这一理念反映在民族服饰图案上，则表现为追求饱满、丰厚、完整、乐观向上、生生不息的情感意愿，通过图案造型，表达出深厚的历史文化、丰富的民族文化，同时也是传统吉祥文化和独特的审美文化的表述。

传统汉民族民间服饰及日常服饰品上的纹样题材都直接或间接来源于自然界各种生物的形象模拟或抽象概括，如对花鸟鱼虫、飞禽走兽、各种舞台戏曲神话人物形象、自然生态景观、节日喜庆场面以及宗教活动与民间生活生产场景的描述等，通过模仿、转换、联想、组合、夸张、类比等艺术手段，运用印、染、织、绣、贴等民间手工技艺将它们表现于民间服装、饰品以及家用纺织品上。这些纹饰有的是对传统图案形式的变异模仿，有的是赋予它们特定的民间、民俗意义，有的是民间艺人或手艺灵巧女子无意识的自由创作，由此也创造了精美无比的纺织、印花图案艺术和民间刺绣“女红”艺术。

传统汉民族民间服饰纹样，按照题材来源一般可以分为植物花草类装饰纹样、动物类装饰纹样、器物纹样以及组合纹样。

图7-4-2（a） 马面裙上的牡丹纹样

图7-4-2（b） 婚礼服上的富贵牡丹纹样

图7-4-3 民间服饰中的牡丹纹样

一、植物花草类装饰纹样

汉民族民间服饰及服饰品上的常规植物花草类装饰纹样有牡丹、梅花、菊花、荷花以及一些无名花草等。

（一）牡丹花纹样

牡丹花又名富贵花，雍容华贵，国色天香，它是富贵的象征，美丽的化身，被尊为“花王”“国花”。历史上不少诗人赋诗赞美它，如唐诗赞它“佳名唤作百花王”，又宋词“爱莲说”中写有“牡丹，花之富贵者也”等，许多名句流传至今。“百花之王”“富贵花”也因此成了赞美牡丹的别号。唐朝人最喜爱牡丹，曾在牡丹花开季节，举行牡丹盛会，长安人倾城而出，如醉似狂。以牡丹花为主调的吉祥图案具有浓郁的中华民族特色。图7-4-2（a）是马面裙上的牡丹花纹样，采用的是平绣中的套针手法，色彩鲜艳，退晕自然，花卉较为写实，花瓣具有层次感，绣以蓝白色的叶子更加衬托出牡丹的高贵美丽。牡丹纹样被广泛地运用于女性服饰特别是婚礼服中。图7-4-2（b）中大红婚礼服上的富贵牡丹纹样表现出人们对美好幸福生活的向往，实际上也是新人追求荣华富贵的生活愿景。图7-4-3是民间服饰中各种形态的牡丹纹样，盛开的牡丹花图案造型写实或写意，富有层次感，色彩鲜艳，形态雍容华贵，运用在服饰上从气质上给人以富贵之感，同样表达了主人期盼富裕美满生活的愿望。

图7-4-4　梅花纹样

图7-4-5　坎肩上的梅花纹样

（二）梅花纹样

梅花是汉民族民间服饰图案中常见的花卉形态，同时也是民间广为喜爱的“四君子”（梅、兰、竹、菊）之首，它以曲如游龙的线条、坚贞不屈的品格而被人们所喜爱。在严寒中，梅开百花之先，独天下而春。民间服饰上以其五朵花瓣象征其审美形态的“五福捧寿”。五福的象征为：一是快乐，二是幸福，三是长寿，四是顺利，五是和平。民间又一说法是其象征“福、禄、寿、喜、财”。这些都是人们寄寓传统的民俗寓意观念的表现。梅花图案在民间服饰中的运用以满地花表现较多，如图7-4-4所示的是梅花纹样的满地花构图形式。图7-4-5是坎肩上的梅花纹样，其平绣的梅花纹样显得特别精致，花朵有大有小、有开有合，颇具感染力。

同时，梅花纹样也常和其他纹样一起组成组合纹样出现在服饰品中，往往用来表现一种高洁的品质，如以松、竹、梅相搭配的“岁寒三友图”常用于服饰品和家用绣品中，还有“四君子”——梅、兰、竹、菊（图7-4-6），“雪中四友”——迎春、玉梅、水仙、山茶，“五清”——梅、竹、松、水仙、月季，“五洁”——水、月、松、竹、梅等，都具有梅花形态，代表的是一种寓意、一种展示、一种中国人追求圆满的特有思维方式和自然美的意境。

（三）菊花纹样

菊花，古代又名节华、更生、朱嬴、金蕊、周盈、延年、阴成等，是我国的传统花卉之一。菊花以其品性的素洁高雅、色彩的绚丽缤纷、风骨的坚贞顽强和意趣的丰富多彩而倍受人们青睐。古人又认为菊花能轻身益气，令人长寿，民间称为“长寿”之花。宋朝石延年称赞它：“风劲香愈远，天寒色更鲜。秋天刁不断，无意学金钱。”故常把菊花喻为君子。菊花纹样应用于服饰上，素雅大方。图7-4-7是女子手挽的包袱布，上面印有菊花纹样，其层层的花瓣包裹着花蕊，显得十分圆

图7-4-6　凤尾裙上的“四君子”图案

图7-4-7　菊花纹样包袱布

图7-4-8　菊花纹样马面裙局部

图7-4-9　菊花纹样单袄

润饱满，绿色的叶子包裹在菊花周围，好似鲜花满地。图7-4-8是马面裙上的菊花纹样，其刺绣菊花纹样窄长呈枚红色，颜色鲜艳，茎叶弯曲细长，使纹样更具美感。菊花纹也常与其他花卉组合搭配。图7-4-9是件单袄，服装以白色为底，全身绣有大小不等的菊纹和葡萄纹进行搭配，通过茎叶使它们成为一个整体，在素雅中透出一股暖意。将菊花纹样运用于服饰中，可以看出人们对菊花所蕴含意义的崇尚与追求。

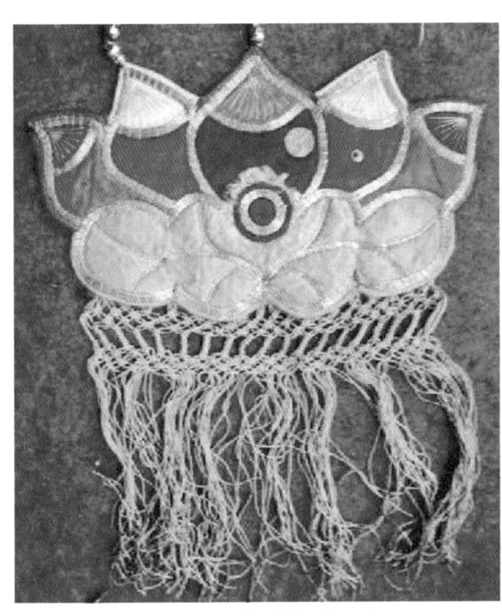

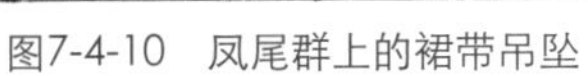
图7-4-10　凤尾群上的裙带吊坠

图7-4-11　云肩绣片

图7-4-12　荷花莲藕纹

（四）荷花纹样

荷花是高洁品格的代表，更是佛教神圣净洁的象征。人们都好以荷花“出淤泥而不染，濯清涟而不妖”的高尚品质作为激励自己洁身自好的座右铭。荷花花叶清秀，花香四溢，沁人肺腑，有迎骄阳而不惧，出淤泥而不染的气质，所以荷花在人们心目中是真善美的化身，吉祥丰兴的预兆，是佛教中神圣净洁的名物，是道教的圣花，是善和美的象征，也是友谊的种子。以“超凡脱俗”喻“个性象征”，于是荷花进一步上升为吉祥象征符号而广受尊崇。荷花纹样被用于服饰品上，寓纯真爱情和人寿年丰。图7-4-10是凤尾裙上的裙带吊坠，采用了荷花的外形，在花型边缘处予以镶金装饰，色彩鲜艳，增添了华丽之感；图7-4-11是刺绣云肩局部，花瓣尖部以红色点缀来凸显荷花的特征，花型雅致大方；图7-4-12是荷花莲藕图，荷花常与莲藕组合搭配，将本来不可能同时生长的荷花和莲藕进行组合，巧妙地进行了大胆的组合创造，这样便产生了因合（荷）而得偶（藕）、天赐良缘的图案寓意；图7-4-13是一双老人鞋，鞋底与鞋面均绣有荷花纹样，有人寿年丰之意。

图7-4-13　老人鞋上的荷花纹样

（五）无名花草纹样

在中国的传统文化中，花卉图案代表美丽、吉祥如意和物丰人和。然而民间也有许多叫不出名字的刺绣花草图案，它们是民间女子的自由创作，是她们对绣花的审美认知和对自己手艺的自信，表现出自己的心灵手巧、传情达意和美好期望，寄托对爱情的憧憬和祝福（图7-4-14）。

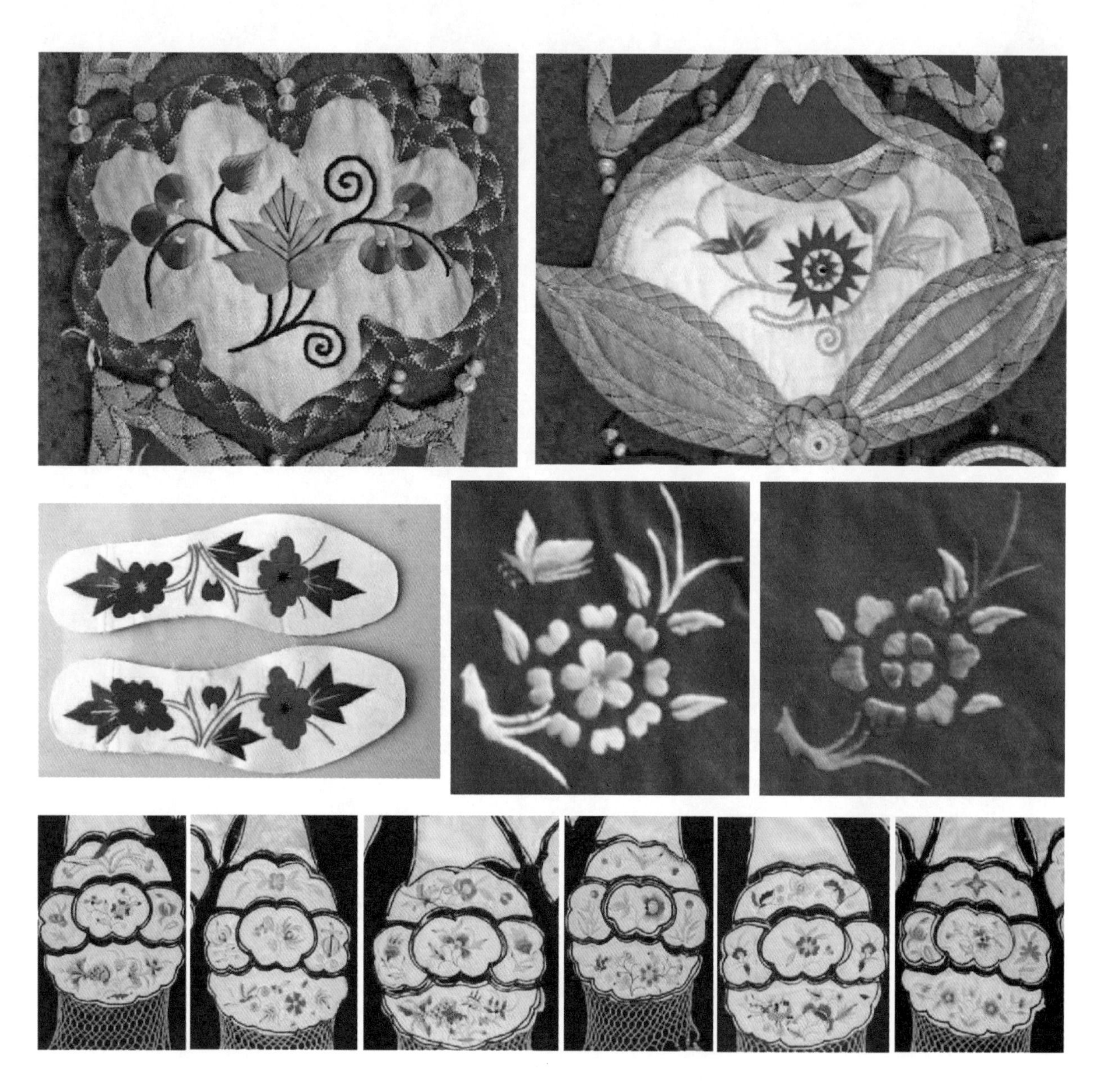

图7-4-14　服饰品上各种无名花草图案

二、动物类装饰纹样

汉民族民间服饰及服饰品上的动物类纹样同样丰富多彩，寓意吉祥、丰富。常见的有老虎、五毒、螃蟹、猪、蝶、蝙蝠以及其他动物等形态。

（一）虎形纹样

老虎，作为一种猛兽和古代图腾崇拜物，是猛兽精进、雄强、威武的象征。它是兽中之王，镇山之主，古称“山君”或“圣兽”，被我国历代人们奉为山神，它黄质黑章，锯牙钩爪，体重千金，斑斓健美，吼声如雷，百兽镇恐，是威仪、正义与强健的化身。

老虎，在中国传统文化中扮演过很重要的角色，虎文化不仅在原始图腾中有着丰富的底蕴，各地的民风民俗中也离不开虎的形象。老虎本身是自然界的猛兽，它具有凶猛、强悍的自然生态特征。有力量、有气概的人物和事物往往与虎联系起来，如虎将、虎士、虎步等。虎纹样在民间服饰中具有丰富多彩的表现样式，赋予日常生活以无限的乐趣。农历五月初五端午节期间，民间盛行给儿童做布老虎，或者用雄黄在儿童的额头画虎脸，寓意健康、强壮、勇敢。虎形纹样在服装中的表现形式与一般的纹样有所不同，在立体造型中表现老虎纹样是其突出特征。

在古代中国民间，由于孩子出生是最受重视的事情，有的地方要祭祖以谢天地，同时举行满月仪式。有民谣为证：“三天就怕马牙子、七天又怕七朝疯、十二天小满月，为娘才放一点心。”民间借以各种民俗手段来保佑孩子健康、活泼地成长，从而取得精神慰藉和心理平衡。图7-4-15是虎形刺绣儿童围嘴，在老虎的外形上绣有“因荷得藕”刺绣纹样，一方面寄望于孩子健康成长，另一方面也希望孩子长大后拥有一段美好幸福的爱情。

虎头帽是苏北民间非常普遍的服饰品，有尾巴和飘带的称为“披风帽”，无尾巴的称为“一把抓”。“披风帽”

图7-4-16　儿童披风帽

图7-4-15　虎形刺绣儿童围嘴

图7-4-17　儿童虎形肚兜

在上学之前都可以戴，“一把抓”大多为襁褓和摇篮中的幼童佩戴。图7-4-16是中原地区常用的披风帽，帽的前脸被设计成虎头形，前额正中绣出“王”字，左右上下绣出虎的五官，护耳处镶上蝴蝶扣，帽子的后面做成桃叶形顺肩披下，两侧垂下布带，布带端成宝剑头，里面缀着铜钱，寓意小孩“前程似锦”。可见，民间对虎形象的尊崇是很高的。而平面虎纹样一般用于肚兜之中（图7-4-17）。

（二）五毒纹样

五毒，是对毒虫毒物的统称，包括蟾蜍、蝎子、蜈蚣、毒蛇、蜥蜴等。人们平时厌恶这些动物，尤其惧怕它们会伤害小孩，为了保护孩子健康成长，民间往往用其毒化喜降之意。因此，“五毒”题材在民间十分流行。常见的“五毒”艺术品大多出自于乡村妇女和民间艺人之手，他们完全凭借一份质朴和直觉创造出雄厚有力、质朴单纯、简洁明快的艺术图案，反映了劳动人民朴实无华的精神品质。图7-4-18是儿童背心，背心以布片拼接而成，绣有蜘蛛、蜥蜴、蝙蝠等五毒纹样；图7-4-19是儿童肚兜，肚兜上绣有一只蜥蜴。民间认为每年的五月是五毒出没的时间。有民谣说：“端午节，天气热，‘五毒’醒，不安宁。”因此端午节还有“五毒日”的别名。

“五毒”香包是甘肃庆阳香包典型的一种。端午节这天，庆阳人将“五毒”视为吉祥物，给孩子拴上“五毒”荷包，或做成“五毒”肚兜、“五毒”坎肩穿在身上。农历五月初五这一天，走在庆阳的大街小巷让人仿佛踏进了民间艺术博览会的殿堂：大人、小孩身上都挂满了妇女们精心绣制的各式各样的荷包；姑娘们穿上新衣服，手腕上系着花花绿绿的彩绳；孩子们额头上点着雄黄痣，穿着“五毒”背心，系着彩色裹肚，胸前吊满了成串的香包，神秘而有趣。

（三）螃蟹纹样

螃蟹由于其特殊的形态和行走特征，常被寄托“富甲天下、八方招财、纵横天下”等吉祥寓意。这种涵义也常被用于服饰图案中。图7-4-20是中原云肩上的刺绣，绣片上绣有一对螃蟹和一些花朵的组合，整个构图对称、形态简练。值得称道的是螃蟹背部的刻画，其针绣工艺独特且富有立体感。只是这对螃蟹距原型有较大差异，或许是中原女子并未见过此类生物的缘由。

图7-4-18　五毒背心

图7-4-19　儿童肚兜

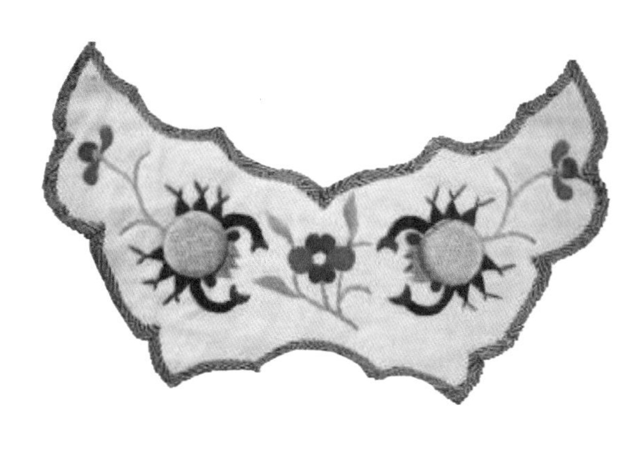

图7-4-20 云肩绣片

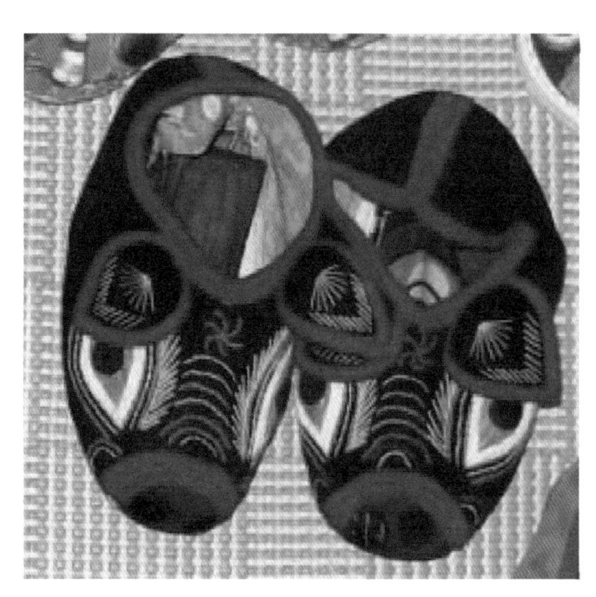

图7-4-21 猪头鞋

（四）猪题材纹样

猪，在家畜中与人类的关系最为密切。古代，猪是财富、勇敢、生育的象征。俗语有云："富得像肥猪流油""猪浑身是宝"。而猪本身就是一个硕大的元宝形，所以，猪是常用的旺财吉祥图腾之一。古代生育是人们非常重视的事情，人们羡慕猪的生育能力。因此，在民间服饰中特别是儿童的服饰品中会看到猪的形象，比如猪头鞋应用就较广。图7-4-21是儿童猪头鞋，采用刺绣、贴布的方法在鞋头部位做出猪的五官，形态憨厚可掬，大人给孩子们做上这样一双猪头鞋穿上，希望孩子从小到大像猪一样好养而不生病，无忧无虑地成长，是民间"祈子"心理的暗示。

（五）蝴蝶纹样

蝴蝶以其身美、形美、色美、情美而被人们欣赏与咏诵，被人们誉为"会飞的花朵""虫国的佳丽"，是一种高雅文化的表现及美丽的化身，可令人体会到大自然的赏心悦目。中国传统文学常把双飞的蝴蝶作为自由恋爱的象征，这表明人们对自由爱情的向往与追求。著名爱情剧《梁祝》就是以男女主人公化蝶为结尾的爱情悲剧。图7-4-22是大襟衫上的带尾巴的蝴蝶纹，是民间艺人凭借自己大胆的想象力赋予蝴蝶以新的形象，其平绣的蝴蝶有长长的尾巴，飞舞时更加飘逸美丽，常与植物花卉穿插组合应用；图7-4-23是女士腰带，腰带上绣有两只对称的蝴蝶，蝴蝶以单线的形式来表现，重点突出蝴蝶的两只大眼睛，形态简洁抽象；图7-4-24是凤尾裙吊坠局部，蝴蝶位于绣片正中部位，红色底布上衬以绿色渐变的蝴蝶，使纹样更加突出，体现出蝶落枝头的美感，整个蝴蝶造型较为写实，与大气、端庄的凤尾裙相得益彰。

（六）蝙蝠纹样

蝙蝠纹样是中国传统纹样当中极具个性的纹样，是将蝙蝠原形化作了美丽吉祥的艺术符号。蝙蝠纹样艺术符号的所指集中于"福禄寿喜财吉安"的吉祥主题，它是动荡的生活环境、重于感性的思维特点、儒家思想主导的文化以及佛家神仙思想作用的民俗观念等因素综合影响下的结果。"蝠"因与"福""富"谐音，所以人们很早就把蝙蝠作为吉祥纹样应用于服饰中，人们应用自己丰富的想象力和大胆的变形移情的手法，把原来并不美的形象变得翅卷祥云、风度翩翩。图7-4-25中蝠身和蝠翅都弯曲自如、十分逗人喜爱；图7-4-26是花瓣形五福云肩，云肩上绣有的蝙蝠纹样以旋

图7-4-22　带尾巴的蝴蝶纹样

图7-4-23　刺绣腰带

图7-4-24　凤尾裙上的吊坠

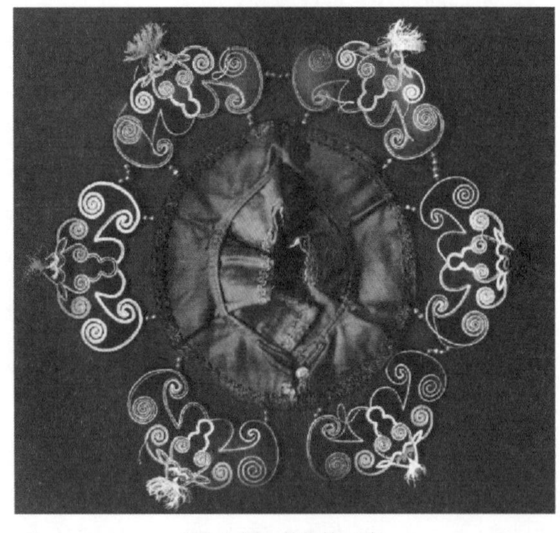
图7-4-25　蝙蝠纹云肩

图7-4-26　花瓣形五福云肩

转的形式构成，表达的是“五福临门”之意；图7-4-27中绣片上的蝙蝠纹样以黑色为底，而蝙蝠却改变了其原本的颜色，披上彩色的外衣，不仅能凸显出蝙蝠的形态美丽，更增加了祥瑞之气。

（七）其他动物纹样

除上述的动物纹样外，一些其他动物纹样也常被用于服饰品上，如鱼（图7-4-28）、狗（图7-4-29）、兔（图7-4-30）、猫（图7-4-31）、青蛙（图7-4-32）等，它们都是民间女性或手工艺人对生活美好愿景的具象化体现。

图7-4-27 绣片上的蝙蝠形态

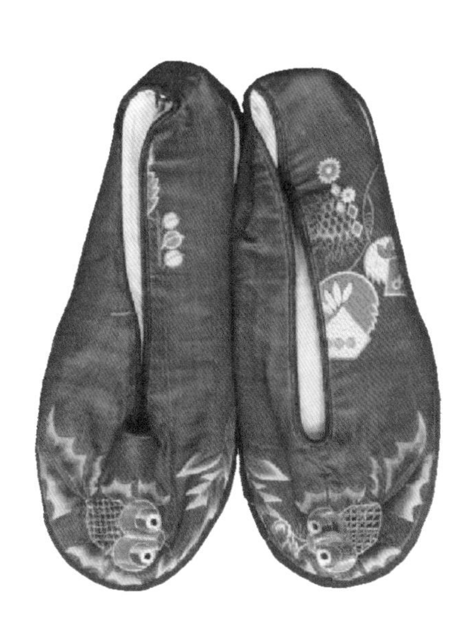

图7-4-28 鱼纹样

图7-4-29 狗纹样

图7-4-30 兔纹样

图7-4-31 猫纹样

图7-4-32　青蛙纹样

三、器物类装饰纹样

“器物”二字是对各种民间用具的统称。“器”被用来指代各种具有盛放功能的实用器具。“物”有万物之意，可分为自然物与人造物。“器物纹样”指的是以器物为表现内容的装饰纹样。按照器物的用途，可将服饰纹样中的器物分为：实用型器物、节庆器物、欣赏型器物以及比较特殊的宗教器物。实用型器物能够满足人们生活的基本诉求，比如钱币、水桶、梳子、剪刀。节庆器物指的是在节日庆典使用的器物，如庆典时常设的花篮，元宵节必挂的彩灯。欣赏型器物是必需品以外的追加，如博古雅器、文房四宝、瓶花，它们往往映射着使用者或慕古怀旧、或出尘脱俗、或趋利辟邪的精神诉求。宗教器物即与宗教有关的器具，如“暗八仙”“八宝”等，部分源自日常生活，部分则出自人们的想象。以下是汉民族民间服饰中常见的器物纹样。

（一）“暗八仙”图案纹样

“八仙过海”在我国民间家喻户晓。“暗八仙”又称为“道家八宝”，指的是“八仙”所持的法器，由于是以法器暗指仙人，所以称为“暗八仙”。这八种法器分别是：葫芦、团扇、鱼鼓、宝剑、莲花、花篮、横笛和阴阳板，代表了中国道家追求的精神境界，承载了人们对美好生活的向往。“暗八仙”图案被广泛地应用于民间服饰中，以表现人们对“趋吉避凶”的寄托（图7-4-33），也常用于饰品上。图7-4-34是枕顶，枕顶上绣有的八宝图案与飘带纹一同组成团花；图7-4-35是刺绣云肩局部，团扇与阴阳板被莲花所包围，使得画面更加饱满。

同时，“暗八仙”中的葫芦纹样也常被单独使用。葫芦与道家有着千丝万缕的联系，而葫芦纹主体的造型也恰似两个对称的数字“3”。老子《道德经》曰：“道生一，一生二，二生三，三生万物”。可见“三”在中国有着“创世”的意义，且中国自古就以三为多，其思维基础也正在于此。葫芦是中华民族最原始的吉祥物之一，

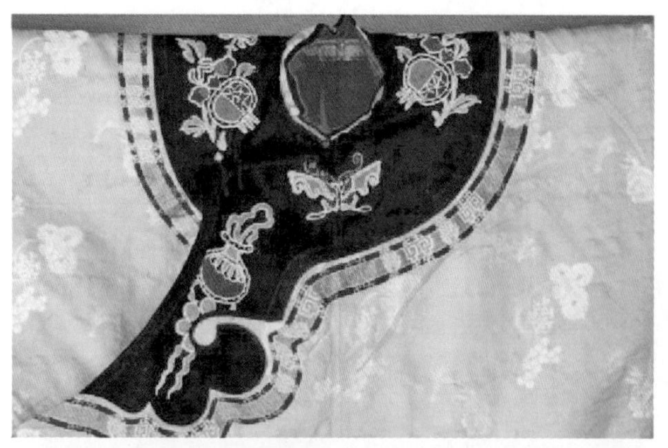

图7-4-33　绣花袄上的“暗八仙”图案纹样

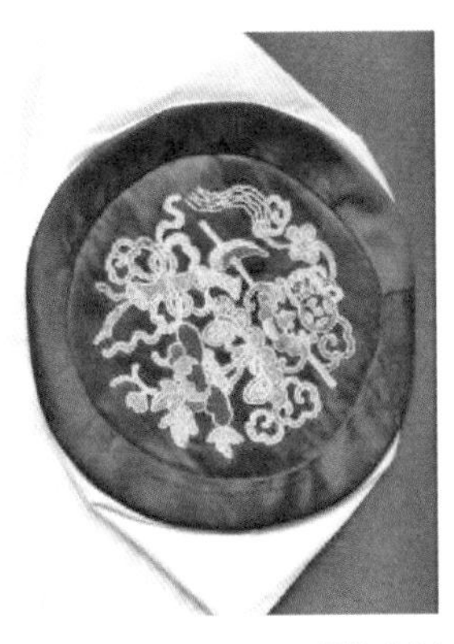
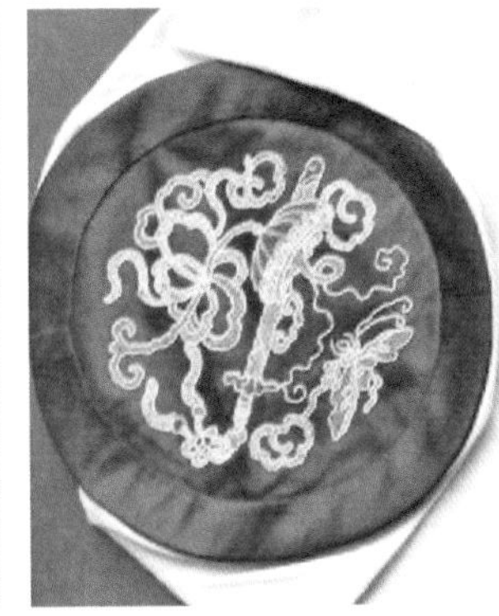

图7-4-34 枕顶纹样

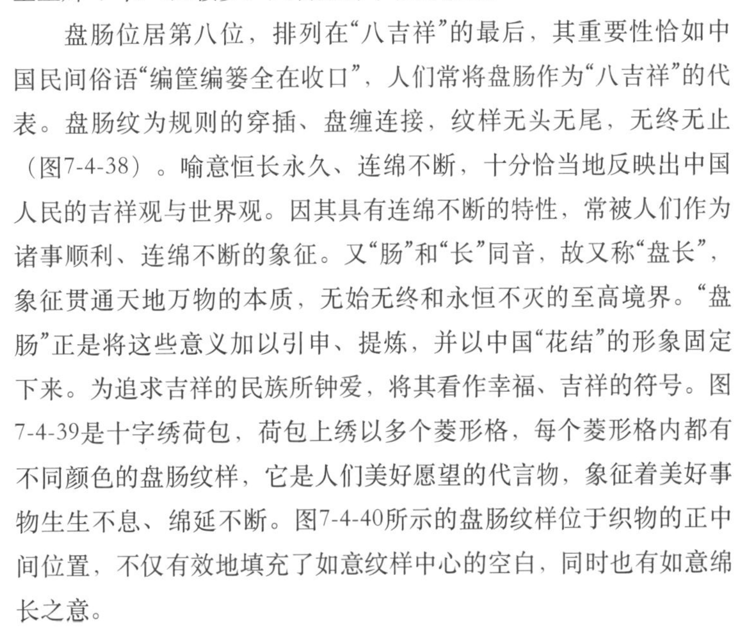

图7-4-35 云肩局部纹样

人们常挂在门口用来辟邪、招宝。上至百岁老翁，下至孩童，见之无不喜爱。就连电视剧中也要赋予葫芦以多能和神奇之功用。缘由之中不乏古老渊源，每个成熟的葫芦里葫芦籽众多，汉族就联想到“子孙万代，繁茂吉祥”；葫芦谐音“护禄”“福禄”，加之其本身形态各异，造型优美，古人认为它可以驱灾辟邪，祈求幸福，使子孙人丁兴旺。正因为葫芦的这些寓意，饰品中也常会见到葫芦的形象（图7-4-36）。图7-4-37是云肩绣片，图中葫芦有祈求幸福之意。

图7-4-36 绣片纹样

（二）“八宝”纹

“八宝”是佛教图案，又名“八吉祥”“八瑞相”，由法轮、法螺、宝伞、白盖、莲花、宝罐、金鱼和盘肠组成，含有佛法无边、普度众生、吉祥如意的寓意。佛家“八宝”与“暗八仙”相同，最初都只是运用在宗教场所的装饰之中，随着佛教文化与汉文化的不断融合，这种“八宝”图案才逐渐被民间采用。用“八宝”组成的吉祥图案称“八宝生辉”，在《红楼梦》人物服饰中较为常见。

盘肠位居第八位，排列在“八吉祥”的最后，其重要性恰如中国民间俗语“编筐编篓全在收口”，人们常将盘肠作为“八吉祥”的代表。盘肠纹为规则的穿插、盘缠连接，纹样无头无尾，无终无止（图7-4-38）。喻意恒长永久、连绵不断，十分恰当地反映出中国人民的吉祥观与世界观。因其具有连绵不断的特性，常被人们作为诸事顺利、连绵不断的象征。又“肠”和“长”同音，故又称“盘长”，象征贯通天地万物的本质，无始无终和永恒不灭的至高境界。“盘肠”正是将这些意义加以引申、提炼，并以中国“花结”的形象固定下来。为追求吉祥的民族所钟爱，将其看作幸福、吉祥的符号。图7-4-39是十字绣荷包，荷包上绣以多个菱形格，每个菱形格内都有不同颜色的盘肠纹样，它是人们美好愿望的代言物，象征着美好事物生生不息、绵延不断。图7-4-40所示的盘肠纹样位于织物的正中间位置，不仅有效地填充了如意纹样中心的空白，同时也有如意绵长之意。

图7-4-37 云肩绣片纹样

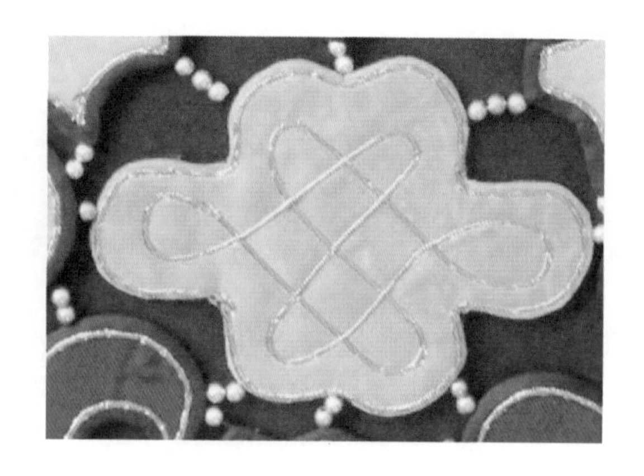

图7-4-38　盘肠纹样

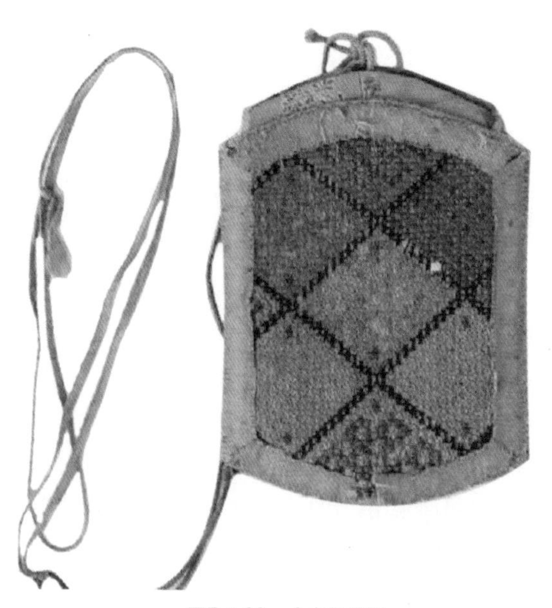

图7-4-39　十字绣荷包

图7-4-40　盘肠纹样腰包

（三）瓶花图案纹样

以瓶为主题的图案在服饰中的表现丰富多样，常见的有“平安富贵、平安如意、四季平安、吉庆有余、岁岁平安、平升三级、博古纹”等。瓶纹图案在传统服饰以及装饰品中的广泛使用，或许不应简单地理解为人们对瓶子以及瓶花的偏爱，抑或是一味认为仅仅因“瓶”谐音“平”，寓意平安而使其图案受到大众的追捧。亦或许瓶纹图案的广泛使用包含着人们对于瓶的承载能力的赞美，这种因承载生命、滋养生命的能力而形成的“瓶”崇拜又与人们原始的生殖崇拜情结有所联系。在服饰纹样中，瓶纹图案常与各种花草一同出现，组合比较随意，此种图案多用于荷包、腰包、枕顶等小型服饰品上。而荷包与腰包所佩戴的位置正是女性孕育生命的子宫，这或可理解为——借“瓶”对生命的承载孕育来暗示并祝福人类生命的孕育和繁衍的强盛。图7-4-41是贴布绣片，采用对称式构图，绣片上的花瓶位于中间位置，花瓶周围是无名花；图7-4-42是衣片中的瓶花图案，瓶口较大，瓶上插的有梅花、牡丹、菊花、荷花等，花形不一，有主有次。

四、组合类装饰纹样

在汉民族民间服饰中，纹样多以各类元素组合形式出现，较为常见的图案有“三多纹”“蝶恋花”“凤戏牡丹”“喜鹊登梅”“麒麟送子”“鱼戏莲”“鱼穿莲”“莲生贵子”等。

（一）“三多”纹样

“三多”是我国民间追求的永恒理想主题，由石榴、佛手、寿桃组成。晋潘岳《安石榴赋》中描述石榴“千房同膜、千子如一”，寓“榴开百子”即“多子”；佛手瓜的“佛”以谐音隐喻“福气”；《神农经》中传说“玉桃服之长

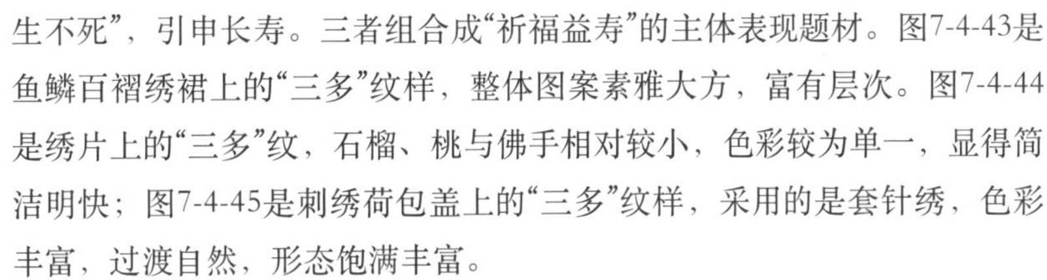

生不死”，引申长寿。三者组合成“祈福益寿”的主体表现题材。图7-4-43是鱼鳞百褶绣裙上的“三多”纹样，整体图案素雅大方，富有层次。图7-4-44是绣片上的“三多”纹，石榴、桃与佛手相对较小，色彩较为单一，显得简洁明快；图7-4-45是刺绣荷包盖上的“三多”纹样，采用的是套针绣，色彩丰富，过渡自然，形态饱满丰富。

图7-4-41　贴布绣片

图7-4-42　衣片上瓶装纹样

（二）“蝶恋花”纹样

“蝶恋花”常被用于寓意甜美的爱情和美满幸福的婚姻，是人们追求至善至美的生活的体现。相传远古有一家年轻的白姓和蔡姓夫妻是当地首富，晚年得女，视如掌上明珠。此女起名白蝶，后出落得亭亭玉立。邻家有一位花哥，姓花名悟乾，靠手艺为生，家境贫寒，和白蝶两人青梅竹马。白蝶长大后，常有媒婆求亲，但因太优秀，始终无一人可与之相配。而此时白蝶与花悟乾两人就在白家父母并不知情的情况下恋爱了，这无疑遭到了白家父母坚决的反对，最后被棒打鸳鸯、各奔东西。眼看相知不相依，唯有殉情抗亲命，同赴阴间共朝夕。一对恋人生生地被拆散了。白家父母也因忧郁成疾而了却终生。后来，白蝶化为蝴蝶，花悟乾就变成了朵朵鲜花，白蔡夫妻就变成了白菜。在白菜中成虫长大，化蛹成蝶后就在花儿周围飞舞。这就是“蝶恋花”的传说。

“蝶恋花”纹样被人们广泛地接受和喜爱，常用于装饰服饰、枕顶、裙片、荷包、肚兜以及纺织品上。在上衣中常装饰于袖口（图7-4-46）、前后衣片以及下摆上。马面裙中也常将“蝶恋花”纹样装饰在裙片上（图7-4-47）。图7-4-48是“蝶恋花”纹样的枕顶，枕顶上各绣有五颜六色大小不等的蝴蝶，通过蝴蝶的大小来表现远近虚实以及主次关系，蝴蝶围拥着花卉，以此来表示人们对美好爱情的向往与追求；图7-4-49是刺绣肚兜，刺绣的纹样位于肚兜的中间位置，三只蝴蝶簇拥着美丽的花儿，蝴蝶纹样采用与花卉一致的色彩来表现，让人浑然不知谁是花儿谁是蝴蝶；图7-4-50是刺绣荷包，荷包在古代常作为男女之间的定情信物，女子常会亲手绣制

图7-4-43　“三多”纹样

图7-4-44　“三多”纹样

图7-4-45　“三多”纹样

图7-4-46　袖口“蝶恋花”纹样

图7-4-47　裙上的“蝶恋花”纹样

图7-4-48　枕顶上的“蝶恋花”纹样

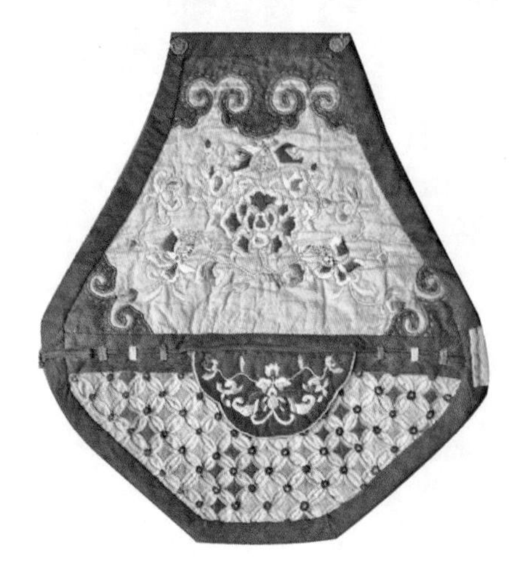
图7-4-49　“蝶恋花”刺绣肚兜

图7-4-50　“蝶恋花”刺绣荷包

美丽的荷包赠予心爱的男子，荷包上绣有“蝶恋花”纹样更能表达此意；图7-4-51是刺绣云肩局部，云肩上的蝴蝶色彩艳丽，花卉在此时却显得不大重要；“蝶恋花”纹样也常被用于纺织品中（图7-4-52）。

（三）凤纹样

图7-4-51 “蝶恋花”刺绣云肩局部

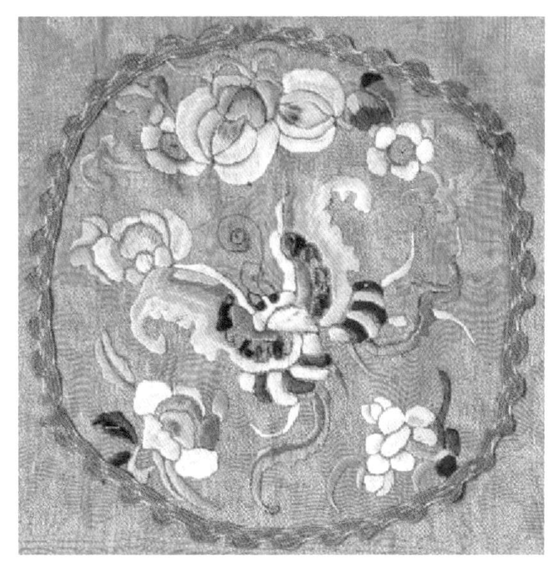

图7-4-52 “蝶恋花”刺绣纺织品

图7-4-53 “凤衔枝”立凤纹

凤纹是中国具有代表性的传统装饰纹样，在我国具有悠久的历史和广泛的情感认同。经过漫长的发展，凤纹逐渐成为各种鸟禽优美特征的集合体，成为具有中国特色的艺术纹样，并在不同的历史时期呈现着不同的特征和内涵。

唐代凤凰头部吸收了西方鸡喙的外形，圆眼大睛，翅膀上羽毛上扬，足如鸡，尾部变化最大，通常为卷草花卉状，大而美。其常与佛教中的莲花纹、忍冬纹组合而形成“凤衔枝”“凤踏莲花”的纹样（图7-4-53）。

明清凤纹纤细工整，华美写实。图7-4-54所示是明代缂丝双凤喜花纹；图7-4-55是清代黄缎靠背上的刺绣，凤颈如鸡，丝羽分明，有的像菊花样成动态上扬，凤足细长，凤尾成飘带状或者成孔雀翎状。不但凤纹自身的描绘细致非常，而且构成组合的背景也繁复丰富。

近代，凤纹呈现出“雅俗共赏”的不同风格：一种是明清时期繁缛华美风格的延续，各个部位写实具体，描绘精细（图7-4-56）；另一种是更具有村野气质的粗犷质朴，有的似鸡（图7-4-57）、有的似鸟（图7-4-58）。前者是对“标准化”的美丽凤纹的发扬，后者则是凤纹回归民间后的再次发展。有别于“标准化”的凤纹，人们更多以生活中所见的鸟类为原型，意指凤形，获得约定俗成的象征意义。百鸟成凤，凤成百鸟。凤的形象又多了鸡的平实、鸟的灵活，少了皇室的贵气和图腾的神性。

凤纹作为中国代表性的传统纹样，在不同的历史时期产生了不同的社会内涵和审美习惯。在远古时期，

图7-4-54　明代缂丝双喜凤花纹

图7-4-55　清代黄缎靠背上的刺绣双喜凤纹

图7-4-56　明清风格的凤纹

图7-4-57　似鸡的凤纹

凤纹是先民认识自然、崇拜自然的现实表露，它是先民生活中的美丽鸟禽的集合，是沟通人与自然的中介，具有神秘的力量。

民间为表达爱情和幸福主题，绣凤成为司空见惯的形式。可以说，凤的精神更接近大众，凤给民间带来生活幸福和美满的希望，故而民间大众也赋予了凤丰富多彩的形象和内容。凤纹以多变的形态、吉祥的寓意，成为服饰装饰中不可缺少的纹样，也是婚姻爱情的象征。故而，乡村女子的绣衣、云肩、围裙上就凭想像使用双凤与牡丹或者单凤与牡丹等图案，这些“凤戏牡丹”和“凤穿牡丹”的组合纹样在民间广为流传。图7-4-59是刺绣云肩片，凤凰是百鸟之王，牡丹是百花之王，牡丹与凤凰组图，寓意吉祥喜庆，婚姻美满，富贵殷实。凤在人们的婚姻、日常生活中有着丰富的含义，它带有人们对美好生活的希望。因此，凤纹在人们日常生活用品中，比如荷包、肚兜、围脖、手绢、枕顶（图7-4-60）、绣花鞋（图7-4-61）、鞋垫上也得到普遍的使用。

（四）"喜鹊登梅"组合纹样

图7-4-58　似鸟的凤纹

图7-4-59　"凤戏牡丹"云肩绣片

图7-4-60　"凤戏牡丹"刺绣枕顶

图7-4-61　"凤戏牡丹"绣鞋

图7-4-62　马面裙上的“喜鹊登梅”图案

图7-4-63　刺绣枕顶

图7-4-64　“喜鹊登梅”绣片

图7-4-65　“喜鹊登梅”眉勒

“喜鹊登梅”组合纹样，是用梅花和喜鹊来构成固定的组合。喜鹊立于开满梅花的枝梢之上，用喜鹊来表示现实生活中的喜事好事，采取“梅梢”同音字的借用，来代替眉梢两个字，来表示喜上眉梢，传达好运将要降临，表现劳动人民对幸福生活的美好向往。图7-4-62的马面裙绣片上绣有一只喜鹊立于梅花枝上，向下探视，十分生动；图7-4-63的两只枕顶上各绣有两只喜鹊，采用的是平针绣，色彩丰富，画面饱满，有趣味；图7-4-64绣片上的喜鹊与梅花纹样纯朴自然；图7-4-65的眉勒左侧绣的是“蝶恋花”纹样，右侧绣有“喜鹊登梅”纹样，较为写实。

（五）“麒麟送子”组合纹样

“麒麟送子”组合纹样是民间祈子系列纹样中的一种。传说麒麟为仁兽，是吉祥的象征，能为人类带来子嗣。图7-4-66是云肩绣片局部，色彩丰富，以打籽绣绣出“麒麟送子”纹样，纹样以小儿为中心，戴长命锁，持莲抱笙；图7-4-67是刺绣云肩片，图中的纹样装饰较为朴实，主要运用平绣制作完成。同时，由于麒麟是传说中的瑞兽，“麒麟送子”纹样亦象征育儿长大成人后，必成圣贤有德之人，表达对孩子未来美好前途憧憬的情结。

（六）“鱼戏莲”“鱼穿莲”“莲生贵子”等组合纹样

图7-4-66　民间“麒麟送子”云肩绣片

图7-4-67　民间“麒麟送子”云肩绣片

“鱼戏莲”“鱼穿莲”“莲生贵子”等组合纹样中，莲代表女性，鱼代表男性，其实就是象征男女爱情的故事。闻一多先生在《说鱼》一文中这样说：“这里鱼喻男，莲喻女，说莲与鱼戏，实等于说男与女戏。”图7-4-68是“鱼戏莲”枕顶，鱼儿嬉戏于莲叶之间，悠闲自在，十分惬意；也有“群鱼戏莲”纹样，画面丰富饱满（图7-4-69）。“鱼穿莲”表示两者已经结合，“莲生贵子”则是“鱼穿莲”，寓意男女交合后生子延续后代的表现，并且需要接二连三地重复这种生殖过程以延续和壮大家族的香火（图7-4-70）。在民间，多子多福是根植于百姓心中的传统观念，所以，“莲生贵子”这一类的吉祥图案经久不衰，民间常利用“莲”和“连”的谐音，以莲花中的坐、立童子而构成“莲生贵子”的图案（图7-4-71）。

（七）其他组合题材纹样

图7-4-68　“鱼戏莲”刺绣枕顶

图7-4-69　“群鱼戏莲”刺绣枕顶

图7-4-70 “鱼穿莲”到“莲生贵子”刺绣云肩如意绣片

图7-4-71 “莲生贵子”刺绣枕顶

图7-4-72 刺绣枕顶

“鸳鸯戏水”是鸳鸯、莲花、莲藕的搭配组合（图7-4-72）。鸳鸯是祝福夫妻和谐幸福最好的吉祥物。鸳鸯，水鸟名，羽毛颜色美丽，形状像凫，但比凫小，雄的翼上有扇状饰羽，雌雄常在一起。《禽经》载：“鸳鸯，朝倚而暮偶，爱其类”。据说鸳鸯成对游弋，夜晚雌雄翼掩合颈相交，若其偶失，永不再配。莲实即莲子，喻连生贵子。因此“鸳鸯戏水”寓意夫妻恩爱，多子多福，白头偕老。

在民间“五福”即是通常所说的“福、禄、寿、喜、财”，大多通过文字与蝙蝠、金锁、铜钱等形成组合纹样。图7-4-73是刺绣儿童围脖，原本是为保持儿童颈部和胸前卫生的围脖，后成为母亲为祈佑孩子人生道路上“福、禄、寿、喜、财”齐全的祈福。有以“福如东海、金玉满堂、寿比南山、长命富贵”等文字直白的表述，也有以“四合如意”吉祥纹样组合来寄寓文化内涵。

民间认为“多子”才能“多福”，因此，蝴蝶与瓜果组合而成的“瓜瓞绵绵”组合纹样在民间较为流行。“瓜瓞绵绵”侧重延续，以民间常见的瓜来形容。瓜初生时甚小，而后盛大。瓞即小瓜，瓜有多子、绵延的吉祥寓意。图7-4-74中南瓜即代表着这样的含义。

图7-4-73　刺绣儿童围脖

图7-4-74　民间“瓜瓞绵绵”纹样

图7-4-75是“猴子摘仙桃”绣片，绣片的中间位置是一个男孩与一个女孩，女孩手捧花篮，男孩手持莲花，绣片右角处是两只猴子，猴子的形象较为朴实，绣片的左角是莲花与仙桃，此绣片主要采用平绣技法，刺绣片中形态特别憨厚和朴素，富有装饰性，有祈愿长寿之意。

图7-4-75　“猴子摘仙桃”绣片

图7-4-76是中原地区特有的“送饭图”，新婚的妻子担着做好的饭菜给地里劳作的丈夫送去。在民间，人们认为“妻子担的食盒里，前面装着汤，后面装着烙的饼、蒸的馍”。一幅具有浓浓的生活气息的刺绣画卷记载了这段民俗风情。

除此之外，民间服饰及服饰品上还有各种刺绣戏曲人物纹样装饰（图7-4-77）。

图7-4-76　刺绣云肩如意绣片

图7-4-77　戏曲人物纹样绣片

第五章 汉民族民间服饰技艺

中华民族源远流长的历史造就了精妙绝伦的民间手工技艺，其中与服饰相关的有织造、印染、服饰制作、装饰技艺等，它们是极富文化和商业价值的非物质文化遗产。特别是刺绣艺术和纺织印染技艺，在中国古代历史上作为一脉蜿蜒流淌的“女红”文化，一直流传至今。中国的手工绣品在国内外享有很高的知名度，四大名绣更是其中的翘楚。这些民间手工技艺与人们的生产、生活实践息息相关，凝结了千百年来劳动人民的聪明智慧，是集审美与实用为一体的民间艺术（图7-5-1）。

一、织造技艺

民间织造技艺巧夺天工。汉民族民间织造技艺主要分为丝绸织造技艺和棉织技艺。

（一）丝绸织造技艺

中国古代丝织品有绢、纱、绮、绫、罗、锦、缎等。今天，丝织品则依据组织结构、原料、工艺、外观及用途分成纱、罗、绫、绢、纺、绡、绉、锦、缎、绨、葛、呢、绒、绸14大类。

1. 织锦

织锦就是将彩色经纬线染好颜色后，经提花、织造工艺织出图案的织物（图7-5-2）。我国的织锦最早可知是在3000多年前的殷商时代，周代时也曾出现过织锦。汉代时设有专门织造织锦的织室、锦署，仅供宫廷享用。三国时四川蜀锦一度成为当时的主流。唐代贞观年间出现了绫阳公样。北宋时，建立了庞大的织造工场生产各种绫锦。明清两代的织锦生产主要集中在江苏南京以及苏州等地，当时的民间作坊也陆续兴起，形成了江南织锦生产的繁荣时期。织锦大多采用传统的提花工艺以及木制花楼织机织造而成，并因品种的不同而有所区别。如宋锦采用“通经断纬”的工艺，色彩较为丰富。

汉民族织锦品类繁多，比较有名的当属四川蜀锦、苏州宋锦、南京云锦、杭州织锦等。南京云锦的图案布局严谨，装饰性强，因织品如云霞一样绚烂美丽，因此将其美誉为云锦。其工艺独特，必须由提花工和织造工两人配合完成，而且一天只能生产出5~6厘米的成品，工艺极其复杂，直到今天这种工艺仍也无法用机器替代。云锦的主要特点是逐花异色，即从云锦的不同角度观察，绣品上花卉的色彩是不同的，喜用金线、银线、铜线及长丝、绢丝、各种鸟兽羽毛等织造，华彩四溢，美丽至极，是中国皇家的御用织锦。它代表了织锦工艺的最高水品。

图7-5-1 “精致繁复”的服饰技艺

图7-5-2　织锦织物

图7-5-3　缂丝织物

2. 缂丝

缂丝又称“刻丝”，是一种运用“通经断纬”的织造方式，使丝绸面料具有犹如雕琢镂刻的效果，且富有双面立体感（图7-5-3）。

缂丝织造技艺主要是使用古老的木机及若干竹制的梭子和拨子，经过“通经断纬”，将五彩的蚕丝线缂织成一幅色彩丰富、色阶齐备的织物。这种织物正反两面具有同样的特色。在图案轮廓、色阶变换等处，织物表面像用小刀划刻过一样，呈现出小空或断痕，“承空观之，如雕镂之象”，因此得名“缂（刻）丝”。

缂丝在历朝历代都与皇家用品相联系，用来制作龙袍、复制名贵书画和宫廷内装饰用品，因此被美誉为“织中圣品”。由于缂丝能自由变换色彩，其制造工艺需要有一定的艺术造诣，织品也具有丰富的艺术感染力。

3. 提花

提花就是将纺织物以经线与纬线相交错而组成的凹凸花纹（图7-5-4）。提花面料可用作家纺与时装面料。在古代丝绸之路时，提花织造技艺就已名扬全国。

提花面料不同于绣花与印花，它是织出来的。织造时，对纱支的选择与针线的密度要求较高，织出的织物使用起来不变形，不褪色，舒适感较好，质感独特，具有柔软滑爽的手感且光泽度较好。

提花面料可分为大提花面料与小提花面料，大提花面料的色彩层次感强，图案的幅度大，而小提花面料的图案则相对简洁。

图7-5-4　提花织物

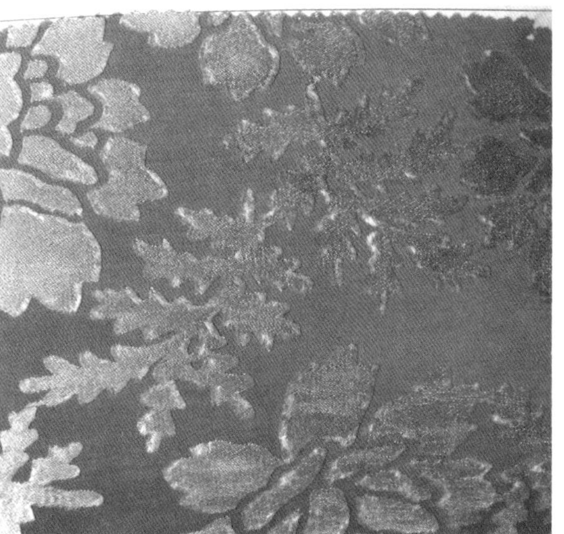

图7-5-5　烂花织物

4. 烂花

烂花工艺是在织物上用腐蚀性化学药品印花，经过烘干、处理而形成图案的印花工艺。烂花部分形成半透明状，具有凹凸不同的肌理感，具有很强的装饰效果（图7-5-5）。烂花根据腐蚀纤维的不同可分为酸性烂花浆与碱性烂花浆两种。一般是在织物上采用强酸性浆料印花，但是这种工艺的缺点是腐蚀性太强，容易使印花受损，同时操作时也具有危险性。

（二）棉织技艺

棉织物又称棉布，是以棉纱为原料织造的织物。汉民族民间棉织物主要是民间自织土布。

传统土布从采棉纺线到机织要几十道工序，制作精致的棉布在明清时期可作为贡品上贡皇室。土织布视觉效果丰富，富有浓郁的乡土气息，深得广大民众的喜爱，以南方的南通土布与北方的鲁锦最有代表性。

1. 南通土布

长江下游一带棉织土布品类丰富，织造技艺精湛，民间流传的土布图案花型多达200余种。数百年来，当地农民男耕女织，“家家习恒为业”，史有“木棉花布甲诸郡”之称。19世纪末，南通土布便以其精湛的手工制造、独特的工艺印染技术以及粗厚坚牢、经洗耐穿的特性享誉海内外，称为地方一大特产。南通土布以当地天然原棉为基础材料，以手纺手织为主要特征，纺纱、摇筒、染色、牵经、络纬、穿综、嵌筘及投梭织造

图7-5-6　南通土布

等工序都保留了较原始的方法。传统的南通土布大致可分为两类：白坯布和花式土布。花式土布又分青花布（青布与蓝印花布）和色织土布，是南通土布中的精华，代表了南通土布染织工艺的最高水平。典型土布纹样有蚂蚁、柳条、桂花、金银丝格、芦纹系列，以及双喜、绣球、竹节、枣核、葡萄等提花锦毯类经典纹样。南通土布是"我国当今土布存世数量最多、保留品种最丰富、反映织造技艺最全面的传统棉纺织染织工艺的杰出代表，是中国民间染织工艺的历史活标本"。

南通土布采用旧式木机手工制造，其织造工艺极为复杂，从采棉纺线到上机织布，要经过大大小小78道工序。图案丰富多彩，技艺精湛，并以其清新素雅、秀丽端庄的艺术风格彰显地方特色，散发着浓郁的民间生活气息（图7-5-6）。

图7-5-7　鲁锦

2. 鲁锦

在我国鲁西南地区的民间，有一种手工纺织的纯棉粗布，它色彩斑斓、织工精细，是汉族民间棉织物中成就较高的品种。1985年，山东省工艺美术研究所组织了对这种手织粗布的调研，并将其命名为“鲁西南织锦”，简称“鲁锦”。将一种棉布称之为“锦”，是对它的珍爱和美称。

鲁锦即利用彩色棉质的经纬线纺制成具有几何图案的布，其织造工艺繁复，工艺流程十分复杂，从采棉纺线到上机织布，要经过纺线、练染、布浆、挽经、做综、闯杼、掏综、织布等72道工序，每道工序又有许多子工序。其织造工具几乎全是木制的，结构都很简单，经过灵巧的操作，将一团团洁白的棉花变成色彩斑斓的棉线，又以22种基本色线神奇地幻化出1990多种绚丽多彩的图案，堪称千变万化，巧夺天工。鲁锦在艺术表现上的特色，是其图案意境靠各种色线交织出各种各样的几何图形来体现的，而不是具体的事物形象。鲁锦质地柔软，色泽艳丽，图案变幻多端，风格粗朴豪放。它天然的韵味、粗朴的质地、鲜亮的用色，契合了人们淳厚实在、热情率真的品格，体现着人们朴素的审美直觉和约定俗成的价值判断（图7-5-7）。

二、印染艺术

传统民间印染技艺是我国民间艺术的一朵奇葩，在世界上享有盛誉。人们在长期的生产实践中，掌握了各类染料的提取、染色等工艺技术，制作了丰富多彩的各类纺织品，特别是彩印花布、蓝印花布、包袱布等。

（一）彩印花布

彩印花布色彩对比强烈，具有欢乐喜庆的气氛，表现出人民纯朴、坚毅和爽朗的性格。山东人民对乡土印染花布十分热爱，它是深深扎根在泥土中有生命力的艺术花朵。现在农村遇到嫁娶、祝寿、走亲戚等喜庆事，还是离不了这种具有浓郁乡土气息的包袱、门帘、帐檐等彩印花布。所以，至今彩印花布在民间还有生产，仍不能为现代机器生产的花布所代替。

民间彩印花布的图案多是花、草、鱼、虫，这些图案反映了人们的思想、感情和心理愿望，反映了人民对美好事物的追求和向往。彩印花布的图案构成，大体可分为折枝散花、团花、二方连续、四方连续和单独纹样，画面完整饱满，色彩鲜艳夸张，具有强烈的对比性，层次分明，富有动感（图7-5-8）。衣料花布多采用四方连续的小花图案，被面花布则采用四方连续的大花图案。其工艺独特、地域色彩、乡土气息尤为浓郁。

图7-5-8 彩印花布

（二）蓝印花布

蓝印花布采用的是传统的镂空版白浆防染印花技术，又称靛蓝花布，俗称“药斑布”“浇花布”，距今已有1300多年的历史。传说有一个姓梅的小伙子，不小心摔了一跤，摔在了泥地里，衣服变成了黄颜色，怎么洗也洗不掉，但人们看到这衣服的颜色后却很喜欢。随后他就把这件事告诉了他一个姓葛的好朋友。后来他俩就专门从事把布染成黄色的工作。后又一个很偶然的机会，他们把布晾在树枝上晒干时，不小心，布被风吹到了地上，地上正好有一堆蓼蓝草（也就是现在所说的板蓝根草，它里面有一种成分叫靛蓝，可以把布染成蓝色），等他们发现这块布的时候，黄布已变成了一块花布，“青一块、蓝一块”。他们想这奥秘肯定在这个草上。此后，两人又经过多次研究，终于把布染成了蓝布。梅、葛两位先生也就成为了蓝印花布的祖师爷。

最初的蓝印花布以蓝草为染料印染而成，是一种曾广泛流行于民间的古老手工印花织物，是在白布上用天然蓝色进行“分蓝布白”的自然动植物纹样的艺术创造。蓝、白相间，形成许多自然的冰纹，是它的主要特征。这使人们很自然联想到天空、河流、海洋、生物，让人们悟出了表现东方的沉静、开阔、可亲、温柔的感觉。它在普通的棉布上组成了多姿多彩、寓意古象的纹样，质朴素雅、含蓄优美，饱含着浓郁的乡俗民情（图7-5-9），在我国民间家用纺织品艺术中被广泛使用。

图7-5-9　蓝印花布

（三）包袱布

包袱布，民间常见于婚嫁、逛集市、走亲戚时携带物品的纺织品（图7-5-10）。在山东梁山，一般结婚前夕，母亲会特意为女儿印染出一大块彩印花包袱布，上面印有瓜瓞绵绵、龙飞凤舞、榴开百子、福禄双全等纹样，这是母亲送给女儿最美好的祝愿。结婚当天要用这块包袱布将崭新的被褥包起，四个角有意露出被褥的花格，用新娘亲手织成的长长的织花带将包袱扎紧。

图7-5-10　包袱布

三、“女红”技艺

妇女的手工制作被称为“女红”，属于民间艺术的一环，在过去多半指女子针线活方面的手艺，是古代女子必备的技能，也是女子“德才”体现的重要手段。

（一）服装裁剪与制作技艺

中国传统服装常用下垂的线条、过手的长袖以及筒形的袍裙来强调纵向的感觉，且大多是平面结构。因此，传统服装的结构是按照人体站立时的静态姿势设计的，裁制服装是呈直线状、整体式、平面型的，按照人体正面宽度进行左右延展、裁剪拼合而成，其服装的裁剪也相对比较简单。

图7-5-11　缺襟坎肩的镶嵌花边

传统服装以平面裁剪为主，一般只需将衣料一折成四，将衣服的腋下和腰部多余的衣料减去，使衣片成一个十字形，然后在衣片的衣身中剪开作为开襟，按照制作对象的领围修剪成一个桃形的领圈即成。服装结构虽然相对简单，但服装制作及装饰相对费工费时，特别是女装重视在服装的各个部位进行各种图案、纹样的布局，通过手中的针线，描绘出各种美丽的图案。随着经验的积累，她们创造了摆、拱、缲、锁、纳、环、撩、板、缝、绗、钩以及盘花纽等工艺，各种手缝针在她们手中挥摆自如，她们知道什么针法适合绣什么样的纹样。如套针常用来绣花卉，可以使花卉颜色过渡自然，又比如蝴蝶纹样适于用抡针绣，可使色段分明等。

（二）服装装饰技艺

中国民间服饰品的装饰工艺与手法极其丰富，不同的装饰工艺可以使服饰形成不同的艺术风格。民间服饰上的装饰技艺有镶滚、刺绣、拼接、钉珠、盘技等，这些装饰技艺最初的用途都是为了保护衣服边缘不致磨损、加固衣边牢度、勾勒出服装的框架、增加服装的悬垂度、使衣服穿着时更加服帖合体等，但同时也成为传统服饰雅致和细腻工艺的象征。

图7-5-12　服装上宽窄不等的镶滚边

1. 镶滚

镶嵌、滚边作为中国传统工艺，被广泛用于传统服饰的装饰艺术中，是形成中国服饰风格的重要因素之一，也是女性传情达意和展现自我地位的工具。镶是指将布条、花边、绣片等缝在衣服边缘，或嵌缝在衣身、袖子的某一部位，形成条状或块面状装饰。嵌是指把绲条、花边等卡缝在两片布块之间，形成细条状的装饰。

在服装的领口、前襟、下摆及袖子、袖口等处镶嵌宽度不等的异色布条、花边或者绣片，叫

图7-5-13　镶金坎肩

图7-5-14　嵌线镶嵌

图7-5-15　珠宝镶嵌

图7-5-16　贴花镶嵌

图7-5-17　挽袖上的花边镶嵌

做“镶边”。古时的“衣作绣、锦为缘”（图7-5-11）即指这种传统工艺，近代还常在一些服饰品上嵌入一些珠翠或者手工编制的小花等。而只在服装某一边缘用布条包一条圆棱细条状的边线工艺，叫“滚边”，一方面可以使布边缘光洁、牢固，相当于现在的拷边，很实用；另一方面，则是作为一种装饰技艺，起到美化作用（图7-5-12）。清中期盛世时女装重装饰，促使刺绣、镶滚等手工技艺发展至顶峰，极尽奢华之能事，女装衣缘越来越阔，花边镶滚愈滚愈多，从三镶三滚、五镶五滚甚至发展到所谓“十八镶滚”。镶滚是清代重要的服装装饰工艺形式。图7-5-13是镶金坎肩，坎肩上花纹边缘镶以金线，做工精致，多见于富贵人家的孩子穿着。镶和嵌可单独采用，也常混合使用。图7-5-14是嵌线镶嵌，在领口与衣襟边缘进行装饰，首先是在边缘处镶一条较宽的缘饰，接着又嵌了两条细长的线条，一条与衣服颜色相近的花边，宽窄结合，彰显特色。图7-5-15是珠宝镶嵌，眉勒的边缘进行滚边，使其边缘光洁、不易脱散，中间位置嵌以珠子与亮片组成花型进行装饰，使眉勒更加美丽。图7-5-16是将眉勒予以贴花装饰，将绣片制成一朵朵小花瓣，拼成具有层次的花形，再将其装饰于眉勒上。除此之外还有其他形式的镶嵌，如花边镶嵌（图7-5-17）、绣片镶嵌等多种形式。

2. 刺绣

刺绣指的是运用手针与各种丝线、棉线或者绒线在面料上进行不同方法的穿刺，并形成花、鸟、鱼、虫等图形纹样或者文字图案的一种技艺手法。它是我国民间服饰上的主要装饰艺术手段，针法丰富、色彩典雅、绣艺精湛、源远流长。故而，刺绣被视为东方手工艺术的典型代表，具有代表性的有四大名绣：苏绣、粤绣、

图7-5-18　平绣家纺品

图7-5-19　平绣花鸟枕顶

湘绣、蜀绣。而各地方亦根据自身文化特色衍生出较多的特色刺绣，如京绣、汉绣等。

民间刺绣品地方特色显著，造型夸张，图案纯朴，色彩艳丽，针法多样，构图自由随意。民间职业绣匠总是追求饱满、华丽的艺术效果，有着“图必有意，意必吉祥”的纹饰主题。而女子的闺阁刺绣更多是为了抒发情感和证明自己的女红手艺，因此纹样上也多为追求美满和幸福的主题。

刺绣的针法工艺主要分为：平绣、盘金绣、打籽绣、十字绣、贴布绣、锁绣等。

平绣亦称“细绣”，是刺绣最基本的手法，是在平面底料上运用齐针、抢针、套针、擞和针、施针等针法进行的一种刺绣。其针法紧密工巧，线色丰富调和、绣面整齐工整、细致入微、富有质感。服饰品上多采用平针绣进行装饰。如图7-5-18所示的家纺品，五颜六色的花朵在平绣的针法下具有浮雕的效果，画面丰富，精致美丽，吸人眼球。图7-5-19是枕顶，枕顶上绣有花鸟图案，主要采用的是抢针和套针手法，退晕自然，布面平整，淡雅协调，风格清秀。平绣也常被用于文字刺绣（图7-5-20）。

盘金绣是将金线（民间常用在棉线外裹上假金而成，而宫廷则用金线和银线相捻而成）盘绕组成预先设定的图形，再用绣线将其钉固于面料上的针法。其效果略微凸起、生动而有一定的立体感，同时由于金色的反光效果，盘金绣的装饰使得服饰品呈现出雍容华贵的艺术效果。图7-5-21是袖片上的盘金绣，金线被紧密地排成波浪形，再用绣线加以固定，盘金绣增加了服装的富贵之感，在民间常用于婚礼服的装饰之中。图7-5-22是盘金镂空眉勒，眉勒上的盘金绣呈镂空状，极富特色。

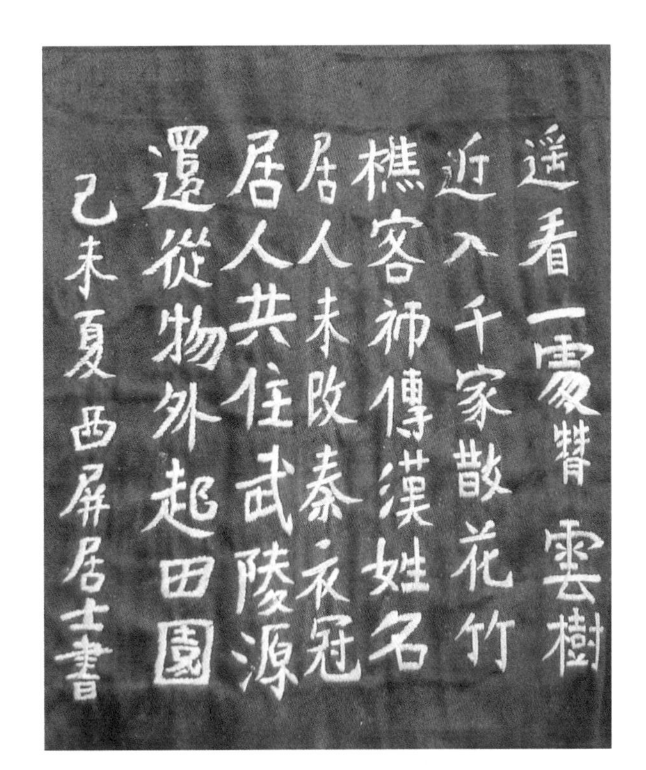

图7-5-20　平绣文字纺织品

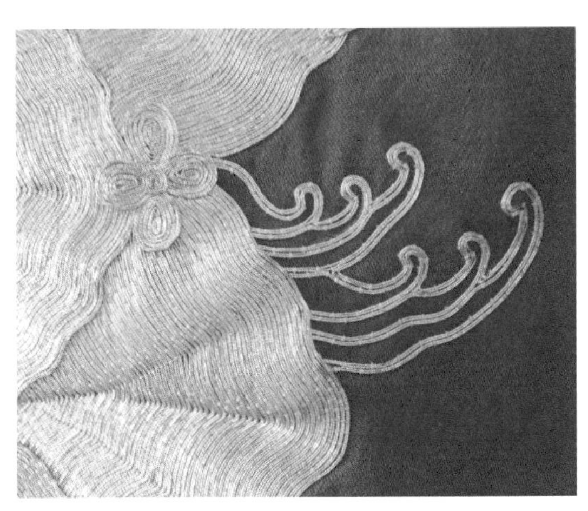

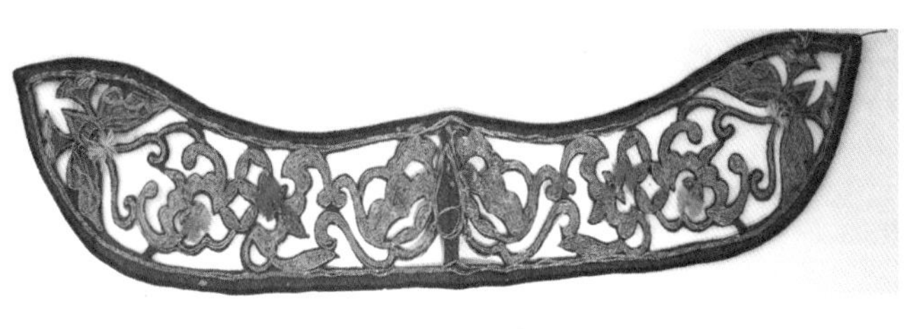

图7-5-21　服饰上的盘金绣图案

图7-5-22　盘金镂空眉勒

打籽绣又称结子绣或环绣，其传统针法是用线条绕成粒状小圈，绣一针，形成一粒“籽”，故名“打籽”。打籽绣颗粒结构变化多样，用线可细可粗，打籽有大有小，是一种非常实用的绣法。刺绣时将绣线在针上绕一圈，然后在近线根处刺下，形成环状小结。图7-5-23是在儿童肚兜上绣的武松打虎的纹样，纹样以点组构，绣制前需要特意将它捻实，才能更好地体现打籽的质感，可密可稀，具有肌理感。荷包上也常采用打籽绣进行装饰，花卉整体色彩素雅，质感较强（图7-5-24）。

十字绣又称挑花绣，主要是选用平纹组织底布，利用布丝绣出有规律的花样来。一般按横竖布丝作十字挑花，经纬清晰（图7-5-25），其针法十分简单，即按照布料的经纬定向，将同等大小的斜十字形线迹排列成设计要求的图案。由于其针法特点，十字绣的纹样一般造型简练、结构严谨，具有浓郁的民间装饰风格，常用于服饰品中。图7-5-26是十字绣荷包，荷包上绣有禄福寿喜，福如东海的字样，寓意长命百岁，富贵平安，直接地表达了人们对美好生活的向往与追求。十字绣也常用于其他服饰品上，如图7-5-27中枕顶上的十字绣，图案较为抽象，四角均绣有万字纹。

贴布绣是一种古老形式的刺绣形式，起源于对破损的衣物的缝补，后经巧手制出花样补在衣服上，即成

图7-5-23　武松打虎打籽绣儿童肚兜

图7-5-24　打籽绣荷包

图7-5-25　十字绣鞋垫

图7-5-26　十字绣荷包

图7-5-27　十字绣枕顶

图7-5-28　贴布绣肚兜

图7-5-29　贴布绣荷包

图77-5-30　童装中的贴布虎纹

图7-5-31　锁绣肚兜

布贴。近代贴布绣是在一块底布上通过剪样、拼贴成各种图案，然后再用针线沿着图案纹样的边锁绣，是具有浅浮雕效果的民间实用品，亦称补花。图7-5-28是贴布绣肚兜，肚兜上贴有寿字纹样，寓意长寿，布边用金色线进行包边，增加亮度，减轻单一的素色与块面感。图7-5-29是贴布绣荷包，荷包盖上的贴布成条状，有层层叠加之感，为了丰富荷包的装饰效果以及表达求财的寓意，将事先剪下来的布片进行组合而形成铜钱的图案，并把它绣在包面上，包扣采用的是盘扣，不论从寓意上还是装饰手法上都极具中华民族特色。贴布绣也常用于其他服饰上，如图7-5-30所示的坎肩，坎肩上有老虎纹，与植物瓜果组成团纹。

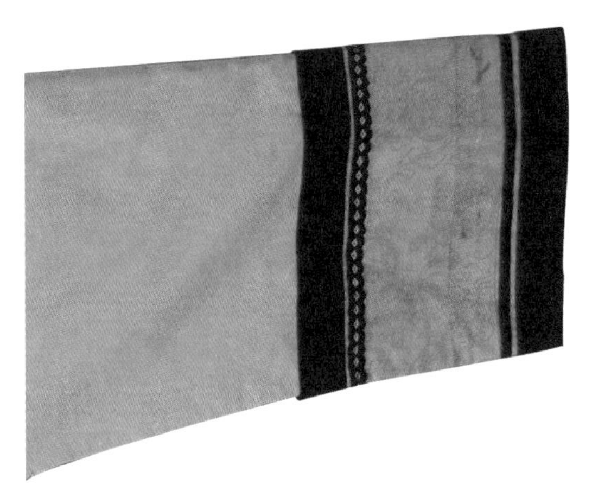

图7-5-32　袖口的拼接

锁绣由绣线环圈锁套而成，针法环环相扣的效果似一根锁链，因此又名辫绣，俗称"辫子股针"。锁绣是我国自商至汉刺绣上的一种主要针法。锁绣较结实、均匀。图7-5-31是一件锁绣肚兜，锁绣图案集中于肚兜中下部，图案中有鱼戏莲纹样，象征美好爱情，莲花上有两只凤凰各立一方，还有桃花、梅花等纹样，雅致大方。可见，锁绣在表现纹样的轮廓结构方面较其他绣法更胜一筹。

3. 拼接工艺

拼接是指在服装加工工艺中将两块或两块以上的布片连缀成一片。常见的形式为，将规则或不规则、材料相同或相异、颜色各异的面料或小块材料进行缝合连接，以产生独特的艺术效果。如袄之两袖上的"襕干"（俗称挽袖），便是一种极尽绣工、极尽铺陈的袖管至袖口间的拼接（图7-5-32）；闽南惠安女的缀做衫前片部分以三角形拼接而成（图7-5-33），具有独特的地域符号意义；图7-5-34是拼接肚兜，肚兜上的拼接装饰显得格外有趣，中间部位是一块绣有"麒麟送子"纹样的绣片，来源于民间求子习俗。除此之外，包头巾的"三色拼角"、穿腰束腰、枕顶、眉勒、坎肩等都有拼接的艺术形式。

4. 钉珠

钉珠即是用针线把各种材质和形状的珠片钉成所设计好的纹样和造型。珠片的形状有环形、球形、扁圆形、椭圆形、扁平小圆片等，这些小珠片在过去多采用玉、石骨等打磨而成，近代以后多使用塑料、玻璃等材质，颜色丰富，根据图案设计需要用线把珠片串起，钉缝在服饰特别是婚礼服上。如图7-5-35所示，在婚礼服的领、袖、门襟、下摆、侧缝等边缘处将钉珠亮片依次排列，形成事先设计好的花型，与服装上的牡丹纹搭配，更显富丽堂皇的效果；图7-5-36是旗袍的局部，在立领以及门襟位置的边缘处钉缝一排亮片予以装饰，

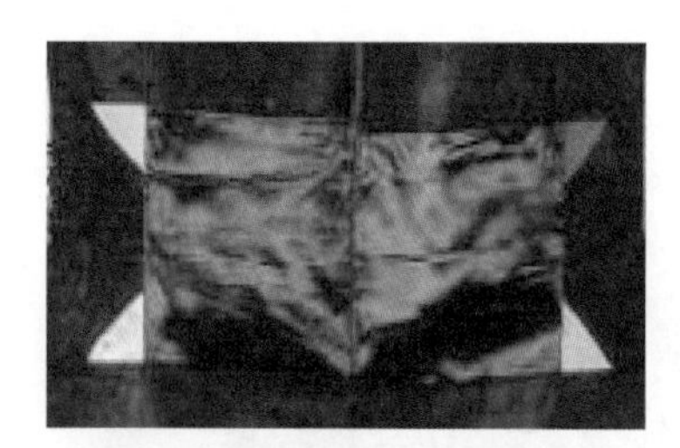

图7-5-33　惠安女缀祚衫上的拼接

图7-5-34　肚兜上的拼接

增添服装的亮丽之感。钉珠装饰可以使简洁沉闷的服装变得耀眼，具有珠光灿烂、绚丽多彩、层次清晰、立体感强的艺术特色，经光线折射又有浮雕效果。

5. 盘技

盘作为一种装饰技艺，常用于制作各式盘扣。盘扣造型别致美观，富有独特的民族韵味。盘扣（或盘纽）是用手工将长长的硬条回旋盘绕而形成各种造型，主要被运用在中国传统服饰上，是用于固定衣襟或装饰的一种纽扣。其制作工艺考究，造型细腻优美，花样繁多，是一种用来美化服装的手段。盘扣的花样主要分直角扣、花扣和琵琶扣三大类。

盘扣是从古代的"结"发展而来的。在我国早期并没有纽扣，人们为了使服装合体且不散落而达到保暖的效果，便采用带子、绳子进行系扎，因而就出现系扣、打结。结也由此而来。"结"的式样十分丰富，不仅具有功能性，同时也具有审美作用。随着清初的服装形制的改变，服装由宽衣大袖改为窄袖筒身，衣襟间的连接方式也发生了改变，纽扣替代了明朝以前汉族惯用的绸带系扎的方法。盘扣也由此而兴起。

手工盘扣在制作时有其特殊的工艺性，它先将布裁成条，进行扦边，再收边制成细带，盘结成各式各样的盘扣。根据盘扣的形状特征和工艺，盘扣可分为蝴蝶扣、蜻蜓扣、菊花扣、梅花扣以及象征吉祥如意的寿形扣等，有近百种之多。将盘扣运用在旗袍之中，常常能起到画龙点睛般的作用，将民族风韵表现得淋漓尽致。如图7-5-37所示的各种盘扣技艺及与立领的搭配，含蓄且典雅。

可见，我国传统服饰装饰工艺将实用性与装饰性进行了巧妙结合，其装饰手法与工艺的交叉组合使用，展现了我国传统服饰装饰工艺的巧妙精良。

图7-5-35　钉珠婚礼服

图7-5-36　旗袍

图7-5-37　各种盘扣

第六章 汉民族传统服饰色彩文化

人类对客观色彩世界的认知，是人们由物质认知到精神认知的升华，因此色彩具有极强的心理属性和情感因素。在数千年的历史长河中，文化性格独特的汉民族也在对自然与自身的思考中，逐步形成了自身具有哲学思辨性的色彩观。

一、汉民族传统色彩的起源与发展

中国古代的色彩理论来源于人类对自然界生态现象的深刻认识，以及对自然色彩的模仿和归纳总结。在此基础上，古代汉民族人民将其对色彩的认识与传统“五行”哲学相联系，形成了极具东方韵味的“五行五色”色彩理论。

（一）汉民族传统色彩的起源

早在新石器时代，我们的祖先就开始利用赤铁矿粉末来染红麻布，周代民间还有专门从事丝帛染色的染匠。而在我国最早对“色彩”名词有所记载的是《尚书》：“采者，青、黄、赤、白、黑也；色者，言施之于缯帛也。”最初，人们经过对自然色的观察和总结，认为自然中主要存在着五种颜色：青、红、黄、白、黑，这就是后世所称的“五色”观。

（二）汉民族传统色彩的发展

自周朝开始，人们把“五色”理论纳入了“五行”体系，认为“五色”是“五行”之物的本色，并与“五方”相配属，即土黄在中、金白于西、木青在东、火赤于南、水墨位北，如图7-6-1五色图所示，季节、方位、五脏、五味、五色、五气、生物等，互为制约、互为循环、相生相克。这是我国早期宗教和哲学理论相结合的开端。“五行五色”哲学认为宇宙万物均可归于“五行”之列，而“青、赤、黄、白、黑”为五大正色，世间艳丽多彩的其他种种颜色也均由五色构成，其他色皆称为间色。这种“正色—间色”学说，与现代光学的色彩理论不谋而合，即三原色（红、黄、蓝）加两极色（白、黑）。在“五行五色”理论中，正色是事物相生相促进的结果，间色是相克相排斥的结果，于是产生正色贵而间色贱、正色尊而间色卑、正色正而间色邪的对比。

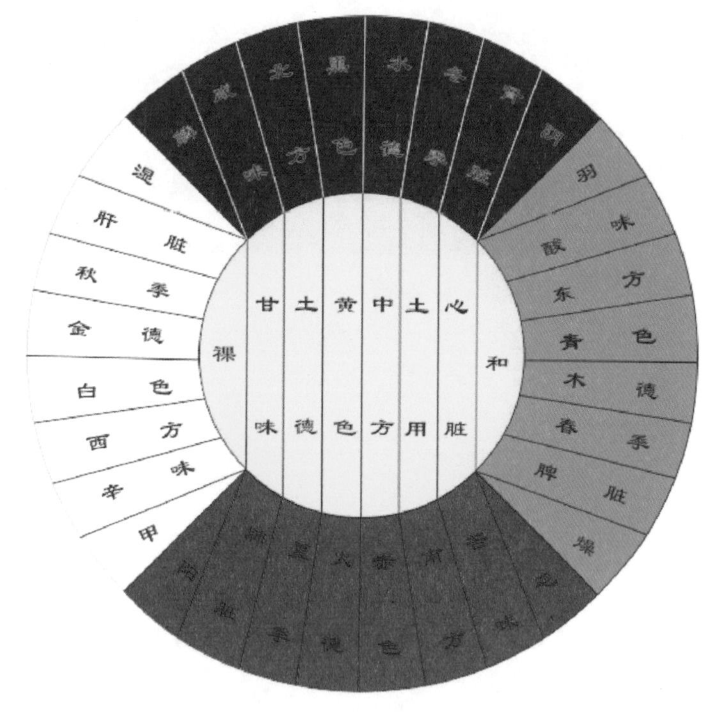

图7-6-1 五色图（笔者设计绘制）

汉代开始，服饰色彩被规定作为一种区分贵贱等级的标志，并成为了巩固封建制度的重要手段，出现了“五行服色”制度。如《后汉书·舆服志》中记载：“失礼服之兴……非其人不得服其服……”。这种服饰色彩的等级制度在后继各个朝代也一直被延续和发展着。

可见在传统服饰色彩理论中，色彩与自然、宇宙、哲学、伦理等多种观念是相统一的整体，以致客观存在的色彩不仅被注入了具有思辨性质的哲学意味，也被增加了封建礼教的意义，形成别具风格的华夏色彩文化。

二、汉民族传统色彩概貌

在传统的“五行色”理论中，“青、赤、黄、白、黑”被定为五大正色，同时对应于“五行”，即“木青、火赤、土黄、金白、水墨”。木以苍为盛，火以赤为熊，土以黄为宗，金以白为贵，水以黑为玄，每种颜色的个性都由五材呈现出来。可见古代汉民族的色彩理论与大自然万物万象之间紧密联系。

（一）古代色彩的命名

古人对于色彩的最初命名并非是固定的，对同一类色彩往往有着不同的命名。例如《说文解字》对白色有这样的阐述：月亮的白为“皎”、太阳的白为“皖”、人皮肤的白为“皙”、老人发色的白为“皤”，积雪的白色为“皑”。尽管都同属于白色，但因其表面质感、光泽、冷暖、强烈程度不同，给人们的感觉也不尽相同。所以在色彩命名上，古人为了区别不同色彩在人们心理感觉上的不同，也使用了相应的名称来进行描述，使色彩命名更为丰富生动。此外，《说文解字》对色彩的解释与当时的面料色彩也有着一定的联系。如用青黄色布料说明绿色，青红色面料为紫色，深青色中有些许红色的面料则为“绀”色等。这些都是通过面料来帮助人们理解不同色彩的名称及其意义，可见彩色面料在当时的普及性。

对于同一色系中不同的颜色，人们习惯以自然界中不同的物件来为其命名。清代李斗《扬州画舫录》中记载的当时服装面料色彩：“红有淮安红、桃红、银红、靠红、粉红、肉红；紫有大紫、玫瑰紫、茄花紫；白有漂白、月白；黄有嫩黄、杏黄、丹黄、鹅黄；青有红青、鸦青、金青、元青、合青、虾青、沔阳青、佛头青、太师青；绿有官绿、葡萄绿、苹果绿、葱根绿、鹦哥绿；蓝有潮蓝、睢蓝、翠蓝、雀头三蓝……。”从中可见，古人对色彩的命名往往来源于其对自然事物色相的联想以及扩展，在表述某一具体色彩的同时，习惯于通过具有该色彩的事物来界定。

比较历史文献中的服装色彩可知，我国古代服装色彩来自于对大自然的认识和联想，许多色彩词的命名实际上是对自然界生态色彩的直接模拟，是联系彩色事物本身属性而命名的。

（二）古典文学中的传统服饰色彩

从古典文献与文学作品中，我们可以看到众多关于传统服饰色彩的记录和描述，以感受不同时期汉民族的色彩文化。

《虞书·益稷》中记载古人在举行祭祀礼仪时穿图腾衣，各联盟首领在衣物上施以五彩之色，即将十二章花纹用画与绣的方法施于冕服上。可见当时的服饰色彩以及图案应用已经具备一定的水平。而随着印染技术的提高，古人服装上的色彩不断累积增多。秦汉时期关于上衣下裳配色的记载有“朱衣素裳，绀（紫）衣皂（黑）裳，青衣缥（浅青）裳，玄（深黑）衣纁（浅红）裳”，这是我国古代关于服装配色的最早记载。

在古典文学作品中，关于传统民族服饰色彩的描述则有着更为丰富的表现。《红楼梦》中关于服饰色彩描述的，以植物花卉联想命名的有“靛青”“荔色哆罗呢”“藕荷纱衫”“松花绿”“桃红”“葱黄”“莲青”“玫瑰紫”“杏子红”“海棠红”“柳绿”“石榴红”“梅红”等；以动物颜色命名的有“紫貂”“灰鼠”“银鼠”“大红猩猩”“蜜合色”“鸭绿鹅黄”“大毛黑灰鼠里子”等；以其他自然事物命名的有“石青”“秋香”“银红”“油绿裤子”“月白”“玉色”等；此外，以传统习俗的意境联想的色彩称谓有“杨妃色”“靠色”“鬼脸青”“绛王朱”“佛青”等。其对服装色彩生动形象的命名有数十种，且能根据人物的不同地位、性格以及环境的色彩，赋予其服饰色彩以独特鲜明的情感与个性。如书中对王熙凤服饰的描写：“身上穿着镂金百蝶穿花大红洋缎窄褙袄，外罩五彩刻丝石青银鼠褂，下着翡翠撒花洋绉裙。”红绿本身就存在着对比关系，而大红与翡翠绿的色彩明度、饱和度都很强，两者的搭配使用就更能突显出王熙凤傲视群芳的容貌气度和与众不同的身份地位。可见，作者通过对人物与场景色彩生动甚至抒情的刻画，展现出整体统一的审美形态，以引起人们对其内涵的共鸣。对于后人来说，这样一部史诗般的封建百科全书所刻画的色彩结构也清晰地衬托出了汉民族鲜明自然的色彩审美观。

三、汉民族传统色彩的文化性格

在长期的历史活动当中，民族的性格特征和精神气质也能够从其色彩风格中得到有效传达。由于民俗文化中对于吉祥如意的热烈追求，汉民族传统服饰文化上非常注重色彩的象征意义。在节庆活动期间，人们的服装及场景布置上，用色艳丽明快、热情大方，形成了独特的色彩风格。此外，出于对自然色的无限崇拜，不同地域的服饰色彩与环境之间有着紧密的联系和呼应，显示出和谐统一的东方色调。

（一）传统正色运用的传承

自古至今，“青、赤、黄、白、黑”作为传统五大正色，其在服饰生活、政治文化及其他领域中的运用，一直由汉民族乃至整个中华民族延续传承着，且在传统配色上形成了独特的东方色彩风格——原色表现、纯色对比、和谐统一。传统服饰色彩以艳丽为美。纵观中国历史几乎每个朝代都以一种正色作为代表色，比如“殷尚白周尚赤”等。在色彩搭配上喜欢将对比或互补的纯色配合使用，从而达到明快强烈的色彩效果。如民间过年新衣常利用正色如红、黄、蓝等进行对比配色，能够很好地营造出节日欢乐喜庆的氛围。在色彩选择上利用主体色与点缀色的鲜明对比关系，加上通过对同一色彩的明度渐变（民间也称为“晕色”）以衍生出很多跳跃且统一和谐的色彩组合，可多达十余种搭配色彩的点缀，使视觉效果异常突出、耀眼，并给人以强烈的视觉刺激，艳丽和富丽堂皇的感觉便自然流露。

在利用正色搭配时，为避免高纯度的原色对比造成过分刺激与不和谐，往往通过控制对比色的纯度、明度和使用面积，以及采用黑白灰或其他中性色过渡的手法，以缓解对比的强度。所以传统服饰色彩往往追求在和谐统一的基础上合理实施对比强调，使色彩调和统一又不失艳丽，赏心悦目而又喜庆吉祥，独具东方特色。

（二）汉民族民间的“尚红”情结

汉民族是一个崇尚红色的民族。如在民族传统服饰中，山西晋中地区女性裙装大多色彩比较鲜艳，红色占了大多数；江南水乡服色中，红色常作为对比装饰色彩，有玫红、大红、粉红、桃红等，丰富的色彩带来了视觉审美的变化；齐鲁地区的民间服饰更是以各种红色为主要表现色彩，并逐渐形成个性的区域色彩风格。此外，社会生活中的很多民俗风情与事项也多是以红色为基调的，如春节红色的对联、爆竹、窗花剪纸等，足以见得红色在汉民族传统民间服饰色彩中不可替代的地位。汉民族所崇尚的红色总体来说是吉祥喜庆的象征，而应用在不同场合也被赋予了更为丰富多彩的民俗含义。

1. 辟邪求福

红色在汉民族传统民俗文化中具有辟邪求福的符号意义。在五行中红色代表的是火，具有温暖光明的意思，因此在民俗心理中红色又上升为驱邪和祈佑的特质。例如，汉民族传统的春节里，家家户户都会贴红对联，点红蜡烛，放红色鞭炮，以迎接除夕夜。此外，在民间生孩子要送红鸡蛋，并为新生儿穿上红肚兜，认为这样才能趋吉避凶，消灾免祸，庇佑孩子幼小的生命，祈求平安。又如汉民族人民的大年三十，若及本命年，便早早地穿上红色内衣，系上红色腰带，或者选用红丝绳系挂随身佩带的饰物，来迎接自己的本命年，以驱邪求好运。

2. 吉祥喜庆

红色在汉民族的民俗文化发展历史中逐渐由辟邪发展成为吉祥喜庆的含义。有红色的地方就象征着喜庆热闹、吉祥顺利。在北方地区，人们有在节庆日挂上红灯笼的习俗，大红灯笼映红一片，很具有节日喜庆热闹的味道。中华民族的传统心理与思维中，人们很容易将红色与吉祥、喜庆、顺利、平安等众多美好的祝愿联系起来。民间红色的吉祥寓意还表现在婚嫁姻缘上，以传承喜结良缘、幸福美满的民俗含义。在汉民族的传统婚俗上，新娘总会穿上一身鲜艳的红色婚礼服，头戴凤冠，身披霞帔，再盖上红盖头，坐上红花轿，新郎也得穿上红色长袍、身上挂着大红绸花绣球，门窗贴满大红喜字，家置红被子、红家具等等。这红满堂的婚礼现场不仅烘托了婚礼的喜庆氛围，也预祝着新人将来的生活能够红红火火、吉祥如意。红色与婚礼的渊源不仅表现在婚礼上，也深深根植于汉民族的民间传说中。古人相信天下姻缘皆由月下老人掌控，只要月老用一根象征姻缘的红绳将男女双方拴在一起，姻缘便是结下了。在汉族民间，人们也称促成姻缘的媒人为“红娘”。可见，红色在汉民族心中总是被视为吉祥美满的象征。

3. 正义英勇

红色也是我国传统民俗中忠勇与正义的象征。在传统戏曲中，“红脸”角色是指勾画红色脸谱的人物，常常在故事中充当友善或令人喜爱的角色，或者在解决矛盾冲突的过程中代表正面或正义性的人物。红色脸谱也用来表现性格忠勇耿直，有血性的勇烈人物，如人们常说的“红脸的关公”——关羽，一身正气，常为民除害。于是在民间传说和舞台戏曲中，人们把他脸面“涂”红，以寄寓百姓对他的喜爱。俗话说“唱红脸”，就是从戏曲文化中引用而来，来形容明理正义的中间人有效化解矛盾的过程，而“唱红脸”的人大多品行端正、性格温和且能言善辩，能够把矛盾引向好的方向发展。

4. 美丽贤良

红色在汉民族看来也代表着美丽、华丽、艳丽的服饰形象，如妇女的盛装称为“红妆”，女性妆容称为“施红晕朱”，称有内涵的美丽女性谓“红颜知己”等，这些都是以红色象征美丽的表现。

总而言之，汉民族传统的“尚红”心理在社会生活和民俗习惯中是普遍而深刻存在的，它已经成为汉民族乃至于整个中华民族的文化表意符号。

（三）含蓄典雅的“蓝青”基调

蓝青色是中国传统色彩文化的重要组成部分，这与《说文解字》中记述青色代表了东方色彩是一致的：“青，东方色也。”

由于古代染色技艺的限制，面料色谱中绿、蓝、黑三色是接近色，其间过渡色归属界限很难精确划分，所以这种模糊性反映在汉语中，就产生了“青”这种表义多样化的色彩词。蓝青色调在传统民间服饰中的应用极为普遍，明度和纯度不同的蓝色和青色系列是民间女子典型的传统服饰色彩。如齐鲁地区民间服饰中上衣色彩大多是以青色、蓝色等冷色和以中性绿色为主的蓝绿色调；而江南水乡服饰的主色调是以青、蓝、黑为主体的冷色体系。以江南地区为例，蓝青色调的服饰色彩搭配与江南水乡自然环境有着高度的和谐：“蓝青花绿相映的大襟拼接衫、宽舒细致的作裙及穿腰束腰”配“青莲包头藕花兜”和着红绿绣花的配饰点缀，与江南水乡的蓝天、青山、绿水及水乡建筑白墙、青砖、黑瓦浑然天成。江南女子所穿的翠蓝绸袄、蓝绸夹裤，以及民国时期江南水乡地区民间女子流行的新娘婚后常服——以土布缝制的淡蓝色或青蓝色袄，还有江南水乡地区妇女所着被称为“小褂”的常服——衫，这些通常也都是蓝色或青色，颜色纯正，色调普遍偏深。即便现在，这些传统服饰在部分地区仍然有很多老年妇女在穿用。此外，江南民间工艺——“蓝印花布”的“分蓝布白”也体现了东方女性的秀丽、典雅、含蓄之美，恰到好处地向人们传达着江南水乡的人文和社会环境及意境。

（四）神秘潇洒的“黑白”搭配

中国古代黑白两色作为“正色”而在社会生活中占有重要的一席之地。纵观我国古代，黑白色首先被视为大小礼服色服务于统治阶级的政治功能，时而作为流行色，时而为禁用色，时而被赋予特殊含义，有时亦可自由选择。

1. 用于常服的黑白色

从历史上各朝代的服饰色彩分析看来，黑白两色的应用历史非常久远，且其色彩的象征含义在不同时期也有所变化。古人称黑色为元色、缁色或皂色，也称一种偏红的黑色为玄色。白色一尘不染的固有品质，使人们常常将其与纯洁、神圣、光明、洁净、空虚、飘渺等意象联系起来。我国古代文人就常以素衣来寄寓自己清高的理想。黑白色在服装上的应用更是普遍。据《吕氏春秋》记载，夏代尚黑，商代尚白。周朝男性的主要礼服是黑色或白色上衣，贵族常服色为白色，天子、庶民平常喜好的服色是白、青、缁、玄四色，奴隶服色为黑色。春秋战国时赵国的卫士皆服黑色。秦崇尚黑色，规定黑色最为高贵，庶民普遍着白衣。此后的服色更系统化，至西汉时男性大礼服及朝服仍以黑色为最多，汉礼服中最尊贵的祭服是玄衣。魏晋及南北朝时期，由于胡人入主中原和佛教传入，色彩上力求摆脱传统，反抗礼法，主张浪漫、唯美的生活哲学，讲究飘逸潇洒，以至于白色在服装上盛极一时。唐初也流行白色服装，于安史之乱以后，作为上层服用的黑色才开始进入民间，与白色一同为社会各阶层所用，两者互为影响并形成具有时代感的唐代服色文化。北宋以士大夫为主流的男子常服色为皂色或白色，平民只许服用黑白二色。南宋时白色地位下降，民间使用会有所忌讳，而黑色则又开始流行，并被规定成为士大夫的礼服色。至明清时期，黑白服色从上层至民间都已相当普及。

2.用于丧葬礼俗的黑白色

在汉民族的传统民俗文化中，黑白两色的特殊用途，特别是白色的象征符号意义表现在其与丧葬礼俗的关系中。

在上古社会，丧事、兵事、祭祀为部族的重大事件，在这些神圣的场合是一定要用本部族最崇尚的色彩。进入奴隶社会初期，夏朝人以黑色为贵，丧事多在昏黑的夜晚进行，征战乘用黑色的战马，祭献用黑色的牺牲等。又如春秋时期，晋国也有以黑色作为丧服的习俗。相传晋文公重耳在位时励精图治，开创了晋国的霸业，深受民众爱戴。其逝时，秦国出兵偷袭晋国的附庸郑国，此时晋国举国还在服丧，悲痛中的士兵将相愤慨异常，誓与秦军决一死战。然而新君还穿着孝服，可出兵不宜戴孝，于是将孝服染黑，带兵出征，并大破秦军。为了显示战功，新君穿着染黑的孝服给晋文公举行了葬礼，这一做法一经流传，晋国民众纷纷效仿，后以黑色作为孝服。而晋国灭亡后，黑色孝服的现象渐渐消失，但参加葬礼的来宾还是多穿黑色，以表示对死者的哀悼。

但纵观华夏民俗历史，相对于黑色，白色在丧葬礼俗中具有更为充分的表现和更为广泛的应用。“从周代开始，中国丧服开始使用‘素服’（素衣、素裳、素冠等），多为白色，并有五服制度，即按服丧重轻、做工粗细、周期长短，分为五等：斩衰、齐衰、大功、小功、缌麻。在当时，丧礼中不仅要求丧服是白色，而且不能穿黑色的衣服，也不能戴黑色的帽子。”“五服制度至今已不多见，但丧服颜色以白色为主却已成定制。即使到了清代，寡妇虽然穿黑色的裙子，然而在丧礼上仍需要着白色的丧服。整体观之，中国人主要以白色为丧服之颜色。”传统丧服的“尚白”现象深深根植于民族的传统文化态度和心理意识之中的。从“五行色”理论看来，白色枯竭、无生气，象征着死亡。联系“五方”理论看来，西方为白虎，属于刑天杀神，主肃杀之秋，因此古人常在秋季征伐不义、处死犯人，以顺应天时。因此，白色有了丧俗禁忌之说，“丧事”常被委婉称为“白事”，在服丧期间孝子需穿白色孝服，主家还要设白色灵堂，吃“白饭”，出殡时打白幡、洒白钱等。可见白色在民间丧葬礼俗中的严肃地位及广泛应用。此外，古代君王多赐予罪臣“白绫”以自裁，如“三尺白绫”。又如《窦娥冤》中以“血溅白练”“六月飞雪”等与白色相关的意象来铺垫和烘托窦娥被无辜迫害的凄凉氛围，以表达对其冤情的不平及悲惨命运的同情。因而“白绫”“白练”等白色物件在历史与文学的塑造与流传中被赋予了伤悲凄凉而又无辜无奈的象征意义。

3.用于服饰搭配的黑白色

《考工记》作为我国最早的一部工艺设计名著，其中记载了我国古代的配色观，其中有相当一部分与黑白色相关。作为无彩色系中的两极色，黑白两色充当搭配色或者调和色具有极大的优势，它们不仅可以用来协调对比色，还能与有彩色进行合理搭配进而产生无穷的韵味与艺术魅力。如利用色相、彩度、明度等对比原理匹配色彩有：红配白、白配黑、青配黑；汉代女礼服为皂色配纯色，有汉马王堆出土的白襦配红裙；宋代是青衣皂缘，明代是蓝袍黑缘；贵族婚礼女性礼服曾偏好红配黑，而青配黑喻为标准配色，还有传统色彩观中最受文人雅士青睐、以淡雅著称的白配青等。可见黑白色普遍应用于古代服饰色彩搭配中。

在我国古代祭祀最常用的玄衣，也作为卿大夫的命服，就是一种黑多白少的搭配，这种配色显得庄重沉稳，适合出席祭祀等正式场合。古人常穿的黑缘白袍则白多黑少，具有清新洒脱的书卷气息，为众多文人墨客所青睐。

总而言之，黑白在传统配色观中占有相当重要的地位，并深深地影响到后人。人们以穿着黑白为美，并善于利用黑白色与彩色系进行调和、对比，使衣着更显得体与美观。

本编参考文献

[1] 吕振羽．中国民族简史［M］．上海：三联书店，1950.

[2] 袁建平．中国古代服饰中的深衣研究［J］．求索，2000.

[3] 淄博市编纂委员会．淄博市志［M］．北京：中华书局出版社，1995.

[4] 刘士林．人文江南关键词［M］．上海：上海音乐学院出版社，2003.

[5] 王东霞．百年中国社会图谱：从长袍马褂到西装革履［M］．成都：四川人民出版社，2002.

[6] 包铭新．近代中国女装实录［M］．上海：东华大学出版社，2004.

[7] 周锡保．中国古代服饰史［M］．北京：中央编译出版社，2011.

[8]［清］叶梦珠．阅世编［M］．台北：木铎出版社，1982.

[9] 徐珂．清稗类钞（第四十六册・服饰）．台湾商务印书馆，1917/1996.

[10] 蔡利民．苏州民俗［M］．苏州：苏州大学出版社，2000.

[11] 山东省嘉祥县地方史志编纂委员会编．嘉祥县志［M］．济南：山东人民出版社，1997.

[12] 临沂市兰山区地方史志编纂委员会编．临沂市志［M］．济南：齐鲁出版社，1999.

[13] 汪玢玲．中国虎文化探源［J］．广西民族学院学报（哲学社会科学版），2001（01）.

[14] 王翔．古代中国丝绸发展史综论：中国丝绸史研究之一［J］．苏州大学学报，1990，05（01）.

[15] 姜平．南通土布的历史传承与贡献［J］．博物苑，2006（02）.

[16] 胡玉华．中国丧服尚白礼俗［J］．寻根，2007（02）.

[17] 崔荣荣，张竟琼．近代汉族民间服饰全集［M］．北京：中国轻工业出版社，2009.

[18] 崔荣荣．服饰仿生设计艺术［M］．上海：东华大学出版社，2005.

[19] 崔荣荣．近代齐鲁与江南汉族民间衣装文化［M］．北京：高等教育出版社，2012.

[20] 崔荣荣，王闪闪．中国最美云肩（卓尔多姿之形制）［M］．郑州：河南文艺出版社，2012.

[21] 赵波，崔荣荣．中国袍服演变研究［J］．服饰导刊，2013（06）.

[22] 钭逸航 近代汉族民间服饰中的如意纹样研究与创新运用．［J］．江南大学硕士论文，2013.

[23] 钱欣，万芳．晚清民国时期汉族女裙的西化［J］．纺织学报，2008（03）.

[24] 崔荣荣，郭平建．近代晋中、皖南和江南地区民间裙装探究［J］．纺织学报，2006（10）.

[25] 亓延．近代山东服饰研究．江南大学博士论文，2012.

[26] 世界五千年事物由来总集．服饰分册（豆丁网），互联网文档资源（http://www.docin.com/p-17008526.html），2013.

[27] 新闻夜报播音园地汇编 . 现代的女子 [J] . 美术生活，1935（16）.

[28] 梁惠娥，王静 . 论近代中国传统首服之眉勒 [J] . 装饰，2006（10）.

[29] 王丽艳 . 昆明地区汉族传统服饰文化研究 [J] . 北京服装学院硕士论文，2011.

[30] 崔荣荣，高卫东 . 民间服饰品的适用性功能 [J] . 纺织学报，2009（2）.

[31] 张竞琼，崔荣荣 . 江南水乡妇女首服的形制与渊源 [J] . 纺织学报，2005（10）.

[32] 老晋 . 安塞腰鼓记 . 网络（http://blog.sina.com.cn/s/blog_538bf5940100h4m4.html）.

[33] 香格里拉 . 红盖头的来历 . 网络（http://blog.sina.com.cn/s/blog_5d9de9950100yb6j.html）.

[34] 徐亚平，崔荣荣 . 中国传统民间服饰品——云肩 [J] . 装饰，2005（10）.

[35] 王闪闪 . 民间云肩技艺及民俗文化研究 . 江南大学硕士论文，2012.

[36] 崔荣荣，高卫东 ."弓鞋"文化内涵刍议 [J] . 江南大学学报（人文社会科学版），2008（2）.

[37] 崔荣荣，翟晶晶。近代传统足衣的卫生功能性研究 [J] . 装饰，2007（11）.

[38] 徐亚平，崔荣荣 . 民国时期江南水乡民间绣花鞋研究 [J] . 丝绸，2005（9）.

[39] 戴成萍 . 从民族服饰图案看中国的吉祥文化 [J] . 大连大学学报，2006（10）.

[40] 崔荣荣，魏娜 . 民间服饰中梅花形态的文化解析 [J] . 装饰，2006（11）.

[41] 张燕芬 . 明清服饰之器物纹样研究 [D] . 无锡江南大学，2012.

[42] 邹文兵 . 中国传统吉祥纹样——盘肠纹艺术符号初探 [J] . 设计，2012（2）.

[43] 胡秋萍，崔荣荣 . 服饰凤纹的历史与文化意蕴 [J] . 新闻爱好者，2010（4）.

[44] 中国民间吉祥图案大全—民间艺术—东南西北人—国际工程技术交流网站！. 网络（http://www.eswnman.com/zcn/viewthread.php?tid=59074&from=recommend f）.

[45] 杨晓玲 . 沂蒙民间彩印花布研究 [J] . 民族艺术，2011（6）.

[46] 崔荣荣，唐虹，卢阳 . 服饰设计与仿生学 [J] . 南通工学院学报（社会科学报），2003（3）.

[47] 王静，梁惠娥 . 眉勒的装饰工艺及文化内涵 [J] . 丝绸，2008（3）.

[48] 崔荣荣，魏娜 . 近代齐鲁地域民间服饰色彩解析 [J] . 东华大学学报（社会科学版），2007（3）.

[49] 崔荣荣，张竞琼 . 江南水乡民间女服色彩解析 [J] . 东华大学学报（社会科学版），2005（3）.

[50] 崔荣荣 . 汉族民间服饰的传承与非物质文化遗产抢救，2008 年中国艺术人类学论坛暨国际学术会议——"传统技艺与当代社会发展"论文集 [C]，2008（11）.

[51] 崔荣荣，吕逸华 . 传统与现代流行色 [J]，天津纺织工学院学报，2000（10）.

[52] 胡玉华 . 中国丧服尚白礼俗 [J] . 寻根，2007（2）/（4）.

本编编著 崔荣荣

第八编　百年海派时装生活

第一章 20世纪初“时髦”的海派风格

（1900—1911年）

晚清上海，既有腥风血雨的民族斗争，又有润物无声的文明进化。自1843年11月17日上海开埠以来，其服饰流行逐渐形成独有的风貌，上海也成为中国服饰时尚的中心城市并延续至今。

晚清上海的服饰艺术开始形成融贯古今中西、追求时新炫耀、强调新奇变化的所谓“时髦”的海派风格，并引导中国服饰流行在撞击交融中宽容地接纳和采用西式服饰。尽管海派（Shanghai Style）一词在民国初期因文风之争而出名，但我们仍可以借用它来形容晚清具有上海特色的服饰时尚。

妓女、学生、买办等成为晚清上海的时髦领袖并拥有独具特色的时尚形象。传统服饰的流行特征可以概括为高度风格化、奢华精美、多主题、多色彩、多细节且追求变异甚至离奇古怪。西方服饰文明的影响逐渐上升，明显表现在上海较之于中国其他地区和上海男装较之于女装当中。一些中西合璧的服饰及衣着配伍风行一时。中国的服饰文明也从此偏离了五千年的传统轨迹，逐步与西方服饰体系并轨（图8-1-1）。

一、“时髦”的由来

因鸦片战争签订的《南京条约》使得上海成为五口通商城市之一，日趋开放的商业社会构建了“只重衣裳不认人”的习俗，上海的租界游离于中国法理体系之外。这些不但使传统的服饰等级理念开始瓦解，也使原本森严的清代服饰等级制度在上海日趋松弛。最为重要的是，它使得上海的服饰以“时髦”为标志，形成追新求变、中西并蓄的海派风格。

在晚清时期，上海人的社会心态经历了艰难的转变，逐步摆脱了中国政治伦理本位的传统定式，形成了近代上海商业革命时代的思想氛围。首先，上海人的消费观念和心理发生了重大变化，消费成了衡量自我价值和社会价值的标尺，而且与社交、经营密切联系。其次，上海开始形成独特的消费风格，可以用挥霍、时髦和风流来加以概括（乐正：《近代上海人社会心态》，上海人民出版社1991年版，第97～104、131页）。

这种拜金主义的社会特征，导致了晚清上海形成以衣取人的社会准则。这样的服饰观弥漫于晚清上海社会的各个阶层，使得无论家境贫庶与否，总要有一身整齐体面的服饰“行头”，哪怕倾其所有也在所不惜，这也逐渐形成上海人看重衣衫、讲究穿着、精于装扮、追

图8-1-1　19世纪末20世纪初的上海街景，可以看到中西服饰的交融

图8-1-2　清末名妓金小宝的衣着形象（上海图书馆藏）

求时新的习惯。

对于晚清时上海服装流行的格调，“时髦”是最恰如其分的表述。“时髦”在古代原指一时的英俊之士，“时”本身有最新风尚之义，晚清的上海民众对“时”字又颇为偏爱，于是“时髦”一词变得越来越时髦。尽管它最初是上海人对乔装打扮、衣着时尚的妓女、伶人的形容，但随着喜欢穿用时新服饰的人越来越多，时髦也摆脱了贬义的范畴，形成了“新颖时尚”的概念。服饰时髦成了当时晚清上海人体面消费的追求之一，在衣着上追求时髦已经成为上海城市特性的重要表征（图8-1-2）。

过去服饰具有明显的社会等级和身份标志的符号功能，而在晚清上海，人们则很难从服饰符号上辨别穿者的真实出身和地位。时尚领袖不再只是绅宦名门，商人、买办、学生、妓女等原本在中国传统社会结构中居于中下层的人物充当起了时新先锋，青楼女子的时新服饰甚至成了良家妇女模仿的对象。在他们的带动下，时尚流行周期大为缩短，整个上海成了一部追逐和创造时髦的时尚机器。晚清的上海人对时髦的崇尚和攀比不断推动着上海服饰流行的新陈代谢。与此同时，上海人在中西文化的撞击交融中自觉和不自觉地接纳了西方服装体系，并构成了西装革履、中衣绣鞋共存的奇妙旖旎的服饰现象。

在晚清特殊的历史进程中，上海的租界在城市中的重要性不断提高，夷场逐渐取代华界成为主角。租界为上海服饰走出不同于中国传统的时髦之路提供了必要保证，它是一个不论出身的金钱社会，商人群体具有较高的社会地位，妓女、伶人也因为“笑贫不笑娼”而招摇过市。正是因为有租界的存在，上海才得以展开了一场“时髦”名义下的服饰革命，并最终使得上海成为最早接纳、使用和传播西方服饰并不断推动传统服饰改良的时尚之都。

二、时尚领袖与洋学堂学生

晚清上海，在大众消费和生活方式商业化的浪潮中，上海服饰流行以商人、妓女、学生为领袖，构成了特色显著的时髦装扮理想形象。

晚清时期，商人因社会地位提高而成为上海受人瞩目的群体，他们的着装形象也成为社会仿效的对象。在华洋杂居的社会氛围中，商人们的打扮各不相同，有些偏爱中式传统打扮，而通事、买办们则是最早接受和采纳西式服装体系的人群之一。在当时中国官本位的社会背景下，上海的商人中，除由官及商或者亦官亦商者外，有些商人致富后便出资捐官，穿用官服顶戴以求显赫和位列缙绅之中。这样的一种衣着理想形象，固然是为满足新兴商人群体的内心欲望，也直接体现出商人群体在当时上海社会中的重要性。当然这也破坏了相传千年的中国传统服饰等级体系。

随着社会的商业化，晚清上海成了风流世界。狎妓冶游由耻变荣，而且遍及社会各个阶层，叫局、吃花酒、打茶围、乘车兜风、听书、已经变得公开化而被视为平常。叫局之事对于上海中产以上的男子来说多有经历，吃花酒成为上海人社交、娱乐乃至办事、做生意的一种最常见的活动方式（乐正，《近代上海人社会心态》，上海人民出版社1991年版，第122页）。倌人妓女因为职业和竞争的需要，在衣着打扮乃至生活的诸多方面自然会大下功夫，追求新颖、奇特甚至古怪，以求时新。从汉装到旗装；从穿男装到身着和服作番妹打扮；从中式的繁华装饰到西式的钻戒香水，无奇不有，推陈出新。

图8-1-3　20世纪初“十美图”，展现了妓女时髦的装扮形象

在晚清上海男权社会的背景下，受到社会主流男性群体追捧和欣赏的名妓们的衣着，也自然成为女性服饰形象的楷模。四马路成了上海女子服饰时尚的发源地，青楼女子承担起时髦领袖的角色，良家女子则亦步亦趋加以模仿。正是在她们的带领下，上海的女装时尚越变越快，越变越离奇，越离奇则越时髦（图8-1-3）。

图8-1-4　晚清上海妓女穿裤装、戴金丝边眼镜扮作女学生样成为流行

另外，随着西学东渐的风行，使得洋学堂的学生们走到了社会的风口浪尖上。作为男子剪辫、女子反缠足的倡导者与先行者，留学以及洋学堂走出来的这些“洋学生”的影响力越来越大，西式装扮或者衣着中的西式因素形成了洋学生的流行装束，被越来越多的人所追捧。很多人“剪了头发，穿了一身洋装，……充得留学生的样子”（漱六山房：《九尾龟·上》第70回，上海古籍出版社1992年影印版，第360页）。甚至曾是被模仿对象的青楼中人也越来越多的模仿女学生打扮（图8-1-4）。

尽管当时上海的女学生绝大多数都不会采用纯粹的西式装扮，但是装饰和用色的简洁朴素以及不再缠足的形象特色，均为西风吹拂下的产物。1905年上海务本女塾规定“鞋帽衣裤，宜朴净雅淡，棉夹衣服用元色，单服用白色或淡蓝。脂粉及贵重首饰，一律不准携带。”（“光绪三十一年务本女学校第二次改良规则”，载于朱有王獻，《中国近代学制史料·第二辑下》，华东师范大学出版社1989年版，第593页）。《文明小史》曾经这样描述上海参加“保国强种不缠足会”的虹口女学堂学生的打扮：“一个个都是大脚皮鞋，上面前刘海，下面散腿裤，脸上都架着一副墨晶眼镜，二十多人，都是一色打扮，再要齐整没有。”（李伯元：《文明小史》，中华书局2002年版，第122页）。通过这些记载，当时女学生的装束可见一斑。

而穿西式服装，剪去辫子，戴金丝边眼镜则是男性洋学生的通常装扮。陆镜若是当时由留日学生回国后组织的话剧演出团体春柳社中的重要人物，曾经是东京帝国大学的文科学生。包天笑在回忆与他见面时的景象时这样写道："（他）虽然身穿一身西装，却戴了一顶土耳其帽子，那帽子是深红色的，有一缕黑缨，垂在右边。上海这个地方，虽然华洋杂处，各国的人都有，除了印度人头上包有红布之外，像戴这样帽子的人很少，所以走进《时报》馆来，大家不免耳而目之，他却显得神气十足，了不为怪。……温文英俊兼而有之。"（包天笑：《钏影楼回忆录》，香港大华出版社1971年版第401、402页）可见当时上海男性洋学生装扮的别具一格（图8-1-5）。

图8-1-5　穿西式制服的男学生形象

晚清上海不同群体的着装心态，使得时髦衣装得以在社会上迅速传播。对于紧随时尚领袖之后的时髦追随者而言，男子要衣着体面以求得商人等社会强势群体的认同，女子服饰仿效娼妓主要为博得男性的欣赏，模仿洋学生打扮则是迎合社会的仰慕西学之风，通过服饰符号求得归属和爱的需要。

三、追新逐异的时髦女装

晚清上海，从青楼女子到女学生，从大家闺秀到女佣工人，中式装扮是上海女子的主要衣着。在流变倾向上，上海中式女装和中国其他地区相比，具有明显的以追新逐异为时髦、求炫耀斗奇特、变化越来越快，以致一年数变的特点。服装的廓型、局部细节和装饰是上海中式服装时髦创新的主要体现。衣装腰身大小、廓型宽窄和摆线高低有交替盈蚀，局部造型有丰富变化，细节布局有精妙处理。用料、图案和颜色也颇为考究并有流行变化。

中式女装袍、衫袄和马甲在式样和流行变化上多有类似。衣身通常呈直线式或渐张式。自19世纪80年代起，受西式服装显露体形的影响，服装开始趋窄而逐渐成为细长形状。与此同时，衣袖由宽及窄、从长变短。女装袍类长过膝盖，衣摆在膝下至脚踝之间变化；一般在左右侧缝处开衩，较正式的袍开三衩，也有无衩袍，衩的高低随时尚而变；右衽大襟或对襟，后逐渐合体；除初期有圆领外，通常为立领；袖有遮及手部的长窄袖、长宽袖和短及肘部的短宽袖，宣统年间则流行较短较窄的袖子。

晚清上海女装的流行变化中另有一标志性的现象，那就是高立领的流行，女装的领头之高甚至可掩至腮下，因其外形时称“元宝领”，可与廓型细长的衣身构成良好的呼应。在图8-1-6的合影照片中，女性衣装均为元宝领式。在这种高得与鼻尖相齐的硬领内，任何脸型的女性都会是鹅蛋脸的美人，其风行之盛自然可想而知。

图8-1-6　1910年前后上海美华照相馆拍摄的三女子合影，女装衣领高可及耳，袖管上缩近肘而且细窄

中式下装主要有裙和裤两大类。女裙主要是平面片状围系式，多为一片，也有两片结构。裙门常有刺绣、织花镶滚乃至花边装饰，由繁趋简。裙侧裥道的数量也由多趋少，后来直接用花边代替褶裥作为装饰，乃至无裥。按清代礼法只有正室才能穿红裙，其时上海的有些家庭在妻妾共处时则让恃宠而骄的侧室穿用大红裙门褶裥杂色的月华裙以作变通。裤和套裤的形制类似男装。裤腿通常呈直筒或渐窄状，也有裤腿渐宽的“撒腿裤”。裤脚常饰以滚镶、刺绣、花边，有时开衩，以纽扣或在脚踝处用细的带绳捆扎。至19世纪末20世纪初，裤子有变短变瘦的趋势。

披风主要有两种：有袖子的作为正式服装与红裙相配；另一种是时髦女性常用的便装式披风（斗篷），多为无袖。宣统初年，上海的妓女中流行的斗篷多以鲜艳的花缎或者绉纱制成，内衬洋灰鼠或者洋狐肷（周锡保：《中国古代服饰史》，中国戏剧出版社1984年版，第486页）。

细致精巧的装饰是晚清上海传统女装时髦的突出体现。中国传统装饰工艺如镶滚、嵌挖和盘纽等的运用已达臻境，其装饰风格先趋繁杂再求简单。对于精于装扮的上海女性，服装配伍格外被重视，并在她们的服饰行为中形成一种自觉的现象。除不同服装品类的搭配外，色彩、图案、面料、式样的组合是上海女性在时髦浪潮中展现个性的重要方式。

四、西式服装的兴起

上海人开始使用西式服装的确切时间尚无法查证，上海也未必是中国最早出现中国人穿西式服装的城市，但毫无疑问，上海是西方服装体系在中国最先生根发芽、迎风成长的所在。因为迥异于中国其他城市的社会环境和生存状态，晚清的上海人率先宽容地接纳了西式服装。如果说对于上海女人来说西式装扮多为猎奇，那么上海的男子则逐渐将西式服装作为日常衣着了。

晚清时期西式服装逐渐为越来越多的上海平民男子所接纳并成为日用服装的原因，固然与当时社会将清代传统装扮形式视同于中国改良富强之碍的改革呼声逐渐高涨有关，但是还有两个被诸多研究所忽视但其实非常重要的因素。首先，西式男装与传统中式服装相比，功能性更强，样式更简单、装饰较少、配伍固定、适用性好。其次，穿用西式男装的经济成本大大低于中式装扮。可见西式男装在上海的蔓延不仅是因为上海人崇洋的心理，还得益于当时上海商业社会的功利习俗，这也是西式男装得以进入民众日常生活的土壤（图8-1-7）。

关于晚清上海西式男装的式样和上海人对于西式服装的穿用方式，目前并无实物佐证和直接的文字记载。可以推断的是，上海的富裕阶层对于西式男装的式样和使用方式基本上是对西方的亦步亦趋。由于当时与西方的海运周期比较长且成本昂贵，因此上海男子穿用进口服装的比例不会很高，大多数西式男装应当出自上海的裁缝之手。至于服装的式样，在沪西方人的衣着就是现成的样板。对于普通的上海平民男子，很多人抱着实用的拿来主义原则而并非照搬西方式的服饰组合以及服装的季节更替形式。这一现象在某种程度上还成为上海人接受西方生活方式的出发点（图8-1-8）。

晚清时期，上海的街头上时常能见到穿着裙裾膨大的克里诺林式样、后臀高翘的巴瑟尔式样以及英国维多利亚风格长裙的“腰细裙宽面障纱”的西方女子，《点石斋画报》《图画日报》上也不时有外国女人的身影，身边的时髦男性更是越来越多地穿上了西式服装，一些有留洋经历的女子对于包括服饰在内的西方生活也较为熟悉（葛元煦等：《沪游杂记 · 淞南梦影录 · 沪游梦影》，上海古籍出版社1989年版，第124页）。因此，上海女子对西式服装更为了解。

19世纪开埠后的上海，有些青楼女子穿用外国式样的服装以求新奇出众，其实虽然良家女子在服饰上以仿效娼妓为时髦，但将纯粹的西式女装当作日常打扮的却很少。20世纪初，部分青楼女子已经惯于做纯粹西式装扮。但对于大多数上海女性来说，被称为“番装”的是“完全洋式的服装，只限于小孩子的衣帽，妇女们大多偶一穿之，以在照相馆的镜头上扮一回‘番妹’，穿起来在街上走的极少”（屠诗聘：《上海大观》，中国图书编译馆1947年版，第下19页）。

图8-1-7　晚清连载小说《续新茶花》插图中穿西式服装的男主人公

但使用纯粹的西式服装毕竟在名义上违反法律和习俗。尽管这种压力随着时间的推移逐渐弱减，但不少民众仍怀有顾虑而采用中西结合的着装。

图8-1-8　清末上海穿西式服装，戴礼帽，用文明棍的男性

第二章 上海旧事（1912—1949年）

自1911年11月4日上海宣布光复以来，上海的服饰时尚以海派的摩登特色，成为中国乃至远东的服饰时尚旗帜。

当时的上海作为中国最大的城市，以“东方巴黎”的姿态在服饰时尚方面独领风骚。所谓海派的上海服饰可以归结为时尚、精美、独到、新奇、变化迅速、融汇古今、兼蓄中西。20世纪20年代中期至30年代是上海服饰时尚的鼎盛期，其流行格调可以用摩登来形容。部分公子名媛、娱乐明星、交际花、学生以及知识分子以特有的服饰形象成为时尚先锋，新兴的中产阶级则是服饰时尚的中坚力量。从剪辫放足、白衣黑裙到西装革履、烫发旗袍，服饰时尚是上海的重要城市特性。在当时的上海，传统服装的影响和使用趋减，部分服装品种退出时尚行列，其流行趋于高度风格化、精致化和简单化。西方服饰的影响进一步加剧，上海的服饰流行几近与巴黎同步，部分西式服装直接用于日常生活，西式服装因素被更加广泛地采用。以旗袍和中山装为代表的“新中装”（New Chinese Style）在上海出现并风行，旗袍的流行变化迅速，成为全国服装的样板，而在现代人眼里，民国时期的上海旗袍，几乎已经成为中国传统服装的代名词（图8-2-1）。

一、剪辫子与反缠足

蓄辫和缠足在旧中国根深蒂固，而到辛亥革命后，其影响大大减弱。

清代建立之初，满族统治者通过武力强迫汉族男子留辫子。留辫与否，曾经是满汉民族之间严峻的政治问题并引发了激烈的对抗。留辫后来逐渐演变为满汉共有的习俗，这也成为清代满族统治在人们装扮上的一种政治符号、心理暗示和服饰礼仪的组成部分。因此，在辛亥革命期间，剪辫子不是简单的装扮变化，而具有革命的政治含义和文化含义，从某种角度也是对清初充满血腥的剃发令的反对，只不过是手段趋向民主。在当时的上海，有很多人用剪辫的方式表示与清朝旧制度的决裂，但是也有人意存观望、囿于旧习。中华民国临时政府于1912年3月5日颁发了剪辫通令，以“今者满庭已覆，民国成功，凡我同胞，允宜涤旧染之污，作新国之民”而要求限期剪辫：“兹查通都大邑，剪辫者已多。至偏乡僻壤，留辫者尚复不少。仰内务部通行各省都督，转谕所属地方，一体知悉。凡未去辫者，于令到之日，限二十日一律剪除净尽”（《临时大总统关于劝禁缠足致内务部令》，《中华民国档案资料汇编·第2辑》，江苏人民出版社1981年版，第32页）。事实上，上海的民众在1911年初就创办了“光复剪辫会”，各种类型的剪辫大会在四处不断召开，各种报刊连续发表支持剪辫的文章。一时间，上海形成

图8-2-1　月份牌上穿旗袍和裘皮大衣的女模特

了剪辫热潮。随着辫子一起而去的是顶戴花翎和补子官服等明显带有清代符号的服饰装扮（图8-2-2）。

缠足是对中国妇女独有的陈规陋俗,历经千年,蔓延极广。当时，妇女不分东西南北，不分贫富贵贱，皆缠成小脚，被美化为“三寸金莲”，从生理学上说，这完全是通过外力强迫骨骼变形的一种酷刑。20世纪50年代，这种变态的审美标准和人身摧残才彻底消亡。历史上围绕妇女裹足与放足的斗争一波三折，缠足给中国女性留下了难以泯灭的烙印，也使人们对其发生的社会动因和文化积淀产生深深的思索。

图8-2-2　《青年进步》1917年第2期刊登的余日章着西式双排扣外套的照片，不再留辫子

在辛亥革命的影响下，近代中国妇女开始觉醒，她们认为缠足是中国女性成为玩物的象征和失去人格的表现。1912年3月5日，民国政府以通令形式劝禁缠足：“至缠足一事，残害肢体，阻阏血液，害虽加于一人，病实施于子姓，生理所证，岂得云诬。至因缠足之故，动作蹒躝，深居简出，教育莫施，世事罔问，遑能独立谋生，共服世务”（《临时大总统关于劝禁缠足致内务部令》，《中华民国档案资料汇编·第2辑》，江苏人民出版社1981年版，第35页）政府改革包括服饰在内的社会习俗之举措，受到包括上海人在内的诸多民众的响应。辛亥革命，不仅消灭专制迎来共和，也在上海造就了新的服饰时尚，1912年《时报》刊发的《新陈代谢》，文中写道：“共和政体成，专制政体灭；中华民国成，清朝灭；总统成，皇帝灭；……新礼服兴，翎顶补服灭；剪发兴，辫子灭；盘云髻兴，堕马髻灭；爱国帽兴，瓜皮帽灭；爱华兜兴，女兜灭；天足兴，纤足灭；放足鞋兴，菱足鞋灭……”（吴冰心：《新陈代谢》，《时报》1912年3月5日）可谓自由尽是新风尚。

二、“摩登”的由来与时髦的代价

在民国时期，上海的服饰时尚在本质上是西化的，当时被称为“时装”的服装也主要指以西式外套为主的女装。上海是中国首先接受西方最新服饰流行信息的窗口城市，巴黎时装是上海人心目中的向往。20世纪20年代，巴黎的最新式样和信息月余就传到上海，并很快出现在街头。在那时，上海人对时尚的表述甚至也从具有中国传统意味的“时髦”变成了从英文单词“modern”（法文“moderne”）音译而来的“摩登”。20世纪30年代之后，这个词汇就更摩登且使用频率很高。当然，上海人对于服饰流行是具有创造力的，他们不仅使用巴黎的式样，还将流行风格引用到以中国传统式样为基础的服饰中，再造出诸如旗袍等东西合璧的属于上海的特色流行（图8-2-3）。

由此可见，上海摩登尽管有些东方式的意味，但是不等同于完全西式。在当时，摩登意味着西化的、都市的、时髦的、新奇的、精美的、别致的、优雅的、变化的、有品位的，甚至于“上海生活”化的；否则，则是乡气的、落伍的、不入流的。在上海，有摩登生活、摩登女郎，更离不开摩登准则的服饰时尚，时兴光鲜、优雅精美的服饰摩登，是“上海生活”的符号标志（陈嘉震：《都会的刺激》，《良友》1934年2月第85期，第14、15页）。摩登装扮不仅是年轻人的专长，而是一种社会风气。1933年的《玲珑》杂志就曾经勾画出当时覆盖不同年龄段的“摩登妇女”形象：“凡青年或中年，甚至老年的妇女，只要是烫发、粉脸、涂唇、细眉、长衣短袖、短裤长袜、擦指甲、高跟鞋的，都称之为摩登妇女。”（刘异青：《由摩登说到现代青年妇女》，《玲珑》1933年第124期，第2439、2440页）。尽管在当时的上海有一大批人衣衫褴褛、食不果腹，但是摩登服饰和它所代表的生活方式是他们中很多人的向往，并成为人们奋斗的动力。一旦有机会，他们就会摩登装扮一回，

19　良友　第六十期

The pencil print with a full draped collar and tiered skirt

This afternoon black silk crepe gown has sleeves banded with fur. A black straw hat is decorated with pink flowers

全黑色之午後便裝短袖綴以小裘剪裁平而不淡黑草帽旁襯淺紅花沉中帶豔

白綢粉紅花邊領寬而無袖閨秀寢內喜服之

Sleeping pajamas alencon lace, pink crepe de chine

←白地綠花雅潔異常披肩衫緣及裙腳均長垂爲歐美最新式夏服之一種

暑天便服全件以淺花竹紗一幅裁成褶襬似褲邊緣綴以蕾紗飾如仙裳彼得潘式有活潑天真之趣

Kitchenette pajamas, made all in one piece with a Peter Pan collar

第六十期　良友　18

歐美流行夏季時裝

SUMMER FASHIONS in EUROPE and AMERICA

暗色呢衣白帽白手套及白鞋色調上下照應

Sheer wool fashions this lovely sports frock. Accessories in the form of white felt hat, loose white gloves and white shoes carry out the color scheme

A neat little afternoon street dress shows the importance of dainty ruching as trimming. A little nose veil adds an intriguing touch to an attractive bicorne

A charming negligee, tiered and banded with lace

灰綠色羽紗製成褲管寬闊無比爲今夏新裝之一

These pajamas are made of heavy crepe in two shades of green. Extremely wide trouser gives the skirt effect

→銀灰色衫褲以小銀紐爲點綴頗有東方色彩

A pajama ensemble with an oriental air

图8-2-3　20世纪30年代巴黎夏季流行时装刊登于《良友》杂志上

仿佛就进入了阔人阶层。这些也使得服饰时尚成为上海社会进化的动力之一（图8-2-4、图8-2-5）。

上海摩登男子对于西式服装采取了一贯追求时尚、精致和完美的态度。富贵之家的男子除从国外带回或者购买进口货外，会去培罗蒙、永祥、亨生等名店定制西服、大衣，高档的西式服装面料基本以进口为主。很多中产阶层和平民也会选择西服、衬衫等西式服装。上海男子对于西式服装配件同样很讲究。孙树棻曾经在一本回忆录中专门有一节写的“男仕包装店”：在静安寺路有“兴泰”和“裕泰”两家商店，经营与男士外观有关的进口高档品，足可以将任何一个男子包装成为“卖相”挺括的“尖头曼”（当时上海对于gentlemen的译称）。

想要得到摩登的纯西式男子服装，当然需要经济的支出。1934年《时代漫画》刊登的《摩登条件》一文，其中涉及男子的标题为“西装的代价——漂亮少年最起码的支出”，所列春天所用西式服饰有背心、短裤、卫生衫、连领衬衫、深灰色西装、春大衣、呢帽、领带、皮鞋、带袜带、袜、别针、丝围巾、司丹素（头油）、白手套共14种，总价银元88.70元（费志仁：《摩登条件》，《时代漫画》1934年1月号，第19页）。而1934年1月该文发表时上海的粳米价格约为7.88元/担（邓娟：《南京国民政府时期上海米荒及其应对研究（1927-1937年）》，硕士学位论文，华中师范大学，2009年，第36页）。由此可见，要做西式装扮的漂亮少年，得付出相当大的经济代价（图8-2-6）。

上海女性在服饰摩登方面的不惜金钱也体现在对西式服装的追逐上。1934年《时代漫画》的《摩登条件》一文中，另有一幅题为“春装的估价——摩登女子最低的费用”的列表，包括深黄色纹皮皮鞋、雪牙色蚕丝袜、奶罩、卫生裤、吊袜带、扎缦绉夹袍、春季短大衣、白鸡牌手套、面友、胭脂、可的牌粉、唇膏、皮包、电烫发、铅笔和蜜等，总共16项计银元52.05元（费志仁：《摩登条件》，《时代漫画》1934年1月号，第19页）。由此也可以看出，上海女子的摩登是精心细致装扮的结果（图8-2-7）。

对于西式服装，社会舆论总体上赞同多于批判，即便在旗袍已经成为女装流行主体的20世纪30年代，也有提倡西式女装的声音。1936年《时代》载文称：“中国妇女穿着洋服，在使肉体的自由方面说，不若旗袍

图8-2-4　1934年第86期《良友》封面电影皇后胡蝶的骑马装装束

图8-2-5　1941年第29期《永安月刊》封面着海魂衫和短裤的装束形象

西裝的代價

漂亮少年最起碼的支出

背心	一件	.四〇元
短褲	一條	.四〇元
衛生衫	一件	一.〇〇元
連領襯衫	一件	二.五〇元
深灰色西裝	一套	三〇.〇〇元
春大衣	一件	三八.〇〇元
呢帽	一項	三.〇〇元
領帶	一條	.五〇元
皮鞋	一雙	八.〇〇元
帶襪帶	一副	.六〇元
襪	一雙	.二〇元
別針	一隻	.四〇元
絲圍巾	一條	二.〇〇元
司丹康	一瓶	.五〇元
白手套	一副	一.二〇元

共計上海通用銀元八十八元七角正

图8-2-6　西装的代价——漂亮少年最起码的支出

春裝的估價

摩登女子最低的費用

深黃色紋皮皮鞋	一雙	六.五〇元
雪牙色蠶絲襪	一雙	一.二〇元
奶罩	一只	二.二五元
衛生褲	一件	.八〇元
吊襪帶	一副	三.〇〇元
紅綫綢夾袍	一件	八.二〇元
春〻短大衣	一件	一六.〇〇元
白雞〻手套	一副	二.八〇元
面友(Face Friend)	一瓶	.七五元
臙脂	一盒	.五〇元
可的牌(Coty)粉	一匣	一.四五元
唇膏	一匣	.五〇元
皮包	一隻	二.五〇元
電燙髮		五.〇〇元
鉛筆	一支	.二〇元
蜜	一瓶	.四〇元

共計上海通用銀元五十二元另伍分

費志仁文士作

图8-2-7　春装的估价——摩登女子最低的费用

的高领和紧胸的拘束。在使全身的美观方面说，可以改少所谓东方的病态美，而增加身体的长度和曲线。大概是因为环境和习惯的牵制，中国妇女是很少穿洋服的，虽然是明知道现流行的旗袍的缺点（佚名：《一哥红舞星梁赛珍试春装》，《时代画报》1936年4月5日）。”

三、四大百货

民国初期的上海百货业已初具规模，尤其是环球百货，作为大型零售店的后起之秀，在商品流通领域起到越来越重要的作用。环球百货对于上海的时尚业具有划时代的意义。南京路上的“四大公司”指的是先施、永安、新新和大新公司，从1917-1936年相继开张：民国六年（1917年）10月20日，归国华侨马应彪开设先施公司；民国七年（1918年）9月5日，郭乐、郭泉创建永安公司；民国十五年（1926年）1月23日，刘锡基开设新新公司；民国二十五年（1936年）1月10日，蔡昌创办的大新公司开业（图8-2-8～图8-2-10）。

图8-2-8　上海街道，南京路一带，左边较高建筑为永安公司，其对面是先施公司，道路两旁各种商铺林立

图8-2-9　20世纪20年代南京路上的新新公司

图8-2-10　上海大新公司（今上海第一百货公司）

这些大型、综合性的百货商厦，商场设施新颖，经营管理先进，逐渐成为上海百货零售行业的支柱，服饰、化妆品等时尚商品是其主要经营内容之一。那里集聚了男女装扮需用的各种中外商品，既方便消费者一次性考察和购买，也有利于各类厂商利用时尚的关联消费效应增加销售。同时，由于场地很大，可以容纳大量的消费者。因此，百货商厦还是西方时尚通过进口商品传递到上海的重要渠道。购物和逛店的人群涵盖了不同的社会群体，不仅有上海人，也有来沪光顾的外地人。

以先施公司为例，从铺面到4楼商场，摆开23个大类商品部，另设先施乐园，集吃、穿、用、娱乐于一体。而在其商品部中，涉及衣着打扮的有洋杂货、绸缎、匹头、女装、西服、皮货、首饰和钟表等，可见与服饰时尚相关的商品在其中所占比例。其他百货店也有类似的现象。永安百货还创办《永安月刊》，向社会介绍各种包括服饰在内的信息，推广“上海生活”的方式。《永安月刊》封面本身无形中也成为服装服饰的新款发布平台。

在20世纪二三十年代，上海提倡国货的运动不断高涨，很多百货店、洋行及杂货店都积极参与。1932年，专营国货的上海中国国货公司成立（《上海市区志系列丛刊·黄浦区志》，上海社会科学院出版社1996年版，第146、147页）。上海百余家生产百货商品的工厂纷纷自设门市部或发行以推销本厂产品，有的后来转为专业商店。上海百货业的行业组织逐渐完善。1930年，由中小型百货商店组成的上海特别市百货商业同业公司成立。1931年，由东洋庄、西洋庄和国货批发字号组成的上海特别市华洋杂货号业同业公会成立。由大型综合性百货商厦组成的环球货品业因为户数不多，则于1930年直接加入市商会，直到1943年才独立成立同业公会。抗日战争胜利后，美货充斥市场，全市有40多个专营美货的“联合商场”。1948年由于政府实行财政经济紧急措施以及时局动荡等原因，百货业受到很大冲击（《上海日用工业品商业志》编纂委员会：《上海日用工业品商业志》，上海社会科学院出版社1999年版，第47页）。

图8-2-11　中式装扮的唐瑛

四、云裳公司与名媛

当时被公认的名媛，通常出身名门，其家庭未必十分富有，但总是有相当的社会声望的且受过良好教育。她们不仅生活富足，还追求游泳、打球、跳舞、骑自行车，甚至开汽车及飞行术。而在新文化和妇女运动的背景下，西方的社交概念被引入上海，在新式教育和一些社会舆论中，提倡妇女走出家门参加社交活动，产生了为当时社会所关注的所谓“交际名媛”。

唐瑛堪称民国时期上海最摩登的交际名媛。她生于1910年，其父唐乃安是中国第一个留洋的西医，后在上海开设诊所。家境优越的唐瑛毕业于著名的中西女塾，1926年左右正式进入交际圈，她不但貌美苗条、衣饰出众、中文和英文俱佳，且多才多艺、擅长昆曲、交际舞艺甚高，具有很好的艺术造诣。唐瑛本人也十分擅长装扮，品味出众（图8-2-11、图8-2-12）。据说，她的服饰用品数量庞大，很多都是当时西方最为时髦的物品，通常每天要换三次衣服，早上可能是短袖的羊毛衫，中午出门穿旗袍，晚上家里有客人来则穿西式长裙。非但如此，唐瑛还有很好的衣着眼光和创作天分，如果在街上看到感兴趣的新式样，会记下样式，回家吩咐家里专

图8-2-12　西式穿着的唐瑛

门雇佣的裁缝照做或者按照自己的创意进行改良（肖素兴：《唐瑛：老上海最摩登的交际名媛》，《文史博览》2010年第12期，第44、45页）。作为上海摩登的榜样，她的装扮成为上海闺秀的楷模。

1927年，由唐瑛和美术家江小鹣参与的云裳时装公司在静安寺路开张，号称美术服装公司，"时装"之名开始公开标牌。这是沪上著名文人、社交名流、美术家们相互合作而进行的一次时装产业实践。据周瘦鹃在《上海画报》中的文章记载：在开业三天之后的推选董事的股东会上，唐瑛不仅担任董事，还和徐志摩一起担任特别顾问。宋春舫担任董事长，谭雅声夫人为董事兼艺术顾问，周本人和陈小蝶也被推为董事。艺术顾问有十几位，包括胡适、郑毓敏等社会名流（瘦鹃：《云裳碎锦录》，《上海画报》1927年8月15日第263期，第3页）。

云裳的产品，尤其是大衣很快成为上海女性的摩登符号，并很快流传于江南以及其他城市。云裳的顾客多为大家闺秀、海上名媛，她们在社交场中，无不以穿着云裳所制服装为荣，因而生意兴隆（上海市地方志办公室：《上海名镇志》，上海社会科学院出版社2003年版，第249、250页）。在当时，名媛们的衣装打扮

图8-2-13　名媛梁丽芳、曾文姬、古金莲、古雪梅、陈瑞苓、刘秀峰、李静宜、李玛莉、张淑芬参加百乐门舞厅名媛时装表演为福音医院募款

成为很多上海人心目中的理想形象。有些名媛也会去客串时装表演，出席服装公司的开业活动。云裳的开业可谓盛况一时，前三天，唐瑛、陆小曼等均在现场接待，并"代试鞋样或代穿新衣"，诸多社会名流、戏曲和电影明星均有光顾和订货。三天之中，"做了二千多块钱的生意，还是受天公不作美的影响呢。"（成言、行云：《杨贵妃来沪记》，《上海画报》1927年8月12日第262期，第3页）。这些名媛们的衣着风格，或中或西，或中西合璧，衣装款式或华丽或简洁，基本与怪异无缘。她们的形象摩登而不失优雅，充满时代女性魅力（图8-2-13）。

五、鸿翔与培罗蒙

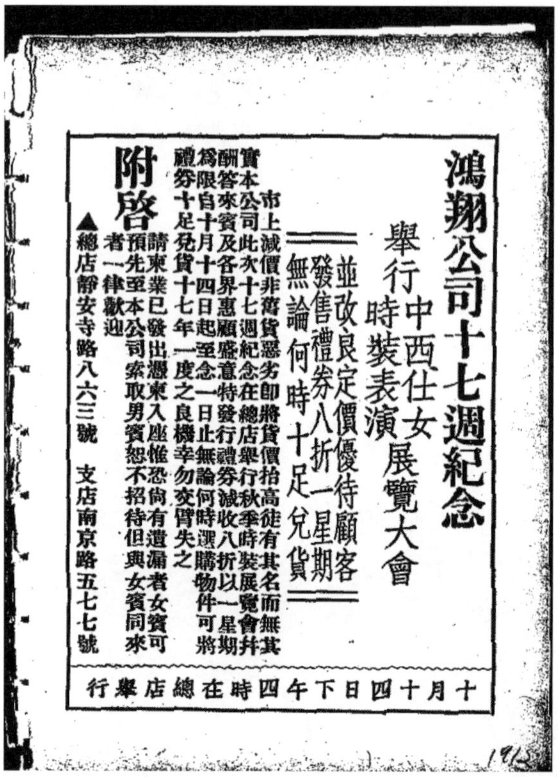

鴻翔公司十七週紀念
舉行中西仕女展覽大會
時裝表演
並改良定價優待顧客
發售禮券八折一星期
無論何時十足兌貨

市上減價非舊貨即將貨價抬高徒有其名而無其實本公司此次十七週紀念在總店舉行秋季時裝展覽會并酬答來賓及各界惠顧盛意特發行禮券減收八折以一星期為限自十月十四日起至念一日止無論何時選購物件可將禮券十足兌貨十七年一度之良機幸勿交臂失之

附啓

請柬業已發出凴柬入座惟恐倘有遺漏者女賓可預先至本公司索取男賓恕不招待但與女賓同來者一律歡迎

▲總店靜安寺路八六三號　支店南京路五七七號

十月十四日下午四時在總店舉行

图8-2-14　鸿翔公司登在《玲珑》杂志上的“鸿翔公司十七周纪念”的宣传广告

鸿翔创始人金鸿翔，出生于1895年，自幼家境贫寒，13岁就到上海中式成衣铺当学徒。金鸿翔不仅聪明伶俐，很快学到了一套好手艺，而且善于观察当时上海的服饰流行。他发现有些风流小姐、学生以穿西式服装为时髦，于是就跳槽改学西式裁缝。金鸿翔曾赴俄国，在其舅父开设的西式服装店做工。翌年返回上海，在悦兴祥西式裁缝店做过一段时间的技工。在接待外宾和女客过程中，金鸿翔积累了不少业务经验，也萌生了另立门户的念头。1917年，金鸿翔筹资在静安寺路（今南京西路）863号（今鸿翔原址）开设了上海第一家西式时装公司，用自己的名字“鸿翔”做招牌，凭着其长期的经验和手艺很快便让“鸿翔”轰动了上海滩。之后，他又邀请兄弟金仪翔加盟，开始了“中衣洋化”的改革。1928年，金鸿翔把原房翻建成六开间二层楼新式楼房，铺面做商场，后来又发展到九开间门面，实行“前店后工场”，营业面积多达1200平方米。1943年，金鸿翔业务发达，又在大马路（今南京东路）开设“鸿翔”分公司，简称“东鸿翔”。当时在南京路上连开两家时装公司，确实震动了上海人。十余年来，“鸿翔”女装倍受青睐，经营一年好于一年。

“鸿翔”名声在外，连宋庆龄也要到“鸿翔”定制衣

图8-2-15　《现代妇女服装》书籍广告

图8-2-16　培罗蒙西服店的外景图

服。1934年“鸿翔”为她做了一套中西合璧的服装。其融民族传统和现代潮流为一体，造型美观、曲线明朗，采用滚、荡、缕、雕、绣、镶、嵌等特色工艺，全部由名技师手工制成，具有中国特色。同年，宋庆龄为其题词“推陈出新、妙手天成、国货精华、经济干城”16个字。1935年11月，作为全国四大明星之一的胡蝶在上海举行婚礼，鸿翔为她量身制作了绣有百只彩蝶的结婚礼服。婚礼时，胡蝶穿上这套礼服，惊艳了在场宾客，这件“百蝶裙”又一次使得鸿翔名声大噪。此后胡蝶日常所穿的服装都由“鸿翔”公司制作。后来连英国女王也来定制服装。1947年，未来的英国女王伊丽莎白二世将要举行婚礼，听闻中国上海有家“鸿翔”公司，曾为胡蝶的婚礼做过礼服，于是也要在“鸿翔”定制一套婚礼服。虽然女王未来上海，但“鸿翔”通过领事馆的资料，进行特殊裁剪，精制了一袭大红缎料的中华披风，满刺金线，极尽描鸾绣凤之巧，由英国驻上海领事馆转送女王。

“鸿翔”还充分利用时装表演这一形式展现最新产品，邀请明星参与，提升商店名誉。1930年10月14日下午4时，“鸿翔”与著名美亚绸厂联手共同进行新品发布的时装表演（鸿翔公司十七周年纪念：《玲珑》1933年第35期总第114期，第1912页）。当时的《良友》《玲珑》等著名杂志经常刊登鸿翔的时装表演照片。1931年，鸿翔公司还专门发行了一本汇集最新式样并指导配色使用的《现代妇女服装》书籍，既是回报社会以提高民众的衣着修养，也是为了扩大自己的声誉和影响（图8-2-15）。

而另一家上海滩上“头挑”（top）的西服名店培罗蒙，据说一两黄金只可以做三套西装。凭借其最好的地理位置和西服制作的优良技艺，培罗蒙西服店很快便在上海滩形成气候，成为上层人士首选的西服名店。

培罗蒙西服店开设在当时号称“十里洋场”的大马路（今南京东路）以西的静安寺路（今南京西路）上，如今日的南京西路一般，是高档消费聚集的寸土寸金之地。店铺门面装修得富丽堂皇，中英文的金字招牌，三层楼双开间店面，气度不凡。培罗蒙西服店拥有了最好的地段，加上一流的装潢，顿时身价倍增。一楼店堂入口左右两个玻璃大橱窗陈列样品，新颖别致；店堂内将西装、呢绒及辅料陈列在一排货架和柜台上，光彩夺目，刺激着进店顾客的消费欲望（图8-2-16）（陈万丰：《中国红帮裁缝发展史·上海卷》，东华大学出版社2007年版，第121页）。

除了高档次的店铺形象，优质的面料，精湛的工艺，加上贴心的服务，成为培罗蒙成功的秘诀。当时上海西服店用的面料有从洋行购买的最高级的套头料，也有成箱装来的疋头料，还有跑街叫卖的一般面料。培罗蒙用的皆是英国进口的套头料，该面料用印刷精美的硬纸盒包装，一套一包装，尽显其高贵的身价和档次。有的进口呢绒面料还以木箱做外包装，木箱内再用纸盒分装，纸盒内有时夹着赠送的礼券，以优惠的价格出售给熟识的客户（陈万丰：《中国红帮裁缝发展史·上海卷》，东华大学出版社2007年版，第122页）。

培罗蒙老板许达昌裁剪水平高超，被称为五大裁缝之一。一般裁缝在为顾客量体后，先剪出纸样，然后按照纸样剪裁制作衣服。培罗蒙的师傅反其道而行之，重视量体后的“穿样子”这道工序。培罗蒙的规矩是店内制作好一批不同风格和号型的纸样，为顾客量体后，选择符合要求的纸样先用白坯布制作一个坯布样，让顾客进行一次试衣，然后找出问题进行改正，顾客满意后，再按照“样子”剪出纸样，用面料制作。这种纸样贴身，准确无误。

培罗蒙坚持以顾客的满意为自己追求的目标，为每位顾客准备一本小册子，记下每套西服的用料、尺码等，并在每份纸样上标明客户姓名、地址、电话，由专人统一保存。同时培罗蒙还提供上门服务，为在南京的政府要员量体制衣。培罗蒙的师傅们往返于南京、上海之间，穿行在南京政府的有关部门和官员的别墅之间，边试样，边交货，边度身，再接订货，不敢有丝毫懈怠。培罗蒙的顾客大都为上流社会的达官显贵、军政要员、商界巨贾、艺坛明星等。除上海上层社会的顾客外，常来常往的还有英、美等国的银行家、商行和石油行的高级职员。京剧表演艺术家程砚秋、李少春等都是培罗蒙的常客。

六、旗袍的旋律

民国时期的上海旗袍，既不同于中国传统袍服，也异于同时期的西方流行，是中西交融的革命性创新，具有鲜明的海派特色。上海的旗袍流行起源于1925年的女学生群体，其式样是旗袍马甲和文明新装的倒大袖的结合，配伍形式类似西式连衣裙，而不是旗装袍的直接延续。旗袍的式样往往是穿着者本人和裁缝合作的结果，制作也比较简单，可以在多种场合穿用，融合中西方的美学概念和西方服装流行特征，是新女性的服装标志。1927年以后，旗袍成为上海女子的主要服饰品类和摩登潮流的主体，并引导中国的女装潮流。旗袍兴起、变化和穿用配伍的摩登旋律，不仅仅是这个时期的时代象征，作为新兴时尚也体现出独特的服装审美观和衣着观。

20世纪20年代后期至1949年，上海旗袍的流行是上海女装时尚的主旋律。尤其是在太平洋战争爆发之前，旗袍的流行形式丰富，变化迅速，几乎每年都有新花样，是上海旗袍的黄金时期（图8-2-17、图8-2-18）。

1925—1926年，是旗袍流行的初始阶段，主要被较为大胆的时髦女子穿用。旗袍廓型较为宽敞，呈倒梯形，基本不显示腰节。下摆在脚踝以上，有些衣长至脚踝以上，刚好露出鞋子。袖子多为呈喇叭状的“倒大袖”，袖长略过肘部，当时“都流行大袖子的衣服，风靡一时”。1927年，旗袍下摆线位置上升，最短在小腿中部，廓型依然呈倒梯形。1928年，旗袍下摆上升到小腿中上部，衣袖短而宽。1929年，旗袍的下摆线又往上升，有些在腰部通过侧缝有所内收。

图8-2-17　20世纪20年代上海女性和上海家庭中的旗袍着装照片

图8-2-18　20世纪30年代旗袍实物

图8-2-19　1938年的旗袍，载于1940年《良友》第150期之《旗袍的旋律》

1930—1937年是上海旗袍的鼎盛期。旗袍开始收腰，结构引进西式手段，女性形体曲线得以展示。1930年，旗袍的下摆线正好掩住膝盖，然后从高到低。1935年，旗袍下摆达到拖地的极限，其后摆线位置逐渐上升。领子和裙衩的高度也随之从低到高，再从高到低回落。袖子的式样从短袖、长袖、到无袖交替变化，装饰也名目繁多，变化迅速。

1938—1941年，抗日战争的烽火已经弥漫中国，上海的租界成为“孤岛”，旗袍的流行变化缓慢，但依然保留了上海旗袍鼎盛期的余韵，并明显表现出战争的影响（图8-2-19）。

1941年，日本全面占领上海以后，旗袍以简洁、实用为主要特色，流行变化趋向停顿。抗战胜利之后，上海的旗袍受到好莱坞电影明星衣着的影响，曾经有腰身收得极其紧身的款式短暂流行。其后在内战时期的社会动荡中，旗袍的变化仅仅是乏善可陈的微调。

七、中山装的源起

中山装的出现具有特殊的时代背景。辛亥革命后，废除清代服饰制度是一种必然，孙中山一直认为需要寻求一种适合中国人的新服装形式。

关于中山装的起源目前说法不一，主要有以下三种：第一种说法是中山装由日本的学生装略加变化而成（《辞海》编辑委员会：《辞海》，上海辞书出版社1999年版，第1700页）；第二种说法是以南洋华侨的“企领文装”为蓝本加以改进而成（竺小恩：《中国服饰变革史论》，中国戏剧出版社2008年版，第168页）；第三种说法比较通行，认为中山装在1916年由上海著名的荣昌祥呢绒西服号的业主王才运按照孙中山的要求，参照日本陆军士官服加以改进制作而成（《上海日用工业品商业志》编纂委员会：《上海日用工业品商业志》，上海社会科学院出版社1999年版，第209页）。荣昌祥成为中国第一套中山装的诞生地。而这些说法中哪一种更加符合历史事实，目前无法确证。

中山装最初的式样是什么样子，目前没有准确的定论。但是有一点是肯定的，那就是中山装将西式服装最具有代表性的敞开式的翻领改为前胸部完全遮盖的闭合式的立领或者立翻领，符合中国传统中对于男性服装的严肃、整洁、沉稳、大方以及内敛等要求。从1926年11月《良友》杂志为纪念孙中山逝世一周年而出版的《孙中山先生纪念特刊》中可以看到孙中山不同时期的照片，除中式服装和西式服装外，基本均为立领服装，但是式样也不尽相同。其中有一张照片旁边题注为“先生喜服学生装，今人咸称呼中山装”，这是目前较早的有“中山装”之说的记载，说明“中山装”名称的来由是当时人们为了纪念已经去世的孙中山先生。但是，在服饰条例中并没有出现“中山装”的称谓，而且目前所见的民国服装店广告中也没有提及“中山装”一词，可见当时官方并无“中山装”之说。

中山装在民国时期经过多处改进，逐渐具有以下特点：三维立体结构；立翻领，领口装风纪扣；前中开襟，单排五粒纽；四个带盖的贴袋，下贴袋为琴袋式样，袋盖形状类似倒扣的中式笔架；三粒袖扣，四粒袋盖纽扣；后背成整片状。不知从何时起，中山装的很多细节又被赋予文化含义：四个口袋代表传统文化提倡的礼、义、廉、耻；五粒门襟纽扣象征民国的立法、司法、行政、弹劾和考试的五权分立制度，也有说是代表中国汉、满、蒙、回、藏五族共和；三粒袖扣代表民族、民生、民权的三民主义；衣袋上的四粒纽扣代表民众拥有的选举、创制、罢免、复决的四权；袋盖的倒笔架形状表示对文化和知识分子的尊重。

八、时尚杂志——《良友》《玲珑》

《良友》画报是一份图文并茂的大型综合性画报，不仅登载国际国内军事、政治以及经济建设等新闻图片，还积极介绍国内外文化艺术，以西洋画作为重点。此外，《良友》画报大量介绍时下流行的各种服装款式、发型，并向社会征集广告。

《良友》画报由广东台山县人伍联德创刊于1926年2月，一炮打响，创刊号初版3000册，两三天内售空，再版2000册不足应付，又再版2000册，总共7000册。这在当年，是个不错的数目。该刊从内容编排、形式设计到印刷发行，都用当时最新的设计与技术，从而突破了过去画报的局限。

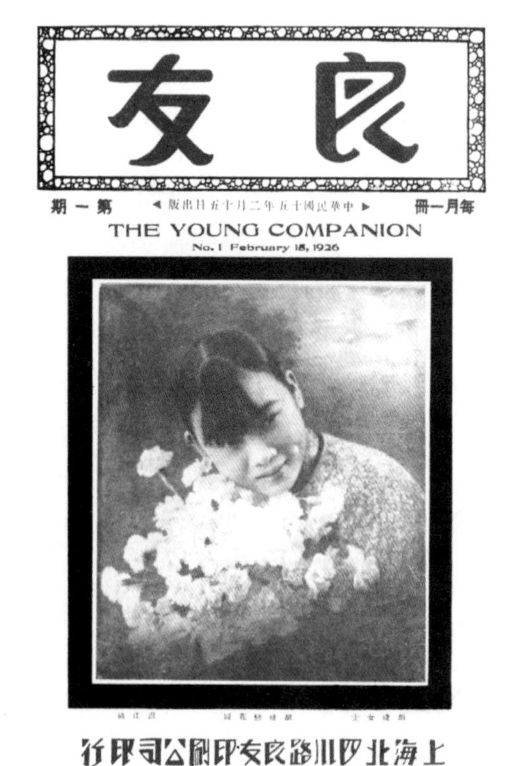

图8-2-20　《良友》1926年1月，胡蝶女士

玲瓏圖畫雜誌　第一卷　第二期

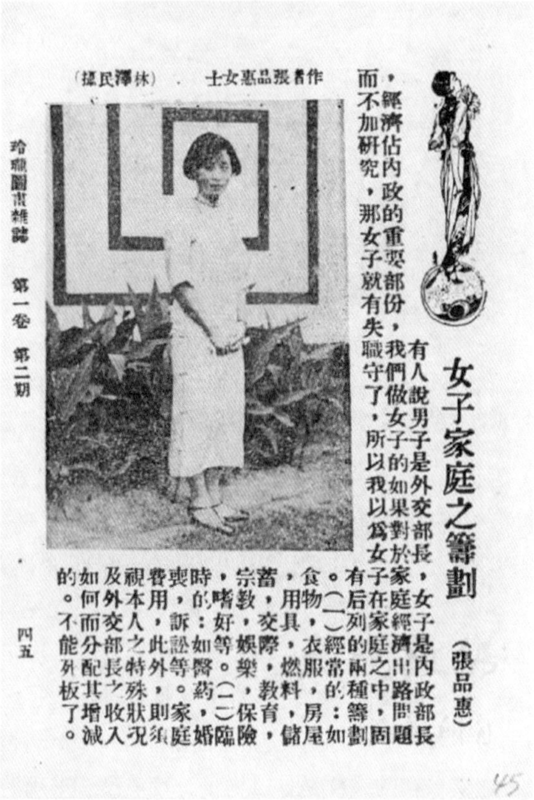

女子家庭之籌劃（張品惠）

作者張品惠女士 ·（林澤民攝）

有人說男子是外交部長，女子是內政部長，經濟佔內政的重要部份，我們做女子的如果對於家庭經濟出路問題而不加研究，那女子就有失職守了，所以我以為女子在家庭之中，固有后列的兩種籌劃。（一）經常的：如食物，衣服，房屋，用具，燃料，儲蓄，交際，教育，宗教，娛樂，保險，嗜好等。（二）臨時的：如醫葯，婚喪，訴訟等。家庭費用，此外，則須視本人之特殊狀況及外交部長之收入如何而分配其增減的。不能死板了。

四五

图8-2-21　《玲珑》1931年第1卷第2期

《良友》画报的影响不断扩大，不仅在国内拥有众多的读者，在国外也享有很高的声誉，尤其受到华侨同胞们的欢迎。美国、加拿大、澳洲、日本等多个国家都有《良友》画报的忠实读者，影响十分广泛。当年凡是有华侨居住的地方都有《良友》，赢得了"良友遍天下"的美誉。各国大图书馆也竞相收藏《良友》，作为了解中国的窗口。

1926年《良友》第1期封面是一幅套色照片——一个手捧鲜花、笑靥迎人的少女，这就是日后红透半边天的电影明星胡蝶女士（图8-2-20）。同年11月出版第一个特刊《孙中山先生纪念特刊》，共55页，200幅照片。直到1945年10月《良友》停刊，这20年间《良友》以8开本刊行，共出172期，共载彩图400余幅，照片达32000余幅，无不详尽记录了近现代中国社会的发展变迁、世界局势的动荡不安、中国军政学商各界之风云人物、社会风貌、文化艺术、戏剧电影、古迹名胜等，可称为百科式大画报。当年就有评论说："《良友》一册在手，学者专家不觉得浅薄，村夫妇孺也不嫌其高深。"

另一本红极一时的刊物当属《玲珑》,全名《玲珑图画杂志》，创刊于1931年3月18日。由华商三和公司于上海出版，主编是毕业于圣约翰大学的林泽苍先生，娱乐版编辑是周世勋先生，妇女版编辑是陈珍玲女士，

摄影是林泽民先生。《玲珑》每周三出版，每期50至60页，有精美的封面和封底，停刊于1937年，共298期。其开本极为袖珍，如扑克牌一般大小，故其名为《玲珑》，似乎也暗含了其开本具有“小巧玲珑”的可爱之意（图8-2-21）。

《玲珑》重点关注妇女日常生活，记载零碎的生活轶事，偶尔刊登明星的花边新闻，又经常会探讨一些私密的感情话题，其在内容取材上体现出近代小报的部分特征。不过《玲珑》以“增进妇女优美生活，提倡社会高尚娱乐”为办刊宗旨，具有一定的进步性和积极性。

《玲珑》杂志从创刊到停刊，正值中国接受西方新思潮的启蒙阶段和实施阶段。这一时期，女性的社会角色也经历了一场巨大的转变，妇女们不再被父权制度下的侯门深院所禁锢，而是走出闺阁，广泛接触社会。西方的教育模式开始在社会中逐渐扮演起重要的角色。《玲珑》突破了过去妇女杂志的格调，妇女们登上杂志封面和内页，与以往封建的妇女的形象形成对比。除了刊登一些供妇女日常消遣的文章外，《玲珑》宣扬男女平等，妇女权利，提倡提高妇女在家庭和社会中的地位及权利，体现了浓郁的左翼思潮对女性出版物的影响。虽然全刊很少关注政治和国事，但是对于女子参政问题、女权运动、妇女劳动问题以及国内外妇女消息等内容依然十分关注，致力于塑造理想中完美、新型的女性形象。这也是《玲珑》能在知识分子群体中受到欢迎的重要原因。

九、化妆品与发型

民国初期，上海的化妆品和美容品以洋货为主，后国货日化用品才逐渐在大众市场占据一定份额。具体有发油、发蜡等美发品，面霜、香粉、胭脂、口红、眼影、香水等化妆品和护肤品，也有雪花膏、香皂、牙膏、牙粉、花露水、痱子粉等日化用品等。

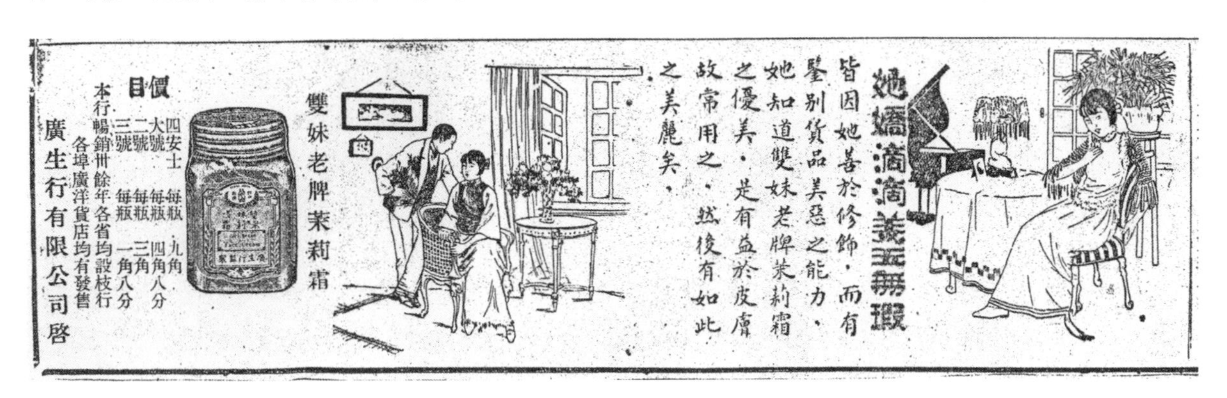

图8-2-22　双妹老牌茉莉霜广告

图8-2-23　1929年第12期《今代妇女》中刊登的梳背头的朱应鹏

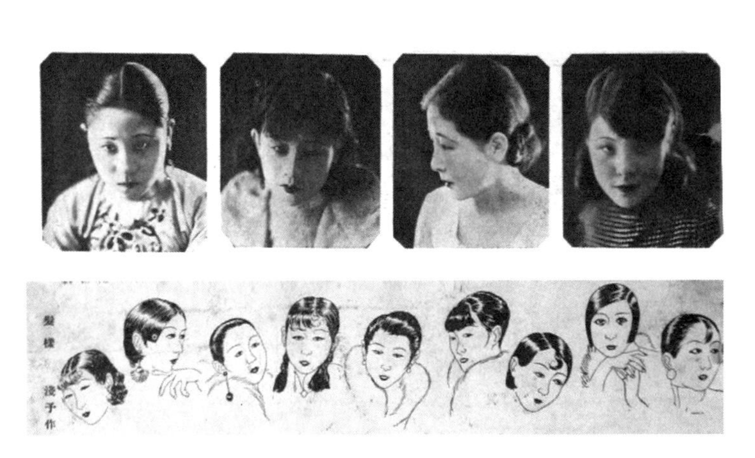
图8-2-24　1928年第79期《上海漫画》刊登的电影女明星的发型和叶浅予画的发式

民国时期，上海男子的美容无非是用面友之类，女子的化妆和美容则日趋复杂。除传统的描眉、敷粉、搽胭脂外，西式化妆和美容式样、方法、用品等逐渐为摩登女子广泛采用。在《玲珑》等杂志上，经常可以看到关于化妆和护肤的文章及信息。而欧化的上海，很多摩登女郎的化妆也是塑造在风格上类似西方的女性，眉毛细长但形状各异，刷睫毛，用灰色、棕色甚至绿色调的眼影，使得眼窝有凹凸感，粉底腮红则使得颧骨骨感明显，明亮的红色朱唇，这些均使得原本平滑柔和的东方脸庞变得接近西方白色人种的轮廓鲜明。当时的上海以进口的化妆品、美容护肤品以及日化用品为时尚，导致进口数量大增。1934年8月7日《申报》刊发题为《摩登妇女的势力》的文章，其中提到一组数字："最近国际贸易局发表，我国妇女化妆用品脂粉香水等的进口，半年来计达八十五万，较之去年度一百五十万之数，殆有'后来居上'之势。仅六月份香水脂粉进口，……合国币十四万四千零四十元；而时髦妇女用限服装四端之花边，其数益觉可惊，总核本年六个月进口，为国币五十七万七千九百六十二元。"其中可见化妆品进口的规模。这些商品主要来自法国、英国和美国，在很多的环球百货店、洋行以及洋广杂货店均有出售，比如西蒙香粉蜜、夏士莲雪花膏、司丹康美发霜、巴黎素兰霜、曲线安琪儿、培根洗发香脂水、力士香皂、李施德林牙膏等。国产护肤品和化妆品也越来越多，比如1928年3月2日和5月15日的《申报》上就分别刊载有双妹老牌茉莉霜广告和夏士莲雪花膏广告（图8-2-22）。

西式美容院也逐渐在上海开张，比如先施公司的美容馆、石氏美容医院、现代科学美容院和汉伦美容院等。商人们不遗余力地利用各种广告形式和推广手段推动这一类产品的消费。比如1932年《良友》第68期的"四七一一"金铃牌香皂广告通过使用效果介绍打动消费者："四七一一香皂，除香浓之外，有润肤之长，日以净面洗手，著水稍擦，即有芬芳洁白之皂沫。除垢迅速，白嫩皮色，在香皂中，可谓神品。"（美最时洋行：《四七一一香皂》，《良友》1932年第68期，第41页）

另外，民国时期的上海人在发型、头饰、帽子方面也追求时兴。在这类装扮中，对于发型一直非常讲究，所谓"噱头噱头，噱在头上"。

男子发型主要有两类：一是直发，二是卷发。前者十分普遍，后者通过烫、吹等手段构成卷发效果，主要为20世纪三四十年代的部分摩登男性使用。在20世纪10年代，男子的发型除在剪辫初期的民众中有所混乱之外，西化已经成为一种时尚，时兴发式有留发较长、中分头路的西洋头和留发较短的平圆头（又称东洋头）。进入20世纪20 年代以后，男子发型式样越来越多，除短发的平头外，流行发型主要有两类：一类是将头发往两边分的分头；另一类是将头发向后梳的背头。曾经也流行一种飞机头，将额头上方的头发做成高突的式样，好像飞机的头部。有人对于当时男子的发型回顾道："一般潇洒点的，鬓角留得长点；有种是三七开，一边多点，一边少点；有种是两面分开，当中一条头路；还有种是没头路的，头发全往后梳；头发留长一点，模仿英国式，考尔门的样子，绅士风度；潇洒点的风流小生，头发稍微短一点"（蒋为民主编：《时髦外婆》，上海三联书店2003年版，第69页）。很多摩登男子都会用发蜡或发油将头发抹得光亮如漆。20世纪40年代初期的时髦发型有青年式、中年式（经理式）、波浪式、派克式、卷式等。图8-2-23为当时的男子发型示例。

女性发型在20世纪10年代主要有发髻（发结）和辫发两种。发髻在"民初有东洋头，垂马髻，又有将前留海用木梳一卷，成一半月形，或将其分开，作燕子尾形，披于额际，其后面发结，自元宝头，而至横爱司（S），竖爱司（S）"（君奇：《妇女衣饰与发装的演进》，《玲珑》1937年第289期，第1696页）。还有鲍鱼髻、双髻等式样的说法。辫发主要有单、双两种，发梢或直或卷，有长短和编法的变化。发髻和辫发的流行曾有光洁和看似梳理粗糙之分，后者有时又称为毛头以及毛辫子。20世纪20年代中后期，随着火钳烫、电烫相继传到上海，女性开始烫发。1928 年《上海漫画》连载刊发《今日妇女的头发》的文章，并配有当时电影明星的发型照片和叶浅予画的发式图（图8-2-24），形象生动地展现了当时上海女性的发髻、剪发和烫发式样（郑光汉：《今日妇女的头发》，《上海漫画》1928年第79期，第7页）。20世纪30年代，烫发已经成为摩登的标志。烫发式样紧随西方流行，多有头发长短、卷发形状等变化，尤其受到好莱坞电影和国内女明星的影响。20世纪40年代初期女子的摩登发式有波浪式、油条式、丹凤式、刘海式、卷式等数十种。女子美发业的蓬勃发展为上海摩登女郎提供了专业的美发、美容和多变新颖的发型。1935年《幸福》杂志刊登的新新美发店的广告称："新新美发厅特设女宾部，聘请专门技师研究电烫，新到美国电烫发水，优待本刊读者顾客每位特价二万元。"新新、沪江、南京、华安（原名丽美）等特级美发厅成了摩登女子云集的所在。

十、电影明星的西式装扮

中华民族的文化包容性在时尚上有非常突出的体现，典型的表现即是民国时期电影女明星的打扮。西方的流行时尚，是东方时髦女性关注的焦点，而电影女明星作为时髦女性的代表，其着装风格更具有代表性和引导作用。

女明星穿着的西式连衣裙，主要分为两类。一类是日常出行的裙装。裙子长度通常在膝盖或小腿中部最为流行，收腰系带，短袖居多，整体效果以精致、美观、便于行动为主。连衣裙的款式会有突出细节的设计，如大翻领、泡泡袖或者不规则下摆边缘。在穿着的同时也会与帽子、手包、腰带等配饰组合搭配。

另一类则为礼服裙，主要是女明星在社交场合的穿着。裙长及地，甚至还有长长的裙摆。而20世纪30年代歌舞厅盛行的特殊时代背景也造就了这类连衣裙的风行。百乐门是当时明星、名媛们争奇斗艳的场所，那里不仅给当时的摩登女子提供了消遣的场所，也成了展示美丽与流行的地标（图8-2-25）。

20世纪30年代中期，女明星比较流行穿西式套装。对胡蝶穿西式套装的照片，有关评论中说："皇后也染了男装热的时代病。"可见，当时穿着类似男士的西式套装是非常时髦前卫的打扮。女明星穿着的西式套装，大部分为西式衬衫、西裤和短款西装外套（图8-2-26）。

西式大衣一直受到电影女明星的喜爱，是穿用度较高的服装。西式大衣不仅可以内搭配旗袍，也可以搭配西式套装穿着。西式大衣的基本款式是大翻领，门襟单排扣或者双排扣的设计。大衣的衣身长短与当年流行的旗袍长度有着密切的关系。女明星穿着的西式大衣款式多样，设计别致，敢于突破传统式样（图8-2-27）。

另外，毛皮大衣保暖性好，但其价格昂贵，因此穿着毛皮大衣的群体主要是电影明星和名媛。毛皮大衣通常衣长较长，达小腿中部至脚踝位置，款式比较多。袖子有类似于灯笼袖的袖形，也有宽肥的桶状袖。领子有立领和翻领的区别。毛皮大衣内搭旗袍，体现出一种雍容华贵的气质（图8-2-28）。

20世纪30年代，健美观念从西方传入，拥有健康的体格和蓬勃的精神状态成为追求的目标，因此电影女明星穿着泳装的照片特别多。初期，女明星穿着的泳装样式多为连体平角裤，大多是模仿欧美的流行款式。1930年代后期，分体式泳衣比较流行，款式和设计更多样化，颜色也丰富多彩（图8-2-29）。

图8-2-25　1934年百乐门舞厅明星时装表演

民国时期是西风东渐、中西交融的重要阶段。从最初的碰撞，到逐渐的消化、吸收、改良和融合，是中西文明的交汇。电影女明星穿着西式风格的服装形象，对于公众具有审美引导和流行指导的作用。

图8-2-26　1933年《京报图画周刊》刊登的胡蝶女士标准西式装扮

图8-2-27　1935年《玲珑》刊登的朱秋痕、舒秀文、胡蝶和袁绍梅女士

图8-2-28　1940年《青青电影》刊登的三位女明星穿着不同款式的毛皮大衣

图8-2-29　1940年第5期《青青电影》刊登的李绮年女士着款式独特的露背泳装

第三章 革命与浪漫（1950-1978年）

图8-3-1　花店的妇女们

1949年5月7日上海解放，历史从此翻开了崭新的一页。在1949—1978年的30年间，尽管经历了不少坎坷，上海在建立、巩固和完善社会主义的进程中取得了巨大成就。在“劳动人民化”和“大众化生活”中，上海的海派服饰时尚唱响的是理想主义的时代旋律，并继续充当全国的榜样。

1949—1978年的上海服饰艺术在理想主义的旋律下演进。当时的政治运动和上海的经济状况对服饰时尚产生了很大影响。在“大众化生活”背景下，海派服饰风尚的特点可以描述为美观的、雅致的、大方的、式样新颖的、高品质的、城市的、实惠的、劳动人民化的，并且具有明显的时代和社会的符号化特征。追求衣着精致的海派都市传统依然在自觉和不自觉中得到延续，并融入了所谓“实惠、精明”的新特色。工人阶级和国家工作人员等劳动人民式的着装成为风尚的理想形象，社会有明显的衣着同一化现象。服装打扮在不同阶段有与社会背景相对应的风尚，流行变化缓慢（图8-3-1）。

一、中华人民共和国成立初大众化的审美形象

在1949—1978年期间，上海作为全国的轻纺工业和商业流行基地，代表中国服装产业的最高水平，是当时中国服装商品的中心。上海服饰时尚以式样新颖、用料做工精细而引领全国，上海人的衣着格调和形式是外埠仿效和羡慕的对象。但是在当时的时代背景下，上海服饰时尚已经和国际流行相分离。

解放后，人民开始当家做主。上海人民满怀激情掀起社会主义建设和改造的浪潮，同时塑造了理想主义的服饰风尚。当时的政治和经济对于上海人的衣着装扮具有决定性的影响，服饰也成为社会风云的显性符号。而上海这个城市本身则是中国服装的流行和生产中心，在中国现代服饰演变中起着重要的引领作用（图8-3-2、图8-3-3）。

图8-3-2　曹杨新村的新主人

1949—1978年间的社会主义改造和社会主义建设，把上海从一个繁荣与贫困并存的畸形社会，改变成人人有工作、家家有饭吃的新社会，逐渐构建了上海“大众化”生活模式。“大众化”，并非是专门表现市井趣味的世俗用语，而是专指“劳动人民化”。大众化的理想形象和生活模式，是上海新社会的各阶层向劳动人民倾斜的必然结果。劳动人民化的着装形象不仅是政府和主流社会的提倡，也是当时上海低收入、低消费生活的真实写照。

在这个理想主义盛行的时代，干部、政府工作人员、纺织女工等，以及学生、部分文艺界人士和知识分子的装扮形式在不同阶段分别成为上海人理想形象。服饰风尚也以这些人为核心在全社会传播。

（一）干部、政府工作人员着装形象

上海解放之初，如何改造和发展这个有“东方巴黎”和“冒险家的乐园”之称的城市，对于新政权是一个严峻的考验。共产党人的杰出表现，使得他们在民众心目中的地位迅速攀升。虽然当时物资匮乏，百

图8-3-3　上海逛街的一家

图8-3-4　纺织女工

废待兴，但人民朝气蓬勃，充满干劲。干部、政府工作人员等人的着装形象成为社会的装扮偶像。他们的衣着以人民装、军便装（军装）、列宁装为主，格调朴素、简洁。这样的衣着形象作为新社会新风尚的符号为诸多上海民众所向往，不少人换下西装、旗袍，穿上象征新社会的新服装。这些人中很多是来自旧上海的富裕家庭，尤其是对于新中国充满向往的青年人。当然，因为上海社会环境的特殊性，有些干部和政府人员也会穿用西装、旗袍等服装，这也从一个侧面说明当时上海衣着多种形式并存的现状。

（二）以纺织女工为典型的工人阶级着装形象

中华人民共和国成立以后，上海承担起中国工业基地的使命，重生产、轻生活使得工人阶级的重要性进一步凸显。纺织女工、劳动模范的衣着形象成为上海社会的装扮楷模。上海的产业工人和服务人员在全国的同类群体中是平均文化素养最高的，他们的衣着打扮以整齐、大方为原则。男性以青年装、春秋衫为主，女性以两用衫为主，还有工作服和工装裤。纺织女工的衣着则体现出当时上海女工的精细以及对美的时代追求（图8-3-4）。

（三）学生群体着装形象

上海青年学生群体和全国青年一样，在20世纪60年代均处于热血沸腾的躁动之中，文化大革命更是将他们推上了社会的风口浪尖。对于革命前辈的崇拜使得军人式的旧军装以及军便装、军大衣成为他们的服饰标志，并引发社会上军服式样的流行。随后而来的上山下乡运动又让他们将上海服饰以及上海人的着装格调带到全国各地的农村。他们不仅是这个时代的着装理想形象，也是上海服饰传播全国的使者（图8-3-5）。

（四）文艺界人士和知识分子着装形象

在1949-1978年间上海文艺界人士为中国奉献了众多革命题材、现实题材以和传统题材的文艺作品。由于职业的特殊性，他（她）们在很多场合的衣着形象相对新颖，进而成为社会模仿的对象。此时明星着装的新颖与民国时期已有很大不同，典雅大方是其主要的风格特征，它是相对于劳动人民化服饰的新颖，却并不奇特。有趣的是，文艺界人士的着装影响在很多时候仅存在于一个相对较少的群体之中，而他们在一些文艺作品中饰演角色的衣着则对于民众产生了很大的影响。此外，知识分子的衣着也是社会向往的样板。男性衣着逐渐从西装、长袍发展到以中山装、青年装等为主，女性衣着相对丰富，以整洁、端庄、干练为风格特色。

尽管该时期的上海服饰被赋予强烈的时代特征，但作为中国的服饰流行中心，上海服饰对中国其他地区具有强大的引领作用。一方面，上海拥有中国最为完善且强大的服装工商业体系，本地服装设计和加工能力

图8-3-5　郝建秀，于华东纺织工学院毕业前夕和同学们一起

很强，并且上海自20世纪50年代后期形成了外销加工能力，使上海的服装行业有机会接触到外面的新信息，也有能力将这些信息再消化吸收，转而为人民大众服务。另一方面，上海人在衣着上讲究格调精致、追求细节优美并注重服饰配伍的服饰习俗得到较大保留，相对于中国其他地区表现得更为突出，具有自己独特的服饰风貌。而大规模的“知识青年上山下乡”运动，又把上海的衣着方式扩散到全国广大乡村。所以这两方面都巩固了上海作为全国服饰中心的地位，加强其对全国服饰流行的引导作用，使同期的上海服饰以式样丰富、质量上乘，代表了中国服装业和流行时尚的最高水平。

当然，由于当时国门相对封闭的时代背景，上海仅仅是中国的上海，尽管当时的服装呈现出向西式结构基础的变化，传统服饰几近完全退出流行，但上海乃至全国的服饰风尚已经和国际潮流相距甚远，在很多时候甚至毫无关联。

二、人民装

中华人民共和国成立之初建，时代发生了巨大的变化，劳动人民翻身做了主人，喜悦洋溢在每个人的脸上。新社会中人人平等的观念反映在服装上，没有人会因为谁穿着朴素就被人轻视。相反，那些只知打扮穿衣、不事劳作的人，逐渐不被人羡慕。新的社会价值观正逐步建立，并与旧的传统观念相撞击，形成这一时期特殊的衣着现象。“1950年代初，上海人的服饰还呈现出缤纷多彩的格调，但时髦的主体已转向平民，新时代的精神风貌体现在服装上，是一种简朴和实用式的时髦”（卞向阳：《百年时髦——海派服饰历史回顾》，《上海国际服装节会刊》1995年刊，第65页）。

1951年上海的《街道里弄居民生活手册》中写道：“上海解放了，衣着的问题也开始解放，布料的人民装到处受人欢迎，不仅欢迎，更由于干部们为人民服务的精神感动了人，人们对穿并不漂亮的人民装的人，不但不加鄙视，而且深为敬重。现在，全市的职工、学生、机关干部以至自由职业者，多数穿上了简朴的人民装，不再为‘只重衣裳不重人’而困扰了。”（新闻日报出版委员会：《街道里弄居民生活手册》，新闻日报馆1951年版，第18页）。这段话不仅是对当时社会服饰风尚的记叙，更是对普通市民着装的号召。社会的新秩序带来了服装穿着的新秩序，这种不分高低贵贱的服装，正符合此时多数人翻身做主人的心情。于是，以人民装名义出现的各类服饰形式迅速流行起来。

20世纪50年代初期的男装，主要呈现为中山装、学生装、人民装和列宁装等式样，其中列宁装逐渐仅以棉衣的形式出现。在以人民装为代表的劳动人民化服饰的穿用群体中，除干部和进步人士外，“三反”“五反”运动和“公私合营”，使上海的资方人士第一次自觉地解下领带，脱去西装革履，融入工人群众之中。一身灰色人民装、一顶八角帽，一双布鞋，成了当时最革命、最流行的装束。“整套人民装共计三件，帽子、裤子和上衣。帽子有平顶式、八角式和棉帽三种。”（王圭璋：《男装典范》(裁剪 第三集)，景华函授学院1952年版，第123页）。当时的很多知识分子的衣着也逐渐向人民装看齐，教授们改穿上了朴素的干部装。复旦大学教授贾植芳回忆道：“那时作为新气氛的，是一种乱穿衣的现象，有的教授把西装上衣改成又紧又窄的中山装，有的教授制办了当时干部穿的蓝色棉布列宁装，有的则把长的呢大衣改为干部式的短列宁装。”（陈祖恩：《上海通史》第11卷，上海人民出版社1999年版，第76、77页）。在女装中，主要有人民装和列宁装两种式样，起

图8-3-6　公园里游玩的年轻夫妇，其中男子身穿中山装

初多为女干部穿用，后来逐渐传播开来，尤其是列宁装，几乎成为上海女性追求进步的代名词。中山装、学生装也有部分女性穿用。到1956年，人民装所代表的大众化服饰已经成为日常服装的主体，在上海男子着装中反映得尤其明显。而随着社会主义改造的完成，人民装这一具有特殊时代意义的名称也逐渐淡去（图8-3-6）。

革命装束的大流行促使上海的服装业发生了很多变化。“红极一时的西服业亦由此而步入低谷。上海西服业首当其冲。雷蒙与兄弟店号一样，改做灰蒙蒙的人民装、中山装之类的解放服装。”（钱茂伟：《宁波服装》，中国纺织出版社1999年版，第62页）。裁缝们用做西装的方法去做中山装等人民装，使得人民装的制作工艺和式样得以进一步改进和完善。

三、人人都穿花衣裳

20世纪50年代中期以来，随着人民物质文化生活的逐渐丰富，人们对美的要求也日益迫切。虽然1953年以来新式服装越来越多，穿花布衣服也越来越普遍，但大多数人还是有着思想上的顾虑，通常会在花衣服外面再套一件蓝色的外套。如图8-3-7所示，青春活泼的中学生们也无奈地被包裹在一片暗沉的蓝色之中，只隐约在袖口和衣角看到一点花色。这种禁锢到1956年终于被打破。

1956年1月28日，共青团中央和全国妇女联合会联合发出通知，号召“人人穿花衣裳”，以体现社会主义欣欣向荣的景象。2月1日，团中央和全国妇联等25家单位联合召开了一个关于改进服装问题的座谈会，《中国青年报》于2月12日专题发表了座谈会摘要。从摘要中可以看出，与会者就服装问题的现状纷纷指出：“服装往往能够体现一个国家的文化水平，……但是今天我们的服装就不能反映出我们国家的社会和人民生活的幸福和愉快。”“……连大人带小孩还都穿的灰溜溜的，这就成了很反常的违反人情的现象，……应该把人民本来就有的美好的东西还给人民。”会议就改进服装问题的行动提出了两条意见：一条是要做宣传工作，另一条就是“要拿出样子来。因此我们准备组织一个服装展览会，……服装的好坏要由群众来鉴别”（佚名：《团中

图8-3-7　上海市人大代表杭佩兰和工农速成中学的同学们

图8-3-8　1957年文代会中的上海女电影明星们的衣着

央、全国妇联等二十五单位关于改进服装问题的座谈会记录（摘要）》，《中国青年报》1956年2月12日第3版）。

这场运动在上海进行得轰轰烈烈。3月，上海市妇联、美术家协会利用欢迎“三八”妇女节的机会，联合主办了“妇女儿童服装展览会”，3月五六日在少年宫初审展出中，参与的社会各界1000余人提出了300多条意见，展览盛况空前，当时的上海市展览中心整个三楼展厅布满了展品，观众人山人海，以至于展览会不得不延长到月底才结束。一时间，穿漂亮衣服在上海成为新的追求。报纸上对新时装的报导一篇接着一篇，令人眼花缭乱。

自1956—1957年，是20世纪50年代以来上海人穿着最活跃的阶段。男性普遍穿上了春秋衫、两用衫、夹克衫、风雪大衣等。男式西装一度重新时兴，各个服装商店的西服生意也开始好转，而且新的式样具有新的动向：“西装上身，正在逐渐地走向宽大、舒适、柔软这一条路上去；两个肩胛也不像过去那样垫得很高很高了。”（吴承德：《今年上海的秋装》，《新民报晚刊》1956年9月14日第4版）。女青年们纷纷穿上了花布罩衫、绣花衬衣、花裙子等，旗袍、高跟或者半高跟皮鞋等再次出现。在当时，还有人把压箱底的西服、西式大衣、旗袍等翻了出来。无论男装还是女装，出现了多种材料和颜色的组合，而且讲究搭配。港式装扮甚至也有了小范围的流行，收腰的港式衫、瘦腿的港式裤，配上卷发的港式头，当然如果打扮得过分，就有被视为“阿飞”之嫌（图8-3-8）。

然而，这段时期仅仅持续了一年多的时光，随着对于厉行节约和艰苦朴素的强调以及“反右”的到来，上海的衣着又回到了简单质朴的基调。尽管如此，这场美化人民生活的运动告诉民众和服装行业人员，社会主义并不排斥服饰美，它不仅起到宣传教育服饰美的作用，也为20世纪70年代后期上海的时尚复苏埋下了有力的伏笔。至今很多经历过那段时光的上海人和服装行业的老专家们对此还念念不忘。

四、套裁省料衣片和节约领

在1959—1961年的“三年经济困难”时期，由于物质匮乏，棉布的供应不足，“节约”成为这三年衣着最重要的主题，并因此形成了特殊的服饰现象。对于民众而言，一件旗袍可以改做成短衫和裙子；等衣服穿得不能再穿，又改做成鞋底和拖帚；等鞋子穿破、拖帚用坏后，又送到废品回收站去。没有一点浪费，还能满足服饰消费的需要。上海服装业为节约棉布、合理用布，除广泛开展旧衣修补、旧衣翻新外，还进行了紧密排料、多件套裁等工作。

旧衣修补和翻新在上海过去一直都有，从1958年起大规模展开，许多高级西服店和有名的服装店，也转变了大店不做旧翻新的思想，放下架子兼营修补业务。“鸿翔、朋街贴出大字报承接女大衣旧翻新”（王宝德：《南京东路、四川路部分有名服装店放下架子兼营修补业务 鸿翔、朋街贴出大字报承接女大衣旧翻新》，《新民晚报》1959年1月19日第4版）。一时间，上海的大小服装店铺充满了手持旧衣等待翻新的顾客，这其中主要是用旧旗袍、长袍等改制成正时兴的中山装、青年装、学生装、拉链衫、两用衫、马甲背心等。到1960年，上海旧衣改新业务有了新发展，旧翻新业务越来越多。

与此同时，服装业不断进行省料排料的革新，中山装节省用料的记录不断被刷新，后来又从单件单裁发展到多件套裁的紧密排料法。从1961年开始，全市各绸布零售商店开始出售“套裁省料衣片”以便民众进行缝制。“套裁省料衣片”按照多件套裁（如衣裤套裁、大小料套裁）节约布料的原理，将几件衣服合起来裁剪成衣片，并按实际耗布量计价收款。这既给群众添方便，又为顾客节约用布。省料衣片的出现可以说是20世纪60年代初期独特的服饰现象，它一方面方便了人们自己在家中加工，另一方面也为较紧张的布料供应和人们手中有限的布票提供了最大限度的使用率。

旧衣翻新修补、省料套裁等涉及上海普通民众日常衣着中的诸多男女服装品种，如图8-3-9所示为1958年上海出版的《服装裁剪的技术革新》中的“女式青年装套裁”。

衬衫是当时上海男女衣着中必备的服装品类。除男子穿用外，女子衬衫还有很强的装饰功能。女子衬衫除露面穿用外，当其与外衣配穿时，因为当时外衣等服饰式样朴素且变化不大，将各种花色的衬衫领子部分暴露或者翻到外面，就成为简单易行，而不乏趣味的装饰手法。由于衬衫领部容易磨损，在物资短缺时，人们发挥了各种各样的聪明才智，以延长它的使用寿命。正面磨破了可以将反面调过来，再破了还可以换个领子，甚至服装商店还设计了可以随时拆换领头的衬衫。在此基础上，节约领诞生了（图8-3-10）。1960年11月，“普陀区恒大棉布店根据城市人民秋冬季穿着习惯，试制了一批背心式无袖衬衫，这种衬衫用料省，只用布一尺五寸左右，售价相应降低，洗涤方便。”（《市坊见闻》，《新民晚报》1960年11月12日第4版）。这种“背心式无袖衬衫”就是节约领，或称假领。就节约领的式样而言，它是在男女衬衫的基础上，去掉衣袖，衣长缩短至胸围线左右而成。

节约领出现之后很快风行，但这也是一种无奈之下的风尚，是上海人在布料供求紧张的年代，为了既能节约布料，又能在一定程度上变化和丰富服装的搭配而发明出来并广泛使用的，一直到20世纪70年代末才逐渐退出上海人的日常生活。

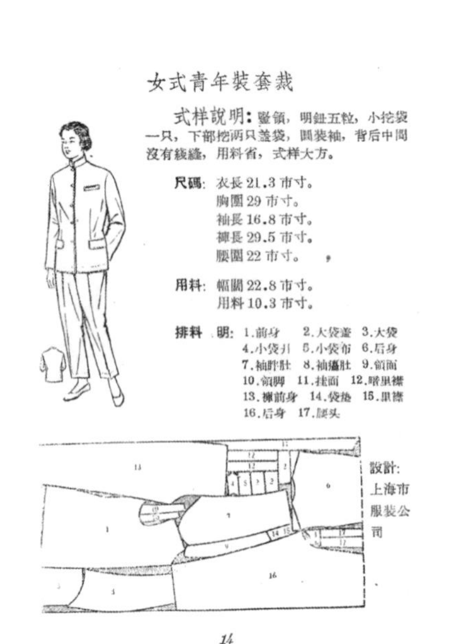

女式青年裝套裁

式样說明：竪領，明鈕五粒，小挖袋一只，下部挖两只盖袋，圓装袖，背后中間沒有綫縫，用料省，式样大方。

尺碼：衣長21.3市寸。胸圍29市寸。袖長16.8市寸。褲長29.5市寸。腰圍22市寸。

用料：幅闊22.8市寸。用料10.3市寸。

排料說明：1.前身 2.大袋盖 3.大袋 4.小袋爿 5.小袋布 6.后身 7.袖胖肚 8.袖癟肚 9.領面 10.領脚 11.挂面 12.暗里襟 13.褲前身 14.袋垫 15.里襟 16.后身 17.腰头

設計：上海市服裝公司

14

图8-3-9 女士青年装套裁

图8-3-10 节约领

五、奇装异服

20世纪60年代中期，随着上海经济的调整，人们的生活水平得到提高，服装品种的供应也大幅度增加，加上不少上海市民均有亲戚朋友在海外及我国香港地区，还有部分富裕家庭的成员和社会青年依然在追求新颖出众的装扮，于是出现了后来被称为“奇装异服”的装扮。

与此同时，“左”的政治倾向越来越浓重地弥漫在中国人的生活之中。在上海，为清除旧社会残迹，反映新时代风貌，商店纷纷更改店名。在穿着上，“移风易俗”、追求“思想健康”被提上日程，其高潮是1964年6月7日的《解放日报》发表《坚决拒绝裁制奇装异服》的读者来信和编者的话《应该怎样对待这个问题？》。此后，《解放日报》围绕着“奇装异服”的话题，进行了为期长达四个月的读者讨论。上海市服装鞋帽公司的读者说，奇装异服“就其式样来说，尽管它五花八门，花色繁多，但‘万变不离其宗’，总的特点不外是奇形怪状，显示‘肉感’。有的是敞袒胸部的袒胸领，空露肩腋的马夹袖；有的是包紧屁股的小裤脚裤子，下雨天穿这种裤子，要别人帮着拉才能脱下，连下蹲都要有特殊的姿势。类似这种‘袒、包、紧、小’奇形怪状的东西，是地道的资本主义产物，其目的无非是投合剥削阶级腐朽没落、空虚荒淫的精神需要和情趣爱好”（佚名：《奇装异服是怎么回事》，《解放日报》1964年8月5日第2版）。

通过这场讨论，许多上海人认识到奇装异服实质上是资产阶级腐朽生活方式的一种表现。追求奇装异服滋长了资产阶级不健康的生活方式。由此，在生活领域内开展了“兴无灭资”的斗争，体现在服饰上就是批判所谓的“三包一尖”，其中“三包”指“大包头、包屁股、包裤脚”，“一尖”指尖头鞋。而劳动人民式思想健康的着装则被大力提倡。这样的状况随着时间的推移，变得越来越严重。服饰标准由朴素逐渐走向极端，山雨欲来的气息已经可以觉察出了。

尽管由于当时上海人所面临的社会政治、经济形式和生活环境无法让他们像过去那样过多地追求服饰华美，但是大都市的传统和物质条件相对优越使得他们在中国依然是最注重服饰装扮的城市群体。对于看重衣着的上海人，干净整齐、大方美观是男女衣着的基本准则，同时他们会用最实惠的方法让自己的着装看上去更加精致（图8-3-11）。

图8-3-11　青年工人大唱革命歌曲，他们的衣着是移风易俗、思想健康的榜样

六、军装的流行

1966年8月18日，北京举行百万群众庆祝“文化大革命”大会，毛泽东主席在天安门城楼接见红卫兵代表，戴上了红卫兵献上的袖章。这一次检阅，使刚刚兴起的红卫兵运动迅速发动起来，绿军装也从此成为红卫兵崇拜的服装，成为紧跟伟大领袖的标志。从8月18日至11月26日，毛主席先后八次接见红卫兵，共检阅了来自全国各地的红卫兵1300多万。在此期间，中共中央和国务院于9月5日发出《关于组织外地革命师生来北京参观革命运动的通知》，使红卫兵和学校师生的大串连走向高潮。红卫兵的装扮形式一时间成为最受青年青睐的“时装”。绿色军装式的打扮在全国范围内形成绿色的洪流，构成了中国“文化大革命”早期和中期的“流行”衣着。

最早的红卫兵多穿一种黄绿色的旧军装，因为其中很多是军队和干部子弟，在当时整个社会“老子英雄儿好汉”的“血统论”影响下，他们翻出父兄辈留下的洗得发白的旧军装，再配以红卫兵臂章，以示自己的血统纯正，是天然的“红色接班人”。但是解放初的旧军装留存下来的毕竟有限，于是当时正在军队使用的军服式样也成为红卫兵装扮中的一类。最典型的红卫装装束包括旧军装、旧军帽、武装皮带、红袖章，后来又有了军挎包、毛主席像章和红宝书，而且男女的衣着几乎类同。

红卫兵式的军服打扮，在当时的上海乃至全国的年轻人中成了最为革命的标志。它已不仅仅是一种服装，而成为一种政治符号。实际上，拥有这样的权利和幸运或许并不容易。这种极具政治象征意义的服饰只有“红五类”（革命军人、革命干部、工人、贫农、下中农）出身的人才能穿用，于是在上海这个拥有相当规模的非红五类家庭的城市，穿上红卫兵式的服装成为年轻人的一种荣耀和追求。但是，真正的军装作为军队制服很难随便买到，所以当时年轻的上海人会想方设法找现役或者退伍军人的亲戚朋友索要摘除领章帽徽的军装和大衣，如果谁能穿上一件真正的（而不是仿制的）军装，会觉得特别光荣，并受到同伴的羡慕甚至嫉妒。可以说，真正的军装成为上海很多青少年心目中唯一的“时装”。

图8-3-12　去除了领章帽徽的军服是当时上海乃至全国青年追求的“时装”

与此同时，“红卫兵运动”的行为、语言、音乐、文化等都影响到社会的方方面面，上海的工人、农民、教师、干部、知识分子等各类社会阶层中均有一部分积极参与运动的人竞相穿起了绿色的军装，争赶革命化的时尚。

尽管“红卫兵运动”在1968年底基本结束，但是这种极端化造成的军装风潮，不仅在之后的“上山下乡”、“批林批孔”、“反潮流”、“反击右倾翻案风”乃至“学军”、“拉练”中依然受到一些人的追捧，而且在很多年轻人中的影响也延续了相当长的时间，只不过后来军服装扮已经不再具有红卫兵的形象标志性，在穿法上也有所变异。自20世纪70年代末开始，去除了领章帽徽的军服式样的服装（军便装）才开始慢慢从日常生活中消失，直到20世纪80年代初，上海的大学中还有身穿军便装和军大衣的身影（图8-3-12）。

七、"高、大、全"、"老三装"和"老三色"

在"文化大革命时期"的上海，奇装异服在政治上与资产阶级划上了等号，当时的所谓奇装异服不仅指包屁股、小裤脚的裤子，还有其他的禁忌。比如妇女夏季服装中，女衬衫、套衫、连衣裙不许袒领、不许无袖、不许用薄型衣料，衣服的领口不能开得过低、也不能太高，衣身不能过松、也不能过紧，裤脚不能大、也不能小，如此等（马丽：《1958—1979年上海妇女服饰研究》，硕士学位论文，东华大学，2002年，第55页）。这种针对"资产阶级意识形态"的批判落实在衣着行为上直接导致"老三装""老三色"的普及。当时的各种文艺作品，都在宣称"高、大、全"的正面人物形象，对人们的服饰审美观造成了很大的影响，整个社会文化领域所塑造的革命化的着装形象受到追捧，尽管风格单调，但却与"无产阶级革命"理念相呼应。

当时上海人的衣着中，以中山装、青年装（另一说是"工作服"）、军便服的"老三装"和蓝、灰、黑（另一说是"绿"）的"老三色"为基础，男女服装之间的区分也越来越微不足道。服饰装扮强调革命化，衣着风尚的变化总体上看几乎趋向凝固，着装风格简朴单一。如图8-3-13所示为当时上海工人大学的工人们的着装。

男装，主要有中山装、青年装、军便服、两用衫、衬衫、毛衫、长裤、中式或西式棉袄和大衣等。女装主要有两用衫、中式罩衫、棉袄、女式军便服、衬衫、毛衫、长裤、裙装、大衣等。女子发型主要为以短发或者辫发为主，鞋以布鞋和平跟皮鞋为主，围巾、方巾不仅御寒，也是鲜亮的装饰物。工作服通常由工厂定期发放，有时也被讲实惠的上海男女用来作为日常服装。毛线衣（绒线衫）具有可以多次拆编的特点而被广泛使用，心灵手巧的上海女性编织出各种颜色和花样的男女毛线服装和服饰品。毛呢的上装、裤子和大衣在很多人眼中是难得的奢侈品。驼毛、驼绒以及丝绵的棉袄也显得较为珍贵。针织运动衫深受男女青少年的喜爱，除用于运动场合外，在平常生活中穿用时还可以与其他服装相互组合，如果再配上一双白色回力牌球鞋（时称"回力鞋"），尤其是男子穿上高帮球鞋，在当时就属于很出风头的打扮。

对于当时上海的服装行业，服装式样的开发主要是在"老三装""老三色"以及其他典型服装的基础上略加变化而成。女装的造型不讲究腰身，略微收腰紧身的样式可能会受到批判，还得时刻强调政治方向正确。商店中的服装无论是品种还是花式数量上都比"文化大革命"前少很多，形式比较单调，以"老三色"和"老三装"为主，老、中、青服装的色泽、规格式样基本上都是一个样，名牌特色商店改卖一般服装，服装生产和市场供应也不正常。

图8-3-13　1969年上海机床厂创办的"七·二一"工人大学的工人们的着装

八、纹样里的“革命”与“浪漫”

图8-3-14 花布工人在检查花布质量

1949—1978年的纺织品纹样，呈现为明显的平民化和革命化的倾向，具有鲜明的时代特色。在崇尚简朴的世风下，单色和简单的条格是最为基本的男女装面料纹样；男装以单色为主，加上简单的几何纹样；女装中夏季的衬衫、连衫裙和冬季的棉袄，大多喜欢用花布。

在国民经济恢复时期，由于生产尚待恢复，人们购买力有限，因此提出的口号是“花布大众化”，但是花布质量普遍不高，普通百姓以经济耐穿的蓝布、灰布服装为主。1953年以后，花布的设计日益受到重视，过去的一些陈旧的、色彩不鲜明的花色，不再受人欢迎，人们转而喜欢色彩鲜艳活泼、花色突出的纹样，以表现丰富而明朗的生活。如图8-3-14所示为上海印染厂女工衣着中的纹样和生产中的花布纹样都充分体现出这一特色。花布设计人员为此设计了许多新式花样，以写实花卉为主，辅之以各种生动的动物图样，具有民族民间特色，如鸳鸯戏莲、金鱼荷花等。然而，新设计的大花型花样大多不适宜做衣服，而适合各类服装的小花型花样直到1956年以后才得到改进，妇女们的“花衣”生活才真正丰富起来。适宜做衬衫、旗袍、裙子、衣衫连裙和两用衫的新花布不断上市，为美化人民生活创造了条件。这些花型有“‘海棠绿叶’，海棠花红白相映，衬托着大片浅绿色叶子，色泽鲜明”，“‘春花’，雪白底子，缀着红、黄、淡绿、天蓝等色小花，丰满多彩”（佚名:《人要衣裳 今年花布花样多》，《新民晚报》1956年3月13日第4版）。1959年，正值建国十周年国庆，为使妇女、儿童漂漂亮亮地欢度这一盛大节日，许多富于节日气氛的花布被设计和生产出来，如：“百花齐放”，象征祖国欣欣向荣景象；“十庆之夜”，画面用焰火和宫灯组成的节日狂欢美景；“凤凰于飞”“花叶茂盛春意浓”，象征祖国富强、人民幸福；还有用五彩缤纷的荷（和）花、花瓶（平）组成的“和平颂”图案等（佚名：《准备妇女孩子过节 新制花布彩色美艳》，《新民晚报》1959年8月20日第4版），都深含欢庆之意。

20世纪60年代以后，服装款式、色彩都趋向单调，而花布则成为蓝、灰、黑的海洋中若隐若现的亮丽风景。60年代中期开始，随着移风易俗呼声的日益高涨，花布的设计也开始受到诸多限制，一些具有传统吉祥寓意的纹样被认为带有封建迷信色彩和资产阶级情调而受到批评。到了“文化大革命”时期，“政治挂帅”使得花布设计陷入了单调和谨慎的情境中。一些设计人员吸收西方艺术风格，如“新艺术”“波普”“印象派”等设计的图案，在社会上引起批判，而“齿轮”“镰刀”“稻麦丰收”等图案则成为花布设计的内容，以反映时代的精神面貌。

在这一历史阶段，上海的纺织品纹样创新体现在四个方面：一是民族化和生活化，通过对传统纹样和民族题材的再创作，将生活题材引入纹样，满足大众化的审美倾向；二是艺术化，利用西式的纹样表现方法，综合从各种渠道获得的西方艺术流派信息和传统外来主题及素材进行创作，多用于外销纺织品，也有基于当时中国社会背景而加以变化并迂回应用于内销产品之中；三是“苏东化”，主要是受苏联式大花布影响，也有通过东欧国家在中国的产品展览和与这些国家的同行交流而获得灵感的设计；四是革命化，将不同时期风行的革命题材展现于纺织品纹样之中。在这四种创新中，前两种主要在“文化大革命”之前，体现了当时适用、经济、美观的日用品设计原则；第三种主要在20世纪50年代的中苏友好期间，但是其创作思维对以后有很大的潜在影响；最后一种一直存在，只是在“文化大革命”时期表现得尤其明显。

九、凭票供应的时尚

在1949—1978年的社会背景下，上海的服装服饰业以及相关的纺织品业、百货及饰品业、化妆品以及理发服务业均有不同程度的发展，而且逐渐具有严密的公有制计划经济特征，它们不仅保证了上海人的基本衣着需要，也为当时全国人民的衣着装扮做出了巨大的贡献。

由于当时中国的棉花和纺织品的生产与供应长期处于紧张状态，1954年国家对棉布进行统购统销。上海从9月15日起，开始实行棉布计划供应，居民一律凭布票，企事业单位凭购布证购买棉布及布制品，从此上海人的衣着用品进入凭票供应年代。

上海市发放的布票在名称上经历着一个变化：在棉布计划供应开始时，居民定量布票称“购布券”，1969年起改称“布票”。布票的使用有年度限制，其时段按照国家棉布供应年度的统一规定标注在票面上。在时段规定上，从1954年9月实行时起，每年9月至次年8月为一个年度，1967年以后改为每年1—12月为一个年度，一直到1983年布票制度才宣布废止。上海市布票按照面额不同分为拾市尺、伍市尺、叁市尺、壹市尺、五市寸、壹市寸等6种（图8-3-15），此外先后印发过的专项用布布票有专用布票、奖售布票、购棉奖励布票、补助布票、临时补助布票、临时调剂布票、华侨特种布票等。凭票供应范围在不同时期有所调整：1954年只有各种棉布和布制服装、被褥须凭布票供应；1955年9月增加床单；1957年8月增加卫生衫裤、棉毛衫裤等九种针棉织品，9月增加布制蚊帐、蚊帐布制成的蚊帐的顶、边布以及各种绸缎、呢绒、皮毛服装的里布；1961年，凭票供应范围最广，包括各种棉布、布服装、13种布制成品和13种针棉织品；1962年起凭票范围逐步缩小；1978年1月涤棉混纺布凭布票供应。布票数量的发放标准按照不同年份的产销和供求情况而有所不同。具体由基层发券单位按照常住户口人数，按户按定量标准发给布票（《上海日用工业品商业志》编纂委员会：《上海日用工业品商业志》，上海社会科学院出版社1999年版，第163、164、175页）。

“日用工业品购货券”是另外一种重要的票券（图8-3-16）。其由上海市第一商业局于1962年起发放，同收入挂钩，每10元工资发一张券，按户发给购货券，并将呢绒、绸缎、化纤布等纳入凭券供应范围。到1967年，“日用工业品购货券”不再发放而改为“纺织品专用券”，随同布票一起发放。标准为市区和城镇每人每年3市尺、农村每人每年2市尺。在使用范围上规定可以购买凭布票供应的商品，也可以购买凭“日用工业品购货券”供应的纺织品。使用期限与布票同。到1978年涤棉混纺布全部纳入凭布票供应后，“纺织品专用券”停发（《上海日用工业品商业志》编纂委员会：《上海日用工业品商业志》，上海社会科学院出版社1999年版，第175页）。

图8-3-15　使用期限从1954年9月至1955年2月的上海购布券

图8-3-16　1962年的“日用工业品购货券”

第四章 海派的复兴（1979—1999年）

自改革开放初期至20世纪末期，上海的服装艺术发生了巨大的变化。在上海这座具有精致和讲究的优秀服饰传统的都市，人们告别了过去单一平素的衣着，去追求和展现服饰的流行美好。从对蛤蟆镜的质疑和反讽，到西装和套裙的风行，西式服饰体系和审美观经过从19世纪开始的几度轮回终于在上海乃至中国得以普及。从上海的老名牌登报正名，到培罗蒙门店的人头攒动，20世纪80年代上海作为中国的时装中心如晚霞般绚丽辉煌。从华亭路外贸服装市场的人气火爆、国有服装工业和商业企业的改革改制，到广东服装品牌的北上、国外服装品牌的进驻、江浙服装品牌的兴起，上海以移民城市的包容性从此前服装设计制造和流通中心转身为时尚流行中心城市；从上海设计师的作品代表中国参加巴黎服装博览会，大学服装专业的开设，到国外著名设计师在上海举办服装展示，上海国际服装文化节开设国际时装大师和中国设计师作品发布板块，时装设计的理念已经深入到民众的流行生活之中；从《上海服饰》、《ELLE——世界时装之苑》以及《上海时装报》等专业媒体的相继发刊，到《解放日报》、《文汇报》、《新民晚报》、《青年报》和《劳动报》服饰专栏的开设，再到20世纪90年代后期互联网的出现以及与国外人员和信息往来的日趋频繁，上海经历了服饰设计艺术和着装艺术的再普及和再教育，西方的服饰时尚成为上海服装艺术的风向标。秉承着上海人一贯的追求衣着时兴考究的基调，上海的服饰艺术在这20年里再次与国际接轨和同步，并展现出自己独有的魅力。至此，上海距离国际时尚之都只有一步之遥，尽管走完这一步可能需要一个并不轻松的过程。

一、电影明星带来的风尚

电影和电视剧作为大众传播的一种方式，在给观众带去一个个扣人心弦的故事、广为传唱的主题歌曲和层出不穷的明星演员的同时，也潜移默化地影响着时尚潮流。电影明星的服饰穿着、发型设计通过影视作品中人物的一颦一笑、移步换景深深地影响着观众的时尚观念，从而影响观众的审美情趣，最后由观众不自觉地模仿带动潮流的变化。

国门初开之际，上海人在衣着时尚方面显得十分茫然，服装流行资讯缺乏，而当时迥异于过去单一的革命题材的影视作品中，人物的着装及形象则为上海人树立了学习和模仿的榜样。在1978年引入的日本电影《追捕》的影响下，剧中真由美长发飘飘的清纯女子形象成为时髦女士的着装形象追求，而高仓健的米色风衣则成了大街上年轻人几乎人手一件的单品，其竖起衣领的穿着方式也风靡一时。

国产片的破冰之作《庐山恋》不仅让人们感受到爱情的缠绵，剧中人物多变的服饰同样吸引了人们的关注，其中女主角周筠的发型和服装引得观众竞相模仿。电影里张瑜扮演的归国华侨的造型时尚新颖，据不完全统计该角色一共换了43套戏服。一时间中国的大街小巷，无数爱美的女性拿着《庐山恋》的剧照找裁缝定做泡泡袖短袖衫、高腰喇叭裤、白色连衣裙、水玉收腰连衣裙等（图8-4-1）。

20世纪80年代相继上映的海外电视连续剧中的人物着装形象也对当时上海人的衣着产生了影响，以电影明星命名的装扮也相继成为上海人的时尚装扮之一。美国电视剧《大西洋底来的人》中的麦克·哈里斯带来了“拳头产品”麦克镜（蛤蟆镜），戴的人须保留左镜的白圆商标以示时髦，几乎成为整个1980年代中国青年的时尚。日本电视剧《排球女将》中的纯子头使得把额角两侧的头发扎起小辫成为时尚；《血疑》中的大岛茂风衣、幸子衫、光夫衫不仅让个体户赚得钵满盆满，更让大众第一次明白了什么叫名人效应，幸子的扮演者山口百惠更成为了当时上海的时髦偶像。

1985年以后，随着国门渐开和文化生活的丰富，上海人的服饰环境和着装选择进一步宽松，对外交流的增加也使得上海的服饰文化出现了追逐国际最新时尚的倾向。社会的热点事件和文化现象会很快在服饰中得以体现和回应。1985年彩色电视机的逐渐普及使得电视节目成为服饰潮流出现和流行普及的重要影响因素。

图8-4-1　电影《庐山恋》剧照

电视剧《上海滩》的播放，让风衣礼帽的许文强成为不少人的着装理想形象。1990年电视剧《渴望》的播出也在上海引起热烈反响，类似女主角刘慧芳穿用的月牙边衬衫以及无领片的西装外套成为时装。1987年出现了费翔现象，传唱他的歌，模仿他的衣着，中国逐渐进入明星崇拜的时代。

部分电影明星因为明星效应而担当起上海时尚先锋，20世纪90年代初上海就曾经有过"晓庆时装专柜"和"潘虹专卖店"等，特别在1996年后，商家纷纷请歌星、影星做产品的形象代言人。在青年人中追星现象也越来越强烈，明星们扮演的角色和自身的着装对上海的时尚具有一定的影响（覃卫萍：《20世纪90年代上海女性服饰流行》，硕士学位论文，东华大学，2003年，第113页）。

二、时装设计师与时装表演队

改革开放初期，传播业日益繁荣，人们逐渐在观念上接受并开始追逐时尚，但设计师在服装行业中仍处于弱势地位。1981年11月3日，国务院主要领导在参观北京举办的"全国新号型服装展销会"后作出重要指示，并确定了服装设计与研究在服装产业中的重要地位，也推动了中国新一代服装设计师的出现和成长（吴文英：《辉煌的20世纪新中国大记录·纺织卷》，红旗出版社1999年版，第587页）。

1985年后，伴随着伊夫·圣罗兰(Yves Saint Laurent)、皮尔·卡丹(Pierre Cardin)这样的国际知名设计师相继在中国举办服装展，中国服装业受到了西方服装文化的冲击，使得一部分有着良好教育背景和深远眼光的设计人员开始踏上了真正意义上的设计师之路。

20世纪90年代，在媒体的推波助澜下，一个成功的设计师的曝光度可能比一个明星还要高。就如当时非常著名的服装设计师陈逸飞，他带领着一批青年设计师在1997年创办的逸飞（Layefe）女装，曾经拥有一大批青年女性粉丝。当时，他还身兼艺术家、文化人和企业家等多重身份，或许正是由于他的跨界身份，使他在服装设计方面的一举一动都备受媒体关注。在他的服装设计作品中或多或少融入了对绘画的感悟，使他的作品具有艺术的美感，而他所创的品牌在业界也有很高的美誉度。他的存在无疑对还处在初创阶段的中国现代服装艺术起到了非常重要的推动作用（图8-4-2）。

20世纪90年代的服装产业发展逐步转型，新的社会环境背景下，人们产生了新的生活方式和着装观念，更促使人们审美方式的转变。特别是上海女性，由于国门打开，她们进一步接受西方文化，形成了把国际流行与精致传统的着装习惯相结合的服饰审美观念。这时期，虽然如陈逸飞这样的设计师像明星一样受到追捧，在总体上服装设计师对流行趋势的影响力还是不大的。从1993年出版的《中国时装名师鉴赏辞典》中所收录的上海服装设计师及所在单位信息中不难看出，当时大部分设计师在服装公司和服装高校任职，大多身处幕后，传播时尚的主力军仍然是处在时尚圈前沿的模特、影视明星们。利用明星效应传播时尚在1990年代

图8-4-2　陈逸飞的服装设计作品

初就已出现，而设计师带来的强烈影响力则是到1996年之后，由他们自身成为传播时尚的一份子，他们的工作不仅为时尚做出了贡献，更通过自身个性的穿着影响时尚潮流。

1995年3月21日，由上海市人民政府主办、中国纺织总会协办的上海国际服装文化节拉开了序幕。这次机会不仅让中国的设计师亲眼目睹国际时尚的最新动态，也给他们创造了一个走进上海、放眼世界的平台。博览会期间，中国服装设计师协会进行了首次全国十佳设计师评选，一批优秀的中国本土服装设计师，如吴海燕、刘丽丽、刘洋、张肇达等都得到了很重要的肯定，如图8-4-3所示为浙江设计师吴海燕1997年参加“经典联想”活动时的设计作品。

而为了展示服装作品的时装表演在今天已经算不上什么新鲜事，不少人对巴黎时装周、米兰时装周等秀场新闻都已习以为常，然而对于30年前的中国人来说，时装表演绝对称得上是一个惊世骇俗的新名词。

1979年3月，十一届三中全会后的第一个春天，法国设计师皮尔·卡丹从北京转道上海继续其在中国的时装发布会，不仅让上海人重新接触到西方最新的设计，也催生了新中国第一支专业时装表演队，由上海服装公司在1980年组建。这场演出只允许有关人员“内部观摩”。当看到一件件时装在活生生的模特身上生动展现的时候，观众们都被震撼了。时任上海服装公司设计师的徐文渊与时任上海服装公司经理的张成林在看过这场大秀后就萌生了组建一支中国时装队的想法。

与现在各具特色的模特不同，新中国第一批登上T型舞台的“模特”清一色全部是纺织工人，那是因为上海服装公司下属有80多个工厂，直接从厂里挑选最为方便。于是，中国的第一支时装模特队（当时很多人认为“模特”是外国的称呼，有点低级趣味，所以称时装表演队的模特为“时装表演演员”），确切地说是第一支时装表演队，就这样诞生了。

图8-4-3 1997年浙江设计师吴海燕参加“经典联想”活动的作品

图8-4-4 1989年第一届新丝路中国模特大赛

当时的女模特身高在1.65～1.70米，三围、气质也并不符合现代严苛的要求，但正是她们这种“敢为天下先”的精神，才带领我们走进了五彩斑斓、风格各异的个性化着装时代。1981年2月9日，这支时装表演队在上海友谊电影院正式登台亮相。1983年4月，上海时装表演队到北京参加服装鞋帽展销会，中央电视台首先突破媒体宣传的禁区，播放了这次展销会上的时装表演。1983年5月13日晚7时30分，上海时装表演队在中南海紫光阁进行了一场时装表演，当时的国家领导人观看了演出，并对这一新生事物给予了肯定和热情的鼓励，这是中国历史上第一次，也是唯一一次时装表演走进中南海。中央政府的认可为推动时装事业和模特事业的发展起到了重要的作用，此后时装表演、模特大赛、模特学校如雨后春笋般在中国大地上蓬勃发展，时装模特这个群体的形象也随着时间的积累而日渐丰满起来，并以靓丽的外形和漂亮的时装为社会所瞩目。

随后中国出现了许多至今还叫得出名的时尚人物：中国第一位国际名模彭丽；应皮尔·卡丹邀请赴巴黎工作并成为当时法国时装舞台上惟一东方名模的石凯；从新丝路模特大赛走出来的叶继红、陈娟红、瞿颖、马艳丽、谢东娜等。时装表演队也更名为模特经纪公司，继续活跃在T型舞台上（图8-4-4）。

三、喇叭裤风波

从20世纪70年代末到80年代初，当时的中国处于思想转变的过渡时期，上海也不例外。在大多数人的心里，服饰与思想道德直接挂钩。主流社会的民众依然延续过去简单平素的衣着形象和服装品类。但随着改革开放的范围逐渐扩大，上海人民压抑已久的时尚意识逐渐复苏，喇叭裤的争议拉开了西式服装着装形象在上海再度风行的序幕。

喇叭裤是20世纪六七十年代的美国风尚，“猫王”把喇叭裤推向了时尚巅峰。随后在港台地区流行，并直接影响了改革开放初

图8-4-5　讽刺留长发、戴蛤蟆镜、穿喇叭裤的漫画《囡囡，不要怕！》

期的中国大陆地区。当时，港台电影中，明星们都穿着喇叭裤，把屁股包得滚圆，引领时尚。而在内地，第一批穿上喇叭裤的，在老人们眼里，无疑就是“男流氓”和“女流氓”。

但是，时尚出乎意料的强大力量还是使得喇叭裤在男女青年群体中流行开来，在社会上引发了一场关于着装的争议。大街上最“时髦”的人群是烫飞机头或披肩发，穿喇叭裤加花衬衫，头戴或者胸别一副镜片上贴着商标的蛤蟆镜（又称麦克镜）、脚蹬尖头皮鞋的男青年，之后又有一些女青年加入了穿喇叭裤的行列。由于这样的装扮与过去的保守衣着习俗截然不同，在社会上引起了很大反响。反对者认为这是资产阶级思想或西方腐朽的生活方式的反映，部分传统人士甚至禁止子女和员工穿喇叭裤，乃至发展到拿剪刀强行剪裤脚的激烈程度。社会舆论最初对此也持怀疑、讽刺和保留的态度。1980年的《文汇报》就曾刊载漫画《囡囡，不要怕！》以讽刺那些穿喇叭裤、留着长发和胡子、戴麦克镜的年轻人（图8-4-5）（瞿然馨、颜昌铭：《漫画“囡囡，不要怕”》，《文汇报》1980年8月27日第4版）。

喇叭裤直接和道德品质挂钩。老师拿着剪刀，在校门口剪学生裤腿的并非个别。当时，一名留长发、穿喇叭裤的青年勇救落水小孩的事件，引起社会广泛讨论。大众眼中的“不良”青年怎么成了英雄?

在当时流行的日本电影《望乡》里，由栗原小卷扮演的女记者穿过一条喇叭裤，栗原小卷俏丽的面容、优雅的气质和优美的身体线条，把喇叭裤文化推向了令人神往的境界。不过，国产的喇叭裤仿造品，无论在面料和款式上，都无法与栗原小卷的喇叭裤相提并论。

当时的一首流行歌曲《艳粉街》唱道：“有一天一个长头发的大哥哥在艳粉街中走过，他的喇叭裤时髦又特别，他因此惹上了祸，被街道的大妈押送他游街……”尽管如此，却似乎没有什么可以阻止喇叭裤在中国的流行。这场争议的结果就是当代上海人对于新奇甚至怪异着装的心理承受能力进一步加强，为以后各种服饰在上海的流行打下了社会基础。

四、蝙蝠衫与踏脚裤

随着社会背景的变化，上海人的着装审美开始进一步注重形式美感，这也使得当时的服装逐渐从注重功能性的实用型转向强调流行感的时装型。在那个年代，西方的流行时尚、夸张的服装风格纷纷步入国人的视线，造成了强烈的冲击感和审美颠覆。蝙蝠衫和踏脚裤成为夸张风格服装的代表，风靡一时。

蝙蝠衫得名于它与众不同的袖子，袖子宽大出奇，与衣服的侧面连在一起，双臂展开，形似蝙蝠，有些更夸张的袖幅展开后袖子与衣服下摆几乎连成了直角三角形。当年热播的日本电视连续剧《血疑》对蝙蝠衫的流行起了推波助澜的作用。在女装流行中，蝙蝠衫的风行也带来了女性着装的V型外观，即常见的肩部宽大的上衣搭配相对收紧的裤子和短裙。年轻女子十分青睐蝙蝠衫，因为每当跳起迪斯科和健美操时，忽闪的袖子加上舞蹈动作，动感十足，相得益彰。当年街头最经典的场面就是一群少年，身着蝙蝠衫，戴着头巾，模仿着擦玻璃或外星人行走的动作，一下子便能吸引路人，成为当下年轻人争相效仿的对象（图8-4-6）。

20世纪80年代中期，蝙蝠衫成为每个女孩衣柜的必备款式，种类也五花八门，既有偏厚的毛衣款，也有轻薄的衬衫款。当然，一件蝙蝠衫并不是时尚最透彻的表达，要想最时髦，还得有一条修身的踏脚裤，蝙蝠衫与踏脚裤混搭成为了时尚先锋者的选择。身着蝙蝠衫式的毛衣，也不会显得臃肿沉闷，反而越显轻巧可人，再配上同样时尚的踏脚裤，上宽下窄，这种极具冲突意味的视觉造型成为当时时髦女青年的最爱（图8-4-7）。

1986—1987年，紧身合体的踏脚裤一经出现便成为了市场上最大的流行单品之一。不得不说，20世纪90年代很流行踏脚裤，流行到几乎人手一条。女孩子去和男朋友约会的时候，当然首选踏脚裤，因为穿上它立马就变得时髦万分，若搭配色彩夸张的耳环或者色彩鲜明的头巾，整个人都会显得容光焕发，充满自信。踏脚裤和蝙蝠衫的搭配也能更好地衬托出时尚女郎们姣好的身材和健美的腿部线条，并且踏脚裤的适用范围很广，几乎适合每个年龄层的女性，黑色款也成了当时必备好搭的款式，换句话说，踏脚裤的普遍程度可以称为当时女性的经典搭配了。

蝙蝠衫和踏脚裤属于服装款式中夸张的服装风格，这类服装的流行充分体现了人们从众、猎奇的心理，也表达了那个年代的人们对于追求美好新鲜事物的向往之情。

图8-4-6　天工服装厂生产的彩格香槟小蝙蝠衫

图8-4-7　风靡一时的踏脚裤

五、西服热

“文化大革命”时期的“破四旧”运动，使得西服被当成“四旧”的典型，被视为资产阶级的特征，迅速从人们的生活中消失。改革开放后，被“雪藏数年”的西服，又重新回到中国人的身上。

改革开放，开放的不仅是经济贸易，开放的也是一个时代的面貌，乃至于时代精神，中国人的服装也迎来了翻天覆地的变化。20世纪80年代，西服卷土重来，势不可挡。十一届三中全会以后，中央提出“思想解放”。1983年，新华社发表了《服装样式宜解放》的评论，提出的观点称，服装要解放些，款式要大方，提倡男同志穿西服。这时，多年未曾谋面的西服，很快热起来了，除了日常穿着，结婚也要备一套西服。人们脱掉“老三装”，换上西服，服装变了，精气儿神也不一样了。20世纪80年代末，国家领导人集体穿新式的双排扣西装亮相，在国内外引起了极大的关注，这象征着中国与西方世界接轨，标志着中国冲破了长期僵化的意识形态束缚，坚持改革开放，走向世界（图8-4-8）。

图8-4-8　20世纪80年代穿西装的男士

自1983年起，西服开始逐渐回到人们的生活中，上海的西服尤其受到欢迎。1984年上海男子中“西服热”达到高潮，西服市场甚至出现了供不应求的局面。除传统毛织物西服外，仿毛西装也引起争购。培罗蒙、亨生、乐达尔等著名西服店和上海市服装公司所属门市部终日门庭若市，当年就出现了西服供不应求的局面（沈吉庆：《上海街头看西装》，《文汇报》1984年4月15日第1版）。随之与西服相配的领带，自然就风靡起来，如何打好领带成为不少男士的热门话题。

随着“西服热”的盛行，西服逐渐成为时髦人士不可缺少的日常服装。男式西服上衣从初期的平驳领单排三粒钮西便装，到两粒钮西服开始风行。西服的品种和式样的流行变化也逐渐与国际接轨，有成套西服，也有单件西服；从仅有正式西服到1990年代中后期休闲西服的时兴；从单排两粒钮后单衩西服、枪驳领双排钮后双衩西服到单排三粒钮西服的变化；从传统扎壳做法的较为厚重的西服，到用黏合衬的轻薄型西服的转换；加上式样细节、面料和颜色的变化，西服的流行日渐丰富。女式西服有西便装到西服套装或西装套裙等多种形式。

经历了几起几落的西服，反映着社会风尚的变化和时代的变迁。“西服热”引发了大家穿着的兴趣，无论何种年龄，何种身份的人们，都可以穿着，甚至可以见到农民扛着锄头穿着西服去田里耕地，可见西服传播甚广。而“西服热”也引发了与之不同风格的茄克衫、针织服、文化衫等服装的流行，人们在日新月异的大环境下，开始追求时髦、强调个性、美化自己，中国民众服装开始进入风格多样、色彩斑斓、标新立异的新时期。

六、与世界时尚接轨的宽肩造型

在20世纪80年代前期V字型热的潮流下，宽肩造型于1980年代末在世界舞台上的流行并不意外。它以丰富多变的形态，英挺率性的气质俘获大众，并成为那时最具特色的靓丽风景。

1978—1982年，宽肩式服装在国际上流行。从1978年开始，时装界着重于肩线的强调，用垫肩来突出肩部造型，同时强调腰身的合体。以男装面料做成的女西服套装格外受到人们推崇。1979年，这种倾向进一步发展，出现了强调宽肩和细腰的沙漏造型服装。政界中的女性人物如撒切尔（Margaret Thatcher）、戴安娜（Princess Diana）以及里根夫人（Nancy Reagan）等也在其中起了重要的作用，她们将垫肩演绎成了权力与身份的象征，使人们确信延伸的肩线和坚硬的肩角可以在工作场所把女人提升到与男人一样的水准，让女人更有自信（图8-4-9）（张丹：《对服装设计中夸张肩部造型的解读》，《丝绸》2010年9月第9期，第43页）。

文艺复兴时期，宽肩造型是体现皇室强大、奢靡、华贵的工具。袖山膨大鼓起的帕夫袖、袖筒和袖窿肥大的羊腿袖、宽绰袖型上间隔系带的悍妇袖，成为那个时期服装的标志。进入20世纪30年代、二战后迪奥

图8-4-9　戴安娜王妃衣着宽肩服装

图8-4-10　《东京爱情故事》中女主角所穿的笔挺的宽肩西装

（Dior）强调直线的、简洁的廓型，使功能和制服化的服装走俏市场，军装风格在女装中兴起时达到高潮。于是以艾尔莎·夏帕瑞丽（Elsa Schiaparelli）为代表所创作的修饰西装大受欢迎。修饰西装呈现半圆形或者小三角形，在视觉上收小了腰腹从而展现女性自信的魅力。20世纪80年代的宽肩造型则是以乔治·阿玛尼（Giorgio Armani）为代表，用提高并扩张肩部的圆肩造型以及简洁干净的线条勾勒人体轮廓。这一时期女性经济独立成为主流，在"回归自然，返璞归真"思潮的指引下，极简风尚受到推崇，宽肩造型也成了被追逐的对象。

随着改革开放及中国经济的腾飞，中国人能够更多地了解国外的服饰潮流，受其影响，人们的着装审美开始进一步注重形式美感。年轻人可以从国外的电影、电视中看到流行的款式造型并争相模仿。例如，1980年上映的《庐山恋》中经典的泡泡袖衬衫，日本电视剧《东京爱情故事》中赤名莉香所穿的笔挺的宽肩西装等，这些宽肩造型都成了街头巷尾常见的服装元素（图8-4-10）。

在各种因素的影响下，宽肩造型成了人们日常着装的"熟客"，变化也较为丰富，总体上上衣趋向宽松，裙和裤趋向紧包。男、女装都以宽阔而柔软的肩部线条为共同点，男装追求方便、轻松和潇洒，女装则较多借鉴了男装的造型、款式和色泽，各式女装都用"垫肩"来表达20世纪80年代男性化倾向的审美需求。女装的大宽肩使肩部丰满、平挺，使穿着者显得时尚、潇洒。当然，无处不在的垫肩也带来了混乱，它装接的部位及其形态容易造成移动滑位（图8-4-10、图8-4-11）。

七、夹克衫的流行

改革开放后，上海民众生活发生巨变，时尚意识逐渐渗透到穿衣戴帽这种生活细节之中，并以其强大力量让一部分压抑已久的青年男女开始蠢蠢欲动。那时候时髦男子的装扮通常是一头过耳的长发配上衬衫、夹克衫搭配喇叭裤的造型。其中，夹克衫在当时是最基础也是最重要的一类服装，其最初款式来源于猎装，因为舒适、自然、大方的特征，在当时深受人们的喜爱。到20世纪80年代末期，夹克衫发展出多种款式，并结合不同面料演绎出丰富多彩的夹克衫形式。

1979年初，就有仿皮革的夹克风行一时，可是好景不长，很快便沉寂了。《文汇报》载文称："1979年元旦，当时进口仿羊皮夹克十分热销，服装店门口曾出现顾客整天排队购买的情况。……由于忽视了对款式流行期的变化趋势的预测，时隔半年，仿羊皮夹克、仿牛皮夹克充塞上海市场，造

图8-4-11 《上海时装精华》中的宽松式女衬衣

图8-4-12 夹克衫配牛仔裤及短发的女性着装形象

成了大量积压。”（《服装款式的三“快”》，《文汇报》1982年12月17日第2版）。

1981年，猎装重新回归，夹克衫也开始重新流行起来。这一时期，由于牛仔裤逐渐被大众接受，一种功能化、便装化的着装方式悄悄蔓延开来。短夹克衫与牛仔裤的配伍，再加上一头短发，使女性显得修长而精神，是当时女性的时髦形象之一。从此以后，夹克衫便常和牛仔裤搭配，体现轻松随意的着装风格（图8-4-12）。20世纪80年代中期，夹克衫的流行达到新高潮，男女皆穿，款式和色彩都比以往更加丰富，如有工作服式、便装式、西装式以及运动式夹克衫等。

1987—1988年，穿皮质的夹克衫成为时髦，皮夹克也成为年轻人的时尚奢侈品。当时皮夹克主要有绵羊皮和山羊皮两种，后来也出现许多人造革的皮夹克。虽然价格昂贵，年轻人也舍得花几个月的工资去买一件，可见其流行之盛。在此期间，在男装的夹克衫种类还有南极衫、万宝衫、飞船衫、航天衫、时运衫以及富士衫等。女装从男装中借鉴，追求方便、轻松和潇洒，也具有了夹克化特征，分长短两种，多有小蝙蝠袖、横肩宽大、领缺嘴向下、线条自然下垂的特点，也有下摆在臀下紧收的经典V型式样。男、女装都以宽阔而柔软的肩部线条为共同点。

1990年代初，女性着装的中性化特征越来越突出，一些阳刚味较浓的男式夹克也出现在女装中。那个时期，夹克类服装的品种不断增加，夹克加上休闲裤逐渐成为最为普遍的日常装扮。然而，随着各种西式高端社交聚会的增加，西装被越来越多人穿着出席正式场合，紧腰束肚的夹克衫热潮开始逐渐冷却，人们更加愿意选择穿着舒适宽松的风衣和羽绒服。1993年春，《上海服饰》的一篇文章中写道：“夹克的山穷水尽最明显的征兆便是去冬今春的第十届上海羽绒中空博览会，紧下摆的夹克竟然全都呆滞，中长的宽松型风衣羽绒衫却卖‘疯’。”构成一种中长风貌（习慧泽：《穿衣戴帽369》，《上海服饰》1993年第2期，第8页）。

经过短短20年，上海的服装流行历经了一个从简单朴实到个性化的过程。随着各个时期服装整体风格的转变，夹克衫的形式也随之变化，不同时期有不同的流行细节。在总体上仍然保持精致和适用的上海特色。20世纪90年代中后期，这股“夹克衫热潮”才逐渐冷却。

八、吊带衫与露脐装的流行

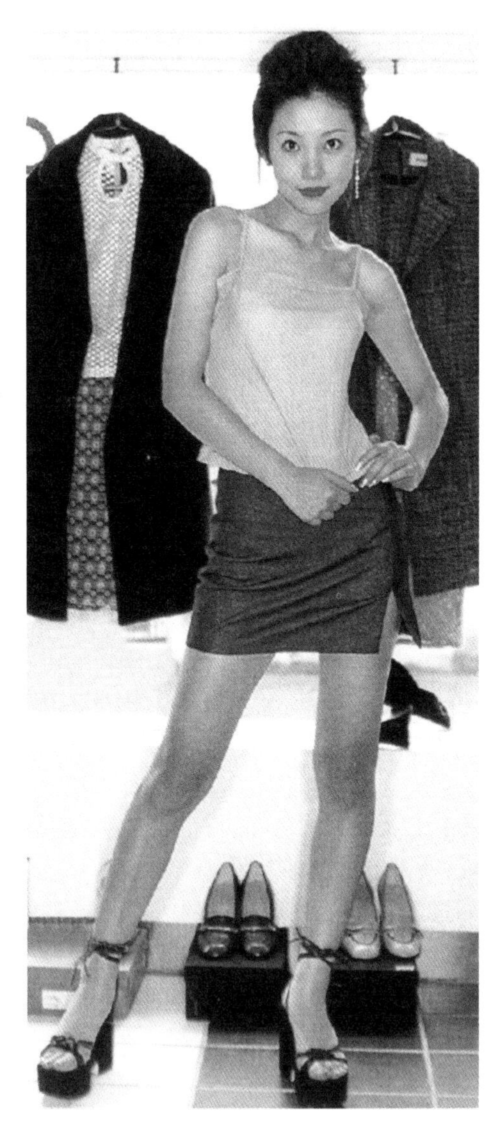

图8-4-13　1999年登在《上海服饰》第8期上穿吊带衫的时髦女性

20世纪90年代是让人憧憬期盼的一个时期，随着改革开放十年的不懈努力，我国经济迅速发展，人们生活不断改善，自我意识逐步增强，突出个性的时尚逐渐显现。

1970年代末，皮尔·卡丹带着他的服装，成为第一个在中国打响知名度的国际品牌。从1990年开始，众多国际时尚品牌开始大举进入中国，纷至沓来的国际大牌，很快就成为国人追求时尚潮流的风向标。百姓衣着服饰不再是“从众”和“趋同”的方式，变得色彩斑斓，更新程度令人目不暇接。除了对品牌的追宠外，服装的大胆尺度也开始挑战中国人的眼球。20世纪90年代国内服饰全面开放，袒胸露背不再被指责和批判，“内衣外穿”、“露脐装”、“小一号”和“吊带衫”等各式突破传统的着装，开始被人们广泛推崇，成为时尚。

1988年，夏日持续的高温使得女装的裸露程度空前增加，露出双肩的服装风行一时。20世纪90年代中期，全球兴起露腰装、露脐装，上衣短小，露出腰间一圈肌肤。国内很快也有了微妙的趋势，将以往袒露的手、小腿等遮起来，将本应遮挡的部分，如腰、脐等露出来。吊带衫省料省工、物美价廉，中国女性露肩露背，成为这个时期中国大街上一道常见的风景。1990年代流行的代名词自然是少不了吊带衫、露脐装。这些典型的1990年代时髦服饰，成为人们新的尝试，人们的开放包容让整个流行都火了起来。由西方世界刮起的薄、透、露性感时装风，吹遍了曾经是那么肃穆的中华大地，丝毫不必怀疑担心的是中国人在衣着上的大胆和创新（图8-4-13）（袁仄、胡月：《百年衣裳——20世纪中国服装流变》，三联书店2010年版，第426页）。

一位来中国访问的波兰记者撰文写道：“几年或十几年前，北京是一个灰色的城市，有人甚至称它为‘世界的农村’，人们的穿着既单调又一律……如今大街上到处可见穿着入时、欧式打扮的姑娘，使北京有一种令人应接不暇的特殊美感。”这时的中国人开始知道自我审美，注重衣着上的“与众不同”和“展现身材”。腹部没啥赘肉，腰部纤瘦的姑娘对露脐装开始迷恋。吊带衫和露脐装都对身材要求很高，而且不是每个人都有勇气去穿的。关于这一时期，一则评论写道：“露脐装（Bare midriff）是一种在国际上可称经典的款式，在中国却一直没有机会亮相，尽管人们曾多次预言它将出现。1996年露脐装在中国的流行就像一个梦，来势之猛让人吃惊：几个月内从无到有，到满街流行。这是一个典型的流行潮（fad）。”（包铭新：《时髦辞典》，上海文化出版社1999年版，第16页）。20世纪90年代初期的吊带衫、露脐装，款式还比较单一，鲜有人尝试。1990年代后期，时装就花样翻新地抖出各种卖点——闪亮、斜肩、花卉、蕾丝以及荷叶边，那其中软软垂下的荷叶边几乎无处不在，似乎成了女人心爱之物。吊带衫和露脐装或多或少地有这些流行元素的装饰，蕾丝和荷叶边装饰在吊带衫上，穿着的女子不仅前卫，也平添了温柔妩媚的感觉。

九、发型时尚与美容风潮

在改革开放的20年间，上海人的发型、头部装饰和化妆从过去的单一性和同一性逐渐进入多样性、个性化和国际化的时期，而且日益受到欧、美、日等国际流行的影响，同时也越来越注重和服装服饰的组合搭配。

男子的发型逐渐从较为单调的直发式样发展成为直发和卷发两类并各有流行变化。直发除原有的平头、偏分短发、后梳短发外，还有风行一时的长到颈部的长发，到20世纪90年代还有男子留长的束发式样。卷发也逐渐出现，最初是采用吹风形式，后来发展为电烫、化烫、烫剪结合等，还有部分人染发（图8-4-14～图8-4-16）。

女子发型从过去的短发和辫发等直发形式开始改变，逐渐有了各种直发和烫发形式。国外的发型和烫发技术也越来越多地出现在上海，到20世纪90年代后期又出现了各种时尚彩色染发。从1980年代的用电梳子卷发梢，到烫发再次普及后，晚上时常可见上海女子满头发卷穿着睡衣的景象。之后还出现钢丝发、爆炸头，及1990年代后期的挑染，发型变化多样，式样逐渐与国际流行接轨。上海人对于发型与服饰流行、个人特点的相互匹配日益重视。1985年开始流行的女子不对称发型就和当时服装流行不对称式样有非常密切的关联（图8-4-17、图8-4-18）。

女子的发饰也不仅是简单的发夹、发箍或结辫用橡皮筋，还增添了彩色塑料线、绸带等各种造型和色彩的发夹。比如在1996-1997年，流行的发夹质料一般采用原木、塑料、金属、陶瓷等材料，主要类型有古瓷发卡、钻石发卡、水晶发卡、布艺发卡、香花发卡几种。另外，上海人无论男女都对头发的护理日益重视。洗发用品从过去的肥皂、皂角，逐渐转为专门的洗发膏、洗发水、护发素，国产品牌如海鸥洗头膏和蜂花洗发露及护发素，国外品牌如宝洁公司的飘柔、海飞丝二合一洗发水等都曾经先后名噪一时。沙宣洗发护发用品则在20世纪90年代末开始走红。发型定型产品除传统的发蜡外，定型发胶也曾经风行，后逐渐有摩丝（Mousse）等的使用。

在这一时期，除了百变发型，美容美妆的风潮也逐渐弥散开来，尽管男性化妆比较少见，但专门男用的护肤品或是香水也逐渐开始被部分时尚男性使用。20世纪90年代，上海家化的高夫古龙水和男士专用护肤

图8-4-14　1985年10月《上海男西装》刊登的男子发型

图8-4-15　1999年第1期《上海服饰》刊登的男子长发造型

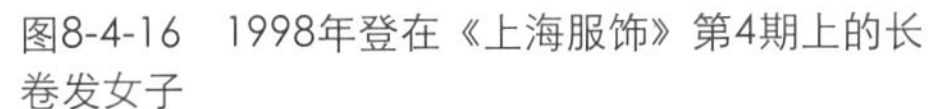

图8-4-16　1998年登在《上海服饰》第4期上的长卷发女子

图8-4-17　1999年登在《上海时装报》中的挑染造型

品曾经在时尚群体中风行一时，进口男用香水也越来越为部分男性所关注，如Polo古龙水、Armani香水等。1993年《上海服饰》刊登上海家化的高夫系列男士护肤和香水用品广告中，宣称高夫男士系列化妆品包括香水、古龙水、香波、润肤霜、润肤蜜、剃须摩丝、须后水，"为他焕发俊朗神采"（《上海家化联合公司，"高夫风范"广告》，《上海服饰》1993年第4期封底）。

对于女性来说，化妆开始逐渐成为她们日常生活装扮的重要组成部分，从最初简单地擦面霜涂口红，到敷粉描眉卷睫毛上眼影，化妆成为很多女性生活中的必需环节。20世纪90年代初是上海女性化妆的一个显著分界点，之前很多人对于化妆更多是处于重新拾起很久之前的传统或者学习的阶段，比较盲从。1990—1991年的化妆呈现浓妆艳抹，打厚粉底，深描眉目和涂浓浓的红色唇膏，纹青黑色的眉、眼线和纹红色的唇线。到1992-1993年间，上海女性的妆容流行为之一转，开始强调自然和谐。"如要使面色接近自然，首先在选择粉底时，应尽量选用与肤色本身接近的颜色，如玉色、淡咖啡系列。眼部化妆也应以清新秀丽为主，如用天蓝碧海的颜色，配以沙黄、岩青调和而成，如啡铜配桃红、浅啡配杏黄等，淡淡的一条眼线足以把你明亮的眼睛衬托出来。切忌涂上又黑又粗的眼线，这已不合时宜。在抹胭脂的时候，要与整个化妆混为一体，面部化妆最重要的部分——嘴唇，也应发挥纯净柔美的色泽，粉红、桃红、淡枣红、杏红等已成为今春主流。"（忻丽：《春天化妆讲求自然 艳抹浓妆请暂休息》，《上海服饰》1993年第3期，第21页）。此后，各种报刊或者时尚生活读物中的诸如"形象设计"之类的栏目阅读率一度颇高，妆式也逐渐欧化或者日本化而颇具流行特性。1996年起还有类似深朱古力色的乌唇的风行（王唯铭：《上海，有那一些女人·续二》，《上海服饰》1996年第3期，第10页）。各种国外品牌的化妆用品开始风行，如Dior口红和化妆盒等已经成为部分女性的时尚象征。只是对于一些素有品味和传统的上海女性而言，更加注重化妆与整体服饰形象的协调。而各种香水从1980年代中后期开始逐渐成为上海女人的常用物品，并从国产香水逐渐偏向国际品牌产品，如Dior、Chanel、YSL 等。

美容越来越受到女性的关注，护肤美容用品也不再是雅霜、百雀羚之类，而是日渐丰富和专门化。很多国外品牌相继进入上海，欧莱雅、资生堂和旁氏等品牌的护肤品，以及SK-Ⅱ面膜等逐渐为上海女性所熟知并使用。美白护肤品在20世纪90年代初开始流行。继1984年12月上海日化公司与卢湾区服务公司合作的露美美容院在淮海中路马当路口开业，美容院越来越多。进行诸如开双眼皮等美容手术的女性在1990 年代也越来越常见。图8-4-18为当时时尚杂志所刊登的护肤美容品广告。

图8-4-18　1999年第8期《ELLE——世界时装之苑》刊登的Dior口红广告

本编参考文献

[1] 乐正．近代上海人社会心态（1860-1910 年）[M]．上海：上海人民出版社，1991．

[2] 漱六山房．九尾龟．上，下［M］．上海：上海古籍出版社，1992．

[3] 包天笑．钏影楼回忆录［M］．香港：香港大华出版社，1971

[4] 光绪三十一（1905 年）年务本女学校第二次改良规则［M］// 朱有瓛．中国近代学制史料：第 2 辑下．上海：华东师范大学出版社，1989．

[5] 李伯元．文明小史［M］．北京：中华书局，2002．

[6] 周锡保．中国古代服饰史［M］．北京：中国戏剧出版社，1984．

[7] 葛元熙，黄式权，池志．沪游杂记 · 淞南梦影录 · 沪游梦影 [M]．上海：上海古籍出版社，1989．

[8] 屠诗聘．上海市大观［M］．上海：中国图书编译馆，1948．

[9] 上海市黄浦区志编纂委员会．黄浦区志［M］．上海：上海社会科学院出版社，1996．

[10] 上海日用工业品商业志编纂委员会．上海日用工业品商业志［M］．上海：上海社会科学院出版社，1999．

[11] 上海市地方志办公室．上海名镇志［M］．上海：上海社会科学院出版社，2003．

[12] 陈万丰．中国红帮裁缝发展史（上海卷）[M]．上海：东华大学出版社，2007.

[13] 辞海编辑委员会．辞海［M］．上海：上海辞书出版社，1999．

[14] 竺小恩．中国服饰变革史论［M］．北京：中国戏剧出版社，2008．

[15] 新闻日报出版委员会．街道里弄居民生活手册［M］．新闻日报馆，1951．

[16] 蒋为民．时髦外婆［M］．上海：上海三联书店，2003．

[17] 王圭璋．男装典范：裁剪第三集［M］．上海：景华函授学院，1952．

[18] 陈祖恩，叶斌，李天纲．上海通史：第 11 卷［M］．上海：上海人民出版社，1999．

[19] 钱茂伟．宁波服装［M］．北京：中国纺织出版社，1999．

[20] 上海纺织工业志编纂委员会．上海纺织工业志［M］．上海：上海社会科学院出版社，1998．

[21] 吴文英．辉煌的 20 世纪新中国大记录 · 纺织卷［M］．北京：红旗出版社，1999．

[22] 袁仄，胡月．百年衣裳——20 世纪中国服装流变［M］．北京：生活 · 读书 · 新知三联书店，2010．

[23] 包铭新．时髦辞典［M］．上海：上海文化出版社，1999.

[24] 陈旭麓．社会改良会章程［M］// 宋教仁集：下册．北京：中华书局，2011

[25] 卞向阳．百年时髦——海派服饰历史回顾［M］//’95 上海国际服装文化节组委会办公室，上海服饰编辑部．’95 上海国际服装文化节会刊．上海：上海科学技术出版社，1995．

报刊杂志类：

[26] 佚名．“都督示令剪辫”[N]．民立报，1911-12-29．

[27] 临时大总统关于限期剪辫致内务部令．中华民国档案资料汇编．第 2 辑．江苏人民出版社，1981．

[28] 临时大总统关于劝禁缠足致内务部令．中华民国档案资料汇编．第 2 辑．江苏人民出版社，1981

[29] 吴冰心．新陈代谢 [N]．时报，1912-3-5.

[30] 陈嘉震．都会的刺激 [J]．良友，1934，85.

[31] 刘异青．由摩登说到现代青年妇女 [J]．玲珑，1933，124.

[32] 费志仁．摩登条件 [J]．时代漫画，1934，1.

[33] 佚名．一个红舞星 梁赛珠试春装 [J]．时代画报，1936，4.

[34] 肖素兴．唐瑛：老上海最摩登的交际名媛 [J]．文史博览，2010，12.

[35] 周瘦娟．云裳碎锦录 [J]．上海画报，1927-8-15.

[36] 成言．行云．杨贵妃来沪记 [J]．上海画报，1927-8-12.

[37] 鸿翔公司广告．鸿翔公司十七周年纪念 [J]．玲珑，1933，35.

[38] 美最时洋行．四七一一香皂 [J]．良友，1932，68.

[39] 君奇．妇女衣饰与发装的演进 [J]．玲珑，1937，289.

[40] 郑光汉．今日妇女的头发 [J]．上海漫画，1928，79.

[41] 苏红．不擅跳舞是落伍 [N]．小日报，1928-5-3.

[42] 佚名．团中央、全国妇联等二十五单位关于改进服装问题的座谈会记录（摘要）[N]．中国青年报，1956-2-12.

[43] 吴承德．今年上海的秋装 [N]．新民报晚刊，1956-9-14.

[44] 王宝德．南京东路、四川路部分有名服装店放下架子兼营修补业务 [N]．新民报晚，1959-1-19.

[45] 佚名．奇装异服是怎么回事 [N]．解放日报，1964-8-5.

[46] 明．市坊见闻 [N]．新民晚报，1960-11-12.

[47] 佚名．人要衣裳 今年花布花样多 [N]．新民晚报，1956-3-13.

[48] 佚名．准备妇女孩子过节 新制花布彩色美艳 [N]．新民晚报，1959-8-20.

[49] 傅哲．上海服装展评会见闻 [J]．上海服饰，1986，2.

[50] 瞿然馨．颜昌铭．“囡囡，不要怕”[N]．文汇报，1980-8-27.

[51] 沈吉庆．上海街头看西装 [N]．文汇报，1984-4-15.

[52] 张丹．对服装设计中夸张肩部造型的解读 [J]．丝绸，2010，9.

[53] 张宗德．服装款式的三“快”[N]．文汇报，1982-12-17.

[54] 刁慧泽．穿衣戴帽 369 [J]．上海服饰，1993，3.

[55] 忻丽．春天化妆讲求自然 艳抹浓妆清晢休息 [J]．上海服饰，1996，3.

[56] 王唯铭．上海，有那一些女人（续二）[J]．上海服饰，1996，3.

学术论文类：

[57] 马丽．1958 ~ 1979 年上海妇女服饰研究 [D]．上海：东华大学，2002.

[58] 邓娟．南京国民政府时期上海米荒及其应对研究（1927-1937）[D]．武汉：华中师范大学，2009.

[59] 覃卫萍．1990’s 上海妇女服饰 [D]．上海：东华大学，2003.

本编编著 卞向阳 李林臻

第九编　千姿百态的历史妆容

第一章 中国古代妆容概述

一谈到妆容，一般人头脑里总会感觉这是一个很前卫、很现代的话题。的确，翻开一本本精美的时尚杂志，里面那些脸部被涂抹得异彩纷呈，头发被做成造型各异的时尚女郎，确实让人觉得这个世界变化真快。人们的想象力怎会如此的丰富？你似乎稍不留神，就会被时尚淘汰出局。

在遥远的古代，“时尚”似乎是一个很疏离的词汇。在大多数人的观念中，那时是一个宁静而又保守的年代，封建礼教下的女子应该是缺少求新求异的意识和勇气的。如果您真是这么想的，那便是因为您不了解历史，至少是不了解妆容史。实际上，世间万物大多“万变不离其宗”，人类追逐美的勇气和智慧，对一成不变的生活之厌倦，古今中外并无多大区别。且不说正史《五行志》中所记载的种种奇装异服，虽怪诞非常，尚可引起诸人竞相仿效，甚至引发朝廷颁布禁令予以制止。单单看民间杂记小说之记载，装束也是数岁即一变，不可尽述。

宋代周辉著《清波杂志》载：“辉自孩提见妇女装束，数岁即一变，况乎数十百年前样制，自应不同。”宋代袁褧撰《枫窗小牍》亦载：“汴京闺阁妆抹凡数变：崇宁间，少尝记忆作大鬓方额；政宣之际，又尚急把垂肩；宣和已后，多梳云尖巧额，鬓撑金凤。小家至为剪纸衬发、膏沐芳香、花靴弓屣、穷极金翠，一袜一领费至千钱。”

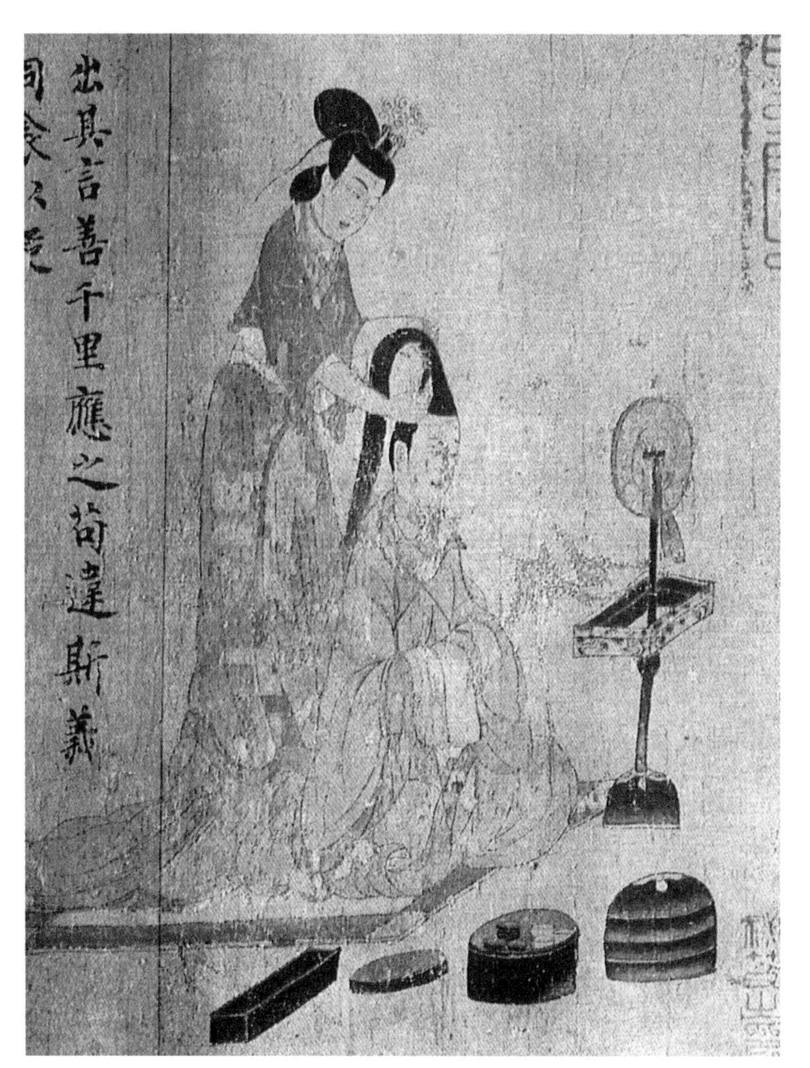

图9-1-1　东晋顾恺之《女史箴图》中的贵族妇女梳妆场景

原始社会五花八门的绘身、绘面暂且不论。自商周时代始，中国爱美的女性便开始了往脸上涂脂抹粉的历史。经过魏晋南北朝的大胆创新与发展，至唐代达到鼎盛。宋代以后虽然由于理学的盛行，妆容不再像唐代那样异彩纷呈、浓妆艳抹，但爱美是女人的天性，妆容的发展依然似一股涓涓潜流向前流淌，从未止息（图9-1-1）。由此，几千年来，爱美的古人便创造了无数的美妙妆型。单从面妆上来看，见于史籍的记载便让人目不暇接，例如“妆成尽似含悲啼”的“时世妆”，贵妃醉酒般满面潮红的“酒晕妆”（图9-1-2），美人初醒慵懒倦怠的“慵来妆”，以五色云母为花钿贴满面颊的“碎妆”，以油膏薄拭目下如梨花带雨般的“啼妆”。另外，还有“佛妆”“墨妆”“红妆”“芙蓉妆”“梅花妆”“观音妆”“桃花妆”，甚至只画半边脸的“徐妃半面妆”等。各类妆容数不胜数，其造型之新奇，想象之丰富令人啧啧称奇。

除涂脂抹粉之外，画眉和点

图9-1-2　唐代的红妆女子（新疆维吾尔自治区博物馆，弈棋仕女图，吐鲁番县阿斯塔那187号墓，绢本着色）

唇也是中国古代女子面妆上的重头戏。中国古代女子画眉式样之繁多，也是令今人自叹不如的。相传唐玄宗幸蜀时就曾令画工作《十眉图》。至宋代，有一女子名莹姐，画眉日作一样，曾有人戏之曰："西蜀有《十眉图》，汝眉癖若是，可作《百眉图》，更假以岁年，当率同志为修《眉史》也。"中国古代眉式不仅丰富多变，且不乏另类风格：如眉形短阔，如春蚕出茧的"出茧眉"；眉头紧锁、双梢下垂，呈蹙眉啼泣状的"愁眉"；其状倒竖，形如八字的"八字眉"，南朝寿阳公主嫁时妆，便是"八字宫眉捧额黄"。此外，初见于西汉，后盛行于唐代的"广眉"，其形为原眉数倍。《后汉书》中曾云："城中好广眉，四方画半额。"甚至"女幼不能画眉，狼藉而阔耳"，为求眉之广甚至画到了耳朵上，可见古时画眉之大胆与泛滥已到了不只求美而且求奇的境界了。

另外，还有五花八门的面饰、染甲、文身，精雕细琢的各式首饰，造型各异的丰富发型，宋时流行开来的缠足习俗，各种功效神奇用以保养滋润的护发、护肤品等，其种类与造型之丰富，与如今并无二致。只是由于时代之不同导致的审美情趣有差异，科技之不同导致的妆容用品有区别，使得中国古典妆容用品与妆型呈现出与现今并不相同的独特风格与韵味（图9-1-3）。

图9-1-3　明代仇英的《人物故事册之贵妃晓妆图》中对镜梳妆的女子

第二章 敷 粉

一、妆粉的历史

化妆的第一个步骤是敷粉，但最早的妆粉产生于什么时候，现在恐怕很难有一个明确的定论。很多古籍中都有关于妆粉起源的记载，比如《太平御览》引《墨子》曰“禹造粉”；五代后唐马缟的《中华古今注》载“自三代以铅为粉。秦穆公女弄玉有容德，感仙人萧史，为烧水银作粉与涂，亦名飞云丹”；晋代张华的《博物志》曰“纣烧鈆（同铅）锡作粉”（《太平御览》卷719，分残本《博物志》）；元代伊世珍撰集的《嫏环记》引《采兰杂志》记“黄帝炼成金丹，炼余之药，汞红于赤霞，铅白于素雪。宫人……以铅傅面则面白。洗之不复落矣”。这些记述，大抵出自传说或小说家言，都把粉的出现推到远古，虽不足以全信，但可以推想，妆粉的发现和应用，在我国妇女中，于周代之前便应该有了。如图9-2-1所示的“齐家文化”七角星纹铜镜，是我国最早的铜镜之一，说明人们在原始社会时就已经知道对镜梳妆了。

二、妆粉的种类

（一）米粉

最早的妆粉究竟是用何种材料制成的呢？许慎的《说文解字》曰：“粉，傅（敷）面者也，从米分声。”即粉是用米来做的，用之敷面。许慎乃东汉时人，他对粉的解释，必有其所见事实为根据。且汉代以前的文学作品中，都只言粉，而未言铅粉，可见当时尚未有铅粉问世。所以，大概在汉代以前，春秋战国之际，古人是用米粉敷面的（图9-2-2）。

关于敷面米粉的制作工序，在北魏贾思勰的《齐民要术》卷5中有详细记载。

我们现在用的妆粉，大多含铅，相比之下，古人的米粉自然在护肤的层面上更胜一筹，在美肤的同时不会产生副作用。当然，米粉也有缺点，比如其附着力没有铅粉强，需要时常补妆；容易黏结，不够松散，而且增白功效与光泽度也不如铅粉明显。

图9-2-1　“齐家文化”七角星纹铜镜

（二）铅粉

敷面米粉的制作尽管已经很精细，但米粉毕竟有着某些不足。因此，在秦汉时期，随着炼丹术的成熟，铅粉应运而生。

任何新兴事物的发明，必然与当时生产技术的发展有关。秦汉之际，道家炼丹盛行，秦始皇四处求募“仙丹”，以期长生不老。炼丹术的发展，再加上汉时冶炼技术的提高，使铅粉的发明具备了技术上的条件。铅粉发明后即作为化妆品流行开来。张衡的《定情赋》曰：“思在面而为铅华兮，患离神而无光。”曹植的《洛神赋》曰：“芳泽无加，铅华弗御。”刘勰的《文心雕龙·情采》也说：“夫铅华所以饰容，而盼倩生于淑姿。”在语言文字中，一个新的词汇，往往伴随着新概念或新事物的出现而诞生。“铅华”一词在汉魏之际文学作品中的广泛使用决非偶然，应该是

图9-2-2　刺绣粉袋（新疆民丰大沙漠一号东汉墓出土）

图9-2-3　粉块（福建福州南宋黄昇墓出土）

铅粉的社会存在的反映。

铅粉通常是将铅经化学处理后转化为粉的，其主要成分是碱式碳酸铅。妆脸用的铅粉中还要调以豆粉和蛤粉。铅粉的形态有固体及糊状两种：固体铅粉常被加工成瓦当形或银锭形，称“瓦粉”或“定（锭）粉”（图9-2-3）；糊状铅粉则俗称“胡（糊）粉”或“水粉”。汉代刘熙的《释名 · 释首饰》曰：“胡粉。胡者糊也，和脂以糊面也。”因此，有人认为“胡粉”为胡人之粉是不对的。化铅所作胡粉，光白细腻。因能使人容貌增辉生色，故又名“铅华”（图9-2-4）。

铅粉的制作配方在明代李时珍所著的《本草纲目 · 金石部》卷8中有详细的记载。铅粉古时因辰州、韶州、桂林、杭州诸郡专造，故有些书中又称辰粉、韶粉、桂粉或官粉（图9-2-5）。

用铅粉妆面，时间长了能使脸色发青。当时古人也知铅粉有其不足的一面。铅有毒，久用对人体有害，使肤色变青，过量可导致皮肤脱落，甚至还会有生命危险。因此，人们也想尽办法对其进行改良，尽量减少它的毒性。如宋代陈元靓所著的《事林广记》中便记载有一个“法制胡粉方”（[宋]陈元靓：《事林广记》，中

图9-2-4　瓷香粉盒（江西景德镇市郊宋墓出土）

图9-2-5　明代金制粉盒

图9-2-6　落葵

华书局出版1999年版），据说此法可以一定程度上对铅粉进行了改良。方法是：把铅粉灌入空蛋壳中，以纸封口，上火蒸，直蒸到黑气透出壳外，反复几次直到黑气消失殆尽，然后用其擦脸。据说此法可使脸色永不发青，而且富有光泽。

《齐民要术》记录的紫粉法中便配有一定比例的胡粉（即铅粉），并解释说“不著胡粉，不著人面”，即不掺入胡粉，就不易使紫粉牢固地附着于人的脸面。另一方面，把一定量的铅粉掺入用作面妆的米粉中，还有使后者保持松散，防止黏结的作用。因此，金属类的铅粉和植物类的米粉、豆粉等往往是混合使用的。这样便可各取其长，各补其短了。

（三）紫粉

紫粉，也是一种用来敷面的妆粉。只是粉中因掺入落葵子而呈微微的淡紫色。落葵，其种子含紫色紫，是做紫粉的重要配料，还兼具护肤的功效（图9-2-6）。晋代崔豹的《古今注》卷下载有：“魏文帝宫人绝所爱者，有莫琼树、薛夜来、田尚衣、段巧笑四人，日夕在侧。……巧笑始以锦衣丝履，作紫粉拂面。”至于巧笑如何想出以紫粉拂面，根据现代化妆的经验来看，黄脸者，多以紫粉打底，以掩盖其黄，这是化妆师的基本常识。由此推论，或许段巧笑正是此妙方的创始人呢！

图9-2-7　紫茉莉

（四）珠粉（宫粉）

清代妇女则喜爱以珍珠为原料加工制作的妆粉，称为珠粉。《本草纲目·介部》卷46中载："珍珠。涂面，令人润泽好颜色。涂手足，去皮肤逆胪。"可见，珍珠粉对皮肤是有保养作用的。清代黄鸾来《古镜歌》中曾云："函香应将玉水洗，袭衣还思珠粉拭。"就连皇后化妆用的香粉，也是掺入珍珠粉的。近人徐珂在《清稗类钞·服饰》中便记载有："孝钦后好妆饰，化妆品之香粉，取素粉和珠屑、艳色以和之，曰娇蝶粉，即世所谓宫粉是也。"

慈禧太后不仅用珍珠粉敷面，还要服用珍珠粉以养颜。而且服时要有定量，每两次之间相隔一段日期，功效更好。据记载，她每十日服用珍珠粉一次，服时用银质的小勺，以温茶送下，这样可以使其皮肤十分柔滑有光泽。

（五）珍珠粉

明代妇女喜用一种由紫茉莉的花种提炼而成的妆粉，称为珍珠粉（图9-2-7），其多用于春夏之季。明代秦征兰在《天启宫词》中曾云："玉簪香粉蒸初熟，藏却珍珠待暖风。"诗下注曰："宫眷饰面，收紫茉莉实，捣取其仁蒸熟用之，谓之珍珠粉。秋日，玉簪花发蕊，剪去其蒂如小瓶，然实以民间所用胡粉蒸熟用之，谓之玉簪粉。至立春仍用珍珠粉，盖珍珠遇西风易燥而玉簪过冬无香也。此方乃张后从民间传入。"曹雪芹在《红楼梦》一书中对此也曾有生动明确的记载。在第44回"变生不测凤姐泼醋，喜出望外平儿理妆"中，平儿含冤受屈，被宝玉劝到怡红院，安慰一番后，劝其理妆，"平儿听了有理，便去找粉，只不见粉。宝玉忙走至妆台前，将一个宣磁盒子揭开，里面盛着一排十根玉簪花棒儿，拈了一根递与平儿。又笑说道：'这不是铅粉，这是紫茉莉花种研碎了，对上料制的。'平儿倒在掌上看时，果见轻白红香，四样俱美，扑在面上也容易匀净，且能润泽，不像别的粉涩滞。"

（六）水银粉

水银粉，顾名思义，以水银为主料，又名汞粉、轻粉、峭粉、腻粉。《本草》中载："水银乃至阴毒物。"故此粉固然雪白轻腻，但和铅粉一样，不宜独用、多用，适量用则可治风疮瘙痒、水肿鼓胀、毒疮。《本草纲目·石部》第9卷载："轻言其质，峭言其状，腻言其性。昔萧史与秦穆公炼飞云丹，第一转乃轻粉，即此。"五代后唐马缟著《中华古今注》曰："自三代以铅为粉。秦穆公女弄玉有容德，感仙人萧史，为烧水银作粉与涂，亦名飞云丹"。萧史是传说中春秋时的人物，弄玉是秦穆公的女儿，他们都喜欢吹箫，以箫结缘。汉代《刘向列仙传卷上萧史》中说："萧史善吹箫，作凤鸣。秦穆公以女弄玉妻之，作凤楼，教弄玉吹箫，感凤来集，弄玉乘凤、萧史乘龙，夫妇同仙去。"传说箫史为让弄玉美白如玉，为其烧水银作粉以涂面，其白胜雪，名飞云丹。箫史、弄玉也可说是水银粉的创始人。

（七）檀粉

将铅粉和胭脂调和在一起，使之变成檀红，即粉红色，称之为檀粉。檀粉直接涂抹于面颊。五代鹿虔扆《虞美人》词：“不堪相望病将成，钿昏檀粉泪纵横。”杜牧在《闺情》一诗中有“暗砌匀檀粉”一句，均指此。其化妆后的效果，在视觉上与其他先敷白色妆粉，再擦胭脂的形式有明显差异，因为在敷面之前已经调和成一种颜色，所以色彩比较统一，整个面部的敷色程度也比较均匀，能给人以庄重、文静的感觉。

（八）养颜粉

妆粉除了粉白肌肤外，也可美容。例如，两宋时期妇女常用的“玉女桃花粉”，据说用此粉擦脸能去除斑点，润滑肌肤和增益姿容。还有“唐宫迎蝶粉”，可去斑黯。《事林广记》中详细记载有其做法，用料甚是高级。

（九）爽身粉

爽身粉通常制成粉末，加以香料，浴后洒抹于身，有清凉滑爽之效。多用于夏季。汉代伶玄的《赵飞燕外传》中写有：“后浴五蕴七香汤，踞通香沉水，坐燎降神百蕴香；婕妤浴豆蔻汤，傅（敷）露华百英粉。”这里的露华百英粉便是一种爽身粉，班婕妤是汉成帝的后妃，在赵飞燕入宫前，汉成帝对她最为宠幸。班婕妤在后宫中的贤德是有口皆碑的。当初，汉成帝为她的美艳及风韵所吸引，天天同她在一起。班婕妤体有异香，帝常私语樊嬺曰：“后（即赵飞燕）虽有异香，不若婕妤体自香也。”

第三章 擦胭脂

敷粉，只不过是古代女子化妆的第一个步骤。伴随着敷粉，女子往往还要施朱，即在脸颊上施以一定程度的红色妆品，使面色红润（图9-3-1）。

在周代的文献中，施朱便曾多次被提到过。如《楚辞·大招》曰“稺朱颜只”，《招魂》曰“美人既醉，朱颜酡（tuó）些”，《登徒子好色赋》曰“著粉则太白，施朱则太赤”。都说明最晚在周代，中国女子已有施朱的习俗。

那么这里提到的“朱”到底是一种什么样的化妆品呢？其实主要分为两类：

一类是粉质的。即敷粉并不以白粉为满足，又用朱砂类物质将其染红，成了红粉，也称朱粉。明代宋应星著《天工开物》丹青篇中“紫粉”法中便有记载：“贵重者用胡粉、银朱对和；粗者用染家红花滓汁为之。”这里的“紫粉”书中载呈綅红色，其实即是红粉的一种。红粉与白粉同属于粉类。红粉的色彩疏淡，使用时通常作为打底、抹面。由于粉类化妆品难以黏附脸颊，不宜存久，所以当人流汗或流泪时，红粉会随之而下。

另一类则属油脂类。黏性强，擦之则浸入皮层，不易褪失，我们通常所提到的胭脂便既有粉质，也有油脂类的。化妆时，一般在浅红的红粉打底的基础上，再在人的颧骨处抹上少许油脂类的胭脂，从而不易随泪水流落或褪失（图9-3-2）。

一、胭脂的历史

胭脂的历史非常悠久。其起始时间，古文献则记载不一。《中华古今注》曰：“燕脂起自纣，以红蓝花汁凝作之。调脂饰女面，产于燕地，故曰燕脂。匈奴人名妻为阏氏，音同燕脂，谓其颜色可爱如燕脂也。”但宋代高承在《事物纪原》中则称：“秦始皇宫中，悉红妆翠眉，此妆之始也。”

从已发掘的考古资料看，湖南长沙马王堆一号汉墓出土的梳妆奁中已有胭脂等化妆品。此墓主人为当时一位轪侯之妻，墓年代大约为汉文帝五年（前175年），距秦灭亡40年。可见，最晚在秦汉之际，妇女已以胭脂妆颊了。

图9-3-1　唐代女劳作陶俑

二、胭脂的种类

（一）红蓝花胭脂

古代制作胭脂的主要原料是红蓝花。红蓝花亦称“黄蓝”“红花”，是从匈奴传入汉民族的。红蓝花，其含有丰富的红花红色紫，是我国古代制作胭脂的重要原料（图9-3-3）。

宋代《嘉祐本草》载：“红蓝色味辛温，无毒。堪作胭脂，生梁汉及西域，一名黄蓝。”西晋张华的《博物志》载：“‘黄蓝’，张骞所得，今沧魏

图9-3-2　宋代何氏墓影青瓜形胭脂盒（江苏淮安城东南窑）

图9-3-3　红蓝花，其含有丰富的红花红色素，是我国古代制作胭脂的重要原料

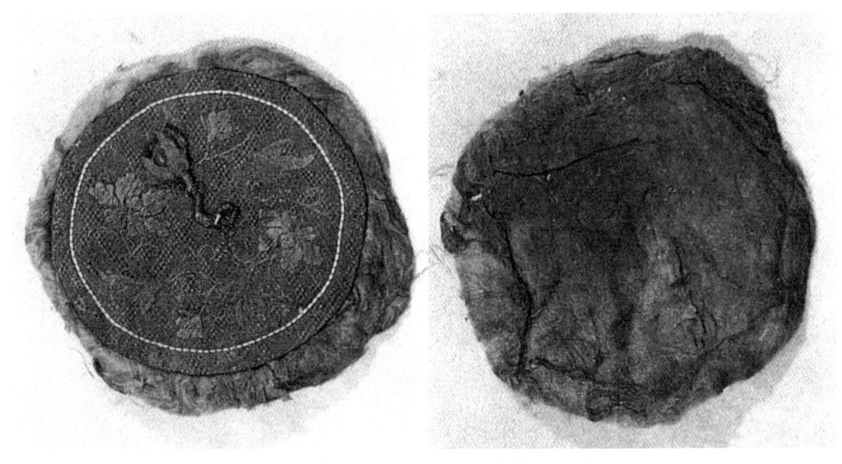
图9-3-4　丝绸粉扑（江苏无锡元钱裕夫妇墓出土）

亦种，近世人多种之。收其花，俟干，以染帛，色鲜于茜，谓之'真红'，亦曰'鲜红'。目其草曰'红花'。以染帛之余为燕支。干草初渍则色黄，故又名黄蓝。"史载汉武帝时，由张骞出使西域时带回内地，因花来自焉支山，故汉人称其所制成的红妆用品为"焉支"。"焉支"为胡语音译，后人也有写作"烟支""鲜支""燕支""燕脂""胭脂"的。

用红蓝花制胭脂，《齐民要术》中有详细记载。采摘来红蓝花之后，第一步为"杀花"，因为红花除含有红花红色素外，还含有红花黄色素，而黄色素多于红色素，所以必须事先褪去黄色素，然后才能利用红色素做染料，这种褪去黄色素之法即称为"杀花法"。杀花之后便可做胭脂，最初做的胭脂多为粉状的胭脂饼。大约在北朝末期，人们在胭脂粉中又掺入牛髓、猪胰等物，使之变成一种稠密润滑的油膏，这便是前文中提到的油脂类胭脂膏。

粉状的胭脂饼和油脂类胭脂膏是胭脂中最为常见的两种。随着生活水平的提高，人们对化妆品的要求也越来越趋于考究。化妆品不仅要使用和携带方便，而且制作的原料也要有所发展（图9-3-4）。

（二）绵胭脂

绵胭脂出现于魏晋时期，是一种便于携带的胭脂。以丝绵卷成圆条浸染红蓝花汁而成，妇女用以敷面或注唇。晋代崔豹的《古今注》卷3中载："燕支……又为妇人妆色，以绵染之，圆径三寸许，号绵燕支。"

（三）金花胭脂

金花胭脂是一种便于携带的薄片胭脂，以金箔或纸片浸染红蓝花汁而成。使用时稍蘸唾沫使之溶化，即可涂抹面颊或注点嘴唇。同时《古今注》卷3中还载"燕支……又小薄为花片，名金花烟支，特宜妆色"即指此。

（四）花露胭脂

在《红楼梦》第44回，曹雪芹对这种胭脂有颇为精彩的描写："（平儿）看见胭脂，也不是一张，却是一个小小的白玉盒子，里面盛着一盒，如玫瑰膏子一样。宝玉笑道：'铺子里卖的胭脂不干净，颜色也薄。这是上好的胭脂拧出汁子来，淘澄净了配上花露蒸成的。只要细簪子挑一点抹在唇上，足够了；用一点水化开，抹在手心里，就够拍脸的了。'"可见这种胭脂不仅用于妆颊，也用于点唇。这里所谓"上好的胭脂"，应是指的红蓝花。

（五）玫瑰胭脂

一种由玫瑰花瓣制成的胭脂，亦称"玫瑰膏子"。这种玫瑰胭脂在清代非常流行。清宫后妃所用的玫瑰胭脂，选料都极为讲究。玫瑰开花，不仅朵与朵之间色泽不一，就连同一朵中的各花瓣之间颜色深浅也大不一样，因此制胭脂的宫人要于清晨玫瑰带露初绽时将花朵摘下，仔细选取色泽纯正一致的花瓣，其余的一概弃去。选好花瓣后，将其放入洁净的石臼，慢慢舂研成浆，又以细纱制成的滤器滤去一切杂质，然后取当年新缫的白蚕丝，按胭脂缸口径大小，压制成圆饼状，浸入花汁，五六天后取出，晒三四个日头，待干透，便制成了玫瑰绵胭脂。

（六）山榴花胭脂

一种以山榴花汁制成的胭脂，其制法应和玫瑰胭脂类似。《天工开物》中载："燕脂，古造法以紫铆染绵者为上，红花汁及山榴花汁者次之……"即指此。

（七）山花胭脂

即以山燕脂花做成的胭脂。有别于红蓝花汁凝成的胭脂。明代李时珍《本草纲目·草》卷15中曾言："燕脂有四种：一种以红蓝花汁染胡粉而成……一种以山燕脂花汁染粉而成……一种以山榴花汁作成者……一种以紫矿染绵而成者，谓之胡燕脂。"唐段公路《北户录·山花燕支》中则详细记载了这种花的形态："山花丛生，端州山崦间多有之。其叶类蓝，其花似蓼。抽穗长二三寸，作青白色，正月开。土人采含苞者卖之，用为燕支粉，或持染绢帛。其红不下红蓝。"

（八）胡胭脂

明清时期还有一种以紫铆染绵而制成的胭脂，谓之"胡胭脂"。《本草纲目·虫》卷39中载："紫铆，音矿。又名赤胶，紫梗。此物色紫，状如矿石，破开乃红，故名。……是蚁运土上于树端作巢，蚁壤得雨露凝结而成紫铆。昆仑出者善，波斯次之。……紫铆出南番。乃细虫如蚁、虱，缘树枝造成……今吴人用造胭脂。"所谓紫铆，是一种细如蚁虱的昆虫——紫胶虫的分泌物。寄生于多种树木，其分泌物呈紫红，以此制成的染色剂其品质极佳，制成胭脂想来必属上品。《天工开物》中亦载："燕脂，古造法以紫铆染绵者为上……"这里的"以紫铆染绵者"应也是指此。

三、胭脂的使用

敷搽胭脂，多和妆粉一并使用。据《妆台记》云："美人妆面，既敷粉，复以燕支晕掌中，施之两颊，浓者为酒晕妆（图9-3-5）；浅者为桃花妆；薄薄施朱，以粉罩之，为飞霞妆。"这里的"酒晕妆"和"桃花妆"都是在敷完妆粉后，再把胭脂或浓或淡涂抹于两颊之上。而"飞霞妆"则是先施浅朱，然后以白粉盖之，有白里透红之感。因色彩浅淡，接近自然，故多见于少妇使用。另外，还有将铅粉和胭脂调和在一起，使之变成檀红，即粉红色，称为"檀粉"，然后直接涂抹于面颊的。杜牧在《闺情》一诗中"暗砌匀檀粉"，便指此。用此法化妆后的效果，在视觉上与其他方法有明显的差异，因为在敷面之前已经调合成一种颜色，所以色彩比较统一，整个面部的敷色程度也比较均匀，能给人以庄重、文静的感觉（图9-3-6）。

图9-3-5　盛唐陶俑一脸浓重的胭脂

图9-3-6　20世纪初的女子对胭脂依旧偏爱有加

第四章 描眉染黛

一、眉黛的历史

中国古代女子化妆不重眼妆，但极重眉妆。早在周代《楚辞 · 大招》中便有"粉白黛黑，施芳泽只"的描述。说明最晚在周代，已有用黛画眉之俗。

二、眉黛的式样

战国时宋玉所著的《招魂》言宫女"蛾眉曼睩"，《列子 · 周穆公》载"施芳泽，正蛾眉"，《大招》云"娥眉曼只"，《离骚》自喻"众女嫉余之蛾眉兮"，《诗经》中则有"螓首蛾眉"。由此可见，"蛾眉"当是最早流行的眉妆。蛾，似蚕而细，蛾眉则是弯而长的细曲眉，这种眉是用墨黛勾勒出来的（图9-4-1），也是中国古代女子最钟爱的一种眉式（图9-4-2）。

图9-4-1　西汉漆盒石砚，可用于研磨石黛

汉魏时期，中国女子的眉式逐渐趋向浓阔，出现了"城中好广眉，四方画半额"的俗语，甚至"女幼不能画眉，狼藉而阔耳"。

到了唐代，由于这是一个开放浪漫，博采众长的盛世朝代，故此在眉妆这一细节上，各种变幻莫测、造型各异的眉形纷纷涌现，开辟了中国历史上，乃至世界历史上眉式造型最为丰富的辉煌时代。唐代妇女的画眉样式，比起汉魏更显宽粗，形似蚕蛾触须般的长眉已不多见。从形象资料来看，阔眉的描法多种多样：垂拱年间，眉头紧靠，仅留一道窄缝，眉身平坦，钝头尖尾；如意年间，眉头分得较开，两头尖而中间阔，形如羽毛；万岁登封年间，眉头尖，眉尾分梢；长安年间，眉头下勾，眉身平而尾向上扬且分梢；景云年间，眉短而上翘，头浑圆，身粗浓……凡此种种，诡形殊态，可谓变幻莫测。但万变不离其宗，都是长、阔、浓的集锦之作。隋唐五代眉妆的繁盛，与强大的国力和统治者的重视是分不开的。唯其国力强盛，广受尊重崇尚，才能表现出充分自信、自重、开放和容纳各种外来文化的大家气度，从而增添本身的魅力。由于统治者的重视，则为妇女妆饰资料提供了记录、结集和传世的机会。唐代张泌《妆楼记》中载："明皇幸蜀，令画工作《十眉图》，'横云''却月'皆其名。"明代杨慎的《丹铅续录》中还详细叙述了这十眉的名称："一曰鸳鸯眉，又名八字眉（图9-4-3）；二曰小山眉，又名远山眉；三曰五岳眉；四曰

图9-4-2　东晋顾恺之《洛神赋图》中洛神一簇弯弯的蛾眉

三峰眉；五曰垂珠眉；六曰月棱眉，又名却月眉；七曰分梢眉；八曰涵烟眉；九曰拂云眉，又名横烟眉；十曰倒晕眉（图9-4-4）。”事实上，遑论隋唐五代，仅玄宗在位之时，各领风骚的又何止十眉呢？

宋代以后，由于“程朱理学”的兴起，其宣扬尊古、复礼、妇教，提倡“存天理而灭人欲”。妇女的地位一落千丈，妆容不再像前朝那样大胆奔放，而是以淡雅清秀为美。尽管也出现有画眉日作一样的莹娘，但毕竟属于异类，在眉妆主流上则又重新兴起纤细秀丽的复古长蛾眉，而且历经元明，直到清代一直盛行不衰（图9-4-5、图9-4-6）。

图9-4-3　元代永乐宫壁画中神女的眉形为八字宫眉

图9-4-5　北宋苏汉臣《妆靓仕女图》

图9-4-4　台北故宫博物院藏《宋仁宗皇后像》旁的侍女，其眉形为倒晕眉

图9-4-6　《历代帝后像》中元代蒙古族皇后的眉形多为平直的一字眉，大约取其端庄之意

三、眉黛的种类

（一）古人最早用的画眉材料——石黛

古人最早用的画眉材料称为“黛”。汉代刘熙《释名》曰：“黛，代也。灭眉而去之，以此画代其处也。”这段话的意思是古人在画眉前一般要剃去天然的眉毛，以黛画之。《说文解字》中也说：“黛作黱，画眉也。”

但黛到底是什么呢？通俗文云：“染青石谓之点黛。”这样看来，黛是一种矿石。当时女子画眉，主要使用这种矿石，汉时谓之“青石”，也称作“石黛”，这个名称从六朝至唐最为盛行。其是山岭的产物，因其质浮理腻，可施于眉，故后又有“画眉石”的雅号。石黛用时要放在专门的黛砚上磨碾成粉，然后加水调和，涂到眉毛上。后来有了加工后的黛块，可以直接兑水使用。汉代的黛砚，在南北各地的墓葬里常有发现。江西南昌西汉墓就出土有青石黛砚；江苏泰州新庄出土过东汉时代的黛砚，上面还粘有黛迹；广西贵县罗泊湾出土的汉代梳篦盒中，也发现了已粉化的黑色石黛。

从“青石”的命名，可以推断黛的颜色是“青”的。然而古代的“青”与现代人所理解的“青”不同，它是一种元色，包括蓝、苍、绿、翠等深浅的浓度，故有时又直接称这种颜色为“玄色”或“元色”。例如，苍天叫作“玄天”，海洋叫作“玄溟”。黛的色泽也是一样的含混不明，有时言其“苍翠”，有时径直呼为“黛绿”“黛黑”，也有时指黛为玄，因改称“黛眉”或“玄眉”。如曹子建《七启》中便有“玄眉弛兮铅笔落”一句。

（二）黄色眉黛

魏晋时期，由于连年战乱，礼教相对松弛，且因佛教传播渐广，因此受外来文化的影响，在眉妆上，打破了古来绿蛾黑黛的陈规而产生了别开生面的“黄眉墨妆”新式样。面饰用黄，大概是印度的风习，经西域间接输入华土。汉人仿其式，初时只涂额角，即“额黄”。如北周诗人庾信诗云：“眉心浓黛直点，额角轻黄细安。”再后乃施之于眉，在眉史上遂别开新页，尤在北周时最为流行。明代田艺蘅《留青日札》卷20云：“后（北）周静帝令宫人黄眉墨妆。”《隋书·五行志上》也载有“（北）后周大象元年，朝士不得佩绶，妇人墨妆黄眉”。这里画黄眉用的黄色当是一种类似石黄一类的矿石，或者松花粉一类的植物质粉末。

（三）螺子黛

“螺子黛”又称“螺黛”“黛螺”“螺”，亦称“画眉石”，是一种人工合成的画眉颜料。它以靛青、石灰水等经化学处理而制成，呈黑色，外形如墨。使用时蘸水即可，无需研磨。相传原出波斯，《本草纲目·草部》卷16载：“青黛，又名靛花、青蛤粉。……青黛从波斯国来……波斯青黛，亦是外国蓝靛花，即不可得，则中国靛花亦可用。”

在古代的画眉妆品中，最为名贵的当属螺子黛了，汉魏时可能便已有之，但在隋唐时代才见到有明文记载。颜师古在《隋遗录》中载道：“由是殿角女争效为长蛾眉，司宫吏日给黛五斛，号为蛾绿。螺子黛出波斯国，每颗值十金。后征赋不足，杂以铜黛给之，独绛仙得赐螺子黛不绝。帝每倚帘视绛仙，移时不去，顾内谒者云：古人言秀色若可餐，如绛仙真可疗饥矣！”隋炀帝好色，又极爱眉妆，为了给宫人画眉，他不惜加重征赋，从波斯进口大量螺子黛，赐给宫人画眉。殿角女吴绛仙因善于描长眉而得宠，竟被封为婕好。狂热之情，不难想象。而昂贵的螺子黛，亦使“螺黛”成为眉毛的美称。除了颜师古的记载，唐代冯艺的《南部烟花记》中也有相同的记载：“炀帝宫中争画长蛾，司宫吏日给螺子黛五斛，出波斯国。”据此看来，可知螺子黛的消费，以隋大业时代为最巨，它在大业时代每颗已值十金，而据清人陆次云之说，清时价值已增加百倍之多，其名贵实属可惊！

（四）铜黛

螺子黛是很珍贵的修饰品，且得之不易，无怪乎在穷奢极侈的炀帝时期，尚且要“杂之以铜黛”呢！那么“铜黛”到底是什么呢？由推考大约是“铜青”一类，《本草纲目·金石部》卷8上有载：“铜青，又名铜绿，生熟铜皆有青，即是铜之精华。”

（五）青雀头黛

深灰色的画眉颜料，状如墨锭。原出于西域，南北朝时期传入中原，多为宫女所用。《太平御览》卷719引《宋起居注》："河西王沮渠蒙逊，献青雀头黛百斤。"

（六）画眉墨

石黛（石墨）是中国的天然墨，在没有发明烟墨之前，男子用它来写字，女子则用它来画眉。但《墨谱》中载："周宣帝令外妇人以墨画眉，禁中方得施粉黛。"可知，北周时已有了区别于天然墨的人造墨了。人造墨的发明，在纸笔之后。汉代尚以石墨磨汁作画，至魏晋间始有人拿漆烟和松煤制墨，谓之"墨丸"。唐以后，墨的制造逐渐进步，至宋而灿然大备，烟墨的制法，到了这个时代不但技术进步，而且应用普遍了。我们在宋人的笔记里，便可见到以烟墨画眉的记载。如宋人陶谷《清异录》载："自昭哀来，不用青黛扫拂，皆以善墨火煨染指，号薰墨变相。"

这类画眉墨的制法，在《事林广记》中有一条很详细的记载。因其专供镜台之用，故时人特给它起了一个非常香艳的名字叫做"画眉集香丸"。若论色泽，这种人工制品，也许不及天然石黛的鲜艳且深浅由人。"画眉集香丸"只可画黑眉，不能作翠眉、绿眉，当是可以推想得到的。但论制作手续的繁复，却不能不承认比单纯利用自然产物进步得多了。因此，自宋以后，眉色以黑为主，青眉、翠眉逐渐少见，当与画眉材料的更新有着直接的联系。

（七）其他

到了民国时期，普通百姓还发明了一些价廉的画眉用品。例如，擦燃一根火柴（那时称洋火），让它延烧到木枝后吹灭，即可拿来画眉。这种方法果然是简单极了，但火柴要选牌子好的，并且画得不均匀，色也不能耐久，要时时添画上去。

第二种方法稍微复杂一点，也是利用火柴的烟煤，但不是直接利用，需先取一只瓷杯，杯底朝下，置于燃亮的火柴之上，让它的烟煤薰于杯底，这样连烧几根火柴，杯底便积聚了相当的烟煤，取画眉笔或小毛刷子（状如牙刷，但比之小）蘸染杯底的烟煤，然后对镜细细描于眉峰。

第三种方法则不用火柴枝，而改用老而柔韧的柳枝儿，据说画在眉峰，黑中微显绿痕，比火柴好看多了，用法照上述第一、第二种都可以。假如用第一种方法画，则要把烧过的那一端削的尖尖的才好画。

最后一种方法据说是到药材铺买一种叫作"猴姜"的中药，回来煨研成末，再用小笔或小毛刷描画眼眉。

到了20世纪20年代初，随着西洋文化的东渐，我国妇女的化妆品也发生了一系列的变化。画眉材料，尤其是杆状的眉笔和经过化学调制的黑色油脂，由于使用简便又便于携带，一直沿用到今天（图9-4-7）。

图9-4-7　放梳妆铜镜与木梳的刺绣妆袋（新疆洛浦县山普拉汉墓出土，长21厘米，宽10厘米）

第五章 点唇

一、点唇的历史

中国古代女子点唇的历史由来已久，早在先秦大文人宋玉笔下《神女赋》中对神女的描写，就有“眉联娟以蛾扬兮，朱唇的其若丹”的词句，形容两片朱唇犹如着过丹脂一样殷红。这说明最晚在周代，中国女子已有点唇的习俗了。

到了汉代，刘熙《释名·释首饰》一书中就已明确提到唇脂：“唇脂，以丹作之，象（像）唇赤也。”这里的丹是指一种红色的矿物质颜料，也叫朱砂。但朱砂本身不具黏性，附着力欠佳，如用它敷在唇上，很快就会被口水溶化，所以古人在朱砂里又掺入适量的动物脂膏。由此法制成的唇脂，既具备了防水的性能，又增添了色彩的光泽，且能防止口唇皲裂，成为一种理想的化妆用品。

二、点唇的式样

中国古代女子点唇的样式，一般以娇小浓艳为美，俗称“樱桃小口”。因唇脂的颜色具有较强的覆盖力，可改变嘴形，为此，她们在妆粉时常常连嘴唇一起敷成白色，然后以唇脂重新点画唇形。唇厚者可以返薄，口大者可以描小。描画的唇形自汉至清，变化不下数十种。例如，湖南长沙马王堆汉墓出土木俑的点唇形状便十分像一颗倒扣的樱桃，这种一点朱唇也是汉代典型的唇式（图9-5-1）。相传唐代诗人白居易家中蓄伎，有两人最合他的心意：一位名樊素，貌美，尤以口形出众；另一位名小蛮，善舞，腰肢不盈一握。白居易为她俩写下了“樱桃樊素口，杨柳小蛮腰”的风流名句，至今还仍然被用作形容美丽的中国女性的首选佳句。当然“樱桃小口”只是形容唇小的一个概称，其具体的形状则并不仅仅只是圆圆的樱桃形状。晚唐时流行的唇式样式最多，宋陶谷《清异录》卷下记载：“僖昭时，都下娼家竞事唇妆。妇女以此分妍与否。其点注之工，名色差繁。其略有胭脂晕品、石榴娇、大红春、小红春、嫩吴香、半边娇、万金红、圣檀心、露珠儿、内家圆、天宫巧、洛儿殷、淡红心、猩猩晕、小朱龙、格双唐、媚花奴等样子。”其形制虽然大多不详，但仅从这众多的名称便可看出古时女子点唇样式的不拘一格。图9-5-2为清代传世贵妇像，她的唇形上唇涂满，下唇一点樱桃形状，是清代最为流行的唇妆款式。图9-5-3中的女子只妆下唇。

三、唇脂（口脂）的制作

制作唇脂（口脂）的配方，在古籍中记载众多。一般以动物油脂、矿物蜡和各种香料制成，涂在唇上以防开裂，如需颜色，则以朱砂、紫草、黄蜡或其他色素入油调和，以助姿容。

但唇脂和口脂还有一些不同，《外台秘要》“千金翼口脂方”中称：“口脂如无甲煎，即名唇脂，非口脂也。”甲煎是做口脂很重要的一味配料。分析甲煎的制法，主要是用多种香料和油及蜜煎制

图9-5-1 马王堆一号汉墓中出土的木俑

图9-5-2　清代传世贵妇像

图9-5-3　清代佚名《乾隆妃梳妆图》

而成的一种香油，可增加口脂的滋润度及香味。韦庄《江城子》词曰：“朱唇动，先觉口脂香。”可谓写出了此中的意境。同时，甲煎也可作为调制其他化妆品时加入的香料。可见唇脂主要是妆唇着色的功能，而口脂则除了妆唇外，还兼有润唇护唇的功能。

四、唇脂的颜色

（一）无色口脂

有色唇脂是女性化妆时的专用唇脂，无色唇脂则只起滋润双唇，防止口裂的功效，男性也可用的，相当于现在的润唇膏。

在唐代，男子非常盛行涂抹面脂、口脂类护肤化妆品。唐代皇帝每逢腊日便把各种面脂和口脂分赐官吏（尤其是戍边将官），以示慰劳。唐制载：“腊日赐宴及赐口脂面药，以翠管银罂盛之。”韩雄撰《谢敕书赐腊日口脂等表》云：“赐臣母申园太夫人口脂一盒，面脂一盒……兼赐将士口脂等。”唐代刘禹锡在《为李中丞谢赐紫雪面脂等表》云：“奉宣圣旨赐臣紫雪、红雪、面脂、口脂各一合（盒），澡豆一袋。”唐代白居易《腊日谢恩赐口蜡状》也载：“今日蒙恩，赐臣等前件口蜡及红雪、澡豆等。”

（二）檀口（浅红色唇脂）

一种浅红色唇脂，称为檀口。唐代韩偓《余作探使以缭绫手帛子寄贺因而有诗》中便云：“黛眉印在微微绿，檀口消来薄薄红。”敦煌曲《柳青娘》中也有“故着胭脂轻轻染，淡施檀色注歌唇”的诗句。

（三）朱唇（大红色唇脂）

大红色唇脂是最常见的一类唇脂，通常在口脂中调以熟朱和紫草以着色。用其描画而成的双唇通常称为“朱唇”，亦称“丹唇”。唐代岑参《醉戏窦子美人》诗中便有描写美唇的名句“朱唇一点桃花殷”，形容美人的唇如桃花一般殷红鲜润。

（四）绛唇（深红色唇脂）

唐代妇女还非常喜欢用深红色点唇，即成“绛唇”。秦观的《南乡子》中便有“揉蓝衫子杏黄裙，独倚玉栏，无语点绛唇”。而《点绛唇》也成了著名的词牌名。

（五）黑唇（黑色唇脂）

除了红唇之外，古代还流行过以乌膏涂染嘴唇的黑唇。这在南北朝时便已有之，南朝徐勉《迎客曲》中便载有："罗丝管，舒舞席，敛袖嘿（黑）唇迎上客。"至中唐晚期大兴，广施于宫苑民间。《新唐书·五行志一》中载："元和末，妇人为圆鬟椎髻，不设鬓饰，不施朱粉，惟以乌膏注唇，状似悲啼者。"唐白居易在《时世妆》一诗中也有生动的描写："乌膏注唇唇似泥，双眉画作八字低。"与宋代并立的辽代契丹族妇女有一种非常奇特的面妆，称为"佛妆"。这是一种以栝蒌等黄色粉末涂染于颊，经久不洗，既具有护肤作用，又可作为妆饰，多施于冬季。因观之如金佛之面，故称为"佛妆"。朱彧的《萍洲可谈》卷2中载："先公言使北时，使耶律家车马来迓，毡车中有妇人，面涂深黄，红眉黑吻，谓之佛妆。"这里的"黑吻"，也是一种以乌膏涂染的黑唇。

五、唇脂的形式

唐代以前，点唇的口脂一般都是装在盒子里的，使用时需用唇刷刷于唇上，类似于现在的唇彩。唐代时，点唇的唇脂则有了一定的形状。唐人元稹《莺莺传》里有这样一段情节，崔莺莺收到张生从京城捎来的妆饰物品，感慨不已，立即给张生回信。信中有句云："兼惠花胜一合，口脂五寸，致耀首膏唇之饰。"从"口脂五寸"这句话里，可看出当时的口脂，或许已经是一种管状的物体，和现代的口红基本相似了。

第六章 贴画面饰

一、面饰的历史

面饰，就是指面上的饰物。主要分为四种："额黄""花钿""面靥"和"斜红"。中国女子贴画面饰起源很早，周时便已有之，湖南长沙战国楚墓出土的彩绘女俑脸上就点有梯形状的三排圆点；河南信阳楚墓出土的彩绘木俑眼皮之上也点有圆点，当是花钿的滥觞。秦朝"秦始皇好神仙，常令宫人梳仙髻，贴五色花子，画为云凤虎飞升"（［晋］崔豹撰，［后唐］马缟集，［唐］苏鹗纂：《古今注》《中华古今注》《苏氏演义》，商务印书馆1956年版）。这里的花子便是花钿的另一种称呼。这些记载说明，至少在中国秦代，面饰已经是女子饰容的一种很常见的手法了。

到了唐代，面饰的使用则达到一个高峰，各种各样的面饰已进入了寻常百姓之家。从唐代仕女画与女俑形象来看，极少有不佩面饰者。这些面饰造型各异，色彩浓艳，且多为几种同时佩画，可说是唐女面妆中非常有特色的一个方面（图9-6-1）。

二、面饰的种类与材料

（一）额黄

1. 妆饰部位

额黄是一种古老的面饰，也称"鹅黄""鸦黄""约黄""贴黄""宫黄"等。因为是以黄色颜料染画于额间，故名。其俗可能起源于汉代，因明代张萱《疑耀》中曾说："额上涂黄，亦汉宫妆。"流行于六朝，至隋唐五代则尤为盛行。它的流行，与魏晋南北朝时佛教在中国的广泛传播有着直接的关系。当时全国大兴寺院，塑佛身、开石窟蔚然成风，妇女们或许是从涂金的佛像上受到了启发，也将自己的额头染成黄色，久之便形成了染额黄的风习，并进而整个面部都涂黄，谓之"佛妆"。

图9-6-1　北宋王诜《绣栊晓镜图》

唐代虞世南的《应诏嘲司花女》载："学画鸦黄半未成，垂肩亸（duǒ）袖太憨生。"唐代卢照邻的《长安古意》曰："片片行云著蝉鬓，纤纤初月上鸦黄。鸦黄粉白车中出，含娇含态情非一。"五代牛峤的《女冠子》词："鹅黄侵腻发，臂钏透红纱。"这些诗词中都提到了这种额黄妆。

2. 涂黄方法

从文献记载来看，古代妇女额部涂黄，有两种作法：一种由染画所致；一种为粘贴而成。所谓染画法，就是用画笔蘸黄色染料涂染在额上。粘贴法与染画法相比则较为简便，这种额黄是一种以黄色材料制成的薄片状饰物，用时以胶水粘贴于额部。唐代崔液的《踏歌词》中的"翡翠贴花黄"，说的便是这种饰物。

染画法具体画法又有三种：

图9-6-2 额黄妆女子，北齐《校书图卷》局部（扬子华绘，现藏波士顿美术馆）

第一种为平涂法，即整个额部全用黄色涂满，如裴虔余的《咏篙水溅妓衣》诗云："满额鹅黄金缕衣。"

第二种为半涂法，即不将额部全部涂满，仅涂一半，或上或下，然后以清水将其过渡，呈晕染之状。吴融《赋得欲晓看妆面》诗"眉边全失翠，额畔半留黄"即指此。今观传世的《北齐校书图》中的妇女，眉骨上部都涂有淡黄的粉质，由下而上，至发际处渐渐消失，应当是这种面妆的遗形（图9-6-2）。

第三种是"蕊黄"，即以黄粉在额部绘以形状犹如花蕊的纹饰。这当属最美的一种额黄妆了。唐代温庭筠便在多首词中提及这种妆饰，如《菩萨蛮》记："蕊黄无限当山额，宿妆隐笑纱窗隔。"《南歌子》记："扑蕊添黄子，呵花满翠鬟。"

3. 额黄材料

额上所涂的黄粉究竟是何物，文献中并没有明确的答案。从唐代王涯《宫词》云"内里松香满殿开，四行阶下暖氤氲；春深欲取黄金粉，绕树宫女着绛裙。"以及温庭筠"扑蕊添黄子"等诗句看来，或许黄粉就是松树的花粉。松树花粉色黄且清香，确实宜做化妆品用。

至于粘贴而成的额黄，多是用黄色硬纸或金箔剪制成花样，使用时以胶水粘贴于额上的。由于可剪成星、月、花、鸟等形状，故又称"花黄"。南朝梁费昶《咏照镜》诗云："留心散广黛，轻手约花黄。"陈后主《采莲曲》云："随宜巧注口，薄落点花黄。"就连北朝女英雄花木兰女扮男装，替父从军载誉归来后，也不忘"当窗理云鬓，对镜贴花黄"。

（二）斜红

1. 妆饰部位

斜红是面颊上的一种妆饰，其形如月牙，色泽鲜红，分列于面颊两侧、鬓眉之间。其形象古怪，立意稀奇，有的还故意描成残破状，犹若两道刀痕伤疤，亦有做卷曲花纹者。其俗始于三国时。南朝梁简文帝《艳歌篇》中曾云："分妆间浅靥，绕脸傅（敷）斜红。"便指此妆。这种面妆，现在似乎看来不伦不类，但在古时却引以为时髦，这是有原因的。五代南唐张泌《妆楼记》中记载着这样一则故事：魏文帝曹丕宫中新添了一名宫女叫薛夜来，文帝对之十分宠爱。某夜，文帝在灯下读书，四周有水晶制成的屏风。薛夜来走近文帝，不觉一头撞上屏风，顿时鲜血直流，痊愈后乃留下两道伤痕。但文帝对之仍宠爱如昔，其他宫女见而生羡，也纷起模仿薛夜来的缺陷美，用胭脂在脸颊上画上这种血痕，取名曰"晓霞妆"，形容若晓霞之将散。久之，就演变成了这种特殊的面妆——斜红。可见，斜红在其源起之初，是出于一种缺陷美。

2. 描画方法

描斜红之俗始于南北朝时，至唐尤为盛行。许多出土的女俑与仕女绘画中，面部都妆饰有斜红。唐代妇女脸上的斜红，主要分为三种：

第一种也是最常见的一种，即描绘在太阳穴部位，形如一弯弦月。

第二种则状似伤痕，为了造成残破之感，有时还特在其下部，用胭脂晕染成血迹模样。新疆吐鲁番阿斯塔那唐墓出土的泥头木身俑，即作这种妆饰。

第三种为卷曲状斜红，在1928年出土于新疆吐鲁番唐墓的绢画《伏羲女娲图》中，便绘有此种形象。

不过，斜红这种面妆终究属于一种缺陷美，因此自晚唐以后，便逐渐销声匿迹了。

3. 描画材料

描画斜红的材料多为鲜红的胭脂膏或唇脂，比较单纯。

（三）花钿

1. 妆饰部位

花钿（diàn），专指一种饰于额头眉间的额饰，也称“额花”“眉间俏”“花子”等（也泛指面部妆饰）。花钿之俗于先秦时便已有之，至隋唐五代则尤为兴盛。

2. 描画方法

花钿妆饰如额黄一样，也分为染画法和粘贴法。从形象资料看，最为简单的花钿只是一个小小的圆点，颇似印度妇女的吉祥痣。复杂的则以各种材料剪制成各种花朵形状，其中尤以梅花形为多见，也许是承南朝寿阳公主梅花妆的遗意。五代牛峤的《红蔷薇》诗：“若缀寿阳公主额，六宫争肯学梅妆。”《酒泉子》词：“眉字春山样，凤钗低袅翠鬟上，落梅妆。”唐代吴融的《还俗尼》诗中也写道：“柳眉梅额倩妆新，笑脱袈裟得旧身。”均咏的是此种梅花形花钿。

除梅花形之外，花钿还有各种繁复多变的图案。有的形似牛角，有的状如扇面，有的又和桃子相仿。复杂者则以珠翠制成禽鸟、人物、花卉或楼台等形象（图9-6-3）。更多的是描绘成各种抽象图案，疏密相间，大小得体。这种花钿贴在额上，宛如一朵朵鲜艳的奇葩。

图9-6-3　金箔花钿（浙江衢州横路宋墓出土）

3. 描画材料

花钿的色彩比额黄要丰富得多。额黄一般只用一色，而花钿则有多色。染画法多是用彩色颜料直接在面部绘制各种图案，所用多为唇脂、黛汁一类较现成的颜料。粘贴法，其色彩通常是由材料本身所决定的。例如以彩色光纸、云母片、鱼骨、鱼鳔、丝绸、螺钿壳、金箔等为原料，制成圆形、三叶形、菱形、桃形、铜钱形、双叉形、梅花形、鸟形、雀羽斑形等诸种形状，色彩斑斓，十分精美。

有一种花钿是用昆虫翅膀制作的。宋代陶谷的《清异录》中记载：“后唐宫人或网获蜻蜓，爱其翠薄，遂以描金笔涂翅，作小折枝花子，金线笼贮养之，尔后上元卖花者取象为之，售于游女。”

其中，最为精彩的是一种“翠钿”，它是以各种翠鸟羽毛制成，整个饰物呈青绿色，清新别致，极富谐趣。“脸上金霞钿，眉间翠钿深”（唐代温庭筠《南歌子》）、“寻思往日椒房宠，泪湿衣襟损翠钿”（五代张太华《葬后见形诗》）、“翠钿金缕镇眉心”（唐张泌《浣溪纱》词）等都是指的这种饰物。

另外，宋时的女子还喜爱用脂粉描绘面靥。宋代高承的《事物纪原》中便记载：“近世妇人妆，喜作粉靥，如月形、如钱样，又或以朱若燕脂点者。”

当时粘贴花钿的胶是一种特制的胶，名呵胶。这种胶在使用时，只需轻呵一口气便发黏。相传是用鱼膘制成的，黏合力很强，可用来粘箭羽。妇女用之粘贴花钿，只要对之呵气，并蘸少量口液，便能溶解粘贴。卸妆时用热水一敷，便可揭下，十分方便。

（四）面靥

1. 妆饰部位

面靥，又称妆靥。靥指面颊上的酒涡，因此面靥一般指古代妇女施于两侧酒窝处的一种妆饰（也泛指面部妆饰）。古老的面靥名称叫“的”（也称“勺”），指妇女点染于面部的红色圆点。商周时期便已有之，多用于宫中。早先用作妇女月事来潮的标记。古代天子诸侯宫内有许多后妃，当某一后妃月事来临，不能接受帝王“御幸”，而又不便启齿时，只要面部点“的”，女吏见之便不列其名。汉代刘熙《释名 · 释首饰》：“以丹注面曰勺。勺，灼也。此本天子诸侯群妾留以次进御，其有月事者止而不御，重（难）于口说，故注此丹于面，灼然为识，女吏见之，则不书其名于第录也。”即说的是此。但久而久之，后妃宫人及舞伎看到面部点“的”有助于美容，于是就打破月事界限而随时着“的”了。“的”的初衷便慢慢被美容的目的所代替，成为面靥的一种，并传入民间。汉代繁钦《弭愁赋》中便写道：“点圆的之荧荧，映双辅而相望。”

2. 描画方法

除了在酒窝处点“的”之外，面靥的形状也并不只局限于圆点，而是各种花样、质地均有。有的形如钱币，称为“钱点”；有的状如杏桃，称为“杏靥”；还有的制成各种花卉的形状，俗称“花靥”。五代欧阳炯的《女冠子》词：“薄妆桃脸，满面纵横花靥。”温庭筠的《归国遥》词中也云：“粉心黄蕊花靥，黛眉三两点。”另外，还有一种制成金黄色小花的花靥，称为“黄星靥”，也称“星靥”，非常流行。唐代段公路《北户录》卷3云：“余仿花子事，如面光眉翠，月黄星靥，其来尚矣。”段成式的《酉阳杂俎》中也写道：“近代妆尚靥，如射月，曰黄星靥。”诗词中也有不少提及这种妆靥的，如“敛泪开星靥，微步动云衣”（唐代杜审言《奉和七夕侍宴两仪殿应制》）、“星靥笑偎霞脸畔，蹙金开襜衬银泥”（五代和凝《山花子》词）。可见，星靥着实流行了一阵。

并且，从魏晋开始，点靥也不局限于仅贴在酒窝处，而是发展到贴满整个面颊了。面靥妆饰愈益繁缛，除传统的圆点花卉形外，还增加了鸟、兽等形象。如有一种草名“鹤子草”，唐代刘恂《岭表录异》中载：“采之曝干，以代面靥。形如飞鹤，翅尾嘴足，无所不具。”有的女子甚至将各种花靥贴得满脸皆是，尤以宫廷妇女为常见。给人以支离破碎之感，故又称为“碎妆”。五代后唐马缟的《中华古今注》便记载道：“至后（北）周，又诏宫人帖（贴）五色云母花子，作碎妆以侍宴。”便指的此种面妆。

3. 描画材料

至于面靥的材料，和花钿是一样的，千奇百怪，无奇不有。其实两者本身也并没有很严格的界限，都可以泛指妇女的面饰，只是为了叙述清楚，才分开来写。

例如团靥，它是一种以黑光纸剪成的圆点，贴于面部作为面靥。此外，更有讲究者，在此“团靥”之上，还镂饰以鱼鳃之骨，称为“鱼媚子”，贴于额间或面颊两侧。此种古怪的面饰在宋代淳化年间大为流行。《宋史 · 五行志三》中对此有详细的记载：“京师里巷妇人竞剪黑光纸团靥，又装镂鱼鳃中骨，号‘鱼媚子’，以饰面。黑，北方色；鱼，水族，皆阴类也。面为六阳之首，阴侵于阳，将有水灾。明年，京师秋冬积雨，衢路水深数尺。”把面饰与水灾联系起来，当然是古时的迷信，但也预示着这种奇特面饰的生命力不会长久，只是人们一时新奇的产物。

再如玉靥，以珠翠珍宝制成，多为宫妃所戴。翁元龙在《江城子》一词中便有咏叹：“玉靥翠钿无半点，空湿透，绣罗弓。”元好问在元曲中也曾咏有：“梅残玉靥香犹在，柳破金梢眼未开。”若观形象资料，《宋仁宗皇后像》中的皇后与其侍女的眉额脸颊间便都贴有以珍珠制成的面靥（图9-6-4）。

辽代契丹族女子还有一种鱼形的面花。清代厉鹗的《辽史拾遗》中载：“《嘉祐杂志》曰：‘契丹鸭喙水牛鱼膘，制为鱼形，赠遗妇人贴面花。’”

图9-6-4　台北故宫博物院藏《宋仁宗皇后像》

第七章 染　甲

中国古代女性修饰双手，除了保持手本身肌肤的柔软与白皙外，还有一项很重要的工序便是修饰指甲了。拥有一副美丽的指甲，不仅可以使双手变得修长挺拔，而且还可以为双手增“色”不少（图9-7-1）。

一、染甲的历史

染甲最早见于典籍的时间当推唐代。唐人吴仁璧就曾写过一首吟咏凤仙花的诗：“香红嫩绿正开时，冷蝶饥蜂两不知。此际最宜何处看，朝阳初上碧梧枝。”（《凤仙花》）唐代宇文氏《妆台记》中也有染甲的记载：“妇人染指甲用红，按《事物考》：‘杨贵妃生而手足爪甲红，谓白鹤精也，宫中效之。’而张祜的‘十指纤纤玉笋红，雁行斜过翠云中’，更是把染红的十指写得惟妙惟肖。”

二、染甲品的种类

（一）凤仙花

古时人们染指甲主要用的是一种叫凤仙花的植物（图9-7-2）。《本草纲目·草部》卷17载：“凤仙，又名金凤花、小桃红、染指甲草……其花头翅尾足，具翘翘然如凤状，故以名之。女人采其花及叶包染指甲。”明代瞿佑《剪灯新话·壁上提诗》中便云：“要染纤纤红指甲，金盆夜捣凤仙花。”元代杨维桢《铁崖诗集·庚集》也有：“夜捣守宫金凤蕊，十指尽换红鸭嘴。闲来一曲鼓瑶琴，数点桃花泛流水。”都形象地描写出了用凤仙花染甲的事实。

凤仙花是如何染甲的，宋代周密的《癸辛杂识·续集上》有明确记载：即把凤仙花捣烂，加入少许明矾，把汁液敷在指甲上，然后用布包裹好过夜，转天便着色，反复数次，则红艳透骨，经久不褪（［宋］周密：《癸辛杂识》，中华书局1988年版）。

（二）指甲花

当然，可染指甲的花也并非凤仙花一种，李时珍《本草纲目·草部》卷14中载有：“指甲花，有黄、白二色，夏月开，香似木樨，可染指甲，过于凤仙花。”可见指甲花比凤仙花染甲的效果更好。唐段公路《北户录》卷3中指出：“指甲花，细白色。绝芳香，今蕃人重之……皆波斯移植中夏。”可见指甲花并非我国原产，故可能普通百姓不易见到，因此，古代女子染甲普遍使用的仍以凤仙为多。

图9-7-1　北京故宫博物院藏《慈禧写真像》

从唐代往后，各个朝代的女子皆有染甲的喜好。“丹枫软玉笋梢扶，猩血春葱指上涂。”（周文质《赋妇人染红指甲》）“玉纤弹泪血痕封，丹髓调酥鹤顶浓。金炉拨火香云动，风流千万种。捻指甲娇晕重重，拂海棠梢头露。按桃花扇底风，托香腮数点残红。”（张可久《红指甲》）首首洋溢着人们对女子美丽双手的无限赞美之情。明清时期咏指甲的诗词更是不少，如李昌祺的“纤纤软玉削春葱，长在香罗翠袖中。昨日琵琶弦索上，分明满甲染猩红。”（《剪灯馀话》）、“金凤花开血色鲜，佳人染得指尖丹。”（《名物通》载《染指尖》诗）等，数不胜数。染指甲已经成了女子妆容术中不可缺少的一项了。

在指甲修饰初期的时候，人们坚持自然美的原则，只涂淡淡的红色，但到了20世纪以后，化学工业得到了长足的发展，快速干燥的亮漆技术被研制出来以后，就立即应用到了指甲油的改革上。于是，能让女性的指甲如宝石般闪亮的指甲油就诞生了。自血红色的指甲油开始大大流行，从此以后，指甲以自然为美的观念被打破了，各种淡红、粉红、大红、紫红，以及绿色、金色、银色，甚至黑色、白色、无色透明等各种形式的指甲油应运而生，把女性的双手装饰得光怪陆离，异彩纷呈（图9-7-3）。

图9-7-2　凤仙花

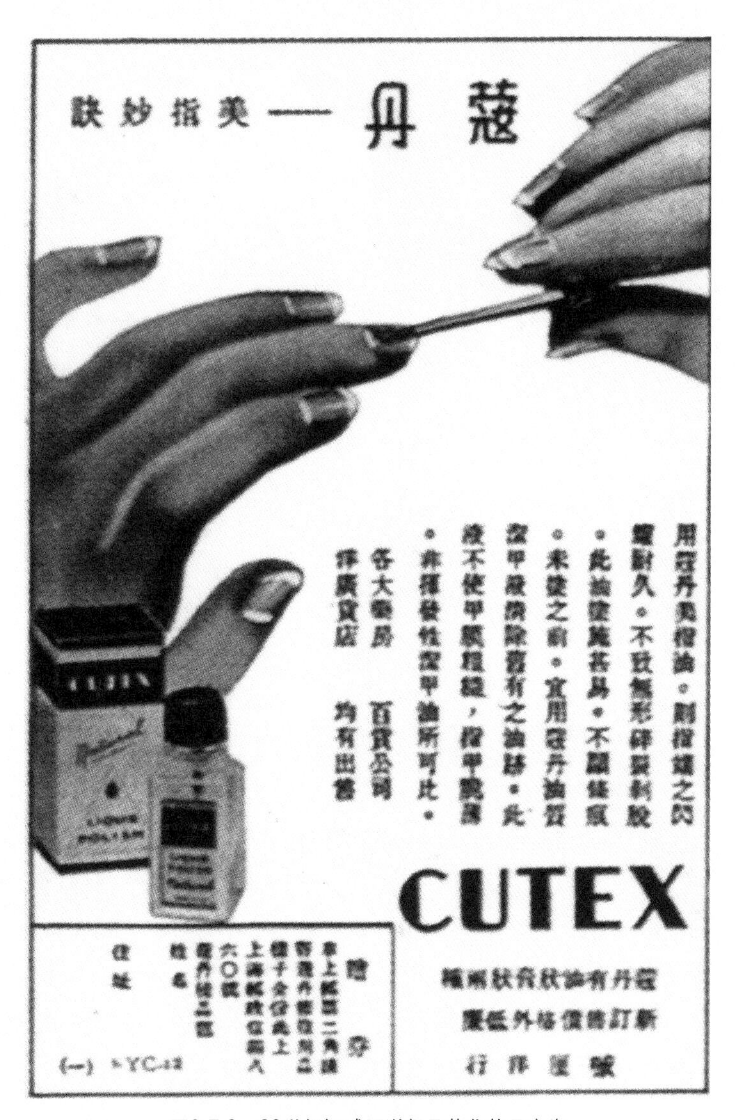

图9-7-3　20世纪初威厘洋行丹蔻化妆品广告

第八章 妆容美学及代表妆型

一、中国古代女子妆容美学

对于女性来说，要想变得更美，首先想到的一定是如何化妆与修饰。正所谓："善毛嫱、西施之美，……用脂泽粉黛则倍其初。"化妆修饰的确对于美化仪容有着非常重要的作用。但中国古人对于女子修饰中"度"的把握是很看重的。明末清初文人卫泳在《悦容编》中对此有非常精彩的论述："饰不可过，亦不可缺。淡妆与浓抹，惟取相宜耳。首饰不过一珠一翠一金一玉，疏疏散散，便有画意。如一色金银簪钗行列，倒插满头，何异卖花草标。"

图9-8-1 《嫦娥执桂图》

也就是说，女子妆容修饰一定要与她的身份、体型及时令、场合相适宜，如果一味追求珠光宝气，反而会显得俗不可耐。清代大文人李渔在他的《闲情偶记》中对此则有着更为精到的见解：假若佳人一味的"满头翡翠，环鬓金珠"，则"但见金而不见人，犹之花藏叶底，月在云中""是以人饰珠翠宝玉，非以珠翠宝玉饰人也"。因此女子一生中，戴珠顶翠的日子只可一月，就是新婚之蜜月，这也是为了慰藉父母之心。过了这一月，就要坚决地摘掉这珠玉枷锁，"一簪一珥，便可相伴一生。此二物者，则不可不求精善"。平常的日子里，一两件首饰就足矣了，但这一两件却一定要做工精细，工巧别致。如此方能既不为金玉所累，又能起到画龙点睛之美的功效。

纵观中国古代化妆史，那些妖艳的妆容或被列为服妖加以禁止，或仅仅局限于宫掖青楼所为，而薄施朱粉，浅画双眉的"薄妆"、"素妆"与"淡妆"才始终是女子化妆的主流（图8-1）。战国宋玉的神女是"嫷披服，倪薄装（妆）"（[战国]宋玉：《神女赋》）；宋代的嫔妃亦是"妃素妆，无珠玉饰，绰约若仙子"（[南宋]王明清：《挥麈后录》）；元曲中也有"缥缈见梨花淡妆，依稀闻兰麝余香"（[元]郑光祖：《蟾宫曲 · 梦中作》）的咏叹；甚至以图绘宫廷富贵著称的唐代著名人物画家周昉的"绮罗美人"也是"髻重发根急，薄妆无意添。"（ [北宋]黄庭坚：题李亮功家周昉画美人琴阮图）。中国这种崇尚清水出芙蓉般的淡雅妆容特色，相对于西方从16世纪开始流行的"厚妆"风格，可谓有着天壤之别。"厚妆"为了掩盖脸上的瑕疵，要在脸上涂上极其厚重的粉底，为了弥补失去肌肤透明感的遗憾，需要人为的在太阳穴、脖子和胸部等部位绘制上静脉的青色纹理，并浓绘眼妆和唇妆。很明显，西方的"厚妆"已不是对脸的修饰，而是对脸的再造（图9-8-2）。而中国女子的"薄妆"则正如孔子的"绘事后素"观，修饰必须在素朴之质具备以后才有意义，它强调的是对人本真的自然美的诠释与显现。素朴之美是其本，化妆修饰是其表，切不可本末倒置。

图9-8-2　蓬巴杜夫人肖像

当然，为了彰显本真之美，中国女性很注重对自我内在的保养。中国古代尽管彩妆上不尚浓艳，但养颜术与养颜用品却是非常发达的。从洗面的澡豆、洗发的膏沐、乌发的膏散、润发的香泽、润唇的口脂、香身的花露与膏丸、护肤的面脂与面药、护手的手脂与手膏，到疗面疾与助生发的膏散丹丸，可谓应有尽有。大部分配方在中国历代的经典医书里都可以找到，可见中国女子的养颜术是和中医紧密联系在一起的，这也为中国女子的养颜提供了一种科学的保障。再加上中医讲究的是“防病于未然”，重视“固本培元”“起居有常”，注重身体内部根基的培植和与外在世界的和谐，就使得中国美人的美是一种依托于内在的质的闪烁，而不是依靠外在的修饰之功。

在妆容修饰的方法上，中国古典美人也自有自己的原则。其在观念上和西方最大的不同就在于对眼妆的态度。中国女性对画眉和胭脂情有独钟，而独独对眼睛的修饰却少之又少（图9-8-3）。中国李唐王朝是鲜卑族起家，因此其文化中含有浓重的胡风成分，不仅体现在对女性丰肥体态的追逐上，也是中国历史上最重浓艳“红妆”的朝代。但即使如此，“素眼朝天”依然是不变的追求。在历代仕女画中，我们很难寻觅到对眼睛的刻意修饰，全然一派“素眼朝天”。而且，在文学作品中歌咏美目，也多赞颂其神态之美，而绝少提及描画之事。如“巧笑倩兮，美目盼兮”“眸子炯其精朗兮，瞭多美而可观”“两弯似蹙非蹙笼烟眉，一双似喜非喜含情目”等。西方女子则不然，欧洲由于受古埃及文明的影响比较深远，自古希腊时起就极重视眼妆，流行描黑眼眶，欧洲女性起伏明显的五官和“厚妆”的整体风格是协调的（图9-8-4）。细究中国古代的这种眼妆习俗，其实和中国人种的特点有很大关系。中国人属于典型的蒙古利亚人种，天生多为单眼皮。所以不论从文学作品，还是传世画作来看，美女多为一双细长的丹凤眼。像汉代美后张嫣便是“蛾眉凤眼，蝤领蝉鬓”，曹雪芹笔下的王熙凤也是“一双丹凤三角眼，两弯柳叶吊梢眉”。画过妆的女性都应该知道，单眼皮由于上眼睑较厚，要想靠薄妆来画大是很难的，只有画长尚有可能。所以中国古典女子的眼睛往往是贵长不贵大，靠眼波流转来传情达意。而且，由于中国人的五官不像西方人那样棱角分明，相对比较平整和顺，所以细长的单凤眼其实是与整体的形象最为和谐的一种眼形，也是体现东方典雅美与含蓄美的特有元素。你看，那端庄静穆的佛陀，哪一个不是凤眼微睁，颔首微笑！

除了不重眼妆之外，中国女性在唇妆上也独树一帜。自先秦至晚清，一直流行以娇小浓艳为美，俗称“樱桃小口”。正所谓“歌唇清韵一樱多”（宋代赵德麟《浣溪沙》），“唇一点小于朱蕊”（宋代张子野《师师令》），“注樱桃一点朱唇”（元代徐琬《赠歌者吹箫》）。唐代岑参《醉戏窦子美人》诗中便有一描写美唇的名句：“朱唇一点桃花殷。”形容美人的双唇不仅娇小，而且如桃花一般殷红鲜润，虽美艳但又不失东方女性特有的含蓄与内敛（图9-8-5）。而西方则正好相反，其海洋民族张扬的性情追求女性外显的性感，因此西

图9-8-3　唐代《弈棋仕女图》（新疆吐鲁番阿斯塔娜187号墓出土）

图9-8-4　《仕女画像》（希腊克里特文明遗址出土）

方女性追求饱满而丰润的双唇，导致很多大嘴美女广受追捧，如电影明星茱莉亚·罗伯茨（图9-8-6）、玛丽莲·梦露，都是因一双性感丰润的双唇而长盛不衰。中国女性开始流行眼妆和大胆地依据原有唇形描画口红则是始于民国中期，由于西风东渐，才渐渐移风易俗的。

二、中国古代代表妆型介绍

中国古代女性尽管总体上流行“薄妆”，但典籍中记载的各种妆型，依然不计其数。以下择其代表妆型介绍给读者，从中可领略中国古代妆容文化之大千。

（一）慵来妆

衬倦慵之美，薄施朱粉，浅画双眉，鬓发蓬松而卷曲，给人以慵困，倦怠之感，相传始于汉成帝时，为成帝之妃赵合德所创。汉代伶玄《赵飞燕外传》：“合德新沐，膏九曲沉水香。为卷发，号新髻；为薄眉，号远山黛；施小朱，号慵来妆。”后来唐代妇女仍喜模仿此饰，多见于嫔妃宫伎。

（二）红粉妆

顾名思义，即以胭脂、红粉涂染面颊，秦汉以后较为常见，最初多用红粉为之。《古诗十九首》之二便写道：“娥娥红粉妆，纤纤出素手。”汉代刘熙《释名·释首饰》：“赪粉，赪，赤也，染粉使赤，以着颊也。”汉代以后多用胭脂，其俗历代相袭，经久不衰。

（三）白妆

即以白粉敷面，两颊不施胭脂，追求一种素雅之美。《中华古今注》卷中云：“梁天监中，武帝诏宫人梳回心髻，归真髻，作白妆青黛眉。”唐代刘存《事始》中载：“炀帝令宫人梳迎唐髻，插翡翠子，作白妆。”不过，这种白妆也只是女子一时新奇，偶尔为之。因为一般情况下，白妆是民间妇女守孝时的妆束。白居易便曾为此赋诗：“最似孀闺少年妇，白妆素袖碧纱裙（图9-8-7）。”

图9-8-5　清代仕女画家改琦的《秋风执扇图》

图9-8-6　大嘴美女茱莉亚·罗伯茨

图9-8-7　白妆，唐代周昉《簪花仕女图》

（四）紫妆

紫妆是以紫色的粉敷面，最初多用米粉、胡粉掺葵子汁调和而成，呈浅紫色。相传为魏宫人段巧笑始作，南北朝时较为流行。晋代崔豹《古今注》卷下中载有："魏文帝宫人绝所爱者，有莫琼树、薛夜来、田尚衣、段巧笑四人，日夕在侧。……巧笑始以锦衣丝履，作紫粉拂面。"至于巧笑如何想出以紫粉拂面，根据现代化妆的经验来看，黄脸者，多以紫色粉底打底，以掩盖其黄，这是化妆师的基本常识。由此推论，或许段巧笑正是此妙方的创始人呢！

（五）墨妆

墨妆始于北周，即不施脂粉，以黛饰面。《隋书·五行志上》载："后（北）周大象元年……朝士不得佩绶，妇人墨妆黄眉。"唐宇文氏《妆台记》中也载："后（北）周静帝，令宫人黄眉墨妆。"可见墨妆必与黄眉相配，也是有色彩的点缀。这里的以黛饰面，不知是否为整个脸上涂黛，还是仅一部分涂黛，但据明张萱《疑耀》卷3中所载："后周静帝时，禁天下妇人不得用粉黛，今宫人皆黄眉黑妆。黑妆即黛，今妇人以杉木灰研末抹额，即其制也。"可知明时的黑妆是以黑末抹额，北周的墨妆或许也是如此罢。

（六）啼妆

啼妆指的是以油膏薄拭目下，如啼泣之状的一种妆式，流行于东汉时期。《后汉书·梁冀传》言："（冀妻孙）寿色美而善为妖态，作愁眉啼妆、堕马髻、折腰步，龋齿笑，以为媚惑。"此举影响很大，"至桓帝元嘉中，京都妇女作愁眉，啼妆……京都歙然，诸夏皆放（仿）效。此近服妖也。”由此还产生了一个新的词语——“愁蛾”，后世常用以形容女子发愁之态，谓之愁蛾紧锁。魏晋南北朝依然沿袭。南朝梁何逊《咏七夕》诗中便云：“来观暂巧笑，还泪已啼妆。”梁简文帝《代旧姬有怨》诗中也云：“怨黛愁还敛，啼妆拭更垂。”

（七）徐妃半面妆

顾名思义，即只妆饰半边脸面，左右两颊颜色不一。相传出自梁元帝之妃徐氏之手。《南史·梁元帝徐妃传》中载：“妃以帝眇一目，每知帝将至，必为半面妆以俟。帝见则大怒而出。”徐妃如此大胆，在封建社会实属罕见，这种妆饰仅属个别现象，当为前无古人，后无来者了。

（八）仙蛾妆

仙蛾妆即一种描画连心长眉的妆饰手法，流行于魏晋南北朝时期。《妆台记》中叙：“魏武帝令宫人扫黛眉，连头眉，一画连心细长，谓之仙蛾妆；齐梁间多效之。”

（九）酒晕妆

酒晕妆亦称“晕红妆”“醉妆”。这种妆是先施白粉，然后在两颊抹以浓重的胭脂，如酒晕然。唐代宇文氏《妆台记》中写得很是清楚：“美人妆，面既傅（敷）粉，复以胭脂调匀掌中，施之两颊，浓者为‘酒晕妆’。”其通常为青年妇女所作，流行于唐和五代。《新五代史·前蜀·王衍传》中便载：“后宫皆戴金莲花冠，衣道士服，酒酣免冠，其髻髽然；更施朱粉，号‘醉妆’，国中之人皆效之。”（图9-8-8）

图9-8-8 酒晕妆（陕西西安西北政法学院34号墓出土唐俑）

唐代是一个崇尚富丽的朝代，因此，此类浓艳的“红妆”是此时最为流行的面妆。不分贵贱，均喜敷之。唐代李白的《浣纱石上云》诗云：“玉面耶溪女，青蛾红粉妆。”崔颢《杂诗》中也有“玉堂有美女，娇弄明月光。罗袖拂金鹊，彩屏点红妆。”唐代董思恭的《三妇艳诗》中同样写道：“小妇多恣态，登楼红粉妆。”就连唐代第一美女杨贵妃也一度喜着红妆。五代王仁裕在《开元天宝遗事》上便记载：“（杨）贵妃每至夏日，……每有汗出，红腻而多香，或拭之于巾帕之上，其色如桃红也。”唐代妇女的红妆，实物资料非常之多，有许多红妆甚至将整个面颊，包括上眼睑乃至半个耳朵都傅（敷）以胭脂，无怪乎不仅会把拭汗的手帕染红，就连洗脸之水也会犹如泛起一层红泥呢！王建的《宫词》中就曾有过生动的描述：“舞来汗湿罗衣彻，楼上人扶下玉梯。师到院中重洗面，金盆水里拨红泥。”

（十）桃花妆

桃花妆为比酒晕妆的红色稍浅一些的面妆，其妆色浅而艳如桃花，故名。唐代宇文氏的《妆台记》载：“美人妆，面既傅粉，复以胭脂调匀掌中，施之两颊，浓者为‘酒晕妆’；淡者为‘桃花妆’。”此种妆流行于隋唐时期，同样多为青年妇女所饰。宋代高承的《事物纪原》中便记载：“隋文宫中红妆，谓之桃花面。”（图9-8-9）

图9-8-9　桃花妆（唐代《宫乐图》）

图9-8-10　飞霞妆（唐代张萱《捣练图》）

（十一）飞霞妆

一种比桃花妆更淡雅的红妆。这种面妆是先施浅朱，然后以白粉盖之，有白里透红之感。因色彩浅淡，接近自然，故多见于少妇使用。唐代宇文氏的《妆台记》："美人妆，面既傅（敷）粉，复以胭脂调匀掌中，施之两颊，浓者为'酒晕妆'；淡者为'桃花妆'；薄薄施朱，以粉罩之，为'飞霞妆'。"（图9-8-10）

（十二）时世妆

时世妆流行于唐代天宝年间的一种胡妆，即从少数民族地区传播来的一种具有异域风情的妆型。唐代的白居易曾为此专门赋诗一首："时世妆，时世妆，出处城中传四方。时世流行无远近，腮不施朱面无粉。乌膏注唇唇似泥，双眉画作八字低。妍媸黑白失本态，妆成尽似含悲啼。圆鬟无鬓椎髻样，斜红不晕赭面状。……元和妆梳君记取，椎髻赭面非华风。"从这首诗中，我们可以看出，此时的妆饰已然成配套之势，是由发型、唇色、眉式，面色等所构成的整套妆饰。这里的赭面是指以"褐粉涂面"，是典型的胡妆。近人陈寅恪在其所著《元白诗笺证稿》中，对白氏的"椎髻赭面非华风"作按语曰："白氏此诗谓赭面非华风者，乃吐蕃风气之传播于长安社会者也……贞元、元和之间，长安五百里外，即为唐蕃边疆，……此当日追摹时尚之前进分子所以仿效而成此蕃化之时世妆也。"又对其《城盐州》篇"君臣赭面有忧色"句作按语曰："《旧唐书》卷196《吐蕃传》上云：'文成公主恶其人赭面，（弃宗）弄赞令全国中权且罢之。'敦煌写本法成译如来像法灭尽之记中有赤面国，乃藏文kha-mar之对译，即指吐蕃而言，盖以吐蕃有赭面之俗故也。"

（十三）血晕妆

唐代长庆年间京师妇女中流行的一种面妆。以丹紫涂染于眼眶上下，故名。《唐语林·补遗二》中载有："长庆中，京城……妇人去眉，以丹紫三四横约于目下，谓之血晕妆。"

（十四）北苑妆

这种面妆是缕金于面，略施浅朱，以北苑茶花饼粘贴于鬓上。这种茶花饼又名"茶油花子"，以金箔等材料制成，表面缕画各种图纹。流行于中唐至五代期间，多施于宫娥嫔妃。唐代冯贽的《南部烟花记》中便有详细记载："建阳进茶油花子，大小形制各别，极可爱。宫嫔缕金于面，皆以淡妆，以此花饼施于鬓上，时号北苑妆。”亦有将茶油花子施于额上的，作为花钿之用。

（十五）泪妆

流行于唐宋时期，以白粉抹颊或点染眼角，如啼泣之状，多见于宫掖。五代王仁裕在《开元天宝遗事》卷下中载：“宫中嫔妃辈，施素粉于两颊，相号为泪妆，识者以为不祥，后有禄山之乱。”《宋史·五行志三》中也载：“理宗朝，宫妃……粉点眼角，名‘泪妆’。”

（十六）檀晕妆

这种面妆是先以铅粉打底，再敷以檀粉（即把铅粉与胭脂调合在一起），面颊中部微红，逐渐向四周晕染开，是一种非常素雅的妆饰。而且，以浅赭色薄染眉下，四周均呈晕状的一种面妆也称为“檀晕妆”。唐宋两代都很流行。明代陈继儒在《枕谭》中曾经记载：“按画家七十二色，有檀色、浅赭所合，妇女晕眉似之，今人皆不知檀晕之义何也。”可见，这种面妆到明代便已经失传了。

（十七）佛妆

辽代契丹族妇女的一种非常奇特的面妆，以栝楼等黄色粉末涂染于颊，经久不洗，既具有护肤作用，又可作为妆饰，多施于冬季，因观之如金佛之面，故称为“佛妆”。北宋叶隆礼在《契丹国志》中便记载有：“北妇以黄物涂面如金，谓之‘佛妆’。”朱彧的《萍洲可谈》卷2中也载：“先公言使北时，使耶律家车马来迓，毡车中有妇人，面涂深黄，红眉黑吻，谓之佛妆。”可见与面涂黄相搭配的还有眉妆和唇妆，其整体共同构成为佛妆。宋代彭汝砺曾赋有一首非常谐趣的诗，表达了宋人与辽人面妆观念的差异。诗是这样写的：“有女夭夭称细娘（辽时称有姿色的女子为细娘），珍珠络臂面涂黄。南人见怪疑为瘴，墨吏矜夸是佛妆。”把辽女的“佛妆”误以为是得了“瘴病”，读起来令人忍俊不禁。

（十八）梅花妆

一种以梅花形花钿妆面的妆容造型。相传宋武帝刘裕之女寿阳公主，在正月初七日仰卧于含章殿下，殿前的梅树被微风一吹，落下一朵梅花，不偏不倚正落在公主额上，额中被染成花瓣之状，且久洗不掉。宫中其他女子见其新异，遂竞相效仿，剪梅花贴于额，后渐渐由宫廷传至民间，成为一时时尚，故又有“寿阳妆”之称。自从梅花妆出现，便一直吸引着女人们的注意力，也成为无数文人骚客诗词中永不厌倦的题材。在宋代，咏叹梅妆的诗词非常之多。“小舟帘隙，佳人半露梅妆额。”（宋代江藻《醉落魄》）“晓来枝上斗寒光，轻点寿阳妆。”（宋代李德载《眼儿媚》）“寿阳妆鉴里，应是承恩，纤手重匀异重在。”（宋代辛弃疾《洞仙歌·红梅》）“蜡烛花中月满窗，楚梅初试寿阳妆。”（宋代毛滂《浣溪纱·月夜对梅小酌》）“茸茸狸帽遮梅额，金蝉罗翦胡衫窄。”（宋代吴文英《玉楼春·京市舞女》）“深院落梅钿，寒峭收灯后。”（宋代李彭老《生查子》）等，均为咏叹梅花妆的词句。而其中最著名的当属大才子欧阳修的那句“清晨帘幕卷轻霜，呵手拭梅妆”。有佳人的衷情，才子们才会咏叹；而有了才子的咏叹，佳人自会更加衷情，梅花妆之流行程度可见一斑了。

（十九）鱼媚子

鱼媚子是宋代的一种比较怪异的面饰。首先，以黑光纸剪成圆点，贴于面部作为面靥，称为“团靥”；然后，在其上再镂饰以鱼腮之骨，便称为“鱼媚子”，贴于额间或面颊两侧。此种古怪的面饰在宋代淳化年间大为流行。《宋史·五行志三》中对此有详细的记载：“京师里巷妇人竞剪黑光纸团靥，又装镂鱼腮中骨，号‘鱼媚子’，以饰面。黑，北方色；鱼，水族，皆阴类也。面为六阳之首，阴侵于阳，将有水灾。明年，京师秋冬积雨，衢路水深数尺。”把面饰与水灾联系起来，当然是古时的迷信，但也预示着这种奇特面饰的生命力不会长久，只是人们一时新奇的产物。

（二十）乞丐妆

晚清时流行于贵族间的一种奇异妆束，当时被称为“服妖”，和现代人的“乞丐妆”同出一辙。在清代无名氏《所闻录·衣服妖异》中有详细记载：“光绪中叶，辇下王公贝勒，暨贵游子弟，皆好作乞丐状。争以寒气相尚，不知其所仿。初犹仅见满洲巨事，继而汉大臣子弟，亦争效之。……犹忆壬辰夏六月，因京师熇暑特甚，偶至锦秋墩逭暑,见邻坐一少年，面脊黧黑，盘辫于顶，贯以骨簪，袒裼赤足，破裤草鞋，皆甚污旧；而右拇指，穿一寒玉班指，值数百金，……俄夕阳在山，……则见有三品官花令、作侍卫状两人，一捧帽盒衣包，一捧盥盘之属，诣少年前……少年竦然起，取巾靧面，一举首则白如冠玉矣。盖向之黧黑乃涂煤灰也。……友人哂曰：'君不知辇下贵家之风气乎？如某王爷、某公、某都统、某公子，皆作如是装。'"

（二十一）开脸

明清时期江浙一带，女子在出嫁之前二三日要请专门的整容匠用丝线绞除脸面上的汗毛，修齐鬓角，称为"开脸"，亦称"剃脸""开面""卷面"等，也属于妇女的一种妆饰习俗。明代凌濛初在《二刻拍案惊奇》中写道："这个月里拣定了吉日，谢家要来娶去。三日之前，蕊珠要整容开面，郑家老儿去唤整容匠。原来嘉定风俗，小户人家女人篦头剃脸，多用着男人。"西周生的《醒世姻缘传》中也有描写："素姐开了脸，越发标致的异样。"《红楼梦》中的香菱嫁给薛蟠之前，也是："开了脸，越发出挑的标致了"。可见，开了脸的女子当是人生最美丽的时刻，也是一种由姑娘变成妇人的标志。

开脸的具体方法是这样的：用一根棉线浸在冷水里，少顷取出。脸部敷上细粉（不用乳脂），于是将线的一端用齿啮住，另一端则拿在右手里。再用左手在线的中央绞成一个线圈，用两个指头将它张开。线圈贴紧肌肤，更用右手将线上下推送。这动作的功效犹如一个钳子，可将脸上所有的汗毛尽数拔去。如果开脸者的技术是高明的，那会像用剃刀一样不会引起痛苦。在有些地方（如浙杭一带），除婚前开脸外，婚后若干时必须再行一次，俗称"挽面"。有些地方则在婚后需要时可随意实行，绝无拘束。直至近现代部分农村地区仍保有这种习俗。例如，在如今的海南新安村，"开脸"便是这里尚存的古风之一。这里有些老年女性每月开一次脸，开脸实际上已经成为她们的一种享受。但尚未出阁的女子想要拔除脸上的汗毛，却是一桩大悖礼教的事（图9-8-11）。

图9-8-11　妆容典雅的末代皇后婉容

第九章 护肤与护发

一、中国古代的护肤方法

前面我们介绍的都是有关女子修饰容貌的妆品和方法。修容固然重要，但毕竟是人力所为，“人力虽巧，难拗天工”，大文人李渔早在几百年前便已看透这一点。

在李渔的眼里，女子要称为美丽，首先便是要有一身雪白的肌肤。民间俗语称：“一白遮三丑。”“《诗》不云乎‘素以为绚兮’？素者，白也。妇人本质，惟白最难。”他在《闲情偶寄》里把女子的天生白皙与后天修饰形象地比喻成染匠之受衣：“有以白衣使漂者，受之，易为力也；有白衣稍垢而使漂者，亦受之，虽难为力，其力犹可施也；若以既染深色之衣，使之剥去他色，漂而为白，则虽什佰其工价，必辞之不受。”白净的布料，容易上色；同样，有一个肌肤的好底子，再施以描画之工也就容易多了（图9-9-1）。

其次，肌肤只是白皙还不甚足，要想“受色易”还须细嫩。对此，他又作了一个比喻：“肌肤之细而嫩者，如绫罗纱绢，其体光滑，故受色易，褪色亦易，稍受风吹，略经日照，则深者浅而浓者淡矣。粗者如布如毯，其受色之难，十倍于绫罗纱绢，至欲退之，其工又不止十倍，肌肤之理亦若是也。”也就是说，要想妆色上得漂亮，除了白皙外，肌肤拥有一个好的质感也是不可或缺的。图9-9-2唐代周昉《簪花仕女图》，展现了唐代宫中妇女洁白丰润的脸庞，一看就知保养的极好。

图9-9-1　明唐寅《孟蜀宫伎图》中好肤如凝脂

由此可见，对于女性来说，护肤相比之化妆，就显得更为重要。因此，自古以来，有关美肤、护肤的妆品和方法也就层出不穷，比比皆是了。

（一）洁面

美容护肤，清洁永远是第一位的。因此，洁面用品自不能马虎。那么，最早的洁面用品是什么呢？段注引《礼记·内则》云：“面垢，燂（tán）潘请靧（huì）。”陆德明释文：“燂，温也；潘，淅米汁；靧，洗面。”这告诉我们，先秦时期人们洁面用的是温热的淘米水，利用其中的碱性成分脱去污垢。这恐怕应是最早的，也是最简单的一种

图9-9-2 唐代周昉《簪花仕女图》局部

图9-9-3 皂荚

图9-9-4 20世纪初东方大药房四合一洗面粉广告

清洁用品了。后来，老百姓最常用的一种清洁用品，是把植物肥皂荚、猪胰子和天然碱捣烂，混合制成块，民间称之为“胰子”，也就是我们通常所说的肥皂。

再之后，随着科技的发展与人们生活质量的提高，清洁用品的制作也是越来越讲究。唐代孙思邈的《千金翼方》论曰：“面脂、手膏、衣香、澡豆，士人贵胜皆是所要。”这里提到的澡豆便是其中最考究的一种。澡豆是类似于今日香皂的洗面粉，原以豆沫和诸药制成，故名。在化妆前用澡豆洗面乃至洗身，可以洗涤污垢，保健肌肤，甚至可以因配药的不同，使之具备治疗雀斑等功能。澡豆在南朝时还只限皇家使用，《世说新语》中载：“王敦初尚主，如厕……既还，婢擎金澡盘盛水，琉璃碗盛澡豆，因例著水中而饮之，谓是干饭。群婢莫不掩口笑之。”王敦是士族，尚且不知澡豆，可见其物之罕。但到了唐代，澡豆已成为贵族必备的美容化妆品，在唐代的很多医药典籍中都可看到其制作配方。

除了澡豆外，在史籍中提到的洗面用品还有很多，比如说“白雪”，北齐崔氏《靧面辞》中便云：“取红花，取白雪，与儿洗面作光悦。取白雪，取红花，与儿洗面作妍华。取红花，取白雪，与儿洗面作光泽。取白雪，取红花，与儿洗面作华容。”再比如“化玉膏”，据说以此盥面，可以润肤，且有助姿容。相传晋人卫篇风神秀异，肌肤白皙，见者莫不惊叹，以为玉人。其盥洗面容即用此膏。《说郛》卷31辑无名氏《下帷短牒》中载：“卫篇盥面，用及芹泥，故色愈明润，终不能枯槁。”但这些记载都只有其名，并没有详细的配方，真正的洁面品配方主要集中在一些医书当中。

纵观洁面品的配方，我们会发现上面提到的肥皂荚和猪胰，几乎是必不可少的两种配料。《本草纲目·木部》卷35载："肥皂荚，十月采荚煮熟，捣烂和白面及诸香作丸，澡身面，去垢而腻润，胜于皂荚也。"皂荚（也称皂角），也具有清洁去垢功能，但肥皂荚则更胜一筹（图9-9-3）。这里的猪胰也称猪脏，《本草纲目·兽部》卷50说："生两肾中间，似脂非脂，似肉非肉，乃人物之命门，三焦发原处也。"其呈椭圆状，黄白色，富润滑汁液。可治"皴疱皯黵，面粗丑黑，手足皴裂，唇燥紧裂"，故此，在面药、手药中也均少不了这一味。

另外，在洁面品的配方中，也包含很多芳香类的中药，如檀香、丁麝香等，具有浓烈的香气，使之除了能涤垢去污避秽，还能在肌肤上留下持久的清香，并且能滋润营养皮肤以达到护肤止痒的功效（图9-9-4）。

（二）涂面脂

女子美肤，清洁是第一个步骤，第二个步骤就是涂面脂。"脂"是我国文献中最早出现的化妆词语，《诗经》曰"肤如凝脂"，《礼记·内则》曰"脂膏以膏之"。说明至迟在周代，人们就已知道使用脂护肤了。

脂有唇脂和面脂之分，用以涂面的为面脂。面脂，也称面膏、面药等。除了最基本的滋润功效之外，大部分面脂配方中还加入了很多中药成分，使其也兼有美白、去皱、去斑、令面色光润之功效（图9-9-5）。面脂大多为白色，主要为护肤润面而用，如今日的润肤霜之类。汉代刘熙的《释名·释首饰》中写道："脂，砥也。著面柔滑如砥石也。"形容脸上涂了面脂之后，则柔滑如细腻平坦的石头一般。汉代史游的《急就篇》"脂"条，唐颜师古注曰："脂谓面脂及唇脂，皆以柔滑腻理也。"南朝梁刘缓《寒闺》诗中亦载："箱中剪尺冷，台上面脂凝。"后来，脂常常与"粉"字一起使用，渐渐形成了一个固定词组——"脂粉"。因此，有些字典中把脂粉的脂理解为胭脂是错误的（图9-9-6）。

图9-9-6　九子漆妆奁(马王堆一号汉墓出土)

除了白色的面脂外，在唐代还出现了很多彩色的面脂。如"紫雪"，因制作时加入紫色素，故名；"红雪"，因制作时加入红色素，故名；还有"碧雪"，因制作时加入绿色素，故名。这三者都有防裂护肤之功效，多用于冬季。之所以要加入颜色，应该和调整肤色有关，即利用补色的原理中和肤色。了解化妆常识的人都知道，肤色发黄，就用紫色粉底打底；肤色发红，就用绿色粉底打底；肤色发青，就用红色粉底打底。"紫

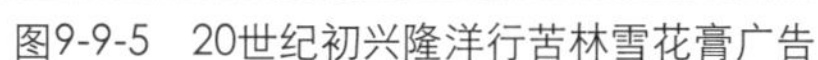
图9-9-5　20世纪初兴隆洋行苦林雪花膏广告

图9-9-7　栝楼

雪”“红雪”“碧雪”的出现应该是唐代化妆美容逐步走向科学理性的展现。唐代帝王常于腊日把它们赐予群臣。唐代刘禹锡的《代谢历日口脂面脂等表》中便曾提及：“腊日口脂、面脂、红雪、紫雪……雕奁既开，珍药斯见，膏凝雪莹，含夜腾芳，顿光蒲柳之容，永去疠疵之患。”明代李时珍的《本草纲目·石部》中也曾提到：“唐时，腊日赐群臣紫雪、红雪、碧雪。”

再如植物栝楼，是契丹妇女护肤时常用的一种美容配料（图9-9-7）。庄季裕的《鸡肋篇》中有载：“其家仕族女子，……冬月以栝楼涂面，谓之佛妆。但加傅（敷）而不洗，至春暖方涤去，久不为风日所侵，故洁白如玉也。”《本草纲目·草部》卷18中载：“栝楼，其根作粉，洁白如雪，故谓之天花粉。……主治：……悦泽人面……手面皱。”并附有配方：

“面黑令白。栝楼瓤三两，杏仁一两，猪胰一具，同研如膏。每夜涂之，令人光润，冬日不皴。”

（三）疗面

面脂主要是针对滋润皮肤、美白去皱这些女性都需要的美肤需求。但实际上，我们的皮肤经常会面临一些特殊的问题，比如粉刺、雀斑、火疱（皰）、面疮、黑痣、疤痕、酒齄鼻，以及洗去文身等，可能并不是每个人都有，但亦是很常见的，而且一旦患有，其烦恼也是不言而喻的。因此，针对这些皮肤问题，中国古代的医书很早就开始关注，并且积累了丰富的治疗此方面疾病的实践经验。

追溯我国将中药用于美容疗面的历史，可以说是源远流长。我国现已发现的最古医方——马王堆汉墓帛书《五十二病方》（马王堆汉墓帛书整理小组：《五十二病方》，文物出版社1979年版），从字体上看，其抄写不晚于秦汉之际，而就内容考查，医方产生的年代应早于《黄帝内经》的纂成时期。在这样古老的病方

图9-9-8　白芷

图9-9-9　青木香

中便已经收载了关于美容范围的面部除疱（即粉刺或酒刺）方剂（见“治瘍”方）。秦汉之际《神农本草经》（陆费逵总勘：《神农本草经》，中华书局）的诞生，更丰富了美容、养容的内容，记述了多种药物具有美容功效，如白芷“长肌肤、润泽颜色、可作面脂”（图9-9-8）；白僵蚕“灭黑黑干、令人面色好”；甘松香、白檀、白术、青木香“可使人面白净悦泽”等（图9-9-9），这些药材在诸多的美容疗面配方中都非常常见。自晋代葛洪编著的《肘后备急方》起（[晋]葛洪：《葛洪肘后备急方》，人民卫生出版社1983年版），医书中则将有关美容、疗面的内容汇集在一起，列为一个专题，使人查阅起来更为方便。从此，历经唐宋元明清各代，医书中有关美容、疗面的专题层出不穷，为后世留下了大量珍贵的资料，既有史学价值，更有实际的应用价值。

纵观疗面品的配方，有几种中药是常见的，当属美容要药。如上文所提到的白芷，《神农本草经》明确指出其能“润泽颜色可作面脂”；“白芨”，可滋润肌肤，祛除浊滞，

图9-9-10　20世纪初广生行化妆品广告

治疗“面上皯庖”，效果甚好；甘松、檀香、三奈芳香宜人，专治气血失于流畅所导致的疾病；“白牵牛”，《本草正义》中张山雷说：“此物甚滑，通滞是其专长，对于面黑、雀斑、粉刺等，气血失于流畅所导致的疾病，本品性滑，又能润泽肌肤，起到护肤的作用。再如“白丁香”，是麻雀的粪，以雄雀粪最好，可去面上雀斑、酒刺。“鹰条白”，则是鹰粪，可防皱灭痕，善于去掉各种疙瘩而不留痕迹。而人参则可以“补五脏、安精神、定魂魄、止惊悸、除邪气、明目、开心益智，久服轻身延年”。这些药物在面脂方和疗面方中都经常被用到（图9-9-10）。

（四）护手

在中国，自古人们就认为手是体现女性美的一个不可或缺的部分。如《诗经·卫风·硕人》中的美人形象便是：“手如柔荑，肤如凝脂，颈如蝤蛴，齿如瓠犀，螓首蛾眉，巧笑倩兮，美目盼兮。”从眼、眉、齿、颈、发、肤、手等各个方面加以赞美，而手则被置于首位。清代的大文人李渔更是把女子的纤纤十指视为“一身巧拙之关，百岁荣枯所系！”可见，社会对女性手的重视程度是很高的。

作为一种自身的修饰，女性妆手的历史，在中国可谓源远流长。其中最重要的便是保持手本身肌肤的柔软与白皙。正如妆脸有各式各样的面药，妆手也有专门的手药，其实就相当于现在的护手霜。

如北魏贾思勰《齐民要术》卷5中便记载有合手药法：

“合手药法：取猪脜一具，摘去其脂。合蒿叶于好酒中痛挼，使汁甚滑。白桃人二七枚，去黄皮，研碎，酒解，取其汁。以绵裹丁香、藿香、甘松香、桔核十颗，打碎。著脜汁中，仍浸置勿出——瓷瓶贮之。夜煮细糠汤净洗面，拭干，以药涂之，令手软滑，冬不皴。”

猪脜是手药中不可缺的一味主料。以猪脜浸酒，以其浸出液涂于手面防皴裂，农村妇女多有用之。再混以用酒浸出的桃仁汁液，并把香料若干浸于混合汁液中，放入瓷瓶中储存，即可。睡前用淘米水洗脸、洗手，淘米水中含有少量的碱，可起清洁的功效，擦干后，涂上此手药，可令手软滑，冬天不皴裂（图9-9-11、图9-9-12）。

图9-9-11　清代描金朱地龙凤纹漆手炉

图9-9-12　清代费丹旭《弄镯图》

二、中国古代的护发方法

头发，作为人体美的重要表征，它不只作为人体的一个器官简单地存在，而早已固定化为一种顽强的具有极大惯性的民俗心理，在古往今来人们的生活中起着积极的作用。在《孝经·开宗明义章》中，古人便明确指出：“身体发肤，受之父母，不敢毁伤。孝之始也。”因此，汉族自古以来男女都是蓄发不剪的。男性以冠巾约发，女性则梳成发髻。其次，由于头发具有顽强的生命力和不断生长的特点，古人还认为“山以草木为本，人以头发为本”，把头发看成生命的象征。历史上成汤剪发以祈雨，曹操割发以代首，杨贵妇剪发为示已离开人间，这些历史故事，都表达了一个共同的信仰——头发是生命的象征，也是本人的替代。

图9-9-13　清末贵族女子梳妆场景

头发，不仅可作为体现礼俗的一个重要方面，也是人们审美的一个重要标准。中国人认为人首是全身最高位置，而头发高居人首。作为妆饰的部位来说，远较其他部位来得庄重，明显。人的身体健康与否，除了察颜观色外，须发往往是最好的验证。拥有一头乌黑油亮、富有弹性的秀发，不论男女，无疑都会给人以年轻、健康的视觉印象。而头发枯黄、稀疏、过早的花白、脱落，则必定会严重影响人的容貌和仪表，带给人苍老、颓废的感受。自原始社会起，发须就成为人们展示美的情趣的一个重要方面，拥有一头浓密的秀发也成了每一个人的心愿。因为只有拥有一头浓密的秀发，人们才能做出各种精美的发式，插戴各种华丽的首饰。纵观我国历代妆容史，几乎无一不与发式有关，仅史籍中可见的发式名目记载就有成百上千之多。

图9-9-14　黑丝绒制成的假发（长沙马王堆汉墓出土）

（一）生发（须）

在中国历史上，早在周代便已产生了完备的冠服制度。周代《礼记》中明确规定“男子二十而冠，女子十五而笄”，作为成人的标志。而要想戴冠着笄，不论男女，则皆要留上一头长发，然后束发梳髻。因此，从周代开始，束发梳髻便成为中国古人最为普遍的一种发式，并在中国延续了数千年，一直到中国封建社会彻底结束（图9-9-13）。男子一般是把发髻总于头上，形式比较简单，但梳理得非常用心，正所谓发有序，冠乃正。女子的发髻则在各个时代，款式造型变化多端，无以计数。时而垂于脑后，如汉代盛行一时的堕马髻；时而梳成发环，如魏晋流行的灵蛇髻；时而搭于一侧，如唐代的抛家髻；时而巍峨于头顶，如宋代流行的朝天髻等等。无论哪个，皆需要一头浓密的秀发才可做成。

而对于男子饰容来说，除了头发外，还有一项很特别的饰容武器，那就是美须。正所谓：“公须髯如戟，何无丈夫气？”（《南史》）同为血肉之躯，皆是万物之灵，胡须却独见于男子。《释名》云：“须，秀也。物成乃秀，人成而须生也。”在古代，胡须不但用于区分性别，更表示成年，以及男子的阳刚气概。因此，拥有一副乌黑油亮的美须，自然而然地成为男性对妆容的一种特殊追求。

因此，秃发少须在当时可想而知是一件多么令人沮丧的病症。尽管我们说头发稀少可以用假发来代替，然而假发毕竟毫无弹性，缺少光泽，终究不如真发美观（图9-9-14）。因而中华文明泱泱几千年历史中，养须生发始终是妆容史上和医学史上一个永恒的话题，其相关配方在古代医书中记载也有不计其数，达到了很高的成就。

（二）洁发（须）

当已然拥有一头浓密的长发之后，下一步自然就会想到要如何好好地呵护秀发。实际上，呵护秀发和呵护肌肤一样，最首要的便是清洁。

古人洁发有两种方式，一种是篦发，即用篦子篦去发垢（图9-9-15、图9-9-16）。

图9-9-15　东汉马蹄形装梳子和篦子的梳盒

图9-9-16　战国时期的木梳（左）和木篦（右）

李渔在《闲情偶寄》里写道：

“善栉不如善篦，篦者栉之兄也。发内无尘，始得丝丝现相，不则一片如毡，求其界限而不得，是帽也，非髻也，是退光黑漆之器，非乌云蟠绕之头也。

“故善蓄姬妾者，当以百钱买梳，千钱购篦。篦精则发精，稍俭其值，则发损头痛，篦不数下而止矣。篦之极净，始便用梳。”

第二种便是洗发，这和我们今人是一样的。

《诗经·卫风·伯兮》中载：“自伯之东，首如飞蓬，岂无膏沐？谁适为容！”这里的“沐”便指的是一种洗发之物。“沐”，《说文解字》曰：“濯发也。”司马贞《索隐》：“沐，米潘也。”潘，《说文解字》曰：“淅米汁也。”这告诉我们，当时人们洗发用的是淘米水，和早年的洗面用品是一样的，都是利用淘米水中的碱性成分脱去污垢，洗好以后再施以膏泽。当然，淘米水只是早年最为简单的一种清洁用品，随着科技的发展，洁发用品也并不仅仅只是单纯的清洁功能，还兼具保健、美发的作用。如《清朝宫廷秘方》（胡曼云、胡曼平：清朝宫廷秘方，河南大学出版社2002年版）中便有“菊花散”一方：

“甘菊花二两　蔓荆子　干柏叶　川芎　桑根　白皮　白芷　细辛旱莲草各一两，将诸药共研成粗末，用时加浆水煮沸，去渣。可使头发柔顺、光亮、起护发作用。”

图9-9-17　唐代郑仁泰墓出土彩绘釉陶武官俑

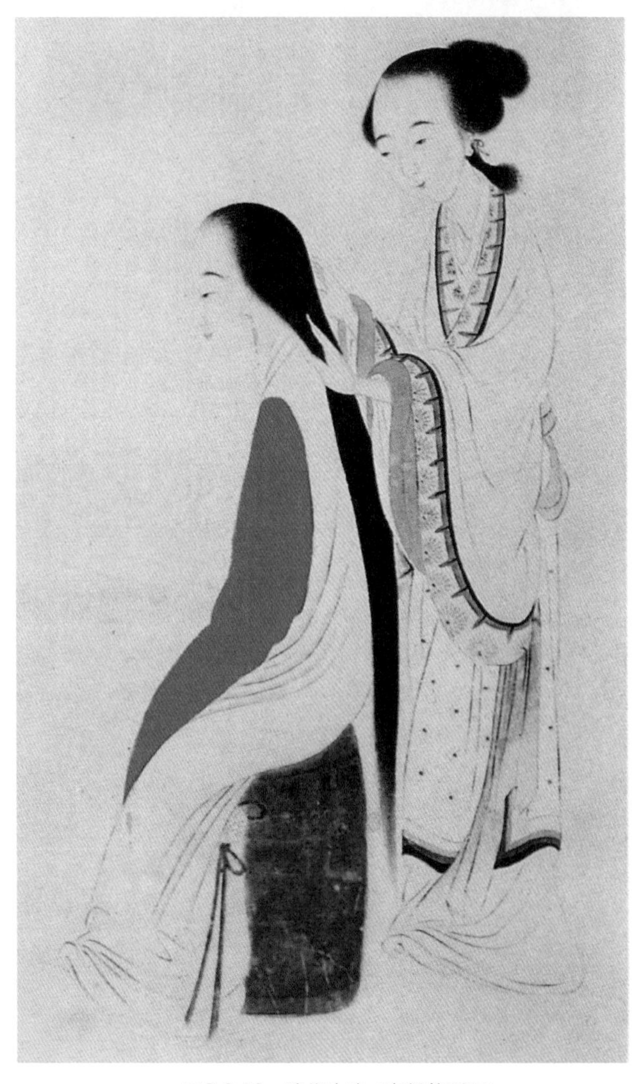

图9-9-18　清代改琦《宫娥梳髻图》

（三）乌发（须）

染乌发（须）并不是近代才有的事，在中国自汉代便已有了染发（须）的记载。早在《汉书·王莽传》中便载："更始元年，拜置百官。莽闻之愈恐。欲外视自安，乃染其须发。"《宋书·谢灵运传》："尝于江陵寄书与宗人何勗，以韵语序义庆州府僚佐云：'陆展染鬓发，欲以媚侧室，青青不解见，星星行复出。'"唐代刘禹锡的《与歌者米嘉荣》诗："近来时世轻先辈，好染髭须事后生。"宋代陆游的《岁晚幽兴》诗之二："卜冢治棺输我快，染须种齿笑人痴。"元代陶宗仪的《南村辍耕录》卷2中史天泽的作为则更强调了乌发（须）对于人精神上的激励："中书丞相史忠武王天泽，髭髯已白，一朝，忽尽黑。世皇见之，惊问曰：'史拔都，汝之髯何乃更黑邪？'对曰：'臣用药染之故也。'上曰：'染之欲何如？'曰：'臣览镜见髭髯白，窃伤年且暮。尽忠于陛下之日短矣。因染之使玄，而报效之心不异畴昔耳。'上大喜。"可见，使原已苍白的发须变黑，不仅可以使人在外貌上看起来年轻如后生，以掩饰年迈的痕迹，博得美女的芳心，更可以在精神上使人保持一种年轻的心态，即年老而不衰（图9-9-17）！《圣济总录纂要》载："论曰发本于足少阴，髭本于手阳明。二经血气盛则悦泽，血气衰则枯槁。容貌之间，资是以贲饰。则还枯槁为悦泽。法乌可废。"有关乌发（须）的配方在古代医术中也是很多的，有很多至今依然有借鉴意义（图9-9-18）。

（四）润发（须）

润发（须）是美发（须）的最后一个步骤，在我国也有着非常悠久的历史。在中国的古文中，提到女子化妆时，经常会看到"脂泽粉黛"这个词汇，如战国时期的韩非子在提到治国之道时，就曾做过这样的比喻："故善毛嫱、西施之美，无益吾面；用脂泽粉黛，则倍其初。言先王之仁义，无益于治，明法度，必吾赏罚者，亦国之脂泽粉黛也。"这里的"脂""粉""黛"，我们前面都已经介绍过了，那么"泽"指的是什么呢？

实际"泽"在中国古典文学中是经常可以看到的，如《楚辞·大招》中有"粉白黛黑，施芳泽只"，王逸注曰："傅（敷）著脂粉，面白如玉，黛画眉鬓，黑而光净，又施芳泽，其芳香郁渥也。”王夫之《楚辞通释》曰：“芳泽，香膏，以涂发。”由此我们可知，“泽”指的是一种润发的香膏，即如今的头油之类。

“泽”也称兰泽、香泽、芳脂等。汉刘熙《释名·释首饰》曰：“香泽，香入发恒枯悴，以此濡泽之也。”汉史游《急就篇》“膏泽”条，唐颜师古注曰：“膏泽者，杂聚取众芳以膏煎之，乃用涂发使润泽也。”指以香泽涂发则可使枯悴的头发变得有光泽。汉枚乘《七发》：“蒙洒尘，被兰泽。”三国魏曹植《七启》：“收乱发兮拂兰泽。”其《洛神赋》中也写道：“芳泽无加，铅华弗御。”南朝梁萧子显《代美女篇》中也云：“余光幸未惜，兰膏空自煎。”这里的兰泽、芳泽、兰膏均指此物（图9-9-19）。

古人的香泽品种很多，如唐代有“郁金油”，因掺入郁金香料制成，故名。后唐冯贽《云仙杂记》中便有提及：“周光禄诸妓，掠鬓用郁金油，傅（敷）面用龙消粉。”如有“香胶”，因掺入香料而成，故名。唐代元稹《六年春遣怀》诗中便曾有提及：“玉梳钿朵香胶解，尽日风吹玳瑁筝。” 清代吴震方在《岭南杂记》卷下中有记载：“粤市中有香胶，乃末高良姜同香药为之，淡黄色，以一、二匙浸热水半瓯，用抿妇人发，香而解腻（zhī），膏泽中之逸品也。”这里的“腻”是黏的意思，因通常油脂性的膏泽常常会将头发黏住，很是油腻，而这种香胶，可“香而解腻 ”，无怪乎是“膏泽中之逸品”了。《本草纲目》中亦载：鸡子白，（和）猪胆，（可）沐头解腻；山茶子，（可）掺发解腻。再如“兰膏”，亦名“泽兰”。以兰草汁和油脂调和而成，涂在发上以增光泽和香气，故名。唐代浩虚舟《陶母截发赋》云：“象栉重理，兰膏旧濡。”其中的“兰膏”便指此物。宋代润发用的脂胶膏泽亦是不少。有一种油脂名“香膏”，亦可用于点唇。可见其是无毒无害的纯天然之品，而非现在那些禁止儿童触摸的发胶、摩丝可比。宋周去非《岭外代答·安南国》中记载：“以香膏沐发如漆，裹乌纱巾。”其质厚实，含有黏性，涂在发上，既便于梳挽发髻，又具有护发作用。宋代陆游《禽言》诗中曾云：“蠡女采桑至煮茧，何暇膏沐梳髻鬟。”至于这些润发及敷面用的香脂到底是如何制作的呢? 宋代陈元靓《事林广记》中详细记载有其做法。到了明清，还出现了一种新型的香泽，叫做“棉种油”。明末清初西周生《醒世姻缘传》第53回中提及：“（郭氏）漓漓拉拉地使了一头棉种油，散披倒挂的梳了个雁尾，使青棉花线撩着。”这里的“棉种油”则指的是一种以棉籽榨成，可使头发光润，且具有黏性而便于定型的头油（图9-9-20）。

图9-9-19　泽兰

图9-9-20　陕西乾县唐永泰公主墓壁画。画中女子高髻，均需要用香泽来进行梳理定型

本编参考文献

[1] 马王堆汉墓帛书整理小组．五十二病方［M］．北京：文物出版社，1979．

[2] 陆费逵总勘．神农本草经［M］．上海：中华书局，1936．

[3] ［清］段玉裁．说文解字注［M］．上海古籍出版社，1981．

[4] ［晋］崔豹撰，［后唐］马缟集，［唐］苏鹗纂．古今注．中华古今注．苏氏演义 [M]. 北京：商务印书馆，1956.

[5] ［北魏］贾思勰．齐民要术［M］．上海：商务印书馆，2001.

[6] ［晋］葛洪．葛洪肘后备急方［M］．北京：人民卫生出版社，1983．

[7] ［唐］韩鄂．四时纂要校释［M］．缪启愉校释．北京：农业出版社，1981.

[8] ［唐］王焘撰．外台秘要方［M］．林亿，等校正．上海：上海古籍出版社，1991.

[9] ［唐］孙思邈．备急千金要方［M］．人民卫生出版社，1982.

[10] ［唐］孙思邈．千金翼方校注［M］．朱邦贤，等校注．上海：上海古籍出版社，1999．

[11] ［宋］周密．癸辛杂识［M］．北京：中华书局出版，1988．

[12] ［宋］陈元靓．事林广记［M］．北京：中华书局出版，1999.

[13] ［宋］徽宗敕，圣济总录纂要 [M]．程林删定．上海：上海古籍出版社，1991．

[14] ［宋］高承．事物纪原［M］．上海：商务印书馆，1937.

[15] ［明］李时珍．本草纲目［M］．北京：人民卫生出版社，1975.

[16] ［明］宋应星．天工开物［M］．北京：中国社会出版社，2004．

[17] ［明］王三聘．古今事物考［M］．上海：商务印书馆，1937.

[18] ［清］虫天子．香艳丛书［M］．北京：人民文学出版社，1990.

[19] ［清］王初桐．奁史［M］．据清嘉庆二年伊江阿刻本影印．

[20] ［清］李渔．闲情偶寄［M］．延吉：延边人民出版社，2000.

[21] 胡曼云，胡曼平．清朝宫廷秘方［M］．开封：河南大学出版社，2002．

[22] 邢莉．中国女性民俗文化［M］．北京：中国档案出版社，1995．

[23] 李芽．中国历代妆饰［M］．北京：中国纺织出版社，2004．

[24] 李芽．中国古代妆容配方［M］．北京：中国中医药出版社，2008．

[25] 李之檀．中国服饰文化参考文献目录［M］．北京：中国纺织出版社，2001．

[26] 周汛、高春明．中国衣冠服饰大辞典［M］．上海：上海辞书出版社，1996．

[27] 周汛、高春明．中国历代妇女妆饰［M］．香港：三联书店（香港）有限公司，1988.

[28] 沈从文．中国古代服饰研究［M］．上海：上海书店出版社，1997.

[29] 中国美术全集编辑委员会．中国美术全集・工艺美术编 [M]. 北京：文物出版社，1997.

[30] 中国历史博物馆．华夏文明史图鉴［M］．北京：朝华出版社，2002.

[31] 刘玉成．中国人物名画鉴赏［M］．北京：九州出版社，2002.

[32] 国立故宫博物院．故宫图像选粹［M］．台北：国立故宫博物院，1973.

[33] 国立故宫博物院．故宫藏画精选［M］．香港：读者文摘亚洲有限公司，1981.

[34] 国立故宫博物院编辑委员会．故宫藏画大系［M］．台北：国立故宫博物院，1993.

[35] 袁杰．故宫博物院藏品大系．绘画编［M］．北京：紫禁城出版社，2008.

[36] 故宫博物院藏画集编辑委员会．中国历代绘画故宫博物院藏画集 [M]. 北京：人民美术出版社，1978.

[37] 杨新．明清肖像画［M］．上海：上海科学技术出版社，2008.

[38] 天津人民美术出版社．中国历代仕女画集［M］．河北教育出版社，1998.

[39] 梁京武．20 世纪怀旧系列［M］．北京：龙门书局，1999.

[40] 钟年仁．明刻历代百美图［M］．天津：天津人民美术出版社，2003.

[41] 捷人．中国美术图典［M］．长沙：湖南美术出版社，1998.

[42] 田自秉．中国工艺美术图典［M］．长沙：湖南美术出版社，1998.

[43] 史树青．中国艺术品收藏鉴赏百科［M］．郑州：大象出版社，2003.

[44] 海外藏中国历代名画编辑委员会．海外藏中国历代名画［M］．长沙：湖南美术出版社，1998.

本编编著 李芽

第十编　鞋的历史与鞋的文化

第一章 “裹脚皮”——现代皮鞋的祖先

旧石器时代，人类在与大自然的搏斗中，不仅懂得用兽皮披在身上御寒，而且已经能够用兽皮来保护脚。这就是最初的中国“鞋履”—— 用小皮条将带毛的兽皮裹在脚上的“裹脚皮”。

用兽皮把脚包裹起来是中国人谱写的穿鞋史的第一页。人类最初主要是以打猎为生的。想必，人类最初也是和被其捕杀的野兽一样，都是光着脚的。在双脚一次又一次被磨出泡、磨出血后，人类的大脑终于开了窍，学会用兽皮包裹脚使之不再受到伤害。制作这种“鞋履”无需复杂的材料和工艺，只需天然兽皮以及简单切割所需的锋利石器即可，而旧石器时代已经具备了这两个条件。

由于这种“裹脚皮”造型酷似带褶的包子，竟使这种简单得不能再简单的“鞋履”经历了漫长的岁月后，演变为“烧卖式”皮鞋（见图10-1-1）。

图10-1-1　约公元前九世纪的“皮鞋”，造型酷似带褶的包子　（塔里木盆地南缘扎洪鲁克古墓出土，巴音郭楞蒙古自治州文管所藏）

今天“烧卖式”皮鞋鞋面上的打褶或抽脸工艺也正是源于“裹脚皮”模式。人类工艺构思所反映出的如此之大的时空跨度令人惊叹。

但是，在中国至今没有发现过裹脚皮的史迹。无独有偶，中国人对人类祖先的这一推测却在万里之远的欧洲找到了证据。德国《制鞋技术》（德语版）杂志20世纪80年代初披露了一条史实：在欧洲1万多年前的洞穴壁画中，画着一幅当时人类脚上裹着裹脚皮的图画。这不能不说是一个奇迹般的巧合。从简单裹脚的“裹脚皮”到“制鞋”，至少经历了数万年以上。直至骨针的出土，我们才有可能推断，最初的原始缝纫制鞋随之开始。一枚一万八千年前的骨针是在北京周口店龙骨山出土的（图10-1-2）。

骨针的产生为缝纫制作“皮鞋”创造了重要技术条件。骨针的发明不可能是孤立的。它必定产生于“缝纫线”之后，是人类在探索“缝纫线”的过程中，在用“缝纫线”缝合兽皮的劳动中发现的。

从大量出土文物（尤其是新疆原始社会出土文物）来看，最早的缝纫线是“筋纤维”。那时，人类已懂得将动物身上的筋晒干，然后用棒子捶打，从而获得一根根动物筋纤维。正是有了骨针和纤维线，一种比“裹脚皮”进了一步的“缝纫皮鞋”出现了。但是，原始缝纫并没有使原始鞋履有划时代的突破，它仍然是一种帮底不分的最简陋的“兽皮鞋”。近代东北的乌拉鞋（图10-1-2）则是明显保留着原始鞋性质的变形体。这种乌拉鞋一般用生牛皮制成，内垫乌拉草或麦草，十分暖和，出脚汗后，只需将草取出在太阳下晒干又可重新使用。

但生兽皮新鲜时容易腐烂，晒干后又十分僵硬，这必定会影响鞋履的加工制作。于是，原始鞣革工艺产生了。古人类用野兽的脑浆、骨髓和油脂涂抹在兽皮上，通过太阳的照射和手工搓揉，使兽皮变成柔软的革。

关于兽皮变成鞣制后的皮革，其偶然性与历史上的橡胶硫化工艺的发现如出一辙。最初，人类从橡胶树上采集到胶汁后是以生橡胶形态应用的，缺点是弹性和耐磨性很差。偶然间，橡胶园农民收工扫地时，不小心将生橡胶和硫磺堆在了一起，第二天发现生橡胶“熟”了，变得更有弹性、更耐磨。这就诞生了一直沿用至今用作制造轮胎和胶鞋的硫化橡胶。皮革鞣制工艺的发现也是这样。古人类在不经意中将兽皮与野兽的脑浆、骨髓和油脂堆放在太阳底下，当再次不经意翻动搬弄时，竟发现皮“熟”了，变成了“熟”皮，即后来的“皮革”。

图10-1-2　东北地区鄂温克乌拉鞋传世实物

鞋史学者骆崇骐曾对汉字中“革”字的起源作过考证，结果发现：“革”字是一幅象形图案。如图10-1-3所示，这个“革”字有兽角、前肢、兽脸、脊椎、兽身、后肢、兽尾。它清楚地汉字的“革”源自兽。

也正是因为这样，以象形图案为基础的汉字才为我们留下了如此众多的“革”为偏旁的鞋类字体。诸如鞋、靴、鞾、鞖、鞁、鞮、鞜、鞖鞡、鞔、鞥鞋、鞨及鞫等。

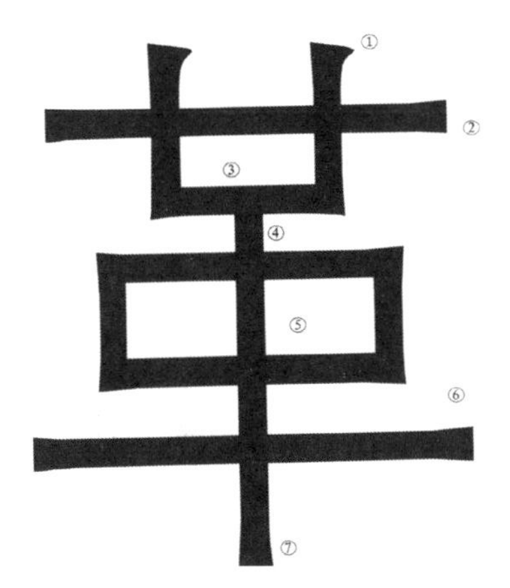

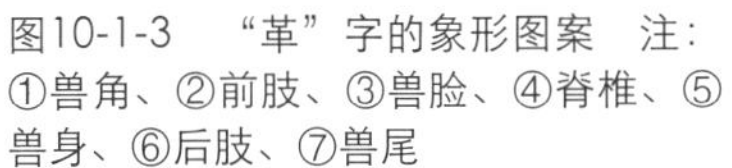

图10-1-3　“革”字的象形图案　注：①兽角、②前肢、③兽脸、④脊椎、⑤兽身、⑥后肢、⑦兽尾

图10-1-4　距今约3000年的“皮鞋”，已采用帮底配合工艺（哈密五堡古墓出土，新疆考古所 藏）

人们在长期穿鞋过程中，渐渐懂得了摩擦原理：鞋底比鞋面更容易磨破，当鞋底穿坏时，鞋面依然完好。于是，他们学会用耐磨的皮做底。如此，当鞋底磨破时，鞋面也差不多磨破了。这种做法在专业领域里称之为“帮底配合”，而“帮底配合”是鞋史中的第一座里程碑。新疆哈密出土的一双距今约3000年的皮鞋即为一例（图10-1-4）。

此外，古人不仅讲究实用，而且也开始讲究美观了。湖南长沙楚墓出土的一双春秋时期的“皮鞋”距今已有2000多年。鞋面由三块皮革组成：一是前盖，二是前尖，三是后尾，经过仔细搭配缝制而成。以皮革为部件镶拼制作鞋面的设计工艺已趋向现代设计匠的构想，为当代鞋履中帮面拼块造型起了重要的指导作用（图10-1-5）。

现代时尚女性对尖头皮鞋情有独钟，尖头皮鞋在民间也被嬉称为“火箭皮鞋”。其实，尖头皮鞋早就不是什么新鲜玩意儿。远在2000年前的汉代就已经有了（图10-1-6）是一双楼兰孤台古墓出土的尖头皮鞋，造型像缠足妇女的小脚鞋，可能是已经消失的楼兰国贵妇人所着。

古代有没有人穿皮凉鞋？至少唐代已经有了。新疆阿斯塔那唐代古墓出土过一双皮鞋，式样就是凉鞋。这双鞋的鞋尖上翘，鞋面两侧分别镂出一个三角形的透气孔，起到散热作用（图10-1-7）。

正如前面所说，鞋履最早是用兽皮制成，兽皮未经鞣制称生皮。后来，有了鞣制工艺，兽皮才变成熟皮，即变成皮革。然而，奇怪的是当鞋履向前发展时，部分鞋履的鞋材却发生倒退，又由皮革回到了生皮。这是为什么呢？因为古代下雨天是没有橡胶雨鞋的。那么古人下雨天怎么办呢？一是穿木屐，将木屐套在布鞋外面；二是用生皮制作雨鞋。生皮制成的雨鞋皮质特别硬，涂上桐油，即可防水，再加上鞋底钉上铁钉，更能防湿。据传世实物来看，这类生皮雨鞋至少明代就有（图10-1-8）。

至此，有必要郑重地声明一下：此前人类所穿着的所有“皮鞋”，包括未经鞣制的兽皮鞋及经过鞣制的皮革鞋，都不能称为真正意义上的皮鞋。

19世纪初叶以前，世界上的皮鞋全部采用手工制作，美国的小查尔斯 · 固特异发明缝合鞋帮和鞋底的机械，给皮鞋缝条工艺带来了技术上的一次革命。在此之后，皮鞋在欧美等地开始普及。近代皮鞋对中国的影响是鸦片战争后开始的。外国人穿着皮鞋来到中国。以缝条工艺制成的皮鞋出现在中国街头后，它首先启蒙了中国的皮鞋修理业。此间，一些中国的皮鞋修理匠远涉重洋来到美国，在方兴未艾的近代皮鞋业中充当配角。

上海是我国最早的皮鞋生产工业基地，以上海为代表的现代皮鞋生产是1876年开始的。当时有个手艺高超的钉鞋匠名叫沈炳根，他原先专做雨天穿的皮钉鞋，后来国外皮鞋进入上海后，沈兼做修理皮鞋的业务。其间，他对国外皮鞋的款式进行了悉心研究，并模拟脚型，自己动手削制楦头，制成了第一双皮鞋。以后，沈又自筹资金在上海永安街开设了皮鞋作坊，中国制造现代皮鞋的技艺从此传开（图10-1-9）。

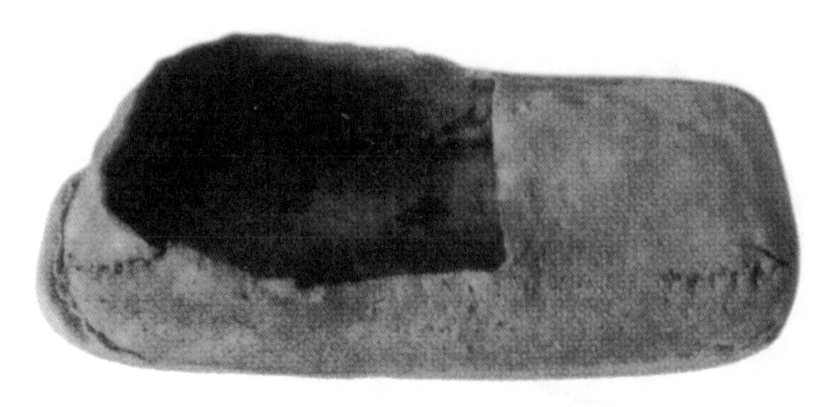

图10-1-5 春秋战国时期的“皮鞋”湖南长沙楚墓出土

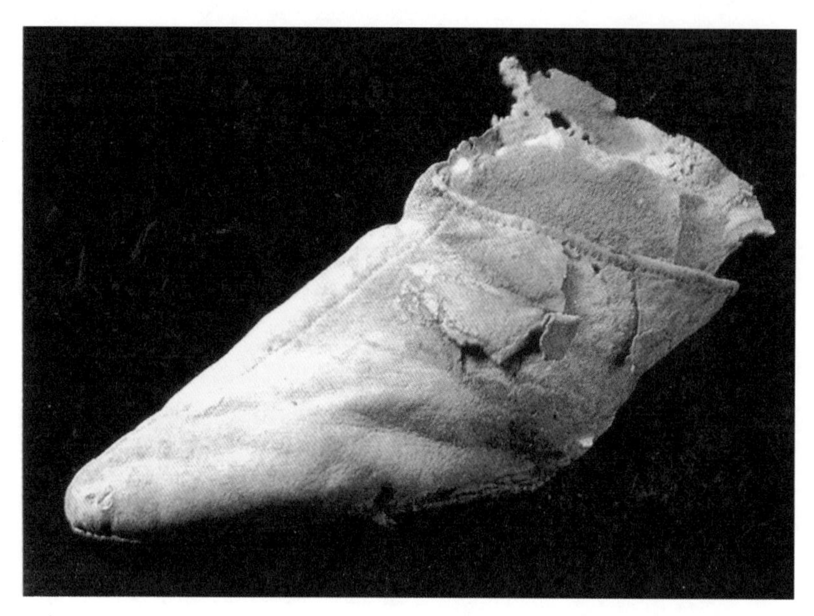

图10-1-6 汉代的尖头皮鞋（楼兰孤台古墓出土，新疆考古所藏）

图10-1-7 唐代皮凉鞋（新疆阿斯塔那唐墓出土，新疆博物馆藏）

1919年中国建立了第一家皮鞋厂——上海北京皮鞋厂。20世纪30年代，上海皮鞋业已有200多家作坊和小规模的皮鞋厂，至40年代末已有近千家，但皆为前店后厂，厂店合二为一的形式。

由此，包括高跟皮鞋在内的现代男女皮鞋在上海、广州等大都市流行开来。鞋史学者骆崇骐的母亲胡风来是上海富商胡彦卿的千金，所以，也是上海滩最早穿高跟皮鞋的女性之一（图10-1-10）。

从兽皮裹脚到第一双真正意义上的现代皮鞋的诞生，中国人终于开创了穿鞋史的新纪元（图10-1-11）。

图10-1-8　清代男子雨天穿着的生皮钉靴（传世实物）

图10-1-9　19世纪末上海鞋匠开始做现代皮鞋　传世绘画

图10-1-10　1936年，穿着高跟皮凉鞋的上海女性（鞋史学者骆崇骐的父亲骆道伦、母亲胡凤来旧照）

图10-1-11　20世纪30年代初穿着现代皮鞋的男子（鞋史学者骆崇骐的姑父李升浩（右）、姑妈骆素君和父亲骆道伦旧照）

第二章 中国的世界第一靴

中国最早的靴的实物出土于新疆楼兰，它在大沙漠下已经沉睡了4000年（距今的确切年代为3900±95年）。这是一双羊皮靴，出土时穿在被世人称为“睡美人”的少女干尸脚上。我们猜测，做这双靴的人也许就是这位穿靴的少女。4000年前，聪明的少女已经懂得，做靴应该一分为二设计，即分别设计出靴统和靴底，再将靴统和靴底合二为一做成合脚的靴。这样的靴比起用整块兽皮裹脚要舒服得多，也实用得多（图10-2-1）。

无论是欧洲、亚洲，还是文明古国埃及，出土的古代靴鞋最久的只有3000多年。因此，中国的这双4000年前的羊皮靴，当之无愧地被称为世界第一靴。

与鞋履的起源一样，比最早的皮靴更早的是靴形陶器（图10-2-2）。靴形陶器告诉我们，至少6000年前，中国人就穿中统靴了。关于古代中国靴的起源有三种说法。其一，认为靴是胫甲与鞋结合的产物。根据江川李家村殷墟出土的胫甲，有人推断这就是统靴的前身。

其二，认为靴是齐国著名军事家孙子发明的。据传，孙子因受膑刑，而被人称之为孙膑。膑刑即为断足刑罚。此后，孙膑便以皮箭子为鞋。后人效仿孙膑，也用皮箭子做起靴来。其三，认为中国靴始于战国赵武灵王。公元前325年，赵武灵王为使赵国强大，决心在军事上进行改革，变车战为骑射。于

图10-2-1 距今3900±95年的夏朝时期的“睡美人”（女干尸），脚上穿着中统羊皮靴 新疆楼兰古国铁板河出土，新疆考古所藏

图10-2-2 红山文化时期着中统靴的陶人，距今约6000年

图10-2-3 春秋战国的连腿皮靴，距今约2300年（新疆苏贝希古墓出土，新疆考古所藏）

图10-2-4 清代乾隆皇帝的上青缎方头皂靴（宫廷传世实物）

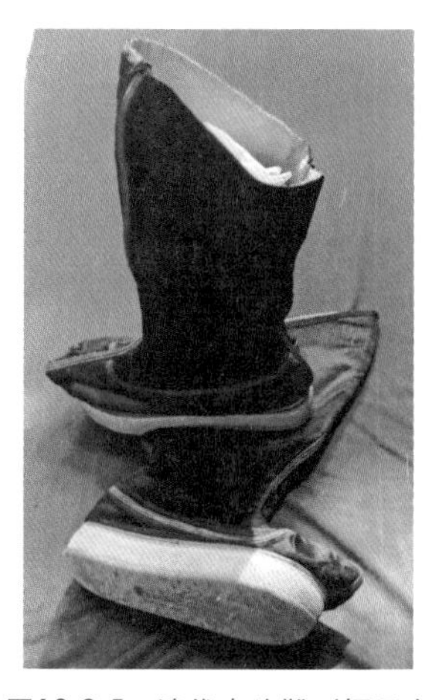
图10-2-5　清代尖头靴（摄于安徽省博物馆）

图10-2-6　清代同治皇帝穿的厚底缎靴（宫廷传世实物）

图10-2-7　明代和清代雨天穿用的生皮钉鞾

图10-2-8　魏晋时期彩绘纹饰麻布靴（尉犁县营盘墓出土，巴音郭楞蒙古族自治州文管所藏）

图10-2-9　蒙族皮马靴（摄于内蒙古）

图10-2-10　藏族皮马靴（摄于青海）

是，他引进胡人的短衣、长裤和马靴装备武装自己的军队，终使赵国成为战国七雄之一。从此，胡履便成为华夏族鞋履的一部分，且沿用了2000多年（图10-2-3）。

那么，古人制靴除了用皮外，还有没有其他材料呢？古代制靴的材料根据不同的用途分为皮、毡、丝、缎、布、麻、绒、草等。正因为古代靴有不同材质、不同用途，所以才有了不同的名称和式样：六合靴、错络缝靴、缎靴、方头靴（图10-2-4）、尖头靴（见图10-2-5）、厚底靴（图10-2-6）、快靴、蒲靴、钉鞾（图10-2-7）、彩绘靴（图10-2-8）、马靴（图10-2-9，图10-2-10）、锦靴（图10-2-11）、缂丝靴（图10-2-12）、毡靴（图10-2-13）、串珠绣绒靴（图10-2-14）、钩花皮靴（图10-2-15）。

古代中国靴总体上可分为中统靴和高统靴二种。靴底的材质或皮或布或布底上缀皮，或皮底上铆钉（图10-2-16～图10-2-18）。

清代靴子的面料一般春秋用缎，冬天则用建绒。清代的制靴方法是："靴帮用水浸湿，将木棍置于靴帮内，然后用火烘烤靴子，以此可获得最好的靴形"（图10-2-19）。清代用作戎装之靴皆为薄底，以其轻便而利

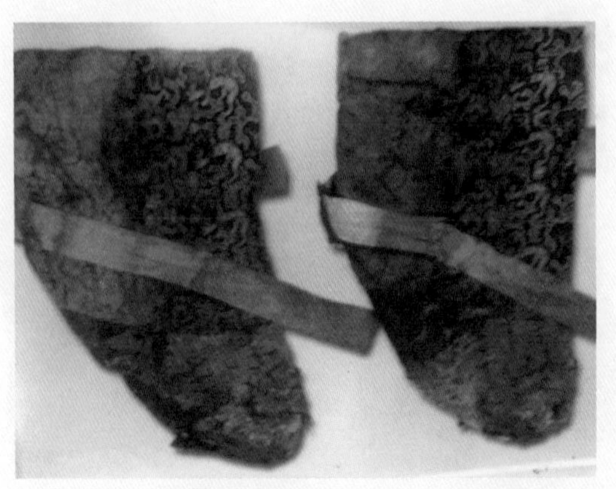

图10-2-11　汉代绣花锦靴，长24厘米，高20厘米（新疆尼雅一号墓出土，新疆考古所藏）

图10-2-12　辽代缂丝双凤靴，高47.5厘米，宽30.8厘米（美国俄亥俄州克利夫兰美术博物馆收藏）

图10-2-13　明代毡靴　江苏省扬州西郊明墓出土

图10-2-14　康熙皇帝的明黄漳绒串珠绣朝靴（出自《紫禁城帝后生活》）

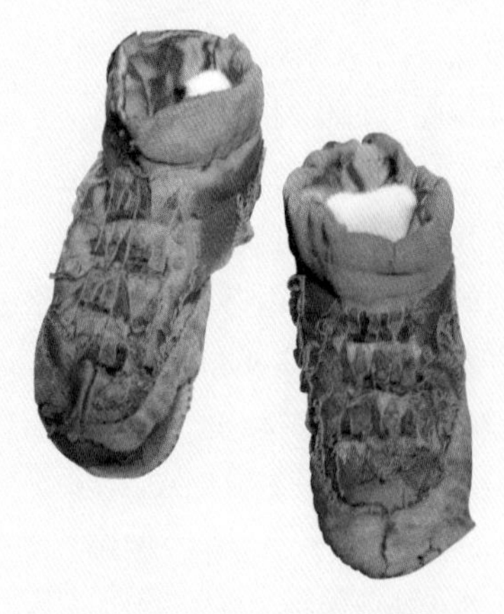

图10-2-15　东汉钩花皮靴，长24厘米，高15厘米（新疆尼雅一号墓出土，新疆考古所藏）

图10-2-16　清代朝鲜族“七品靴”，布底上缀皮（1986年摄于延边博物馆）

图10-2-17　清代王子皮靴，布底上缀皮（德国皮革博物馆收藏）

图10-2-18　用于骑马的蒙族钉靴，皮底上铆钉（摄于内蒙古）

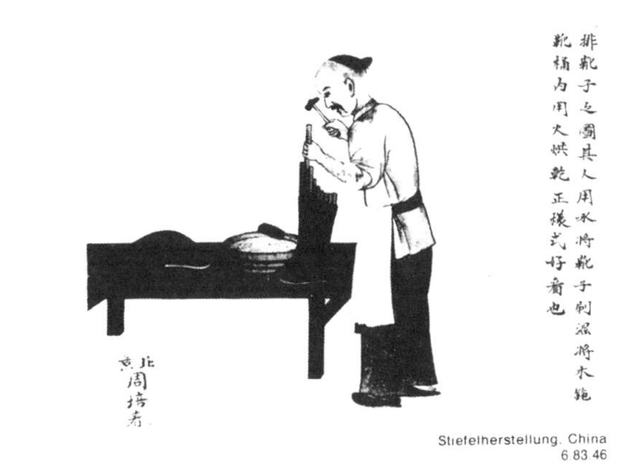

图10-2-19　清代制靴图（德国皮革博物馆）

于战事、平时所着之靴一般来说靴底较厚。

民国以后，中国皮靴已日趋与现代化工艺技术结合，并广泛穿着，但穿着对象一般为民国要员、高级将领及武官。皮靴式样基本上是黑牛皮制成的黑靴筒，拷克牛皮或橡胶制成大底，并用同样材料配制高4厘米左右的大后跟，为了使后跟不至于过快磨损，后跟上还钉上铁掌。至此，中国皮靴与世界先进国家的皮靴已经同步了。

和西域靴早于中原靴一样，汉族靴也源于少数民族靴（图10-2-20、图10-2-21）。

少数民族布靴的主要特征就是乡土味，也就是俗称的土里土气。如图10-2-22靴帮上绣满了红花绿叶和果实，针针线线绣出了门巴族和彝族男女对大自然的热爱和感激，也显示了少数民族世世代代的图腾崇拜。

与此相反，中国也有洋气的少数民族靴，这些靴基本上都在新疆。因为新疆毗邻俄罗斯，所以服装靴鞋都比较欧化，如塔塔尔族的皮靴（图10-2-23）、哈萨克族的皮靴（图10-2-24）和柯尔克孜族的皮靴（图10-2-25）。

今天的西藏，无论是城市还是乡村，已经很难见到旧时的藏靴了。在位于法兰克福附近的德国鞋博物馆，收藏着三双中国的古老藏靴：第一双是羊毛编织的，整个靴统由美丽的花纹构成（图10-2-26）。第二双是藏族黑色毡靴，配有彩色帆布带，用于缚扎靴统，显得深沉而神秘（图10-2-27）。第三双是地道的藏族羊皮靴。高翘的靴尖是古典藏靴的明显特征（图10-2-28）。

如今古老的靴子伴随着古老的时代渐行渐远，所以现代生活中古靴已难得一见，它们已走进了历史博物馆。

图10-2-20　内蒙古五当召广觉寺蒙族一世活佛罗布森扎拉森穿用的蒙靴（传世实物，距今200多年，摄于内蒙古五当召广觉寺）

图10-2－21　维吾尔族绣花女套靴（传世实物，摄于新疆博物馆）

图10-2-22　彝族绣花布靴（收藏摄影）

图10-2-23　塔塔尔族皮靴（出自《中华民族服饰文化》）

图10-2-24 哈萨克族皮靴（摄于新疆博物馆）

图10-2-25 柯尔克孜族皮靴（摄于新疆博物馆）

图10-2-26 藏族旧时农奴主的羊毛编织靴（德国鞋博物馆收藏）

图10-2－27 藏族旧时贵族的毡靴（德国鞋博物馆收藏）

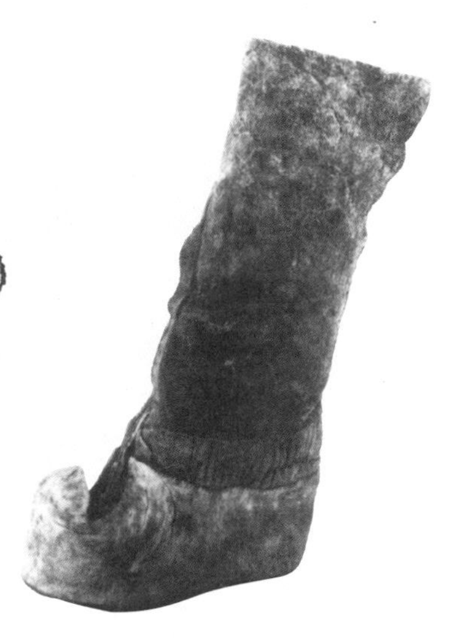

图10-2-28 古老的藏靴（德国鞋博物馆收藏）

第三章 布鞋恒久远

从新石器时代开始，随着社会生产的发展，人们在劳动中发现，大自然生长着一种葛藤，还有一种野麻。

上古时所称的布不是棉布，而是葛布和麻布。葛藤是这样变成布的：将葛藤一丝一丝剥下来，然后搓捻，再用手工编织，即可变成布（图10-3-1）。野麻变成布的方法大体与葛藤相似（图10-3-2）。相对而言，葛比麻更早用来做布鞋。可是，葛鞋（或称葛屦）的实物至今未曾发现。但是，古诗中却不乏关于葛屦的文字记载："纠纠葛屦，可以履霜。""冬皮屦，夏葛屦。"葛屦就是最早的编织布鞋。

到了唐代，葛不再时兴了。诗人李白曾有"青烟蔓长条……此物已过时"之句，诗中所指即为葛。在长期使用中，唐人认识到，葛毕竟不如麻纤维舒服，于是麻鞋逐渐代替了葛屦。正因为如此，出土的古代布鞋中，麻鞋居多。最早的存世实物为春秋时期的麻履（图10-3-3），圆头圆口，这种式样一直沿用至今。此外，还有西汉的方头方口麻履（图10-3-4）。而出土麻鞋中的佼佼者当属唐代的高头麻布鞋（图10-3-5）及麻编凉鞋（图10-3-6）。其中的唐代麻布鞋从尺码来看，应为男鞋。另一双唐代麻编凉鞋，应该是夏天穿着的凉鞋。麻编凉鞋是夏天穿的，冬天穿的是蒲履式麻鞋（图10-3-7）。蒲履式麻鞋用粗麻绳编成，以增加厚度来增强保暖性。

在葛布和麻布之后，古人发现了丝。我国养蚕历史悠久，有据可查的历史至少已有5000年以上。在浙江省吴兴钱山漾新石器时期遗址中就曾发现过丝织品的痕迹（图10-3-8）。

古代丝履的概念，应该包括所有名称的丝织品做成的鞋履。如丝、帛、绸、缎、锦和绮等。

要让丝从单一的本色变成五颜六色的彩色丝，就必须要有染料或发明化工染料，或发现天然染料。于是，商代的纺丝专家首先从矿石中提炼出丹砂作为颜料。除丹砂外，许多野生植物，如槐花、栀子等也被用作染料。此外，还种植了能染出各种不同青蓝色的草和专染红色、紫赭色的茜草、紫草，为鞋履的色彩提供

图10-3-1　新石器时代葛布（江苏省吴县出土）

图10-3-2　新石器时代陶杯底部的麻布痕迹（山东大汶口文化遗址出土）

图10-3-3　春秋时期锦面麻履（春秋墓出土实物）

图10-3-4　西汉方头麻履（湖北省江陵凤凰山一六七号西汉墓出土）

图10-3-5　唐代高头麻布鞋（出自《“文化大革命”期间出土文物》第一辑 1966年吐鲁番阿斯塔那北区54号唐墓出土）

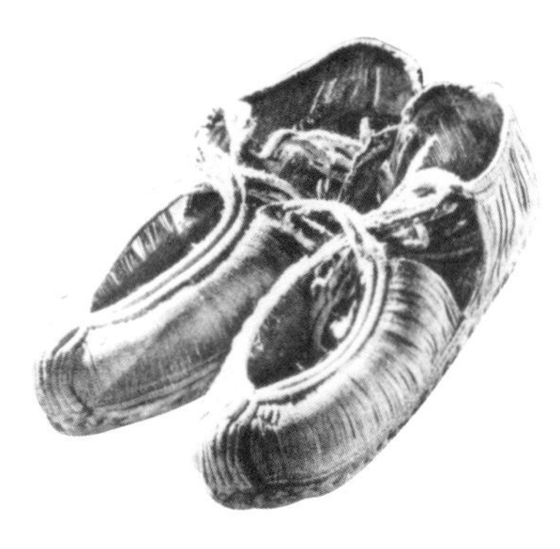
图10-3-6　唐代麻编凉鞋（出自《“文化大革命”期间出土文物》第一辑 1968年吐鲁番阿斯塔那北区第106号墓出土）

图10-3-7　西汉蒲履式麻鞋（西汉墓出土）

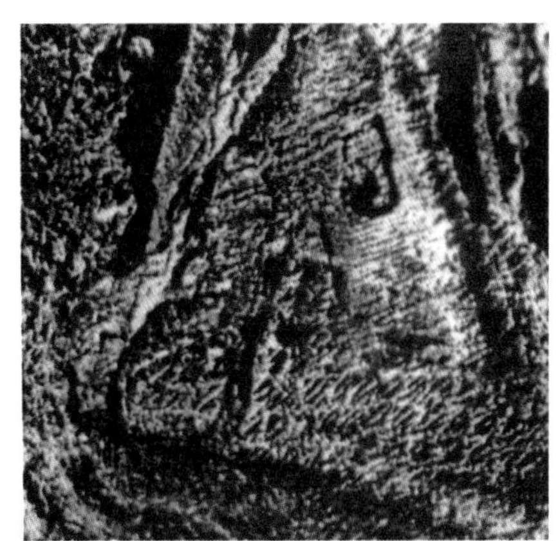
图10-3-8　新石器时期丝织品痕迹（浙江省吴兴钱山漾新石器遗址出土）

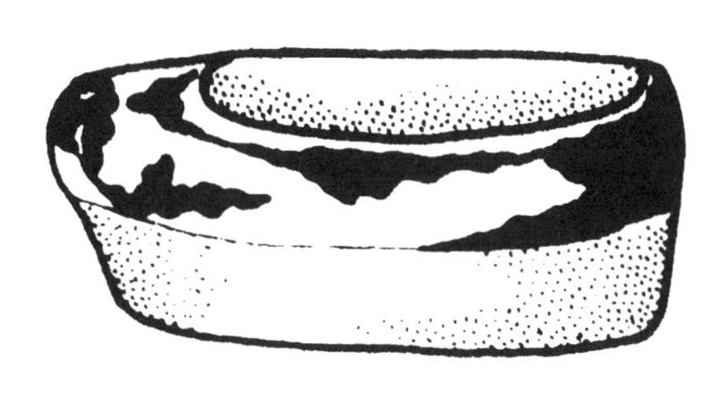
图10-3-9　汉舄（汉墓出土，临摹画）

图10-3－10　东汉绛地丝履，底长23厘米，高4厘米（新疆吐鲁番阿斯塔那305号墓出土，新疆博物馆藏）

了宝贵的物质条件。

这里着重要介绍的是汉墓出土的三双丝履：

第一双是汉舄。汉舄鞋面为丝，鞋底为木，且木底较厚（图10-3-9）。这种舄商周时代就有了，金文中有过记载。

第二双是吐鲁番汉墓出土的东汉绛地丝履（图10-3-10）。有两点理由可以认为此鞋是汉代妇女穿的：一是其鞋长为23厘米，相当于现在的36码，这样的鞋码通常是女鞋；二是其式样为圆头圆口。在汉代，男鞋为方头方口，有棱有角，象征着男人的权力和威严；女鞋则为圆头圆口，意思是妇女应圆润和顺从。

第三双是楼兰汉墓出土的汉代红地晕裥绯绣花鞋（图10-3-11）。这双鞋形似五代才出现的三寸金莲的鞋式。在三寸金莲出现前一千年就有了这种现象，这是不是三寸金莲步入历史舞台前的一次预演呢？

魏晋南北朝时，丝履依然十分流行。其时规矩是：凡娶妇之家先下丝麻鞋一两为礼（一两即一双的意思）。在阿斯塔，东晋前凉墓葬中出土过一双织有“富且昌宜侯王天延命长”字样的编织履，履用七色丝线编

图10-3-11　汉代红地晕裥绛绣花鞋（楼兰尼雅汉代遗址出土）

图10-3－12　东晋织成履，织有汉字铭文“富且昌宜侯王天延命长”（出自《丝绸之路——汉唐织物》，吐鲁番阿斯塔那东晋墓出土）

图10-3-13　唐代云头锦鞋（新疆吐鲁番唐墓出土，出自《丝绸之路——汉唐织物》）

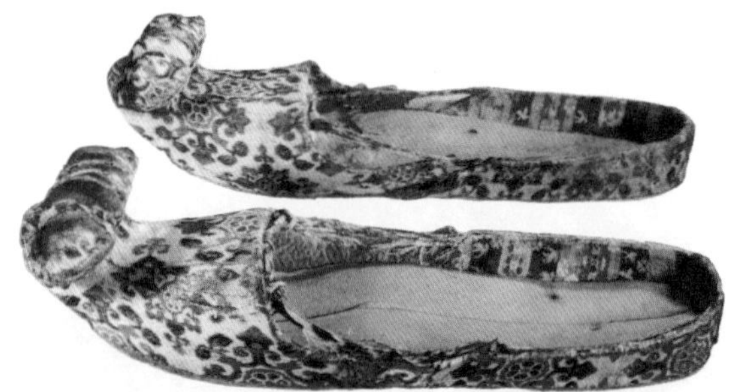

图10-3-14　唐代变体宝相花纹锦鞋（出自《丝绸之路——汉唐织物》，吐鲁番唐墓出土）

图10-3-15　宋代菱纹绮履，深口高头单梁，棕黄色（江苏省金坛宋代周瑀墓出土）

图10-3-16　清后妃穿用的石青缎绣凤头履（清宫传世实物）

织而成，且一次编织成整个鞋帮，同时将各种色彩十个字形图案编入其中（图10-3-12）。

关于唐代锦鞋，在新疆唐墓中多次被发掘：1969年，新疆吐鲁番出土了公元778年的锦鞋（图10-3-13）。

吐鲁番出土的另一双高头锦履，帮用变体宝相花纹锦，颇为绚丽（图10-3-14）。宋代鞋履男女都用锦缎做成。至宋代，已能制造长短不过2厘米的针了，这对绣花丝履工艺的提高和发展必定会有直接影响。与此不同的是，宋代的男式锦缎鞋仍以素色为主（图10-3-15）。

刺绣是中国优秀的民间工艺之一，具有悠久的历史。故宫传世的石青缎绣凤头女鞋采用的就是京绣（图10-3-16）。因为是凤头，按照清宫规制，凤头缎鞋应为皇后穿着。与皇后凤头缎鞋相配的是皇帝的厚底缎鞋，鞋跋衬里为明黄缎子。明黄色的穿戴用品清代时只有皇帝才可使用，违者是要被杀头的（图10-3-17）。

辛亥革命后，20世纪20年代始，我国绣花丝鞋的最高成就首推上海小花园鞋店。除了制作技术上的高超

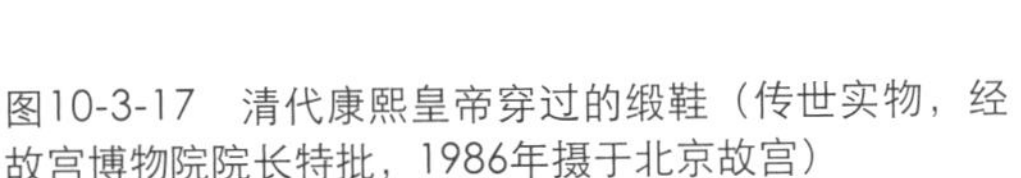
图10-3-17　清代康熙皇帝穿过的缎鞋（传世实物，经故宫博物院院长特批，1986年摄于北京故宫）

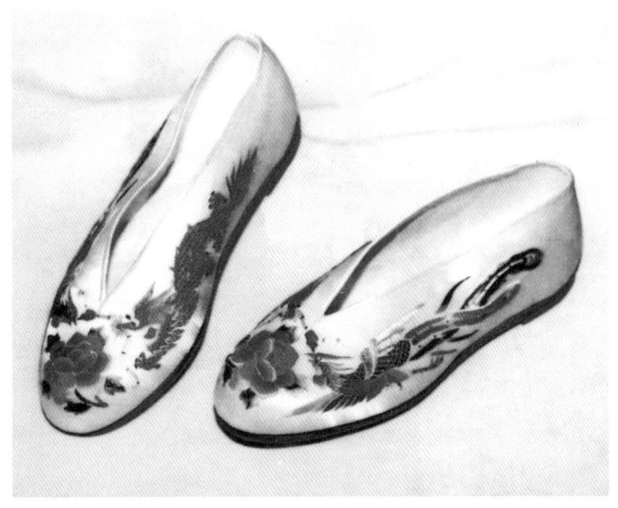
图10-3-18　上海小花园鞋店“龙凤戏牡丹”绣花鞋（摄于小花园鞋店）

图10-3-19　宋代女布鞋　江西省九江市南宋墓出土（摄于北京）

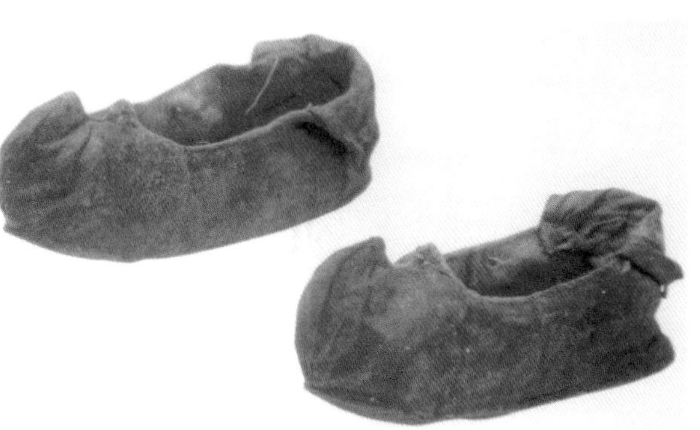
图10-3-20　明代女布鞋（明墓出土）

手艺外，细腻的苏绣为小花园绣花丝鞋立下了奇功。“小花园”至今依然保留着最具代表性的四季绣花鞋：春鞋上绣玫瑰，夏鞋上绣荷花，秋鞋上绣菊花，冬鞋上绣梅花。刺绣是一种以针当笔，积丝累线而成的艺术。一根丝线要能分成多少股，每股应有多少粗细，每个绣品都要用上好多种色彩，每种色彩还常常要用好几档色阶来表现。小花园鞋店正是以自身的高超技艺与巧夺天工的苏绣结合在一起，独树一帜地为中华民族奉献出精湛的艺术品（图10-3-18）。

比葛履、麻履和丝鞋出现得晚的是棉布做成的布鞋，这是中国老百姓心目中最熟悉的鞋履。讲到布鞋，就不能不先讲讲棉花的故事了。其实，棉花不是我国的原产，中国人种植棉花大约始于2300年前。可是，因为把棉花变成布十分困难，如棉籽难除、棉纱难纺等，所以，棉布一直没能很好推广普及。

引发中国织布革命的是元代松江府乌泥泾（今上海市华泾镇）的一位劳动妇女黄道婆。她因离家出逃流落到海南岛，30年后再将海南黎族的棉纺织技术带回家乡，推广改进了轧棉机、弹棉弓、纺车、纺机等，这才使棉布织品广泛应用。而棉布的发展史刚好也印证了（棉）布鞋的发展史，即棉布和（棉）布鞋都是从元代开始广泛应用并普及的。正因如此，出土的古代布鞋中，元代以后的居多。

21世纪的老百姓想到鞋店看看千姿百态的布鞋，应该是不困难的。但是，如果你想看到原汁原味的古老或旧时的布鞋，就没那么容易了。好在祖先为我们留下了一批老布鞋藏品，正好让我们一饱眼福（图10-3-19~图10-3-26）。

说到布鞋总会说到纳鞋底。今天的城里人大概很少有人再纳鞋底了，可是在农村和少数民族地区，纳鞋底的活儿依然悄悄流行着。中国人是什么时候开始纳鞋底的呢？迄今为止，年代最早的实例是山西侯马东周墓出土的东周武士俑，脚底有明显的纳线纹迹（图10-3-27）。此外，秦代兵马俑步兵脚穿方头方口履，鞋底

图10-3-21　清代男布鞋（德国皮革博物馆收藏）

图10-3-22　清代男布鞋（德国皮革博物馆收藏）

图10-3-23　雨天穿用的鞋底铆钉的涂桐油布鞋（德国皮革博物馆收藏）

图10-3-24（20世纪30年代绣花女棉鞋）

图10-3-25　纳西族绣花女布鞋（摄于1986年）

图10-3-26　侗族绣花女布鞋（摄于1986年）

也见纳底线纹迹（见图10-3-28）。广西汉墓出土的汉代铜跪俑，鞋底依然见纳底线纹迹（图10-3-29）。

如此，周代、秦代、汉代连续三个朝代都已经为我们研究纳底鞋的起源和发展提供了历史证据。

20世纪20年代后，我国的纳底布鞋又派生出麻线纳皮底布鞋。其中，最为出类拔萃的要数上海“小花园”鞋店了。“小花园”的猪鬃穿线缝制法已流传了半个多世纪，至今仍在采用。其生产工艺是：用优质黄牛皮为底（厚约1.5厘米），用麻线镶鸡心跟。第一道线为暗线，第二道线为立针。纳底后跟为5至6档，掌部为20档。这种纳底鞋即使断了其中一针的线，也不会影响其他针脚线（图10-3-30）。

纳底鞋发展至清代。已造就出驰名中外的“千层底”双梁鞋（图10-3-31）。“千层底”布鞋是建于咸丰三年的北京内联升鞋店的传统产品，制作这种“千层底”时，“内联升”有一套严格的操作规程，纳底讲究针眼细、麻绳粗、利手紧，使层层白布结成整体不走形。这样的千层布鞋底，具有冬御寒、夏散热等优点。辛亥革命前，“千层底”主要用作制靴；辛亥革命后，该店又将“千层底”缝绱尖口、圆口布鞋以及大舌棉鞋等，并延续至今。

图10-3－27（东周武士俑　山西侯马东周墓出土）

图10-3-28　秦兵马俑纳底军鞋（陕西秦代兵马俑坑出土）

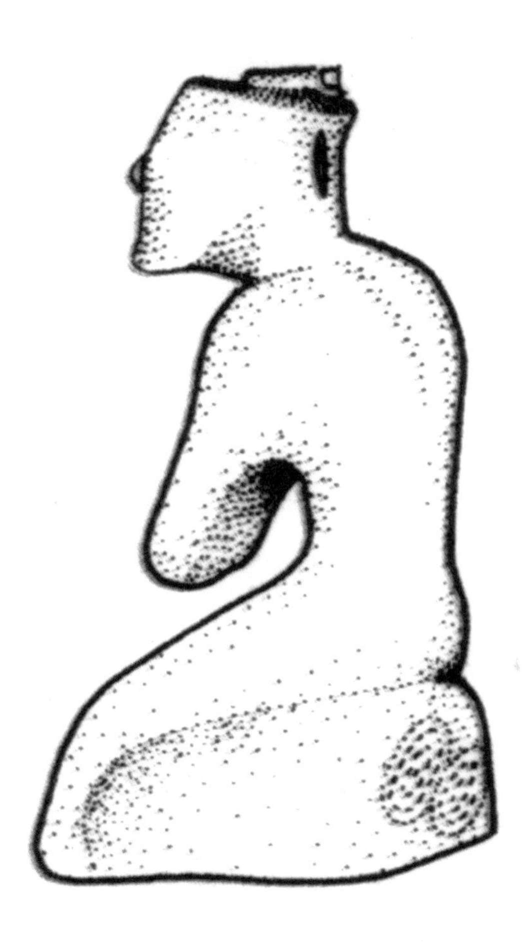

图10-3-29　汉代铜跪俑，着纳底鞋（根据广西汉墓出土实物临摹，广西博物馆收藏）

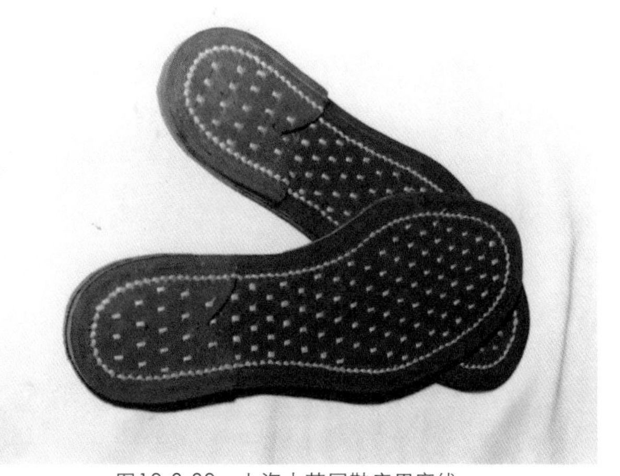

图10-3-30　上海小花园鞋店用麻线纳的黄牛皮底（摄于小花园鞋店）

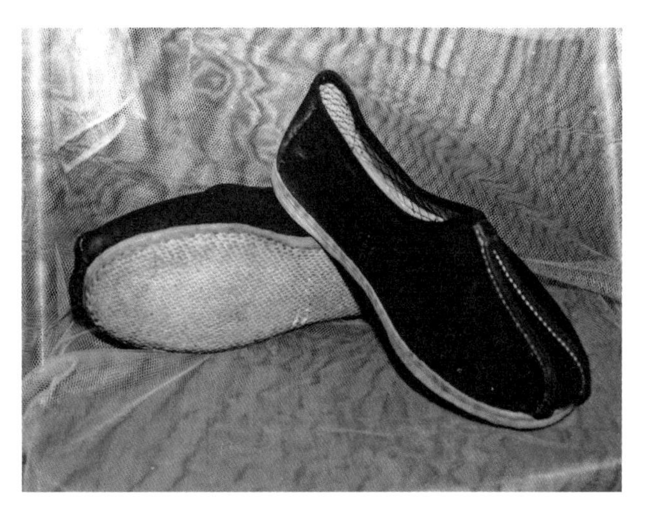

图10-3-31　“千层底”双梁鞋，自清代沿用至今（1986年摄于北京内联升鞋店）

第四章 木屐——中国最早的登山鞋

据史料记载，最早的木屐始于战国。相传晋国大臣介之推被烧死在锦山上，晋文公十分悲痛，将其死时所抱之树制成木屐，每年此日便向木屐深深鞠躬。一般认为，晋文公所制之屐为中国第一屐。

南北朝时，有一个人叫谢灵运，人称谢公。他喜欢登山，可那时没有登山运动鞋，于是，他自己设计，自己动手，用木料做了一双特别的木屐。他做的木屐是连齿屐，亦称双齿屐，就是木底前后有“脚”的。与众不同的是，这双连齿屐的前后木齿是可以脱卸的。在长期的登山实践中谢公发现，上山和下山时，脚下是斜坡，人的身体会失去平衡，有了这双可以脱卸前后木齿的木屐，这个难题便解决了。原理是这样的：上山时，因为山坡是前高后低，所以卸下前齿，木屐便可平行了。而下山时，因为山坡是前低后高，所以，卸下后齿，同样，木屐也可平行了。这双登山木屐被后人称为谢公屐。谢公屐的式样应更像朝鲜族的鸟形双齿屐（图10-4-1）。

图10-4-1　朝鲜族勾背木屐，亦称双齿屐或连齿屐（1986年摄于延边博物馆）

图10-4-2　三国东吴时连齿木屐（江西省南昌市东吴高荣夫妇墓出土）

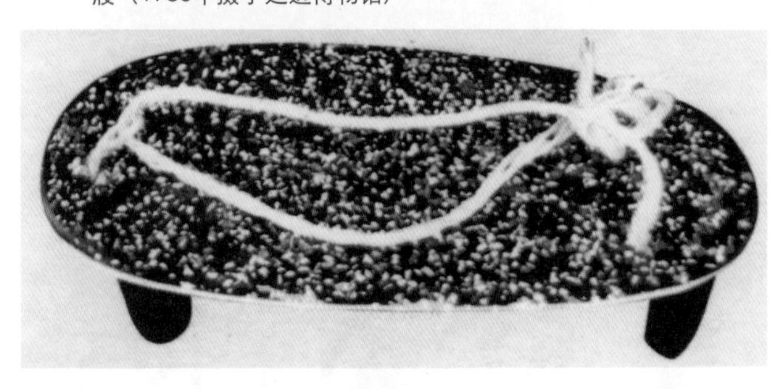

图10-4-3　三国东吴时漆彩连齿木屐9安徽省马鞍山东吴朱然墓出土）

谢公屐的故事，唐代和宋代都有文字记载。唐代李白的诗句就有：“脚著谢公屐，身登青云梯。”《宋书·谢灵运传》也云：“灵运常著木屐，上山则去前齿，下山则去后齿。”

如果战国时晋文公是制作木屐的中国第一人的话，那么，南北朝时，喜穿连齿屐的宋武帝刘裕称帝后（公元420年至422年在位），应为中国第一位穿木屐的皇帝。见《宋书·武帝本记》：“卖鞋的刘裕成武帝后，性尤简易，常著连齿木屐”。既然刘裕曾经卖过鞋，当了皇帝以后还依然喜欢穿连齿木屐，那么，我们不难想象，刘裕或许就是卖木屐的，而且是连齿木屐。谢灵运是南北朝人，刘裕也是南北朝人，二人都是名见经传的大人物。虽然南北朝时谢灵运穿着登山的谢公屐没有留下实物，但是，刘裕喜欢穿的连齿木屐倒有两双从东吴墓中出土过（图10-4-2，图10-4-3）。

关于齿屐，史料也屡有文字记载，如：“一双金齿屐，两足白如霜。”（唐代李白《浣纱石上女》），“应邻屐齿印苍苔，小扣柴扉久不开。春色满园关不住，一枝红杏出墙来。”（南宋诗人叶绍翁《游园不值》），“高低绣陌湿无痕，处处苍苔屐齿存。”（清代孔子七十代孙孔广棨《春雨篇》）

图10-4-4　南宋《寒山子像图页》中人物穿连齿木屐（亦即双齿屐）（南宋　马远，北京故宫博物院藏）

图10-4-6　明代《东坡小像》中着连齿木屐的苏东坡（明代　孙克宏）

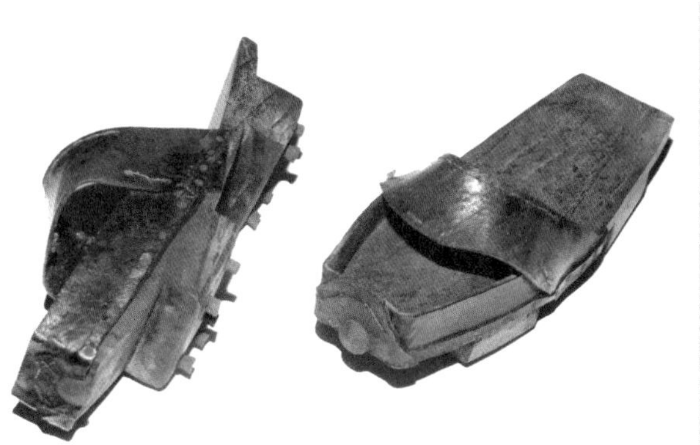

图10-4-5　明代连齿带钉木屐，套在鞋外穿用

图10-4-7　广西木屐

木屐最早的绘图资料之一是南宋的《雪屐观梅图》。雪天观梅者着屐主要也是为了不践泥湿，其形制则为古代典型的双齿屐（亦称连齿屐）。而是南宋马远绘的《寒山子像图页》，画中人物也是脚着双齿屐（图10-4-4）。

《急就篇》颜师古注"屐者以木为之，而施两齿，所以践泥"，可见齿屐为古代木屐的主要形制。平底屐实际上是去了齿的木屐。"凡着屐遇崎岖之地，亦或去之（即将木齿去掉）"。大意是，木屐的式样总体上分为两种：一种是有双齿的，即连齿的；另一种是没有齿的，即平底木屐。但清代（含清代）以前，木屐一般是连齿的，而连齿木屐中又分可脱卸木齿的木屐和不可脱卸木齿的木屐。

从南宋绘画中可以看出，其时的双齿屐（或称连齿屐）是满帮鞋式的，脚直接伸进木屐中穿用。可是，明清之后，齿屐改成拖鞋式套在鞋外穿用（图10-4-5，图10-4-6）。

古代木屐曾经是一种婚鞋。据《后汉书·五行志》载：汉代妇女出嫁时必穿木屐，屐上施以彩画，并以五彩丝带系之。

魏晋南北朝时，男女已普遍着屐，且规制甚严。《晋书·五行志》载："初作屐者，妇人圆头，男人方

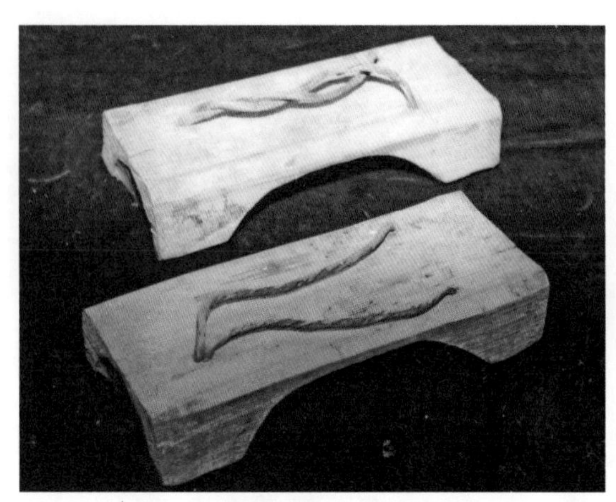

图10-4-8　傣族竹屐（作者摄于云南）

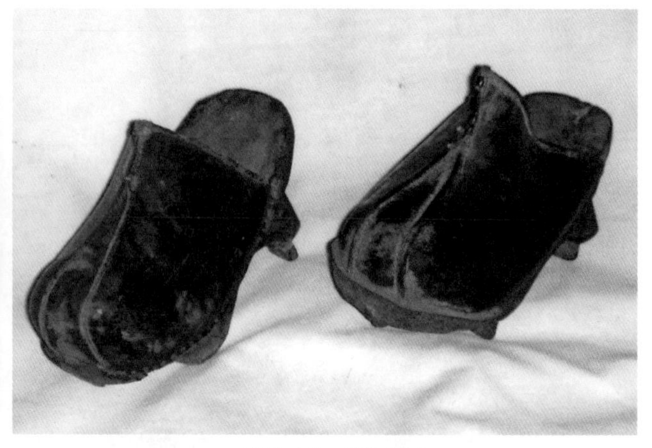

图10-4-9　清代皮屐

图10-4－10　20世纪50年代广东船女脱屐而坐　《五十年前的中国》，丹麦　赫尔鲁夫·比茨特鲁普

头。圆者顺之义，所以别男女也。至太康初，妇人屐乃方头与男无别。”从屐头方圆也可见太康前男尊女卑的丑恶现象。

唐代的政治开明从木屐上也可反映出来。古时，妇女的双脚是不准显露的，但唐代女子却可以“一双金齿屐，两足白如霜”“屐上足如霜，不著鸦头袜”（见李白诗）。她们不仅可以在居室内脱袜跣足，甚至可以“更着一双皮屐子，纥梯纥榻出门前”（唐代《嘲妓》）。

近代以来，木屐一般都为夏季之物，而在1000多年前的唐朝，春季已是满村木屐声了。杜甫曾用“步屧随春风，村村自花柳”的诗句描绘当时的情景。

作为雨鞋，木屐被沿用了至少有2000年，直到清代，才有了油靴、皮鞋或钉履替代木屐。但底层百姓依然是着屐的多。有钱人一般是不穿屐的，这点在《红楼梦》中也有反映：“宝玉笑道：‘我这一套是全的，一双棠木屐，才穿了来，脱在廊檐下了。’黛玉道：‘你又穿不惯木屐子。’”短短两句话，不仅告诉了我们制屐的材料，也反映了木屐并非贵人们的常用品。

中国2000多年的木屐史中，根据材料的不同、用处的不同、穿者的不同而产生了各种各样的屐名，分别为：木屐（图10-4-7）、竹屐（图10-4-8）、帛屐、棕屐、草屐、皮屐（图10-4-9）、齿屐、勾背屐和画屐等。

我国木屐主要分布在两广（广东、广西）和南方地区以及江南一带，包括上海。北方罕见着屐者，唯独朝鲜族地区例外。朝鲜族地区着屐主要是因为山路崎岖且多冰雪，故屐下皆有双齿，其次是因为我国东北离堪称“木屐之帮”的日本较近，受该国生活习俗影响所致。

1986年，鞋史学者骆崇骐在广西考察中国鞋史时了解到，广西山区放牛郎常常利用放牛空闲时间，在山上砍木制屐，逢星期天便挑到几十里以外的市郊集市上叫卖，每双仅售五角钱。连首府南宁市的居民也会特意到郊区赶集，买上几双木拖鞋。一到大热天，南宁市的大街小巷，便响起噼噼啪啪的木屐声。

两广地区制屐时选材十分讲究。制屐一般要用苦楝木，或称花心木。这种木材花纹特别好看，分量也轻，走路时声音却特别响。也有用银木的，这种木材虽然很轻，但无花纹。此外还有用松木的，只是分量较重，穿着不很舒适。

与广西相比，旧时广东对木屐的情缘又似乎更深，有人干脆以“屐声”二字形容老广州的一大特色。老广州的男女老少都有穿木屐的习惯。广州过海划艇的疍家妇女也常年脚穿木屐（图10-4-10）。

广东初期的木屐只是木头刨成鞋底形，很简单，男女款式不分。后来款式渐增，分男式与女式及方头平底（图10-4-11）与圆头连跟。现在，除了广东农村依然可见到木屐外，广州的屐声已渐渐消失了（《老广州》）。

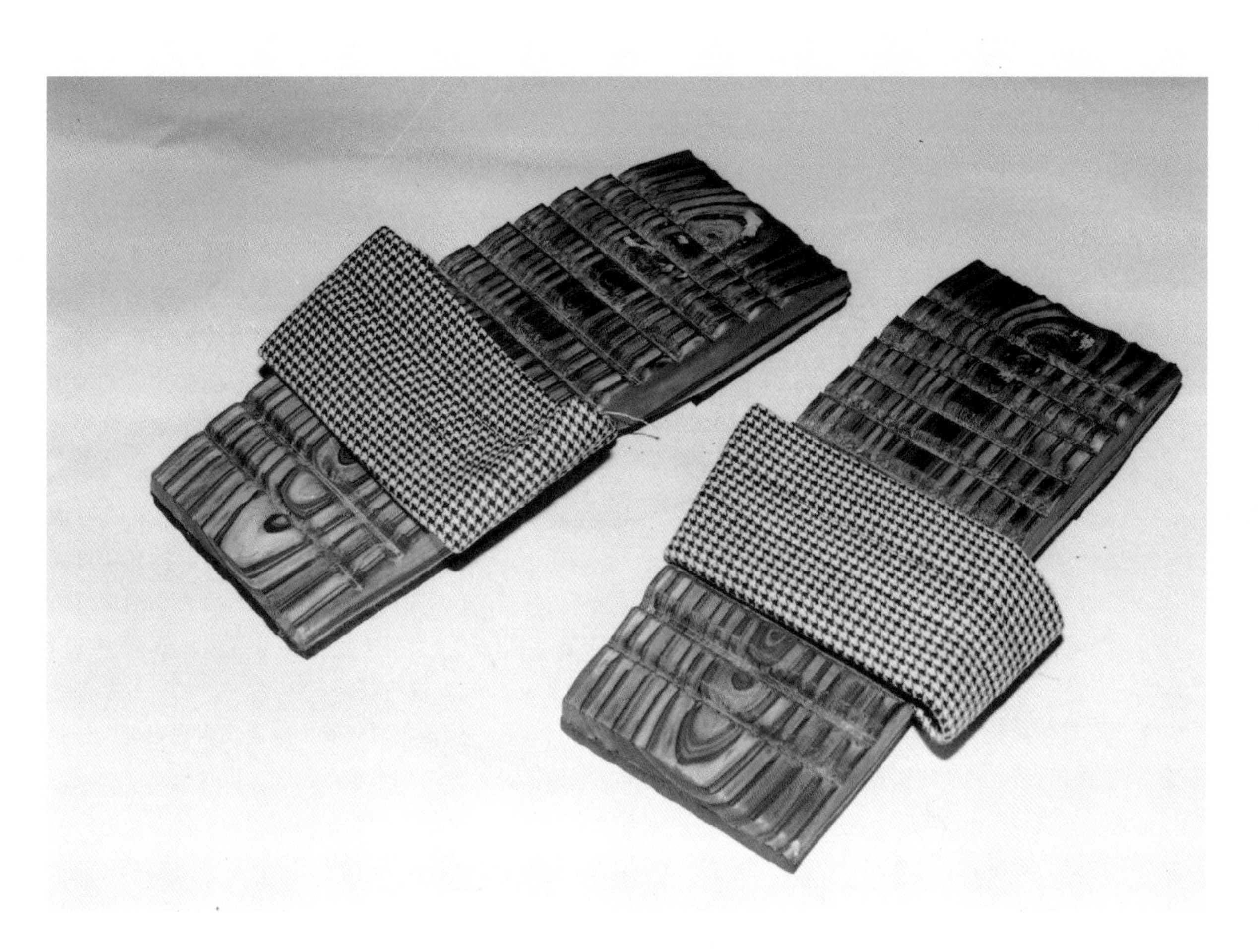

图10-4-11　方头平底木屐

第五章 皇帝与草鞋

永嘉元年，中国鞋史曾被添写过一笔。那年，在晋怀帝的恩准下，宫内管鞋服的官员奉命调集宫中匠人用黄草编织伏鸠履子。匠人编织一双这样的草履，要花费很多时日。这种伏鸠履子妃子爱穿，皇后爱穿，就连晋怀帝也爱穿。此即古人所称之黄草心鞋。

公元826年至840年，唐朝第十四代皇帝，唐文宗李昂，唐代妇女中盛行一种颇为奢侈的高头草履，纤如绫縠。由于费日害功，唐文宗曾禁止妇女穿这种草履。他只准一般妇女穿平头小花草履。当时，但却不曾认真执行过，故一直流行到五代（图10-5-1）。

小小的一双草履，竟然先后惊动了两位皇帝。一位皇帝晋怀帝司马炽在公元306年恩准编织伏鸠草履，另一位皇帝唐文宗李昂在公元826年又禁止编织高头草履。两位皇帝在相隔500多年的时空里，以内容完全相悖的两道圣旨打起了笔墨战。虽然两位皇帝与草鞋如此有缘，但草鞋并不是他俩发明的，那么中国草鞋是什么时候发明的？又是谁发明的呢？

图10-5-1　唐代草履　新疆吐鲁番阿斯塔那唐墓出土

中国人利用植物的枝叶、根茎为原料编织穿戴用品已至少有7000余年的历史，这是从浙江省河姆渡原始社会遗址中发现距今约7000年的苇编席子后得出的结论。苇编席子的发现也应该旁证了草编鞋子的同时存在。

一般认为，人类最早的鞋履是原始的“裹脚皮”。就技艺角度而言，从兽皮裹足发展为草编鞋履确实是鞋史中由低级向高级演进的一次飞跃。

关于草鞋的起源，《中国风俗》一书曾收编过民间的一种传说：相传古时候有个穷老汉叫张果老，一年四季靠砍柴过日子，由于赤脚上山，双脚终日被扎得鲜血淋淋。开始他用一束稻草包脚，但走起路来很不方便。后来，他把稻草搓成筷子大小的草绳，一根一根地缠在脚上，这样虽好一些，但缠起和脱掉都费时间。后来他又改进，把稻草编成有底有面的草鞋。图10-3-2、图10-5-3是清代编织草鞋的传世图画，可能就是当年张果老编织草鞋的简单方法。正是用这种最简陋的工具，民国时期上海郊区农妇常常将编好的草鞋拿进城里去卖。1931年时，一双草鞋可卖到四百文钱，相当于一双布鞋的价钱（图10-5-4）。

我国出土过一双西汉时期（公元前206年至公元25年）的草鞋（图10-5-5）。这双草鞋的造型与2000多年后现代农村编织出来的草鞋的造型几乎一模一样，即一个草鞋底加上几根草绳搭袢。这大概是草鞋最原始的设计理念吧。

众所周知，草鞋是最容易腐烂的，这双草鞋在西汉墓中埋藏了2000多年依然如此完好，真稀奇。所以，我们有理由自豪地宣称：这是中国的世界第一草鞋。

在古代的不同时期，按材料、式样、穿着者身份及穿着场合的区别，草鞋曾有过各种名称，如屩、草屩、芒屩、蹻、菲、屝、屝屦、鞻、芒鞻、屣、蹝、躧、蒲履蒲靴、蒲窝子（见图10-5-6）、黄草心鞋和草拖鞋等。

图10-5-7是较罕见的清代编花草鞋，因为珍贵才传世留存下来，现陈列在德国鞋博物馆。

我国古代东西南北地区均流行过草鞋。主要原因有二：其一是因为我国到处都有草类植物，取材极为方

图10-5-2　清代《推草鞋图》（出自清末英美烟草公司的烟画）

图10-5-3　清代《打草鞋图》（出自清末刊本插画）

图10-5-4　民国时期自产自销草鞋的上海郊区农妇（出自《上海旧影》）

图10-5-5　西汉时期草鞋（湖北江陵纪南城东南凤凰山西汉墓出土）

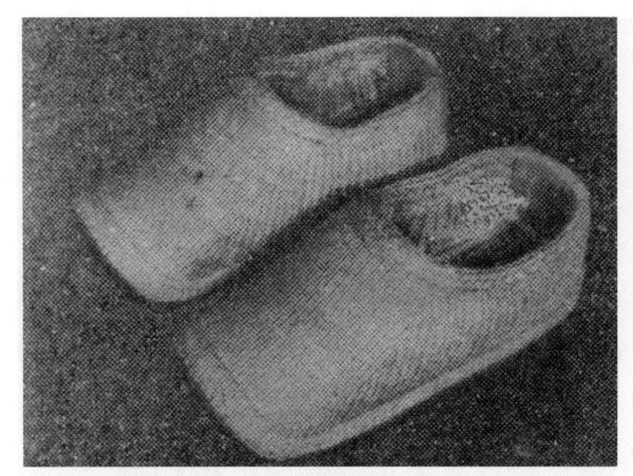

图10-5-6　山东地区蒲靴（亦称蒲窝子）（传世实物）

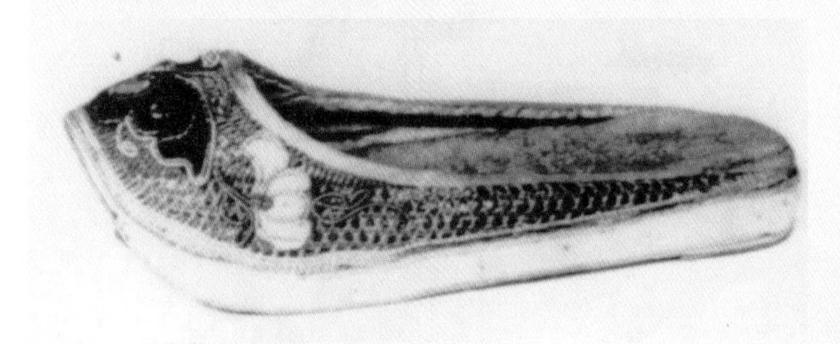

图10-5-7　清代编花草拖鞋（出自德国皮革博物馆）

图10-5-8　旧时朝鲜族传统麻草鞋（1986年摄于延边博物馆）

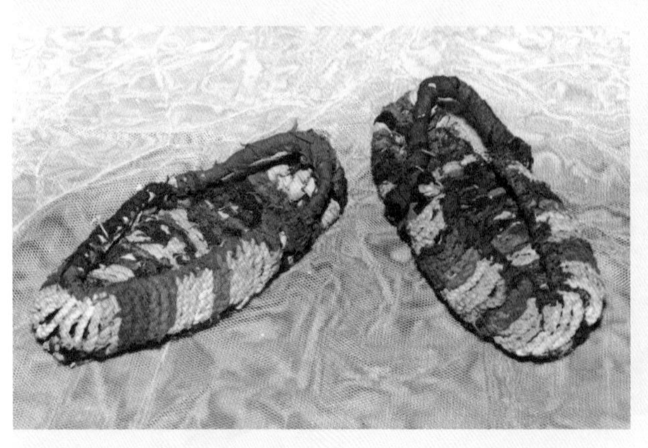

图10-5-9　旧时朝鲜族传统麻线草鞋（1986年摄于延边博物馆）

便；其二是草鞋穿着轻便。

史载唐代吴郡（苏州市）驾船人都着南方装束，戴大笠子，着宽袖衫和草鞋。草鞋盛于南方此为一例；汉时，马韩人住朝鲜半岛，其时他们的服饰为“布袍草履”。此为北方盛行草鞋之一例（图10-5-8、图10-5-9）。

宋代张择端的《清明上河图》中的平民百姓和挑担小贩都穿着草鞋（图10-5-10）。此外，还有平民百姓不仅脚上穿着草鞋，肩上还挑着一双草鞋（图10-5-11），因担心返回时脚上的草鞋磨破，所以有备而来。

今天，依然偏爱穿草鞋的地方是西南少数民族地区和西北某些城乡地区，不过多为麻草混编的鞋子（图10-5-12）。

草鞋最初曾是帝王、君王、贵人及读书人的足下宠物。在古代，民间人士远行和劳作也大多爱穿草鞋。宋诗中就有“竹杖芒鞋胜骑马”之描写。

从古到今，虽然中国东西南北地区皆有着屩（指草鞋）者，但近代以来最著名的草鞋产地则在山东。

山东的草鞋编织工艺有悠久的历史传统，而大规模的经营活动则还只有一百多年的时间。在此以前，多为手工自家编织。其发展可分为三个阶段：

第一阶段从19世纪50年代至20世纪30年代；第二阶段从20世纪30年代至20世纪40年代；第三阶段从20世纪50年代到20世纪80年代。20世纪80年代山东草编生产已遍及全省一百多个县，拥有专职及加工人员十多万人。其中，以玉米皮小辫缝制的草拖鞋首先进入了国际市场。其实，山东早在19世纪就生产蒲窝出口，蒲窝是掖县一带民间以蒲草编制的草靴，其以价廉物美、保暖性强而一直延续至今。

图10-5-10　宋代商业街上穿草鞋的平民和小贩（出自《清明上河图》，宋代　张择端　北京故宫博物院收藏）

图10-5-12　西南地区草鞋（摄于1986年）

图10-5-11　宋代赶远路进城的平民习惯挑一双备用的草鞋（出自《清明上河图》，宋代　张择端　北京故宫博物院收藏）

第六章 军鞋魂

随着经济的发展、国家的建立和军事上的迫切需要，军鞋才从一般鞋履中分离出来，并以靴、履、屩（即草鞋）和屐等主要鞋类构成了一部古代中国的军鞋史。我们了解军鞋史，主要也就是了解军鞋的产生与演变过程，穿着军鞋的规章制度以及在作战中所起的作用。

关于军鞋，至少可以追溯到商代。

殷墟中曾出土过甲胄，其中包括皮胫甲。清代末期在河南安阳出土的殷周戍革鼎上，已刻有"革"字。既然商代的皮革制造已露头角，那么，皮革可以保护易伤部位（包括小腿）的实用知识必定会引起军事家们的注意。沈阳周代废墟中出土过铜泡钉皮靴。据考证，它与出土甲胄皆为周代武士所着。铜泡钉靴是迄今为止我国出土年代最早的军鞋实物（图10-6-1）。将铜泡钉装饰到皮靴上，是设计者从战时更高的防护要求出发所作的精心构思。这是军靴源于胡履，别于胡履的一大标志。

但是，由于地理环境和气候条件各异，军鞋所采用的材料肯定也是不同的。曾有一说，认为"北方以皮为之，南方以草为之"。虽然此是针对一般古鞋而言，但是作为古鞋一部分的军鞋来说，当然也不例外。《宋书·张畅传》："畅在城上与魏尚书李孝伯语。孝伯曰:'君南土膏梁，何为着屩？君且如此，将士云何？'"此语证明，当时在军中上至统帅下至士卒皆以屩（草鞋）为军鞋的。而为人们熟知的八耳草鞋又是起源最早、流传最广、最为实用的一种草鞋形制。近现代的中国军队，也曾普遍穿着这种草鞋，包括二万五千里长征中的红军。

秦代为今人留下的靴鞋实物寥寥无几。然而，秦始皇陵出土的8000尊兵马俑却可称为中国军鞋史中的一大奇迹。每一尊兵马俑都穿着与自己身份相应的军鞋。它不仅为研究秦代的制鞋技术，并且为探讨秦代军鞋饰（式）样提供了极有价值的资料。

从秦墓兵马俑的靴鞋判断，秦代部队的鞋履已按兵种及等级而各异。其中，将军着战靴（图10-6-2），骑兵着马靴（图10-6-3），步兵着方头方口履并系鞋带（图10-6-4）。

如此大规模的军鞋的统一性，有力地证明了这样的史实：秦代的军鞋材料、式样和制作工艺已初步形成了"标准化"。这是中国制鞋史上一个了不起的科学成就。从数量如此之

图10-6-1 东周武士铜泡钉靴（沈阳东周墓出土，临摹图）

图10-6-2 秦代兵马俑将军着战靴（陕西省秦兵马俑坑出土）

多的“标准化”军鞋来看，我们不难断定，那必定是由数十个或更多官营机构（相当于现在的军需厂）并在专门的军需官员督办下才能统一完成的。

这些军鞋的式样也与秦时鞋履特点相符。兵俑皆着方头履。方头履虽起源于战国，但却是到了秦代才定型的。古人经过长期穿用，认识了它的实用性，故方头履不仅在民间广泛流传，而且还被作为军鞋使用。秦兵俑鞋底明显的纳线痕迹比西周跪俑鞋底上的线迹更加精工细作，且前后掌部位密，腰部疏，可以说这是将耐摩擦原理准确运用于军鞋各部位的一个先例。这类方头军鞋由麻或葛制成，通常为步兵和弓手所着。考虑到步兵和弓手经常奔跑的实战要求，方头军鞋上又装饰了袢带。将军和骑兵则穿皮靴。此点完全沿用了战国赵武灵王的军靴装备制度，以利于骑射和作战。

军鞋在军事装备中所占的地位也应该是秦军屡屡取胜的不可忽视的因素之一。

此外，秦代已普遍用于步兵的方头方口履也仍然沿用至汉代，只是袢带所置部位有所变化，汉代军鞋所饰袢带已与今之女式横搭袢相似。

魏晋时期，北方高句丽和南方的木屐也流传到中原，并被用作军鞋。《晋书·宣帝纪》载：“青龙二年，诸葛亮病卒，诸将饶营循走。帝出兵追之。关中多蒺藜，帝使军士2000人着软材平底木屐前行，蒺藜悉着屐，然后马步俱进是也（即部队遇蒺藜之地，先派2000士兵穿木屐将路踩平，然后骑兵步兵随后前进）。”这是历史记载中，最早将木屐用于作战的实例。约在同一时期，作为军鞋的木屐又有了进一步发展，即以屐底装上钉齿。

如今在吉林省博物馆保存着唯一的一只鎏金铜钉“屐”（图10-6-5），这只鎏金铜钉“屐”底长32.5厘米，跟宽8.7厘米，底边向上卷起1厘米，底尖微微向上回卷。沿底边四周相对有22个直径为0.3厘米的圆孔。整片“屐”底上铆接35根钉齿，钉长3.3厘米，粗0.5厘米。根据这只钉“屐”的构造和设计，可以断定，它是借助于底边上的22个小圆孔用钉子固定在穿者的鞋底上的。也就是说，它是外加在军鞋底上的，军鞋底更可能选用木材。

图10-6-3　秦兵马俑骑兵着马靴（陕西省秦兵马俑坑出土）

图10-6-4　秦兵马俑步兵着方头方口履（陕西省秦兵马俑坑出土）

图10-6-5　魏晋时期武士穿用的鎏金铜钉屐（吉林省博物馆收藏，1986年摄于该馆）

与周代相同，唐代阿斯塔那遗址也出土过穿铜泡钉靴的武士俑（图10-6-6）。

宋代武职将帅服饰基本上承继唐制。宋制规定，武将参朝谒见时下穿大口裤，足着软皮靴。出征时则多服袍甲制：“下穿宽口战裤，足着战靴。”

元代军鞋也因蒙制和汉制戎服不同而各异。蒙制武服的特点为窄口裤、长皮靴，而汉制武服则以软战靴为主要特色。北京故宫博物院所藏元代卫士和武士俑均为短衣长鞠靴。

明制校、尉、士卒军鞋均沿用唐宋之制，但等级比较严明，如将校戎服着战靴，卫尉戎服着软靴，侍士戎服腿束行藤或绑腿并着战靴，兵卒戎服为绷带束腿，足穿战鞋。明代遗址还出土过双梁铜军鞋（图10-6-7）。

清代将帅很少戴盔披甲，其服饰与文职官员差不多。满清官员多以武兼文，帝王亦常亲自带兵，因此，文武官员服饰差别不大。武职官员作战与骑射皆“下穿裤，足着靴”。清代较高品级的武官足着青缎尖靴或皮战靴。一般武官着快靴或布靴。清制兵丁服式则“下穿长裤，腿缚行藤，着浅底鞋”。此种浅底鞋多半为北方流行的深口双梁鞋，奔跑时不易脱落。

军靴的全盛时期为清代。清廷帝王及文武贵官有方头缎靴、尖头缎靴、布底皮靴。靴底则有厚有薄，一般征战时皆着薄底靴，以利战事。北方寒冷地带亦有着黑毡靴的。此外，清军士兵还穿着乌拉鞋、冰鞋和草鞋。

清代帝王出征时，除披甲戴盔外，脚上穿着皮战靴（图10-6-8）。1986年，鞋史学者骆崇骐在沈阳故宫拍摄的帝王战靴（图10-6-9），与清代传世宫廷画中的帝王战靴竟完全相同，可见宫廷画师留下的宫廷画真实无疑。

崇德皇帝1636年建都沈阳，清军皆居东北。军队因气候寒冷都穿用满族民间的兽皮乌拉鞋，内垫乌拉草。士兵在行军打仗出汗后，只要将乌拉草从鞋内取出经太阳晒干仍非常暖和（图10-6-10）。由于制作和取材都十分方便，所以乌拉鞋成了当时北方的一种理想的军鞋。据传，大清皇帝率军打仗时，得知这种军鞋的优点后，便把乌拉草与人参、貂皮一起封为东北“三宝”。

始于清代沿用至今的冰鞋（图10-6-11），也是首先在旗兵中穿着的。按清代旧制，冰鞋仅属八旗兵穿着。每年冬季，八旗兵皆演跑冰。皇帝分日阅看，按等行赏。道光初，唯命内务府三旗预备清代冰鞋即所谓跑冰鞋，它以一铁直条嵌皮鞋底中，作势一奔，迅如飞羽。慈禧太后也十分重视跑冰演习，每年必看。清朝帝后如此重视跑冰运动，正说明冰鞋作为军鞋在北方作战中的地位与作用了。

图10-6-6　唐代着铜泡钉靴武士俑（新疆阿斯塔那唐墓出土，新疆博物馆藏）

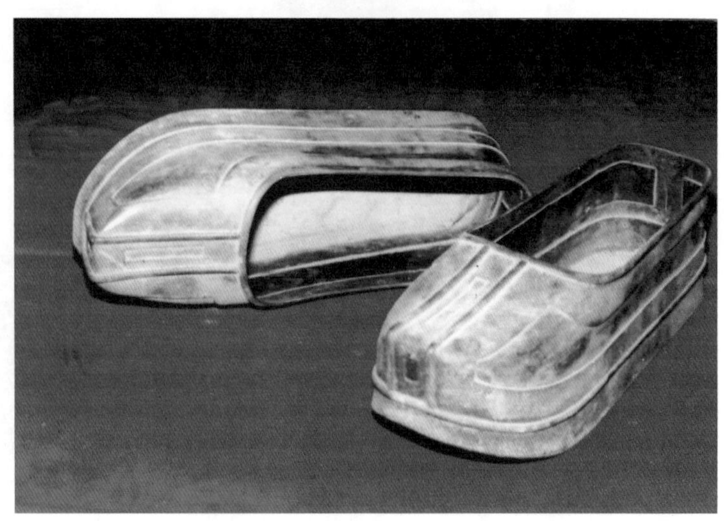

图10-6-7　明代双梁军用铜鞋，战时穿用（明墓出土实物）

图10-6-8　清代《乾隆戎装图》，脚穿挖云皮战靴　出自清代宫廷画

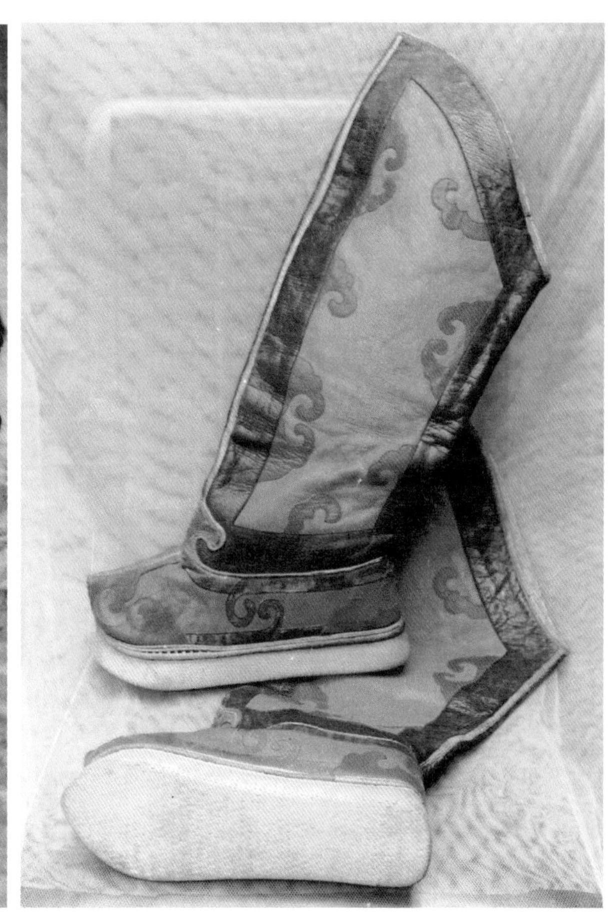

图10-6-9　清代帝王挖云皮战靴（1986年摄于沈阳故宫）

图10-6-10　清代乌拉鞋（作战时士兵穿用）（德国皮革博物馆收藏）

图10-6-11　清代雪地作战时穿用的冰鞋与此类似（以一铁直条嵌皮鞋底中）（1986年摄于吉林博物馆）

第七章 千年缠足祭金莲

古代中国，妇女和女孩的缠脚是一种畸形风俗，那时的小足被看作是美女的典型。小足在中国曾广为流行，世人称之为三寸金莲。后来，三寸金莲也泛指缠足鞋。

根据民间传说和历史记载，三寸金莲的起源有以下五种说法：

相传秦朝（公元前221年—公元前206年）秦始皇选美时女子足小被列为美女标准之一。由此，小足在中国男子的心目中成为评价女子的条件之一，此其一。

据《南史·齐东昏侯记》中记载，南齐东昏侯（498—500年在位）命宫女用金箔剪成莲花贴在地上，然后令潘妃在上边走，一步一姿，千娇百媚，走过的路上就像开出了许多金莲，这就是所谓“步步生莲花”了。后来，便称女子纤足为金莲，此其二。

隋朝炀帝（604—617年在位）是一个荒淫的皇帝。有一次，他想乘船游“运河”，但不用船夫，却要选一百名美女在“运河”两岸为他拉纤。有一位住在“运河”边上的铁匠的女儿吴月娘被选上了，为了表示反抗，吴月娘让父亲为她打了一把三寸长、一寸宽的莲花瓣刀，十分小巧锋利。她用一根长布条，把短刀紧紧地裹在脚底下，又按裹小的脚做了一双鞋。鞋底上刻了一朵莲花，走路时，一步会印出一朵莲花，十分漂亮（录自《中国风俗》），此其三。

天宝年间，唐玄宗（712—756年在位）纳其子寿王妃杨太真为贵妃。文献记载杨贵妃生前和死时均穿缠足弓形底鞋，此其四。

在中国，史学界一般公认三寸金莲起源于五代南唐（937—975年）。

南唐最后一位皇帝李后主喜爱音乐和美色，他令宫女窅娘用帛缠足，使脚纤小弯曲如新月状和弓形，并在六尺高的金制莲花台上跳舞。缠足因此而得名为金莲，此其五。

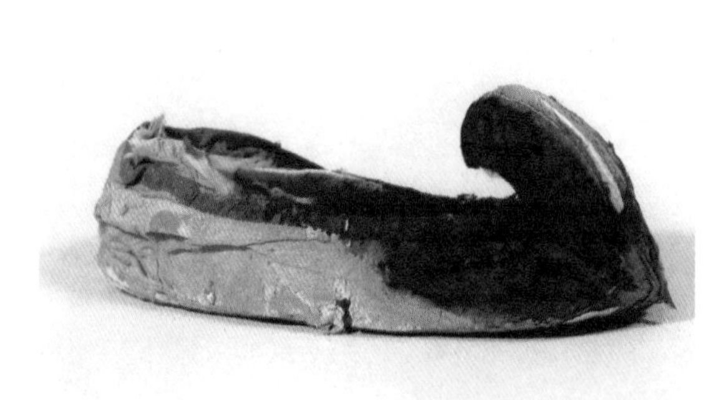

图10-7-1　宋代高头弓鞋（弓鞋系三寸金莲又一名称）（宋墓出土）

图10-7-2　翘尖缠足缎鞋（宋墓出土）

图10-7-3　宋代三寸金莲银鞋，鞋长14厘米，宽4.5厘米，高6.7厘米（浙江衢州市南宋墓出土）

图10-7-4　宋代缠过脚的女干尸（江西九江市宋墓出土，摄于北京）

妇女缠足是到了宋代才风气大盛的。所以，宋代留下的缠足史迹较多，宋墓不仅出土了许多缠足鞋，还出土了明显缠脚的宋代女干尸。此外，从宋代传世画作上也可见到穿着三寸金莲的缠足妇女的形象（图10-7-1~图10-7-5）。

至元代，仕女汉服仍承继宋制，一般下穿百褶裙，裙长及足，脚穿尖头绣鞋（图10-7-6、图10-7-7）。

缠足妇女有一个稀奇古怪的习惯，即裹脚布是昼夜不松开的。鞋史学者骆崇骐小时候每天夜晚见祖母洗完脚后，在脚趾间扑上香粉，然后又把裹脚布扎紧，在裹脚布外再套上一双睡袜（图10-7-8）。这是为了防止小脚走形变大。

图10-7-5　宋代《杂剧图》中妇女穿翘尖弓鞋（即三寸金莲）（宋代无名氏绘）

金代的都城宁府在今黑龙江省，黑龙江是中国最北端的地域了，可是，缠足现象及缠足鞋照样悄然而至（图10-7-9）。

明朝（1368—1644年）后，三寸金莲似乎又有进一步发展的趋势。明代裹足极盛，甚至成为品美之饰。唐寅（唐伯虎）所画《孟蜀宫妓图》（图10-7-10）中明代仕女脚上穿的就是弓鞋（三寸金莲）。

《西游记》一书中就有“凤嘴弓鞋三寸”之句（图10-7-11），句子中的弓

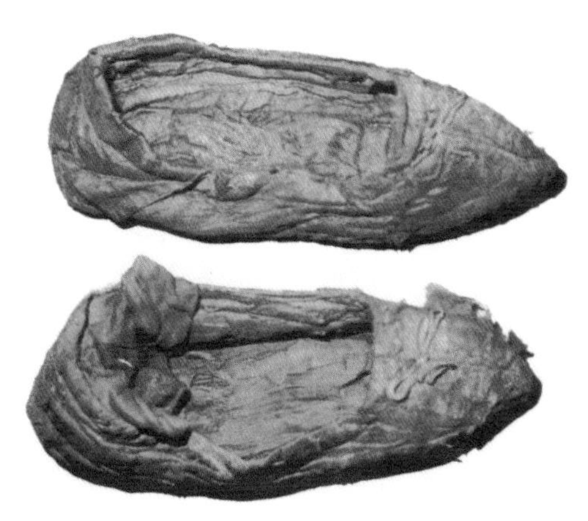

图10-7-6　元代尖头缠足鞋（元墓出土实物）

图10-7-7　元代尖头弓鞋（江苏无锡元墓出土）

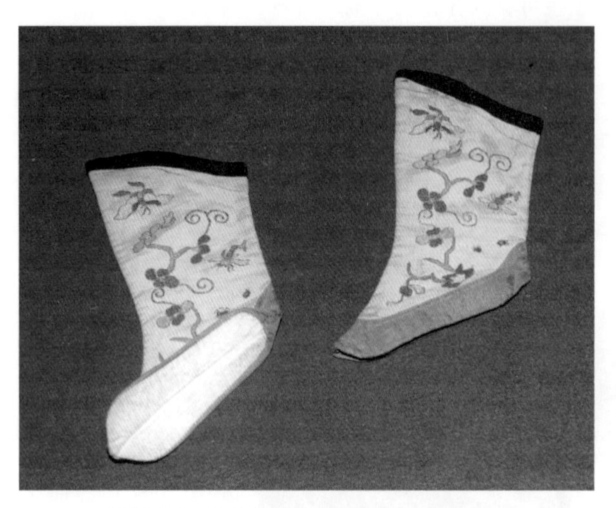

图10-7-8　清代缠足妇女睡袜（传世实）物

图10-7-9　金代缠足绣花鞋（金墓出土实物）

鞋即指三寸金莲。

满族人入关后，曾命令禁止缠足，更禁满人缠足。但汉族女子照缠不误，连满族人也偷偷学着缠，而且越缠越小。从中国目前收藏的传世实物三寸金莲来看，最小的鞋长仅9厘米，还不到二寸八分。《陔馀丛考》载：康熙初，曾诏禁裹脚，康熙七年又罢此禁。

清代仕女汉装的特点为：身穿大襟长褂，下穿宽口绣花裤，足着尖头绣花鞋（图10-7-12）。清代传世的三寸金莲成千上万，目前都散落在海内外文物机构或私人藏家手里（图10-7-13~图10-7-15）。清末民国初，妇女将长约27～30厘米的绣花裤腿（即膝裤）缝在三寸金莲鞋帮上，形似金莲靴，真可谓独具匠心了（图10-7-16）。

1911年辛亥革命，推翻了清政府，缠足之风才逐渐废止。但仅仅也是“逐渐废止”。“逐渐”一词包含以下方面：一指穿三寸金莲的地区逐渐缩小，城市废止较快，农村较慢；沿海城市较快，内地城市较慢。二指年幼及年轻女子中三寸金莲的人逐渐减少和废止。三指三寸金莲的尺寸逐渐变化，以后更多的

图10-7-10　明代《孟蜀宫妓图》中的四女子穿翘尖弓鞋（三寸金莲）（明代唐寅）

图10-7-11　明代凤嘴（三寸金莲）小脚石鞋（山东邹县四府厂村明墓出土）

图10-7-12　1870年汉族缠足妇女（传世照片）

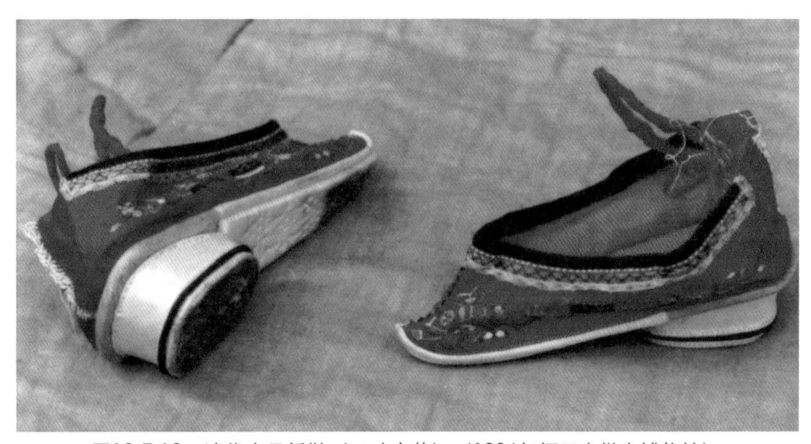

图10-7-13　清代尖足绣鞋（三寸金莲）（1986年摄于安徽省博物馆）

图10-7-14　清代尖足绣鞋（三寸金莲）　出自日本收藏家岩永真佐子提供的图像照片

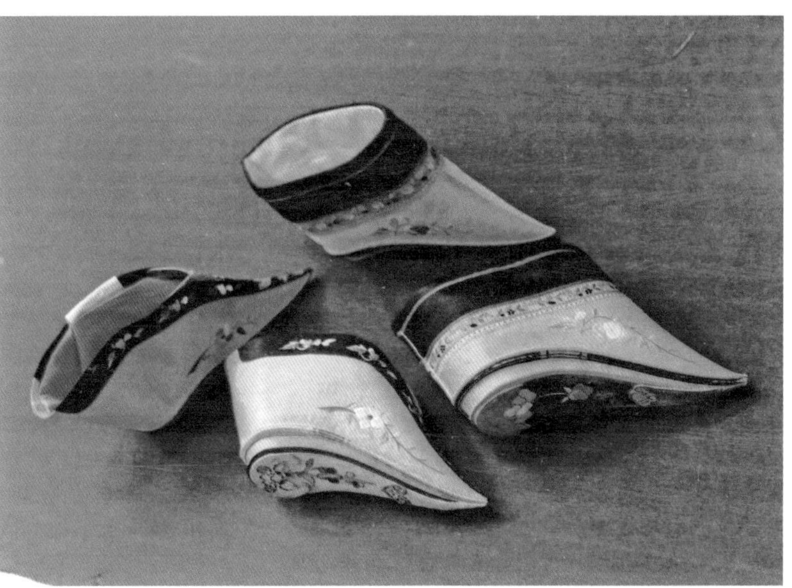

图10-7-15　清代尖足绣鞋（三寸金莲）（1986年摄于青岛市博物馆）

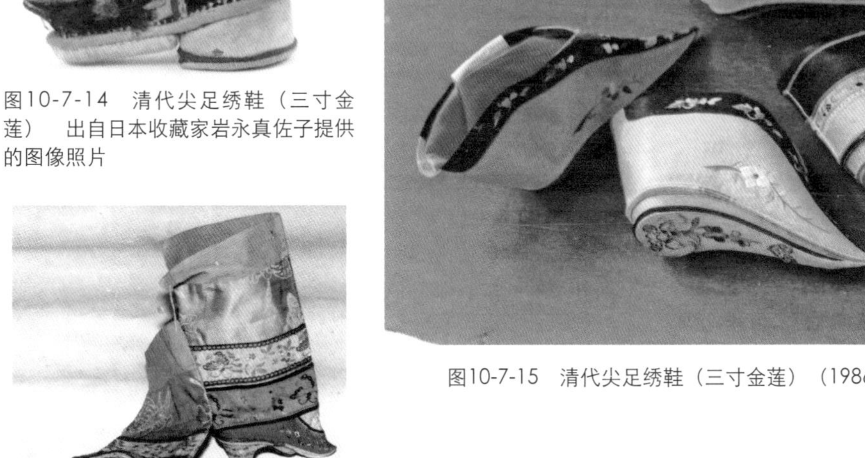

图10-7-16　清代三寸金莲绣花靴　（摄于原南京博物馆（现为南京博物院））

图10-7-17　民国时期（五寸以上）小脚鞋

图10-7-18　土族三寸金莲（传世实物）

图10-7-19　撒拉族三寸金莲（传世实物）

图10-7-20　20世纪末鞋厂生产的小脚鞋

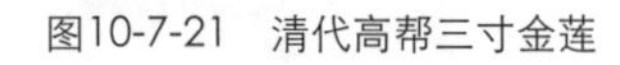

图10-7-21　清代高帮三寸金莲

图10-7-22　明代翘尖弓鞋，翘头高7厘米（江西省明墓出土）

图10-7-23　民国时期皮三寸金莲

缠足不是三寸，而是四寸、五寸或五寸以上（图10-7-17）。

1986年夏，当鞋史学者赴中国西北、西南实地考察鞋史时，还见有脚穿绣花尖足小鞋的老年妇女，且人数不少（图10-7-18、图10-7-19）。20世纪末，在中国北方和江南一带农村甚至城市里，也仍然常见缠足的老年妇女。因此，当时在黑龙江省、河北省、山东省、上海市和北京市的一些特色鞋店里还在销售缠足小鞋，而且统一采用小木楦制作。多年前，13厘米（约四寸不到）仍有生产。后来，最小的鞋已为15厘米（图10-7-20）。

1000多年中，三寸金莲花样繁多，名目也繁多。

如按鞋式分类有：高帮三寸金莲（图10-7-21）、低帮三寸金莲和翘头三寸金莲（图10-7-22）。

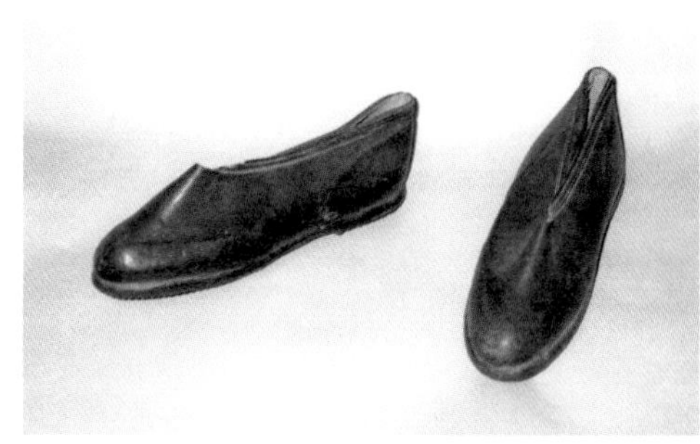

图10-7-24 橡胶（三寸金莲）小脚鞋

图10-7-26 清代夏用凉鞋式三寸金莲 （1986年摄于安徽省博物馆）

图10-7-27 清代雨天穿用的三寸金莲皮屐子

图10-7-25 清代冬用蕾丝三寸金莲套靴，即缠足妇女穿着缠足鞋后再套上此暖靴，属贵族妇女冬天享用之物（德国皮革博物馆收藏）

图10-7-28 弓形底三寸金莲（日本收藏家岩永真佐子女士提供的图照）

按材料分类有皮“金莲”、布“金莲”、绸“金莲”和胶“金莲”（图10-7-23、图10-7-24）。

按季节分类有冬用三寸金莲暖靴（图10-7-25）、夏用凉鞋式三寸金莲（图10-7-26）和春秋季穿的夹布三寸金莲。

按帮饰分类有绣花三寸金莲和素色三寸金莲。按天气分类有雨天穿的三寸金莲（图10-7-27）和晴天穿三寸金莲。

按鞋底分有平底三寸金莲、弓形底三寸“金莲”和连跟三寸金莲（图10-7-28、图10-7-29）。

从出土或传世实物判断，明朝以前的金莲一般都无跟，至清朝中晚期，可能是受西洋鞋的影响，金莲也有了后跟，而且至少在2厘米以上，这种后跟用木头制成，外面包布。就“金莲”而言，后跟的出现是一个进步，它可以减轻妇女体重的后倾，对健康略有改善。甚至一双可能为清末民初的“三寸金莲”竟出现了高跟，跟高达8厘米（图10-7-30）。

说到这里，有人要问，那么缠足又是怎样裹成的呢？

其一，将滚烫的糯米饭包裹双脚，再用布条将大拇指外的四个脚趾朝脚掌下缠紧，使这四个脚趾贴着脚掌发育，并使脚不再增大。包缠后、定型前必须每天下地行走，硬将四个脚趾骨压断，以达到预期目的。

其二，将双脚伸进刚开膛的公鸡肚中，浸在又烫又黏的鸡血中，然后再按第一种方法包裹脚趾，缠足前需用明矾泡温水洗足。

此外，在小足基本定型后，将一根小金属圆柱棒置于脚板下，走路时，圆柱棒在脚掌下来回滚动，长久如此，脚底便出现弓的形状。这是与平脚板小足不同的另一种弓形小足。不是每个缠足者都是用这个方法

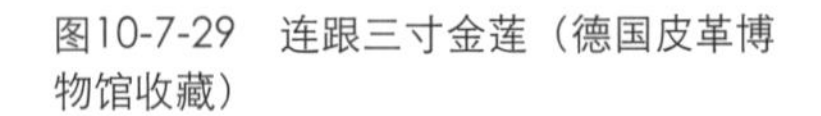

图10-7-29　连跟三寸金莲（德国皮革博物馆收藏）

图10-7-30　清代高跟皮制三寸金莲（出自德国皮革博物馆）

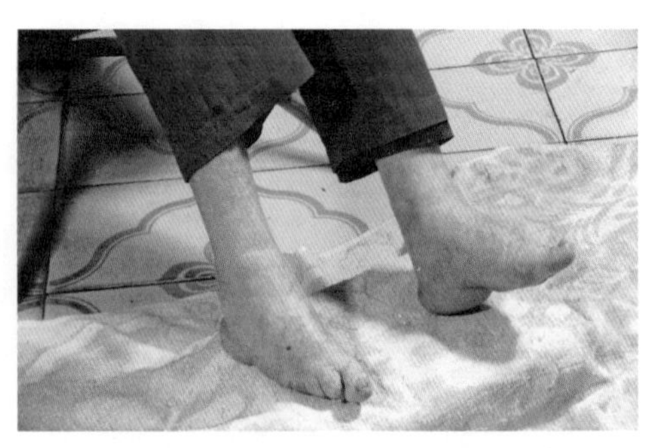

图10-7-31　20世纪90年代中国老太太弓形底缠足（1992年摄于杭州）

的。弓形底小足是最时髦的一种小足（图10-7-31）。

为了使缠足更规矩，中国人还发明了缠足架（图10-7-32）。不言而喻，缠足期间和之后女子是十分痛苦的。行走时实际上是脚背着地，血循环受到影响。脚部经常出现肿胀和糜烂，甚至发生肌肉组织坏死。很多缠足者的小腿肌肉也会日益萎缩。

图10-7-32　清代缠足架（2005年摄于浙江省）

中国民间的小脚女子曾占女子总数的一半左右，其中以贵族、富裕家庭中的女子以及她们的奴婢为主，也包括一部分劳动妇女。而这期间另一半不缠足的女子几乎全部是农妇。最高阶层的女子几乎100％缠足，因为当时的选妻标准之一就是小足，一双上上品的小足可以与一份最丰厚的嫁妆相提并论。这一风俗的形成使女子增强了对丈夫的依赖性，过着一种完全与世隔绝的生活，以致成了1000多年来妇女在政治、经济上失去地位的重要原因之一。又因缠足造成的生活不便，使妇女变胖，所以，古代最理想的美女是足小而体态丰腴。

研究证明，每一个现代中国人的祖辈中，都有过小脚女人。

在古代中国，缠足的风气甚至蔓延到了男人圈子，同性恋者、男扮女装者和专业演员，不仅把脚缠小，而且还模仿女子的步态。他们把脚用布包缠起来，硬挤在小鞋内，如清代李汝珍著《镜花缘》中的林之洋。

从起源之时小足在中国就没有明确分界线，几乎南北都有。唯一例外的是北方和西域的少数民族牧民，她们2000多年前就因为常年骑马而普遍着靴了。此外，缠足的风俗在中国的许多邻近国家，如朝鲜、日本、印度尼西亚和蒙古也是众所周知的，连生活在中国河南的犹太妇女也缠过足。

关于对三寸金莲的命名，民国时期出版的《采菲录》是这样描述的：小脚被冠以香莲十七名，即四照莲、锦边莲、钗头莲、单叶莲、佛头莲、穿心莲、碧台莲、并头莲、并蒂莲、同心莲、合影莲、缠枝莲、倒垂莲、朝日莲、千叶莲、玉井莲、西香莲。此外，还将三寸金莲分为九个等级:神品上上、妙品上中、仙品上下、珍品中上、清品中中、艳品中下、逸品下上、凡品中下、赝品下下。

封建社会的男人们以此戏谑的方式把三寸金莲连同悲惨的妇女一起关进历史的最黑暗角落。

第八章 中国人的穿鞋习俗

中国地域辽阔，人口众多，风情各异。所以，各时代、各地区、各民族的穿鞋习俗亦不相同。

除了人类穿鞋史中的一大奇迹——缠足与穿缠足鞋习俗外，中国人还有一些穿鞋习俗也是别具一格的，如清代满族妇女穿花盆底鞋的习俗、古人穿高头履（鞋翘）的习俗、孩子穿虎头鞋的习俗、脱履而坐的习俗、穿袜的习俗、为亡者焚烧鞋履的习俗等。

图10-8-1 清代后妃的高底鞋（作者摄于沈阳故宫）

图10-8-2 清代后妃的高底鞋（作者摄于沈阳故宫）

满族妇女穿高底鞋的习俗。满族的绣鞋是所有少数民族中最具有特色的，史称“高底鞋”，或称“花盆底鞋”。鞋底形状通常有两种，一种是上宽下窄，似花盆状。另一种是马蹄状，上宽下圆（图10-8-1、图10-8-2）。花盆底鞋的鞋底是木头的，木头外裹以白布。除鞋帮上饰以各种刺绣或装饰件外，有的鞋底也绣以各类花卉图案。

关于这种鞋饰的起源有三种说法。第一种说法认为：满族妇女喜欢穿旗袍并用旗袍遮掩双脚。为了行走方便，她们便在鞋下置以高底，既使旗袍不至拖地，又不使双脚暴露。第二种说法认为：满族妇女为了增其身高及表现出婀娜美姿。第三种说法认为：满族妇女经常上山采蘑菇等，为怕蛇咬，也为免遭泥湿，习惯在鞋底加缚木块，后来越做越精致，发展为“花盆底”。至清代后期，长袍、宽口裤和高底鞋已成为清宫中的礼服。慈禧也常着此鞋（图10-8-3）。

图10-8-3 穿花盆底鞋的慈禧太后（清代传世宫廷画）

古鞋的鞋翘习俗。所谓鞋翘，就是古代鞋履鞋头上高起的部分。古人裙袍下露出的鞋头分别称作高头履、笏头履、鸠头履等等，并按鞋翘的形状不同分别命名。清代以后，西南的少数民族以及蒙、藏等族鞋履仍保留着浓郁的鞋翘色彩。至今，西南地区少数民族绣花鞋（图10-8-4）和传统蒙靴仍饰有高起的鞋翘（图10-8-5）。

鞋尖上翘，是中国古鞋最典型的

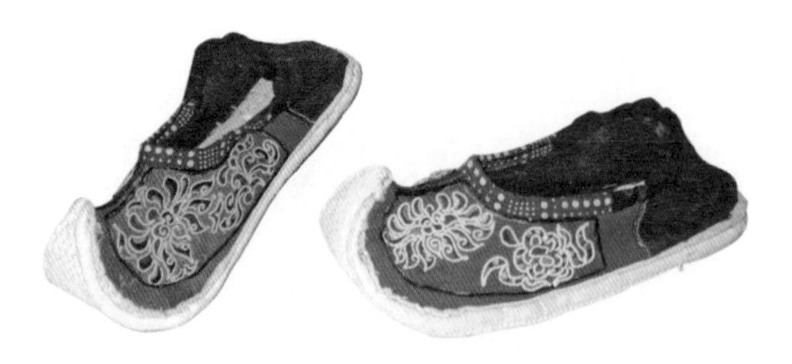

图10-8-4　彝族绣花鞋鞋翘

特

图10-8-5　蒙族皮靴鞋翘（德国皮革博物馆收藏）

图10-8-7　唐代仕女图中的高头履鞋翘（新疆吐鲁番阿斯塔那第187号唐墓出土帛画）

图10-8-6　马家窑文化时期彩陶人形浮雕壶中人物似已穿翘尖鞋，距今约5500年（青海乐都县柳弯出土）

图10-8-8　西汉妇女木俑，可见方头履鞋翘（湖北省江陵凤凰山西汉墓出土）

图10-8-9　唐代彩绘仕女俑中的鸠头履鞋翘

图10-8-10　石雕画中南朝妇女的飞头履鞋翘（江苏省常州市戚家村南朝墓出土画像砖）

征。但是，纵观世界鞋史领域，我们惊奇地发现，鞋翘竟是全世界古鞋的共同特征。史称我国鞋翘始于先秦。其实，鞋翘的起源时期还可提前。青海出土的氏族时期的陶器上画有一人，足上不仅已着鞋，而且鞋尖上翘。这应被视为我国最早的鞋翘形象史料（图10-8-6）。

中国鞋翘究其式样和规制，大体可得出以下四种起因的推断：

第一，中国古代男女服饰皆以裙袍为主体，鞋翘可用来托住裙边，不致跌滑；

第二，行走时鞋翘有警戒作用，使穿者免受伤害；

第三，鞋翘一般与鞋底相接，而鞋底牢度大大优于鞋面，当可延长鞋履寿命。

以上三点是古人在长期实践中摸索出的规律，具有一定实用价值和科学性。

第四，则有着浓厚的封建迷信意识。鞋尖上翘，似与古建筑的顶角上翘有相同的解释，都是信仰和尊崇上天的结果。

此外，中国古代鞋翘形状及名称之多，在世界上是首屈一指的（图10-8-7~图10-8-14）。

鞋翘诞生后，起初一直是整块形的，未见分歧（即分叉）。至汉代才见履头絇有分歧，称为岐头履。湖南长沙马王堆一号墓和湖北江铃凤凰山168号墓均出土过汉代双尖鞋翘的岐头履。

图10-8-11 《隋代白釉文官俑》中的如意头鞋翘

图10-8-12 《烈女传 · 仁智图》（局部）中岐头履鞋翘（晋 顾恺之）

图10-8-13 南朝《贵妃出行图》画像砖（局部）中琴面履鞋翘（1958年出土于河南省邓县学庄村南朝墓）

图10-8-14 唐代三彩文俑中云头履鞋翘（上海博物馆藏）

图10-8-15 韩熙载夜宴图（局部）中脱履者（五代 顾闳中）

古人脱履而坐的习俗。在周代，室内起居还无桌椅一类家具，故铺有席子。古人席地而坐，所以入室必须脱鞋。此后，无论男女皆有了脱履习俗。

古代脱履图像的发现即为明证（图10-8-15~图10-8-17）。

我国小孩都有穿虎头鞋等的习俗（图10-8-18）。童鞋何以要制成动物状的说法很多，但大致可归纳为以下三点：

首先，妇女在长期生活中发现，小孩的鞋头特别易破，因此，常用布或皮在鞋头上加固一层，很实用，但比较难看。于是，她们将布剪成各种动物图案，缝补在鞋帮上，不仅增加了童鞋的耐磨性，而且十分有趣。

其次，图腾崇拜在中国女性的头脑中是根深蒂固的。她们感激大自然的花草和可爱的动物，于是把各种有趣的花草和动物形象绣补在童鞋上，以此寄托深情。

再次，把童鞋做成各种小动物，也是出于小孩子的心理需求。深深理解自己孩子的母亲们，正是用灵巧的双手，不厌其烦地绣织着真诚的"母爱"。据说，蚌壳棉鞋最初就是母亲做给自己小孩的。由两片鞋面合成的鞋帮象征着母亲合拢的双手，意为：在妈妈的手中。

袜最早用皮制成。我国目前存世最早的袜子是公元前九世纪（相当于西周时期）的氈袜，这双氈袜出土于塔里木盆地南缘扎洪鲁克古墓（图10-8-19）。

古代袜子和鞋子统称为足衣或足袋。鞋具之内又有袜，可以保护鞋子减少污染，也可以对脚部起保暖作用。古袜一般都系带子。男袜带子由后朝前系，女袜带子由前朝后系。古代袜子是什么样子的呢？（图10-8-20~图10-8-24）。

鞋的又一衍生物是鞋垫。鞋垫对鞋履好比内衣对外衣。外衣不必天天洗，而内衣可以天天换。同样，鞋不必天天洗，而鞋垫可以天天换。所以，鞋垫的功能主要是为了提升鞋履的洁净度。后来，鞋垫又演化为喜庆之物，如祝寿和大婚等。其

图10-8-16　听阮图中脱履者（清代　刘彦冲）

图10-8-17　是一是二图轴（局部）中脱履者（清代　丁观鹏）

图10-8-18　小孩虎头鞋（1986年摄于西安市）

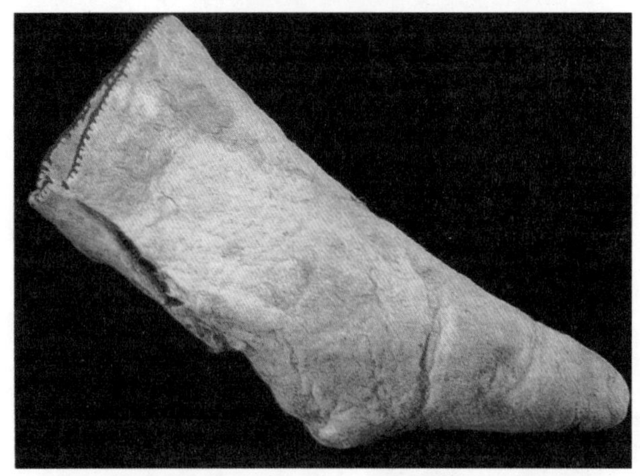

图10-8-19　约公元前九世纪的氈袜（塔里木盆地南缘扎洪鲁克古墓出土，巴音郭楞蒙古族自治州文管所收藏）

图10-8-20　东汉“延年益寿大宜子孙”锦袜（新疆民丰大沙漠第一号汉墓出土）

实，鞋垫在老到的使用者脚下变得更加灵活机动，如鞋子偏大一点点时，加个鞋垫就刚刚好。

要问鞋垫始于何时，最原始的东北乌拉鞋里的乌拉草便是。乌拉草是垫在乌拉鞋里的，潮湿了取出来放在太阳下晒晒又可使用。此后，才有了包括绣花鞋垫在内的各式鞋垫（图10-8-25）。

为亡者烧鞋。烧鞋的意思是让亡者把鞋带走。在清代，皇帝死后也照例要焚烧靴鞋。

北京的中国第一档案馆存有大量传世的清宫帝王穿戴档案。

《同治皇帝死后穿戴档》载：

同治十三年十二月初五日死后，举行过殷奠礼，启奠礼，初奠礼，大祭礼，岁暮礼，初满月礼，双满月礼，三满月礼，百日礼，四满月礼，五满月礼，六满月礼，七满月礼，八满月礼，九满月礼，十满月礼，十一满月礼，初周年礼，二周年礼，三周年礼，共焚靴鞋50双，其中靴20双，鞋30双。

《乾隆死后穿戴档》载：

乾隆死后也同样举行了以上奠礼，共焚靴25双。

《德宗景皇帝万年吉祥帐》载：

光绪死后照例举行以上奠礼，但焚鞋靴最多，为104双。其中鞋66双，尖靴38双。另德宗景皇帝寿皇殿供奉皂靴一双，尖靴一双。

此外，清代的穿鞋规制和习俗也是十分严酷的：凡靴鞋上违律绣龙凤，杀头。凡靴鞋违律用明黄色，杀头。凡缎靴上违律嵌绿牙缝，照律治罪。凡平民违律穿靴者，照律治罪。如此种种，谈鞋色变。

图10-8-21 唐代锦袜 唐墓出土实物

图10-8-22 宋代绌裤袜 江苏省金坛宋代周瑀墓出土

图10-8-23 金代夹袜（金墓出土实物）

图10-8-24 清代雍正皇帝绣花短袜（清代宫廷传世实物）

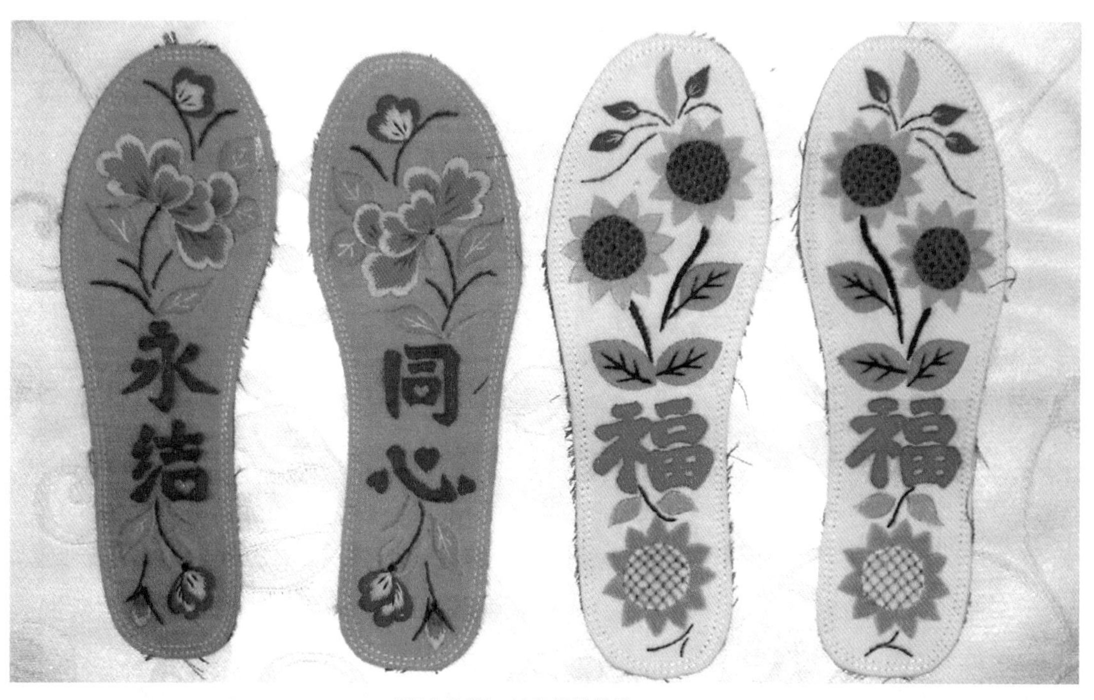

图10-8-25 甘肃绣花鞋垫

第九章 《清明上河图》中的鞋店

据推测，中国最早的鞋店不是今天的门面房格调，充其量是集市或马路上的鞋摊。

那么，鞋摊始于何时呢？最早的史料记录是《宋书·武帝本纪》：（南北朝时）“卖鞋的刘裕成（宋）武帝后，性尤简易，……”（宋武帝，420—422年，在位3年）。宋武帝刘裕称帝前是个地地道道摆鞋摊卖鞋的小贩。

中国最早的门面房的鞋店，发现于宋代《清明上河图》中。

画中的桥头下有一爿鞋店。经图像扩大20倍后，可清晰地观察到制鞋铺是用竹棚搭建的陋屋，制成的靴鞋就放在铺子前出售，店铺前坐着鞋匠。据此判断，900年前的经营方式也是落市时制鞋，开市时售鞋。这应该是迄今为止中国最早的前店后作坊的鞋店图像史料了（图10-9-1）。可以看到这爿鞋店的布鞋是宋代典型的

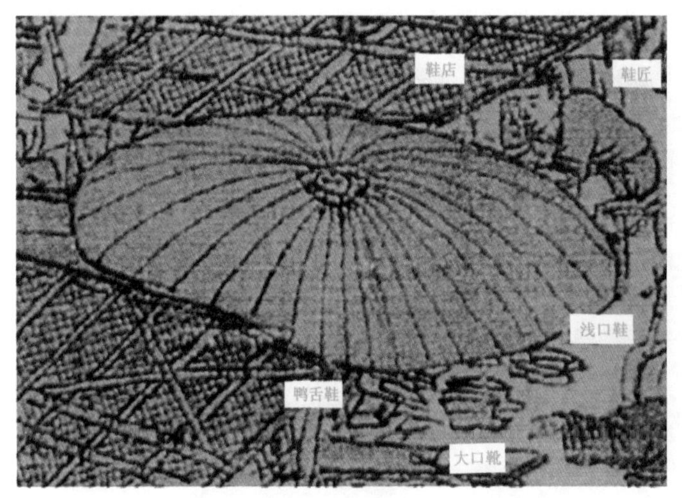

图10-9-1 《清明上河图》中的鞋店（宋代 张择端）

图10-9-2 创建于清代的“内联陞”鞋店招牌，其老店至今仍开在北京前门大栅栏（中国照片档案馆收藏）

图10-9-3 旧时北京“内兴隆”靴鞋店（中国照片档案馆收藏）

浅口翘头履和尖头鸭舌履。布靴则是短靿大口，后沿开衩，与元初画家赵孟頫所画的《浴马图》中的靴式十分相似。又据史载，明代北京已有东江米巷党家靴和大栅栏宋家靴等靴鞋店。不过，老北京鞋店名声最响的还是要数“内联陞”鞋店。该店创建于清代咸丰三年。老店至今仍开在北京前门大栅栏，驰名中外。该店的数百幅鞋史珍贵照片一直陈列在店堂展示厅里。在中国照片档案馆还收藏着一副“内联陞”老店招的照片（图10-9-2）。清代后，北京、沈阳、广州、香港和上海等地已拥有众多的百年靴鞋老店，以及用作靴鞋店广告的幌子（图10-9-3）。清末民初还出现了专营与布鞋店配套的鞋底局，如北京的“义顺斋”（图10-9-4）。

上海是中国制鞋业发展较早较快的地区。至1926年，日商已在上海开设了百余行业的1443家厂店，其中仅上海虹口就开设了13家鞋店鞋厂，22家靴店靴厂，其他区也开了10家靴店靴厂。根据《上海通史》载：1936年8月上海有关部门统计，上海已有皮革服务业（店、厂）514家，鞋袜、鞋帽店厂1157家。

东北地区因为冰天雪地，所以时兴靰鞡鞋（乌拉鞋），清末民初就有了专门卖靰鞡鞋的靰鞡皮局，即靰鞡鞋铺。而紧挨着靰鞡鞋铺的是东北农民卖靰鞡草（乌拉草）的地摊，靰鞡草与靰鞡鞋配套，垫在鞋内，如果少了靰鞡草，靰鞡鞋将什么也不是（图10-9-5、图10-9-6）。

说到早期的鞋店，就必须说一说制鞋人，若没有制鞋人，鞋店即为一座空屋。

古代中国的制鞋人主要有四种：一是前店后作坊的制鞋师傅；二是城乡人以修鞋为主，兼而制鞋的鞋匠；三是农村自产自销的制鞋人；四是做自家鞋的妇女。

虽然中国鞋史在经历了数千年后，已涌现出了数以万计的现代化鞋业公司。但是，作为中国古代制鞋方法的四种传统制鞋人，依然存在于中国今天的社会生活中（图10-9-7~图10-9-12）。

旧时，与鞋店密不可分的还有两样东西，一样是鞋撑，另一样是鞋拔（图10-9-13~图10-9-15）。鞋撑的学名称作“装楦”。鞋撑是用来撑皮鞋的，为了使皮鞋保持挺括不变形，这也是早期男子讲究穿鞋的一个标志。鞋拔则是以前穿皮鞋时必备的小道具。

图10-9-4　早期北京专做鞋底的“布底局”，店名“义顺斋”　中国照片档案馆收藏

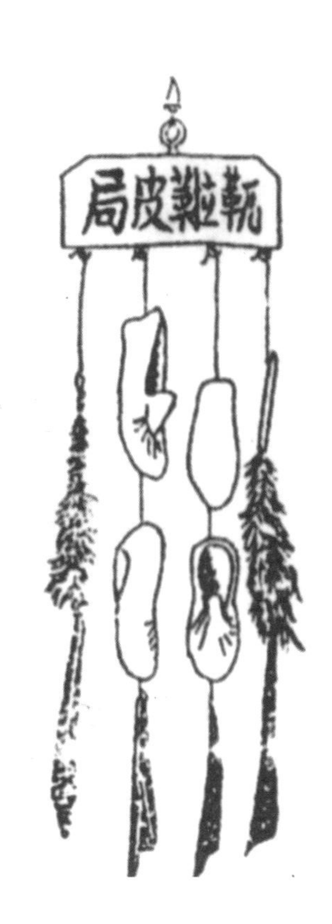

图10-9-5　东北靰鞡鞋铺及幌子
出自《东北老招牌》

图10-9-6　东北卖靰鞡草的地摊（传世旧照）

图10-9-7　清代制鞋铺（清末英美烟草公司的烟画）

图10-9-8　早期朝鲜族制鞋图（德国皮革博物馆）

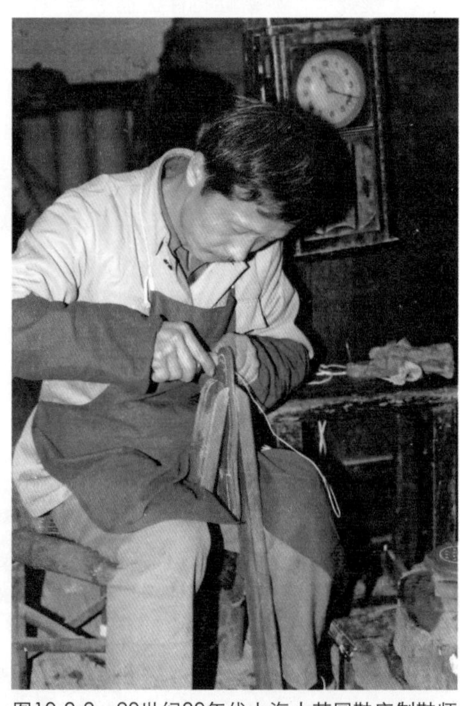

图10-9-9　20世纪80年代上海小花园鞋店制鞋师傅（1986年摄于上海小花园鞋店工场间）

图10-9-10　清末街头挑担的鞋匠（《上海旧影》，人民美术出版社出版）

图10-9-11　清代《缝鞋图》（清代　郑绩）

图10-9-12　清代《修鞋图》（清末英美烟草公司烟画）

图10-9-13　民国时期“BATA”皮鞋鞋撑，加拿大BATA鞋业公司其时在上海开设过皮鞋店

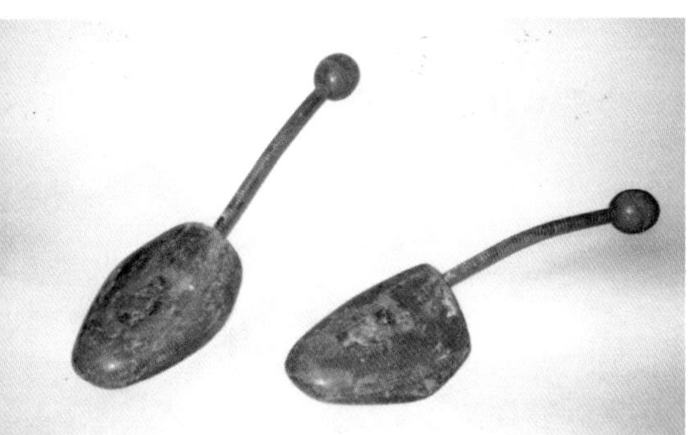

图10-9-14　民国时期皮鞋鞋撑

图10-9-15　民国时期铜制鞋拔，上刻：大香宾女皮鞋

第十章 古代鞋名知多少

古人穿过多少种鞋呢？很多很多。古人留下多少鞋名呢？也是很多。

现将古人留下的鞋名罗列如下：

裹脚皮：它是用一根带毛的小皮条将整块切割而成的兽皮包扎在脚上的“鞋”。

自家鞋：自古以来，对民间家庭自制鞋履的俗称。

足衣：古时服饰有上衣、下衣和足衣之分。足衣即鞋袜。足衣古时也称足袋，意为装脚之袋。

舄（西音）：复底履。鞋面为绸缎，鞋底下加一层特制的木底以防泥湿。

赤舄：以赤缎为面之舄。重底之鞋，即以革为底，又以木为重底。皇帝赤舄为舄中最尊之履。赤舄也称金舄（图10-10-1）。

黑舄：以黑缎为面之舄。皇后黑舄为舄中最尊之履（图10-10-2）。

云舄：饰有云头之舄。舄头制作时共挽12根布条，左右各6，意像十二月。

絇（渠音）：絇字言拘也。以为行戒，状如刀鼻，在履头。即为近日之鞋梁。

繶：即鞋中圆浑的丝带，缀于鞋帮与鞋底相接之缝的丝带，如今日之嵌条。

纯：纯为古鞋的镶边。如近日之缘口。

綦（其音）：鞋带（图10-10-3）。

屩（菊音）：是一种用草编成的鞋履，比较轻便，适宜行走。

芒鞋：芒为一种草本植物，中国各地都有生长。此为用芒编成的草鞋。

扉屦（费居音）：即为草鞋。

草屐：以草编成鞋面，以木为底的拖鞋。

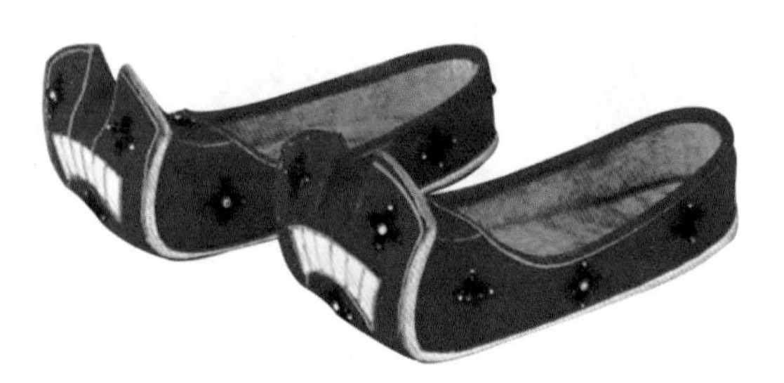

图10-10-1（唐代帝王赤舄 日本正仓院收藏）

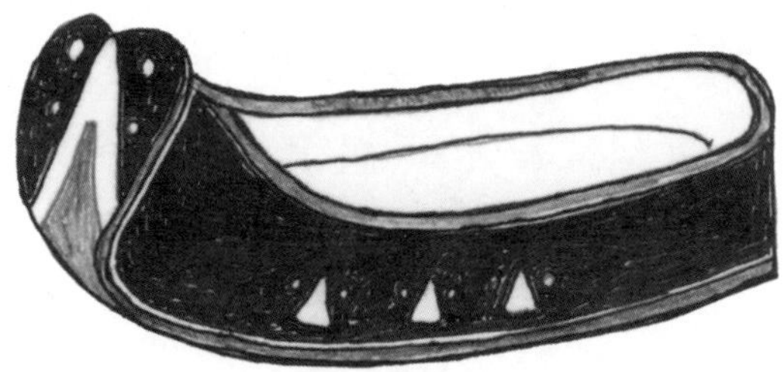

图10-10-2 宋代英宗皇后黑舄 根据南薰殿旧藏《历代帝后像》绘制

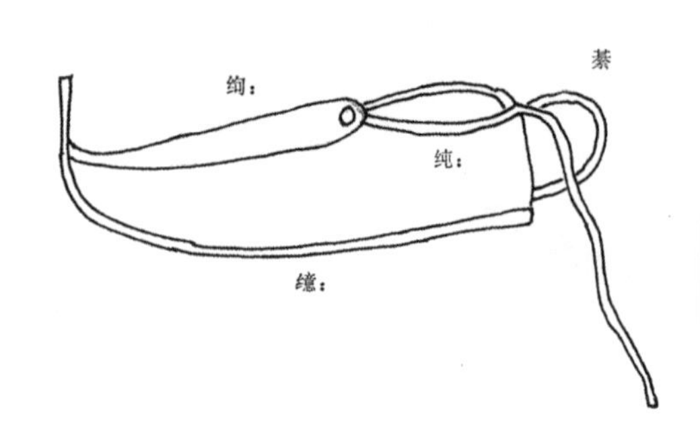

图10-10-3 “絇、繶、纯、綦”示意图

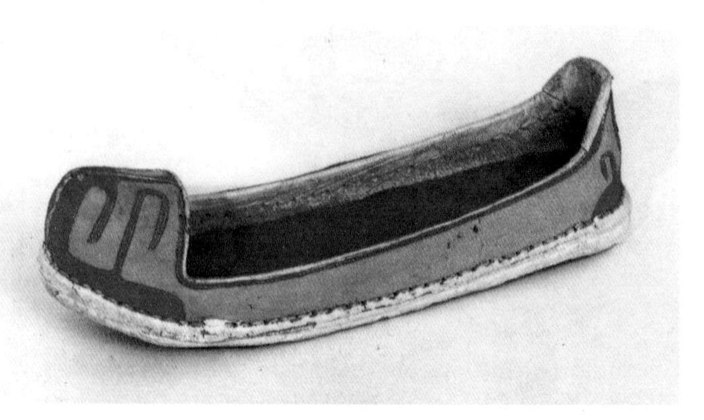

图10-10-4 朝鲜族勾背鞋（德国皮革博物馆）

芒鞵：草鞋。

扉（非音）：草鞋。

屣（西音）：也作躧或蹝，又称屩，皆为草鞋。后来也泛指鞋子。

躧（西音）：草鞋，为屣的前称。又《说文》释："躧，舞履也。"

菲：草鞋。

蹻（菊音）：草鞋。

蒲履：即蒲草编成之履。

芒屩（菊音）：草鞋。

蒲窝子：以产于山东地区的一种蒲草的茎编织的鞋，为冬天穿用，保暖效果特别好，又称蒲鞋或蒲靴。

蹝（西音）：同屣，古时鞋之一种，先时多以草做成。

芦花鞋：形似蒲鞋，以芦花编织而成，冬天保暖性极好，多流行于江淮一带。

靸（洒音）：古时凉鞋名。

屦（居音）：汉以前之鞋名。

踦屦：单只的鞋。

屦人：古时宫中掌管王及后之服屦者。

鞋：古时是指一种装有高帮的便履，初用皮革制成，故鞋字从革旁。此外，也指一种比履小而浅的足衣。

鞵（鞋音）：古鞋名，亦为鞋之异体字。

趿子：靸鞋，即拖鞋。

金莲：为南唐后对女子缠足的美称，后来也引伸为缠足者所穿之鞋。

𩌏鞋：即冬用鞋。系温鞋的变音。《西游记》释，即为高统皮靴。

坤鞋：古称乾为男，坤为女，坤鞋即为女鞋。

鞜（榻音）：兽皮做的鞋。

椶鞋：棕鞋。

腌靸：一种深口而有些屈曲的鞋子。

八搭麻鞋：形容很破烂的鞋子（出自《儒林外史》）或为编有8个系绳耳的麻鞋。

勾背鞋：朝鲜族的一种传统鞋，浅口翘头。旧时多以绸为面，以皮为底，现时多采用橡胶制成，男女皆着白色（图10-10-4）。

线鞋：隋唐的一种女鞋，以麻绳编底，丝绳为帮，编成凉鞋。

钉鞵：鞋底有钉之生革鞮。

鞥（琴音或晋音）：古时皮制鞋名，一说为皮制鞋之鞋带。

鞧蹻（祖菊音）：柔软皮革制成的鞋。

皂鞋：以黑缎或黑布所制之鞋。

麻鞵：麻鞋。

山根鞋：古代富人穿的一种鞋子。

凌波：形容女性走路时步履轻盈。古时也用以代指妇女所穿的鞋子。

寸金：女性的小脚或小脚鞋。所谓三寸金莲即是。

双梁鞋：又名双脸鞋和洒鞋。通常为黑布面，双梁用驴皮制成，使鞋脸尤显挺括。

宋家鞋：万历年间北京大栅栏所制鞋的专称。

寿鞋：古今死者所穿之鞋，鞋底印有荷花图案。也有鞋面绣花、鞋底绣荷花和梯子，意为"脚踩荷花步步高"（图10-10-5）。

孝鞋：又名丧鞋，为纪念和哀悼死者所着之鞋。

图10-10-5 东北绣花寿鞋（1986年摄于辽宁省）

图10-10-6 民间婚庆绣花鞋（1986年摄于西安市）

图10-10-7 民国时期祝寿鞋，鞋头绣有寿字

婚鞋：女子结婚时穿着，鞋尖处绣有双喜或一对喜鹊之类喜庆图案（图10-10-6）。

祝寿鞋：晚辈敬奉长辈的寿庆之鞋，鞋上绣寿字或蝙蝠图（图10-10-7）。

花盆底鞋：满族妇女的一种代表性服饰，布鞋底下镶一木底。又称高底鞋。

黄道鞋：古时女子结婚上轿时穿用的用黄布折成的鞋。

踩堂鞋：古时女子结婚拜堂时所穿之鞋，一般为黄色。

睡鞋：旧时缠足女子结婚时进洞房上床所穿之鞋，为软底。

跑冰鞋：清代八旗跑冰演习时穿着，以一铁直条嵌

图10-10-8 小熊鞋

图10-10-9 虎头童棉靴（摄于西安市）

图10-10-10 猫头童鞋（1986年摄于北京）

入鞋底中，作势一奔，迅如飞羽，即今日的滑冰鞋。

小熊鞋：民间童鞋之一，形似小熊（图10-10-8）。

虎头鞋：民间童鞋之一，以虎头为饰（图10-10-9）。

猫头鞋：民间童鞋之一，以猫头为饰（图10-10-10）。

小狗鞋：民间童鞋之一，形似小狗（图10-10-11）。

小猪鞋：民间童鞋之一，形似小猪（图10-10-12）。

小兔鞋：民间童鞋之一，形似小兔（见图10-10-13）。

老头乐：北方老人的棉鞋，为单梁深口并饰有鞋袢，系北京"内联陞"鞋店传统产品（图10-10-14）。

玉履：始于汉代，专用于皇帝死后下葬时穿着的鞋（图10-10-15）。

鞋杯：又名双凫杯，金莲杯。即将酒杯放入鞋内饮酒，是一种庸俗的饮酒游戏。

软公鞋：即软翁鞋，旧时称北方人冬天所穿棉鞋为翁鞋。

福字鞋：民间鞋之一种，多为老年人祝寿时穿着，鞋上绣"福"字或绣蝙蝠图案，取其福之谐音。

错到底：鞋底为二色帛前后半节合成的鞋，元代始有此名。

练鞋：练，涑也。把丝麻或布帛煮得柔软洁白。古时，父母去世的第十一个月可穿练过的布帛制成的服饰。练鞋当为其中之一。

利屣：汉代跳盘鼓舞女子所着之舞鞋。

弓底鞋：鞋底呈弓形之鞋，一般指缠足鞋底，呈弯月状或弓形。

单脸鞋：一种单梁布鞋，如蚌壳棉鞋等。

履：古时鞋的总称。"履"本为动词，是"践"、"踩"和"着鞋"之意。战国之后，履字才渐渐作为名词。

韦履：韦，熟牛皮也。此为牛皮履。

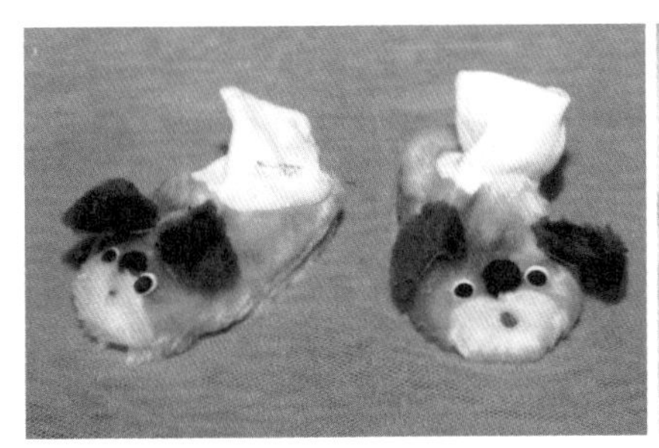

图10-10-11　小狗鞋

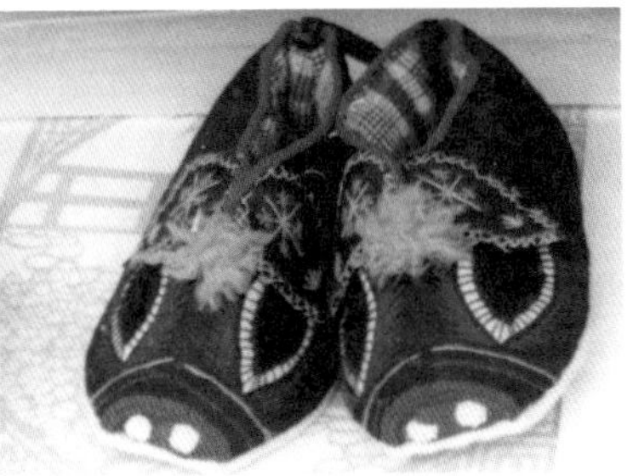

图10-10-12　小猪鞋

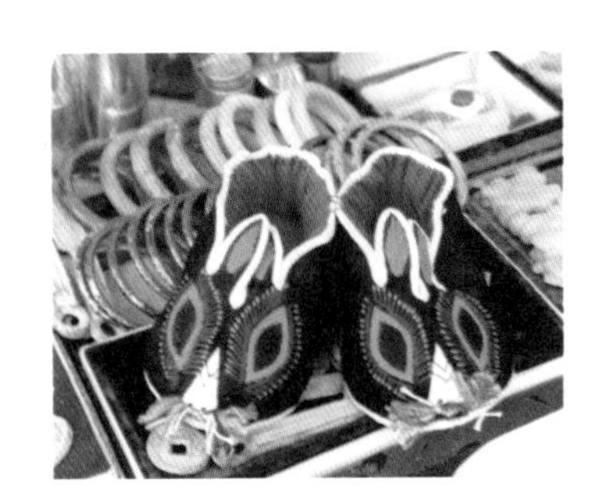

图10-10-13　小兔鞋

图10-10-14　"老头乐"与小脚鞋，也称之为"老来伴"（1986年摄于北京内联陞鞋店）

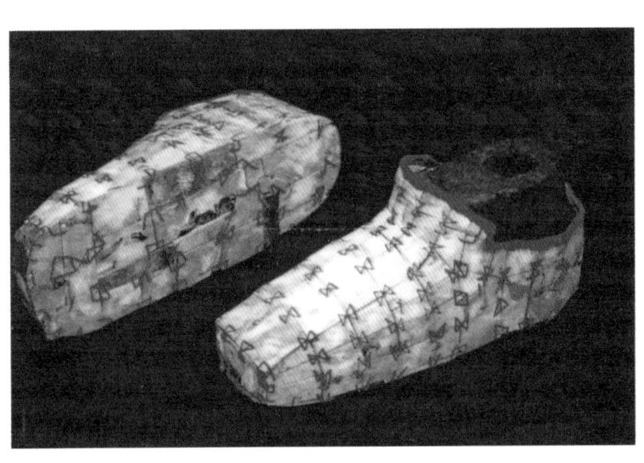

图10-10-15　西汉时期南越王丝缕玉鞋（广州西汉时期南越王墓出土）

图10-10-16　西汉歧头丝履（湖南长沙马王堆一号西汉墓出土）

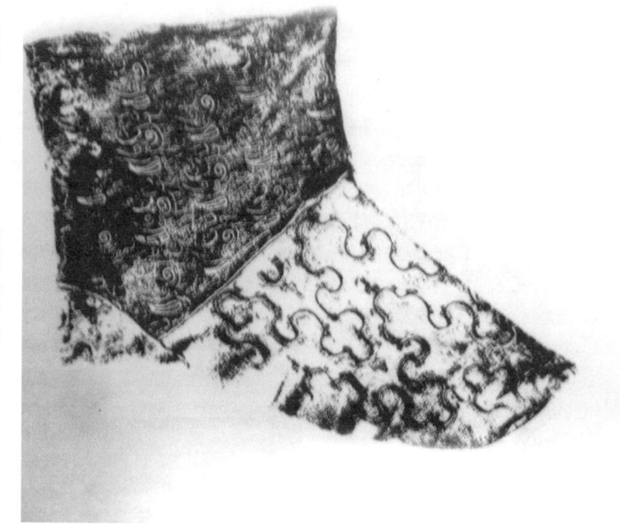

图10-10-17　汉代刺绣锦靴面（汉代匈奴王族墓出土）

图10-10-18　唐代乌皮靴（新疆柏孜克里克千佛洞出土）

图10-10-19　清代快靴（作者收藏摄影）

鞮（地音）：鞮，兽皮鞋。

尘香履：南北朝时贵妇所穿之鞋。《烟花记》称："履内散以龙脑诸香屑，谓之尘香。"

屟履（屑音）：以木为底所制之履，都为女子穿用。

跣园：响屟。

浴履：清代澡堂内供洗澡人穿用的半截旧鞋。

歧头履：鞋翘为分歧之履，始于汉代（图10-10-16）。

远游履：一种用于出门行走的轻便鞋，此名初见于魏时。

躧履（西音）：靸着鞋走。

络鞮：胡人的连胫履，即靴。

鞾：靴。

靰鞡鞋：又名乌拉鞋。以牛、马、猪等皮革做帮底，内垫捶软的乌拉草，因此而得名。

六合靴：即为历代所称之皂靴，亦称六合鞾。

锦靴：以锦制成之软底软面靴，汉代即有，唐代女舞者皆穿之（图10-10-17）。

皮扎翁：流行于北方的一种有统皮履。至少明代已有。

乌皮靴：隋制和唐制均定为文武官员所着鞋饰之一种（图10-10-18）。

快靴：又名爬山虎。其底薄而统短，多为清代武弁和差官等穿着（图10-10-19）。

图10-10-20　隋代错络缝靴（新疆柏孜克里克石窟壁画《诸侯像》局部）

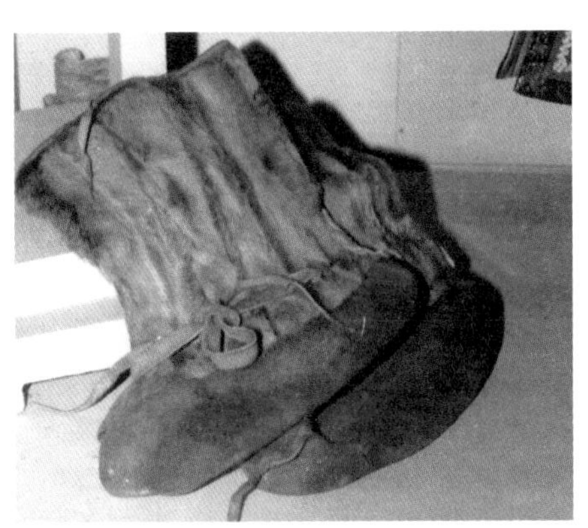

图10-10-21　达斡尔族“奇卡米”（1986年摄于新疆博物馆）

图10-10-22　蒙古族“唐吐马”女靴（1986年摄于内蒙古包头市郊五当召蒙古包内）

皂靴：又名六合靴或六合鞾。隋代起为王公贵族所用，至清代更盛，百官、文人皆着，为黑色之靴。

胡履：西域人所穿之连胫履，即战国以后所称之靴。

方头靴：靴头呈方形并上翘的朝靴，以缎为之，明、清时大臣上朝穿用。

尖头靴：清代帝臣百官在非正式场合穿用的一种便靴。

毡靴：北方寒冷地区一种用羊毛毡制成的靴。

党家靴：万历年间北京东江米巷鞋铺所制靴的专称。

错络缝靴：一种典型的元代靴，靴统上呈“十”字装饰状（图10-10-20）。

靴氈：以羊毛制成的靴统。

篆底：用通心草制成的鞋底，可减轻厚底靴之重量。

鞫（腰音）：靴统。

吉莫靴：皮靴。

钉鞾：带钉之靴。

奇卡米：达斡尔族男女所穿的一种皮靴（图10-10-21）。

玉代克：俄罗斯族及维吾尔族的一种皮靴。一般用牛、羊皮缝制，跟上有铁掌。

乔鲁克：塔吉克族男女所穿皮鞋，以牦牛皮为底，野羊皮为面的长统软靴。

艾特克：乌孜别克族的一种高统绣花女皮靴。

唐吐马：蒙族牧区妇女冬季穿用的一种半统靴，多以黑布、条绒制作，上边用彩色丝线绣出美丽的云纹，植物纹和几何图案（图10-10-22）。

木屐：有齿或无齿的木底拖鞋或木鞋。

竹屐：以竹制成的拖鞋。

皮屐子：一种以生皮为面，木头为底之木屐，始见于唐代。

屧：古代鞋中之木底。但历代亦有将屧泛指为鞋或鞋垫者。

鞈（合音）：《广雅·释器》曰，此为古鞋之一种。

鞋梁：履头饰，起支撑鞋头的作用，一般用硬（皮革）材料制成。

趿：拖着鞋走路。

拿解：脱鞋，因古时“解”与“鞋”同音。

缉：古代制鞋时的一种密针缝纫法，如缉鞋口。

鞔（蛮音）：鞋面。

两：古时鞋的计算单位，“两”即“双”的意思。

量：古时鞋的计量单位，可能从“两”的同音字发展而来，故“量”亦为“双”的意思。

双贺鞋：民间媳妇赠送给公婆之鞋。

过岁鞋：民间长辈赠送给周岁孩子之鞋。

朝靴：帝王正式场合所穿之靴（图10-10-23）。

装水鞋：民间老人过世时穿的鞋。

恰绕：土族女式鞋的总称。

羌鞋：土族旧时男式鞋的总称。

云云鞋：羌族姑娘表达爱情的绣花鞋。

马亥：布制的一种靴鞋，其特点是鞋尖向上翘，靴腰绣制各种云纹图案。

姑姑鞋：清末民初撒拉族妇女所穿的一种绣花翘尖鞋。

者勾：水族妇女着盛装时穿的翘尖鞋。

者毕：水族草鞋。

者撵：水族草鞋。

图10-10-23　清代帝王石青缎云头朝靴（清宫传世实物）

本编参考文献

[1] 出土文物展览工作组编辑. 文化大革命期间出土文物 [M]. 北京 :文物出版社, 1973.
[2] 新疆博物馆编辑. 丝绸之路——汉唐织物 [M]. 北京 :文物出版社, 1973.
[3] 沈从文. 中国古代服饰研究 [M]. 香港 :商务印书馆香港分馆, 1981.
[4] 周锡葆. 中国古代服饰史 [M]. 北京 :中国戏剧出版社, 1984.
[5] 李肖冰. 中国西域民族服饰研究 [M]. 新疆 :新疆人民出版社, 台北 :台北邯郸出版社, 1995.
[6] 骆崇骐. 中国鞋文化史 [M]. 上海 :上海科学技术出版社, 1990.
[7] 骆崇骐. 中国历代鞋履研究与鉴赏 [M]. 上海 :东华大学出版社, 2007.
[8] 陈娟娟. 故宫博物院学术文库——中国织绣服饰论集 [M]. 北京 :紫禁城出版社, 2005.
[9] 朱启新, 王立梅. 广州南越王墓 [M]. 上海 :生活 · 读书 · 新知 · 三联书店, 2005.
[10] 宗凤英. 清代宫廷服饰 [M]. 北京 :紫禁城出版社, 2004.
[11] 朝田铁雄. 鞋履文化史 [M]. 日本 :日本政法大学出版局, 1973.
[12] 韦荣慧. 中华民族服饰文化 [M]. 北京 :纺织工业出版社, 1992.
[13] 故宫博物院. 紫禁城帝后生活 [M]. 北京 :中国旅游出版社, 1983.
[14] 宋执群. 丝绸苏州 [M]. 辽宁 :辽宁人民出版社, 2005.
[15] 丁悚. 民国风情百美图 [M]. 北京 :中国文联出版社, 2004.
[16] 杨秀英. 古代艺术文化收藏丛书——杂项. 内蒙 :内蒙古人民出版社, 2005.
[17] 邱东联. 海内外最新拍卖图录——中国古代杂项 [M]. 湖南 :湖南美术出版社, 2001.
[18] 赫尔鲁夫 · 彼茨特鲁普. 五十年前的中国[M]. 山东 :山东画报出版社, 2002.
[19] 林新乃. 中华风俗大观 [M]. 上海 :上海文艺出版和, 1991.
[20] 韦荣慧. 中国少数民族——服饰 [M]. 北京 :中国画报出版社, 2004.

本编编著 骆崇骐